용접기능장
필기

예문사

PREFACE 머리말

용접기술은 철강, 기계, 자동차, 건설, 조선업, 석유화학공업 등 중화학공업에서 광범위하게 사용되는 기초 산업으로, 최근에는 용접 적용 분야가 점점 더 많아지고 있습니다. 특히 우리나라 용접기술자들은 그 능력이 매우 뛰어나 동남아나 중동지역은 물론 전 세계적으로 인정받고 있습니다.

그럼에도 불구하고 최근 이 분야의 국내 실정은 그리 낙관적이지 못합니다. 용접이 힘들고 어려운 일이라고 인식되어 기피 업종이 되어 가고, 따라서 우수한 인력들이 점점 줄어들고 있는 실정이기 때문입니다. 하지만 역설적이게도 이런 사정 때문에 앞으로 용접기술 인력에 대한 수요는 점점 더 커지게 될 것이며, 더불어 이 분야에 도전하는 사람들에게는 많은 가능성이 열려 있다고 할 수 있습니다.

이 책은 이러한 현실 인식을 바탕으로 용접기능장 필기시험을 준비하는 분들을 위해 기획되었습니다. 따라서 용접이라는 분야의 특성상 반드시 알아야 할 부분을 다루되, 한국산업인력공단의 출제기준과 국가직무능력표준(NCS)에 초점을 맞추어 구성하였습니다. 특히 2018년 제64회 시험부터 시험을 본 즉시 합격/불합격 여부가 결정되는 CBT시험 형식으로 진행되었기에 이러한 새로운 시험 형태에 적응할 수 있도록 배려하였습니다.

오랜 동안 학생들을 가르치고, 보일러기능장, 가스기능장, 에너지관리기능장, 배관기능장 등 기능장 관련 분야의 저서들을 여러 권 출간해온 필자들의 경험과 노하우를 최대한 살린 이 책이 부디 새로운 도전을 하는 분들의 노력이 결실을 거두는 데 요긴하게 쓰이길 바랍니다.

끝으로 출간 과정에서 여러 모로 도움을 주신 분들에게 감사의 뜻을 전합니다.

권오수 · 최봉열

SUMMARY

MASTER CRAFTSMAN WELDING

📡 출제기준

직무분야	재료	중직무분야	금속재료	자격종목	용접기능장	적용기간	2024.1.1.~2028.12.31.

○ 직무내용 : 용접에 관한 최고의 숙련기능을 가지고, 산업현장에서 작업관리, 소속기능자의 지도 및 감독, 현장교육훈련, 환경관리, 경영층과 생산계층을 유기적으로 결합시켜주는 현장관리 등의 직무 수행

필기검정방법	객관식	문제수	60	시험시간	1시간

필기과목명	문제수	주요항목	세부항목	세세항목
용접공학, 용접설계 시공, 용접재료, 용접자동화, 용접검사, 공업경영에 관한 사항	60	1. 용접공학	1. 용접공학	1. 용접의 원리 2. 용접의 장·단점 3. 용접의 종류 및 용도
			2. 피복아크 용접법	1. 피복아크용접기기 2. 피복아크용접용 설비 3. 피복아크용접봉 4. 피복아크용접기법
			3. 가스용접법	1. 가스 및 불꽃 2. 가스용접설비 및 기구 3. 산소, 아세틸렌 용접기법
			4. 절단 및 가공	1. 가스절단 장치 및 방법 2. 플라스마, 레이저 절단 3. 특수가스절단 및 아크절단 4. 스카핑 및 가우징
			5. 특수용접 및 기타 용접	1. 서브머지드 아크용접 2. TIG, MIG 아크용접 3. 이산화 탄소가스 아크용접 4. 플럭스 코어드 용접 5. 플라즈마 용접 6. 일렉트로슬랙, 테르밋 용접 및 그래비티 용접 7. 전자빔 용접 8. 레이저 용접 9. 저항 용접 10. 납땜 및 기타용접
			6. 각종금속의 용접	1. 탄소강 및 저합금강의 용접 2. 주철 및 주강의 용접 3. 스테인리스강의 용접 4. 알루미늄 및 그 합금의 용접 5. 동 및 그 합금의 용접 6. 기타 철금속, 비철금속 및 그 합금의 용접
			7. 용접안전	1. 피복아크용접 작업안전보건관리 2. 물질안전보건관리
			8. 기계설비법	1. 기계설비법령

필기과목명	문제수	주요항목	세부항목	세세항목
		2. 용접재료	1. 용접재료 및 금속재료	1. 금속재료의 일반적 성질 2. 금속의 결정구조 및 결함 3. 금속 및 합금 4. 철강의 종류 및 특징 5. 비철재료의 종류 및 특징 6. 열처리 7. 표면경화 및 처리법
		3. 용접 설계시공	1. 용접설계	1. 용접 구조물의 설계 2. 용접이음의 강도 3. 용접도면 해독
			2. 용접시공	1. 용접 시공계획 2. 용접 준비 3. 본 용접 4. 용접 전, 후처리 5. 용접결함, 변형 및 방지대책
		4. 용접 자동화	1. 용접의 자동화	1. 자동화 절단 및 용접 2. 로봇 용접
		5. 용접 검사(시험)	1. 파괴, 비파괴 및 기타 검사 (시험)	1. 인장시험 2. 굽힘시험 및 경도시험 3. 충격시험 4. 방사선투과시험 5. 초음파탐상시험 6. 자분탐상시험 및 침투탐상시험 7. 현미경조직시험 및 기타시험
		6. 공업경영	1. 품질관리	1. 통계적 방법의 기초 2. 샘플링 검사 3. 관리도
			2. 생산관리	1. 생산계획 2. 생산통제
			3. 작업관리	1. 작업방법연구 2. 작업시간연구
			4. 기타공업경영에 관한 사항	1. 기타공업경영에 관한 사항

제1편 용접일반

CHAPTER. 01 가스 및 전기용접
01 용접이음의 특성 ·· 3
02 용접법의 분류 ·· 3
03 전기, 가스용접 ··· 4

CHAPTER. 02 특수 아크용접
01 용접의 분류 ·· 16
02 용접의 특성 ·· 21

CHAPTER. 03 금속재료의 용접 특성
01 용접재료 용접성 ··· 34

CHAPTER. 04 용접의 시험 및 검사방법
01 용접 검사 ··· 38
02 용접 결함의 분류 ·· 38
03 파괴시험법 ··· 39
04 화학적 시험 및 야금학적 시험 ························ 39
05 비파괴시험 ··· 40

제2편 용접설계, 용접시공

CHAPTER. 01 용접설계

01 용접 이음의 설계 ··· 45
02 용접 이음의 피로강도 ·· 45
03 용접 변형 및 결함 ··· 46
04 용접의 용접성 ·· 47

CHAPTER. 02 용접시공

01 용접 이음의 준비 ··· 49
02 용접 후 처리방법 ··· 51

제3편 용접재료

CHAPTER. 01 금속재료

01 철금속 ·· 55
02 철과 강 ·· 55
03 특수강 ·· 57
04 주철 ··· 59

CHAPTER. 02 금속의 열처리

01 탄소강의 열처리 ··· 61
02 항온열처리 ··· 61
03 표면경화법 ··· 62

CHAPTER. 03 비철금속

01 동(구리) 및 그 합금 ··· 63
02 알루미늄(Al)과 그 합금 ···································· 64
03 마그네슘(Mg) ··· 64
04 티타늄(Ti) ··· 64
05 니켈(Ni) ··· 65
06 베어링 합금 ··· 65

제4편 용접기능장 실기 연습문제

실기 연습문제 ·· 69

제5편 과년도 출제문제

2005년 37회 기출문제 (2005. 4. 3) ······················ 79
2005년 38회 기출문제 (2005. 7. 17) ····················· 90

2006년 39회 기출문제 (2006. 4. 2) ······················ 101
2006년 40회 기출문제 (2006. 7. 16) ····················· 111

2007년 41회 기출문제 (2007. 4. 1) ······················ 121

2008년 43회 기출문제 (2008. 3. 30) ···················· 131
2008년 44회 기출문제 (2008. 7. 13) ····················· 141

2009년 45회 기출문제 (2009. 3. 29) ···················· 152
2009년 46회 기출문제 (2009. 7. 13) ····················· 163

2010년 47회 기출문제 (2010. 3. 29) ···················· 174
2010년 48회 기출문제 (2010. 7. 12) ····················· 185

2011년 49회 기출문제 (2011. 4. 17) ·· 195
2011년 50회 기출문제 (2011. 8. 1) ·· 206
2012년 51회 기출문제 (2012. 4. 9) ·· 218
2012년 52회 기출문제 (2012. 7. 23) ·· 229
2013년 53회 기출문제 (2013. 4. 14) ·· 239
2013년 54회 기출문제 (2013. 7. 21) ·· 250
2014년 55회 기출문제 (2014. 4. 6) ·· 261
2014년 56회 기출문제 (2014. 7. 20) ·· 272
2015년 57회 기출문제 (2015. 4. 4) ·· 283
2015년 58회 기출문제 (2015. 7. 19) ·· 295
2016년 59회 기출문제 (2016. 4. 2) ·· 306
2016년 60회 기출문제 (2016. 7. 10) ·· 317
2017년 61회 기출문제 (2017. 3. 5) ·· 328
2017년 62회 기출문제 (2017. 7. 8) ·· 338
2018년 63회 기출문제 (2018. 3. 31) ·· 348

제6편 CBT 모의고사

CBT 모의고사 1회 ·· 361
CBT 모의고사 2회 ·· 372
CBT 모의고사 3회 ·· 383
CBT 모의고사 4회 ·· 394
CBT 모의고사 5회 ·· 404
CBT 모의고사 6회 ·· 415

PART 01

MASTER CRAFTSMAN WELDING

용접일반

CHAPTER 01 가스 및 전기용접
CHAPTER 02 특수 아크용접
CHAPTER 03 금속재료의 용접 특성
CHAPTER 04 용접의 시험 및 검사방법

CHAPTER 001 가스 및 전기용접

SECTION 01 용접이음의 특성

01 장점
- 자재의 절약
- 작업 공정 수 감소
- 수밀, 기밀 유지
- 접합시간의 단축
- 비교적 적은 두께로 제한

02 단점
- 특별한 지식, 기술이 필요하다.
- 재질의 변질
- 품질검사의 어려움
- 용접 후에 잔류응력, 또는 변형 발생

03 용접 시 예열의 장점
- 용접부의 인접된 모재의 수축응력 감소
- 용접부위 균열발생 억제
- 용접 시 냉각속도를 느리게 하여 모재의 취성 방지
- 용착금속 내의 수소가스 성분이 빠져나갈 수 있도록 여유를 주어서 비드 밑의 균열방지

04 용접 시 후열의 장점
- 용접 후에 급랭에 의한 균열(크랙) 방지
- 용접 금속 내 수소가스 감소효과 발생

SECTION 02 용접법의 분류

01 융접

① 아크용접

1. 소모성 아크용접

비피복 아크용접	• 비피복 금속아크 용접 • 스터드 용접(SW : 아크열 이용)

피복아크용접
(SMAW :
아크열 이용)
	• 실드(피복)스터디 용접
	• 피복금속아크용접
	• 서브머지드 아크용접
	  (SAW : 아크열 이용)
	• 불활성가스 아크 미그용접
	  (GTAW : 아크열 이용)
	• 탄산가스 아크용접

2. 비소모성 아크용접

비피복 아크용접	탄소 아크용접
피복 실드 아크용접	• 불활성 가스 아크 티그용접 (GTAW : 아크열 이용) • 원자 수소 용접

3. 가스용접
   - 산소-수소 가스 용접
   - 산소-아세틸렌 가스 용접
   - 공기-아세틸렌 가스 용접

4. 테르밋 용접(TW : 화학반응 이용)
   - 용융 테르밋 용접
   - 가압 테르밋 용접

5. 일렉트로 슬래그 용접(ESW : 저항열 이용)
6. 일렉트로 가스 용접(EGW : 아크열 이용)
7. 전자빔 용접(EBW : 전자빔열 이용)
8. 플라스마 제트 용접(PAW : 아크열 이용)
9. 레이저빔 용접(LBW : 레이저빔열 이용)

10. 기타 아크용접
- 그래비티 용접
- 플럭스 코어 아크용접(FCAW : 아크열원 이용)
- 넌 실드 아크용접

02 압접

1. 비가열 압접 용접
   - 냉간 압접(CW)
   - 초음파 용접(USW : 저항열 이용)
   - 마찰 용접(FRW : 마찰열 이용)

2. 가열 압접 용접

압접	• 가스 압접 • 유도 가열 압접	
저항 용접 (RW : 저항열 이용)	겹치기 저항 용접	• 스폿 용접 • 심 용접 • 프로젝션 용접(PW : 저항열 이용)
	맞대기 저항 용접	• 플래시 버트 용접(FW : 아크열 이용) • 업셋 버트 용접 • 충격 용접(퍼커션 용접)

3. 단접 용접
   - 해머 압접
   - 다이 압접

4. 폭발용접(EXW)

03 납땜

1. 연납
2. 경납

• 노내 납땜	• 가스 납땜
• 저항 납땜	• 담금 납땜

04 전기저항용접(RW : 저항열 이용)

- 스폿 용접
- 심 용접
- 플래시 버트용접
- 프로젝션 용접
- 버트 용접

SECTION 03 전기, 가스용접

01 철강의 절단조건

- 모재가 산화 연소하는 온도는 그 금속의 용융점보다 낮을 것
- 생성된 금속산화물의 용융온도는 모재의 용융온도보다 낮을 것
- 생성된 산화물은 유동성이 좋아야 하고 그것이 산소압력에 의해 잘 밀려 나가야 할 것
- 금속의 화합물 중에는 연소되지 않는 물질이 적을 것(불연성 물질이 적을 것)

02 포갬 절단

- 비교적 12(mm) 이하의 얇은 판을 쌓아서 포개어 놓고 한꺼번에 가스절단을 하는 방법이다.
- 능률적이고 경제적인 절단법이다.

03 분말 절단

- 주철, 스테인리스강, 동, 알루미늄 등은 가스절단이 곤란한 금속이다. 이런 금속을 절단하는 방법을 분말 절단이라고 한다. 절단부에 철분이나 용제(플럭스)의 미세한 분말을 압축공기나 또는 압축질소로 자동적으로 연속해서 팁을 통하여 분출한다. 일명 파우더 절단이라고 하며 철분을 사용하면 철분절단, 용제를 사용하면 플럭스 절단이라고 한다.
- 플럭스 절단은 주로 스테인리스 절단에 사용한다.

04 산소창 절단

- 토치의 팁 대신에 작은 강관에 산소를 보내어 그 강관이 산화연소할 때의 반응열로 금속을 절단하는 방법이다.
- 산소창 절단은 두꺼운 강판의 절단, 주철, 주강, 강괴의 절단 등에 쓰인다.

05 수중 절단

- 침몰선의 해체, 교량의 개조, 항만과 방파제의 공사 등에 사용하는 절단이다.
- 압축공기나 산소를 분출시켜 물을 배제하고 이 공간에서 절단을 하는 것이다.

06 가스가우징

가스절단과 비슷한 토치를 사용해서 강재의 표면에 둥근 홈을 파내는 방법이다. 그러므로 가스 가우징을 가스 따내기라고 한다.

07 스카핑

강괴, 강편, 슬래그, 기타 표면의 균열이나 주름, 주조결함, 탈탄층 등의 표면결함을 불꽃가공에 의해서 제거하는 방법이다.

08 아크 에어 가우징

- 탄소아크 절단에 압축공기를 같이 사용하는 방법으로 용접부의 홈파기, 용접 결함부의 제거, 절단 및 구멍뚫기 등에 사용한다.
- 아크 에어가우징은 가스가우징이나 치핑에 비하여 작업능률이 가스가우징의 2~3배이고 모재의 나쁜 영향이 없고 용융금속을 쉽게 불어 내므로 이동속도가 빨라서 모재의 가열범위가 좁다.
- 가스가우징과 같은 변형이나 균열이 생기지 않고 강판, 주강, 주물, 스테인리스강, 경합금, 황동주물 등에 사용된다.

09 용접이음의 장점

- 자재가 절약된다.
- 작업공정수가 감소된다.
- 수밀이나 기밀이 유지된다.
- 접합시간이 단축된다.
- 비교적 적은 두께의 제한이 가능하다.

10 용접이음의 단점

- 특별한 지식이 필요하다.
- 재질의 변질이 우려 된다.
- 품질검사가 어렵다.
- 용접 후에 잔류응력이나 변형이 발생한다.

11 가스용접의 장점

- 용융범위가 넓다.
- 열량의 조절이 비교적 용이하다.
- 용접장치를 쉽게 설치할 수 있다.
- 전기가 불필요하다.

12 가스용접의 단점

- 가연성 가스에 의한 폭발이나 화재의 위험이 크다.
- 열효율이 낮아서 용접의 진행속도가 다른 용접에 비해 느리다.
- 탄화, 산화될 우려가 많다.
- 용접 후에 변형이 크다.
- 용접부위의 기계적 강도가 저하된다.

13 산소 – 아세틸렌의 불꽃

1. 중성불꽃
   - 표준화염으로서 산소 – 아세틸렌의 혼합비가 1 : 1 불꽃이다.
   - 연강이나 각종 용접에 사용

2. 산화불꽃
   - 산화성 화염으로 산소가 아세틸렌보다 많은 불꽃이다.
   - 구리, 구리의 합금 용접용

3. 환원불꽃
   - 아세틸렌 과잉염이며 탄화불꽃이며 산소보다 아세틸렌이 많은 불꽃이다.
   - 연강, 알루미늄, 스테인리스 용접에 적당하다.

14 용접자세

- 아래보기 자세(flat position) : 모재를 수평으로 놓고 용접봉을 아래로 향하여 용접하는 자세이다. 용접선을 15(°)까지 경사시킬 수 있다.
- 수평자세(horizontal position) : 모재의 용접면이 수평면에 대하여 80~150(°), 210~280(°)의 회전을 할 수 있으며 15(°) 이하의 경사를 가지고 용접선이 수평이 되게 하는 용접자세이다.
- 수직 자세(vertical position) : 수직면에서 15(°) 이하의 경사를 갖는 면에 용접을 하며 용접선은 수직 혹은 수직면에 대하여 15(°) 이하의 경사를 가지며 면 앞쪽에서 용접하는 자세이다.
- 위보기 자세(overhead position) : 용접봉을 모재의 아래쪽에 대고 모재의 아래쪽에서 용접하는 자세이다.

15 용접이음의 종류

- 맞대기 용접
- 겹치기 용접
- 플러그 용접
- T이음 용접
- 모서리 용접
- 변두리 용접

16 산소-아세틸렌가스 용접의 산소용기 크기

- 5,000 리터(L)용
- 6,000 리터(L)용
- 7,000 리터(L)용

17 산소용기 구조

- 본체
- 밸브(직통식, 다이어프램식)
- 캡

18 산소-아세틸렌가스 발생기

- 저압식 발생기 : 0.07(kg/cm²) 이하. 일반적으로 가스압력은 0.03(kg/cm²)으로 사용한다.
- 중압식 발생기 : 0.07~1.3(kg/cm²)

19 아세틸렌 발생기 분류

- 투입식 : 물에 카바이트를 넣는다.
- 주수식 : 카바이트에 물을 넣는다.
- 침지식 : 버킷에 카바이트를 넣고 물에 잠기게 하는 대량 생산용이다.(유기종형, 무기종형)

▼ 용도별

| 정치식(고정식) 발생기 | 이동식 발생기 |

▼ 조작방법별

| 자동식 발생기 | 비자동식 발생기 |

20 가스용접 아세틸렌 용접 안전기

- 아세틸렌 발생기 사용 시 산소의 압력이 아세틸렌의 압력보다 높아서 팁이나 토치의 기능 불량, 토치 취급 잘못으로 인해 산소가 토치 혼합실에서 아세틸렌 호스를 통하여 발생기 속으로 들어가 사고를 일으키는 역류를 방지한다.
- 반드시 1개의 안전기에 1개의 토치를 사용하며 2개 이상의 토치를 접속하지 말 것

▼ 종류

| 수봉식 안전기 | 스프링식 안전기 |

21 아세틸렌가스 불순물

순수한 가스는 냄새가 없고 무색이나 보통 불순물이 포함된다.

▼ 불순물 종류

- 인화수소 : 가스 연소 시 인을 발생하여 위생상 유해하다.
- 유화수소 : 가스 연소 시 아황산가스를 생성하여 위생상 유해하고 용접부의 강도를 약화시키고 사용기기를 부식시킨다.
- 암모니아 : 독성가스

22) 아세틸렌 가스의 용기 크기

내용적 15리터, 30리터, 50리터(30리터 용기가 많이 사용된다.)

23) 아세틸렌가스 역화원인

- 토치 불구멍의 폐쇄
- 산소-아세틸렌가스 사용압력 혼선
- 고무 호스나 조정기의 설치부가 완전하지 않을 때

24) 가스용접의 사용가스 종류

- 아세틸렌가스
- 수소가스
- 액화석유가스(프로판, 엘피지)

25) 산소가스 제조법

- 물의 전기분해에 의한 방법
- 액체공기의 분류에 의한 방법

26) 아세틸렌가스 청정제

- 헤라톨 : 중크롬산을 유황에 녹여 규조토에 흡수시켜서 만든 황색의 분말이다.
- 카타리졸 : 규조토에 염화철 용액을 흡수시켜 이것에 망간산칼리 등을 소량 가한 황색의 분말이다.

27) 가스압력조정기

1. 산소압력 조정기

   ▼ 형식에 따른 분류

   | • 독일식 | • 프랑스식 |

2. 아세틸렌 압력 조정기

28) 토치

- 산소용기 및 발생기나 용해아세틸렌 용기에서 보내온 두 가지의 가스를 적당한 비율로 혼합시켜 용접 불꽃을 만드는 기구이다.
- 토치 종류는 용접용, 절단용, 가열용, 스카핑용
- 독일식(A형), 프랑스식(B형)

토치 구비조건	• 안정된 불꽃을 얻을 수 있을 것 • 역화의 염려가 없을 것 • 표준불꽃의 상태에서 산소와 아세틸렌의 혼합비가 1 : 1에 가까울 것 • 안전성이 높을 것
토치 압력에 의한 종류	• 저압식 토치 : 가변압식(B형), 불변압식(A형) • 중압식 토치

29) 가스 용접봉 재료의 구비조건

- 용접부에 용융되어 들어가므로 될 수 있는 대로 모재와 같은 재질일 것
- 용접봉 재질 중에는 불순물을 포함하고 있지 않을 것
- 모재에 충분한 강도를 줄 수 있을 것
- 기계적 성질에 나쁜 영향을 주지 않을 것
- 용융 온도가 모재와 동일할 것

30) 가스용접 용제(플럭스)

- 연강용 용제 : 연강용 용접에는 용제 사용은 잘 하지 않으나 때로는 붕사, 붕산을 사용하기도 한다.
- 주철용 용제 : 붕사, 붕산, 탄산소다 등의 혼합물 사용
- 구리 및 구리합금 용제 : 붕사, 붕산, 인산소다 등의 혼합물(붕사+염화나트륨)
- 알루미늄 및 알루미늄합금 용제 : 염화물(염화칼륨, 염화나트륨, 염화리튬 등의 혼합물)
- 연납용 용제 : 염화아연, 염산, 염화암모늄, 송진, 인산 등
- 경납용 용제 : 붕사, 붕산, 붕산염, 불화물, 염화물, 알칼리

㉛ 용접 지그

- 작업을 쉽게 할 수 있다.
- 공정수를 절약하므로 능률이 좋다.
- 제품의 정도가 균일하다.

㉜ 용접작업 좌진법(전진법) 및 후진법(우진법)의 특징

항목	좌진법(전진)	우진법(후진)
열 이용률	나쁘다.	좋다.
용접속도	느리다.	빠르다.
비드의 모양	매끈하지 못하다.	보기 좋다.
소요 홈 각도	크다.(예 80°)	작다.(예 60°)
용접 변형	크다.	작다.
용접가능 판 두께	얇다.(5mm까지)	두껍다.
용착금속의 냉각도	급랭	서랭
산화의 정도	심하다.	약하다.
용착금속의 조직	거칠어진다.	미세하다.

㉝ 가스용접 작업 시 일어나는 현상과 원인 및 대책

- 불꽃이 자주 커졌다 작아졌다 한다.

원인	① 아세틸렌 도관 속에 물이 들어갔다. ② 안전기의 기능 불능
대책	① 가스 중의 수분이 모여서 호스 속에 고이므로 때때로 청소를 한다. ② 안전기의 수위를 알맞게 맞춘다.

- 점화 시에 폭음이 난다.

원인	① 혼합가스의 불완전한 배출 ② 산소와 아세틸렌 압력의 부족 ③ 가스 분출속도의 부족
대책	① 토치 속의 혼합비 조절 ② 발생기의 기능 검사 ③ 호스 속의 물 제거 ④ 불구멍의 변형을 수정하고 노즐 청소

- 불꽃이 거칠다.

원인	① 산소의 고압력 ② 노즐의 불결
대책	① 산소의 압력을 조절한다. ② 노즐을 청소한다.

- 작업 중에 탁탁 소리가 난다.

원인	① 노즐의 과열 및 불결 ② 가스압력의 조정 불량 ③ 팁과 용접 재료가 접촉
대책	① 토치의 불을 끄고 산소를 약간 분출시키면서 물 속에 넣어 식히고 팁을 깨끗이 한다. ② 아세틸렌 및 산소의 압력 부족을 조사한다. ③ 노즐을 모재에서 조금 뗀다.

- 산소가 반대로 흐른다.

원인	① 팁의 막힘 ② 팁과 모재의 접촉 ③ 산소압력의 과대 ④ 토치의 기능 불량
대책	① 팁을 깨끗이 한다. ② 팁을 모재에서 뗀다. ③ 산소압력을 용접조건에 맞춘다. ④ 토치의 기능을 점검한다.

- 역화(逆火, 소리가 나면서 손잡이 부분이 더러워진다.)

원인	① 가스의 유출속도 부족 　• 팁 구멍의 불결 　• 산소 압력 부족 　• 팁 구멍의 확대 변형 　• 작업 중 불꽃의 역행 　• 팁이 막힘, 파손 ② 가스 연소속도의 증대(팁의 과열)로 혼합가스의 연소속도가 유출속도보다 높다.
대책	① 아세틸렌을 차단한다.(호스를 꺾어서 끊어도 된다.) ② 팁을 물로 식힌다. ③ 토치의 기능을 점검한다. ④ 발생기의 기능을 점검한다. ⑤ 안전기에 물을 넣고 다시 사용한다.

34 절단법의 종류

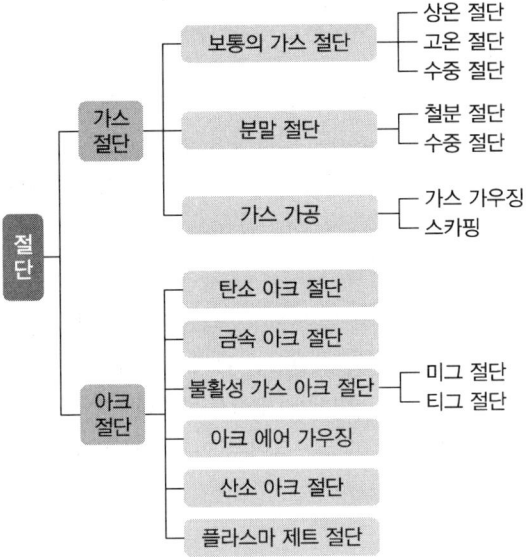

35 드래그 및 드래그 선

가스절단에서 일정한 속도로 절단을 할 때 절단홈의 밑으로 갈수록 슬래그의 방해, 산소의 오염, 절단 산소가스의 속도 저하 등에 의하여 산화작용과 절단이 느려서 절단 시 일정 간격으로 평행한 곡선이 나타난다. 이 곡선을 드래그 선이라고 한다.

36 아크용접법

- 전원으로 얻어지는 전력에 의해 용접물과 전극봉 사이에 아크를 발생시켜 그 아크로 인해서 전기에너지를 열에너지로 바꾸어서 이 열을 이용하여 두 개 이상의 금속편을 하나로 접합하는 방법이다.
- 수동아크 용접법
- 자동아크 용접법
- 반자동 아크 용접법

37 직류 아크용접법

- 전류의 방향이 바뀌지 않아서 아크가 안정된다.
- 낮은 전류에서 안정된 아크를 얻는 것이 유리하다.
- 구조가 비교적 복잡하나.

38 교류 아크용접법

- 전류의 방향이 바뀐다.
- 전압의 세기가 고르지 못하다.
- 아크의 안정성이 좋지 않다.
- 아크를 꺼지지 않게 하기 위하여 어느 정도 높은 전압이 필요하다.
- 가격이 저렴하다.
- 피복제의 용접봉을 사용하면 피복제에서 안정된 이온이 발생하여 아크의 안정성이 확보된다.
- 구조가 간단하여 고장이 별로 없고 고장 시에 수리가 편리하다.
- 중량이 직류 용접기에 비해 가볍다. 아크교류용접은 현장에서 취급이 간편하다.

39 자기쏠림(자기불림)

- 아크가 전류의 자기작용에 의해서 한 쪽으로 쏠리는 현상이다.
- 직류 아크용접은 안정된 아크를 얻을 수가 있으나 자기쏠림현상이 있어 용접물의 형상, 용접개소에 따라 도체에 흐르는 전류에 의해 그 주위에는 자장이 생긴다.

40 아크 자기쏠림 방지책

- 직류전류를 교류전류로 전환한다.
- 모재와 같은 재료의 조각을 처음과 끝에 용접선을 연장하게끔 가용접한다.
- 접지점(어스)을 용접부보다 멀리할 것
- 긴 용접에는 후퇴법으로 용착시킬 것

41 아크용접기의 단자

- 용접기에는 단자가 2개가 있다.
- 하나의 단자에는 케이블로 용접되는 공작물에 접속된다.
- 또 하나의 단자에는 케이블에 의해서 전극봉을 끼우고 홀더에 접속시킨다.

▼ 홀더에 끼우는 전극봉

- 베너어도스법 : 탄소봉을 사용하는 방법
- 슬라비아노프법 : 금속봉을 사용하는 방법

㊷ 용가제(첨가제)

- 탄소아크 용접법에는 보통 용접부를 용융하고 여기에 다른 금속봉을 용융시켜 보충하는 이 보충제를 용가제라고 한다.
- 금속 아크용접법에 있어서 금속 전극봉은 전극의 역할과 탄소아크 용접법의 용가제의 역할을 동시에 겸하는 것이다.
- 용가제나 금속 전극봉은 봉의 모양으로 되어 있어서 일반적으로 용접봉(웰딩 로더)이라 한다.
- 탄소 아크용접법에는 2개의 탄소 전극봉을 써서 2개의 탄소봉 사이에서 아크를 발생시켜 용접하는 것도 있다.

㊸ 아크 불꽃

- 아크를 착색 유리로 들여다 보면 3가지 형태로 나타난다.(아크 코어, 아크 흐름, 아크 불꽃)
- 아크 불꽃은 가장 온도가 높은 부분이 아크 코어 부분(약 4,000)이며 이것을 중심으로 해서 고체를 녹이는데, 이때 모재가 용융되고 있는 부분을 '용융풀'이라고 한다.
- 모재가 녹아 들어간 길이를 보통 용입 이라고 한다.
- 모재 위에 용접봉이 용해되어 융합된 금속이 시시각각으로 응고해서 깨끗한 파형을 만드는 것을 비드라고 한다.(비드금속을 용착금속이라고 한다.)

㊹ 직류 아크용접

직류 아크는 일반적으로 전자의 충격을 받는 양극 쪽이 음극보다 발열량이 크다.

1. 직류 정극성
   - 모재 쪽이 용융이 빠르고 용접보의 용융이 느리기 때문에 용입이 깊어진다.
   - 체적이 큰 모재는 양극, 용접봉을 음극에 설치
2. 직류 역극성
   - 용접봉의 용융속도가 빠르므로 모재의 용입을 피하기 위해서는 역극성이 좋다.
   - 체적이 큰 모재는 음극에, 용접봉은 양극에 설치

㊺ 아크 길이

- 아크가 발생 시 모재에서 전극봉까지의 거리를 말한다.(아크 전압과 밀접한 관계가 있다.)
- 아크 전압은 길이에 비례해서 변한다.
- 아크 길이는 적당한 길이로 일정하게 유지시키는 것이 매우 중요하다.

㊻ 용접 전류

용접봉 단면적 1(mm^2) 정도에서 전류 10~11(A) 정도가 좋다.

㊼ 용접봉(피복용접봉)의 구비조건

- 용착 금속의 모든 성질을 좋게 할 것
- 용접 작업을 용이하게 할 것
- 심선보다 피복재가 약간 늦게 녹을 것
- 가격이 싸고 경제적일 것
- 용접봉 저장 중 변질되지 않을 것
- 용접봉 주위에 습기로 인하여 용해되지 않을 것
- 용접 시 유독한 가스 발생을 방지할 것
- 슬래그가 용이하게 제거될 것

㊽ 용접봉 심선(와이어) 제조 시 고려사항

- 심선의 성분
- 심선 재질의 균일성
- 심선의 가공상태(심선은 대체로 모재와 동일한 재질의 것이 많이 사용된다.)

49 용접봉 심선의 제조방법

- 전기로 제조
- 평로 제조 또는 순산소 전로에서 강괴로부터 열간 압연에 의해 제조

50 용접봉 심선의 구별방법

- 심선을 화학적으로 분석해서 그 성질을 분별한다.
- 심선을 현미경 시험을 통하여 그 성분의 균일성을 분별한다.

51 용접봉 피복제의 작용

- 중성 또는 환원성의 분위기를 만들어서 대기 중의 산소나 질소의 침입을 방지하고 용융금속을 보호한다.
- 아크를 안정하게 한다.
- 용융점이 낮고 적당한 점성을 가진 가벼운 슬래그를 만든다.
- 용착금속에 필요한 원소를 보충한다.
- 용착금속의 흐름을 좋게 한다.
- 용적을 미세화하고 용착 효율을 높인다.
- 용착금속의 급랭을 방지한다.
- 상향, 기타 자세의 용접을 쉽게 할 수 있다.
- 슬래그의 제거를 쉽게 하고 파형이 고운 비드를 만든다.
- 전기의 절연작용을 만든다.

52 용접봉 피복제 성분작용

- 가스 발생제
- 탈산제
- 슬래그 생성제
- 아크 안전제
- 합금 첨가제
- 고착제

53 피복 용접봉 용착금속 보호방식

- 슬래그 생성식
- 가스 발생식
- 반가스 발생식

54 연강용 피복 아크용접봉

E 4301	일미나이트계
E 4303	라임티탄계
E 4311	고셀룰로오스계
E 4313	고산화티탄계
E 4316	저수소계
E 4324	철분산화티탄계
E 4326	철분저수소계
E 4327	철분산화철계
E 4330	특수계
E 7006	고장력강용 아크용접봉

55 용접에서 용융금속의 이행

- 단락형
- 스프레이형
- 핀치효과형
- 입상이행형(글로블러형)

56 용접자세 기호

F	아래보기자세	H	수평자세
V	수직자세	H-Fil	수평, 필릿 혼합자세
OH	위보기자세		

57 용접봉 적용

일미나이트계	작업성이 좋고 일반 구조물에 적용하기 좋으므로 저수소계 용접을 한 후에 위층 용접에 적용한다.
저수소계	내압용기, 철골 등의 비교적 큰 강도가 걸리는 두꺼운 판 아래층 용접에 적용한다.
고산화티탄계	얇은 박판 구조물 등과 같이 충분한 강도를 요하지 않는 것에 좋고 작업성이 좋고 비드의 외관이 아름다운 용접용, 수직용접, 하진 용접에 이상적이다.
라임티탄계	기계의 받침판 등과 같은 두꺼운 판을 아래보기 필릿용접을 하는 때에 제1층에서 완전 용입을 얻을 수 있는 곳에는 일미나이트계 또는 라임티탄계를 사용한다.

58 용접봉 보관 선택

- 용접봉은 일반적으로 습기에 대하여 민감하다.
- 저수소계 용접봉은 습기가 많으면 기공을 일으키고 내균열성이나 강도가 저하한다.
- 고셀룰로오스계는 습기가 있으면 피복이 벗겨진다.
- 보관장소는 지면보다 높고 건조한 장소를 택한다.
- 용접봉 사용 전에 70~100(℃) 정도로 30분~1시간 정도 건조시킨다.
- 저수소계 용접봉은 300~350(℃)로 30분~1시간 정도 충분히 건조시킨다.

59 아세틸렌 용기 안전장치

70(℃)에서 용융하는 가용전을 설치한다.

60 가스용기 보관온도

각종 가스는 항상 40(℃) 이하를 유지하여야 한다.

61 역류현상

아세틸렌가스는 저압이므로 고압인 산소가 아세틸렌 도관 속으로 흘러 들어가서 수봉식 안전기 고장으로 아세틸렌 발생기로 산소가 역류하여 폭발하는 현상이다.

62 가스절단 팁

가스절단에서는 절단속도는 산소압력, 모재의 온도, 산소의 순도, 팁의 형상에 따라 달라진다. 팁에서 다이버젠트 고속노즐은 고속으로 분출시키기에 가장 적합하다.(보통 팁에 비하여 절단속도가 같은 조건에서는 산소소비량이 25~40(%)가 절약된다.) 또한 산소소비량이 같은 조건에서는 절단속도가 20~25(%) 증가한다.

63 절단 팁의 끝에서 모재표면까지의 거리

팁에서 거리는 예열 불꽃의 흰색 불꽃 끝이 모재표면에서 약 1.5~2.5(mm) 떨어지는 정도가 이상적이다.

64 절단 시 절단조건

- 절단면은 평편하고 직선이 되어야 하며 각도가 정확할 것
- 절단면의 위 가장자리를 너무 녹이지 말고 각도가 알맞게 할 것
- 절단면 아래쪽에 붙는 슬래그는 떨어지기 쉬울 것

65 절단 시 절단면에 유해한 요철이 생기는 원인

- 절단 시 손이 떨려 팁의 간격 및 절단속도가 일정치 않은 경우
- 산소압력이 적당치 못할 때 일반적으로 산소압력을 너무 높이거나 너무 낮을 경우
- 팁이 오손된 경우

66 고장력강용 아크용접의 특성

- 판의 두께를 얇게 할 수가 있다.
- 소요 강재의 중량을 대폭으로 경감시킨다.
- 구조물의 자중이 경감되므로 그 기초공사가 간단하다.
- 재료의 취급이 간편하고 또 판재의 두께가 감소되므로 가공이 용이하다.

67 스테인리스강 피복 아크용접봉

- 크롬－니켈 스테인리스 피복 아크용접봉
- 크롬 스테인리스강 피복 아크용접봉

68 스테인리스강용 용접봉 피복재

라임계	석회석, 형석 등을 주성분으로 한 피복제
티탄계	루틸(rutil)을 이용한 피복제

69 용접봉 내균열성

내균열성이 가장 좋은 것은 저수소계, 그 다음이 일미나이트계, 내균열성이 가장 약한 것이 티탄계이다.

70 아크 부특성

전기회로는 동일 저항을 가진 회로에 흐르는 전류의 크기를 세게 하면 이것에 비례하여 전압도 크게 된다. 그러나 아크 특성은 이것과 반대로 전류가 증가하면 전압이 작아져서 전압도 작아지는 특성이 부특성이다.

71 용접기 수하특성

용접 전원은 아크를 안정하게 유지시켜야 한다. 이때문에 용접기의 특성을 알아야 한다. 부하전류가 증가하면 단자전압이 저하되는 특성이 용접기에 필요하다. 이를 수하특성이라고 한다.

72 용접기의 구비조건

- 구조 및 취급이 간단할 것
- 위험성이 적을 것
- 개로전압이 높지 않은 것
- 용접 전류의 조정이 용이해야 하며 일정 전류가 흐르고 용접 중에 전류값이 너무 크게 변화하지 않을 것
- 단락이 되었을 때는 전류가 크지 않을 것
- 아크 발생 유지가 용이할 것
- 능률이 좋을 것
- 구조가 견고하고 특히 절연이 완전해서 습기가 많거나 고온상태에서 충분히 견딜 것
- 용접기 사용 시 온도상승이 적을 것
- 가격이 저렴하고 사용 경비가 적게 들 것

73 직류 아크용접기 종류

발전형	직류 발전기에 연결시켜 사용한다.
정류기형	3상 교류를 세렌정류기, 실리콘정류기를 사용해서 정류한 것(가장 많이 사용된다.)
엔진구동형	전원설비가 없는 장소나 이동공사에 사용한다.

74 발전형 용접기 특성

- 완전한 직류전원이 얻어진다.
- 옥외나 교류전원이 없는 장소에서 사용된다.
- 회전하므로 고장 나기 쉽고 소음을 낸다.
- 용접기가 구동부와 발전기부로 구분되어 있어서 가격이 고가이다.
- 보수 점검이 어렵다.

75 정류기형 용접기 특성

- 직류를 얻는 데 소음이 나지 않는다.
- 취급이 간편하고 발전형보다 가격이 싸다.
- 교류를 정류하므로 완전한 직류를 얻지 못한다.
- 고장이 적으며 정류기의 파손에 주의하여야 한다.
- 보수나 점검이 발전형보다 간단하다.

76 직류용접기 특성

- 전류가 일정방향으로 흐르기 때문에 아크가 매우 안정하다.
- 전압, 전류의 변화가 없어서 0점도 없고 따라서 재점 아크전압도 없기 때문에 아크가 안정된다.
- 비피복 용접봉으로도 용접이 가능하다.
- 아크의 길이가 길어지면 용입이 불량해지는 일이 많다.
- 양극 측이 음극 측보다 발열량이 크다.
- 정극성은 두꺼운 판재 용접에 이용된다.
- 얇은 박판이나 비철금속, 주물 등의 녹기 쉬운 금속 용접에는 역극성을 사용한다.
- 직류에는 아크가 어느 일정방향으로 쏠리는 경우가 있는데, 이를 '자기쏠림'이라 한다.

77 자기쏠림 방지법

- 모재의 케이블 접지점을 바꾸는 일
- 가접을 크게 하기
- 후퇴법 용접하기
- 교류용접기 사용

78 직류용접기 자기쏠림 장해물

- 한쪽만 녹아서 용입불량이 생긴다.
- 용입불량이나 슬래그 섞임 등의 결함이 생긴다.

79 교류아크용접기 특성

- 무부하 전압이 직류보다 높은 것이 요구된다.
- 보통 1차측 전류가 200(V), 2차측은 70~80(V)로 연결된다.
- 아크가 안정되지 않는다.
- 자기누설 변압기를 써서 아크를 안정시키기 위하여 수하특성을 하고 있다.
- 용접 전류의 조정방법에 따라 탭 전진형, 가동철심형, 가동코일형, 가포화 리액터형으로 나눈다.
- 용접기 용량은 암페어(A)로 표시한다.
- 용접봉의 녹는 속도는 아크길이나 아크전압과는 거의 관계가 없고 용접전류의 크기로 결정된다.
- 무부하 전압이 높을수록 아크는 안정하나 전격 감전의 위험이 있어 주의하여야 한다.
- 피복 용접봉을 사용하면 규격범위의 무부하 전압으로 아크가 안정하며 양호한 용접이 가능하다.

80 가스용접 운봉법

전진법 (좌진법)	• 용접봉의 소비가 비교적 많고 용접시간이 길다. • 용접부가 파괴되기 쉽고 모재는 변형이 심하고 기계적 성질이 떨어지고 불꽃 때문에 용입이 방해되나 비드의 표면은 매끈하게 된다. • 판두께 5(mm) 이하의 맞대기 용접이나 변두리 용접에 쓰이며 비철금속, 주철용접 등에 사용된다.
후진법 (우진법)	• 용접봉의 소비가 적고 용접 시간이 짧다. • 용입이 깊고 5(mm) 이상의 두꺼운 판재의 용접에 쓰인다. • 용융풀을 가열하는 시간이 짧아서 과열되지 않고 용접부의 기계적 성질이 우수하고 가스 소비량이 적다.(단, 비드 표면은 매끈하기 어렵고 비드 높이가 커지기 쉽다.)

81 용접기 사용상 주의사항

- 정격사용률 이상으로 사용하면 과열이 되어 소손이 생긴다.
- 탭 전환은 반드시 아크 발생을 중지한 후에 실시한다.
- 2차측 단자의 한쪽과 용접기 케이스는 반드시 접지(어스)한다.
- 접점 개폐기의 접촉을 조사하고 가동부분, 냉각 팬을 점검한 후 주유를 해야 한다.
- 1차측의 탭은 1차측 전류, 전압의 변동을 조절하는 것이므로 2차측의 무부하 전압을 높이는 데 사용해서는 안 된다.

82 용접기 설치 시 주의사항

- 옥외에서 비나 바람이 부는 장소에는 설치하지 않는다.
- 주위 온도가 -10(℃) 이하인 곳에서는 사용하지 않는다.
- 유해한 부식성 가스가 있는 장소는 피한다.
- 수증기나 습도가 높은 곳은 피한다.
- 기름이나 증기가 많은 장소는 피한다.
- 휘발성 가스가 있는 장소는 피한다.
- 진동이나 충격을 받을 우려가 있는 장소는 피한다.
- 먼지가 많은 곳은 피한다.

83 용접기 원격제어장치 용도

용접 시 용접전류의 조정을 원격조정하는 것이다.

▼ 종류

- 가동철심 또는 가동코일형을 소형 모터로 움직이는 방법
- 가변저항기 전환에 의한 방법

84 전격방지기

- 용접작업을 쉬는 중에 용접기의 2차 무부하 전압을 약 25(V)로 유지하고 용접작업 시 용접봉을 모재에 접촉하면 순간 전자개폐기가 닫혀 2차 무부하 전압이 70~80(V)로 되어 아크가 발생한다.
- 용접이 끝나면 전자개폐기가 차단되어 전격을 방지하기 위하여 2차 무부하 전압이 다시 25(V)로 전환된다.

85 용접보호기구 핸드 실드 차광유리 규격

차광번호 6~7	가스용접 및 절단용, 아크용접 30(A) 미만 절단이나 금속용해작업용
차광번호 8~9	고로 가스의 용접 절단용, 아크용접 30~100(A) 미만의 용접, 절단용
차광번호 10~12	100~300(A) 미만의 아크용접 및 절단용
차광번호 13~14	아크용접 300(A) 이상 및 아크절단용

86 용접지그의 역할 및 사용상 장점

- 작업을 쉽게 할 수 있다.
- 공정수를 절약하므로 능률이 좋다.
- 제품의 정도가 균일하다.
- 용접이 편리하다.

87 아크용접 전격재해(감전재해) 전류통전

10mA	견디기 어렵다.
20mA	근육 수축
50mA	상당히 위험하며 생명에 위험이 있다.
100mA	치명적이다.

88 용접작업 시 전격재해 방지법

- 무부하 전압이 90볼트(V) 이상으로 높은 용접기를 사용하지 않을 것
- 자동전격 방지장치를 사용한다.
- 안전홀더와 안전한 보호기구를 사용한다.
- 홀더 손잡이 부분은 절연된 것을 사용하고 사용하지 않을 때는 절연커버를 씌운다.
- 좁은 장소에서 용접 시 열기로 땀이 나지 않을 곳에서 용접한다.
- 전격적 위험이 높은 장소에서 용접봉을 갈아 끼울 때는 손 가까이에서 조작이 가능한 스위치를 설치하여 아크를 끊을 수 있도록 한다.
- 작업종료 시나 장시간 작업 중지 시에 용접기의 스위치를 끄도록 한다.
- 전격을 받은 사람을 발견할 경우, 즉시 전기스위치를 정지시킨다. 그리고 절연 고무장갑, 고무장화 등을 사용하고 의복을 잡아당겨 구조하는 본인의 손이 닿지 않게 한다.

89 아크용접 기본적 운봉법

직선비드	박판용접, V형, T형 용접의 1층 비드에 사용된다.
위빙 비드	용접부위의 다층의 경우 등 폭넓은 용접을 하는 경우에 사용한다.(위빙 운봉법은 용접봉 심선의 2~3배 정도가 적당하다.)

90 크레이터 발생

용접 시 아크를 끊으면 비드 끝에 크레이터가 남는다. 크레이터란 최후의 용융풀이 응고나 수축할 때 생기는 일종의 움푹한 구멍으로 슬래그 섞임이 되고 수축 시 균열이 생기기가 쉽다. 반드시 크레이터는 용접을 되풀이하여 덮은 후에 용접을 마무리한다.

CHAPTER 002 특수 아크용접

SECTION 01 용접의 분류

01 그래비티 용접
- 자동화한 피복아크 용접법이다.
- 용접봉 유지부가 봉의 소모에 따라서 미끄러지는 기능이 있고, 봉의 경사는 항상 일정한 용접으로서 용접봉의 길이가 짧아지면 자동적으로 아크가 멈춘다.
- 용착성의 조정으로 용접봉 직경 미끄럼봉과 용접봉이 이루는 각에 의해 결정된다.

02 서브머지드 아크용접
이 용접은 먼저 모재 용접부에 미세한 가루 모양의 용제를 쌓아 놓고 그 속에 전극 와이어(심선) 비피복용접봉을 넣어 와이어 끝과 모재 사이에 아크를 발생시켜서 그 아크열에 의하여 모재, 와이어 및 용제를 용해하여 용접을 하는 자동 아크용접이다. 아크는 물론 발생하는 가스도 외부에서 볼 수가 없으므로 서브머지드 용접을 잠호용접이라 한다.

03 불활성 가스 아크용접(티그용접 · 미그용접)
- 특수한 토치를 사용하여 전극의 주위에서 알곤이나 헬륨 등과 같이 금속과 반응이 잘 일어나지 않는 불활성 가스를 유출시키면서 텅스텐 전극 또는 모재와 같은 계통의 비피복 금속선을 전극으로 하여 모재와 전극사이에서 아크를 발생시켜 이 아크용접에 의해 용접한다.
- 티그(TIG) 용접은 용접에 필요한 열 에너지는 비소모성의 텅스텐 전극과 모재 사이에서 발생하는 아크열에 의해 공급된 비피복 용가제를 용해하여 용접한다. 이 방법에서 텅스텐 전극은 거의 소모되지 않으므로 비용극식 불활성 가스 아크용접이라고 한다.
- 미그(MIG)용접은 텅스텐 전극 대신에 용가제의 전극선을 자동적으로 연속 공급하여 모재와의 사이에서 아크를 발생시켜 용접한다. 이 방법은 전극선을 연속적으로 소모하여 용착금속을 형성하므로 용극식 불활성 가스 아크용접이라고 한다.

04 탄산가스(CO_2) 아크용접
불활성 가스 아크용접에서 사용되는 값비싼 알곤이나 헬륨 대신에 탄산가스를 사용하는 용극식 용접 방법이다. 즉 용접 와이어(심선)와 모재 사이에 아크를 발생시켜 토치 선단의 노즐에서 순수한 탄산가스나 다른 가스를 혼합한 혼합가스를 내보내 아크와 용융금속을 대기로부터 보호하는 용접이다.

05 원자수소용접법
- 분자상태의 수소가스를 원자상태의 수소로 열해리 시킨 다음 이를 다시 결합해서 분자 상태의 수소로 될 때에 발생하는 열을 이용하여 순원자 상태 및 분자 상태의 수소가스 분위기 내에서 행하는 용접이다.
- 가스 분위기 속에 있는 2개의 텅스텐 전극봉 사이에서 아크를 발생시키면 아크 공열을 흡수하여 수소는 열해리되어 분자상태의 수소가 원자상태로 되며 모재 표면에서 냉각되어 원자상태의 수소가 다시 결합해서 분자상태로 될 때 방출되는 열온도 3,000~4,000(℃)를 이용하는 용접방식이다.

06 일렉트로 슬래그 용접
- 아주 두꺼운 물건을 용접하기 위한 것이다. 아크열이 아닌 와이어와 용융 슬래그 사이에 통전된 전류의 전기저항 주울열을 주로 이용하여 모재와 전극 와이어를 용융시키면서 미끄럼판을 서서히 위쪽으로 이동시켜 연속 주조방식에 의해 단층 상진 용접

을 한다.
- 전기저항 발열은 처음부터 일어나는 것이 아니고 용제 공급장치로부터 미끄럼 판과 모재 사이에 공급된 가루 형태의 용제 속으로 전류를 통하여 순간적으로 아크가 발생한다. 이 아크열에 의하여 용제와 용융된 전극 와이어나 모재의 용융금속이 반응을 해서 전기저항이 큰 용융 슬래그를 형성한다. 이와 같은 형성이 이루어지면 아크는 소멸되고 이후부터 전기저항열에 의하여 용접이 행해진다.

07 일렉트로 가스 아크용접

- 일렉트로 슬래그 용접보다 두께가 얇은, 즉 40~50(mm) 중후판의 용접에 이상적이다. 이 용접은 판의 두께와 상관없이 12~16(mm) 정도로 좁게 하므로 일렉트로 슬래그 용접보다는 용접속도가 빠르고 용착금속도 적게 되므로 경제적인 동시에 변형도 거의 없으며 작업성도 양호하다. 그러나 용접강의 인성이 떨어진다.
- 조선, 고압탱크, 원유탱크 제작에 사용된다.

08 스터드 용접

- 일반적으로 스터드라 하면 압정, 장식버튼, 장식 못 등을 의미하나 용접에서는 볼트, 환봉, 핀 등을 말한다.
- 스터드를 용접하는 방법에는 저항용접법, 가스용접법, 충격용접법 등이 있으나 스터드 용접은 모재와 스터드 사이에서 아크를 발생시켜 이 아크 열로서 모재와 스터드 끝면을 용융시키면서 스터드를 모재에 눌러 융합시키는 자동 아크용접이다.

09 테르밋 용접

미세한 알루미늄 분말과 산화철 분말을 약 3 : 1~4 : 1 중량비 정도로 혼합한 테르밋제에 과산화바륨과 마그네슘(알루미늄 등)의 혼합분말로 된 점화제를 같이 넣고 이것을 성냥불 등으로 점화하면 점화제의 화학 반응에 의해 약 1,100(℃) 이상의 고온이 얻어진다. 이 고온에 의하여 강력한 발열을 일으키는 테르밋 반응으로 약 2,800(℃) 이상의 고온에 이르는데, 그 결과 산화철이 환원되어서 용융상태의 순철이 된다. 이 용융금속을 용가제라 하여 모재의 용접에 사용되던지 또는 열원으로 이용하는 용접이다.

10 논실드 아크 용접

- 실드 보호가스를 사용하는 용접에서는 옥외 작업 시 바람의 영향으로 작업이 곤란하다. 또한 용제를 사용하는 서브머지드 아크용접 등은 설비비가 많이 든다. 이런 결점을 보완한 용접이 논실드 아크 용접이다.
- 탈산제 탈질제를 적당히 첨가한 솔리드 와이어를 전극으로 하여 이것과 모재 사이에서 아크를 발생시켜 용접하는 넌가스 넌플럭스 아크법과 탈산제 슬래그 형성물질, 아크안정제, 탈산제를 섞은 용제를 넣은 와이어를 쓰는 넌가스 아크법 등이 있다.

11 전자 빔 용접

- 고진공 $10^{-3} \sim 10^{-6}$(mmHg) 상태에서 적열된 필라멘트에서 전자 빔을 접합부위에 조사하여 그 충격열을 이용하여 용융한 방법이다.
전자빔 용접장치는 전자빔을 발생하는 전자빔 건과 가공품을 올려 놓은 가공대가 고진공 용기 속에 밀폐되어 있으며 두 가지는 용기 밖에서 자유로이 구동 제어하며 용접은 용기에 설치된 감시창인 접안경을 통하여 가공물을 관찰하면서 진행한다.
- 진공이 필요한 이유는 10^{-3}(mmHg)보다 높은 기압의 분위기 속에서는 공간이 전리되어 방전현상을 일으키기 때문이다.
- 고진공 속에서 텅스텐 필라멘트를 가열시키면 많은 열전자가 방출되며 이 전자의 흐름은 그리드에서 접속하고 양극인 애너드에 의해 가속되어 고속도의 전자 빔을 형성한다. 이 전자 빔은 다시 전자 렌즈라 부르는 접속코일을 통하여 적당한 크기로

만들어서 용접부에 조사된다.
- 가속된 강력한 에너지가 전자렌즈에 의해 극히 작은 면적에 집중적으로 조사되므로 가공품의 조사부는 순간적으로 용융되어 극히 작고 깊은 용입이 얻어지는 용접이다.

12 플라즈마 용접

- 가스를 가열시켜 온도를 높이면 기체 원자는 격심한 열운동에 의해 마침내 전리되어 이온과 전자로 나뉜다. 이와 같이 전자와 이온이 혼합되어 도전성을 띤 가스체를 플라즈마라고 한다.
- 플라즈마 아크는 종래의 아크열보다 더 고온, 고에너지 밀도의 열원으로 종래 아크에 비해 10~100배의 에너지 밀도를 가져서 1만~3만(℃)의 고온 플라즈마가 쉽게 발생되는데 이 고온의 플라즈마를 적당한 방법으로 한 방향으로만 분출시키는 것을 플라즈마 제트라 부르고 각종 금속의 용접, 절단 등의 열원으로 이용한다.

13 저항용접

- 용접하려고 하는 재료를 서로 접촉시켜 놓고 이것에 전류를 통하면 저항열로 접합면의 온도가 높아졌을 때 가압하여 용접한다.
- 용접 전류를 세게 하여 짧은 시간에 필요한 열을 공급하는 데 필요한 전원으로는 대체적으로 교류가 이용된다.

14 점 용접

두 개 또는 그 이상의 금속을 두 전극 사이에 끼워 넣고 전류를 통하면 접촉부는 요철 때문에 접촉 저항이라는 매우 큰 저항층이 있는데, 이로 인해 발열이 일어나 용접부 온도가 급격히 상승하고 금속은 녹기 시작한다. 이때 적당한 방법으로 수직한 압력을 가하면 접촉부는 변형되어 접촉저항이 감소된다. 그러나 제일 처음의 접촉저항으로 인해 온도가 상승되었기 때문에 용접부 금속 자신의 고유저항은 더욱 증가되고 온도가 상승되어 용융상태에 달한다. 이와 같은 방법으로 알맞은 용접온도에 달하면 상하의 전극으로 압력을 가하여 용접부를 밀착시킨 다음 전극을 용접부에서 떼어내면 용접이 완료된다.

15 플럭스 코어 용접

- 와이어의 단면적 감소로 인한 전류밀도 상승으로 용착속도가 증가하고 플럭스에 의한 용접부의 금속학적 성질이 향상된다.
- 슬래그에 의한 매끄러운 외관 유지가 가능하며 수직상진 용접에서 슬래그에 의한 비드 처짐 방지로 고전류의 사용이 가능한 용접이다.

16 심 용접

원판상의 롤러 전극 사이에 두 장의 판을 끼워서 가압 통전하고 전극을 회전시켜 판을 이동시키면서 연속적으로 점 용접을 반복하는 방법으로 하나의 연속적 선 모양의 접합부가 얻어지는 것으로 주로 기밀, 수밀, 유밀을 필요로 하는 곳에 용접한다.

17 프로젝션 용접

점용접과 같은 용접이며 제품의 한쪽 또는 양쪽에 작은 돌기를 만들어서 이 부분에 용접전류를 집중시켜 압접하는 방법이다. 또 이 용접에서는 제품에 동기부를 만들지 않고 모재의 각 모서리, 끝, 돌출부 등을 돌기 대신으로 이용하는 방법도 있다.

18 업셋 용접

- 저항용접 중에서 가장 먼저 개발된 것이자 현재에 널리 사용하는 용접이다.(일명 버트용접이라고도 한다.) 용접 시 같은 단면 모재를 서로 맞대어 가압하여 전류를 통하면 용접부는 먼저 접촉저항에 의해서 발열이 되며 다음에 고유저항에 의해서 더욱 온도가 높아져 용접부가 단접온도에 도달했을 때 모재를 축 방

향으로 강한 힘을 가해 가압하면 두 모재가 융합된다. 이에 전류를 차단하여 용접을 완료한다.
- 이 용접에서 접촉저항을 크게 하기 위해서는 처음 맞대어 가압할 때는 작은 힘으로 하고 단접 온도에 도달하게 되면 큰 힘으로 가압한다.

(19) 플래시 용접

- 업셋용접과 비슷하며 일명 불꽃용접이라고 한다. 용접하고자 하는 모재를 약간 띄어서 고정대, 이동대의 전극에 각각 고정하고 전원을 연결하여 전극 사이에 전압을 가한 뒤 서서히 이동대를 전진시켜 모재에 가까이 한다. 편평하다고 생각되는 소재 면에 반드시 용철이 있어 모재가 닿아 그 부분에 높은 집중저항이 형성된다. 가열온도가 알맞은 상태가 되었을 때 빨리 강한 압력을 가해 업셋을 한다.
- 업셋에 의해 불순물이나 용융금속이 용접부 주위로 밀려나오고 모재는 서로 완전히 접촉되어 단락 대전류가 흐르나 일정 시간 후에 업셋 전류를 차단시켜 압접을 완료한다.

(20) 가스 압접

- 가열 토치로 접합부를 가열하여 그 재료의 재결정 온도 이상이 되면 축방향에서 압축압력을 가해 압접하는 방법이다.
- 가열하는 가스불꽃은 산소-아세틸렌, 산소-엘피지, 산소-수소 불꽃 등이다.

(21) 단접

두 개의 금속재료 접합면 또는 소재 전체를 화덕이나 노 내에 넣어서 적당한 열원에 의해 융접 가까운 단접 온도까지 가열하여 접합부를 겹쳐놓고 타격이나 센 압력을 접합하는 방법이다.

(22) 냉간 압접

- 냉간 압접은 가열하지 않고 상온에서 단순히 가압 만의 조작으로 금속 상호 간의 확산을 일으켜 압접을 이루는 방식이다.
- 금속 결합이라는 특수한 결합상태를 취하고 있다. 깨끗한 2개의 금속면을 매우 가까운 거리로 원자들을 가까이 하면 자유전자가 공통화되고 결정격자의 양이온과 서로 작용하여 인력으로 인해서 2개의 금속이 결합된다.

(23) 마찰 용접

- 마찰력에 의해 두 물체가 결합될 때 회전축에 베어링이 타서 달라붙는 소착현상과 같이 강판을 구리 또는 알루미늄 통으로 마찰하여 소착현상을 이용하여 결합시킨다.
- 접촉면의 고속회전에 의한 마찰열을 이용하여 압접하는 방법으로 재료의 한 쪽을 고정하고 다른 쪽을 이것을 가압 접촉시키면 접촉면은 마찰열에 의해 급격히 온도가 상승되어 적당한 압접온도에 도달했을 때 강압을 가하여 업셋시키고 동시에 회전을 정지해서 압접을 완료한다.

(24) 고주파 용접

- 용접부 주위에 감은 유도 코일에 고주파 유도 전류를 통해 피용접물에 2차적으로 유기된 유도 전류의 작용에 의해 가열하여 용접부가 압접온도에 도달한 때에 가압 압접하는 고주파 유도가열용접법(고주파용접법), 고주파 전류를 직접 재료에 통전시켜 압접하는 고주파 저항용접법 2가지가 개발되어 실용화되고 있다.
- 고주파 주파수 범위 : 1~3(kHz), 최대출력 1,000(kW)

(25) 초음파 용접

- 접합하고자 하는 소재에 초음파인 18(kHz) 횡진동을 주어서 그 진동에너지에 의해 접촉부의 원자가

서로 확산되어 접합이 된다.
- 이 용접법은 종래의 용접법에 비해 편리한 점은 없으나 다른 용접으로는 불가능한 것 또는 신뢰도가 결핍된 것, 금속이나 플라스틱 용접, 다른 종류의 금속용접에 좋은 방법이다.

26 폭발 압접

두 장의 금속판을 화약의 폭발에 의해서 생기는 순간적인 큰 압력을 이용하여 금속을 압접하는 방식이다.

27 레이저 빔 용접

- 레이저광은 각 원자에서 방출되는 빛의 위상을 가지런하게 하여 이들의 중첩작용으로 진폭을 증대하고 완전히 평면파로 되게 한 것으로 보통 전파와 같이 복사된다.
- 레이저는 종래의 진공관방식과 매우 성질이 다른 증폭발진방식으로 원자와 분자의 유도방사현상을 이용하여 얻어진 빛으로 강렬한 에너지를 가진 접속성이 강한 단색 광선이다.
- 레이저는 다이아몬드 구멍뚫기, 절단, 금속과 비금속의 증발, 공기 중 진공 중 고압하에서 불활성 가스 중 액체 중에서 용접이 가능하다. 그리고 투명한 유리창 안에서도 용접이 가능하다.

28 저온 용접

- 공정 저온 용접이라고도 한다. 공정조직을 가진 합금의 융점은 공정 조직이 아닌 배합의 동계 합금에 비하여 융점이 최저가 된다는 사실을 이용한 방법이다.
- 모재가 결정되면 이것에 사용할 수 있는 용접봉과 용제가 지정되며 이것에 의하여 만들어진 용접금속의 배합이 공정배합으로 되며 따라서 저온에서 용융되어 응고되는 결과가 된다.

29 연납땜(솔더링)

정의	용융온도가 450(℃) 이하의 납을 사용하는 납땜
주성분	주석, 납
종류	땜납(연납), 카드뮴계 연납

30 경납땜(brazing, 브레이징)

- 용융 온도가 450(℃) 이상의 땜납제를 써서 납땜한다.
- 땜납제 : 은납, 황동납, 알루미늄납, 인동납, 니켈납 등
- 일명 저온 용접, 공정 용접이라 한다.
- 모재보다는 저용융점의 용가제를 사용하여 홈 용접이나 필릿 용접을 하는 것을 말한다.

31 플라스틱 용접

열풍 용접	전열에 의해 기체를 가열하여 고온 가스를 용접부와 용접봉에 분출하여 용접하며 금속용접과 거의 같다.
열기구 용접	• 가열된 인두와 같은 것을 열원으로 하는 용접법이다. • 니켈도금한 구리나 알루미늄제의 가열기구를 접합부에 대어 알맞은 온도가 될 때까지 가열하고 다시 눌러 국부가 용융됨에 따라 용접을 진행한다.
마찰 용접	두 개의 피용접물 표면을 가압하여 한 쪽을 고정하고 다른 쪽의 용접면을 회전시켜서 마찰열을 발생시켜 고도의 연화 또는 용융시켜서 용접한다.
고주파 용접	접합부를 상하 전극 사이에 놓고 고주파 전류로 가열하여 연화 용융시키면서 눌러 접합하는 방법이다.

32 퍼커션 용접(충격 용접)

전기저항용접으로 알루미늄이나 구리 등과 같이 산화의 발생이 많은 금속선 및 모재가 다른 금속선의 용접에 사용하며 전기 에너지를 짧은 시간에 방전시켜 용접에 필요한 열을 얻는 방법이다.

SECTION 02 용접의 특성

01 서브머지드 아크용접

1. 특성
- 비피복 용접봉인 전극 와이어를 넣어서 와이어 끝과 모재 사이에서 아크를 발생시켜 그 아크 열에 의해 모재, 와이어 및 용제를 용해하여 용접하는 자동용접이다.
- 용제는 실드(보호작용)작용에 의해 대전류를 심선에 흐를 수 있게 한다.(용융풀은 2,000(℃) 이상이다.)
- 용융형 용제, 소결용 용제, 혼성형 용제가 있다.
- 용제 : 산화규소, 산화망간, 산화칼슘 등이다.
- 와이어 재료 : 탄소, 규소, 망간 등의 합금이다.
- 용도는 조선업, 각종 탱크제작, 교량, 차량, 철골구조, 가스터빈, 대형 전동기, 대형 변압기케이스 제작에 사용된다.
- 와이어공급방식 : 텐덤식, 횡병렬식, 횡직렬식

▼ 특징

- 용입이 깊고 용접속도가 빨라서 능률적 용접이 가능하다.
- 용입이 깊으므로 용접 홈을 좁게 할 수가 있어서 용접재료비가 경제적이다.
- 비드의 형상이 매우 곱다.
- 자동 용접이 가능하고 안정된 용접이 되므로 용접 이음의 신뢰성이 높다.
- 대량 생산에 적합하다.
- 용접 후에 변형이 적다.
- 용접선이 복잡한 곡선이거나 용접부 길이가 짧으면 기계 설치나 조작의 어려움으로 도리어 비능률적이다.
- 대부분 아래보기 용접 및 수평 필릿 용접에만 사용된다.
- 용접 홈 가공의 정밀도가 높아야 하며 루트 간격이 너무 넓으면 용락이 되어 용접이 불가능하다.
- 용접 시 아크가 보이지 않아서 용접부의 상태(적, 부)의 파악이 안 된다.
- 용접 설치 시설비가 비싸다.
- 모재재질, 와이어심선, 용제의 선정이 어려우며 특히 용제의 습기 흡수에 주의해야 한다.

2. 용접장치
- 용접헤드 : 심선송급장치, 컨텍트조, 용접와이어, 용제 호퍼(hopper)
- 주행대차

02 불활성 가스 아크용접(티그, 미그 용접)

1. 특성
- 다른 용접보다 강도, 내식성 등이 풍부한 이음을 얻을 수가 있다.
- 용제를 사용하지 않아서 여러 가지 이음형상에 적용되며 용접 후의 청소작업도 필요하지 않다.
- 작업 중 스패터가 튀든가 유해한 가스가 발생되지 않아서 모든 금속용접에 이상적이다.(알루미늄과 그 합금, 스테인리스강, 마그네슘과 그 합금, 니켈과 그 합금, 구리, 실리콘 동합금, 동니켈합금, 은, 인청동, 저합금강, 주철, 철강 기타 용접에 사용)
- 불활성 가스인 알곤이나 헬륨을 유출시키면서 용접한다.
- 용접 시 불활성 가스로 인하여 대기와의 접촉이 없어서 산화, 질화 등이 방지된다.
- 청정효과에 의해 산화막이 견고한 금속이라도 용제를 사용하지 않고 용접이 가능하다.
- 직류용접인 티그용접 시 역극성에서는 폭이 넓고 용입이 얕으나 정극성에서는 폭이 좁고 용입이 깊다.
- 전극의 가열도가 달라서 역극성에서는 가열도가 크고 정극성에서는 작다.
- 저전압이라도 아크의 안정이 극히 양호하고 열을 한 곳에 집중시킬 수 있다.(용접속도가 빠르며 양호한 용입, 모재 변형이 적다.)
- 얇은 판에서는 용접봉을 사용하지 않아도 양호한 용접부가 얻어지며 언더컷도 생기지 않는다.
- 모든 자세의 용접이 가능하며 능률이 높다.
- 직류분 : 교류전원 사용 시 금속의 전자방사 난이에 의해 2차 전류에 직류부 전류를 일으킨다. (직류분이 많으면 청정효과에 영향을 미치고 용접기 파손 우려가 있다.)

2. 티그 용접

- 비소모식 텅스텐 전극을 사용한다.
- 직류나 교류 어느 것이나 사용이 가능하다.
- 역극성의 경우 청정효과(가속된 가스이온이 모재에 충돌하여 이것에 의해 모재 표면의 산화물이 제거되는 것)가 있다.
- 교류 사용 시 아크안정 및 불평형 부분을 적게 하려고 고전압 고주파수, 저출력의 추가 전류 도입이 필요하다.
- 텅스텐 전극 종류(순수한 텅스텐, 토륨 2% 함유한 텅스텐 전극)
- 불활성 가스의 불순물 종류 : 산소, 수소, 질소, 수분 등

3. 미그 용접

- 텅스텐 전극 대신 비피복의 가늘게 생긴 금속 와이어(용접용 심선)인 용가 전극을 일정한 속도로 토치에 자동용접시켜서 용접한다.
- 와이어 공급을 자동적으로 하고 토치 이동을 손으로 하는 반자동 용접, 토치 이동을 자동으로 하는 전자동용접이 있다.
- 전류의 밀도가 매우 커서 용접전류가 적은 경우는 용융금속이 피복아크용접의 경우와 같이 비교적 큰 용접이 되어 모재로 이행하는 구적이행이 된다.
- 전류값이 임계치를 넘으면 용적이 갑자기 작게 되어 입자가 고속으로 전극에서 이행하는 스프레이 이행이 된다.(아크가 안정되고 조용하며 스패터도 적고 비드 표면의 파형이 매우 작아서 티그 용접에서는 볼 수 없는 아름다운 비드가 된다. 또 아크가 강한 저항성으로 아래보기 용접, 수직, 위보기 등 어떤 자세의 용접도 가능하다.)
- 티그용접에 비해 능률이 높고 3~4(mm) 이상 두꺼운 모재 용접이 가능하다.
  아크 전압이 낮을수록 와이어 용융속도가 증가하고 용입도 깊게 된다.(같은 전압에서는 전류가 클수록 용입이 깊다.)
- 깊은 용입을 얻기 위하여 저전압으로 대전류를 사용하면 좋다.
- 장점이라면 대체로 모든 용접이 가능하고, 용제를 사용하지 않으므로 슬래그 발생이 없고, 스패터 및 합금 성분의 손실이 적다. 용착금속의 품질이 좋다. 능률이 높다. 용접이 가능한 판 두께 범위가 넓다. 전자세 용접이 가능하다.)
- 공급되는 와이어가 실드 범위에서 빠져나가는 일이 없도록 와이어 송급 롤러를 잘 조정해야 한다.

03 탄산가스(CO_2) 아크용접

1. 특성

- 가격이 비싼 알곤이나 헬륨 대신 탄산가스를 사용하는 용극식 용접이다.
- 용접방법은 솔리드와이어와 모재 사이에 아크를 발생시키고 토치 선단의 노즐에서 순수한 탄산가스를 보내서 아크와 용융 금속을 대기로부터 보호한다.

2. 용접의 장점

- 산소나 질소가 없고 수소 함유량이 다른 용접에 비해 매우 적어서 우수한 용착 금속을 얻는다.
- 강의 종류에 관계없이 용접이 가능하며 용착강의 기계적 성질이 매우 우수하다.
- 탄산가스의 가격이 싸다.
- 용제의 사용이 필요 없어서 슬래그 발생이 없고 용접 완료 후에 청소가 간단하다.
- 용접 시 모든 용접의 자세로 용접이 되며 조작이 간단하다.
- 용접 전류의 밀도가 커서 용입이 깊고 용접속도를 빠르게 할 수가 있다.
- 직접 보는 가시용 아크이므로 시공이 편리하다.
- 서브머지드 아크용접에 비하여 모재 표면의 녹이나 오물 등이 있어도 큰 지장이 없다.

- 용접와이어가 녹는 용극식, 전극이 텅스텐으로 되어 있어서 녹지 않는 비용극식이 있다.

3. 와이어(용접 심선)
- 용접 와이어는 비피복봉에 순수한 탄산가스만을 사용하는 방법이 널리 이용된다.
- 각종 복합 와이어(BOC 와이어, 아고스 와이어, 퍼스아크 와이어, S관상 와이어, Y관상 와이어)

4. 용적 이행
- 용접 이행이란 CO_2 아크용접에서 녹은 용적이 모재로 옮겨가는 현상이다.
- 스프레이 이행, 구적이행(자기적 핀치효과) 두 가지가 있다.
- (탄산가스+다른 가스 혼합)를 쓰는 방법에서 와이어는 솔리드와이어(연강, 고장력강)이 사용된다.

04 원자 수소 용접

1. 원리
- 분자상태 수소가스를 원자상태 수소가스로 만들어 사용한다.
- 텅스텐 전극은 아크 불꽃만 발생시키며 피용접물은 수소가스로 쌓여서 공기를 완전 차단한 상태로 용접이 가능하여 산화나 질화가 없다.

2. 특성 및 장점
- 특수합금이나 얇은 금속판 용접이 용이하다.
- 연성이 풍부하고 우수한 금속 조직을 가진 용접이 된다.
- 용접기는 교류나 직류 사용이 가능하다.
- 표면이 깨끗한 용접이 되며 흠이 없고 깨끗한 용착 금속을 얻는다.(발열량이 높기 때문에 용접 속도도 빠르고 변형도 적다.)
- 고도의 기밀이나 유밀을 필요로 하는 내압용기 용접에 사용된다.
- 전극 홀더는 절연손잡이로 2개의 전극봉을 끼우며 수소가스 분출구, 전극의 간격조정용 레버, 가스조절용 밸브가 붙어 있고 전류를 흐르게 하는 케이블, 수소가스를 보내는 호스 등이 있다. (전극봉은 텅스텐이다.)

3. 용접법
- 전극봉에 300(V) 전압이 걸린다.
- 아크 발생열에 수소가스가 점화된다.
- 수소가스 분출량이 너무 많으면 수소가스 손실이 크고 너무 적으면 용입이 불완전하고 또 텅스텐 전극봉의 소모가 많아지므로 알맞게 조절해야 한다.
- 2개의 텅스텐 전극봉 간격을 크게 하면 발열량이 증가하고 작게 하면 발열량이 적어진다.

05 일렉트로 슬래그 용접

1. 특성
- 아크 열에 의하여 용제와 용융된 전극 와이어나 용융 금속이 반응하여 전기저항이 큰 용융 슬래그를 형성한다. 이와 같은 형성이 이루어지면 아크는 소멸되고 이후부터 전기저항열에 의하여 용접이 행해진다.
- 전극 와이어는 피용접물의 두께에 따라서 1~3개 정도 사용한다.
- 용접 전류는 대전류(400~1,000A), 전압은 35~55(V) 정도이고 용제(플럭스)는 서브머지드 용접에서 사용하는 것과 같은 계통으로 사용된다. (와이어는 서브머지드 아크용접에서 사용하는 것과 같다.)
- 수냉동체(미끄럼판)판과 모재는 밀착되어 용접 금속과 사이에 슬래그의 엷은 막을 만들어서 비드 형상이 아름답다.
- 용제는 될 수 있는 한 많은 양의 슬래그를 발생하여 냉각 동판과 용접 금속 사이에 슬래그의 얇은 막을 만드는 것이 좋다.

06 일렉트로 가스 아크용접

1. 특성
- 수직 자동용접이다.(실드가스는 탄산가스 사용)
- 전극 와이어는 솔리드(보호)와이어 및 와이어 내부에 용제를 넣은 와이어를 사용한다.
- 이 용접법은 CO_2 또는 $CO_2 + O_2$의 분위가 속에서 모재를 수직으로 고정한 I형 맞대기 이음에 수냉구리 미그럼판을 서서히 위쪽으로 이동시키므로 연속적인 용접이 된다.
- 일렉트로 슬래그 용접보다 두께가 얇은 것, 즉 중판 이하의 모재 용접에 적합하다.
- 용접홈 간격을 12~16(mm) 정도로 좁게 하므로 용접 속도가 빠르고 용착 금속도 적어 경제적이다.
- 변형이 거의 없고 작업성도 양호하다.
- 용접강의 인성은 떨어진다.

07 스터드 용접

1. 특성
- 아크용접과 다른 점은 스터드 끝에 아크 안전성이나 탈산역할을 하는 용제를 충전하거나 용제를 방사하여 부착시킨다.
- 용접 시 외주에는 페룰로 포위하는 점이 다른 용접과는 다르다.
- 전원으로는 직류나 교류 다 가능하나 직류용접기가 더 이상적이다.
- 아크 발생 통전시간은 모재 두께 및 스터드 지름에 알맞게 미리 제어장치로 조정해 주면 일정 시간에 아크가 발생하여 용접이 완료된다.
- 스터드(stud)는 용도에 따라 여러 가지가 있다. (용접부 형상은 대부분 원형이나 용접성 때문에 형상 치수에 제약을 받는 장방형이다.)
- 스터드 끝부분은 탈산제를 충전 또는 부착시켜서 용접부의 기계적 성질을 개선한다.
- 페룰은 내열성의 도기로 만들고 그 지름은 스터드 지름보다 약간 크고 모재와 접촉하는 부분은 홈이 파여 있다.

2. 용접 특징 및 장점
- 아크 열을 이용하여 자동적으로 짧은 시간에 용접부를 가열하여 용접하므로 용접 시 변형은 극히 적다.
- 용접 냉각 속도가 비교적 빨라서 모재에서 융착 금속부나 열영향부가 경화하여 균열 발생이 우려된다.(단, 탄소나 망간 성분이 적으면 균열의 발생은 염려하지 않아도 된다.)
- 통전시간 또는 용접 전류가 맞지 않으면 모재에 대한 스터드의 누르는 힘이 불충분하여 외관상 별다른 지장은 없으나 양호한 용접 결과는 얻기 힘들다.
- 철강재료 외에 구리나 황동, 알루미늄, 스테인리스강 용접에도 적용된다.
- 대체적으로 모재가 급열, 급랭하기 때문에 재료는 저탄소강이 좋다.
- 스테인리스강은 연강에 비하여 아크 발생 시 단락되기 쉽기 때문에 연강의 전류보다 전류값을 크게 하고 시간을 짧게 한 후에 모재 사이 간격을 크게 하여 용접한다.

08 테르밋 용접

1. 특성
- 테르밋 반응 온도는 약 2,800(℃)이다.
- 산화철이 환원되어 용융상태의 순철로 된다. 이 용융 금속이 용가재이고 모재의 용접에 쓰이든지 또는 열원으로 이용한다.
- 테르밋 종류는 용융테르밋, 가압테르밋 등이 있다.

2. 장점
- 용접 작업이 단순하다.
- 용접기 설비비가 저렴하고 또한 이동이 가능하다.
- 전기를 필요하지 않고 테르밋제와 혼합 분말로 된 점화제를 사용한다.
- 용접시 시간이 단축되고 또한 용접 후에 변형이 적다.

- 용접홈(그로브)은 가스 절단한 대로도 좋고 특별한 모양의 홈이 필요하지 않다.
- 용접 가격이 저렴하다.

09 논실드 아크 용접

1. 특성
- 반자동 용접이다.
- 탈산제, 탈질소제를 적당하게 섞어서 첨가한 솔리드 와이어를 전극으로 하여 이것과 모재 사이에서 아크를 발생시켜 용접한다.
- 옥외 작업 시 바람에 의한 불안전이 없다.(다만 풍속의 속도가 5(m/s) 이상이 되면 풍해 때문에 주의하여야 한다.)

2. 장점
- 실드 가스나 용제가 필요없다.
- 논가스 아크법에서는 교류, 직류 다 사용이 가능하고 전자세 용접도 가능하다.
- 바람이 불어도 실드 가스를 사용하지 않기 때문에 옥외에서 용접이 가능하다.
- 피복 아크 용접봉인 저수소계와 같이 수소 성분이 발생하지 않는다.
- 용접 비드가 아름답고 슬래그가 떨어져 나가는 박리성이 좋다.
- 용접장치가 간단하여 운반이 편리하다.

3. 단점
- 용착 금속의 기계적 성질은 타 용접기에 비해 떨어진다.
- 전극 와이어 가격이 비싸다.
- 용접 중 가스 발생이 많아서 용접선이 잘 보이지 않는다.

4. 용접봉의 청소방법
- 와이어 브러시 사용
- 가스불꽃에 의한 가열
- 그라인더 사용
- 유기용제에 의한 탈지
- 알칼리 세제

5. 와이어 흡습에 의한 건조
와이어를 개봉 상태로 방치하면 습기 흡수의 염려로 사용 시에는 약 200~300(℃)에서 1~2시간 정도 재건조가 필요하다.

10 전자빔 용접

1. 특성
- 고진공 $10^{-4} \sim 10^{-6}$(mmHg) 속에서 용접하여야 한다.
- 가속된 강력한 에너지가 전자 렌즈에 의해 극히 적은 면적에 집중으로 조사되므로 가공품의 조사되는 부분은 순간적으로 용융되어 극히 좁고 깊은 용입이 얻어진다.
- 가열 면적이 작아서 용접 변형이 적고 모재의 성질을 변화시키지 않고 용접이 가능하다.
- 진공상태에서 용접이 가능하므로 대기 중의 산소나 질소에 의한 용융금속의 오염도 없다.

2. 장점
- 대기 중의 원소를 접촉하지 않아서 기계적 성질, 야금적 성질이 우수하다.
- 고온용 재료 용접이 가능하다.
- 전기적으로 매우 정확하게 제어되므로 모재 두께에 관계없이 용접이 가능하다.
- 용접 시 에너지가 집중되므로 고속 용접이 가능하고 이음부 열영향부가 대단히 적고 또한 용접부 변형이 없어 완성 치수가 정확하다.
- 용접봉 사용이 없으므로 슬래그 섞임 등의 장해가 없다.

3. 단점
- 용접 시 배기장치가 필요하고 진공 용접이라 용접물의 크기가 제한받는다.
- 장치가 고가이고 X선의 방호가 필요하다.

- 용접부 부위에서 금속 증기가 다량 발생하므로 진공도가 10^{-3}(mmHg)보다 높으면 전리현상이 일어나서 방전의 위험이 생긴다.
- 진공 용접이라 기공의 발생, 합금 성분의 감소가 우려된다.
- 용융부가 좁기 때문에 냉각속도가 빨라서 경화 현상 및 용접 균열의 원인을 초래 하므로 용접 시 모재의 예열이나 후열 처리가 필요하다.

⑪ 플라스마 용접

1. 특성

- 아크용접보다 에너지 밀도가 10~100배이다.
- 고온 플러스마가 10,000~30,000(℃)가 쉽게 발생한다.(열적 핀치효과)
- 아크 기둥에 흐르는 방전 전류에 의해 생긴 자장과 전류의 작용에 의하여 전류 통로가 수축되는 현상이 있다. 이 결과 아크 단면이 수축되어 가늘게 되고 에너지 밀도가 증가한다.(자기적 핀치효과)
- 핀치효과에 수축되어 가늘어진 에너지의 높은 고온도에 의하여 아크 플라스마에 의해 모재를 가열 용해하여 용접, 절단, 용사 등이 행해진다.
- 이행형 아크에서는 텅스텐 전극과 모재 사이에 핀치 효과를 일으키며 냉각에는 아르곤 또는 아르곤과 수소의 혼합가스를 사용하여 열 효율이 높고 대용량 토치의 제작이 가능하다.(단, 모재가 도전성 물질이어야 한다.)
- 절단 시에는 공기나 질소도 혼합하는 경우가 있다.
- 아르곤에 몇 %의 수소를 혼입하면 수소는 알곤에 비해 열 전도율이 높아서 열적 핀치효과를 촉진한다.
- 플라스마 용접은 열에너지 집중도가 좋고 고온이 얻어진다. 또한 용입이 깊고 또한 비드의 폭이 좁은 접합부가 얻어진다.(용접속도도 빨라진다.)
- 비드 형상은 표면 쪽은 폭이 넓고 뒷면 쪽은 폭이 좁게 된다.
- 용접 중 크레이터 부분에서 키이홈이라는 작은 구멍이 뚫려 있는데, 이것이 너무 크지 않는 편이 양호한 용접 결과를 가져온다.

2. 장점

- 용접봉 소모가 적다.
- 용입이 깊고 비드폭이 좁고 용접속도가 빠르다.
- 용접이 능률적이다.
- 각종 재료의 용접이 가능하다.
- 아주 얇은 물건의 용접이나 덧붙임 용접, 납땜에도 이용된다.
- 모재의 형상, 치수에 따라 최저 입열이 자유로이 선택되고 용접 속도도 자유로 선택이 가능하다.
- 아크에 지향성이 있고 아크 길이 변화에 의한 용입의 변화가 적다.

⑫ 저항용접

1. 특성 및 원리

- 용접하려고 하는 재료를 서로 접촉시켜 놓고 이것에 전류를 통하면 저항열로 접합면의 온도가 높아졌을 때 가압하여 용접하는 방식이다.
- 용접부 온도는 발생열과 열 방산의 차이에 의해 결정되며 발열량은 전류값, 통전시간, 재료의 고유 저항에 의한다.
- 열 방산열은 용접 부재의 용적, 열전도율, 비중, 비열 등에 관계된다.
- 고유저항이 적은 금속이나 열전도가 큰 금속은 용접이 곤란하다.
- 저항용접은 서로 다른 금속을 접합시킬 때 금속 자체의 고유저항이 서로 다르기 때문에 용접하는 것이 쉽지 않다.
- 저항용접은 용접봉이나 용제가 불필요하다.

2. 저항용접장치

통전장치	용접부에 대전류를 통하기 위한 장치
가압장치	용접부를 가압하기 위한 장치
제어장치	통전과 가압을 하기 위한 장치

3. 통전장치 저항방식에 의한 용접기
- 단상 교류식 저항용접기
- 직류 축세식 용접기
- 3상 저주파식 저항용접기
- 3상 정류기식 저항용접기

⑬ 점 용접(스폿용접)

1. 원리 및 특성
- 점 용접이란 접합면 일부가 녹아 바둑알 모양의 단면으로 용접이 된다. 이 부분을 너켓이라고 한다.
- 직류, 교류 중 주로 교류가 사용된다.
- 사용 시 용접전류는 모재의 종류, 판의 두께 등에 따라서 달라진다.
- 용접 전류를 작게 하면 서서히 가열되므로 열손실이 많아 용접이 잘 안 되며 반대로 전류를 크게 하면 통전시간이 현저하게 짧아서 균일한 점 용접을 얻을 수가 있다.

2. 전극 가압력 작용
- 접합부 저항을 감소시켜 그 값을 일정하게 한다.
- 용접부에 단조효과를 주어 다공질이나 내부 균열을 방지하고 결정립의 미세화를 도모한다.
- 국부 과열을 방지하고 용접 결과를 균일하게 한다.

3. 점 용접의 종류
- 맥동 용접
- 직열식 점용접
- 인터랙 점용접
- 다전극 점용접(직열형, 병열형, 텐덤형)

4. 점 용접의 특징
- 일반적으로 대량생산, 얇은 판의 용접에 적합하다.
- 용접봉, 용제가 필요 없고 용접부 온도도 대체로 아크용접보다 낮다.
- 용접장치 기구가 약간 복잡하며 시설비가 고가이다.
- 모재의 가열이 극히 짧기 때문에 열 영향부가 좁다.
- 모재의 변질이나 용접변형, 잔류응력이 작다.
- 용접부 산화나 질화가 적다.
- 주울열 저항열을 사용하기 때문에 아크열에 비하여 대전류가 필요하므로 용접기 용량이 크다.
- 전극의 가압력에 의해 단압 작용 때문에 용접부기 치밀하고 양호한 조직이 얻어진다.
- 모재의 재질이나 치수에 따라서 용접전류, 통전시간, 가압력, 전극형상 등을 선택할 필요가 있어 알맞은 조건으로 용접하면 균일한 품질을 얻을 수가 있다.

⑭ 심 용접(연속 점용접)

점 용접보다는 롤러 접촉 면적이 넓기 때문에 점 용접에 비해 용접전류(1.5~2배 정도), 가압력(1.2~1.6배 정도)로 한다.

전극에 의한 용접 전류 통전방법	• 단속통전법 • 연속통전법 • 맥동통전법
심 용접 분류	• 단열 심 용접 • 복열 심 용접(2개 이상 롤러 전극 사용)
심 용접법의 종류	• 메시 심 용접 • 롤러 점 용접 • 맞대기 심 용접 • 포일 심 용접
심 용접기 구조	• 원주 심 용접기 • 세로 심 용접기 • 만능 심 용접기
특징	• 기밀, 수밀, 유밀성을 필요로 하는 탱크의 용접이나 자동차 부품, 판 이음에 사용하는 용접이다. • 대체로 0.2~4(mm) 정도 얇은 판의 용접에 사용된다.

15 프로젝션 용접(돌기이음)

1. 원리 및 특성
- 점 용접과는 달리 동시에 여러 점을 용접한다.
- 능률이 대단히 좋고 형상에 따라서 견고한 이음을 얻을 수가 있다.
- 모재 용융부에 돌기를 만들고 여기에 대전류를 가압력으로 작용시켜 용접하는 점 용접의 변형 점 용접이다.
- 지그전극을 사용하여 1회 조작으로 다점 동시 용접을 한다.
- 점 용접보다 가압력이 크기 때문에 페달 가압식 보다는 공기 가압식이 좋다.
- 특수한 전극을 취부하는 구조가 필요하며 돌기에 같은 가압력이 분포되도록 기계적 정밀도가 높고 큰 강성을 필요로 하는 가압부가 있다.

2. 장단점

장점	• 전극 면적이 넓어서 기계적 강도나 열전도 면에서 유리하여 전극의 소모가 적다. • 전류와 가압력이 각점에 유일하게 가해지므로 신뢰도가 높은 용접이 된다. • 작업속도가 빠르다. • 서로 다른 금속을 용접하므로 이 경우 열전도가 좋은 모재 측에 돌기를 만들어 쉽게 열평형을 얻을 수가 있다. • 모재 두께가 달라도 용접이 가능하고 열 용량이 다른 모재를 조합하는 경우 판 측에 돌기를 만들면 용이한 열 평형이 가능하여서 수월한 용접이 가능하다.
단점	• 모재 용접부에 정밀한 돌기를 만들어야 용접이 가능하다. • 용접 설비가 비싸다.

16 업셋 용접(버트 용접)

1. 원리 및 특성
- 저항용접이며 접촉저항을 크게 하기 위해 처음 맞대어 가압할 경우 작은 힘으로 하고 단접온도에 도달하면 큰 힘으로 가압해야 한다.
- 열이나 전기 전도율이 좋은 모재는 전극으로부터 맞대기 부분까지 길이를 길게 한다.
- 접합면 단면이 다르면 접합면 단면을 잘 맞추지 않으면 양호한 용접이 불가능하다.
- 둥근 환봉의 경우는 전류는 대체로 봉 지름에 비례하고 통전시간은 봉지름 제곱에 비례한다.

2. 특징
- 단면이 큰 것을 용접하는 경우에는 용접 중에 접합면이 산화되어 용접금속 중에 산화물이 섞이거나 기공발생을 방지하기 위해서 접합면을 깨끗이 청소해야 한다.
- 용접 시 가압속도가 느리면 플래시 용접에 비해 가열속도가 느리고 가열시간이 길어져서 열 영향부가 넓게 되는 단점이 있다.

17 플래시 용접(불꽃용접)

1. 원리 및 특성
- 플래시 불꽃 용접은 플래시 과정 중에 흐르는 전류는 모재 용접부 끝 면의 요철에 의해 미소한 면 또는 좁은 끝 면이 접촉한 때에 흐르는 단락 전류이다. 이 단락은 플래시의 발생에 의하여 일순간 내에 끊어지는 것이다. 미세하고 연속적이며 균일한 플래시가 발생하도록 해야 용접 결함이 없다.
- 대체로 플래시 전압이 너무 높으면 플래시가 거칠고 깊은 피트를 만들고 용접 결함이나 과열조직을 일으킨다.
- 업셋 가압은 모재 용접부가 적당한 온도가 되었을 때 완전한 압접을 가하는 일과 플래시 면의 슬래그, 산화물 등의 불순물 등을 밀어내는 일의 두 가지가 있다.

2. 용접기 구조
- 용접 변압기
- 전극 클램프 장치

- 플래시 속도 제어 기구
- 회전대 및 이동대 업셋 장치
- 전기 제어 장치

3. 플래시 압력원 분류 용접기
   - 수동 플래시 용접기
   - 공기 가압식 플래시 용접기
   - 유압식 플래시 용접기
   - 전동식 플래시 용접기

4. 특징
   - 업셋 용접에 비해 가열 범위가 좁고 이음의 신뢰성이 높다.
   - 고능률로서 전력 소비가 적어서 경제적이다.
   - 자동차공업, 철강제품 기타 각 방면에 널리 이용되고 있다.

5. 장점
   - 가열 범위가 좁고 열 영향부가 좁다.
   - 용접 속도가 빠르다.
   - 다른 종류의 금속도 용접이 가능하다.
   - 박판이나 두께가 얇은 파이프 등 업셋 용접으로 불가능한 재료도 용접이 가능하다.
   - 용접면은 아주 정확하게 다듬질할 필요가 없고 여러 종류나 다양한 단면의 용접이 가능하다.
   - 플래시 과정 중에 산화물 등을 플래시로 비산시키므로 용접 시 불순물을 제거할 수가 있다.

⑱ 충격 용접(퍼커션 용접)

1. 원리 및 특징
   - 콘덴서에 축적된 전기에너지를 금속의 접촉면을 통해서 (1/1,000초 이내) 급속히 방전시켜 충격적으로 용접한다.
   - 발생하는 아크에 의해 접합부를 집중 가열하고 방전하는 동안이나 방전 직후 충격적 압력을 주어서 접합하는 용접이다.
   - 용접에 소요되는 시간이 매우 짧아서 알루미늄, 구리 등 산화되기 쉬운 금속이나 다른 종류의 금속선 접합에 적합한 용접이다.

⑲ 가스 압접

1. 원리 및 특성
   - 산소-아세틸렌 등의 가스 토치로 접합부를 가열하여 그 재료의 재결정온도 이상이 되면 축방향에서 압축 압력을 가해 압접한다.
   - 접합부는 가열 토치로 가열하기 때문에 넓은 면적이 동시에 밀착되어야 하므로 토치에서 나오는 가스 불꽃은 안정되어야 한다.
   - 압접 시 가열온도는 접합면이 깨끗하면(900~1,000℃), 불순물이 있는 경우는 1,300~1,350(℃)이다.

2. 모재가열 토치로 하는 가스 압접 분류
   - 밀착법(많이 사용된다.)
   - 개방법

3. 가스압접 시 가압의 효과
   - 접합부 부위에서 소성 변형을 일으킨다.
   - 접합면 부근에서 공기 기타 유해가스 침입을 방지한다.
   - 압접 전 또는 압접 가열 중에 생성된 산화막을 파괴시켜 세분한다.

4. 장점
   - 접합부에 탈탄층이 없다.
   - 전력이 필요하지 않는다.
   - 압접작업 시간이 짧고 용접봉이나 용제를 필요로 하지 않는다.
   - 장치가 간단하고 시설비, 수리비가 저렴하다.
   - 압접작업이 거의 기계적이어서 작업자의 숙련 여하에 따라 크게 좌우되지 않는다.

20 단접

1. 원리 및 특성
- 고체상태의 고상 압접법이다.
- 두 개의 금속재료 접합면 또는 소재 전체를 화덕이나 노 내에 넣어 적당한 열원에 의해 융점 온도에 가까운 단접온도까지 가열하여 접합부를 겹쳐 놓고 타격이나 강한 압력으로 가하여 접합한다.

2. 단접 분류
- 화덕에서 가열하여 해머로 두들겨 단접한다.
- 노 안에서 가열한 후 기계 해머나 프레스를 사용하여 가열한 강판을 다이를 통해서 제작한다.
- 가열한 판재를 겹쳐서 롤러를 통해서 압접한다.

3. 단접의 3대 인자
단접에서는 온도, 압력, 시간이 3대 인자이다.

4. 단접 시 주의사항
- 가열 시 코크스는 황의 성분에 의해 단접부가 취약하므로 품질이 좋은 코크스를 사용한다.
- 가열온도가 적정선이 되지 못하고 너무 높으면 결정입계에 따라서 산화된다.
- 접합면에 산화 피막이 있으면 접합이 방해되므로 이것을 방지하기 위해 용제를 사용한다.

21 냉간 압접

1. 원리 및 특성
- 가열하지 않고 상온에서 가압만으로 금속 상호 간 확산을 일으켜서 압접을 한다.
- 압접 전에 재료의 표면을 깨끗하게 한다.
- 큰 기계적 압력을 가하면 이온결합에 의하여 결합한다.
- 보통 압접 시 사용되는 가압력은 냉간압력을 충분히 하기 위해 압접하고자 하는 재료의 전후 비율만큼의 소성 변형을 시킬 양을 주어야 한다.

2. 특징
- 압접부의 산화막이 취약되든가 최소한 소성 변형 능력을 가진 재료들만 냉간 압접이 적용된다. 압접장치는 간단하며 조작 또한 용이하다.
- 압접부는 가공되어 경화가 이루어진 후에 흔적이 남는다.
- 상온에서 구리, 알미늄, 구리와 알루미늄 등은 압접 시공이 가능하다.
- 압접부가 가열 용융되지 않으므로 열 영향에 의한 재질의 변화가 없다.
- 한 대의 기계로 다이만 교환하면 선, 환봉, 사각형 단면 등 어느 것이나 압접이 가능하다.

22 마찰 용접

1. 원리 및 특성
- 접촉면의 고속 회전에 의한 마찰열을 이용하여 압접하는 방식이다.
- 재료의 한쪽을 고정하고 다른 쪽을 이것에 가압 접촉시키면 접촉면은 마찰열로 의해 급격히 온도가 상승하여 적당한 압접에 도달했을 때 가압(강한 압력)을 하여 업셋시키고 동시에 회전을 정지해서 압접 완료가 된다.
- 마찰에 의한 플래시 업셋 공정과 압접면의 단접 효과를 이용한다.

2. 마찰 용접법 분류
- 컨벤션형 타입
- 플라이휠형 타입

3. 마찰 용접기 구성
- 회전기구
- 가압기구
- 브레이크 기구

4. 장단점

장점	• 용접 작업시간이 짧아서 작업능률이 좋다. • 소재의 가열이 필요없다. • 종류가 서로 다른 것끼리나 다른 종류 금속도, 금속–비금속도 접합된다. • 유해가스나 불꽃 비산이 없어서 위험성이 없다. • 압접부 결정립이 세밀하고 탈탄층이 생기지 않으므로 양호한 이음이 얻어진다. • 용접 시 이음면의 청정이나 특별한 다듬질이 필요하지 않다. • 압접에 필요한 압력이 낮아도 된다. • 전기적 에너지를 기계적 에너지로 전환이 가능한 용접이다. • 압접 시 자동제어가 용이하고 자동화가 되기 쉽다.(소제 사이의 속도 회전수, 축방향 가압력, 업셋량 3인자의 제어가 용이하다.) • 이음 성능의 균일성을 제어하기가 가능하다.
단점	• 소재를 비교적 고속도로 회전시키기 때문에 중량물이나 소재가 큰 것이나 대칭적 물질은 부적당하다. • 소재의 척 부에 의해서 흠이 날 우려가 있다. • 상대 운동이 필요한 소재는 용접이 곤란하다. • 용접부 중심선이 어떠한 각도를 갖는 경우는 특별한 장비가 필요하다.

23 고주파 용접

1. 분류 및 특성

고주파 전원의 종류	• 전동발전기식 • 진공관발전기식
주파수 범위	• 약 1~3kHz/sec • 약 10~20,000kHz/sec
고주파 용접법 분류	• 고주파 유도가열 용접법 : 용접부 주위에 감은 유도 코일에 고주파 유도 전류를 통해서 피용접물에 2차적으로 유기된 유도전류의 작용에 의해 가열하여 용접부가 압접온도에 도달할 때에 가압 압접하는 용접법 • 고주파 저항 용접법 : 고주파 전류를 직접 재료에 통전시켜 압접하는 용접법

2. 장단점

• 고주파 유도가열 용접법은 고주파 저항용접법에 비해 장점은 비슷하나 이음 형상이나 크기에 제한이 있고 전력 소비가 다소 큰 단점이 있다.
• 고주파 저항용접법은 용접 속도가 빨라서 경제적이며 가열폭이 국한되어 있으므로 이음의 품질이 우수하다.
• 고전압에 의해 전류가 흐르므로 어느 정도 더럽거나 산화막이 부착되어 있어도 또한 용접 재료 표면 상태가 나빠도 지장이 없다.
• 연강, 스테인리스강, 비철금속 또는 다른 금속을 불문하고 대부분의 재료의 용접이 가능하다.
• 전류가 용접부 끝에 집중되므로 가열효과가 좋고 열 영향부도 좁다.

24 초음파 용접

1. 원리 및 특성

• 초음파 용접은 용접 소재에 18kHz/sec 횡진동을 주어서 그 진동 에너지에 의해서 접촉부의 원자가 서로 확산되어서 접합이 된다.
• 다른 용접법으로는 용접이 되지 않는 용접, 신뢰도가 결핍된 것, 금속이나 플라스틱 용접, 다른 종류의 금속 용접에 좋은 방법이다.
• 가열원을 사용하지 않고서 용접 중 변질되지 않아야 하는 재료나 상온에서 용접이 바람직한 재질 용접에 이상적이다.
• 외부에 큰 소성 변형을 일으키지 않고 접합부가 용융되지 않아서 좋다.
• 초음파 진동에너지를 주어서 이것에 의해 진동 마찰열을 이용하여 압접을 한다.

2. 초음파 용접기 구성

• 고주파 발진기(초음파 발진기)
• 진동자
• 진동 전달기구
• 상하 접합용 팁과 엔빌
• 가압 기구
• 자동제어장치

3. 가압 방식
- 유압식
- 공기압식
- 스프링 가압식

4. 장점
- 아크나 플래시 용접의 경우 등과 달리 접합부가 더러워지거나 재질 변화 등이 없다.
- 용접 시 절연물 제거가 필요 없다.
- 전자, 전기공업 분야에 널리 이용된다.

25 폭발 압접

1. 원리 및 특성
- 두 장의 금속을 화약 폭발로 생기는 순간적인 큰 압력을 이용하여 금속을 압접한다.
- 화약을 취급하는 관계로 위험하며 압접 시 큰 폭발음을 내는 단점이 있다.
- 전면폭발 압접 : 스테인리스강, 니켈합금, 티탄 등의 접합에 사용한다.
- 부분폭발 압접 : 반응기, 열교환기, 용기류의 라이닝에 쓰이는 점 폭발압접이다.
- 선 폭발 압접 : 선에 의한 접합에 사용한다.

2. 특징과 장점
- 특수한 제작 설비가 필요하지 않아서 경제적이다.
- 공기 중에서 활성 또는 고융점 재료의 접합이 된다.
- 접합상태가 견고하고 성형이나 용접 등의 가공성이 양호하다.
- 내식성, 내열성, 내마모의 가혹한 사용 조건에 견딜 수 있다.
- 다른 용접으로는 용접이 불가능한 것을 포함하여 여러 가지 이종 금속의 접합이 가능하다.

26 레이저 빔 용접(광의 증폭기 용접)

1. 원리 및 특성
- 레이저광은 원자에서 방출되는 빛의 위상을 가지런히 하여 이들의 중첩작용으로 진폭을 증대하고 완전히 평면파로 보통 전파와 같이 복사된다.
- 레이저는 종래의 진공관방식과 매우 성질이 다른 증폭발진방식으로 원자와 분자의 유도방사 현상을 이용하여 얻어진 빛으로 강열한 에너지를 가진 집속성이 강한 단색 광선이다.
- 진공이 필요하지 않고 공기 중, 진공 중, 고압하, 불활성 가스의 액체 중에서 용접이 가능하다.

2. 레이저 장치의 기본 형식
- 고체 금속형
- 가스 방전형
- 반도체형

3. 레이저 방식
- 직관 섬광 방식
- 나선 섬광 방식

4. 장점
- 가까이 갈 수 없고 접촉이 힘든 부재의 용접이 가능하다.
- 미세하고 정밀한 용접이 가능하다.
- 피용접물이 전도성 물질이 아니라도 용접이 가능하다.
- 전자빔 용접에 비하여 공기 중에서 용접이 가능하고 광속을 굴절시켜 숨어 있는 부재 용접이 가능하다.
- 전자빔보다 설비비가 싸다.

27 저온 용접(공정 저온 용접법)

1. 원리 및 특성
- 공정조직을 가진 합금의 용접은 공정조직이 아닌 배합의 동계 합금에 비하여 융점이 최저가 된다는 사실을 이용한 용접법이다.

- 비교적 저온에서 용접이 가능하다.
- 용접봉과 용제가 지정되면 이것에 의하여 만들어진 용접 금속의 배합이 공정배합으로 되며 따라서 저온에서 용융되어 응고되는 결과의 용접이다.
- 가스용접 시에는 납땜 방법과 같은 요령으로 한다.
- 보통 직류, 교류 아크용접 시에는 피복 용접봉을 사용한다.(이 용접에서는 온도가 다소 낮은 900~1,200(℃) 정도에서 용접이 된다.)

2. 저온용접 종류
   ① 가스용접 : 각 모재에 아연을 사용하여 용융온도는 170~300(℃)이다.
      - I형 맞대기 용접
      - 필릿 용접
   ② 아크용접

3. 장점
   - 작업속도가 빠르다.
   - 공정으로 미세조직의 용접 금속을 얻을 수가 있다.
   - 강도 및 경도가 큰 용접이 가능하다.
   - 일반 용접보다는 다소 낮은 저온에서 용접이 되므로 모재의 재질 변화가 적다.
   - 변형과 응력균열이 적다.

28 납땜법

1. 원리 및 특성
   모재 양 금속을 땜납을 경계면으로 하여 야금적 반응을 일으켜 아주 얇은 층이 서로 녹아 붙는 현상, 즉 확산된 합금층을 만드는 것이다.

   ▼ 땜납의 종류 : 비철금속 사용

   | 납, 동납, 황동납, 알루미늄납, 니켈납 등 |

2. 납땜의 종류
   ① 연납땜(솔더링)
      - 용융 온도가 450(℃) 미만의 땜납제를 사용하여 납땜한다.
      - 주석과 납의 합금이다.
      - 종류 : 땜납, 알루미늄, 주석, 아연합금인 알루미늄납, 연납
   ② 경납땜(브레이징)
      - 용융 온도가 450(℃) 이상의 땜납제를 써서 납땜을 한다.
      - 종류 : 은납, 황동납, 알루미늄납, 인동납, 니켈납 등
   ③ 양은납(구리 – 아연 – 니켈의 합금)
   ④ 내열재료 땜납제(니켈 – 크롬계, 은 – 망간계)

3. 용제(플럭스)

연납 용제	염화아연, 염산, 염화암모늄, 송진, 인산 등
경납 용제	붕사, 붕산, 붕산염, 불화물, 염화물, 알칼리

4. 용제의 구비조건
   - 용제의 유동성이 양호하여 좁은 간극에까지 침투 가능할 것
   - 모재나 납에 대한 부식작용이 적을 것
   - 납땜 과정에서 납땜부 및 땜납재의 산화를 방지할 것
   - 납이 모재와 흡착력을 양호하게 만들 것
   - 땜납제의 용점보다 낮은 온도에서 용해되어 산화물을 용해하고 슬래그로 되어 제거될 것
   - 슬래그 형성 시 비중이 납땜재보다 적지 않을 것

5. 납땜의 가열 방법
   - 인두 납땜 가열
   - 불꽃 납땜 가열
   - 침지 납땜 가열(침두납땜)
   - 전기 납땜 가열
   - 노중 납땜 가열

CHAPTER 003 금속재료의 용접 특성

SECTION 01 용접재료 용접성

01 탄소강 용접

1. 저탄소강 용접(C 0.3% 이하) – 연강
   - 판두께가 25(mm) 정도까지는 별문제가 없다.
   - 피복 아크용접에서는 E43급의 용접봉이 사용된다.
   - 일미나이트계 용접봉이 많이 쓰인다.
   - 두꺼운 판 등의 용접, 균열의 염려가 있다면 저수소계 용접봉이 필요하다.
   - 서브머지드 아크용접에도 널리 사용된다.
   - 탄산가스 아크용접에도 사용된다.
   - 아주 두꺼운 판에는 일렉트로 슬래그 용접도 사용된다.

2. 중탄소강, 고탄소강 용접
   - 탄소 함량이 많아지면 고탄소강에서는 열영향부가 단단해져 균열이 일어나기 쉬우므로 판 두께에 따라 예열이 필요하다.
   - 중탄소강에서 예열온도는 150~250(℃), 저수소계 용접봉 사용 시에는 예열온도를 다소 낮게 하는 것이 좋다. 강도를 요구하는 경우에는 고장력 강용으로 용접봉을 사용하면 좋다.
   - 고탄소강의 용접 시는 예열온도를 약간 높게 하여 200(℃) 이상으로 한다. 즉 탄소당량이 큰 경우는 350(℃) 이상으로 한다. 후열이 필요하면 650(℃) 정도로 가열해서 연성을 회복시킨다.
   - 중탄소강의 서브머지드 아크용접은 입열이 크고 용접 속도가 느리다.
   - 가스용접에서는 아세틸렌 불꽃이 좋다.
   - 탄산가스 아크용접도 사용되나 다른 용접법과 같이 탄소량이 증가할수록 균열이나 기공의 발생이 쉽다.

02 주강의 용접
- 주강 : 탄소주강, 합금주강이 있다.
- 주강의 용접은 피복 아크용접법이 가장 많이 사용된다.
- 주강의 용접은 같은 성분의 압연강에 비해 나쁘다.
- 탄소함량이 0.25(%) 이상의 것이나 합금의 원소를 포함한 것은 예열이나 후열이 필요하다.
- 특히 두꼬운 판은 냉각속도가 빠르게 되므로 주의하여야 한다.
- 후열의 온도는 600~650(℃)로 탄소강과 같다.
- 서브머지드 아크용접이나 탄산가스 아크용접은 많이 사용하지 않는다.
- 저항용접은 적당하지 않으나 단순한 형상 부품은 플래시 버트 용접이 이용된다.
- 대형 부재의 접합에는 테르밋 용접도 사용된다.

03 주철의 용접
- 주철은 일반 강철재에 비하여 탄소나 규소의 함량이 많아서 취성을 가지기 때문에 용접이 곤란하다.
- 주철 : 회주철, 백주철, 반주철
- 주철의 가스 용접은 일반적으로 주철제의 용접봉이 사용된다.
- 가스용접 전의 예열 온도는 400~600(℃)이고 용제를 공급하면서 용접해야 한다.(후열 온도는 600(℃) 이하이나 540~570(℃)로 한다.)
- 피복 아크 용접에서는 순니켈, 니켈과 철의 합금, 동합금, 저탄소의 연강이나 주철을 심선으로 한다.
- 모재의 융합부가 균열이 되는 경우를 대비하여 적당한 예열 약 150(℃)와 1회의 비드길이를 50(mm) 정도로 짧게 한다.
- 주철 용접봉 : 주철심선 용접봉, 니켈 심선 주철 용접봉, 연강 심선 주철용 용접봉, 모넬 메탈 심선 용

접봉이 있다.
- 구상 흑연 주철의 용접에는 같은 재질의 용접봉을 써서 가스 용접이나 니켈-철제 용접봉을 사용하여 아크용접을 한다.
- 가단 주철은 모재를 녹이지 않는 방법, 즉 토빈 청동을 쓰는 브레이징 용접을 이용한다.
- 주철의 용접 시 예열은 코크스로나 목탄 등으로 보통 400(℃) 정도로 하는 것이 좋다.

04 합금강 용접(특수강 용접)

- 종류 : 용접성이 좋은 용접 구조용 고장력강, 기계적 성질에 중점을 둔 강
- 고장력강(하이젠)에는 피복 아크용접이나 서브머지드 아크용접을 사용한다. 또 탄산가스 아크용접도 사용된다.
- 얇은 판에는 점용접, 봉강에는 플래시 용접이 사용된다.
- 피복 아크용접에는 저수소계 용접봉이 사용된다.
- 두께 25mm 이상의 합금강에서는 예열온도는 100~150(℃) 정도이고 후열은 500~625(℃) 정도로 한다.
- 서브머지드 아크용접은 피복 아크용접에 비해 입열이 크기 때문에 열영향부의 연화나 취화의 문제가 생긴다.
- 강인강 용접은 대체로 용접성이 양호하지 못하다. 특히 두꺼운 판이나 형상이 복잡한 기계부품은 용접이 약간 곤란하다. 다만 1~3(mm)정도의 판은 용접이 가능하다.
- 강인강의 용접은 피복 아크용접이 사용된다. 불활성 가스 아크용접의 경우는 얇은 판의 용접에는 열영향부의 저온 균열보다 오히려 용착강의 고온 균열이 생기기 쉽다.

05 저온용 강재 용접

- 영하(-)의 온도에서 사용하는 강을 용접하는 경우는 인성이 요구된다.
- 피복 아크용접 이외에 서브머지드 아크용접, 탄산가스 아크용접 등이 필요로 한다.

06 저합금 내열강 용접

- 피복 아크용접에서는 특히 균열이나 기공 발생이 적은 것을 사용하고 있다.
- 서브머지드 아크용접은 특히 고온 고압용 보일러의 아주 두꺼운 용접에 사용된다.

07 오스테나이트계 스테인리스강의 용접

- 용접봉에는 페라이트를 포함한 오스테나이트계 스테인리스 용접봉이 필요하다.
- 피복 아크용접이 가장 일반적이다. 예열은 불필요하며 후열은 생략하여도 좋으나 후열처리를 하는 것이 좋다.
- 서브머지드 아크용접은 예열 후열이 필요로 한다. 현재는 잘 사용하지 않는다.
- 티그용접, 미그용접도 사용된다.

08 페라이트계 스테인리스강 용접

피복 아크용접에서는 모재와 같은 페라이트계 용접봉 이외 오스테나이트계 용접봉도 사용된다.(오스테나이트계 용접봉은 예열, 후열이 생략된다. 그러나 후열처리는 하는 것이 좋다.)

09 마르텐사이트계 스테인리스강 용접

- 용접성은 별로 좋지 않다.
- 피복 아크용접에서는 모재와 같은 재질의 용접봉 사용시는 균열의 발생을 방지하기 위해 200~400(℃) 정도의 예열을 한다.
- 오스테나이트계 용접봉 사용 시는 예열, 후열은 생략해도 되나 온도가 낮을 시는 예열하는 것이 좋다.

- 후열 온도는 700~760(℃), 판두께 25(mm)당 1시간 가열하면 좋다.

⑩ 구리(동)의 용접

- 구리 용접에서는 될 수 있는 한 산소함량이 적은 것이 좋다.
- 구리는 열전도도가 연강의 8배나 되어서 냉각효과가 크기 때문에 보통 예열을 하지 않으면 충분히 국부용융이 곤란하다.
- 구리의 저항용접은 전기 전도도가 매우 크기 때문에 용접이 매우 곤란하다.
- 구리는 고온에서 다량의 수소를 흡수하여 응고 시에 방출하므로 용접부에 기공이 생기는 일이 많다. (기공을 방지하기 위하여 모재와 용접봉을 탈산된 구리로 사용한다.)
- 용접봉도 물론 탈산동 용접봉 또는 적당한 동합금 용접봉을 사용해야 한다.
- 구리 용접 시는 불활성 가스 아크용접인 티그용접, 피복 아크용접, 가스용접이 많이 사용된다.
- 피복 아크용접은 직류 역극성으로 하며 교류 용접으로 할 때는 슬래그 섞임 및 기공이 생기기 쉬우므로 주의한다.
- 가스 용접 시는 용제를 사용하여 산화방지 탈산, 정련작용, 유동성 등을 좋게 한다.
- 불활성 가스 아크용접시는 직류 정극성으로 순텅스텐 전극봉을 사용한다.
- 티그 용접 시는 얇은 용접판에 유리하고 미그 용접은 두꺼운 판 용접에 사용된다.

⑪ 동합금 황동 용접

- 불활성 가스 아크용접은 용접봉으로 규소청동을 쓴다.
- 피복 아크용접은 규소 청동 및 인청동의 용접봉이 쓰인다.
- 용접시 예열은 250~350(℃) 정도로 한다.
- 가스 용접 시는 같은 재료 용접봉이나 아연이 함유된 것을 사용한다.(가스 용접 시는 아연의 증발로 산화아연이 백색 연기로 되어 비드가 보이지 않게 되어 작업이 곤란하거나 기포의 원인이 된다.)
- 가스 용접이 많이 쓰인다.

⑫ 동합금 인청동 용접

- 이 용접은 재빨리 용접하는 일이 필요로 한다.
- 피복 아크용접봉을 써서 직선 비드로 용접하는 것이 좋다. 용접봉은 인청동 용접봉이 쓰인다.
- 용접기는 직류 역극성이나 교류를 쓰며 예열은 100~180(℃) 정도로 하고 용접층 사이도 그 정도가 좋다.
- 인청동 용접은 미그 용접이 적합하다.

⑬ 동합금 알루미늄청동 용접

- 불활성 가스 아크용접이 가장 이상적이다.
- 피복 아크용접에서는 알루미늄 청동 용접봉이 쓰인다.

⑭ 니켈청동 용접

- 피복 아크용접에서는 니켈 및 모넬의 용접봉이 쓰이며 직류 역극성에서는 과열을 피하고 직선 비드로 재빨리 얇은 층을 다듬질하는 것이 좋다.
- 가스 용접 시는 환원 불꽃을 쓰며 용접봉은 탈산제로 망간, 규소를 함유하는 것이 좋다.
- 니켈청동 용접은 불활성 가스 아크용접이 쓰인다.

⑮ 알루미늄 및 그 합금 용접

- 알루미늄은 온도확산율이 일반 강재의 10배 정도로 크기 때문에 융점이 낮은데도 불구하고 국부가열이 곤란하며 또한 용융잠열이 비교적 크므로 큰 용접 입열량이 필요로 한다.
- 두꺼운 판의 용접 시에는 반드시 예열이 필요하며 저항 용접에서는 순간 대전류의 통전을 요하므로 용접 조건의 선정 제어가 어렵다.
- 알루미늄 및 그 합금은 용융상태에서 특히 수소를 흡수하는 성질이 있어서 용착 금속부에 기공이 생

기기 쉽다.
- 불활성 가스 아크용접이 필요로 한다.
- 가스 용접 시는 약간 탄화된 불꽃을 써서 용접하는 것이 좋다.
- 알루미늄은 열전도가 좋아서 토치는 철강 용접 시보다 능력이 큰 것을 사용한다.
- 가스 용접 시 용제로 사용하는 염화리튬은 흡수성이 크므로 주의해야 한다.
- 얇은판 용접 시는 열팽창계수가 커서 급열 급랭 시 변형이 수반되므로 스킵법 용접을 하고 용접지그나 고정구를 사용하여 여러 가지 변형을 방지한다.
- 알루미늄 용접 시는 티그용접 시 직류 역극성을 하거나 교류 용접기를 사용한다. (티그 용접 시는 주로 얇은 판의 용접에 사용하고, 3(mm) 이상 두꺼운 판은 미그용접 직류 역극성 용접으로 한다.)

16 마그네슘 및 그 합금 용접

불활성 가스 아크용접으로 용접하여야 한다.

CHAPTER 004 용접의 시험 및 검사방법

SECTION 01 용접 검사

01 용접작업 전 검사 대상

용접설비	용접기, 부속기구, 안전기구, 지그와 고정구의 정상성 조사
용접봉	외관치수, 용착금속의 성분과 성질, 모재와 이음부의 이음형식, 용접봉의 작업성과 균열 등의 조사
모재	화학성분, 기계적 성질, 물리적·화학적 성질, 내부 불순물, 표면 요철, 표면조도 조사
용접 시공과 용접공 기능	홈각도, 루트간격, 이음면 표면상태, 이음부 맞춤, 가용접의 적부, 뒤덮개판 상태, 지그, 역변형, 고정상태와 조립

02 용접 중의 작업검사 항목

- 용접봉 보관 및 건조상태
- 이음부 청정상태
- 각 층마다 비드상태
- 융합상태
- 용입 부족
- 슬래그 섞임
- 균열
- 비드 리플
- 크레이터

03 용접 후의 검사항목

- 열처리
- 변형잡기
- 적당한 온도
- 유지시간
- 가열 및 냉각속도
- 균열 및 변형, 치수오작 등

04 용접 완성 후의 검사항목

- 용접 구조물 전체의 결함 유무
- 파괴검사
- 비파괴검사

SECTION 02 용접 결함의 분류

01 치수상 결함

- 변형
- 용접부 크기 부적당
- 용접부 형상 부적당

02 구조상 결함

- 구조상 불연속 결함 기공
- 슬래그 섞임
- 융합 불량
- 용입 불량
- 언더컷
- 용접 균열
- 표면 결함

03 성질상 결함

- 인장강도 부족
- 항복점 강도 부족
- 연성 부족
- 경도 부족
- 피로강도 부족
- 충격강도 부족
- 화학성분 부적당
- 내식성 불량

SECTION 03 파괴시험법

01 기계적 시험
- 모재와 용접 이음의 강도를 시험하고 연성과 결함을 조사하는 것이다.
- 용접제품에 하중 혹은 수압을 작용시켜 그 강도를 시험한다.

02 인장시험
재료의 항복점, 인장강도, 탄성한도, 연신율, 단면 수축률 등 기계적 시험이다.

03 굽힘시험
용접부 연성 및 안전성을 조사한다.

1. 굽힘 방법
   - 자유굽힘시험
   - 형틀굽힘시험
   - 롤러굽힘시험

2. 시험하는 표면 상태구별
   - 표면굽힘시험
   - 이면굽힘시험
   - 측면굽힘시험

3. 경도시험
   - 충격경도시험(쇼어 경도시험)
   - 압입경도시험

4. 충격 굽힘시험

5. 피로시험
   - 반복 하중의 응력이 클수록 파단되는 수명이 짧다.
   - 재료의 피로한도 혹은 내구한도로 시험하여 시간 강도를 구하는 방법이다.

6. 기타 시험
   - 크리프시험(고온강도시험)
   - 마모시험
   - 비틀림시험
   - 전단시험

SECTION 04 화학적 시험 및 야금학적 시험

01 화학분석
용접봉, 심선, 모재와 용착금속의 화학조성, 불순물 함유량 규격 분석

02 부식시험
- 용접 구조물 내식성 환경인 해수, 토양, 석유, 화학 약품 등에 의한 부식시험
- 수분과 관계 있는 부식은 습부식, 수분에 관계 없는 부식은 건부식이다.

03 수소시험
용착금속에서 수소 성분은 균열, 선상조직, 은점, 기공 등의 결함이 발생한다.

▼ 수소함유량 측정
- 확산성 수소량 측정방법(상온방출량 측정)
- 진공 추출법(진공상태의 800(℃)에서 가열하여 수소량 측정)

04 파면시험
용접 금속과 모재의 파면에 대한 조밀, 균열, 기공, 슬래그 섞임, 선상조직, 은점 등을 육안이나 저배율의 확대경으로 관찰하는 간단한 방법

05 육안조직시험

- 그라인더나 에메리 페이퍼에 적당히 연마한 후 이것을 부식하여 용입상태, 열영향부 범위, 결함의 분포상태 등을 조사한다.
- 철강용 부식액으로는 염산(HCl 50cc) 용액과 염화제2동 용액이 사용된다.
- 알루미늄 합금 부식액으로는 불화수소, 염산 용액 등이 사용된다.

06 현미경 조직시험

용접부 단면을 곱게 연마하고 확대경으로 확대하여 미세한 현미경으로 조사한다.

▼ **부식액 종류**

초산알코올용액, 피크린산 알코올용액, 염산 피크린산 용액. 염산염화 제2철 용액 등이 사용된다.

07 설파 프린트법

- 철강 중 유화물 함량과 분포상태를 검출한다.
- 시험편을 깨끗하게 연마하고 사진용 인화지를 묽은 황산에 2~3분간 담가 설퍼프린트를 완료하여 이 때 생긴 갈색 반점의 명암도로 결함을 검사한다.
- 유화물 분포, 편석, 균열, 결함을 조사한다.

08 용접성 시험

- 기초시험
- 주요 용접성
- 이음부 시험
- 특수시험

  - 노치 취성시험 : 샬피충격시험 방법으로 한다.
  - 열영향부 경도시험 : 모재 강판상의 비드 용접을 하여 그 직각 단면 본드의 최고 강도를 측정한다.

09 용접 연성시험

코메렐시험	가로형 비드 굽힘시험(오스트리아시험)
킨젤시험	가로형 비드시험으로 가로 비드노치 굽힘시험

10 용접 균열시험

리하이(구속) 균열시험	맞대기용접 균열시험이다.(스터드와 크레이터 균열시험도 가능하다.)
피스코 균열시험	맞대기 용접 구속 균열시험이다.(고온 균열시험에 적당하다.)
CTS 균열시험	열적 구속도 균열시험이다.(겹치기 이음의 비드 및 균열시험이다.)
T형 필릿용접 균열시험	가로판, 세로판을 밀착시키고 양 단면을 가용접한 후에 용접봉 지름을 이용하여 용접봉 고온 균열을 조사한다.

SECTION 05 비파괴시험

01 누설검사

- 탱크, 용기 등의 용접부 기밀, 수밀을 조사하는 목적이다.
- 정수압이나 공기압으로 시험한다.
- 화약 지시약인 헬륨가스, 할로겐가스 사용법도 있다.

02 침투검사

1. 형광 침투검사
   - 유기 고분자 유용성 형광물을 점도가 낮은 기름에 녹인 것을 침투액으로 사용한다.
   - 표면장력이 작아서 매우 적은 균열이나 작은 흠집에 잘 침투하는 물질이다.

2. 염료 침투검사
   - 형광침투액 대신 적색의 염료를 침투액으로 사용한다.
   - 좋은 조건하에 미세한 균열을 검사할 수 있다.

03 초음파검사

초음파의 진동수 0.5~15(MHz)를 사용하여 사람이 귀로는 분간할 수 없는 음파를 넘은 파장을 피시험 물질 내부에 침투시켜 균열, 용입 부족, 융합 부족, 슬래그 섞임, 기공 등 결함, 불균형을 검출한다.

▼ 초음파검사법 종류

· 투상법	· 반항법

04 자기검사

- 검사물을 자화시킨 다음에 표면이나 이면 근처의 결함에 의해서 생기는 누설 자속을 자분 혹은 코일을 사용하여 결함을 알아낸다.
- 육안으로 보이지 않는 미세한 결함도 알아낸다.(단, 비자성체는 해당되지 않는다.)

누설자속을 알아내는 방법	· 탐사코일을 사용하는 방법 · 자성분말을 이용하는 방법
피검사물의 자화방법	· 축통접법　　· 관통법 · 지각 통전법　· 코일법(직선자강) · 극간법
자화전류값	500~5,000(A) 정도 교류를 0.2~0.5초간 흐르게 하여 검사한다.

05 와류검사

- 금속 내에 유기되는 와류전류의 작용을 이용하여 검사하는 방법이다.
- 금속 표면이나 그 부근의 내부결함인 균열, 기공, 개재물, 표면피트, 언더컷, 용접 부족, 융합 불량을 검사한다.
- 자기 검사가 응용이 안 되는 비자성 금속의 검사에 매우 편리하다.
- 오스테나이트 스테인리스 강판의 결함 및 부식 검사에 이용된다.

06 방사선검사

- x선, γ(gamma)선을 물체에 투과시켜 결함의 유무를 조사한다.
- 현재 사용하고 있는 비파괴검사 중 가장 신뢰성이 있다.
- 표준 규격으로는 판 두께의 2% 이상의 결함이 검출되어야 한다.
- 주로 용접부 주조품의 결함 검사에 사용되며 기공, 스패터, 슬래그 섞임, 균열, 용입불량, 언더컷을 검사한다.

07 기타 검사법

- 음향검사법
- 압력시험법
- 잔류 응력측정법

PART 02

MASTER CRAFTSMAN WELDING

용접설계, 용접시공

CHAPTER 01 용접설계
CHAPTER 02 용접시공

CHAPTER 001 용접설계

SECTION 01 용접 이음의 설계

01 이음의 종류

- 맞대기 이음(butt joint)
- 모서리 이음(corner joint)
- 변두리 이음(edge joint)
- 겹치기 이음(lap joint)
- T이음(Tee joint)
- 십자 이음(cruciform joint)
- 한쪽 덮개판 이음(single strap joint)
- 전면 필릿 이음(front fillet joint)
- 측면 필릿 이음(side fillet joint)
- 양쪽 덮개판 이음(double strap joint)

02 홈(groove) 형상

I형, V형, U형, J형, X형, K형, H형, 양J형, V형 등

▼ 종류

• 맞대기 용접 또는 홈 용접	• 필릿 용접
• 비드 용접	• 플러그 용접
• 슬롯 용접	

03 용접자세(position welding)

- 아래보기자세(flat position)
- 수평자세(horizontal)
- 수직자세(vertical)
- 위보기자세(overheadposition)

04 홈의 치수

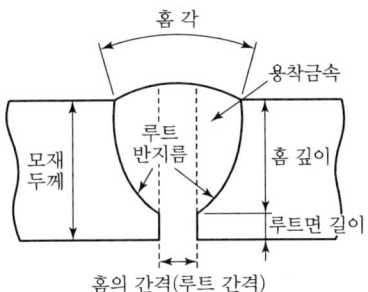

05 이론 목두께와 실제 목두께

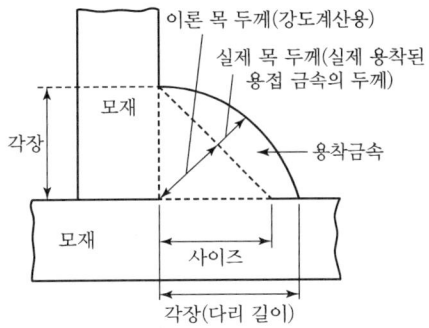

SECTION 02 용접 이음의 피로강도

피로강도의 종류	• 용접부 재질과 모재 재질의 차이 • 하중상태 • 용접부의 표면형상 • 용접구조상의 응력집중 • 용접 결함 • 부식 환경
이음효율을 결정하는 요소	• 모재와 용착 금속의 기계적 성질 • 재료의 용접성 • 용접성 • 이음 종류와 형상 • 용접 후의 처리와 검사방법 • 하중 상태 • 사용 조건

01 용접 이음의 응력, 강도 계산

- 인장응력[압축응력](kg/mm^2)

$$\frac{\text{이음매에 작용하는 외력(kg)}}{\text{용입깊이(mm)}} \times \text{용접길이(mm)}$$

- 전단응력(kg/mm^2)

$$\frac{\text{전단하중(kg)}}{\text{용입깊이(mm)}} \times \text{용접길이(mm)}$$

- 굽힘응력(kg/mm^2)

$$\frac{\text{이음부가 받는 굽힘 모멘트(kg-mm)}}{\text{이음부 단면계수}(mm^2)}$$

- 필렛 이음부 인장응력(kg/mm^2)

$$\frac{\text{하중(kg)}}{\text{목두께(mm)}} \times \text{유효용접길이(mm)}$$

- 등각 필렛 용접의 인장강도(kg/mm^2)

$$\frac{1.414 \text{하중(kg)}}{\text{사이즈(mm)}} \times \text{유효용접길이(mm)}$$

02 용접 입열량 계산(J/cm)

60×전압×전류/용접속도(cm/min)

SECTION 03 용접 변형 및 결함

01 수소가스에 의한 결함

- 수소취성
- 저온 지연균열
- 은점
- 미세균열
- 선상조직(수소 성분이 이음부에 국부적으로 집중하여 가늘고 길게 존재하는 현상)
- 기공

02 고온균열

- 세로균열
- 가로균열
- 설퍼균열
- 크레이터 균열

03 저온균열

- 언드비드 균열
- 루트균열
- 토균열(재열균열)
- 마이크로 균열
- 비드 및 균열

04 라멜라 티어

저온균열과 비슷한 특성임

05 힐 크랙(힐 균열)

저온에서 발생(저온균열의 일종)

06 기타 균열

- 재열균열
- 클래드 밑 균열
- 변형시효 균열
- 라멜라티어 균열

07 노치(notch)

- 구조물의 불연속부나 용접 금속과 모재의 재질적 불연속 및 용접 결함 등 응력 집중의 원인이 되는 것을 말한다.
- 용접의 언더컷, 용입불량, 균열, 슬래그 섞임 등의 용접 결함, 가스절단의 가장자리, 용접 열 영향 등 재료의 불균일이 그 주요 원인이다.

SECTION 04 용접의 용접성

01 접합성능에 대한 인자

모재와 용접금속의 열적 성질

1. 용접 결함
- 모재 고온 혹은 냉간 균열
- 용접 금속의 고온 혹은 냉간 균열
- 용접 내의 기공과 슬래그 섞임
- 용접 금속의 형상 혹은 외관 불량

02 사용 성능에 대한 용접성 인자

- 모재와 용접부의 기계적 성질
- 모재의 노치 취성
- 용접부의 연성
- 모재 혹은 용접부의 물리적, 화학적 성질
- 변형과 잔류 응력

03 사용 성능의 용접성 시험과 조사

- 노치 취성은 충격시험
- 용접부의 연성은 인장시험
- 용접균열은 굽힘시험

▼ 용접기호

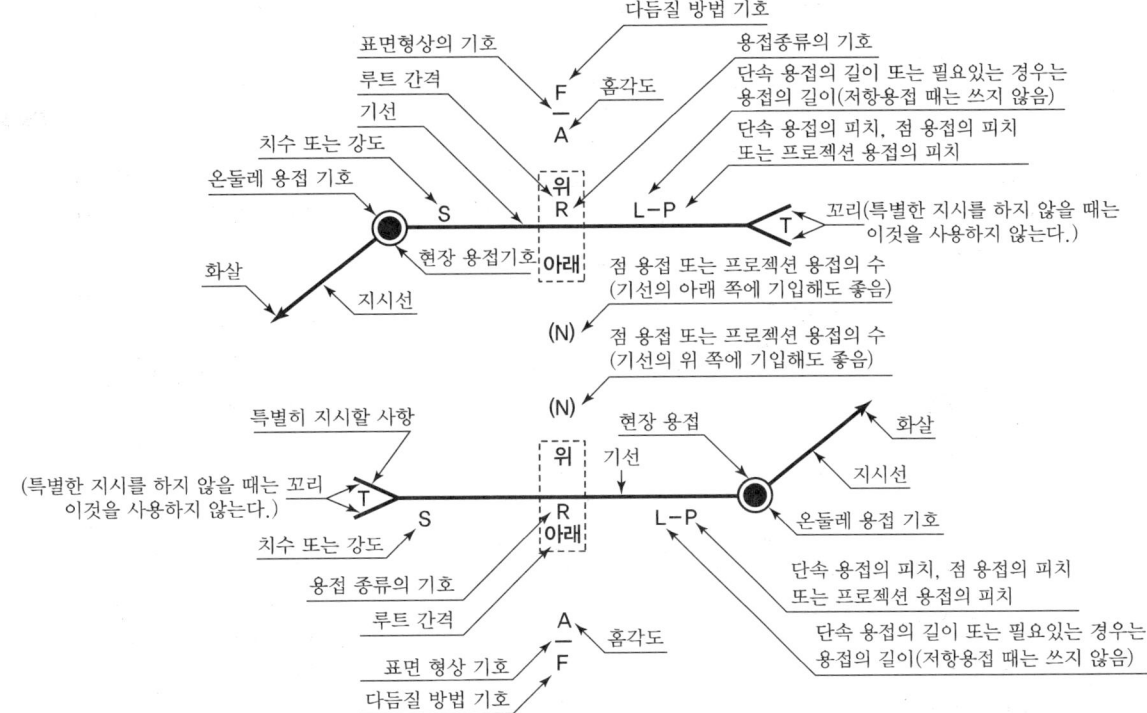

▼ 용접부의 결함 종류, 원인, 대책 대처 방법

결함 종류		원인	방지대책
용입 부족 (insufficiency of penetration)	용융금속이 용접부를 완전하게 융합시키지 못하고 불용착부가 남아 있는 상태	① 이음 설계의 결함 ② 용접속도가 빠를 때 ③ 루트면이 너무 클 때 ④ 루트 간격이 좁을 때 ⑤ 용접전류가 낮을 때 ⑥ 용접봉 선택 불량	① 홈의 각도 등을 크게 한다. ② 적당한 용접속도로 슬래그가 선행되지 않게 한다. ③ 루트면은 작게, 루트 간격은 크게 한다. ④ 슬래그가 벗겨지지 않는 범위까지 전류를 높인다. ⑤ 용접봉 선택을 잘한다.
오버 랩 (over-lap)	용착금속이 모재 표면에 얇게 융합되어 모재 표면 위에 겹쳐지는 상태	① 용접봉 선택 불량 ② 용접속도가 느릴 때 ③ 용접전류가 낮을 때 ④ 아크 길이가 너무 짧을 때 ⑤ 운봉 및 봉의 유지각도 불량 ⑥ 모재가 과랭되었을 때	① 적정한 용접봉을 선택한다. ② 용접속도를 빠르게 한다. ③ 용접전류를 높인다. ④ 적정한 아크 길이를 유지한다. ⑤ 수평필릿의 경우 봉의 각도를 잘 선택한다. ⑥ 모재를 충분히 예열시킨다.
언더컷 (under-cut)	용착금속이 모재 표면에 채우지 못하고 용접선 끝에 홈이 있는 상태	① 용접전류가 높을 때 ② 용접속도가 빠를 때 ③ 아크 길이가 너무 길 때 ④ 부적당한 용접봉 사용 ⑤ 용접봉 유지각도 불량	① 낮은 전류를 사용한다. ② 용접속도를 늦춘다. ③ 아크 길이를 짧게 한다. ④ 적정한 용접봉을 사용한다. ⑤ 유지각도를 바꾼다.
기공 (blow hole)	용착금속 속에 가스로 인하여 남아있는 구멍 (가스의 집, 공동)	① 용접 분위기 속에 수소 또는 일산화탄소의 과잉 ② 용접부의 급랭에 의한 응고 ③ 용접봉의 습기가 많을 때 ④ 아크 길이가 길 때 ⑤ 용접전류 과대 ⑥ 모재의 불순물 부착	① 용접봉을 바꾼다. ② 예열 및 위빙 비드를 높여 열량을 늘린다. ③ 용접봉을 건조한다. ④ 아크 길이를 적당히 한다. ⑤ 용접봉 조작을 적절하게 한다. ⑥ 아크 길이를 적당히 한다.
슬래그 잠입 (slag inclusion)	용융된 피복제가 용착금속 속에서 표면에 떠오르지 못하고 남아 있는 현상	① 전층 슬래그 제거 불안전 ② 운봉방법의 불량 ③ 용접전류가 낮을 때 ④ 용접부가 급랭될 때 ⑤ 용접봉의 운봉각도 불량 ⑥ 운봉속도가 느리거나 아크 길이가 길 때	① 슬래그를 충분히 제거한다. ② 운봉조작을 알맞게 한다. ③ 용접전류를 적당히 한다. ④ 예열 및 후열을 한다. ⑤ 용접봉 조작을 적절하게 한다. ⑥ 아크 길이를 적당히 한다.
균열 (crack)	비드 표면이나 용착금속 내에 길게 또는 짧게 금이 나 있는 현상	① 이음의 강성이 큰 경우 ② 용착금속의 결함 ③ 부적당한 용접봉 사용 ④ 모재의 탄소, 망간 등 합금원소가 많을 때 ⑤ 과대전류, 과대속도 ⑥ 모재에 유황함유량이 많을 때	① 예열과 피닝 작업을 하거나 백스텝 등을 사용한다. ② 습기를 감소시키고 적정한 용접봉을 선택한다. ③ 예열, 후열을 하고 저수소계 용접봉을 사용한다.
피트 (pit)	비드 표면에 기공과 같이 구멍이 나 있는 현상	① 모재 중에 탄소, 망간 등의 합금원소가 많을 때 ② 용접부에 기름, 페인트, 녹 등이 부착되어 있거나 습기가 많을 때	① 염기도가 높은 용접봉을 선택한다. ② 이음부를 잘 청소하고 예열 혹은 용접봉을 건조하여 사용한다.

CHAPTER 002 용접시공

SECTION 01 용접 이음의 준비

01 이음 홈의 가공

1. 홈가공
   - 기계가공법
   - 가스가공법

2. 작업상 주의사항
   - 팁의 구멍지름, 산소 및 아세틸렌 압력과 절단 속도는 용접모재판의 두께에 알맞은 것을 선정한다.
   - 절단 산소 분출구 및 예열불꽃의 팁을 청소하여 가스의 유출을 균일하게 한다.
   - 팁의 높이와 각도를 정확하게 유지한다.
   - 99.5(%)의 고농도 산소를 사용한다.
   - 모재 표면의 스케일과 녹을 제거한다.

02 용접 조립

조립 순서	• 원칙적으로 수축이 큰 맞대기 이음을 먼저 하고 필릿 용접을 다음 순서로 한다. • 큰 구조물 용접은 중앙에서 끝 부분을 향하여 때로는 대칭적으로 용접을 진행해야 한다.

03 용접의 가접

- 균열이나 기공을 방지하기 위해 원칙적으로 본용접을 하는 홈을 피하여 작업한다.
- 가접은 본용접과 같은 정도의 기량을 갖춘 용접공이 작업을 해야 한다.
- 가접 시 사용하는 용접봉은 본용접 용접봉보다 약간 가느다란 것을 사용한다.

04 홈의 루트 간격

가접을 할 때는 홈의 루트 간격이 소정의 치수가 되게 유의하여야 한다.

05 용접하기 전 이음부분의 청소

- 수분과 녹, 스케일, 페인트, 기름, 그리스, 먼지, 슬래그 등은 기공이나 균열의 원인이 된다. 하여 와이어브러시, 연삭기, 쇼트블라스트기 등으로 청소 정비를 한다.
- 자동용접 시는 80(℃) 정도 온도를 높여서 수분이나 기름을 제거한다.
- 점용접 시는 표면의 산화 피막을 제거한다.
- 보통 표면의 산화피막은 저항 용접 시 유해를 미치므로 점용접이나 저항 용접 시에는 기계적·화학적으로 산화피막을 제거한다.

06 아크 운봉법

- 직선 비드는 용접봉을 직선적으로 운봉하는 것이다.
- 위빙 운봉법은 넓은 폭의 비드를 만들기 위함이다.
- 용접 시 운봉법이 나쁘면 용접 금속이 불균형이 되어서 언더컷이나 오버랩, 슬래그 섞임 등의 결함이 발생한다.
- 용접시 아크를 급속하게 끊으면 오목부인 크레이터가 발생한다.
- 용접봉 교체 시에는 오목부를 없애고 전진한다.

07 용접비드 만들기

전진법	용접시작 부분의 수축보다 끝단에 가까운 부분의 수축이 크다.
후진법	잔류응력을 최소로 할 경우에 적합하다.
대칭법	이음 수축에 따른 변형이 비대칭이 되는 것을 피하기 위한 방법이다.
스킵법	판이 매우 얇거나 용접 후에 비틀림이 생길 염려가 있으면 스킵법이 좋다.

08 용접비드 다층 쌓기법

- 덧붙이법을 사용한다.
- 변형과 잔류응력을 작게 하기 위해서는 두 가지 방법을 택한다.

  - 가스킷법 : 전체 용접을 매듭하기 위한 법이다.
  - 블럭법 : 하나의 블록에서 다른 블록으로 용접을 옮겨 갈 때 사용한다.

09 각종 모재의 용접비드 순서 알기

- 동일 평면 내에 많은 이음 부분이 있을 경우 수축은 되도록 자유 끝단에 여유를 주는 것이 좋다.
- 용접할 물품의 중심에 대하여 항상 대칭적으로 용접을 진행한다.
- 용접 시 수축이 큰 용접이음은 가급적 용접을 먼저 하고 수축이 적은 용접이음은 나중에 한다.
- 용접모재의 중립축을 참작하여 그 중립축에 대한 용접 수축력의 모멘트화가 0이 되게 하면 용접선 방향에 대한 굽힘이 없어진다.

10 용접 시 열전도 상태

- 용접부위는 고온이고 고온부 주위는 온도가 떨어진다. 이렇게 온도 구배가 커지면 용접부 부위의 냉각이 심해진다.
- 용접부 부근의 냉각 시 냉각이 심해지면 열영향 부분이 경화된다. 경화가 발생하면 이것은 이음 성능에 나쁜 영향을 준다.
- 두께가 얇은 박판의 경우보다 두꺼운 후판이 맞대기 용접보다 필릿 용접 시에 더 주의가 필요하다.
- 냉각속도를 느리게 하여 급랭을 방지하는 방법으로는 예열하는 방법과 큰 대열량으로 용접하는 방법 두 가지를 고려한다.
- 알루미늄이나 구리의 용접 시에 냉각속도가 크게 된다.

11 용접 시 예열

- 용접성이 좋은 연강도 두께가 25(mm) 이상 두꺼운 후판이 되면 급랭하기 때문에 합금 성분의 강이라면 경화성이 크므로 열영향 부분이 경화하여 용접비드 아래 균열이 발생한다.
- 용접이 필요한 재질에 따라서 온도 50~350(℃) 정도 홈을 예열하여 냉각속도를 느리게 하여 용접할 필요가 있다.
- 저탄소강 연강도 기온이 0(℃) 이하가 되면 저온 균열이 발생하기 쉬워서 이음 양쪽을 약 100(mm)폭이 되게 하여 약 40~70(℃)로 가열하는 것이 균열 방지에 좋다.
- 주철이나 고급 내열합금(니켈이나 코발트합금)에서 용접 시 균열 예방을 위하여 예열하는 것이 좋다.
- 합금 원소가 많고 탄소당량이 적어지거나 철판의 두께가 크게 되면 용접성이 나쁘게 되므로 예열온도를 넓게 해줄 필요가 있다.
- 예열온도 적정성 측정은 열전대 온도계로 측정하면 좋다.
- 모재 두께나 탄소함량이 같은 재질을 용접할 시에는 저수소계 용접봉이 일미나이트계 용접봉보다 예열온도가 낮아도 된다.
- 예열 시에는 산소-아세틸렌가스 토치로 하면 좋다.

12 용접 조건

- 아크 전압은 보통 아크 길이에 좌우되나 너무 낮으면 단락되기 쉽다.
- 전압을 높게 하면 아크는 불안정하여 산화물과 질화물이 용접 금속에 혼입되기 쉽다.
- 보통 아래보기 용접에서는 강한 전류를, 위보기 용접에서는 아래보기 용접 전류의 10~20(%)를 감하여 용접한다. 다만 수직 용접에서는 아래보기 용접보다 20~30(%) 감소한 비교적 약한 전류를 사용한다.

- 전류가 너무 세면 언더컷과 기공 발생이 생기기 쉽고 용접 표면도 거칠어져 크레이터가 생길 우려가 있다.
- 용접 시 전류가 너무 적으면 용입이 나쁘고 슬래그 섞임이 생기기 쉬우며 오버랩 경향이 있다.
- 피복 아크용접은 용접봉 지름이 4(mm) 정도이면 1분당 용접속도는 약 100~200(mm) 정도가 보통이다.
- 수동 용접이나 서브머지드 용접에서는 용접선 양단은 용입이 불충분하여 비드 중간부분에 비교하면 균열이나 기공이 생기기 쉽다. 이 때문에 용접선 양단에 앤드탭을 부착하여 용접 결함이 판 외부로 이송되게 하여야 한다.

13 용접의 이면 깎기와 이면 용접

- 일반적으로 맞대기 용접의 제1층 경우에는 용입이 부족하게 되기 쉽고 두꺼운 후판의 경우에는 균열, 기공 발생이 생기기 쉽다.
- 맞대기 용접 시는 받침쇠를 부착하여 완전히 용융시키거나 또는 이면을 깎음으로써 1층 또는 2층 이상에 결함이 없는 것을 확인한 후에 이면 용접을 실시한다.
- 가접 용접이나 1층 비드에 균열이 발생하면 그대로 방치하고 용접하면 그 균열이 이외로 확대하기 때문에 이면깎기를 잘 하여야 한다.
- 이면깎기에는 기계적 깎기, 불꽃 깎기, 아크 에어 가우징 방법 등이 있다.

SECTION 02 용접 후 처리방법

01 응력 제거방법

1. 노내 풀림 열처리
   - 용접 후에 응력을 제거하기 위한 열처리 중에서 가장 효과가 크다. 용접 제품을 가열 노 내에서 적당한 온도로 어느 시간 유지한 후에 노 내에서 서서히 냉각하는 것을 노내 풀림 열처리라고 한다.
   - 노내 온도는 약 300(℃) 정도가 알맞다.
   - 두께가 25(mm)인 탄소강이라면 보통 600(℃)에서 10(℃) 낮게 20분 정도의 노내 풀림이 좋다.
   - 제품이 너무 커서 노에 넣기가 곤란하거나 현장 용접 시 풀림이 필요 없는 경우에는 용접 부근의 국부풀림을 실시한다.(용접선 양쪽의 각 250)mm) 범위내에서 판 두께 12배 이상 범위를 정하여 국부풀림 후에 서냉한다.)
   - 국부 풀림의 경우 잘못하면 오히려 잔류응력 발생으로 이어지기 때문에 주의한다.

2. 기타 잔류응력 제거방법
   - 저온응력완화법 : 용접선 양측을 일정 속도로 가스불꽃을 이용하여 약 150(mm)에서 150~200(℃)로 가열한 후에 바로 수랭시킨다.
   - 기계적 응력완화법 : 잔류응력이 있다고 판단되는 제품에 하중을 가하여 제거하는 방법이다.
   - 피닝법 : 용접부위를 둥근 구면 모양의 선단을 한 특수 피닝 해머로서 연속 타격하여 용접 표면 측을 소성 변형시키는 조작이다.(인장응력을 완화 시키는 효과가 있다.)

02 용접 후 변형교정

1. 변형교정
   - 용접 변형교정에서는 많은 시간과 경비가 소요된다.
   - 잔류응력을 적게 하려면 변형이 크게 된다.

- 변형을 적게 하려고 구속하면 잔류응력이 크게 된다.
- 두꺼운 후판에서는 잔류응력을 적게 하고 얇은 박판에서는 변형을 경감하는 용접을 구사한다.

▼ **방법**

- 가스킷법 : 전체 용접을 매듭하기 위한 법이다.
- 박판에 대한 점 수축법
- 형재(모양재료)에 대한 직선 수축법
- 가열 후에 해머질하는 방법
- 후판에 대하여 가열한 후 압력을 가하고 수랭하는 방법
- 롤러 가공
- 피닝 법
- 절단하고 정형한 후에 재용접하는 방법

2. 용접 후 결함보수

- 용접부의 결함 발견 시 손으로 바로 보수가 가능한 경우는 즉 기공, 슬래그 섞임을 연삭하여 재용접한다. 만약 균열이 발견된 경우에는 양단에 드릴 구멍을 뚫고 균열 부위를 연삭하여 다시 정규의 힘으로 다듬질한다.
- 결함 중 언더컷이나 오버랩의 경우라면 작은 용접봉(지름이 작은봉)으로 뒤의 것은 일부 끌질하여 재용접한다.

03 보수용접

- 마모된 기계부품 등은 마모용 용접봉으로 덧붙임 용접을 하고 재생 수리한다.(이때 용접봉은 망간강, 크롬강 등의 탄소강 계통의 심선을 사용하거나 크롬, 코발트, 텅스텐 비철합금 용접봉 등으로 하는 것이 좋다.)
- 보수 용접 시는 예열처리 후열처리가 필요하다.
- 덧붙임을 하는 경우에는 용접하지 않고 용융된 금속을 고속기류로 물품에 분사하는 용사법이 좋다.

04 주철의 보수용접

버터링법	처음에 모재와 잘 융합하는 용접봉으로 적당한 두께까지 용착 용접한 후 다른 용접봉으로 용접하는 것
비녀장법	지름 6~10mm 정도의 ㄷ형 강봉을 박고 용접을 하는 것
스터드법	용접 경계부 바로 및 부분의 모재가 갈라지는 약점을 보호하기 위해 6~10mm 정도의 스터드 볼트를 심는 방법
로킹법	스터드 볼트 대신에 용접부 바닥면에 둥근 홈을 파고 이 부분에 걸쳐 힘을 받도록 하는 방법

05 용접 후의 가공법

- 제품을 제조하는 중간 단계에서 용접을 하고 그 후 기계가공 또는 굽힘 가공 시는 응력 제거 처리가 필요하다.
- 용접 후 굽힘가공을 하면 용접부위에 균열이 발생하는 경우가 있다.
- 용접 후에 열영향부분의 경화, 수소함유량으로 연성이 저하하고 취성화가 일어나면 풀림처리를 하고 굽힘 가공 시 가공 전에 풀림열처리가 필요하다.
- 열영향부 부위에 인성의 저하가 일어나므로 용접 후의 적절한 가공이 필요하다.

PART 03

용접재료

CHAPTER 01 금속재료
CHAPTER 02 금속의 열처리
CHAPTER 03 비철금속

CHAPTER 001 금속재료

SECTION 01 철금속

01 금속의 성질과 특징

1. 금속의 일반적 특성
   - 고체상태에서 결정 구조를 갖는다.
   - 전기의 양도체이다.
   - 열의 양도체이다.
   - 전성 및 연성이 좋다.
   - 금속광택을 갖는다.

2. 합금의 성질
   - 강도 및 경도가 좋아진다.
   - 주물 주조성이 우수해진다.
   - 내산성 및 내열성이 증가한다.
   - 색이 아름다워진다.
   - 용융점 및 전기, 열전도율이 일반적으로 낮아진다.

02 금속의 변태

동소변태	금속의 결정 구조가 외적 조건(압력, 온도)에 의해서 변하는 것
자기변태	원자 배열의 변화 없이 전자(Spin)의 방향성 변화에 의해서 강자성체로부터 상자성체로 변하는 것(일명 큐리점이라고 한다.)

03 금속의 성질

크리프현상	금속재료는 일반적으로 상온에서 시험을 하나 고온에서 오랜 시간 외력을 가하면 시간이 경과하면서 서서히 그 변형이 증가하는 현상
자성체	• 강자성체 : 철, 니켈, 코발트 • 상자성체 : 크롬, 백금, 망간, 알루미늄 • 비자성체 : Au, 수은, 구리

04 금속재료 기계적 시험

1. 압입경도시험
   - 브리넬 경도시험
   - 비커스 경도 : 다이아몬드 4각추 이용, 정각 136(°) 다이아몬드 사용
   - 로크웰 경도 : 강구 또는 120(°)의 다이아몬드 시험편 사용

2. Scratch(모스 경도)

3. 반발경도(쇼어 경도)
   선단에 다이아몬드를 붙인다.

4. 브리넬경도 크기
   시멘타이트(820) – 마텐사이트(720) – 트루스타이트(400) – 베이나이트(340) – 소르바이트(270) – 펄라이트(225) – 오스테나이트(155) – 페라이트(90)

SECTION 02 철과 강

01 철강재료의 분류 및 제조

1. 선철 제조법
   전기로나 회전로 등의 특수재선법에 의해서도 제조되나 현재 가장 많이 널리 사용되고 있는 제선법은 코크스를 연료로 하는 용선로법이다.

2. 강 제조법
   - 재선과정은 산화철을 환원시키는 환원재련이고 제강과정은 선철 중의 불순물을 산화 제거하는 산화정련이다.
   - 전로법(베세머법, 토마스법)
   - 평로제강법(대량생산용)
   - 전기로제강법(고급강, 특수강제조법)

- LD전로법(산소이용법)

3. 강괴(주형에 주입하여 만든다.)의 종류
    - 킬드강 – 세미킬드강 – 림드강 – 캡트강(탈산제 첨가로 구분한다.)
    - 탈산제 종류 – 페로망간(Fe – Mn), 페로실리콘(Fe – Si)

4. 순철
    - 일반적 제련법 – 존용해법(전해철, 암코철, 카보닐철)
    - 순철응고점 – 1,539(℃)

5. 탄화철 – 상태도(탄소강의 변태)

A0변태온도	210(℃)
A1변태온도	723(℃)
A2변태온도	768(℃)
A3변태온도	910(℃)
A4변태온도	1,400(℃)

6. 탄소강의 조직

페라이트 (Ferrite)	극히 연하고 연성이 크며 인장강도는 비교적 작다. 상온에서는 상자성체이며, 전기전도도가 높고 담금질에 의하여 경화되지는 않는다.(파면은 백색이며 순철에 가까운 조직이다.)
펄라이트 (Pearlite)	온도 723(℃) 이상에서는 감마철(γ철 – Austenite) 상태이고 탄소가 용해 되어 있으며 723(℃) 이하의 온도에서는 a상태이다. 즉, 유리탄소이다.(페라이트와 시멘타이트의 혼합상태로 존재한다.)
시멘타이트 (cementite – Fe_3C – 탄화철)	대단히 경하고 취약하며 연성은 거의 없다.(상온에서 강자성이며 담금질하여도 경화되지 않는다.)
오스테나이트 (Austenite)	γ고용체, 즉 강에서는 면심입방격자
레데뷰라이트 (Ledeburite)	γ고용체+Fe_3C의 조직이다.(탄소함량 4.3%의 철) 공정철이다.

02 탄소강, 특수강에 영향을 주는 구성원소

1. Mn(망간)
    - 담금질성을 현저하게 증가시킨다.
    - 강에 강도 경도 점성을 증가시킨다.
    - 탈산작용을 하여 강의 유동성을 좋게 한다.
    - 유황이 주는 해를 제거시키고 절삭성을 개선시킨다.
    - 고온에서 결정의 성장을 제거시켜 조직을 치밀하게 한다.
    - 망간이 1(%) 이상 함유하면 주물에 수축이 생긴다.

2. Si(규소)
    - 강의 유동성을 개선한다.
    - 연신율, 충격치 등을 감소시킨다.
    - 단접이나 냉간가공성을 저하시킨다.
    - 탄성한도 강도 경도 등을 증가시킨다.
    - 결정립의 크기를 증가시키고 소성을 감소시킨다.

3. P(인)
    - 기포가 없는 주물을 만들 수가 있다.
    - 경도 및 인장강도를 증가시킨다.
    - 적당한 양은 용선의 유동성을 개선시킨다.
    - 결정입자를 거칠게 한다.
    - 연신율 및 충격치를 감소시킨다.
    - 균열을 일으키며 상온취성의 원인이 된다.

4. S(유황)
    - 망간과 화합하여 절삭성을 개선한다.(쾌삭강을 만든다.)
    - 강의 유동성을 해치고 기포가 발생한다.
    - 강도, 연신율, 충격치를 감소시켜 취성이 생긴다.
    - 단조나 압연 등의 작업에서 균열을 발생시키고 고온 취성을 발생시킨다.

5. Cu(구리)
    - 인장강도, 탄성한도가 증가한다.
    - 내식성이 증가한다.
    - 고온 취성의 원인이 된다.

6. Ni(니켈)
   - 강인성, 내식성 증가
   - 주물에서 흑연화 촉진

7. Cr(크롬)
   - 내열성, 내식성 증가
   - 내열강의 주성분
   - 주물에서 흑연화 억제

8. Mo(몰리브덴)
   - 담금성, 크리프 저항성 증가
   - 특수강에 미치는 능력이 텅스텐과 성질이 흡사하나 효과는 2배
   - 주물에서 흑연화 억제

9. H_2(수소)
   - 헤어크랙의 원인으로 내부균열이 발생한다.
   - 탄소강에 좋은 영향을 주지 못한다.

03 탄소강의 취성

1. 적열취성(고온취성)
   탄소강이 900(℃) 이상이 되면 유황에 의해 융점 온도에 도달하여 유화철이 되어서 결정립계에 분포하여 취성(여림성 – 메짐성)을 갖게 되는 것

2. 저온취성
   탄소강이 상온 보다 낮아지면 강도, 경도가 증가하는 반면 연신율, 충격치가 감소한다.

3. 청열취성
   탄소강이 온도 200~300(℃) 정도의 가열을 받으면 상온에서 보다 오히려 전연성이 줄어들어 취성을 가지는 성질이다. 이 경우 강재의 표면에 청색의 산화피막이 생기고 이 온도에서 강을 가공 시에는 주의해야 하는 취성이 생긴다.

SECTION 03 특수강

01 구조용 특수강

1. 강인강 종류
담금성, 자경성을 좋게 하기 위하여 탄소강에 특수원소를 첨가한 강이다.

니켈강	저온용강에 사용하며 조직이 균일하고 강도나 내식성이 우수하다. 인성이 높고 연성, 취성이 낮다.
크롬강	탄소강에 크롬을 첨가한 강으로 담금성이 우수하다.(내열용, 내식성이 우수하다.)
니켈-크롬강	담금성이 우수하고 점성이 크나 취성이 있다.
크롬-몰리브덴강	경화에 대한 저항이 크며 고온 가공성이나 용접성이 양호하다.
니켈-크롬-몰리브덴강	니켈-크롬강에 몰리브덴을 첨가하여 취성을 개선한 강으로 구조용 강 중에는 가장 우수하다.
망간강	• 저망간강(듀콜강) : 탄소0.17~1.7(%) + 망간1.2~1.7(%)의 페라이트 조직 고장력강의 원재료, 기계구조용, 일반구조용, 선박, 교량, 레일 등에 사용 • 고망간강(Hadfield강) : 탄소 1~1.2(%) + 망간11~13(%) 상자성체로서 대단히 우수한 내충격성, 내마모재, 각종 산업기계용으로 사용되며 가공경화속도가 아주 크며, 기차 레일의 교차점에 사용된다.

02 공구용 합금강 종류

공작기계에서 사용하는 바이트, 커터, 드릴 등의절삭공구 및 다이, 펀치와 같은 소성 가공용에 사용되는 강이다.

1. 구비조건
   - 상온 및 고온에서 경도가 클 것
   - 강인성이 있을 것
   - 열처리 및 가공이 용이할 것
   - 가격이 저렴할 것
   - 내마멸성이 클 것

CTC (탄소공구강)	탄소함량 0.6~1.5%(200도 이상에서는 경도가 낮아져서 고속 절삭은 불가능)
STS (합금공구강)	주성분 : 텅스텐, 크롬, 바나지움, 몰리브덴
SKH (고속도강)	주성분 : 텅스텐, 크롬, 바나지움, 코발트, 몰리브덴
초경합금 (소결합금)	• 텅스텐 분말+탄소 분말을 혼합시켜 만든 합금이다. • 주성분 : 텅스텐, 탄소, 코발트 • 고온 경도가 우수한(위디아, 아리아, 카볼로이, 탕가로 이등)
세라믹 (소결합금)	주성분 : 산화알루미늄
스텔라이트 (주조합금)	• 주성분 : 텅스텐, 코발트, 크롬, 몰리브덴 • 주조한 상태의 것을 연마하여 사용하는 공구이다. • 열처리하지 않아도 충분한 경도를 갖는다.

03 특수 용도의 특수강

1. 스테인리스강(STS)

니켈이나 크롬을 다량 첨가하면 대기 중, 수중, 산 등에 잘 견디는 성질을 가지게 된다. 이와 같이 니켈(Ni), 크롬(Cr)을 강에 첨가하여 내식성을 증가한 강이 스테인리스강이다.

크롬계 스테인리스강	• 페라이트계 • 마텐자이트계
크롬-니켈계 스테인리스강	• 오스테나이트계(크롬, 니켈의 함량이 18-8계가 대표적이다.) • 석출경화형계

2. 초고장력강

로켓미사일 구조용재로서 개발된 것, 인장강도와 우수한 인성을 갖는다.

- 마텐자이트강(중탄소저합금강)
- 중탄소중합금강
- 극저탄소 고합금강
  (인장강도150~200kg/mm^2, 1470~1960MPa)

3. 게이지강

① 종류 : 망간강, 크롬강, 망간-크롬강, 니켈강
② 구비조건
- 내마모성이 클 것
- 담금질 과정에서 균열이 적을 것
- 오랜 시간, 경과하여 도치수 변화가 적을 것
- 내식성 및 경도가 좋을 것

04 쾌삭강

탄소강+절삭성 향상을 위해 황, 인, 납을 첨가한 강이다.

05 스프링강(SPS)

상온가공으로 경화시킨, 경강선, 피아노선으로 사용

06 내열강

1. 종류
- 크롬-규소강
- 크롬-니켈강

2. 내열강 구비조건
- 고온에서 경도나 화학적으로 안정하고, 기계적 성질이 우수할 것
- 소성가공이나 절삭가공이나 용접이 용이할 것
- 내열성이 우수할 것

07 전자기용 특수강

1. 규소강
저탄소강에 규소를 첨가한 강으로(발전기, 전동기, 변압기) 등의 철심재료에 적합하다.

2. 자석강
비칼로이, 알루니코, 큐니프, 쾌스테자석강, MK자석강, KS자석강

08 불변강

1. 특징
- 니켈 36% 이상 고니켈강이다.
- 비자성체이며 강력한 내식성을 갖는다.

2. 종류

종류	
인바강	• 주성분 : 철-니켈 • 용도 : 줄자, 표준자 등의 재료용 • 특징 : 내식성이 대단히 우수하다.
엘린바	• 주성분 : 철, 니켈, 크롬 • 용도 : 정밀저울, 고급시계 스프링용
코엘린바	• 주성분 : 철, 니켈, 크롬, 코발트
퍼멀로이	• 주성분 : 니켈, 코발트
프래티나이트	• 주성분 : 철, 니켈 • 용도 : 유리와 금속의 봉착용 합금으로 사용, 전구도입선

SECTION 04 주철

01 선철
- 철광석을 용광로에서 용해하여 얻은 철이다.
- 탄소함량이 1.7~4.5(%) 정도이다.
- 용융점이 낮고 유동성이 좋아서 주물을 만들기에 용이하다.
- 회선철(파단면이 회색, 주조에 가장 적합하다.), 백선철(파단면이 백색)이 있다.

02 주철

1. 주철의 특성
- 선철에 파쇄 외에 여러 가지 원소를 가해서 용융한 것이다.
- 가단성, 강도, 인성, 및 전성이 나쁜 반면에 유동성이 좋다.
- 압축강도와 감쇄능이 좋아 여러 가지 모양으로 주조가 가능하다.
- 철강에 비해 가격이 저렴하다.

2. 주철의 종류

보통주철	• 회주철 : 파단면이 회색이며(시멘타이트+펄라이트) • 백주철 : 파단면이 백색이며(펄라이트+페라이트+흑연)
가단주철	• 흑심가단주철 : 백선주물을 풀림에 의해 흑연화시킨 주철, 주변만 풀림되어서 백색이다. • 백심가단주철 : 백선주물을 산화철로 싸고 900(℃) 정도의 고온에서 탈산시킨 파단면 백색이다. • 펄라이트 가단주철 : 흑연화를 목적으로 하나 일부의 탄소를 [Fe_3C]로 잔류시킨 주철이다.

03 특수주철
- 니켈주철
- 크롬주철
- 몰리브덴주철
- 칠드주철 : 주조할 때 주물사 내에 냉각쇠를 넣어서 백선화시켜서 경도를 높이고 내마모성, 내압성을 크게 한 주철이다.
- 바나듐주철
- 니켈-크롬주철
- 알루미늄주철
- 구상흑연주철

주철에 세륨(Ce)을 0.002% 가하면 구상화한 주물이 된다. 일명 연성주철, 노듈러 주철이라고 한다.(경도가 커서 내마모성이 있고 내부는 강하고 인성이 있는 회주철이다.)

04 미하나이트 주철
- 칼슘-규소를 접종시켜 미세한 흑연을 균일하게 분포시킨 퍼라이트 주철이며 조직이 균일하다.
- 용도 : 브레이크 드럼, 기어, 크랭크 축 등에 사용한다.

05 고급 주철 제조
- 란쯔법
- 에멜법
- 코살리법
- 피보와르스키법
- 미한법

06 주철의 성장

1. 원리
주철을 600(℃) 이상 온도로 가열, 냉각을 반복하면 그 체적이 점차 증가하여 나중에는 균열이 생기거나 강도가 저하한다. 이를 주철의 성장이라고 한다.

2. 원인
- Fe_3C의 흑연화에 의한 영향
- 고용원소인 규소의 산화에 의한 팽창
- 불균일한 가열에 의해 생기는 파열 팽창
- 흡수한 가스에 의한 팽창
- A1변태에서 체적 변화에 의한 팽창

3. 주철성장 방지법
- 조직을 치밀하게 한다.
- 크롬, 텅스텐, 몰리브덴 등의 시멘타이트 분해 방지원소를 첨가한다.
- 산화원소인 규소(Si)를 적게 하거나 내산화성인 니켈(Ni)로 치환시킬 것

07 주강
- 주철에 비해 용해나 주입온도가 높다.
- 응고 시 수축이 크고 가스 방출이 많다.
- 인장강도가 47~61(kg/mm^2)이다.

CHAPTER 002 금속의 열처리

SECTION 01 탄소강의 열처리

01 담금질(퀜칭)

강재를 A3선 또는 A1온도 이상 20(℃) 높은 온도로 가열한 후 기름 중에서 급랭하여 (마텐자이트)조직을 얻음으로써 재질을 경화시키는 열처리이다.

02 뜨임(템퍼링)

- 담금질한 강재를 A1온도 이하의 적당한 범위에서 재가열하는 열처리이다.
- 담금질한 강재의(영성, 인성)을 부여하고 내부응력을 제거하기 위한 열처리이다.

03 풀림(어니얼링)

- 탄소강을 완전풀림의 경우에는 A3선 또는 A1온도 이상 30~50(℃) 이상 가열하는 열처리이다.(서서히 냉각시킨다.)
- 내부응력 제거, 재질의 연화, 결정립 크기 조절, 펄라이트의 구상화 등을 목적으로 한다.

04 불림(노멀라이징)

- A3 또는 Am선 이상 50~80(℃) 온도 범위까지 가열한 후에 공기 중에서 냉각하는 열처리이다.
- 재질의 균일화, 조직의 표준화, 펄라이트의 미세화가 목적이다.
- 강도, 경도, 인성 등의 기계적 성질이 향상된다.

05 질량효과와 서브제로 처리

1. 질량효과

    열처리 중 강을 급랭하는 과정에서 냉각액이 접촉하는 면은 냉각속도가 커서 마텐조직이 되나 강의 내부는 갈수록 냉각속도가 늦어져서 트루스타이트 또는 소르바이트조직이 된다. 이와 같이 냉각속도에 따라서 경도의 차이가 나는 현상이다.

2. 서브제로 처리(심랭효과)

    점성이 큰 잔류오스테나이트를 제거하는 방법으로 담금질이 끝난 직후에 0(℃) 이하로 냉각하여 오스테나이트를 마텐사이트로 만드는 열처리를 심랭처리(서브제로처리)라고 한다.

▼ 조직변화에 의한 팽창, 수축 현상

① 오스테나이트 - 마텐사이트로 변하면 팽창한다.
② 마텐사이트 - 펄라이트로 변하면 수축한다.
③ 트루스타이트 - 소르바이트로 변하면 수축한다.

▼ 열처리경도 순서

마텐사이트＞트루스타이트＞소르바이트＞오스테나이트

▼ 탄소강 조직의 변화순서

오스테나이트＞마텐사이트＞트루스타이트＞소르바이트

SECTION 02 항온열처리

01 원리

- 강을 냉각하는 도중 일정한 온도에서 냉각이 중지되면 그 온도에서 변태를 한다. 이러한 변태가 항온변태이다. 일명 항온 열처리라고 한다.(베이나이트 조직이 얻어지며 마텐사이트와 트루스타이트의 중간조직이 된다.)
- 일반 열처리보다 균열 및 변형이 적고 인성이 좋다.
- 니켈, 크롬 등의 특수강 열처리에 적합하다.

▼ 항온 변태 곡선의 3대 요소

| • 시간 | • 온도 | • 변태 |

SECTION 03 표면경화법

01 침탄법

침탄제와 침탄촉진제를 상자 속에 넣고 침탄노에서 가열하면 표면에서 0.5~2(mm)의 침탄층이 생겨 표면만 단단하게 되는데, 이러한 표면경화법을 침탄법이라고 한다.

▼ 특징

- 침탄 처리 후에 열처리가 필요하다.
- 침탄층 깊이가 질화법보다 깊다.
- 침탄 후 수정이 가능하다.
- 질화법에 비해 고온에서의 경도는 낮다.

고체침탄법	침탄촉진제 : 탄산바륨, 탄산소다
액체침탄법 (시안청화법)	• 침탄제 : 시안화나트륨, 시안화칼륨, • 촉진제 : 탄산칼륨, 탄산나트륨, 염화칼륨
가스침탄법	침탄제 : 메탄가스, 프로판가스

02 질화법(암모니아가스법)

- 암모니아(NH_3)가스는 고온에서 스스로 분해하여 질소와 수소(H)로 분해한다. 이 질소(N)가스가 철과 화합하여 재료 표면에 질화층을 형성한다.
- 질화층은 경도가 대단히 크고 내마멸성과 내식성이 크다.

▼ 특징

- 질화 후에도 열처리가 필요 없다.
- 경도가 침탄법보다 크다.
- 변형이 적다.
- 질화층이 여리다.
- 고온에서도 경도를 유지한다.
- 질화 후에는 수정이 불가능하다.

03 화염경화법(쇼터라이징법)

- 탄소강을(산소-아세틸렌가스) 화염으로 가열하여 물로 냉각하여 표면만 단단하게 열처리하는 방법이다.
- 선반의 베드안내면 등에 한다.

04 도금법

강에 내식성과 내마모성을 주기 위한 도금법이다.

▼ 도금재료

- 니켈(Ni)
- 크롬(Cr)

05 금속침투법

표면의 내식성과 내산성을 높이기 위해 강재의 표면에 다른 금속을 침투 확산시키는 방법이다.

세러다이징법	강재 표면에 아연(Zn) 침투
칼로라이징법	금속 표면에 알루미늄(Al) 침투
크로마이징법	금속 표면에 크롬(Cr) 침투
실리코나이징법	금속 표면에 규소(Si) 침투
보로나이징법	금속 표면에 바륨(B) 침투

06 고주파경화법(토코법)

고주파에 의한 열로 금속 표면을 가열한 후 물에 급랭시켜서 표면만을 경화시키는 방법이다.

CHAPTER 003 비철금속

SECTION 01 동(구리) 및 그 합금

01 동(Cu)의 특징
- 전기 및 열의 양도체이다.
- 유연하고 전연성이 좋아서 가공이 용이하다.
- 화학적으로 내식성이 크다.
- 합금이 용이하다.
- 구리의 합금은 실용합금, 특수 황동, 청동 등의 합금이 있다.

02 황동(구리 + 아연 등)

1. 톰백
   - 아연이 8~20(%) 정도이다.
   - 빛깔이 금에 가깝고 연성이 크다.
   - 금박, 금분, 사찰의 불상, 화폐 제조 등에 사용된다.
   - a황동이다.

2. 7-3황동
   - 구리 63~72(%)에 아연이 25~35(%) 함유한 a황동이다.
   - 부드럽고 연성이 풍부하고 압연이나 압출이 용이하다.

3. 6-4황동
   - 구리 58~62(%)에 아연 35~45(%) 함유한 황동이다.
   - 내식성이 좋고 가격이 싸며 강도가 요구되는 부분에 사용되는 합금이다.

4. 주석황동
   - 탈아연부식이 억제되어 내해수성이 요구되는 곳에 사용한다.
   - 종류 : 애드미럴티, 네이벌

5. 납황동
   - 황동에 납(Pb)을 첨가한 것이다.
   - 피절삭성이 좋아서 쾌삭황동이라고 한다.

6. 알루미늄황동
   - 7-3황동에 알루미늄(Al) 2(%)에 비소(As)나 규소(Si)를 일부 첨가한 합금이다.
   - 강도나 경도, 내해수성이 증가한다.
   - 종류는 알브랙이 있다.

7. 규소황동
   - 구리에 아연 10~16(%)를 혼합한 황동에 4~5(%) 규소를 첨가한 황동이다.
   - 내해수성이므로 선박 제조에 사용한다.

8. 고강도황동
   - 6-4황동에 망간(Mn) 1~3(%)의 합금으로 철, 니켈, 알루미늄을 첨가한 황동이다.
   - 높은 강도와 내식성을 갖는 터빈날개, 선박용 프로펠러 등 기계제조기구용

9. 니켈황동(양은)
   - 구리+아연+니켈합금으로 7-3 황동에 니켈을 7~30(%) 첨가한 황동이다.
   - 냉간가공에 의해 내력, 전연성, 내피로성, 내식성 등이 우수하다.
   - 은그릇 대용으로 사용한다.

10. 황동납
    구리 42~54(%)에 나머지는 아연의 합금이다.

11. 델타메탈
    - 구리 54~58(%) + 아연 40~43(%), 철 1(%) 내외 합금으로 인(P) 또는 망간으로 탈산하고 니켈, 납 등을 첨가하였다.
    - 압연단조성이 좋다.

03 청동(구리+주석 등)

1. 특성
- 내식성이 크다.
- 인장강도와 연신율이 크다.
- 내해수성이 좋다.
- 황동보다 주조하기 좋다.

2. 청동의 종류

주석청동	구리+(1~2% 주석) 첨가
포금(건메탈)	구리+(주석 8~12%)+(아연1~2%)
알루미늄청동	구리+(알루미늄 12%) 첨가
규소청동	구리+규소 0.1~3(%) 첨가
인청동	• 청동에 인(P)을 1(%) 첨가한다. • 내마멸성, 탄성이 개선되며 큰 하중을 받는 베어링의 부시나 웜의 재질로 사용되는 합금이다.

04 기타 동합금

1. 모넬메탈
- 구리+(니켈 60%) 첨가
- 내식성이 좋고 고온에서 강도가 저하하지 않는 공업용 펌프, 증기밸브, 프로펠러 제작에 사용한다.

2. 켈밋
- 구리에 30~40(%) 납을 첨가한다.
- 내압 하중을 받는 베어링용 합금이다.

SECTION 02 알루미늄(Al)과 그 합금

01 일반용 합금
- 실루민 : 알루미늄+규소계 합금
- 하이드로날륨 : 알루미늄+마그네슘합금

02 내열용 합금
Y합금 : 알루미늄+(구리 4%)+(니켈 2%)+(마그네슘 1.5%)

03 탄력용 강력합금
- 두랄루민 : 알루미늄+(구리 4%)+(망간 0.5~1%)+(마그네슘 0.5%)
- 라우탈 : 알루미늄+(구리 6%)+(규소 2~4%) 첨가

04 내식용 단련용 합금
- 하이드로날륨 : 알루미늄+(마그네슘 약 10%) 첨가
- 알민 : 알루미늄+(망간) 첨가

SECTION 03 마그네슘(Mg)

01 사용 용도
티타늄(Ti), 지르코니아(Zr), 우라늄 제련의 환원제, 자동차, 전기기기, 광학기기 등의 재료로 이용, 구상 흑연주철의 첨가재로 사용

02 종류
- 도우메탈 : 마그네슘+(알루미늄, 아연, 망간 등 10% 내외 합금)
- 일렉트론

SECTION 04 티타늄(Ti)

01 사용 용도 및 특성
- 용융점이 높고 내식성 및 강도가 크다.
- 화학공업용 재료, 항공기, 로켓 재료로 사용

SECTION 05 니켈(Ni)

01 니켈-구리계 합금

구분	니켈	용도
베딕메탈	15(%)	급수가열기, 총탄의 피복
백동	20(%)	화폐, 열교환기
콘스탄탄	40~50(%)	열전대온도계, 정밀교류측정기
모넬메탈	60~70(%)	내열용 합금, 증기밸브, 펌프, 디젤엔진에 사용 특징 : 경도나 강도가 크고 내식성이 우수하다.

02 니켈-철계(Ni+Fe) 합금

인바 : 니켈 36(%)+탄소 0.2(%)+망간 0.4(%)

03 니켈-크롬계(Ni+Cr) 합금

1. 니크롬선(베빗메탈)

   니켈 50~90(%)+크롬 11~33(%)+철 0~25(%)

2. 열전대
   - 철-콘스탄탄 : 니켈+크롬(800도 이하 사용)
   - 구리-콘스탄탄 : 니켈+구리(800도 이하 사용)
   - 크로멜-알루멜
   - 백금-로듐

04 니켈(Ni)내식성 합금

니켈-몰리브덴(Ni-Mo) 합금
- 히스토리 : 니켈 58(%)+몰리브덴 20(%)+망간 2%
- 인코넬 : 니켈 78~80(%)+크롬 12~14(%)+철 4~6(%)+몰리브덴 0.75~1(%)+탄소 0.15~0.35(%)

05 니켈-구리-망간(Ni+Cu+Mn)합금계

망가닌
- 합금 : 구리 50~60%+니켈 2~16%+망간 12~30%
- 용도 : 정밀계기용

SECTION 06 베어링 합금

구분	성분	특성
화이트메탈	주석+안티몬(Sb)+납+구리합금	강도가 약하다. 베어링용 다이캐스팅용 재료
배빗메탈	주석+안티몬+구리합금	내식성이 있고 고속 베어링용이다.
켈밋	납 20~40(%)+구리합금	마찰계수가 작고, 열전도율이 우수하고, 발전기 모터, 철도 차량 베어링용

PART 04

MASTER CRAFTSMAN WELDING

용접기능장 실기
연습문제

연습도면 [1]~[6]

CHAPTER 001 실기 연습문제

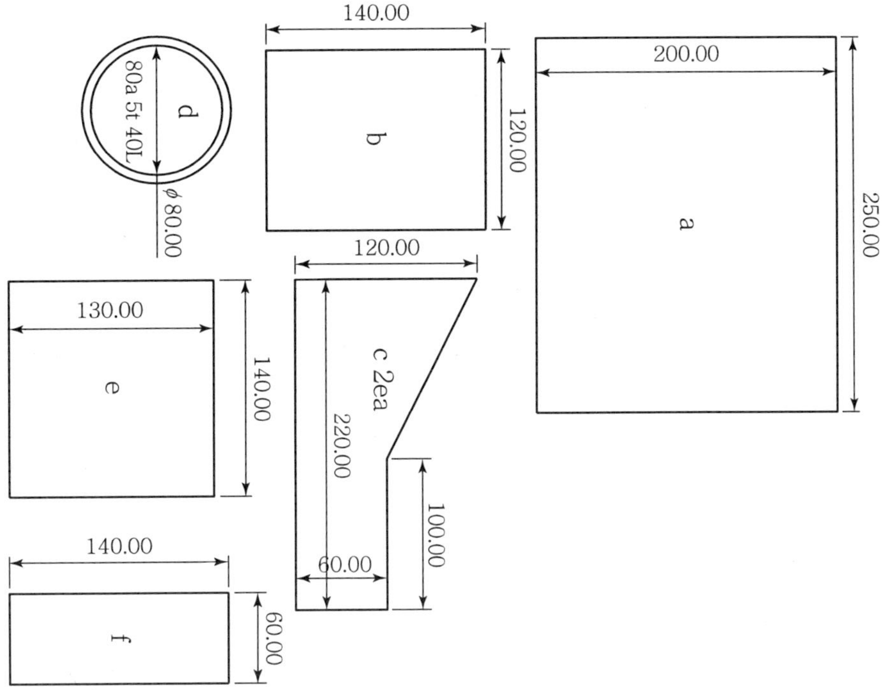

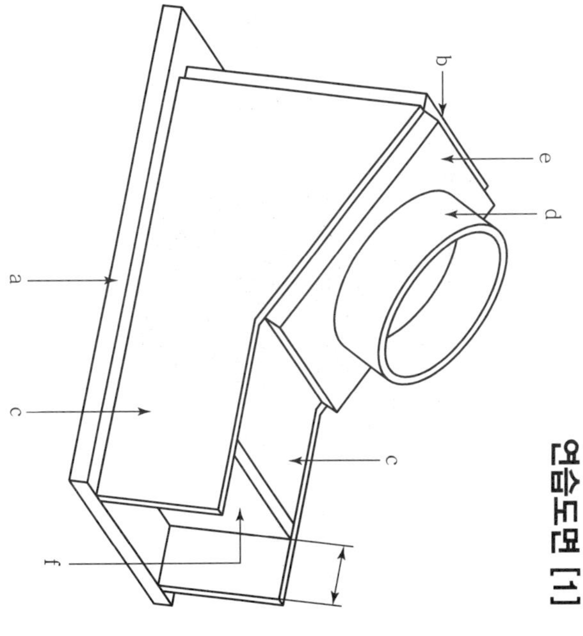

연습도면 [1]

[기능장 모재 A형]

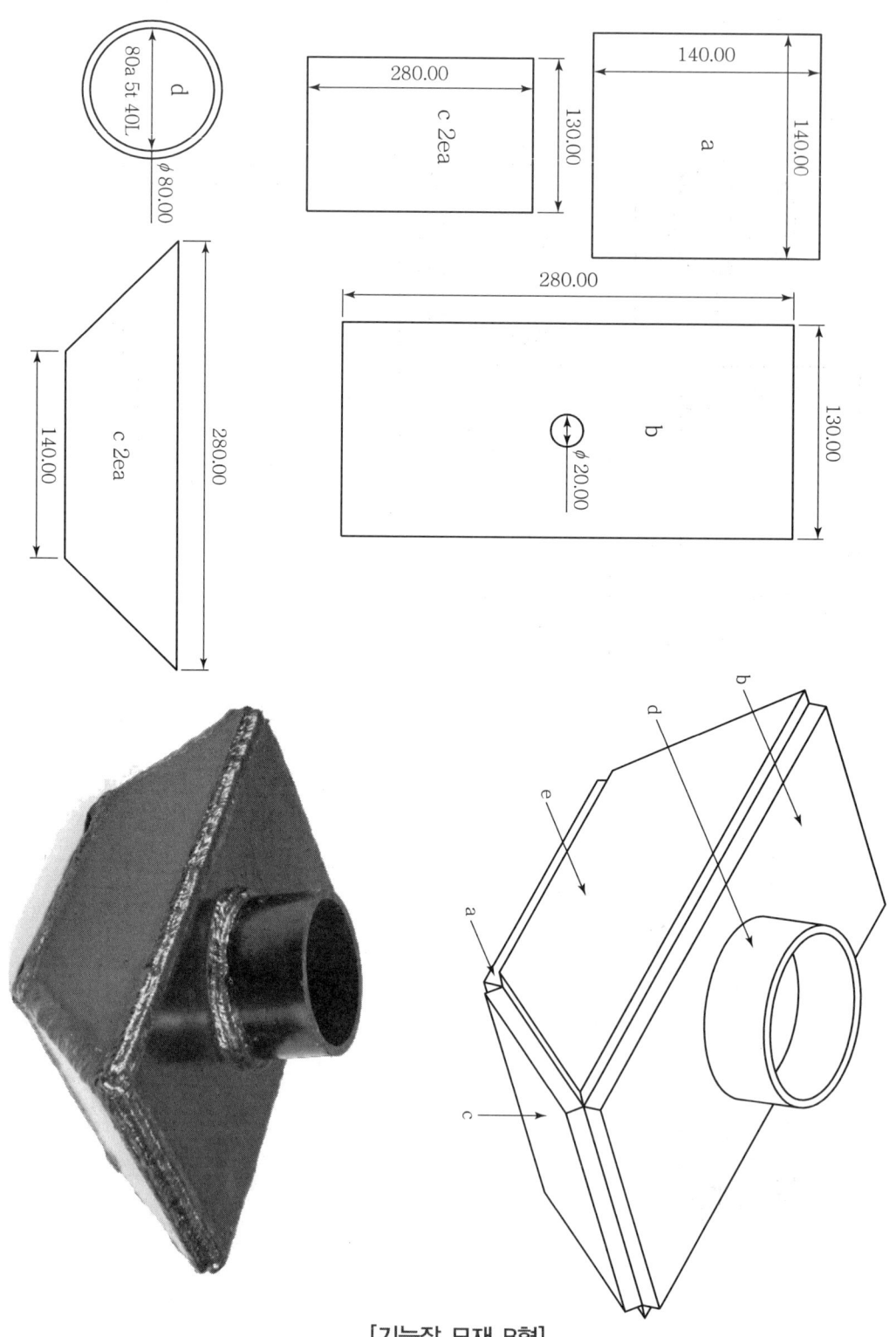

[기능장 모재 B형]

PART 04 용접기능장 실기 연습문제

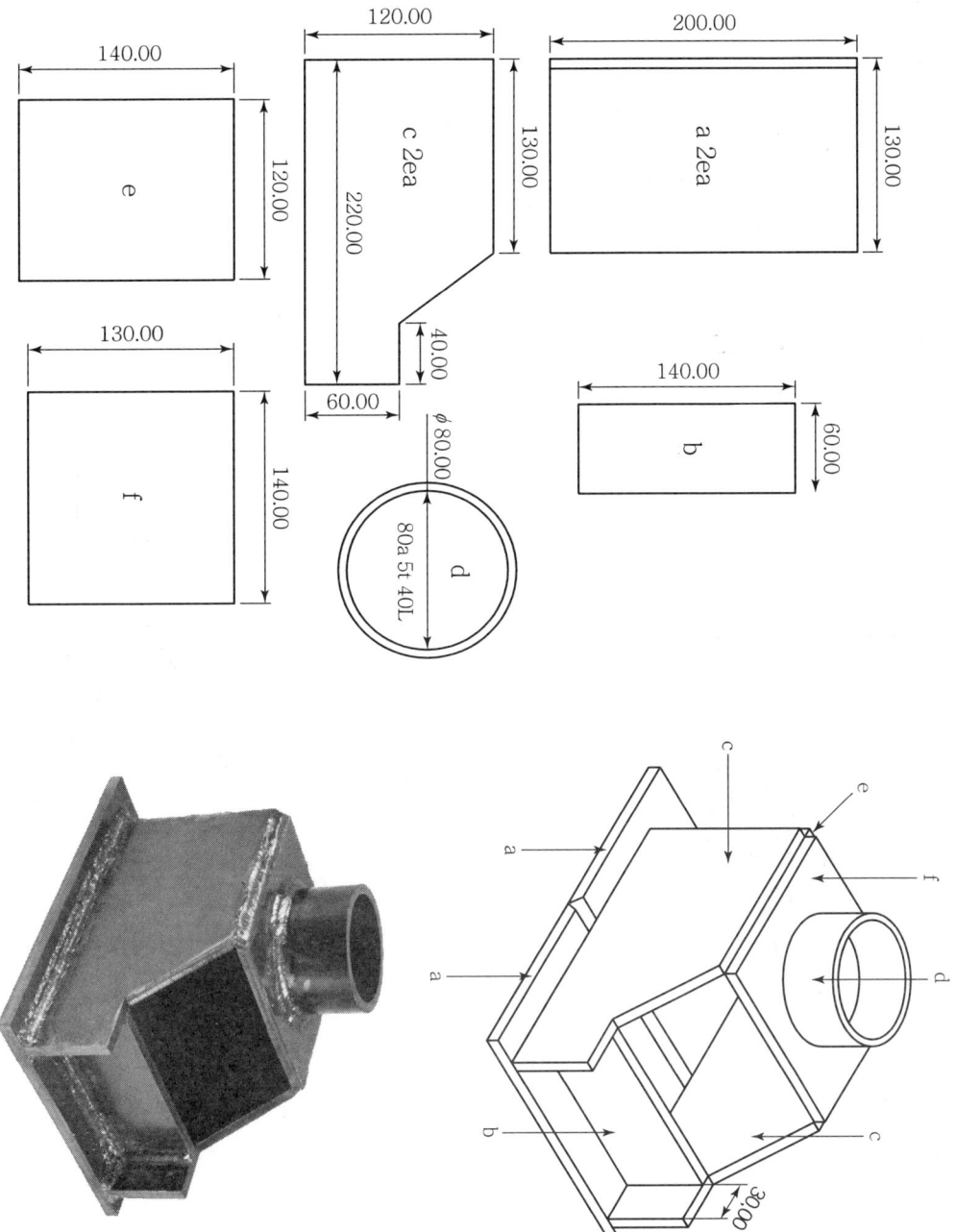

[기능장 모재 C형]

연습도면 [3]

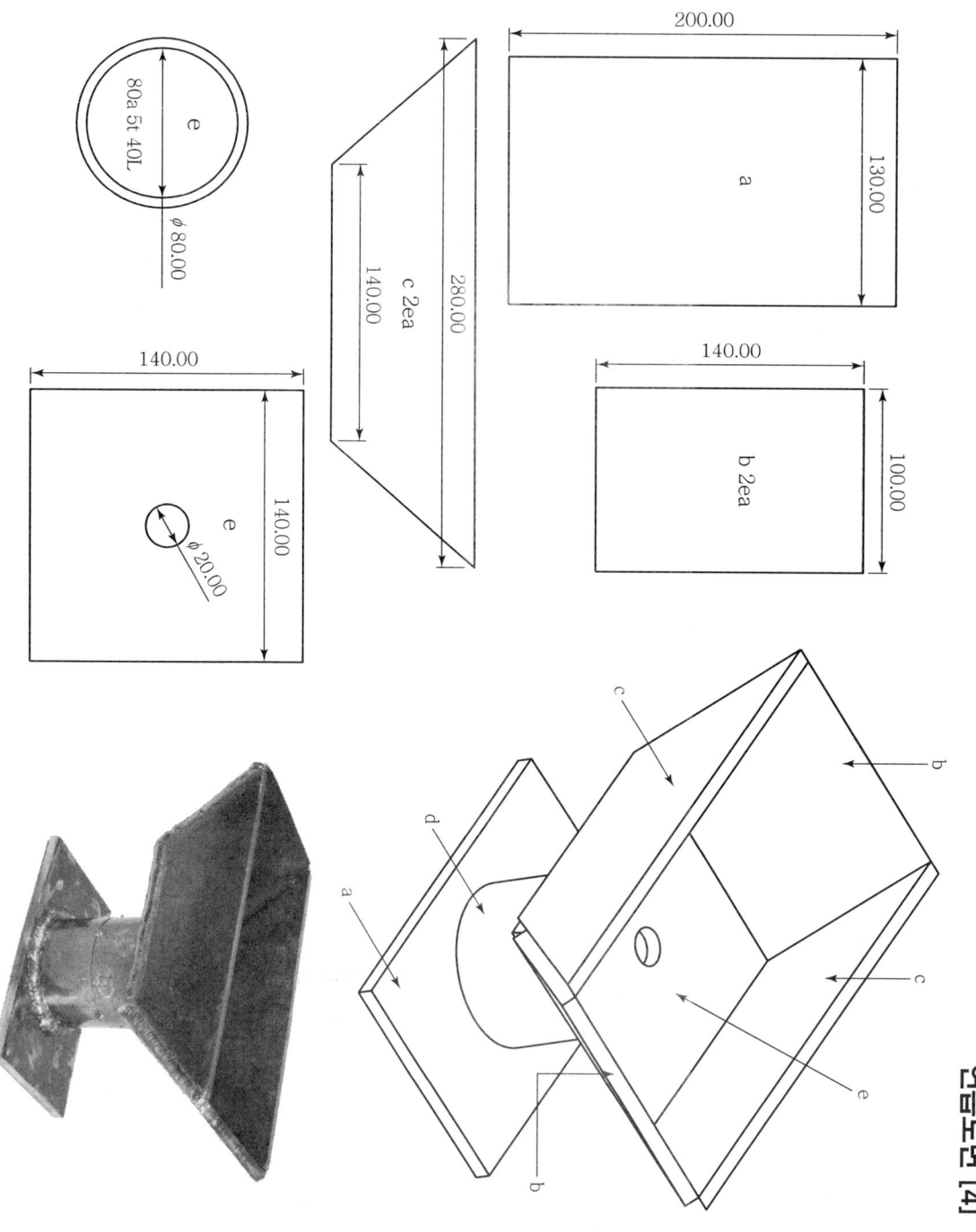

[기능장 모재 D형]

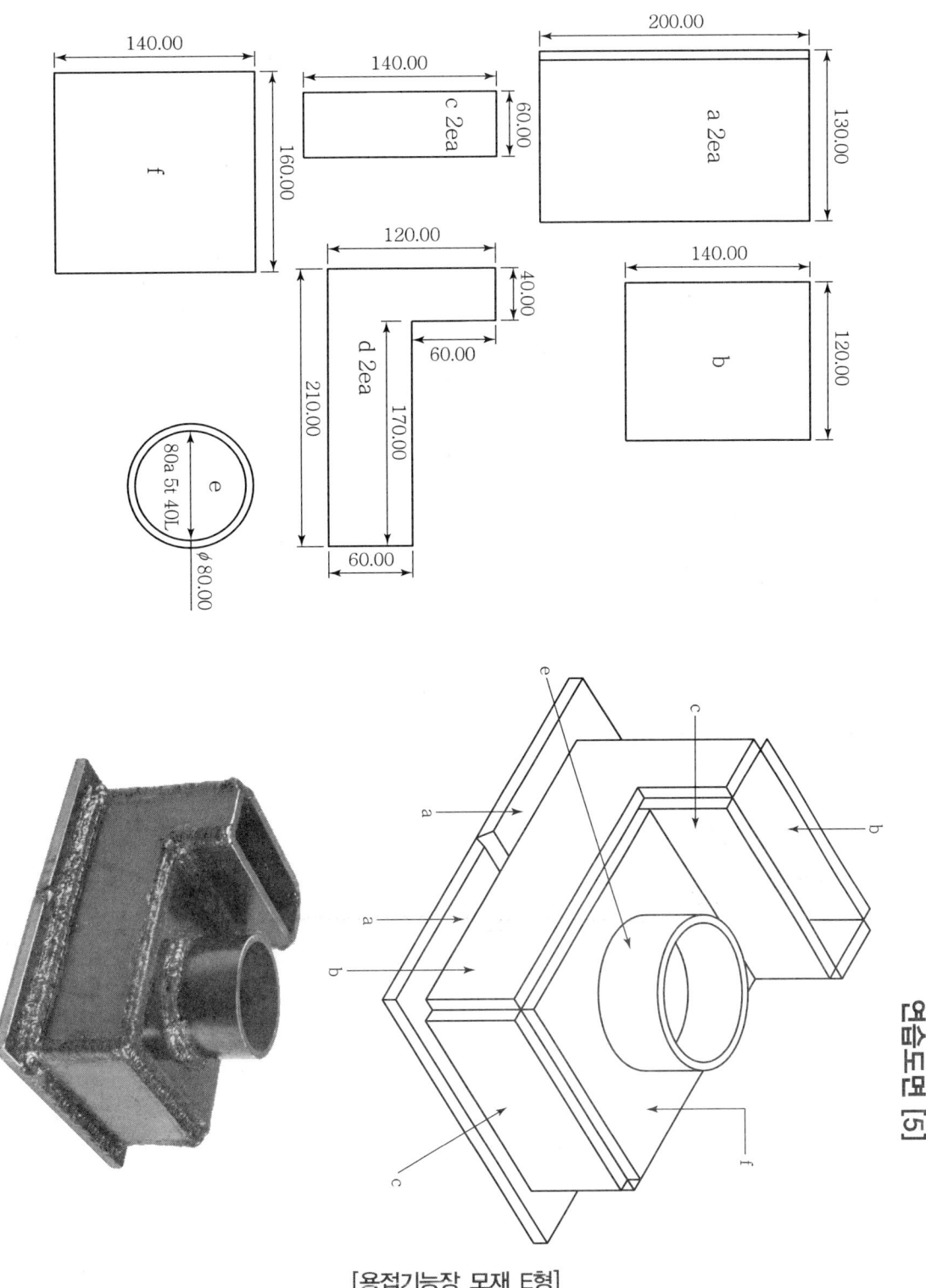

[용접기능장 모재 E형]

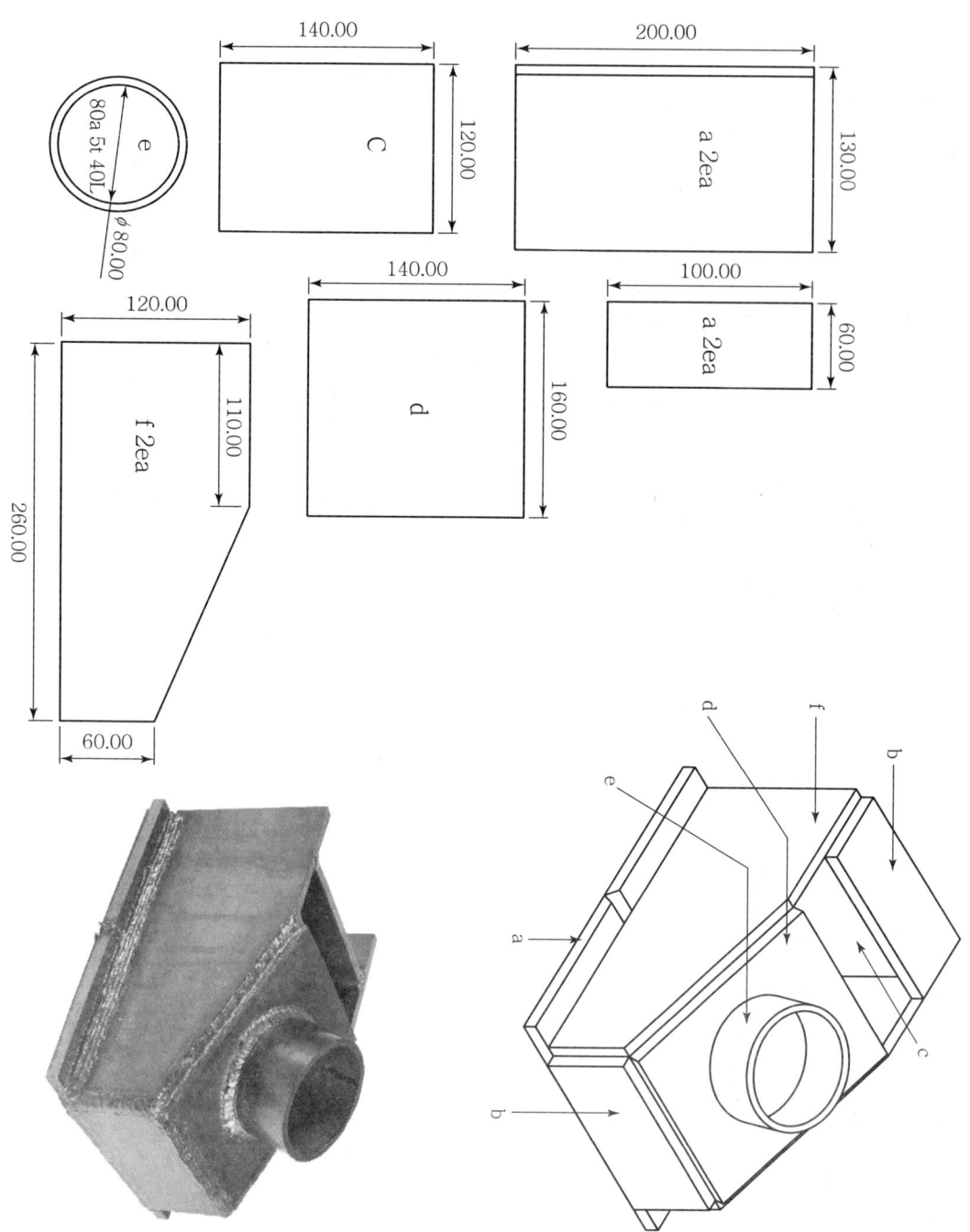

연습도면 [6]

[기능장 모재 F형]

[기타]

PART 05 과년도 출제문제

MASTER CRAFTSMAN WELDING

2005년 37회 기출문제
2005년 38회 기출문제
2006년 39회 기출문제
2006년 40회 기출문제
2007년 41회 기출문제
2008년 43회 기출문제
2008년 44회 기출문제
2009년 45회 기출문제
2009년 46회 기출문제
2010년 47회 기출문제
2010년 48회 기출문제
2011년 49회 기출문제
2011년 50회 기출문제

2012년 51회 기출문제
2012년 52회 기출문제
2013년 53회 기출문제
2013년 54회 기출문제
2014년 55회 기출문제
2014년 56회 기출문제
2015년 57회 기출문제
2015년 58회 기출문제
2016년 59회 기출문제
2016년 60회 기출문제
2017년 61회 기출문제
2017년 62회 기출문제
2018년 63회 기출문제

2005년 37회 기출문제

2005.4.3 시행

01 용접기의 1차 선에 비하여 2차 선에 굵은 도선을 사용하는 이유는?

① 2차 전압이 1차 전압보다 높기 때문에
② 2차 전류가 1차 전류보다 많기 때문에
③ 2차 선의 방열효과를 높이기 위하여
④ 전선의 강도상 굵은 쪽이 더욱 튼튼하기 때문에

해설
㉠ 교류아크용접기
 • 1차 측 : 200V
 • 2차 측 : 70~80V
㉡ 용접기 도선에서 2차 선이 1차 선부보다 더 굵은 이유는 2차 전류(A)가 1차 전류(A)보다 크기 때문이다.

02 오버랩(over lap)의 결함이 있을 경우 어떻게 보수하는 것이 가장 좋은가?

① 직경이 작은 용접봉으로 재용접한다.
② 비드 위에 재용접한다.
③ 결함 부분을 깎아내고 재용접한다.
④ 드릴로 구멍을 뚫고 재용접한다.

해설
• 오버랩 : 용융금속이 모재 표면에 얇게 융합되어 모재 표면 위에 겹쳐지는 형태
• 오버랩 보수 : 결함부분을 깎아내고 재용접하여야 한다.

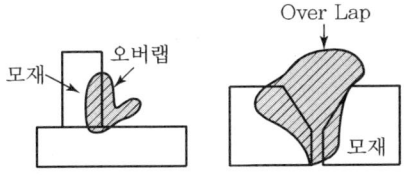

03 KS 규격에 의하면 피복 아크 용접기의 용량은 무엇으로 표시하는가?

① 전원입력 ② 피상입력
③ 정격사용률 ④ 정격 2차 전류

해설
피복 아크 용접기 용량은
AW 200, AW300 등 정격 2차 전류로 용량을 나타낸다.

04 철강재료의 용접에서 균열을 일으키는 데 가장 예민한 원소는?

① C ② Si
③ S ④ Mg

해설
균열(크랙)은 모재에 황(S)의 함량이 많을 때 나타난다.

05 가스 절단(Gas cutting)의 조건 설명 중 틀린 것은?

① 금속산화물의 융점이 모재의 융점보다 높을 것
② 절단 국부가 쉽게 연소 개시 온도에 도달할 것
③ 산화물의 유동성이 좋고 모재에서 쉽게 떨어질 것
④ 모재의 성분에 연소를 방해하는 성분이 적을 것

해설
가스 절단 시 모재가 산화하는 연소온도는 그 금속의 용융점보다 낮아야 한다. 따라서 금속산화물의 융점은 모재의 융점보다 낮아야 한다.(금속산화물은 유동성이 좋아야 한다.)

06 용접 변형 교정법으로 맞지 않는 것은?

① 얇은 판에 대한 점 수축법
② 형재에 대한 직선 수축법
③ 국부 템퍼링법
④ 가열한 후 해머링하는 방법

해설
템퍼링(뜨임 : 소려, Tempering)은 금속의 열처리에서 담금질(소입 : 퀜칭, Qenching)을 통해 강에 인성이나 연성을 부여하고 내부응력을 제거하기 위한 것이다.(A_1 : 723℃ 이하에서 열처리)

정답 01 ② 02 ③ 03 ④ 04 ③ 05 ① 06 ③

07 제어의 형태에 따라 산업용 로봇을 분류할 때 해당되지 않는 것은?

① 서보제어 로봇
② 논 서보제어 로봇
③ 원통좌표 로봇
④ CP제어 로봇

[해설]
자동제어 산업용 로봇
- 서보제어형
- 논 서보제어형
- CP제어형

08 아크 용접기의 부속장치에 해당되지 않는 것은?

① 자동전격 방지장치
② 원격 제어장치
③ 핫스타트(hot start) 장치
④ 용접봉 건조로 장치

[해설]
용접봉 건조로는 습한 용접봉을 건조시키는 건조기이다.

09 용접의 원리를 가장 올바르게 설명한 것은?

① 금속원자 사이의 인력을 이용한 것이다.
② 금속의 접합을 위해 볼트나 리벳을 이용한 것이다.
③ 보호가스를 이용한 것이다.
④ 산화막 등의 오염물질을 제거하기 위해 용매를 이용한 것이다.

10 이산화탄소 아크용접법이 아닌 것은?

① 아코스 아크법
② 퓨즈 아크법
③ 유니언 아크법
④ 플라스마 아크법

[해설]
플라스마 아크용접
기체를 가열시켜 전도성을 이용하여 아크보다 더 고온도 고에너지의 밀도를 통한 열적 핀치효과와 자기적 핀치효과를 이용한 용접이다.

※ 플라스마 아크용접의 종류
- 이행형 아크
- 비이행형 아크
- 중간형 아크

11 지그와 고정구(Fixture)에 대한 설명으로 잘못된 것은?

① 구조물이나 부재의 위치를 결정하며, 고정과 분리가 단순해야 한다.
② 구조물이나 부재의 지지, 고정 또는 안내를 정확히 해야 한다.
③ 주어진 한계 내에서 정밀도를 유지한 제품이 제작될 수 있어야 한다.
④ 기존 기계장비의 사용을 최초로 억제하기 위해 사용된다.

12 탄소(C)함량 0.25% 이상의 강선을 인발가공하고자 할 때, 필요로 하는 경우 취하는 열처리 방법은?

① 어닐링(annealing)
② 담금질(quenching)
③ 패턴팅(patenting)
④ 템퍼링(tempering)

[해설]
강선(강철선)에서 탄소함량 0.25% 이상을 인발가공하고자 할 때 취하는 열처리 방법은 패턴팅이다.
※ 패턴팅 : 강선을 수증기 또는 용융금속으로 냉각하고 다시 상온까지 공랭하는 담금질법이며 뜨임하지 않고 강인한 소르바이트 조직으로 만든다.

13 피복 아크 용접봉의 피복제에서 형석(CaF_2)이 용접 모재에 미치는 성질에 해당되지 않는 것은?

① 아크 안정
② 슬래그화 생성
③ 유동성 증가
④ 환원가스 발생

정답 07 ③ 08 ④ 09 ① 10 ④ 11 ④ 12 ③ 13 ④

해설
피복 아크 용접봉 피복제에서 형석이 모재에 미치는 성질에 해당하는 내용은 ①, ②, ③항이다.
- 환원제 : 페로실리콘, 페로티탄, 페로바나듐 등
- 아크안정제 : 탄산소다 · 형석 등
- 유동성 증가제 : 형석 · 빙정석 등

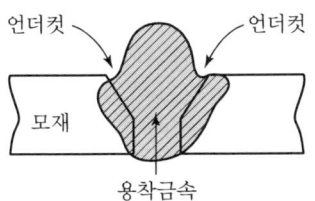

14 수동 피복 아크 용접봉의 피복제 작용이 아닌 것은?

① 아크 안정
② 용착 금속 보호
③ 고운 파형의 비드 형성
④ 전기절연 방지

해설
용접봉 피복제는 전기절연을 방지하는 것이 아니라 전기절연 작용을 도와준다.

15 용접부 시험법 중 기계적 시험법이 아닌 것은?

① 인장시험
② 부식시험
③ 피로시험
④ 크리프 시험

해설
파괴화학시험
- 부식시험
- 화학분석
- 수소시험

16 언더컷(Undercut)의 결함이 생기기 쉬운 용접조건은?

① 용접속도가 느리고 아크전압이 높을 때
② 용접속도가 느리고 전류가 작을 때
③ 용접속도가 빠르고 아크전압이 낮을 때
④ 용접속도가 빠르고 전류가 클 때

해설
언더컷
용착금속이 모재 표면을 완전히 채우지 못하고 용접선 끝에 작은 홈이 생긴 것

17 이산화탄소 아크용접법은 어느 금속에 가장 적합한가?

① 알루미늄
② 마그네슘
③ 저탄소강
④ 몰리브덴

해설
- 이산화탄소(CO_2) 아크용접에 사용하는 모재금속 : 연강(저탄소강)
- 헬륨, 아르곤 대신 실드가스(보호가스)가 CO_2이다.

18 피복금속아크 용접에서 아크 쏠림(arc blow)이 발생할 때 그 방지법으로 가장 적당한 사항은?

① 직류 정극성으로 용접한다.
② 직류 역극성으로 용접한다.
③ 교류 용접기로 용접한다.
④ 직류전류를 높인다.

해설
아크 쏠림을 방지하기 위해서는 교류용접기를 사용한다.
직류 용접기 사용 시 아크 쏠림이 발생한다.(아크가 쏠리면 아크가 불안정해진다.)

19 탄소강에서 탄소의 양이 증가하면 기계적 성질은 어떻게 변화하는가?

① 인장강도, 경도, 연신율이 모두 증가한다.
② 인장강도, 경도, 연신율이 모두 감소한다.
③ 인장강도와 경도는 증가하나 연신율은 감소한다.
④ 인장강도와 경도는 감소하나 연신율은 증가한다.

정답 14 ④ 15 ② 16 ④ 17 ③ 18 ③ 19 ③

해설
탄소강
- 공석강(C 0.77%)
- 아공석강(C 0.77% 이하)
- 과공석강(C 0.77% 이상)
※ 탄소(C)의 양이 증가하면 인장강도, 경도가 증가하고(연신율을 감소한다)

20 연강용 피복 아크용접봉의 피복 배합제 중 탈산제에 해당하는 것은?

① 산화티탄 ② 규소칼륨
③ 망간철   ④ 탄산나트륨

해설
연강용 피복 아크용접봉으로 용접 시 용강 중의 산소를 제거하는 탈산소제
- 페로망간
- 페로실리콘

21 용접으로 인한 변형교정방법 중에서 가열에 의한 교정방법이 아닌 것은?

① 얇은 판에 대한 점 수축법
② 형재에 대한 직선 수축법
③ 후판에 대한 가열 후 압력을 주어 수랭하는 법
④ 롤러에 의한 법

해설
용접 시 발생한 변형교정으로 롤러 가공이 있으나 이것은 외력으로 소성변형을 일으킨다.
①, ②, ③ 및 가열 후 해머질 방법은 가열에 의한 교정법이다.

22 산소-아세틸렌가스 용접에서 산소를 아세틸렌보다 적게 공급하면 백심과 속불꽃이 함께 길게 되는 현상, 즉 아세틸렌 과잉불꽃(excess acetylene flame)을 의미하는 것은?

① 백색불꽃 ② 산화불꽃
③ 표준불꽃 ④ 탄화불꽃

해설
- 환원불꽃(탄화불꽃) : 아세틸렌과잉염(아세틸렌>산소)
- 표준불꽃 : 중성화염(산소~아세틸렌비 2.5 : 1)
- 산화불꽃 : 표준화염보다 산소의 양이 많은 화염(산소>아세틸렌)

23 전기적 에너지를 열원으로 하는 용접법을 열거한 것이다. 아닌 것은?

① 피복 금속 아크 용접
② 플라스마 제트 용접
③ 테르밋 용접
④ 일렉트로 슬래그 용접

해설
융접(테르밋 용접 종류) : 화학반응열을 이용한 특수용접
- 알루미늄 분말, 산화철을 중량비 1 : 3
- 마그네슘이나 과산화바륨의 화학반응열로 용접

24 서브머지드 아크용접기에 사용되는 용제(flux)의 종류가 아닌 것은?

① 용융형(溶融型) ② 소결형(燒結型)
③ 혼성형(混成型) ④ 가입형(加入型)

해설
submerged arc welding(잠호용접)
- 용융형(그레이드 grade 50(G50), 80(G80) 등)
- 소결형(광물성 원료+합금분말+규산나트륨)
- 혼성형
※ 실드(shield, 보호작용) 용제

25 가변압식 토치의 종류에 해당되는 것은?

① B00호 ② A00호
③ C00호 ④ D00호

해설
토치(산소+아세틸렌 용접불꽃을 만드는 기구)
(1) 저압식
- 가변압식 토치(B형) : 프랑스형(B0호, B1호)
- 불변압식 토치(A형)

정답 20 ③ 21 ④ 22 ④ 23 ③ 24 ④ 25 ①

(2) 중압식
- 등압식 토치
- 세미인젝터식 토치

26
특수강 중 인바(invar)라고도 하며, 열팽창 계수가 영(0)에 가까워서 정밀기구류의 재료로 사용되는 것은?

① 니켈강 ② 망간강
③ 크롬강 ④ 구리-크롬강

해설
니켈강의 인바(불변강) : 특수강
- 주성분 (철+니켈)
- 사용도 : 줄자, 표준자
- 특성 : 내식성, 열팽창계수가 0(정밀기구용)
※ Ni이 36% 이상, 비자성체

27
용접시공 중에 잔류응력을 경감시키는 데 필요한 방법이 아닌 것은?

① 예열을 이용한다.
② 용접 후 후열처리를 한다.
③ 용착금속의 양을 될 수 있는 대로 많게 한다.
④ 적당한 용착법과 용접순서를 선정한다.

해설
잔류응력을 감소시키려면 용착금속의 양을 될 수 있는 한 적게 한다.

28
용접부 시험방법에서 야금학적 방법에 해당하는 것은?

① 피로시험 ② 부식시험
③ 파면시험 ④ 충격시험

29
산소가스 절단의 원리를 가장 바르게 설명한 것은?

① 산소와 철의 산화 반응열을 이용하여 절단한다.
② 산소와 철의 탄화 반응열을 이용하여 절단한다.
③ 산소와 철의 산화 아크열을 이용하여 절단한다.
④ 산소와 철의 탄화 아크열을 이용하여 절단한다.

해설
산소가스 절단의 원리
산소와 철의 산화 반응을 이용한다.

30
아크 에어 가우징이 가스 가우징에 비하여 갖는 장점으로서 올바르지 않은 것은?

① 작업능률이 2~3배 정도 높고 경비가 적게 든다.
② 소음이 없고 조정이 쉬우며 모재에 악영향이 거의 없다.
③ 직류 정극성으로 작업하므로 조작이 용이하다.
④ 용접결함, 특히 균열이 쉽게 발견된다.

해설
③ 직류 역극성을 이용한다.

31
강재 표면의 흠, 게재물, 탈탄층 등을 불꽃 가공에 의해 비교적 얇게 그리고 타원형 모양으로 깎아내는 가공법은?

① 수중 절단
② 스카핑
③ 아크 에어 가우징
④ 산소창 절단

해설
스카핑(scarfing)
강괴, 강편, 슬래그, 기타 표면균열이나 주름, 주조결함, 탈탄층 등의 표면을 불꽃가공에 의해 제거하는 것

정답 26 ① 27 ③ 28 ③ 29 ① 30 ③ 31 ②

32 다음 중에서 저항용접이 아닌 것은?

① 스폿 용접 ② 심 용접
③ 플래시 용접 ④ 플러그 용접

> 해설
> 플러그 용접(Plug weld)
> 겹쳐놓은 두 개의 판 한쪽에 둥근 구멍을 만들어 그곳에 덧붙이 용접을 하는 것이다.

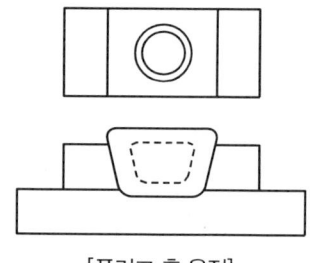

[플러그 홈 용접]

33 주철, 비철금속, 고합금강의 절단에 가장 적합한 절단법은?

① 산소창 절단(oxygen lance cutting)
② 분말 절단(powder cutting)
③ TIG 절단
④ MIG 절단

> 해설
> 분말 절단
> 주철, 비철금속(구리), 고합금강의 절단에 용이한 절단이다. 일명 파우더 절단(powder cutting)이라 한다.
> • 철분 절단 : 철분 사용(주철, 스테인리스강, 구리, 청동 절단)
> • 플럭스 절단 : 용제 사용(스테인리스강 절단)

34 페라이트와 탄화철이 서로 파상으로 배치된 조직으로 현미경 조직은 흑백으로 된 파상선을 형성하고 있으며, 결정조직은 강하고 또한 질긴 성질이 있고, 브리넬경도 약 300, 인장강도 600kgf/mm² 정도인 서랭조직은?

① 지철 ② 오스테나이트
③ 펄라이트 ④ 시멘타이트

> 해설
> 펄라이트
> 페라이트와 탄화철(Fe_3C 시멘타이트)의 혼합상태
> • 브리넬경도 : $300H_B$
> • 인장강도 : 600kgf/mm²

35 강철을 (산소-아세틸렌) 가스 절단할 경우 예열온도는 약 몇 ℃인가?

① 100~200℃ ② 300~500℃
③ 800~1,000℃ ④ 1,100~1,500℃

> 해설
> 산소-아세틸렌 가스로 절단 시 예열온도는 800~1,000℃이다.

36 각종 금속의 예열온도에 대한 설명 중 틀린 것은?

① 고장력강, 저합금강, 주철의 경우 용접 홈을 50~350℃ 정도로 예열한다.
② 연강을 0℃ 이하에서 용접할 경우 이음의 양쪽 폭 100mm 정도를 40~75℃로 예열한다.
③ 열전도도가 좋은 알루미늄합금, 구리합금은 200~400℃의 예열이 필요하다.
④ 고급내열합금(Ni 또는 Co)은 용접성이 좋아 예열이 필요치 않다.

> 해설
> 고급내열합금 예열온도
> 150~200℃

37 용접이음을 설계할 때의 주의사항으로서 틀린 것은?

① 아래보기 용접을 많이 하도록 할 것
② 용접작업에 지장을 주지 않도록 간격을 남길 것
③ 필릿용접은 될 수 있는 대로 피하고 맞대기 용접을 하도록 할 것
④ 용접이음부를 한곳에 집중되도록 설계할 것

정답 32 ④ 33 ② 34 ③ 35 ③ 36 ④ 37 ④

해설
용접이음 설계 시 용접이음부는 한곳보다는 분산하여 설계한다.

38 서브머지드 아크용접 작업에서 용접전류와 아크전압이 동일하고 와이어 지름만 작을 경우 용입과 비드 폭은 어떤 현상으로 나타나는가?

① 용입은 얕고, 비드 폭은 좁아진다.
② 용입은 깊고, 비드 폭은 좁아진다.
③ 용입은 깊고, 비드 폭은 넓어진다.
④ 용입은 얕고, 비드 폭은 넓어진다.

해설
서브머지드 아크용접에서 용접전류, 아크전압이 동일한 상태에서 와이어(심선) 지름이 작을 경우 용입과 비드 폭 중 용입은 깊으나 비드 폭은 좁아진다.

39 다음 중에서 Y합금의 주성분은 어느 것인가?

① Al-Cu-Sb-Mn
② Al-Mg
③ Al-Fe-Ni
④ Al-Cu-Ni-Mg

해설
알루미늄(Al) 내열용 합금 : Y합금
알루미늄+구리 4%, 니켈 2%, 마그네슘 1.5%

40 불변강으로서 길이 표준용 기구나 시계의 추 등에 쓰이는 재료는?

① 플래티나이트(Platinite)
② 코엘린바(Coelinvar)
③ 인바(Invar)
④ 스텔라이트(Stellite)

해설
인바 : 주성분(철+니켈)
• 불변강
• 줄자, 표준자 등의 재료용
• 내식성이 대단히 우수하다.
• 니켈(Ni)이 36% 이상이다.

41 정격 2차 전류 200[A], 정격 사용률 40[%]의 아크용접기로 120[A]의 용접 전류를 사용하여 용접할 경우 허용사용률은?

① 24[%]
② 67[%]
③ 80[%]
④ 111[%]

해설
$$허용사용률 = \frac{(정격\ 2차\ 전류)^2}{(실제\ 정격\ 전류)^2} \times 정격사용률$$
$$= \frac{(200)^2}{(120)^2} \times 40 = 111(\%)$$

42 저온균열에서 토 크랙(toe crack)에 대한 설명 중 틀린 것은?

① 언더컷이 생기지 않도록 용접을 해야 한다.
② 후열을 하거나 강도가 높은 용접봉을 사용하는 것도 효과적이다.
③ 맞대기이음, 필릿이음 등의 어떤 경우든지 비드 표면과 모재와의 경계부에서 발생한다.
④ 용접부재에 의한 회전변형을 무리하게 구속하거나 용접 후 즉시 각 변형을 주면 발생하기 쉽다.

해설
(1) 균열방지책
  • 고온균열(예열이 필요하다)
  • 저온균열(후열보다 예열이 필요하다)
(2) 균열의 대소
  • 매크로(macro) 균열
  • 마이크로(micro) 균열

정답 38 ② 39 ④ 40 ③ 41 ④ 42 ②

43 서브머지드 아크용접의 용접 헤드(welding head)에 속하지 않는 것은?

① 와이어 송급장치
② 콘택트 팁(contact tip)
③ 용제 호퍼(flux hopper)
④ 주행 대차(carriage)

해설
주행 대차는 용접 기본체이다.
※ 제어방식
　• 와이어 송급에 사용
　• 주행 대차에 사용

44 그림과 같은 맞대기 용접 이음에서 인장하중 W[kgf]을 구하는 식은?(단, σ_b : 휨응력, σ_t : 인장응력)

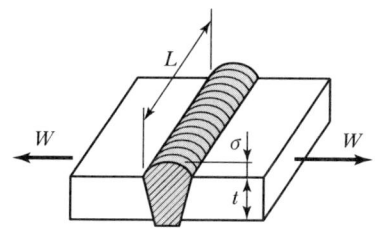

① $W = 2t \times L \times \sigma_b$
② $W = t \times L \times \sigma_t$
③ $W = \dfrac{t \times L}{12} \times \sigma_b$
④ $W = \dfrac{t \times L}{12} \times \sigma_t$

해설
인장하중$(W) = t(f) \cdot L(f) \cdot \sigma_t \,(\text{kgf})$

45 스테인리스강의 분류에 속하지 않는 것은?

① 마텐사이트 스테인리스강
② 오스테나이트 스테인리스강
③ 페라이트 스테인리스강
④ 펄라이트 스테인리스강

해설
스테인리스강(STS, SUS) : 내식성계
• 크롬(Cr)계 ─ 페라이트계
　　　　　　└ 마텐자이트계
• 크롬-니켈계 ─ 오스테나이트계
　　　　　　　└ 석출경화형

46 가접에 대한 설명 중 가장 올바른 것은?

① 가접은 가능한 한 크게 한다.
② 가접은 중요치 않으므로 본 용접공보다 기능이 떨어지는 용접공이 해도 된다.
③ 강도상 중요한 곳, 용접 시점 및 종점이 되는 끝부분은 가접을 피하도록 한다.
④ 가접은 본 용접에는 영향이 없다.

해설
용접 시 가접은 가능한 한 작게 하고 중요하므로 본 용접에 해당하는 기능공이 용접하여야 한다. 또한 가접은 본 용접에 미치는 영향이 크다.

47 용접의 장점이 아닌 것은?

① 기밀, 유밀성이 우수하다.
② 두께의 제한이 없다.
③ 저온취성이 생길 우려가 없다.
④ 이음부의 수리가 용이하다.

해설
용접 시에는 저온취성이 발생하는 단점이 있다.

48 피복아크 용접 시 아크전압 30V, 아크전류 600A, 용접속도 30cm/min일 때 용접입열은 몇 Joule/cm인가?

① 13,500
② 41,142
③ 36,000
④ 43,225

해설
용접입열$(H) = \dfrac{60EI}{V} = \dfrac{60 \times 30 \times 600}{30\,\text{cm/min}} = 36,000(\text{J/cm})$

정답 43 ④　44 ②　45 ④　46 ③　47 ③　48 ③

49 가스 절단 시 양호한 절단면을 얻기 위한 조건이 아닌 것은?

① 드래그는 가능한 한 작을 것
② 슬래그 이탈이 양호할 것
③ 절단면 표면의 각이 둥글 것
④ 절단면이 평활하며 드래그의 홈이 낮고 노치 등이 없을 것

해설
절단면 모재의 표면각이 예리할 것, 또한 경제적인 절단이 이루어져야 한다.

50 박스 지그 중에서 단순한 형태의 것으로 공작물은 두 표면 사이에 유지되고 제3표면을 가공하며, 때로는 지그다리를 사용하여 3개의 면을 가공할 수 있는 지그는?

① 채널지그   ② 샌드위치지그
③ 분할지그   ④ 리프지그

해설
㉠ 채널지그 : 박스지그로서 단순하며 공작물은 두 표면 사이에 유지되고 제3표면을 가공하며 때로는 지그 다리를 사용하여 3개의 면을 가공할 수 있는 용접 jig이다.
㉡ 박스지그(Box Jig)는 가공물에서 여러 방향의 드릴 작업 시에 사용된다.

51 용접구조물의 연성과 결함의 유무를 조사하는 방법으로 가장 적합한 시험법은?

① 인장시험   ② 굽힘시험
③ 경도시험   ④ 충격시험

해설
굽힘시험
용접구조물의 연성과 결함의 유무를 조사하는 데 가장 이상적인 시험법이다. 파괴시험법 중 기계적 시험이다.

52 알루미늄 또는 알루미늄합금은 대체로 용접성이 불량한데, 그 이유가 아닌 것은?

① 비열과 열전도도가 커서 단시간 내에 용융온도에 이르기가 쉽기 때문에
② 색채에 따라 가열온도의 판정이 곤란하여 지나치게 용융이 되기 쉽기 때문에
③ 용접 후 변형이 크고 균열이 생기기 쉽기 때문에
④ 용융 응고 시 수소가스를 흡수하여 기공이 발생되기 쉽기 때문에

해설
• 알루미늄은 온도확산율($\frac{열전도도}{비열} \times 비중$)이 강의 10배로 크기 때문에 융점이 낮은 데도 불구하고 국부가열이 곤란하며 또한 용융잠열이 크므로 비교적 큰 용접입열량이 필요로 한다.
• 열팽창률이 강의 약 2배로 크기 때문에 수축률도 크므로 큰 용접변형이나 잔류응력이 발생한다.

53 온도를 기준으로 하여 열처리의 온도가 높은 것에서 낮은 것의 순서로 된 것은?

① 노멀라이징 – 저온풀림 – 저온뜨임
② 노멀라이징 – 저온뜨임 – 저온풀림
③ 저온뜨임 – 노멀라이징 – 저온풀림
④ 저온풀림 – 저온뜨임 – 노멀라이징

해설
• 노멀라이징(불림) : 910℃ 이상 50~80℃ 범위
• 어닐링(풀림) : 910℃ 이상 30~50℃
• 템퍼링(뜨임) : 150~200℃

54 티탄합금으로 용접할 때, 용접이 가장 잘 되는 것은?

① 피복아크 용접
② 불활성가스 아크용접
③ 산소–아세틸렌가스 용접
④ 서브머지드 아크용접

해설

티탄(Ti)
강도가 크고 내열성, 내식성이 매우 크다. 불활성가스 아크용접법으로 용접이 가능하다.

55 원재료가 제품화되어 가는 과정, 즉 가공, 검사, 운반, 지연, 저장에 관한 정보를 수집하여 분석하고 검토를 행하는 것은?

① 사무공정 분석표 ② 작업자공정 분석표
③ 제품공정 분석표 ④ 연합작업 분석표

해설

제품공정 분석표
원재료가 제품화되어 가는 과정, 즉 가공, 검사, 운반, 지연, 저장에 관한 정보를 수집하여 분석하고 검토하는 것이다.

56 다음 내용은 설비보전조직에 대한 설명이다. 어떤 조직의 형태인가?

> 보전작업자는 조직상 각 제조부문의 감독자 밑에 둔다.
> 단점 : 생산 우선에 의한 보전작업 경시, 보전기술 향상의 곤란성
> 장점 : 운전과의 일체감 및 현장감독의 용이성

① 집중보전 ② 지역보전
③ 부문보전 ④ 절충보전

해설

- 설비보전 : 보전예방, 예방보전, 개량보전, 사후보존
- 보전조직 : 집중보전, 지역보전, 부문보전, 절충보전
- 부문보전 : 공장의 보전요원을 각 제조부문의 감독자 아래에 배치하여 보전을 행하는 보전이다.

57 다음 중 검사를 판정의 대상에 의한 분류가 아닌 것은?

① 관리 샘플링검사 ② 로트별 샘플링검사
③ 전수검사   ④ 출하검사

해설

(1) 검사가 행해지는 공정에 의한 분류
- 출하검사
- 공정검사
- 최종검사
- 수입검사
- 기타 검사

(2) 판정의 대상
- 전수검사
- 로트별 샘플링검사
- 무검사
- 자주검사
- 관리 샘플링검사

58 파레토 그림에 대한 설명으로 가장 거리가 먼 내용은?

① 부적합품(불량), 클레임 등의 손실금액이나 퍼센트를 그 원인별, 상황별로 취해 그림의 왼쪽에서부터 오른쪽으로 비중이 작은 항목부터 큰 항목 순서로 나열한 그림이다.
② 현재의 중요 문제점을 객관적으로 발견할 수 있으므로 관리방침을 수립할 수 있다.
③ 도수분포의 응용수법으로 중요한 문제점을 찾아내는 것으로서 현장에서 널리 사용된다.
④ 파레토 그림에서 나타난 1~2개 부적합품(불량) 항목만 없애면 부적합품(불량)률은 크게 감소된다.

해설

파레토 그림(Pareto Graph)의 목적
- 현재의 중요문제점을 객관적으로 발견하여 관리방침 수립
- 도수분포의 응용수법으로 문제점을 찾아내는 것이며 현장에서 널리 사용
- 파레트 그림에서 나타난 불량품 1~2개 항목만 없애면 불량률은 크게 감소된다.

59 수요예측방법의 하나인 시계열분석에서 시계열적 변동에 해당되지 않는 것은?

① 추세변동 ② 순환변동
③ 계절변동 ④ 판매변동

정답 55 ③ 56 ③ 57 ④ 58 ① 59 ④

해설
수요예측
- 시계열분석(추세변동, 순환변동, 계절변동)
- 회귀분석
- 구조분석
- 의견분석

60 nP관리도에서 시료군마다 $n=100$이고, 시료군의 수가 $k=20$이며, $\Sigma nP = 77$이다. 이때 nP관리도의 관리상한선 UCL을 구하면 얼마인가?

① UCL=8.94 ② UCL=3.85
③ UCL=5.77 ④ UCL=9.62

해설
- nP 관리도(불량개수), UCL(관리 상한), n(시료군의 크기)
- $\text{UCL}(\text{상부관리한계}) = n\overline{P} + 3 \times \sqrt{n\overline{P}(1-\overline{P})}$

$$= \frac{77}{20} + 3 \times \sqrt{\frac{77}{20} \times \left(1 - \frac{77}{100}\right)}$$

$$= 9.62$$

정답 60 ④

2005년 38회 기출문제

2005.7.17 시행

01 용적 40리터인 산소 용기의 고압력계에 100 kgf/cm² 으로 나타났다면 프랑스식 팁 400번으로 몇 시간 용접할 수 있겠는가?(단, 산소와 아세틸렌의 혼합비는 1 : 1이다.)

① 10 ② 12
③ 40 ④ 100

해설
가스저장량(40L×100kg/cm²=4,000L)
400번 팁 용접시간 = $\frac{4,000}{400}$ = 10시간 사용

02 플라스마 아크용접 특징의 설명으로 옳은 것은?

① I형 이음홈은 불가능하며, 용접봉의 소모가 많다.
② 1층으로 용접할 수 있으므로 능률적이다.
③ 열적핀치효과에 의해 열집중이 저조하다.
④ 열영향부가 넓고, 용접속도가 느리다.

해설
플라스마 아크용접(Plasma arc welding)
기체가 전자와 이온이 혼합되어 도전성을 띤 기체인데 냉각가스를 사용하여 10,000~30,000℃까지 온도를 높일 수 있고 1층으로 용접할 수 있어 능률적이다.

03 용접이음부의 형태를 설계할 때 고려해야 할 사항이 아닌 것은?

① 적당한 루트간격의 선택
② 용접봉이 쉽게 닿도록 할 것
③ 용입이 깊은 용접법의 선택
④ 용착금속량을 많게 할 것

해설
용접이음부의 형태를 설계할 때 용착금속량은 용접봉 소요량에 비례하므로 용착금속량을 무조건 많게 하면 안 된다.

04 KS에 규정된 자동 용접 시스템용 제어로봇(controlled robot)을 분류한 것 중 전체궤도 또는 전체경로가 지정되어 있는 제어로봇은?

① 서보 제어로봇(servo-controlled robot)
② 논서보 제어로봇(nonservo-controlled robot)
③ CP 제어로봇(continuous path controlled robot)
④ PTP 제어로봇(point-to-point controlled robot)

해설
CP제어로봇
전체궤도 또는 전체경로가 지정되어 있는 로봇이다.

05 황동에 납(Pb) 1.5~3.0%를 첨가한 합금은?

① 쾌삭황동 ② 강력황동
③ 문츠메탈 ④ 톰백

해설
황동(구리+아연)에 납(Pb) 1.5~3.0%를 첨가하면 쾌삭황동이 된다.

06 경제적인 면에서 볼 때, 드래그(drag)는 가능한 한 긴 편이 좋다. 따라서 절단면 끝단부가 남지 않을 정도의 드래그를 표준드래그라고 하는데 이것은 보통 판두께(t)의 몇 배 정도인가?

① 1/3 ② 1/5
③ 1/7 ④ 1/10

해설
드래그(drag)에서 표준드래그는 보통 판두께의 $\frac{1}{5}$ 정도로 한다.(가스 절단 시)
※ 드래그(%) = {드래그길이(mm)/판두께(mm)}×100

정답 01 ① 02 ② 03 ④ 04 ③ 05 ① 06 ②

07 선박(Ship)의 노천갑판상에 산소병을 저장할 때, 태양광선의 직사를 피할 경우 최대 허용 온도는?

① 34℃   ② 44℃
③ 54℃   ④ 64℃

해설
선박의 노천갑판상에 산소병 저장 시 태양광선의 직사를 피할 경우 최대 54℃ 이상이 되지 않도록 한다.(일반가스는 40℃ 이하로 유지한다.)

08 열응력의 풀림처리 중에서 고온풀림에 해당하는 것은?

① 확산 풀림(diffusion annealing)
② 응력제거 풀림(stress relief annealing)
③ 구상화 풀림(spheroidizing annealing)
④ 프로세스 풀림(process annealing)

해설
어닐링(풀림열처리)에서 열응력을 제거하기 위하여 고온 풀림을 하고 대표적으로 확산풀림을 한다.(A_1 : 723℃ 이상은 고온풀림이다.)

09 전격방지기의 역할은?

① 작업을 안하는 휴지시간 동안 2차 무부하 전압을 20~30[V] 이하로 유지하여 감전을 방지할 수 있다.
② 아크 전류를 낮게 하여 전격사고를 방지한다.
③ 아크 길이를 짧게 하여 용접이 잘되게 한다.
④ 용접 중 아크전압을 높게 하여 감전사고를 예방한다.

해설
전격방지(감전방지)를 위해 작업이 중지되면 자동적으로 2차 무부하 전압을 20~30V 이하로 유지한다.

10 Fe_2N 및 Fe_4N의 화합물의 질화층이 형성, 변화되지 않는 표면 경화처리법은?

① 고체침탄경화   ② 가스침탄경화
③ 고주파경화   ④ 질화법에 의한 경화

해설
질화법 표면 경화처리법
암모니아(NH_3) 가스를 고온에서 분해한 후 질소(N)를 얻어서 이 질소가스와 철과 화합하여 굳은 질화층을 형성한다. 내마멸성과 내식성이 크다.

11 용접부에 발생한 잔류응력을 제거하기 위해서 열거한 방법 중 옳은 것은?

① 풀림처리를 한다.
② 담금질처리를 한다.
③ 서브제로 처리를 한다.
④ 뜨임처리를 한다.

해설
풀림열처리(어닐링, Annealing) : 내부응력 제거
완전풀림은 910℃에서 30~50℃ 높여서 열처리한다. 노 내에서 냉각처리한다.

12 교류 아크용접기와 비교한 직류 아크용접기에 대한 설명 중 옳지 못한 것은?

① 발전형 직류 아크용접기는 직류발전기이므로 완전한 직류전원이 얻어진다.
② 발전형 직류 아크용접기는 회전부에 고장이 나기 쉽고, 소음이 난다.
③ 직류 용접기는 가격이 교류 용접기보다 저렴하다.
④ 아크 안정성 면에서 직류 용접기가 교류 용접기보다 우수하다.

해설
교류용접기(탭전환형, 가동철심형, 가동코일형, 과포화리액터형)는 일종의 변압기로서 구조가 간단하고 피복용접봉의 발달로 가격이 직류에 비해 저렴하여 널리 이용되고 있다.

정답 07 ③ 08 ① 09 ① 10 ④ 11 ① 12 ③

13 스테인리스강의 분류에 속하지 않는 것은?

① 고장력강계
② 마텐사이트계
③ 오스테나이트계
④ 페라이트계

> [해설]
> 초고장력강
> 인장강도와 우수한 인성이 있다.
> 150~200kg/mm² (1,470~1,960MPa)
> • 중탄소 저합금강의 마텐자이트강
> • 중탄소 중합금강
> • 극저탄소 고합금강

14 아세틸렌가스에 관한 설명이다. 틀린 것은?

① 공기보다 가볍다.
② 고압산소가 없으면 연소하지 않는다.
③ 탄소와 수소의 화합물이다.
④ 카바이드와 물의 화학작용으로 발생한다.

> [해설]
> 아세틸렌가스(C_2H_2) 반응식
> $2C_2H_2 + 5O_2 \rightarrow 4CO_2 + 2H_2O$
> 산소만 충족하면 압력에 의존하지 않고 연소가 가능하다.

15 저수소계 용접봉은 사용 시 충분한 건조가 되어야 한다. 가장 알맞은 건조 온도는?

① 150~200℃
② 200~250℃
③ 300~350℃
④ 400~450℃

> [해설]
> 저수소계 용접봉(E4316)
> 피복제 중에 수소원이 되는 성분의 유기물을 포함하지 않고 탄산칼슘($CaCO_3$), 불화칼슘(CaF)의 주성분 피복제 용접봉이다. 습기의 영향이 매우 커서 사용 전에 300~350℃ 정도로 건조시켜 사용한다.

16 산소 수중 절단(underwater cutting)에 대한 설명 중 맞지 않는 것은?

① 침몰선의 해체, 교량의 개조 등에 사용된다.
② 지상에서 보조용 팁에 점화하여 수중에 들어간다.
③ 수심이 얕은 곳에서는 수소 또는 프로판을 사용하고 깊은 곳에서는 아세틸렌가스를 많이 사용한다.
④ 육지에서보다 예열불꽃을 크게 하고 절단속도도 천천히 하여야 한다.

> [해설]
> 수중 절단
> • 아세틸렌은 수심이 깊은 곳에는 사용하지 않는다.
> • LP가스는 수심이 얕은 곳에 사용한다.
> • 수소가스를 많이 사용한다.

17 KSB 0052에서 표기되는 용접부의 모양이 아닌 것은?

① S형
② K형
③ J형
④ X형

> [해설]
> 용접 홈 형상
> I형, V형, U형, J형, X형, K형, H형, 양J형 등이 있다.

18 경납땜에 사용되는 용가재가 갖추어야 할 조건으로 잘못된 것은?

① 모재와 친화력이 있어야 한다.
② 용융온도가 모재보다 낮고 유동성이 있어야 한다.
③ 용융점에서 휘발성분이 함유되어 있어 빨리 응고해야 한다.
④ 모재와 야금적 반응이 만족스러워야 한다.

> [해설]
> 용융점에서 휘발성분이 적고, 응고 속도가 느려야 한다.

19 압력용기를 회전하면서 아래보기 자세로 용접하기에 적합지 않은 용접설비는?

① 스트롱 백(Strong back)
② 포지셔너(Positioner)
③ 머니퓰레이터(Manipulator)
④ 터닝롤러(Turning roller)

해설
- F : 아래보기자세
- V : 수직자세
- H : 수평자세
- O : 위보기자세
- HF : 수평필릿자세

20 용접기의 2차 측 케이블의 구리선으로 사용되는 굵기는 몇 mm인가?

① 0.2~0.5
② 0.7~1.0
③ 1.1~1.5
④ 1.6~2.0

해설
용접기의 2차측 케이블 구리선 굵기 : 0.2~0.5mm

21 E4313-AC-5-400은 연강용 피복아크 용접봉의 규격을 표시한 것 중 규격 설명이 잘못된 것은?

① E : 전기용접봉
② 43 : 용착금속의 최저인장강도
③ 13 : 피복제의 계통
④ 400 : 용접전류

해설
연강용 피복 용접봉(KSD)

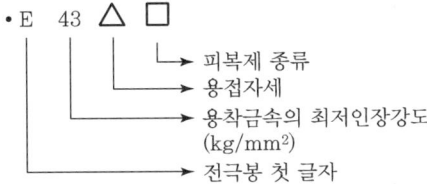

- 400 : 용접봉길이
- AC : 교류

22 금속가공은 열간가공과 냉간가공으로 나누는데 그 기준이 되는 것은?

① 재결정 온도
② 동소 변태점
③ 풀림 온도
④ 자기 변태점

해설
금속가공 분류
열간가공, 냉간가공으로 나누는 기준은 금속의 재결정 온도이다.

23 교류용접기에서 무부하전압 80V, 아크전압 30V, 아크전류 200A를 사용할 때 내부손실 4kW라면 용접기의 효율은?

① 70%
② 40%
③ 50%
④ 60%

해설
아크입력 = 30V × 200A = 6,000W = 6kW

∴ 용접기 효율 = $\dfrac{출력}{입력}$ = $\dfrac{6}{4+6}$ × 100 = 60%

24 현재 비행기, 자동차, 철도차량 등의 제조에 널리 쓰이며 로봇에 의한 자동용접에 이용되고 있는 점용접(spot welding)의 3대 요소에 해당되지 않는 것은?

① 가압력
② 전극의 형상
③ 전류의 세기
④ 통전시간

해설
점용접의 3대 요소
- 가압력
- 통전시간
- 용접전류(전류의 세기)

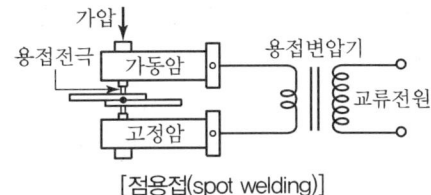

[점용접(spot welding)]

25 피복아크용접에서 아크쏠림 방지대책 중 맞는 것은?

① 교류용접기로 하지 말고 직류용접기로 할 것
② 아크길이를 다소 길게 할 것
③ 접지점은 한 개만 연결할 것
④ 용접봉 끝을 아크쏠림 반대방향으로 기울일 것

해설
아크쏠림(arc blow, 자기쏠림, 자기아크쏠림)이란 아크가 전류의 자기작용에 의해서 한쪽으로 쏠리는 현상이다.(직류아크는 자기쏠림이 있으나 안정된 아크가 발생)
※ 용접봉에 흐르는 전류에 의해서 그 주위에 자계가 형성되는데 자계가 용접물의 형상, 아크의 위치 등에 따라 여러 가지로 변하여 아크를 끌어당겼다가 반발하다가 해서 아크의 안정도를 교란케 함으로써 아크쏠림이 생긴다. 그 방지법은 ④항이다.

26 용접비드 끝에서 오목하게 패인 곳으로, 불순물과 편석이 발생하기 쉽고 냉각 중에는 균열을 일으킬 가능성이 큰 것은?

① 스패터(spatter)
② 크레이터(crater)
③ 자기쏠림
④ 은점

해설
용접 중 용융금속에서 녹은 금속 입자나 슬래그가 비산되어 나오는데 이것이 스패터(spatter)이다.

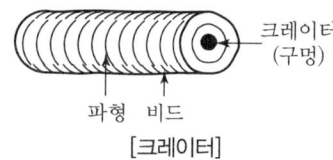
[크레이터]

27 알루미늄합금 중 두랄루민에 Cu, Mg, Mn를 증가시켜 항공기 구조재 및 리벳재료로 사용되는 것은?

① 신두랄루민
② 하이드로날륨
③ Y합금
④ 초두랄루민

해설
알루미늄합금
· 두랄루민
· 초두랄루민(두랄루민+구리+마그네슘+망간) 합금으로 항공기 구조재, 리벳재료로 사용

28 침투탐상검사에서 그 특징의 설명으로 틀린 것은?

① 시험방법이 간단하다.
② 제품의 크기, 형상 등에 제한을 받는다.
③ 미세한 균열 탐상도 가능하다.
④ 침투제가 오염되기 쉽다.

해설
침투탐상검사(비파괴검사)
· 자기검사를 할 수 없는 비자성 재료의 검사가 용이하다.(형광침투검사, 연료침투검사법)
· 제품의 크기, 형상 등에 제한을 받지 않는다.
· 표면에 틈이 생긴 적은 균열이나 작은 구멍의 흠집을 빨리 검출하는 방법이다.

29 지그(Jig) 설계의 목적이 아닌 것은?

① 공정 수가 늘어나고 생산능률이 향상된다.
② 제품의 정밀도가 증가한다.
③ 경제적 생산이 가능하다.
④ 불량이 적고 미숙련공도 작업이 용이하다.

해설
지그 사용 시에는 공정 수가 줄어들고 생산능률이 향상된다.

30 그림과 같은 용접 이음강도의 계산 시 어느 것을 기준으로 하는가?

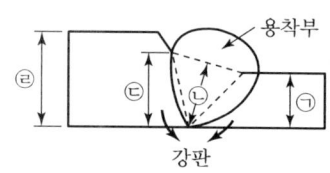

① ㄱ
② ㄴ
③ ㄷ
④ ㄹ

정답 25 ④ 26 ② 27 ④ 28 ② 29 ① 30 ③

해설

용접 이음강도 계산 기준값

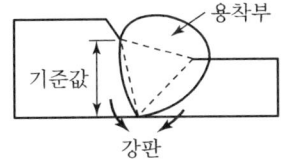

31 가공된 금속을 재가열할 때 성질 및 조직변화의 순서, 즉 재결정순서가 맞는 것은?

① 내부응력의 제거 → 연화 → 재결정 → 결정입자의 성장
② 연화 → 재결정 → 결정입자의 성장 → 내부응력의 제거
③ 결정입자의 성장 → 연화 → 내부응력의 제거 → 재결정
④ 재결정 → 결정입자의 성장 → 내부응력의 제거 → 연화

32 피복 아크용접에서 직류 정극성을 표시한 것은?

① DCRP에서는 용접봉(-)극, 모재(+)극
② DCSP에서는 용접봉(+)극, 모재(-)극
③ DCSP에서는 용접봉(-)극, 모재(+)극
④ AC에서는 용접봉(+)극, 모재(-)극

해설

[직류 정극성 용접기]
• 용접봉(⊖)
• 모재(⊕)

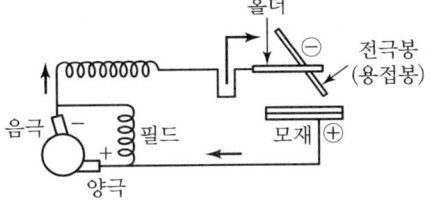

33 용접작업 시 피닝(Peening)을 하는 가장 큰 이유는?

① 모재의 연성을 높인다.
② 급랭을 방지한다.
③ 모재의 경도를 높인다.
④ 잔류응력을 줄인다.

34 다음은 아크 에어 가우징(Arc air gouging)과 가스가우징을 비교한 작업능률이다. 아크 에어 가우징에 해당되는 것은?

① 작업능률이 가스 가우징과 대략 동일하다.
② 작업능률이 가스 가우징보다 1.5배이다.
③ 작업능률이 가스 가우징보다 2~3배이다.
④ 작업능률이 가스 가우징보다 4~6배이다.

해설

• 아크 에어 가우징 : 탄소 아크 절단에 압축공기를 같이 사용하여 용접부의 홈파기, 용접결함부의 제거, 절단 및 구멍뚫기를 한다. 작업능률이 가스가우징의 2~3배이다.
• 가스 가우징 : 가스 절단과 비슷한 토치를 사용해서 강재의 표면에 둥근 홈을 파내는 방법이다.(가스따내기이다.)

35 산소의 양이 적고, 아세틸렌의 양이 많은 상태를 아세틸렌 과잉 불꽃이라고 한다. 이 불꽃은 금속표면에 침탄작용을 일으키기 쉬운데, 그 명칭은?

① 중성불꽃
② 질화불꽃
③ 산화불꽃
④ 탄화불꽃

해설

(1) 탄화불꽃(3,000℃)
  • 산소 : 0.8
  • 아세틸렌 : 1.0
(2) 중성불꽃(3,240℃)
  • 산소 : 1.0
  • 아세틸렌 : 1.0
(3) 산화불꽃(3,420℃)
  • 산소 : 1.5
  • 아세틸렌 : 1.0

정답 31 ① 32 ③ 33 ④ 34 ③ 35 ④

36 아크용접 전원의 외부 특성으로 부하전류 증가 시 단자 전압은 낮아지는 특성을 나타내며, 아크를 안정하게 유지시키는 특성은?

① 수하특성
② 정전압특성
③ 동전류특성
④ 역극성특성

해설
수하특성(drooping characteristic)
아크용접 시 전원의 외부 특성으로 부하전류가 증가할 때 단자의 전압이 낮아지는 특성을 나타내며, 아크를 안정하게 유지시킨다.(용접기의 전기적 특성)

37 피복아크 용접봉 중 저수소계 용접봉인 것은?

① E4301
② E4313
③ E4316
④ E4324

해설
- E4301 : 일미나이트계
- E4313 : 고산화티탄계
- E4324 : 철분산화티탄계

38 청동에 대한 설명 중 틀린 것은?

① 구리와 주석의 합금이다.
② 포금은 청동의 일종이다.
③ 내식성이 나쁘다.
④ 내마멸성이 좋다.

해설
일명 포금이라고 하는 청동(구리+주석)은 내식성이 크고 또한 내마멸성이 매우 좋다.

39 필릿용접 이음부의 루트 부분에 생기는 저온균열로 모재의 열팽창 및 수축에 의한 비틀림이 주원인이 되는 균열의 명칭은?

① 비드 밑 균열
② 루트 균열
③ 힐 균열
④ 병배 균열

해설
힐 균열(Heel Crack, 필릿용접에서 가용접이나 초층비드에 발생하는 일종의 루트균열)
필릿용접(아래보기 자세) 이음부의 루트 부분에 생기는 저온균열(모재의 열팽창 및 수축에 비틀림이 주원인)

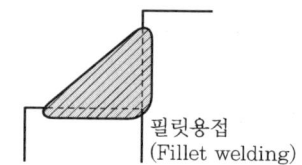
필릿용접
(Fillet welding)

40 플래시 용접기를 속도제어방식에 따라 분류하였다. 틀린 것은?

① 광학식 플래시 용접기
② 수동식 플래시 용접기
③ 공기 가압식 플래시 용접기
④ 유압식 플래시 용접기

해설
플래시 용접(flash welding)
불꽃용접이며 그 종류로는 ②, ③, ④ 외에도 전동식 플래시 용접기가 있다.

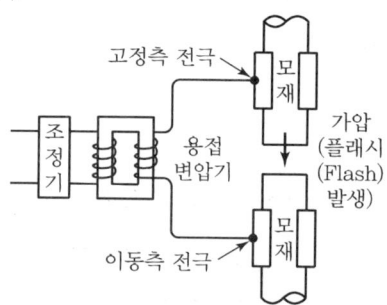

* 용접용 모재를 약간 띄어서 용접한다.

정답 36 ① 37 ③ 38 ③ 39 ③ 40 ①

41 두꺼운 판을 용접하기 위해 AW 400 용접기가 설치되어 있다. 정격 사용률은 50[%]이고, 280[A]의 전류로 작업할 때, 허용사용률은 몇 [%]인가?

① 72 ② 82
③ 92 ④ 102

해설

허용사용률 = $\frac{(정격\ 2차\ 전류)^2}{(실제\ 용접\ 전류)^2} \times 정격사용률$

$= \frac{(400)^2}{(280)^2} \times 50 = 102(\%)$

42 내균열성이 가장 좋은 용접봉은?

① 고산화 티탄계 ② 저수소계
③ 고셀룰로오스계 ④ 철분 산화티탄계

해설
- 고산화 티탄계(E4313)
- 고셀룰로오스계(E4311)
- 철분 산화티탄계(E4324)
- 저수소계(E4316) : 용착금속이 강인하고 기계적 성질이 우수하며 내균열성이 크다.

43 테르밋 용접에서 산화철과 알루미늄이 반응하여 생성되는 화학반응이 일어날 때의 온도는?

① 2,000 ② 2,800
③ 4,000 ④ 5,800

해설
- 테르밋(thermit) = 알루미늄분말 + 산화철분말
- 테르밋 점화제(ignitor) = 과산화바륨 + 마그네슘 혼합물
- 테르밋 반응온도 : 약 2,800℃(5,000℉)

44 피복 아크용접봉의 피복 배합제 중 아크 안정제는?

① 탄산마그네슘 ② 젤라틴
③ 석회석($CaCO_3$) ④ 망간

해설
피복 아크용접봉 피복 배합제 중 아크안정제
아크의 발생을 쉽게 유지시켜 주는 규산칼리, 산화티탄, 탄산칼슘($CaCO_3$) 등이 있다.

45 용접 후 변형을 교정하는 방법이 아닌 것은?

① 박판에 대한 점수축법
② 형재에 대한 직선수축법
③ 가열 후 해머링하는 방법
④ 두꺼운 판에 대하여 냉각 후 가열하는 방법

해설
①, ②, ③ 외 후판(두꺼운 판)에 대하여 가열 후 압력을 가하고 수랭하는 방법이 있다.

46 다음 중에서 앤드탭(end tap)을 붙여서 시공해야 하는 용접법은?

① 심 용접 ② TIG 용접
③ 서브머지드 용접 ④ 아크 점용접

해설
서브머지드 용접(submerged arc welding)
잠호용접이며 앤드탭은 용접선의 양끝에 모재와 같은 두께의 크기를 가진 150×150mm 정도의 탭판을 붙여서 용접 개시나 종료를 앤드탭 위에서 행하고 용접이 끝나면 가접을 끊고 제거한다. 보일러나 중요한 것은 300~500mm 정도 크기로도 한다.

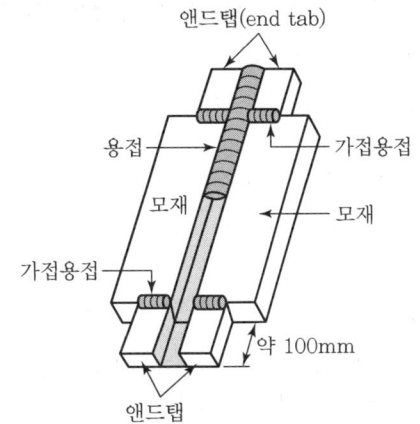

47 탄산가스 아크용접 작업에서 용접 진행방향에 대한 토치 각도에 따라 전진법과 후진법이 구분되는데, 전진법에 대해 설명한 것 중 틀린 것은?

① 토치각은 용접 진행 반대쪽으로 15~20°로 유지한다.
② 용접선이 잘 보이므로 운봉을 정확하게 할 수 있다.
③ 비드 높이는 높고, 폭이 좁은 비드를 얻는다.
④ 스패터가 비교적 많다.

해설
비드 만들기에는 전진법, 후진법, 대칭법, 스킵법이 쓰인다.
• 전진법 : ⟶ 비드가 곱다.
• 후진법 : 5 4 3 2 1 →→→→→

48 용접성(weldability) 시험법에 속하는 것은?

① 화학분석시험 ② 부식시험
③ 노치취성시험 ④ 파면시험

해설
용접성 시험법
• 노치취성시험
• 열영향부 경도시험
• 용접연성시험
• 용접균열시험

49 알루미늄이 철강에 비하여 용접이 어려운 이유로서 옳지 못한 것은?

① 비열 및 열전도도가 크다.
② 용융점이 높다.
③ 지나친 융해가 되기 쉽다.
④ 팽창계수가 매우 크다.

해설
알루미늄(Al)은 온도확산율($\frac{열전도도}{비열 \times 비중}$)이 강의 10배라서 융점이 낮은 데도 불구하고 국부가열이 곤란하며 또한 용융잠열이 크므로 비교적 큰 용접의 입열량이 필요하다.

50 용접이음을 설계할 때의 주의사항 중 틀린 것은?

① 맞대기 용접에서는 뒷면 용접을 할 수 있도록 해서 용입 부족이 없도록 한다.
② 용접 이음부가 한곳에 집중하지 않도록 설계한다.
③ 맞대기용접은 가급적 피하고 필릿용접을 하도록 한다.
④ 아래보기 용접을 많이 하도록 설계한다.

해설
용접이음에서는 맞대기용접(butt joint)이 대표적이다.

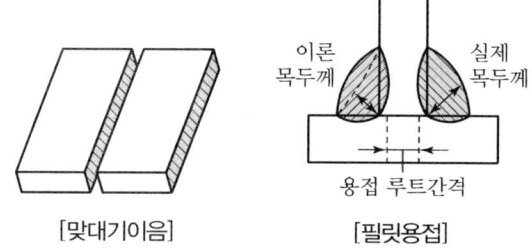

51 인체에 전류가 흐르면서 심한 고통을 느끼는 최소 전류값은 몇 mA인가?

① 5   ② 10
③ 20 ④ 50

해설
• 인체에 전류가 흐를 경우 심한 고통을 느끼는 최소 전류값은 10mA이다.
• 20~50mA : 인체 각부의 근육이 수축현상을 일으키고 신경이 마비되어 신체를 자유로이 움직일 수 없다.

52 각종 금속의 용접에서 서브머지드 아크용접에 보통 사용되지 않는 재료는?

① 고니켈합금 ② 저탄소강
③ 주강   ④ 티탄

해설
티탄(Ti)의 용접은 주로 불활성 아크용접을 이용한다.

정답 47 ③ 48 ③ 49 ② 50 ③ 51 ② 52 ④

53 용접부의 초음파검사에 대한 특징 중 틀린 것은?

① 표면균열의 검출이 양호하다.
② 결함의 판두께 방향의 위치 추정이 용이하다.
③ 탐상결과를 즉시 알 수 있으며 자동탐상이 가능하다.
④ 검사물의 편면에서만 접촉이 가능하면 검사가 가능하다.

해설
초음파검사
- 투상법 이용
- 반향법 이용
- 초음파 진동수 : 0.5~15MHz 이용
※ 내부균열, 용입부족, 융합부족, 슬래그섞임, 기공의 용접결함 발견

54 다음 중 국부 표면경화 처리법인 것은?

① 고주파 유도경화법   ② 구상화 처리법
③ 강인화 처리법   ④ 결정입자 처리법

해설
표면경화법
- 침탄법
- 질화법
- 화염경화법
- 도금법
- 금속침투법
- 고주파경화법 : 고주파에 의한 열로 표면을 가열한 후 물에 급랭시켜 국부 표면만을 경화시키는 법이며 일명 토코 방법(Tocco Process)이라고 한다.

55 다음 데이터로부터 통계량을 계산한 것 중 틀린 것은?

[데이터] : 21.5, 23.7, 24.3, 27.2, 29.1

① 중앙값(Me) = 24.3   ② 제곱합(S) = 7.59
③ 시료분산(s^2) = 8.988   ④ 범위(R) = 7.6

해설
- 범위 = 29.1 − 21.5 = 7.6   • 중앙값 = 24.3

56 생산보전(PM ; Productive Maintenance)의 내용에 속하지 않는 것은?

① 사후보전   ② 안전보전
③ 예방보전   ④ 개량보전

해설
생산보전(PM)
- 사후보전(BM)   • 예방보전(PM)
- 개량보전(CM)   • 보전예방(MP)

57 다음 중에서 작업자에 대한 심리적 영향을 가장 많이 주는 작업측정의 기법은?

① PTS법   ② 워크 샘플링법
③ WF법   ④ 스톱 워치법

해설
스톱 워치법
작업자에 대한 심리적 영향을 가장 많이 주는 작업측정의 기법

58 여력을 나타내는 식으로 가장 올바른 것은?

① 여력 = 1일 실동시간 × 1개월 실동시간 × 가동대수

② 여력 = (능력 − 부하) × $\dfrac{1}{100}$

③ 여력 = $\dfrac{능력 − 부하}{능력} \times 100$

④ 여력 = $\dfrac{능력 − 부하}{부하} \times 100$

해설
(1) 여력 = $\dfrac{능력 − 부하}{능력} \times 100$
(2) 여력계획의 종류
 • 장기여력계획(반 년~3년)
 • 중기여력계획(30일, 15일, 10일)
 • 단기여력계획(3일, 7일)

정답 53 ① 54 ① 55 ② 56 ② 57 ④ 58 ③

59 다음 중 계량치 관리도는 어느 것인가?

① R관리도　　② nP관리도
③ C관리도　　④ U관리도

해설
- 계량치 $X-R$ 관리도(평균치와 범위)
  　　　　X 관리도(개개의 측정치)
  　　　　$\tilde{X}-R$ 관리도(메디안 범위)
- 계수치 nP, C, U 관리도

60 다음 중 로트별 검사에 대한 AQL 지표형 샘플링검사방식은 어느 것인가?

① KS A ISO 2859-0
② KS A ISO 2859-1
③ KS A ISO 2859-2
④ KS A ISO 2859-3

해설
AQL(Average Quality Limit)은 합격품질수준을 나타낸다.

2006년 39회 기출문제

2006.4.2 시행

01 전기용접에서 용착금속의 중량 대 소모된 용접봉의 중량을 퍼센트로 나타낸 것은?

① 용착효율 ② 소모능률
③ 용적비   ④ 용착비율

해설

용착효율 = $\left(\dfrac{\text{소모된 용착금속 중량}}{\text{소모된 용접봉 중량}} \times 100\right)$

02 그림과 같이 양쪽 필릿용접을 하였다. 용접부에 생기는 응력을 나타낸 식은 어느 것인가?

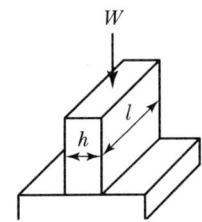

① $\sigma = W/(h+l)$ ② $\sigma = W/hl$
③ $\sigma = W/l$ ④ $\sigma = W/h$

해설

필릿용접(fillet welding)

용접부 응력 $(\sigma) = \dfrac{W}{h \cdot l}(\text{kg}_f/\text{mm}^2)$

03 보통 수중 가스 절단은 물깊이 몇 m까지 가능한가?

① 45m   ② 155m
③ 165m   ④ 170m

해설

수중 가스 절단 물깊이(사용연료 : 수소, 아세틸렌, LPG, 벤젠 등)
• 수소가스 절단이 가장 이상적이며 보통 물깊이 45m까지 가능하다.

04 CO_2가스 아크용접과 비교한 서브머지드 아크용접의 특징으로 잘못된 것은?

① 장비가격이 비싸다.
② 용융속도 및 용착속도가 느리다.
③ 용접홈의 가공정밀도가 높아야 한다.
④ 용접 진행상태의 양·부를 육안으로 확인할 수 없다.

해설

탄산가스(CO_2) 아크용접 특성
• 교량, 철도차량, 전기기기, 토목기계, 자동차, 조선, 건축에 사용한다.
• 다른 용접에 비해 고능률성, 깊은 용입, 경제성, 작업성이 우수하다.

05 아크 용접법 중에서 비소모성 전극을 사용하여 용접하는 용접법은?

① 불활성가스 텅스텐 용접(TIG)
② 잠호 용접(SAW)
③ 불활성가스 금속아크용접(MIG)
④ 탄산가스 아크용접(GMAM)

해설

불활성가스 텅스텐 티그(TIG) 용접은 비소모성의 텅스텐 전극과 모재 사이에서 발생하는 아크열에 의해 비피복 용가재를 용해해서 용접한다.
• 용가재(와이어)
• 실드가스(보호가스) : 아르곤, 헬륨

06 고체 침탄법에서 침탄 촉진제로 적당한 것은?

① NaCN   ② KCN
③ KCl   ④ $BaCO_3$

해설

고체 침탄법 촉진제
• 탄산바륨($BaCO_3$)
• 탄산소다(Na_2CO_3)

정답 01 ① 02 ② 03 ① 04 ② 05 ① 06 ④

07 아세틸렌 용기 사용상의 주의점 중 잘못 설명된 것은?

① 사용하지 않을 때는 밸브를 닫아 준다.
② 저장장소에는 화기엄금을 표시한다.
③ 가스누설검사는 물을 사용한다.
④ 용기 사용 시에는 직사광선을 피한다.

해설
아세틸렌(C_2H_2) 누설검사는 물이 아니라 비눗물을 모든 접속부에 발라서 검사한다.

08 강을 담금질한 후 0℃ 이하로 냉각하고 잔류 오스테나이트를 마텐사이트화하기 위한 방법은?

① 저온뜨임
② 고온뜨임
③ 오스템퍼
④ 서브제로처리

해설
서브제로처리(Subzero)
- 점성이 큰 잔류 오스테나이트를 제거하는 방법으로 강을 담금질한 후 0℃ 이하로 냉각하고 마텐자이트화한다.(심랭처리)
- 베이나이트 조직(마텐자이트와 트루스타이트 중간 조직)을 얻는다.

09 강괴, 강편, 슬래그 기타 표면 균열이나 주름, 주조결함, 탈탄층 등의 표면 결함을 제거하는 방법으로 가장 적합한 가공법은?

① 가스 가우징(gas gouging)
② 스카핑(scarfing)
③ 분말 절단(powder cutting)
④ 아크 에어 가우징(arc air gouging)

해설
스카핑
강괴, 강편, 슬래그 기타 표면 균열이나 주름, 주조결함, 탈탄층 등의 표면 결함을 제거하는 것

10 용접 순서의 일반적인 설명으로 틀린 것은?

① 구조물의 중앙에서부터 용접을 시작한다.
② 대칭으로 용접을 진행한다.
③ 수축이 작은 이음부를 먼저 용접한다.
④ 수축은 가능한 한 자유단으로 보낸다.

해설
용접 시에는 항상 수축이 큰 부분부터 먼저 용접한다.

11 강을 담금질할 때, Ar 변태는 무엇을 의미하는가?

① 페라이트가 오스테나이트에 고용하는 것이다.
② 페라이트를 냉각하여 솔바이트로 진행하는 것이다.
③ 오스테나이트가 마텐사이트로 변화하는 것이다.
④ 오스테나이트로부터 트루스타이트가 생기는 것이다.

해설
강의 변태 시 담금질한 후 Ar 변태는 오스테나이트(Austenite)가 마텐자이트(Mustenite)로 변화하는 변태이다.

12 판 두께 $t = 10mm$, 용접선 길이 $L = 200mm$의 완전 용입 평판 맞대기 이음에 굽힘 모멘트 $3,080 kgf \cdot cm$이 용접선에 직각방향으로 작용할 때의 굽힘응력은?

① $90 kgf/mm^2$
② $45 kgf/mm^2$
③ $9 kgf/mm^2$
④ $4.5 kgf/mm^2$

해설
단순 맞대기 이음에서
$W_b = \dfrac{t^2 \cdot L}{6} = \dfrac{10^2 \times 200}{6} = 3,333.33 mm^2 \ (333.33 cm^2)$

$\therefore \sigma_{max} = \dfrac{M_b}{W_b} = \dfrac{3,080}{333.33} = 9 kgf/mm^2$

정답 07 ③ 08 ④ 09 ② 10 ③ 11 ③ 12 ③

13 중압식 가스용접 토치의 아세틸렌가스 사용 압력범위는 다음 중 몇 kgf/cm²인가?

① 0.03~0.05 ② 0.05~0.07
③ 0.07~1.3 ④ 1.3기압 이상

해설
- 중압식 가스용접 토치의 C_2H_2 가스 사용압력(kgf/cm²)의 범위 : 0.07~1.3kgf/cm²
- 저압식 가스용접 토치의 C_2H_2 가스 사용압력(kgf/cm²)의 범위 : 0.07kgf/cm² 이하

14 금속원자 간에 작용하는 인력이 원자가 서로 결합되게 하려면 원자 간의 거리는 어느 정도이어야 하는가?

① 10^{-8}cm ② 10^{-7}cm
③ 10^{-9}cm ④ 10^{-6}cm

해설
금속원자 간 인력이 원자가 서로 결합되는 거리 : 10^{-8}cm

15 침몰선의 해체 등에 가장 많이 이용되는 것은?

① 산소창 절단 ② 수중 절단
③ 분말 절단 ④ 스카핑

해설
물, 해수 등의 수중에서는 45m 이내로 수소가스로 침몰선 등에서 수중 절단을 한다.

16 백주철의 조직으로 옳은 것은?

① 시멘타이트+페라이트
② 시멘타이트+펄라이트
③ 흑연+페라이트
④ 흑연+펄라이트

해설
- 백주철(시멘타이트+펄라이트)
- 회주철(펄라이트+페라이트+흑연)

17 용접구조물을 리벳구조물과 비교할 때 용접구조물의 장점이 아닌 것은?

① 응력집중이 되지 않는다.
② 재료의 절약도 가능하게 되고 무게도 경감된다.
③ 리벳구멍에 의한 유효단면적의 감소가 없으므로 이음효율을 높게 잡을 수 있다.
④ 리벳이음에 비해 수밀, 유밀 및 기밀 유지가 잘 된다.

해설
용접구조물을 리벳구조물과 비교할 때 용접구조물의 장점은 응력집중이 용이하다는 점이다.

18 티그(TIG) 용접에서 고주파 교류전원은 일반교류 전원에 비해 다음과 같은 장점을 가지고 있다. 맞지 않는 것은?

① 텅스텐 전극봉의 수명이 연장된다.
② 텅스텐 전극봉을 모재에 접촉시키지 않아도 아크가 발생된다.
③ 아크가 더욱 안정된다.
④ 텅스텐 전극봉보다 많은 열이 발생한다.

해설
고주파 TIG 용접(ACHF)
- 출력전압 : 2,000~3,000V
- 주파수 : 1~3MC
- 전극과 모재 사이에 2~3mm로 접근시켜 고주파를 가해 불꽃방전을 일으켜 용접아크를 유발시킨다.
- 텅스텐 전극봉에 많은 열을 받지 않는다.

19 용접을 크게 분류할 때, 가스 용접에 속하지 않는 것은?

① 산소 아세틸렌 용접 ② 공기 아세틸렌 용접
③ 산소, 수소 용접 ④ 초음파 용접

해설
압접용접
- 비가열방식 : 냉간압접, 초음파용접, 마찰용접
- 가열방식 : 압접, 저항용접, 단접

정답 13 ③ 14 ① 15 ② 16 ② 17 ① 18 ④ 19 ④

20 라멜라 티어링(LAMELLAR TEARING)을 감소하기 위한 가장 좋은 용접 설계는?

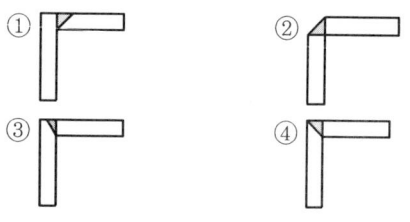

해설
라멜라 티어링(Lameller Tearing)
판두께 방향 연성 저하, 판두께 방향으로 작용하는 수축응력, 모재의 경화성, 모재에 있는 황·인 등의 불순물에 의해 발생한다.(일종의 열영향부에 생기는 균열이다.)

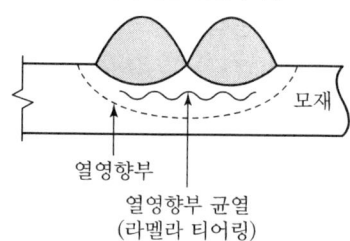

21 아세틸렌 발생기에서 발생된 아세틸렌의 불순물 중 폭발 위험이 가장 높은 것은?

① 유화수소 ② 인화수소
③ 질소　　　④ 암모니아

해설
아세틸렌 제조
CaC_2(카바이드) + $2H_2O$ → $Ca(OH)$(소석회) + C_2H_2(아세틸렌)
※ 불순물 : 인화수소(H_3P), 유화수소(H_2S), 암모니아(NH_3)

22 방사선 투과시험으로 조사할 수 없는 것은?

① 기공　　　② 균열
③ 융합불량　④ 크리프

해설
방사선 투과시험(RT : Radiation Test)
• X선 파장 : 10^{-8}cm Å
• 방사선 : X선, γ선
• 방사선 투과검사는 주로 용접부의 주조품 결함검사에 사용(기

공, 균열, 융합불량, 스패터, 슬래그 섞임, 언더컷 등)
• 크리프현상(Creep) : 금속이 고온에서 장기간 외력을 가하면 서서히 그 변형이 증가하는 현상

23 앞면 필릿용접에서 각장이 10mm일 때, 이론 목두께는 약 몇 mm인가?

① 1　　② 4
③ 7　　④ 10

해설
[앞면 필릿용접]

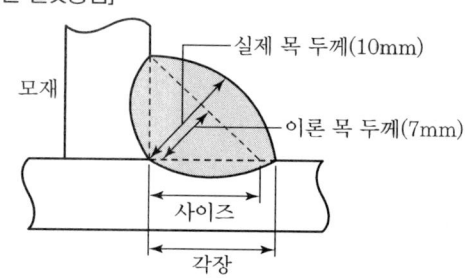

24 탄소강이 가열되어 200~300℃ 부근에서 상온일 때보다 메지게 되는 현상을 무엇이라고 하는가?

① 온도메짐　② 청열메짐
③ 적열메짐　④ 시효메짐

해설
청열메짐
탄소강이 가열되어 200~300℃ 부근에서 상온에서보다 메지게 된다(가장 취약해지는 현상). 그 원인은 강의 시효경화현상에 의해 발생한다.

25 아세틸렌가스와 접촉 시 폭발의 위험성이 없는 것은?

① 구리(Cu)　② 아연(Zn)
③ 은(Ag)　　④ 수은(Hg)

해설
아세틸렌은 구리, 은, 수은 등과 반응하여 폭발성이 높은 아세틸라이트를 생성한다.

정답　20 ②　21 ②　22 ④　23 ③　24 ②　25 ②

26 CO_2 또는 MIG 용접에서 아크길이가 길어지면 어떠한 현상이 일어나는가?

① 전류의 세기가 커진다.
② 전류의 세기가 작아진다.
③ 전압은 변화가 없다.
④ 전압이 낮아진다.

[해설]
탄산가스 아크용접, 불활성가스 미그 용접에서 아크의 길이가 길어지면 전류의 세기가 작아진다.

27 용접 관련 규격을 다루는 코드(Code) 중 미국석유협회에 해당하는 것은?

① DNY
② ASME
③ AWS
④ API

[해설]
미국석유협회 : API

28 다음 중 산소와 아세틸렌가스의 충전온도(℃)와 압력(kgf/cm²)을 올바르게 연결한 것은?

① 산소 : 25℃에서 120kgf/cm², 아세틸렌 : 10℃에서 12kgf/cm²
② 산소 : 35℃에서 150kgf/cm², 아세틸렌 : 15℃에서 15kgf/cm²
③ 산소 : 15℃에서 15kgf/cm², 아세틸렌 : 35℃에서 150kgf/cm²
④ 산소 : 10℃에서 12kgf/cm², 아세틸렌 : 25℃에서 120kgf/cm²

29 아크 에어 가우징에 사용하는 압축공기의 압력은 다음 중 몇 kgf/cm²가 적당한가?

① 0.1~0.2
② 1~2
③ 2~3
④ 6~7

[해설]
아크 에어 가우징
탄소 아크 절단에서 압축공기(6~7kg/cm²)를 사용하여 용접부 홈파기, 용접결함부 제거, 절단, 구멍 뚫기 등을 사용한다. 압력 4kg/cm² 이하에서는 사용이 어려워진다.

30 접합하고자 하는 두 금속재료의 접합부를 국부적으로 가열 용융하여 이것에 제3의 금속, 즉 용가재만 용융 첨가하여 접합하는 방법은?

① 압접
② 융접
③ 납땜
④ 단접

[해설]
융접
접합하고자 하는 두 금속재료의 접합부를 국부적으로 가열 용융하여 이것에 제3의 금속(용가재)을 용융 첨가하여 접합하는 용접

31 용접용 로봇을 동작 형태로 분류할 때 속하지 않는 것은?

① 원통좌표로봇
② 극좌표로봇
③ 다관절로봇
④ 삼각좌표로봇

[해설]
용접용 로봇의 동작별 형태 분류
• 원통좌표로봇
• 극좌표로봇
• 다관절로봇

32 탄산가스 아크용접 및 MIG 용접 시 실드가스로 자주 사용되지 않는 것은?

① $CO_2 + Ar + O_2$
② $CO_2 + Ar$
③ $CO_2 + O_2$
④ $CO_2 + Ar + N_2$

[해설]
CO_2 아크용접 MIG 불활성가스 용접 시 실드가스(shield gas, 보호가스)로 질소(N_2)가스는 사용하지 않는다.

정답 26 ② 27 ④ 28 ② 29 ④ 30 ② 31 ④ 32 ④

33 그림에서 필릿용접이음이 아닌 것은?

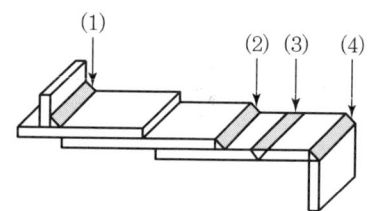

① (1)   ② (2)
③ (3)   ④ (4)

◉해설
필릿용접(fillet welding)
겹쳐놓은 T형 이음의 필릿용접이다. 목두께의 방향이 모재면과 약 45° 각도를 이루는 이음방식(모따기용접)을 취한다.

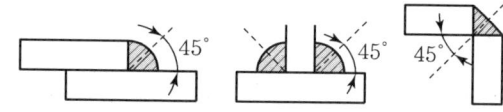

※ (3)은 글로브(홈)의 맞대기 용접이다.

34 서브머지드 용접(SAW)용 와이어 표면에 구리를 도금한 이유 중 맞지 않는 것은?

① 접촉팁과의 전기접촉을 원활히 한다.
② 와이어에 녹을 방지한다.
③ 용착금속의 강도를 높인다.
④ 전류의 가속(pick-up)을 개선한다.

◉해설
서브머지드 용접 와이어는 비피복선을 코일 모양으로 감은 것이다. 와이어(고망간와이어, 중망간와이어, 저망간와이어)에 구리(Cu)로 도금하는 이유는 ①, ②, ④항이다.

35 연신율 및 충격값의 감소가 적으면서도 경도가 크고 열처리 효과도 좋으며 850℃에서 담금질하고 600℃에서 뜨임하면 강인한 솔바이트 조직이 되는 강은?

① 니켈-크롬강
② 니켈-크롬-몰리브덴강
③ 크롬-몰리브덴강
④ 망간-크롬강

◉해설
니켈(Ni)-크롬(Cr)강은 연신율이나 충격값의 감소가 적으면서 경도가 크고 열처리 효과도 좋다. 850℃에서 담금질하고 600℃에서 뜨임(템퍼링: 연성, 인성 부여)하면 강인한 소르바이트(Sorbite) 조직이 된다.

36 산소 용기의 윗부분에 찍혀 있는 각인 중에서 TP가 뜻하는 것은?

① 내용적   ② 용기중량
③ 최고충전압력   ④ 내압시험압력

◉해설
내용적(V), 용기중량(W), 최고충전압력(FP)

37 맞대기이음 용접 시 굽힘 변형 방지법이 될 수 없는 것은?

① 스트롱백에 의한 구속
② 주변고착법
③ 미리 이음부에 역변형을 주는 법
④ 수랭각법

◉해설
• 스프링백(Spring Back): 판금가공에서 판재를 굽힐 때 하중을 제거하면 탄성에 의해 처음 상태로 약간 복귀되는 현상
• 스트롱백: 지그의 일종
• 맞대기이음 용접 시 굽힘 변형 방지법은 ①, ②, ③항이다.

38 일렉트로 슬래그 용접의 특징이다. 맞지 않는 것은?

① 홈 시공 시 정밀하게 해야 하며 홈 가공 준비가 복잡하다.
② 용접시간을 단축할 수 있으며 능률적이다.
③ 두꺼운 판의 용접에 적합하고 경제적이다.
④ 전압이 높아지면 용입은 깊어진다.

◉해설
일렉트로 슬래그 용접(electro slag welding)
• 아주 두꺼운 물건의 용접에 이상적이다.

정답 33 ③ 34 ③ 35 ① 36 ④ 37 ④ 38 ①

• 와이어와 용융슬래그 사이에 통전된 전류의 전기저항열(줄열)을 주로 이용하여 모재와 전극 와이어를 용융시키면서 미끄럼판을 서서히 위쪽으로 이동시켜 연속 주조방식에 의해 단층 상진용접을 한다.

39 모재의 배치에 의한 용접이음의 종류가 아닌 것은?

① 맞대기 이음 ② 연속 이음
③ T 이음 ④ 겹치기 이음

해설
모재의 배치에 의한 용접이음의 종류
• 맞대기 이음 • T 이음 • 겹치기 이음

용접자세
• 아래보기자세(flat position)
• 수평자세(horizontal position)
• 수직자세(vertical position)
• 위보기자세(overhead position)

40 아세틸렌가스의 통로에 순수 구리를 사용하면 안 되는 이유는?

① 아세틸렌의 과도한 공급을 초래하기 때문에
② 폭발성 화합물을 생성하기 때문에
③ 역화의 원인이 되기 때문에
④ 가스성분이 변하기 때문에

해설
아세틸렌+구리=아세틸동(구리)라이드의 폭발성 물질 발생 (Cu_2C_2)
$C_2H_2 + 2Cu \rightarrow Cu_2C_2 + H_2$

41 아크용접기의 용량은 다음 중 어느 것으로 표시하는가?

① 용접기의 1차 전류
② 용접기의 정격 2차 전류
③ 용접기의 무부하 전압
④ 정격 사용률에서 2차 전류의 50%

해설
용접기의 용량 크기
용접기의 정격 2차 전류로 표시

42 침탄법에 해당되는 것은?

① 질화침탄법, 고주파침탄법, 방전침탄법
② 고체침탄법, 액체침탄법, 가스침탄법
③ 세라침탄법, 칼로침탄법, 크로마이징침탄법
④ 항온침탄법, 마템퍼침탄법, 뜨임침탄법

해설
침탄법 촉진제
㉠ 고체침탄법 : 탄산바륨, 탄산소다 이용
㉡ 액체침탄법 : 탄산칼륨, 탄산나트륨, 염화칼륨(침탄제 : 시안화나트륨, 시안화칼륨)
㉢ 가스침탄법 : 메탄가스, 프로판가스(침탄제)

43 6.4황동 등의 용접에 이용되는 불꽃의 종류는?

① 약한탄화불꽃 ② 표준불꽃
③ 산화불꽃 ④ 탄화불꽃

해설
6.4황동 용접용 불꽃
황동용접 시 아연의 증발로 산화아연이 백색 연기로 되어 비드가 보이지 않게 되어 작업이 곤란하므로 기포의 원인이 된다. 이것을 방지하는 데는 산화불꽃을 사용하게 된다.(6.4황동 : 구리 58~62%, 아연 35~45%)

44 연강재료의 인장시험편이 시험 전의 표점거리 60mm이고 시험 후의 표점거리 78mm일 때 연신율은 몇 %인가?

① 77% ② 130%
③ 30% ④ 18%

해설
연신길이 = 78 − 60 = 18mm
∴ 연신율 = $\dfrac{18}{60} \times 100 = 30\%$

정답 39 ② 40 ② 41 ② 42 ② 43 ③ 44 ③

45 탄소강 용접에서 탄소량이 0.20~0.30%때 예열온도로 가장 적합한 것은?

① 50℃ 이하 ② 90~150℃
③ 250~300℃ ④ 350~420℃

46 다음 그림과 같은 모재의 이음형식은 무슨 형인가?

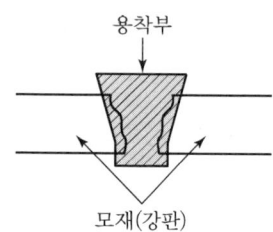

① U형 ② 양쪽 J형
③ Y형 ④ 변두리형

해설) 홈(그로브 : Groove)의 U자형 이음 용접

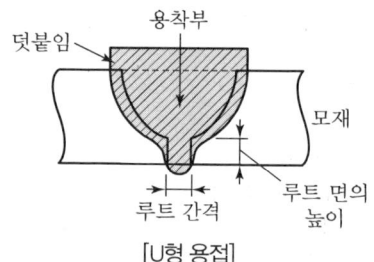
[U형 용접]

47 맞대기 이음에서 이음효율을 구하는 공식 중 맞는 것은?

① $\dfrac{용접\ 시험편의\ 인장강도}{모재의\ 인장강도} \times 100[\%]$

② $\dfrac{모재의\ 인장강도}{용접\ 시험편의\ 인장강도} \times 100[\%]$

③ $\dfrac{용착금속의\ 인장강도}{모재의\ 전단강도} \times 100[\%]$

④ $\dfrac{모재의\ 전단강도}{용착금속의\ 인장강도} \times 100[\%]$

해설) 맞대기 이음 효율

$\dfrac{용접\ 시험편의\ 인장강도}{모재의\ 인장강도} \times 100(\%)$

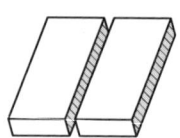

48 0℃ 이하에서 연강을 용접하여 저온균열이 발생할 경우의 대책으로 이음부에 예열이 필요한데 이음의 양쪽 약 100mm 쪽의 예열온도는 다음 중 얼마가 가장 적합한가?

① 40~75℃ ② 250~300℃
③ 125~150℃ ④ 150~200℃

49 다음 중 Mg-Al-Zn계 합금의 대표적인 것은?

① 도우메탈 ② 일렉트론
③ 하이드로날륨 ④ 라우탈

해설) 일렉트론(Electron)은 마그네슘 합금의 대표 물질이다. 그 외에도 도우메탈이 있다. 내연기관의 피스톤, 시효경화에 의해 기계적 성질이 우수하다.

50 산소 절단의 원리를 설명한 것 중 옳지 못한 사항은?

① 산소 절단은 아세틸렌과 철의 화학작용에 의한 것이다.
② 산소 절단은 산소와 철의 화학반응열을 이용한 것이다.
③ 산소 절단 시 화학반응열은 예열에 이용된다.
④ 철에 포함된 많은 탄소는 절단을 방해한다.

해설) 산소 절단은 산소가 아세틸렌 불꽃을 이용하여 나오는 불꽃으로 절단부분을 미리 예열하고(800~1,000℃) 산소가 스스로 연소하지 않고 철강이 산화철이 되며 이때 산소기체가 분출되어서 그 분출력에 의해 산화철이 밀려나며 절단된다.

정답) 45 ② 46 ① 47 ① 48 ④ 49 ② 50 ①

- 화학반응

$Fe + \frac{1}{2}O_2 \rightarrow FeO + 64\,kcal$ (제1반응)

$2Fe + 1.5O_2 \rightarrow Fe_2O_3 + 190.7\,kcal$ (제2반응)

$3Fe + 2O_2 \rightarrow Fe_3O_4 + 266.9\,kcal$ (최종 반응)

- 두꺼운 판은 제 최종반응 나머지는 제1~제2반응에서 절단된다.

51 용접기의 설치장소로 적합하지 않은 것은?

① 휘발성 기름이나 가스가 없는 장소
② 폭발성 가스가 존재하지 않는 장소
③ 습도가 높은 장소
④ 먼지가 적은 장소

해설
용접기는 습도가 없는, 즉 H_2O가 없는 장소에 설치한다.

52 아크용접에서 직류 용접기가 교류 용접기보다 우수한 것은?

① 아크의 안정
② 자기쏠림의 방지
③ 구조가 간단함
④ 고장이 적음

해설
직류아크용접기는 교류아크용접기에 비해 아크가 안정되어 있다. 교류용접기는 아크가 안정되지 않는다.(무부하 전압이 직류용접기보다 높은 이유는 아크의 안정을 위해서)

53 피복금속아크 용접봉을 KS규정에 의하여 E5316으로 표시할 때 "53"이 의미하는 것은?

① 용착금속의 최저인장강도
② 최소 충격치
③ 용착금속의 최대인장강도
④ 2차 정격전류

해설
- E : 전극봉(electrode)
- 53 : 최저인장강도(kg/mm^2)

54 마그네슘(Mg)에 대한 성질의 설명 중 틀린 것은?

① 고온에서 발화하기 쉽다.
② 비중은 1.74 정도이다.
③ 조밀육방 격자로 되어 있다.
④ 바닷물에 대단히 강하다.

해설
마그네슘의 원료
- 돌로마이트($MgCO_3$, $CaCO_3$)
- 마그네사이트($MgCO_3$)
- 해수(바닷물) 중의 간수($MgCl_2$)

※ 마그네슘은 물이나 바닷물에 침식되기 쉽다.

55 문제가 되는 결과와 이에 대응하는 원인과의 관계를 알기 쉽게 도포로 나타낸 것은?

① 산포도
② 파레토도
③ 히스토그램
④ 특성요인도

해설
특성요인도
문제가 되는 특성과 이에 영향을 주는(미치는) 요인과의 관계를 알기 쉽게 도표로 나타낸 것

56 다음 중 부하와 능력의 조정을 도모하는 것은?

① 진도관리
② 절차계획
③ 공수계획
④ 현물관리

해설
공수계획
작업량을 구체적으로 결정하고 이것을 현재 작업장 인원이나 기계의 능력과 대조하여 양자의 조정을 꾀하는 기능, 즉 부하와 능력의 조정을 꾀하는 것

정답 51 ③ 52 ① 53 ① 54 ④ 55 ④ 56 ③

57 다음 표를 이용하여 비용 구배(cost slops)를 구하면 얼마인가?

정상		특근	
소요시간	소용비용	소요시간	소용비용
5일	40,000원	3일	50,000원

① 3,000원/일
② 4,000원/일
③ 5,000원/일
④ 6,000원/일

해설
5일 − 3일 = 2일
50,000 − 40,000 = 10,000
∴ $\frac{10,000}{2}$ = 5,000원/일

58 제품 공정분석표용 공정도시기호 중 정체 공정(Delay)기호는 어느 것인가?

① ○
② →
③ D
④ □

해설
- ○ : 작업(가공, 조직)
- ← : 운반
- D : 지연(정체)
- □ : 양의 검사

59 표준시간을 내경법으로 구하는 수식은?

① 표준시간 = 정미시간 + 여유시간
② 표준시간 = 정미시간(1 + 여유율)
③ 표준시간 = 정미시간 $\frac{1}{(1-여유율)}$
④ 표준시간 = 정미시간 $\frac{1}{(1+여유율)}$

해설
- 표준시간(내경법) = 정미시간 × $\left(\frac{1}{1-여유율}\right)$
- 표준시간(외경법) = 정미시간 × (1 + 여유율)

60 계수값 규준형 1회 샘플링 검사에 대한 설명 중 가장 거리가 먼 내용은?

① 검사에 제출된 로트에 관한 사전의 정보는 샘플링 검사를 적용하는 데 직접적으로 필요로 하지 않는다.
② 생산자 측과 구매자 측이 요구하는 품질보호를 동시에 만족시키도록 샘플링 검사방식을 선정한다.
③ 파괴검사의 경우와 같이 전수검사가 불가능한 때에는 사용할 수 없다.
④ 1회만의 거래 시에도 사용할 수 있다.

해설
- 규준형 샘플링 검사 : 생산자 측과 구매자 측이 요구하는 품질보호를 동시에 만족시키도록 샘플링 검사방식을 선정한다.
- 계수값 규준형 샘플링 검사 시 파괴검사의 경우와 같이 전수검사가 불가능할 때는 이 검사를 택할 수 있다.

정답 57 ③ 58 ③ 59 ③ 60 ③

2006년 40회 기출문제

2006.7.16 시행

01 니켈 합금이 아닌 것은?
① 콘스탄탄   ② 인코넬
③ 모넬메탈   ④ 다우메탈

해설
다우메탈(Dow Metal)은 마그네슘과 아연의 합금이다.

02 Y합금의 주성분은?
① Cu, Si, Ni, Mn
② Cu, Zn, Pb, Al
③ Cu, Ni, Mg, Al
④ Cu, Zn, Pb, Sn

해설
Y합금(알루미늄+구리 4%, 니켈 2%, 마그네슘 1.5%)은 알루미늄의 합금이다. 피스톤, 실린더용으로 사용한다.

03 아크 에어 가우징과 관련이 없는 것은?
① 탄소 전극봉   ② 토치
③ 알루미늄 분말   ④ 압축공기

해설
아크 에어 가우징 아크 절단

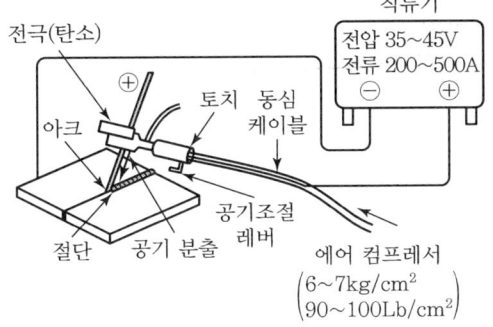

[아크 에어 가우징법]

04 용접 후 변형을 교정하는 방법을 열거한 것이다. 틀린 것은?
① 냉각 후 해머질하는 방법
② 형재에 대한 직선 수축법
③ 롤러에 거는 방법
④ 절단에 의하여 성형하고 재용접하는 방법

해설
용접 후 변형을 교정하는 방법에는 ②, ③, ④항 외 외력을 이용하는 피닝법, 가열 후 해머질도 사용된다.

05 아크용접 시 용접봉의 용융금속 이행형식이 될 수 없는 것은?
① 단락형   ② 스프레이형
③ 글로뷸러형   ④ 중력 효과형

해설
아크용접 시 용접봉(용가재) 용융금속 이행형식
• 단락형   • 스프레이형
• 글로뷸러형   • 펄스아크이행
• 입적이행 등

06 오스테나이트 스테인리스강의 입계 부식을 없게 하기 위해서는 탄소의 함량이 어느 정도이어야 하는가?
① 0.1% 이하   ② 0.08% 이하
③ 0.05% 이하   ④ 0.03% 이하

해설
오스테나이트 스테인리스강의 입계부식(600~800℃에서 발생)을 방지하기 위해 탄소의 함량을 0.03%로 제한하고 있다.
※ 입계부식 : 용접쇠약(intergranular corrosion)
용접부위가 고온에서 서랭하면 결정립계가 석출하여 내식성이 저하하고 결정립계가 부식하거나 부스러지는 현상이다. (저탄소강 : C 0.03% 이하에서는 방지된다.)

정답   01 ④   02 ③   03 ③   04 ①   05 ④   06 ④

07 일반적으로 아크 드라이브(Arc drive)의 전압은 몇 V로 고정되어 있는가?

① 10　② 16
③ 20　④ 30

해설
아크 드라이브
아크길이를 짧게 유지하며 용접하는 경우 용접봉 끝이 모재에 접촉하여 전기적으로 단락되는 것을 방지하기 위해 단락 시 16V 정도의 전류를 흘려 용접봉의 용착응결이 되지 않도록 하는 특성이다.

08 용접 시 발생하는 변형 또는 잔류응력을 경감시키는 방법을 설명한 것으로 잘못된 것은?

① 용접 전 변형 방지책으로 억제법 또는 역변형법을 쓴다.
② 용착금속부의 변형과 잔류응력 경감을 위하여 피닝을 한다.
③ 잔류응력을 경감시키기 위하여 고정지그를 활용한다.
④ 용접변형과 잔류응력을 경감시키기 위한 용착법으로 스킵법을 쓴다.

해설
①, ②, ④항 및 롤러가공, 피닝, 절단 후 재용접, 가열 후 해머질 등을 한다.(고정지그가 아닌 변형방지 지그 사용도 가능하다.)

09 알루미늄 또는 알루미늄 합금은 대체로 용접성이 불량한데 그 이유가 아닌 것은?

① 비열과 열전도도가 커서 단시간 내에 용융온도에 이르기가 쉽기 때문에
② 색채에 따라 가열온도의 판정이 곤란하여 지나치게 용융이 되기 쉽기 때문에
③ 용접 후 변형이 크고 균열이 생기기 쉽기 때문에
④ 용융 응고 시 수소가스를 흡수하여 기공이 발생되기 쉽기 때문에

해설
알루미늄(Al)이나 그 합금은 온도확산율($\frac{열전도도}{비열 \times 비중}$)이 강의 10배 이상 크기 때문에 융점이 낮은 데도 불구하고 국부가열이 곤란하다. 또한 용융 시 잠열이 커서 비교적 큰 용접 입열량이 필요하다.

10 강의 대표적인 용접법에서 열영향부가 임계온도(약 700~900℃) 부근까지 이루어지는데 냉각하는 속도 중 아크용접에 해당되는 것은?

① 30~1,500℃/min
② 40~2,500℃/min
③ 60~4,000℃/min
④ 110~5,600℃/min

해설
강의 용접에서 아크용접의 냉각속도는 110~5,600℃/min

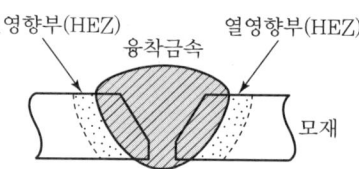

11 일반적인 산업용 로봇의 분류에서 미리 설정된 정보의 순서, 조건 등에 따라 동작이 진행되는 로봇은?

① 플레이 백 로봇　② 지능 로봇
③ 감각제어 로봇　④ 시퀀스 로봇

해설
산업용 로봇
• 머니퓰레이트
• 시퀀스 로봇(미리 설정된 정보의 순서, 조건 등 이용)
• 수치제어 로봇
• 지능 로봇

12 서브머지드 아크용접에서, 비드 중앙에 발생되기 쉬우며 그 주된 원인은 수소가스가 기포로서 용착금속 내에 포함되기 때문이다. 이 결함은 다음 중 어느 것인가?

① 용입 부족 ② 언더컷
③ 기공 ④ 용락

● 해설 ●
기공
서브머지드 아크용접에서 H₂ 가스가 기포로 용착금속 내에 발생하는 결함

13 스카핑 작업에 대한 설명이다. 틀린 것은?

① 스카핑 토치는 가우징 토치에 비하여 능력이 적다.
② 스카핑 작업은 강재표면의 홈을 제거한다.
③ 작업방법은 스카핑 토치를 공작물의 표면과 75° 정도로 경사지게 한다.
④ 예열은 표면의 불순물이 떨어져 깨끗한 금속면이 나타날 때까지 가열한다.

● 해설 ●
가스가공
• 가스 가우징(토치 사용 강재의 표면에 둥근 홈을 파낸다.)
• 가스 스카핑(가스 가우징에 비해 토치능력이 크다.)

14 MIG 용접의 특성이 아닌 것은?

① 직류 역극성 이용 시 청정작용에 의해 알루미늄, 마그네슘 등의 용접이 가능하다.
② TIG 용접에 비해 전류밀도가 낮다.
③ 아크 자기제어 특성이 있다.
④ 정전압 특성 또는 상승 특성의 직류 용접이다.

● 해설 ●
미그(MIG) 용접은 TIG 용접의 텅스텐 전극봉 대신에 비피복의 직경이 짧은 금속인 와이어 용가전극(용접용 와이어)을 사용한다.(피복아크 용접전류 밀도의 6~8배가 크다.)

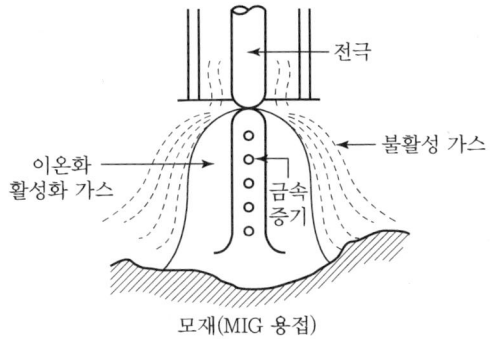

모재(MIG 용접)

15 용접지그(jig)의 사용 목적으로 틀린 것은?

① 소량생산을 위해 사용된다.
② 용접작업을 쉽게 한다.
③ 제품의 정밀도와 용접부의 신뢰성을 높인다.
④ 공정 수를 절약하므로 능률을 좋게 한다.

● 해설 ●
용접지그를 사용하면 일반적으로 다량생산이 가능하다.

16 TIG 용접이음부의 불순물 제거방법으로 사용하지 않는 것은?

① 와이어 브러시 ② 불소
③ 초산 ④ 염화암모늄

● 해설 ●
염화암모늄(NH₄Cl) : 납땜의 용융제

17 강판의 두께 14mm, 강판의 폭 300mm를 완전 용입으로 맞대기 용접이음할 때 인장하중 4,000kgf이 용접선에 직각방향으로 작용하면 용접부의 인장응력은 몇 kgf/mm²인가?

① 0.095 ② 0.952
③ 9.52 ④ 95.2

● 해설 ●
용접부의 인장응력
$$\sigma = \frac{W}{t \cdot l} = \frac{4,000}{14 \times 300} = 0.952 \text{kgf/mm}^2$$

정답 12 ③ 13 ① 14 ② 15 ① 16 ④ 17 ②

18 용접부에 생기는 용접 균열 결함 종류에 해당되지 않는 것은?

① 가로 균열
② 세로 균열
③ 플랭크 균열
④ 비드 밑 균열

해설

용접부 균열
- 가로 균열
- 세로 균열
- 성형 균열
- 비드 밑 균열
- 루트 균열

※ 플랭크 균열 : flank균열은 나사산 봉우리와 골 사이의 연결된 부식

19 잠호용접에 사용하는 용제(flux)는 제조법에 따라 분류하면 다음과 같다. 틀린 것은?

① 산성형 용제
② 용융형 용제
③ 소결형 용제
④ 혼성형 용제

해설

잠호용접(서브머지드 용접)의 용제 종류
- 용융형 용제
- 소결형 용제
- 혼성형 용제

20 용접분류 중 융접법에 속하는 것은?

① 테르밋 용접
② 심 용접
③ 초음파 용접
④ 프로젝션 용접

해설

- 심 용접 : 압점(가열)
- 초음파 용접 : 압점(비가열)
- 프로젝션 용접 : 압점(가열)
- 테르밋 용접 : 미세한 알루미늄분말+산화철분말을 중량비 (3 : 1~4 : 1)로 혼합한 테르밋(thermit)에 과산화바륨과 마그네슘의 혼합분말로 된 점화제(ignitor)를 넣고 이것을 성냥불 등으로 점화하면 약 2,800℃가 발생되어 용접하는 특수아크용접이다(용접법이다).

21 부분적 용입에 양쪽 맞대기 용접 이음에서 아래 그림과 같이 굽힘 모멘트 $Mb = 10,000$ kgf/cm가 작용하고 있을 때 최대 굽힘응력은?(단, $l = 200mm$, $t = 25mm$, $h = 8mm$로 한다.)

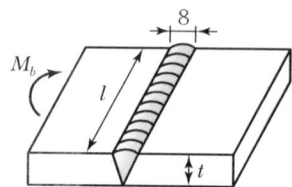

① $1,225 kgf/cm^2$
② $613 kgf/cm^2$
③ $550 kgf/cm^2$
④ $505 kgf/cm^2$

해설

굽힘단면계수$(Wb) = \dfrac{t^2 \cdot L}{6}$ =(완전용입)

부분적 용입$(Wb) = \dfrac{hL(3t^2 - 6th + 4h^2)}{3}(cm^2)$

∴ 최대굽힘응력(σ_{max})

$= \dfrac{10,000}{\left(\dfrac{0.8 \times 20(3 \times 2.5^2 - 6 \times 2.5 \times 0.8 + 4 \times 0.8^2)}{3 \times 2.5}\right)}$

$= 505 kgf/cm^2$

※ 200mm(20cm), 8mm(0.8cm), 25mm(2.5cm)

22 가스용접에 사용되는 압력 조정기 취급 시 주의사항 설명으로 틀린 것은?

① 조정기를 견고하게 설치하고 밸브를 천천히 연다.
② 산소 용기에 조정기를 설치할 때는 설치구의 먼지를 털어낸다.
③ 가스 누설 여부는 비눗물로 점검한다.
④ 조정기 작동이 원활하지 못하면 그리스나 기름을 칠한다.

해설

가스압력조정기
- 산소 : $5kg/cm^2$ 이하
- 아세틸렌 : $0.1~0.3kg/cm^2$
- 압력조정기의 설치구 나사부나 조정기의 각부에 가연성인 그리스나 기름을 사용하지 말 것

정답 18 ③ 19 ① 20 ① 21 ④ 22 ④

23 탄산가스(CO_2) 아크용접의 장점에 속하지 않는 것은?

① 용착금속의 기계적 성질이 우수하다.
② 전류밀도가 높아 용입이 깊다.
③ 단락이행에 의한 박판용접도 가능하다.
④ 옥외 작업 시 바람의 영향을 받지 않는다.

해설
탄산가스(CO_2) 아크용접의 옥외작업 시 바람의 영향을 받는 단점이 있다(단, 환기가 잘되는 곳에서 용접하여야 한다.). 바람의 속도가 1~2m/s 이상에서는 사용하지 않는다.

24 용접부 검사법 중 비파괴시험에 속하지 않는 것은?

① 부식시험
② 와류시험
③ 형광시험
④ 누설시험

해설
부식시험 : 파괴시험법(고온부식, 습부식, 응력부식)

25 서브머지드 아크용접에서 용접 홈의 조건 중 받침쇠가 없을 경우 루트 간격으로 맞는 것은?

① 2.0~3.0mm
② 1.5~2.0mm
③ 1.0~1.5mm
④ 0.8mm 이하

해설
용접홈
• 홈의 각도 : 45°
• 받침쇠가 없는 경우 루트 간격 : 0.8mm 이하
• 루트면 : ±1mm

26 모재 표면 위에 미리 미세한 입상의 용제를 산포하여 두고, 이 용제 속으로 용접봉을 꽂아 넣어 용접하는 것은?

① 심용접
② 버트용접
③ 서브머지드 아크용접
④ 불활성가스 아크용접

해설
서브머지드 아크용접은 모재 표면 위에 미리 미세한 입상의 용제(flux)를 산포하여 두고 이 용제 속으로 용접봉(와이어 : 저탄소강)을 꽂아 넣어 용접한다.
• 용제 : SiO_2, MnO, CaO의 합성
• 와이어 : 탄소+규소, 망간의 합금

27 기계적 시험법의 인장시험에서 시험편의 최초 표점거리를 L_0mm라 하고 파단 후의 표점거리를 Lmm라 하면, 연신율 ε를 구하는 식은 다음 중 어느 것인가?

① $\varepsilon = \dfrac{L - L_0}{L_0}$
② $\varepsilon = \dfrac{L_0 - L}{L}$
③ $\varepsilon = \dfrac{L + L_0}{L}$
④ $\varepsilon = \dfrac{L - L_0}{L}$

28 용접설계상 주의하여야 할 사항으로 틀린 것은?

① 용접 이음이 한군데 집중되거나 너무 접근하지 않도록 할 것
② 반복하중을 받는 이음에서는 이음표면을 볼록하게 할 것
③ 용접길이는 가능한 한 짧게 하고, 용착금속도 필요한 최소한으로 할 것
④ 필릿용접은 가능한 한 피할 것

해설
반복하중을 받는 이음에서는 이음표면을 편평하게 한다.

29 구상 흑연 주철의 조직 분류 형태가 아닌 것은?

① 시멘타이트형
② 펄라이트형
③ 페라이트형
④ 베이나이트형

해설
구상흑연주철(GCD) 조직(연성주철 : 노듈러 주철)
• 시멘타이트형   • 펄라이트형   • 페라이트형
※ 베이나이트(항온변태에서 나타나는 조직이다.)

정답 23 ④ 24 ① 25 ④ 26 ③ 27 ① 28 ② 29 ④

30 리벳이음과 비교한 아크용접의 장점을 설명한 것으로 가장 알맞은 것은?

① 응력집중에 대하여 극히 둔감하다.
② 재질변형 및 잔류응력이 존재하지 않는다.
③ 품질검사를 쉽게 할 수 있다.
④ 수밀성 및 기밀성이 좋다.

31 용접 후 처리인 노 내 풀림 응력 제거에서 두께 25mm 보일러용 압연강재는 노 내에서 몇 도로 몇 시간 유지해야 하는가?

① 625±25, 1시간
② 625±25, 2시간
③ 725±25, 2시간
④ 725±25, 1시간

해설
용접 후 노 내 풀림으로 응력 제거를 위해 625±25℃에서 1시간 정도 보일러용 압연강재를 열처리한다.
※ 풀림(소둔 : 어닐링) : 잔류응력 제거, 재질연화, 결정립 크기와 조절

32 다음 중 아세틸렌가스의 분자식은?

① CH_4
② C_2H_2
③ C_2H_6
④ C_3H_8

해설
CH_4(메탄), C_2H_6(에탄), C_3H_8(프로판)

33 아세틸렌가스는 15도에서 몇 기압 이상으로 압축하면 분해 폭발을 일으킬 수 있는가?

① 1기압
② 2기압
③ 0.5기압
④ 1.5기압

해설
아세틸렌가스(C_2H_2)는 15℃에서 1.5 초과~2기압 이상으로 압축하면 분해폭발($C_2H_2 \rightarrow 2C + H_2 + 64kcal$) 발생

34 전류의 전기저항열을 주로 이용하여 모재와 전극 와이어를 용융시켜 연속 주조하는 방식의 용접법은?

① 서브머지드
② 일렉트로슬래그용접
③ 플라스마용접
④ 미그용접

해설
일렉트로슬래그용접(electro slag welding)은 아크열이 아닌 와이어와 용융슬래그 사이에 통전된 전기의 저항열을 주로 이용하여 모재와 전극 와이어를 용융시키면서 단층 상진(上進)용접을 한다(특수아크용접).

35 저항 점용접 중 접합면의 일부가 녹아 바둑알 모양의 단면으로 오목하게 들어간 부분을 무엇이라 하는가?

① 스폿
② 너깃
③ 슬래그
④ 플라스마

해설
점용접(spot welding)

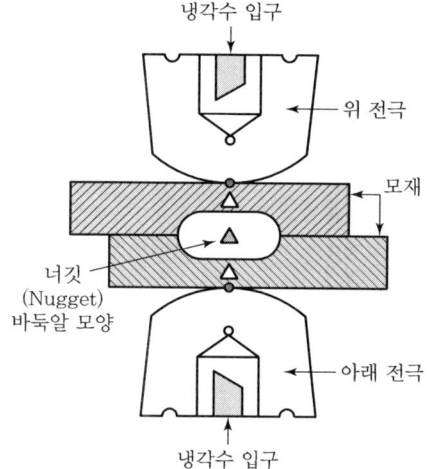

36 프로판가스가 연소할 때 몇 배의 산소를 필요로 하는가?

① 2~3
② 2.5~3
③ 3~4
④ 4.5~5

해설
프로판가스 연소반응식 : $C_3H_8 + 5O_2 \rightarrow 3CO_2 + 4H_2O$

정답 30 ④ 31 ① 32 ② 33 ② 34 ② 35 ② 36 ④

37 AL-CU-SI계의 합금으로서 Si 함유량이 높으므로 주조성 용접성이 좋고 열처리에 의하여 기계적 성질이 좋은 주조성 알루미늄 합금은?

① 라우탈
② 배빗 메탈
③ 양은
④ 인바

해설
라우탈(알루미늄 합금)
Lautal=알루미늄+구리(6%), 규소(2~4%)의 탄력용 합금

38 일반적으로 주철의 가스용접에는 다음 용제 중 어느 것이 사용되는가?

① 규산나트륨
② 플루오르나트륨
③ 탄산수소나트륨
④ 염화칼슘

해설
주철의 가스용접 용제
• 탄산소다 • 붕사 • 중탄산소다

39 백주철을 풀림 열처리에서 탈탄시켜 제조한 것은?

① 칠드 주철
② 구상흑연주철
③ 가단주철
④ 미하나이트 주철

해설
가단주철(백심, 흑심) 중 흑심
가단주철(BMC)은 백선주물 안의 화합탄소를 풀림에 의해서 흑연화시키고 백심가단주철(WMC)은 900℃에서 탈산시킨 것이다.(백심=탈탄용)

40 용접봉 선택 및 취급 시 주의사항으로 틀린 것은?

① 용접봉의 편심률은 10%가 넘는 것을 사용한다.
② 용접봉은 사용 전에 충분히 건조하다.
③ 일미나이트계 용접봉의 건조온도는 70~100℃이다.
④ 저수소계 용접봉의 건조온도는 300~350℃이다.

해설
용접봉의 편심률(%) = $\dfrac{D-D'}{D'} \times 100$

※ 편심률은 3% 이내이어야 한다.

41 용접에서 오버랩의 생성원인으로 틀린 것은?

① 용접봉의 운봉속도가 불량
② 용접전류가 과대
③ 부적합한 용접봉 사용
④ 용접봉 유지각도 불량

해설
오버랩 원인
용접전류가 낮을 때 생긴다.
※ 오버랩이란 용융금속이 모재 표면에 엷게 융합되어 모재 표면 위에 겹쳐지는 상태이다.

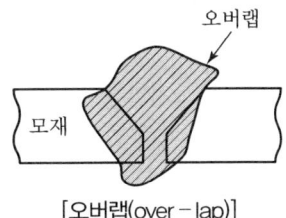
[오버랩(over-lap)]

42 각종 연료가스의 성질 중 실제 발열량이 가장 높은 것은?

① 메탄
② 수소
③ 부탄
④ 아세틸렌

해설
가스연료의 발열량(분자량이 크면 발열량이 높다.)
• 메탄(16 : 8,200kcal/m³)
• 수소(2 : 2,520kcal/m³)
• 부탄(58 : 31,000kcal/m³)
• 아세틸렌(26 : 12,900kcal/m³)

43 아크용접에서 아크 안정제에 해당하는 피복 배합제는?

① 탄산나트륨
② 붕산
③ 알루미나
④ 마그네슘

정답 37 ① 38 ③ 39 ③ 40 ① 41 ② 42 ③ 43 ①

> **해설**
> 용접봉 아크피복안정제
> 큐산칼리 · 산화티탄 · 탄산소다(탄산나트륨) 등

44 용접부 균열 발생에 대한 원인 설명 중 적합하지 않은 것은?

① 모재 안에 유황함유량이 많을 때
② 용접봉 선택 불량
③ 과대전류 사용
④ 적절한 속도로 운봉

> **해설**
> 용접부에 균열이 발생하는 원인은 ①, ②, ③ 외에도 용접속도나 용접부위 냉각속도가 빨라서이다.

45 교류아크 용접기 중 가변저항의 변화로 용접전류를 조정하는 용접기의 형식은?

① 가동 철심형   ② 가동 코일형
③ 탭 전환형   ④ 가포화 리액터형

> **해설**
> 가포화 리액터형(Saurable Reactor Arc Welder)
> • 교류아크 용접기로서 가변저항의 변화로 전류를 조정하는 용접기
> • 핫 스타트(Hot Start) 장치가 용이하다.

46 교류용접기와 비교한 직류용접기의 설명으로 가장 적합한 것은?

① 아크가 안정된다.
② 취급이 쉽고 고장이 적으며 보수가 용이하다.
③ 가격이 저렴하다.
④ 전격위험성이 크다.

> **해설**
> 직류용접기(발전기형, 정류기형)는 교류용접기에 비해 아크(Arc)가 안정되고 극성 이용, 비피복봉의 용접봉 사용이 가능하다. 가격이 비싸고 전격의 위험이 적고 유지보수가 약간 어렵다.

47 일반적인 각 변형의 방지대책으로 틀린 것은?

① 개선 각도는 작업에 지장이 없는 한도 내에서 크게 한다.
② 판 두께가 얇을수록 첫 패스 측의 개선깊이를 크게 한다.
③ 용접속도가 빠른 용접법을 이용한다.
④ 구속지그를 활용한다.

> **해설**
> 일반적인 용접 후에 각 변형의 방지책으로 개선 각도는 지장이 없는 한 한도 내에서 적게 한다.(감소시킨다.)
> ※ 용접변형 교정법
> • 롤러에 의한 교정
> • 국부가열 냉각법
> • 가열가압법
> • 피닝법

48 맞대기 이음의 용접 시종부(시작과 마침)의 결함 방지용으로 부착하는 부재는?

① 엔드탭   ② 패드플레이트
③ 칠 플레이트 ④ 도그피스

> **해설**
> 서브머지드 아크용접 등에서 맞대기 이음 용접에서 시종부의 (처음과 끝) 결함방지용으로 엔드탭(end tab 또는 run tab)을 붙인다.

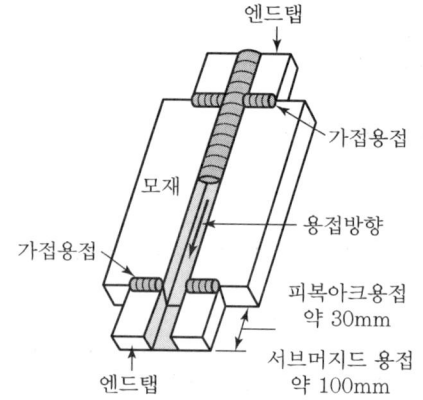

정답 44 ④ 45 ④ 46 ① 47 ① 48 ①

49 연강용 피복금속아크용접봉의 종류 중 철분산화철계에 해당되는 것은?

① E4324 ② E4340
③ E4326 ④ E4327

> **해설**
> 피복아크용접봉(coated arc electrode)
> • E4324 : 철분산화티탄계
> • E4340 : 특수계
> • E4326 : 철분저수소계

50 다음 용접도시 기호 중 서페이싱 기호로 맞는 것은?

① ⌒ ② ─
③ ⌒⌒ ④ ═

> **해설**
> 서페이싱(Surfacing)
> 표면처리과정이다.

51 주철은 대체적으로 보수용접에 많이 쓰이며 주물의 상태 결함의 위치 크기와 특징 겉모양 등에 대하여 요구될 때에는 여러 가지 시공법에 유의하여 용접하여야 한다. 다음 중 주철의 보수용접에 쓰이는 용접방법이 아닌 것은?

① 스터드법   ② 비녀장법
③ 버터링법   ④ 홀더링법

> **해설**
> 주철의 보수용접법
> • 스터드법
> • 비녀장법
> • 버터링법
> • 로킹법
> ※ 주철은 주철의 급랭으로 인한 백선화로 큰 잔류응력과 균열이 생기기 때문에 용접이 어렵다.

52 용접부의 비파괴검사 중 비자성체 재료에 이용할 수 없는 것은?

① 방사선투과검사   ② 초음파검사
③ 침투탐상검사   ④ 자기적 검사

> **해설**
> 자기적 비파괴검사법은 Al, Cu, 오스테나이트계 스테인리스 등 비자성체의 금속에는 검사가 불가능한 자기검사(magnetic inspection)이다.

53 수중 8m 이상에서 절단작업을 할 때 주로 사용되는 가스는?

① 용해 아세틸렌가스 ② 수소가스
③ 탄산가스   ④ 헬륨가스

> **해설**
> 수중 절단은 수소가스로 하며 45m 이내까지 절단이 가능하다.

54 탄소강은 탄소의 함량에 따라 기계적 성질이 변화한다. 탄소강에서 탄소의 함량이 증가하면 기계적 성질은 어떻게 되는가?

① 경도, 인장강도, 연신율 증가
② 경도, 인장강도 증가 / 연신율 감소
③ 경도, 연신율 증가 / 인장강도 감소
④ 인장강도, 연신율 증가 / 경도 감소

> **해설**
> 탄소강
> • 탄소강은 탄소(C)의 함량이 증가하면 경도나 인장강도가 증가하나 연신율 및 충격값이 감소한다.
> • 아공석강 : C가 0.8% 이하
> • 과공석강 : C가 0.8% 이상~1.7%
> • 공석강 : C가 0.8%

정답 49 ④ 50 ① 51 ④ 52 ④ 53 ② 54 ②

55 어떤 측정법으로 동일 시료를 무한 횟수로 측정하였을 때 데이터 분포의 평균치와 참값의 차를 무엇이라 하는가?

① 신뢰성　　② 정확성
③ 정밀도　　④ 오차

해설
정확성
어떤 측정법으로 동일 시료를 무한 횟수로 측정하였을 때 데이터 분포의 평균치와 참값의 차

56 생산계획량을 완성하는 데 인원이나 기계의 부하를 결정하여 이를 현재 인원 및 기계의 능력과 비교하여 조정하는 것은?

① 일정계획　　② 절차계획
③ 공수계획　　④ 진도계획

해설
공수계획
생산계획을 완성하는 데 필요한 인원이나 기계의 부하를 결정하여 이를 현재 인원 및 기계의 능력과 비교하며 조정한다.

57 TPM 활동의 기본을 이루는 3정 5S 활동에서 3정에 해당되는 것은?

① 정시간　　② 정돈
③ 정리　　　④ 정량

해설
- 생산관리 5S 원칙 : 정리, 정돈, 청소, 청결, 습관화
- TPM 활동 3정 : 정량, 정품, 정위치

58 축의 완성지름, 철사의 인장강도, 아스피린 순도와 같은 데이터를 관리하는 가장 대표적인 관리도는?

① $\tilde{X}-R$ 관리도　　② nP 관리도
③ C 관리도　　　　　④ U 관리도

해설
$\overline{X}-R$ 관리도
관리항목이 축의 완성된 지름, 철사의 인장강도, 아스피린의 순도, 바이트의 소입온도, 전구의 소비전력 등과 같이 공정에서 채취한 시료의 길이, 무게, 시간, 강도, 성분, 수확률 등 계량치의 데이터에 대해서 $\overline{X}$와 R을 사용하여 공정을 관리하는 관리도

59 PERT에서 Network에 관한 설명 중 틀린 것은?

① 가장 긴 작업시간이 예상되는 공정을 주공정이라 한다.
② 명목상의 활동(Dummy)은 점선 화살표(→)로 표시한다.
③ 활동은 하나의 생산 작업요소로서 원(○)으로 표시된다.
④ Network는 일반적으로 활동과 단계의 상호관계로 구성된다.

해설
PERT Network의 구성요소 중 애로 다이어그램의 구성요소에서 단계는 ○로 표시한다.(단, → : 활동 표시, ⇢ : 명목상의 활동 표시(가공작업))

60 공정분석 기호 중 네모는 무엇인가?

① 검사　　② 가공
③ 정체　　④ 저장

해설
- □ : 검사
- ○ : 작업
- ⇒ : 운반
- ▽ : 보관
- D : 대기(정체)
- ◎ : 결함

정답　55 ②　56 ③　57 ④　58 ①　59 ③　60 ①

2007년 41회 기출문제

2007.4.1 시행

01 정격 2차 전류 200A, 정격사용률 40%의 아크용접기로 120A의 용접전류 사용 시 허용사용률은 약 몇 %인가?

① 71　　　② 91
③ 101　　④ 111

해설

$$\text{허용사용률} = \frac{(\text{정격 2차 전류})^2}{(\text{용접기 전류})^2} \times \text{정격사용률}$$
$$= \frac{(200)^2}{(120)^2} \times 40 = 111\%$$

02 경납땜에 사용되는 용가재의 융점은 몇 ℃ 이상인가?

① 300℃　　② 450℃
③ 600℃　　④ 650℃

해설
- 경납땜에 사용되는 용가재의 융점은 450℃ 이상
- 경납땜(Hard Soldering Brazing) : 은납, 동납, 황동납, 팔라듐(Pd)납 등의 땜납제 사용
- 경납땜 용제(플럭스) : 붕사($Na_2B_4O_7 \cdot 10H_2O$), 붕산(H_3BO_3), 불화나트륨(NaF), 불화칼륨(KF)

03 알루미늄에 대한 설명으로 틀린 것은?

① 비중이 2.7이며 경금속이다.
② 전기와 열의 양도체이다.
③ 산화피막 때문에 대기 중에서는 잘 부식되지 않으나 해수에 약하다.
④ 유동성이 좋고 수축률이 작아 주조에 편리하다.

해설
알루미늄(Al)은 열팽창률과 수축률이 커서 잔류응력으로 인한 변형이 강의 2배이고 온도확산율이 강의 10배라서 국부가열이 곤란하다.

04 피복금속 아크용접봉의 피복제의 작용이 아닌 것은?

① 용융점이 낮은 적당한 점성의 가벼운 슬래그를 만든다.
② 용착금속의 응고와 냉각속도를 느리게 한다.
③ 용적을 미세화하고 용착효율을 높인다.
④ 슬래그의 제거를 어렵게 한다.

해설
피복금속 아크용접봉의 피복제는 슬래그의 제거를 용이하게 한다. 또한 파형이 아름다운 비드를 만든다.

05 TIG 용접 토치에 대한 설명으로 틀린 것은?

① 텅스텐 전극봉은 가스 노즐의 끝부터 3~6mm 돌출시켜 지지된다.
② 불활성가스 분출은 아크 발생 시 밸브로 조정한다.
③ 가스 노즐의 재질은 세라믹 또는 동으로 만들어진다.
④ 텅스텐 전극봉에는 순 텅스텐봉, 토륨 텅스텐봉, 지르코늄 텅스텐봉이 있다.

해설
TIG 불활성가스 아크용접
- 불활성가스는 적당한 고압용기에 저장되며 제어장치(시일가스용기의 압력조정기, 유량계) DC에 의해 제어장치 내의 가스 밸브를 지나 토치에 보내진다.
- 불활성가스 : 아르곤가스(Ar gas)이며 시일가스(보호가스)이다.

06 아크용접작업 시 아크를 계속 유지시킬 때의 전압은 몇 V로 유지하는 것이 가장 좋은가?

① 20~30V　　② 50~80V
③ 70~90V　　④ 5~10V

정답 01 ④　02 ②　03 ④　04 ④　05 ②　06 ①

해설
아크 용접작업 시 아크를 계속 유지시킬 때의 전압은 약 20~30V로 유지한다.(용접 시는 70~80V에서 아크가 발생된다.)

07 이산화탄소 아크용접법이 아닌 것은?

① 아코스 아크법
② 퓨즈 아크법
③ 유니언 아크법
④ 플라스마 아크법

해설
탄산가스(CO_2) 즉 이산화탄소 아크용접(CO_2 gas shielded arc welding)
- 아코스아크법(Arcos arc)
- 퓨즈아크법(Fus arc)
- 유니언아크법(Union arc)
- NCG법

08 용접 시 유독가스가 발생되는 용접재료는?

① 스테인리스강
② 황동
③ 주철
④ 연강

해설
- 황동(구리+아연)합금 : 7-3 황동, 6-4 활동(아연 30%, 40%)
- 가스용접 시 아연의 증발(산화아연)로 백색 연기가 생겨 용접 비드가 보이지 않는다.

09 제어의 형태에 따라 산업용 로봇을 분류할 때 해당되지 않는 것은?

① 서보제어 로봇
② 논서보제어 로봇
③ 원통좌표 로봇
④ CP제어 로봇

해설
산업용 로봇의 제어형태 별 분류
- 서보제어
- 논서보제어
- CP제어

10 다음 중 순철의 자기변태점은?

① 720
② 768
③ 910
④ 1400

해설
순철의 자기변태(동형 변태)
원자배열의 변화 없이 전자스핀(Spin)의 방향성 변화에 의해서 강자성체로부터 상자성체로 변하는 것으로, 일명 큐리점($\alpha-Fe \rightarrow \beta-Fe$)이라 하며 철은 768℃에서 변태된다.(니켈 자기변태=360℃, 코발트 자기변태=1,120℃이다.)

11 아크 불꽃이 보이지 않는 용접은?

① 서브머지드 용접
② 플라스마 아크용접
③ 원자 수소 용접
④ 불활성가스 아크용접

해설
서브머지드 용접은 불꽃이 보이지 않는 잠호용접이다.
- 용제(flux)를 용접부에 쌓고 그 내부에서 아크를 발생시킨다.
- 용제 : 용융형, 고온소결형, 저온소결형, 혼합형이 있다.

12 강의 표면경화 열처리법에 해당하는 것은?

① 노멀라이징법
② 질화법
③ 마르퀜칭
④ 마르템퍼

해설
질화법 표면경화법
강의 표면에 NH_3(암모니아)를 넣어 고온에서 질소(N_2)를 철과 화합시켜 질화층을 만들어 경도가 크고 내식성, 내마멸성을 부가한다.

13 화이트 메탈(White metal)은 어느 합금에 속하는가?

① 내열용 합금
② 베어링용 합금
③ 내부식 재료 합금
④ 내마모용 재료 합금

해설
베어링 합금 : 화이트 메탈, 배빗메탈, 켈밋

정답 07 ④ 08 ② 09 ③ 10 ② 11 ① 12 ② 13 ②

14 플라스마(plasma) 아크용접장치가 아닌 것은?

① 용접 토치   ② 제어장치
③ 페룰   ④ 가스 송급장치

해설
플라스마 아크용접
전자와 이온이 혼합되어 도전성을 띤 가스체로 용접한다. 냉각가스를 이용하여 10,000~30,000℃까지 온도를 높일 수 있다. 아크용접장치는 ①, ②, ④항 등이다.(페룰은 점용접에 사용된다.)

15 주철, 비철금속, 스테인리스강 등을 절단하는 데 용제 및 철분을 혼합 사용하는 절단방법은?

① 분말 절단   ② 산소창 절단
③ 스카핑   ④ 플라스마 절단

해설
분말 절단
주철, 스테인리스강, 구리, 알루미늄 등은 가스 절단이 곤란하여 절단부에 철분이나 용제의 미세한 분말을 압축공기나 압축질소로 자동적으로 연속하여 팁을 통해 예열불꽃 중에 이들과의 연소반응으로 절단한다.

16 다음 아크용접 결함 중에서 전류의 세기와 관계없는 결함은?

① 스패터   ② 언더컷
③ 오버랩   ④ 선상조직

해설
선상조직
아크용접부 파단면에 생기며 용접부의 냉각속도가 너무 빠르고 수소용해량이 많을 때 생기는 결함이다.

17 침몰선의 해체나 교량의 개조, 항만의 방파제 공사 등에 사용되는 절단은?

① 가스 절단   ② 탄소아크 절단
③ 수중 절단   ④ 금속아크 절단

해설
수중 절단
수중 45m 이내에서 수소(H_2) 가스를 이용하여 침몰선의 해체, 교량의 개조, 항만의 방파제 공사에서 절단하는 것

18 일명 핀치효과형이라고도 하며, 비교적 큰 용적이 단락되지 않고 옮겨가는 이행형식은?

① 단락형   ② 글로뷸러형
③ 스프레이형 ④ 입자형

해설
탄산가스 아크용접의 자기적 핀치효과(Pinch effect)에 의해 구적이행(globular transfer)이 된다.

19 가스용접에서 전진법과 비교한 후진법의 장점이 아닌 것은?

① 용접 속도가 빠르다.
② 용접 변형이 적다.
③ 기계적 성질이 우수하다.
④ 비드 모양이 좋다.

해설
후진법
• 폭이 좁은 비드를 얻는다(비드모양이 좋지 않다).
• 깊은 용입을 얻을 수가 있다.
• 후진법 : 5 4 3 2 1 →

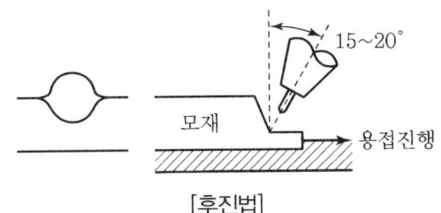

[후진법]

20 용접부의 검사방법에서 초음파 검사법에 속하지 않는 것은?

① 공진법   ② 투과법
③ 펄스반사법   ④ 맥진법

정답 14 ③ 15 ① 16 ④ 17 ③ 18 ② 19 ④ 20 ④

해설
초음파법(비파괴검사법, UT법 : Ultrasonic Test)
초음파의 진동수 0.5~15MHz를 사용하여 용접부위를 검사한다. 종류에는 공진법, 투과법, 펄스반사법 등이 있다.

21 플래시 버트 용접의 특징이 아닌 것은?

① 용접면을 정밀하게 가공할 필요가 없다.
② 가열 범위가 넓고 열영향부가 넓다.
③ 용접면에 산화물 개입이 적다.
④ 업셋 용접보다 전력 소비가 적다.

해설
플래시 버트 용접(flash butt welding, 압접용접에서 가열저항 맞대기 용접)
- 업셋 용접(upset welding)에서 널리 사용되는 버트용접이다. 일명 불꽃용접이다.
- 연강의 업셋전류는 7.5~100A/mm²이다.
- 가열의 범위가 좁고 이음의 신뢰성이 높다.
- 열영향부가 좁다.

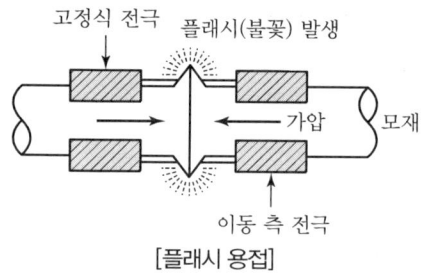

[플래시 용접]

22 본 용접에서 용접물이 매우 얇은 경우나 용접 후에 비틀림이 생길 염려가 있는 경우에 사용되는 용착법은?

① 스킵법   ② 대칭법
③ 캐스케이드법   ④ 전진블록법

해설
스킵법(skip method) 용착법
매우 얇은 판이거나 용접 후에 비틀림이 생길 염려가 있는 경우에 사용하는 용착용접법이다.
- 스킵법 : 1 4 2 5 3

23 다음에 나타낸 용접법 중 가장 두꺼운 판을 용접할 수 있는 것은?

① 이산화탄소 아크 용접
② 일렉트로 슬래그 용접
③ 불활성가스 아크 용접
④ 스터드 용접

해설
일렉트로 슬래그 용접(electro slag welding)은 아주 특히 두꺼운 물건의 용접을 하기 위한 용접의 일종이다.
- 용접 시 전기저항 발생열(Q)=0.24×전압(V)×전류(A)

24 스카핑(scarfing) 작업에 대한 설명으로 맞는 것은?

① 탄소 또는 흑연 전극봉과 모재 사이에 아크를 일으켜서 절단하는 방법이다.
② 강재 표면의 탈탄층 또는 홈을 제거하기 위해 얇게 타원형 모양으로 넓게 표면을 깎는 것이다.
③ 탄소 아크 절단에 압축공기를 병용한 방법으로 결함 제거, 절단 및 구멍 뚫기 작업이다.
④ 일종의 수중 절단(under water cutting)이다.

해설
스카핑
강괴(강의 덩어리), 강편, 슬래그, 기타 표면의 균열이나 주름, 주조의 결함, 탈탄층 등의 표면결함을 불꽃가공에 의해 제거하는 방법이다.

25 가스 절단 결과의 양호한 절단면을 얻기 위한 조건이 아닌 것은?

① 드래그가 일정할 것
② 절단면의 위 모서리가 예리할 것
③ 슬래그의 이탈성이 나쁠 것
④ 절단면이 깨끗하며 드래그 홈이 없을 것

해설
가스 절단 결과 양호한 절단면을 얻기 위해서는 용접 후 생성하는 슬래그(Slag)의 제거가 쉽고 파형이 고운 비드를 만들어야 한다.

정답 21 ② 22 ① 23 ② 24 ② 25 ③

26 구상흑연주철 중 마그네슘의 첨가량이 많을 때, 규소가 적을 때, 냉각속도가 빠를 때 나타나는 조직은?

① 페라이트형
② 시멘타이트형
③ 펄라이트 형
④ 오스테나이트형

해설
시멘타이트형 : 구상흑연주철에서 Mg이 많고 Si가 적으며 냉각속도가 빠를 때 나타나는 조직이다.

27 T형 이음(홈완전용입)에서 인장하중 6ton, 판두께를 20mm로 할 때 필요한 용접길이는 몇 mm 인가?(단, 응력은 5kg/mm²로 한다.)

① 60
② 80
③ 100
④ 102

해설
용접길이 계산(σ)
$$\therefore \sigma = \frac{W}{t \cdot l} = \frac{6 \times 10^3}{5 \times 20} = 60\text{mm}$$

28 탄산가스 아크용접, 즉 CO_2 용접에서 다음 중 어느 극성으로 연결하여 사용해야 하는가?(단, 복합와이어는 사용하지 않음)

① 교류(AC)를 사용하므로 극성에 제한이 없다.
② 직류(DC)전원을 사용하면 극성에 제한이 없다.
③ 직류 정극성(DCSP)을 사용한다.
④ 직류 역극성(DCRP)을 사용한다.

해설
아크 안정성이 정극성보다 좋다.

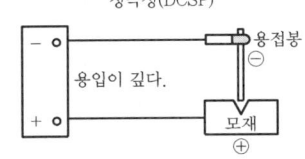

[CO_2 용접]

29 금속재료를 저온에서 사용할 때 충격값이 급격히 떨어지는 온도를 무엇이라고 하는가?

① 천이온도
② 용융온도
③ 변태온도
④ 냉간온도

30 KS규격에 규정되어 있는 연강 아크용접봉의 심선 성분이 아닌 것은?

① C
② Si
③ Mg
④ P

해설

연강 아크봉 심선
(C, Si, Mn, P, S, Cu)

31 톰백(Tombac)이란 무엇을 말하는가?

① 0.3~0.8% Zn의 황동
② 1.2~3.7% Zn의 황동
③ 5~20% Zn의 황동
④ 30~40% Zn의 황동

해설
톰백(구리+아연 5~20% 합금)은 황동이다. 빛깔이 금에 가깝고 금박, 금분, 불상, 화폐 제조용으로 사용된다.

32 피복금속아크용접에서 아크 쏠림(arc blow)이 발생할 때 그 방지법으로 가장 적합한 사항은?

① 직류 정극성으로 용접한다.
② 직류 역극성으로 용접한다.
③ 교류용접기로 용접한다.
④ 직류전류를 높인다.

정답 26 ② 27 ① 28 ④ 29 ① 30 ③ 31 ③ 32 ③

해설

아크 쏠림(자기 불림, 자기 쏠림)
Magnetic Blow or Arc Blow이며 그 방지로는 교류전원 용접기를 사용한다.(아크 쏠림은 아크가 끌렸다 반발했다 하여 아크 안정도가 불안하다.)

33 용접패스상의 언더컷이 발생하는 가장 큰 원인은?

① 용접전류가 너무 높을 때
② 용접전류가 너무 작을 때
③ 이음설계가 부적당할 때
④ 용접부가 급랭될 때

해설

언더컷(under-cut)이란 용착금속이 모재표면을 완전히 채우지 못하고 용접선 끝에 작은 홈이 생긴다.(용접의 전류가 너무 높거나 용접속도가 빠르거나 아크길이가 너무 길 때 발생한다.)

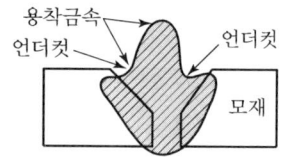

34 가스 절단에 쓰이는 예열용 가스로 불꽃의 온도가 가장 높은 것은?

① 수소   ② 아세틸렌
③ 프로판   ④ 메탄

해설

- 수소 : 2,520(kcal/m³)
- 아세틸렌 : 12,750(kcal/m³)(탄화불꽃 : 3,000℃, 중성불꽃 : 3,240℃, 산화불꽃 : 3,420℃)
- 메탄 : 8,130(kcal/m³)
- 프로판 : 23,200(kcal/m³)

35 회주철품 기호 GC200에서 200은 무엇을 나타내는가?

① 하중 200kg 이상
② 인장강도 200N/mm² 이상
③ 경도 200HB 이상
④ 항복점 200MPa 이상

해설

회주철(GC200 = 인장강도 200N/mm² 이상)
1뉴턴(N) = 9.8kgf

36 다음 가스용접의 안전작업 중 적합하지 않은 것은?

① 토치에 불꽃을 점화시킬 때에는 산소 밸브를 먼저 열고 다음에 아세틸렌 밸브를 연다.
② 산소누설시험에서 비눗물을 사용한다.
③ 토치 끝으로 용접물의 위치를 바꾸거나 재를 제거하면 안 된다.
④ 가스를 들이마시지 않도록 주의한다.

해설

가스용접 시 토치에 불꽃을 점화할 경우 아세틸렌 밸브를 먼저 연 후에 산소밸브를 연다.

37 용접자세에 사용된 기호 F가 나타내는 용접자세는?

① 아래보기자세   ② 수직자세
③ 수평자세   ④ 위보기자세

해설

용접자세
- 아래보기(F)   • 수직(V)
- 수평(H)   • 위보기(OH)

38 감전방지대책으로 틀린 것은?

① 안전보호구를 착용한다.
② 전격방지기를 장치한다.
③ 작업 후에 반드시 접지상태를 확인한다.
④ 절연된 홀더를 사용한다.

해설

전기용접 시 작업 전에 반드시 전격방지를 확인한다.

정답 33 ① 34 ② 35 ② 36 ① 37 ① 38 ③

39 서브머지드 용접에 사용하는 플럭스의 작용이 아닌 것은?

① 용착금속에 포함된 불순물을 제거한다.
② 용접금속의 급랭을 방지한다.
③ 플럭스의 공급이 많아지면 기공의 발생이 적어진다.
④ 단열작용으로 아크열이 외부에 발산되는 것을 막아 용접부에 집중시킨다.

해설
- 서브머지드 용접에서 용제(용융형, 소결형, 혼성형)는 용융부를 대기로부터 보호하며 아크를 안정시킨다.
- 기공(blow hole) : 거친 입도의 용제를 사용하고 거기에 강한 전류를 가하면 실드의 성능이 나빠지고 기공이 생긴다.(용제의 살포가 과하면 기공의 발생이 많아진다.)

40 다음 미그(MIG) 용접에서 아크 길이의 설명으로 맞는 것은?

① 아크전압과 아크길이는 비례한다.
② 아크전류와 아크길이는 비례한다.
③ 아크전류와 아크길이는 상관관계가 없다.
④ 아크전압과 아크길이는 반비례한다.

해설
미그(MIG) 용접
- 텅스텐 대신 비피복의 가는 금속 와이어인 용가전극(용접 와이어)을 사용한다.
- 아르곤, 헬륨 또는 이것들의 혼합가스를 실드로 사용한다.
- 0.8~3.2mmϕ의 용접와이어를 3~5m/min 속도로 공급한다.
- 직류 역극성(모재가 ⊖극)을 사용하며 아크전압과 아크길이는 비례한다.

41 용접 변형 교정법으로 맞지 않는 것은?

① 얇은 판에 대한 점 수축법
② 형재에 대한 직선 수축법
③ 국부 템퍼링법
④ 가열한 후 해머링하는 방법

해설
템퍼링(뜨임, Tempering)은 담금질한 강재에 연성이나 인성을 부여하고 내부 잔류응력을 제거한다.

42 용접 시 예열에 대한 설명 중 틀린 것은?

① 연강도 후판(25mm 이상)이 되면 예열하는 것이 좋다.
② 예열은 용접부의 냉각속도를 느리게 한다.
③ 예열온도는 모재의 재질에 따라 각각 다르다.
④ 연강은 0℃ 이하의 저온에서는 예열이 불필요하다.

해설
연강은 기온이 0℃ 이하일 때 저온균열이 발생하기 쉬우므로 이음의 양쪽을 약 100mm 폭이 되게 하여 약 40~70℃로 가열하는 것이 좋다.

43 다음 중 전기저항열을 이용한 용접법은 어느 것인가?

① 전자빔 용접   ② 일렉트로 슬래그 용접
③ 플라스마 용접   ④ 레이저 용접

해설
일렉트로 슬래그 용접(용접법)
- 특히 아주 두꺼운 물건의 용접 시 사용된다.
- 용융 슬래그 속에서 발생하는 전기저항 발생열($Q = 0.24EI$ = cal/sec)을 이용하여 용접한다.

44 기계적 접합과 비교한 용접의 특징 설명으로 틀린 것은?

① 제품의 중량이 가벼워진다.
② 재질의 변형 및 잔류응력이 없다.
③ 기밀, 수밀, 유밀성이 우수하다.
④ 보수와 수리가 용이하다.

해설
용접은 기계적 접합에 비하여 용접 후의 잔류응력과 변형 발생이 단점이다.

정답 39 ③ 40 ① 41 ③ 42 ④ 43 ② 44 ②

45 구리 및 구리합금의 용접에서 판두께 6mm 이하에서 많이 사용되면 용접부의 기계적 성질이 우수하여 가장 널리 쓰이는 용접법은?

① CO_2 아크용접
② 서브머지드 아크용접
③ 논 실드 아크용접
④ 불활성가스 아크용접

해설
불활성가스 아크용접(inert gas arc welding)
알루미늄과 그 합금, 니켈과 그 합금, 구리, 실리콘 동합금, 동니켈 합금, 은, 인청동, 저합금강, 주철, 철강용접에 사용된다.

46 용접봉 피복제의 성분 중 아크안정제는?

① 산화티탄   ② 페로망간
③ 니켈   ④ 마그네슘

해설
용접용 피복제 성분 중 아크안정제
- 규산칼리
- 산화티탄
- 탄산바리움

47 가스용접에서 사용되는 용제(Flux)에 대한 설명으로 틀린 것은?

① 용착금속의 성질을 양호하게 한다.
② 용접 중에 생기는 금속산화물을 제거하는 역할을 한다.
③ 일반적으로 연강에는 용제를 사용하지 않는다.
④ 구리 및 구리합금의 용제로는 염화나트륨이나 염화칼륨 등이 쓰인다.

해설
(1) 구리 및 구리합금의 용제(flux)
- 붕사
- 붕산
- 인산소다 등의 혼합물
(2) 염화나트륨 : 알루미늄과 그 합금의 용제

48 교류 아크 용접기의 용량은 무엇으로 표시하는가?

① 전원입력   ② 피상입력
③ 정격사용률   ④ 정격 2차 전류

해설
교류 아크 용접기 용량은 정격 2차 전류로 표시한다.
(예 : AW200, AW300)

49 경도가 큰 가공재료에 인성을 부여할 목적으로 A_1 변태점 이하에서 일정온도로 가열하는 것은?

① 노멀라이징   ② 마퀜칭
③ 퀜칭   ④ 템퍼링

해설
템퍼링(뜨임)
A_1 온도(723℃) 이하에서 재가열하여 담금질한 강재에 연성, 인성, 잔류 응력을 제거하는 열처리

50 용접부에 생기는 잔류응력을 제거하는 방법은?

① 담금질을 한다.   ② 뜨임을 한다.
③ 불림을 한다.   ④ 풀림을 한다.

해설
풀림(소둔, 어닐링) 열처리
담금질한 강을 910℃ 부근에서 가열하여 서서히 노 내에서 냉각시킨 후 잔류응력 제거, 재질의 연화, 결정립의 크기를 조절한다.

51 점용접에서 모재 두께가 다를 경우에 전극의 과열을 피하기 위하여 사이클 단위로 전류를 단속하여 용접하는 방법을 무엇이라 하는가?

① 맥동 점 용접
② 직렬식 점 용접
③ 인터랙 점 용접
④ 다전극 점 용접

정답 45 ④ 46 ① 47 ④ 48 ④ 49 ④ 50 ④ 51 ①

해설
점용접(저항용접)
- 단극식
- 맥동식
- 직렬식
- 인터랙식
- 다전극식

맥동점용접
모재 두께가 다르거나 두꺼운 판의 경우, 겹치기 판수가 많은 경우 등 용접부의 열평형이 어려울 때 하는 용접이다.

52 용접기의 핫스타트(hot start) 장치의 장점이 아닌 것은?

① 아크 발생을 쉽게 한다.
② 크레이터 처리를 잘 해준다.
③ 비드 모양을 개선한다.
④ 아크 발생 초기의 비드 용입을 양호하게 한다.

해설
핫스타트(hot start)
아크부스타라고 하며 모재에 접촉한 0.2~0.25초 정도에 순간적인 대전류를 흘려서 아크의 초기안정을 도모하는 장치이다. (크레이트 : 용접이 끝나고 용착금속 끝부분에 구멍 발생)

53 Ni 40~50%와 Fe의 합금으로 열팽창계수가 $5~9×10^{-6}$이며 전구 도입선에 사용되는 불변강은?

① 플라티나이트   ② 엘린바
③ 스텔라이트   ④ 인바

해설
플라티나이트(Platinite)
니켈과 철의 합금이며 열팽창계수가 $5~9×10^{-6}$ 정도이다.

54 다음 중 압접(pressure welding)이 아닌 것은?

① 전자빔 용접   ② 가압테르밋 용접
③ 초음파 용접   ④ 마찰 용접

해설
전자빔 용접(융접, electron beam welding)
- 고압(7,500V)의 전자빔을 써서 용접하며 고진공(10^{-4}~10^{-6} mmHg) 속에서 적열된 필라멘트에서 전자빔을 접합부에 조사(照射)하여 그 충격열로 용접한다.
- 용접봉을 일반적으로 사용하지 않으므로 슬래그 섞임 등의 결함이 생기지 않는다.
- 전자빔 용접장치는 전자빔을 발생하는 전자빔 건(electron beam gun)을 사용한다.

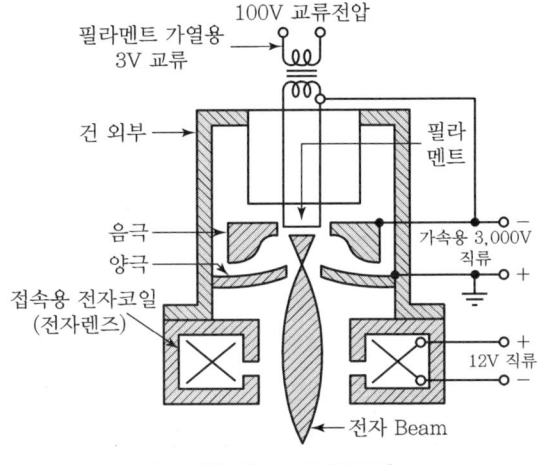

[전자빔 건(gun)의 단면도]

55 작업자가 장소를 이동하면서 작업을 수행하는 경우에 그 과정을 가공, 검사 운반, 저장 등의 기호를 사용하여 분석하는 것을 무엇이라 하는가?

① 작업자 연합작업분석
② 작업자 동작분석
③ 작업자 미세분석
④ 작업자 공정분석

해설
공정분석
(1) 단순공정분석
(2) 세밀공정분석
  • 제품공정분석 : 단일형, 조립형, 분해형
  • 작업자 공정분석(가공, 검사, 운반, 저장기호 사용)
  • 연합공정분석

정답 52 ② 53 ① 54 ① 55 ①

56 그림과 같은 계획공정도(Network)에서 주공정으로 옳은 것은?(단, 화살표 밑의 숫자는 활동시간[단위 : 주]을 나타낸다.)

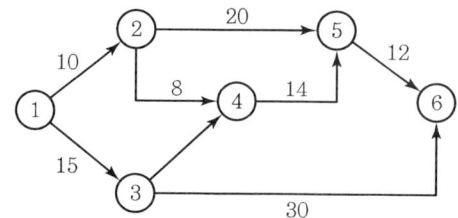

① 1-2-5-6
② 1-2-4-5-6
③ 1-3-4-5-6
④ 1-3-6

해설
주공정 : 활동시간이 가장 많은 ①-③-⑥이 해당된다.

57 모집단을 몇 개의 층으로 나누고 각 층으로부터 각각 랜덤하게 시료를 뽑는 샘플링 방법은?

① 층별 샘플링
② 2단계 샘플링
③ 계통 샘플링
④ 단순 샘플링

해설
층별 샘플링
모집단을 몇 개의 층으로 나누고 각 층으로부터 각각 랜덤하게 시료를 뽑는 샘플링 방법이다.

58 u 관리도의 관리상한선과 관리하한선을 구하는 식으로 옳은 것은?

① $\bar{u} \pm 3\sqrt{\bar{u}}$
② $\bar{u} \pm \sqrt{\bar{u}}$
③ $\bar{u} \pm 3\sqrt{\dfrac{\bar{u}}{n}}$
④ $\bar{u} \pm \sqrt{n \cdot \bar{u}}$

해설
u 관리도는 관리항목으로 직물의 얼룩, 에나멜 동선의 핀 홀 등과 같은 결점수를 취급할 때 검사하는 시료의 길이나 면적 등이 일정하지 않은 경우에 사용한다.
$UCL = \bar{u} \pm 3\sqrt{\dfrac{\bar{u}}{n}}$

59 다음 중 관리의 사이클을 가장 올바르게 표시한 것은?(단, A : 조치, C : 검토, D : 실행, P : 계획)

① P → C → A → D
② P → A → C → D
③ A → D → C → P
④ P → D → C → A

해설
관리의 사이클
계획(P) → 실행(D) → 검토(C) → 조치(A)

60 다음 중 절차계획에서 다루어지는 주요한 내용으로 가장 관계가 먼 것은?

① 각 작업의 소요시간
② 각 작업의 실시순서
③ 각 작업에 필요한 기계와 공구
④ 각 작업의 부하와 능력의 조정

해설
절차계획(순서계획)의 내용으로는 ①, ②, ③ 외에 각 공정에 필요한 인원수, 사용자재, 기타 조건 등이 있다.

정답 56 ④ 57 ① 58 ③ 59 ④ 60 ④

2008년 43회 기출문제

2008.3.30 시행

01 아세틸렌가스의 용해에 대한 설명으로 틀린 것은?

① 물에는 1배 용해된다.
② 석유에는 2배 용해된다.
③ 벤젠에는 10배 용해된다.
④ 아세톤에는 25배 용해된다.

해설
아세틸렌 용해량
물(같은 양) 1배, 알코올 6배, 아세톤 25배, 벤젠 4배, 석유 2배 등이 용해된다.

02 피복아크용접봉의 피복제 역할이 아닌 것은?

① 아크를 안정시킨다.
② 파형이 고운 비드를 만든다.
③ 용착금속을 보호한다.
④ 스패터의 발생을 많게 한다.

해설
스패터(Spatter)
아크용접과 가스용접에 있어서 용접 중에 비산하는 슬래그 금속 입자

03 가스용접에서 압력조정기의 구비조건 중 잘못된 것은?

① 용기 내 가스량의 변화에 따라 조정압력이 변할 것
② 조정압력과 사용압력의 차이가 적을 것
③ 사용할 때 빙결하는 일이 없을 것
④ 가스의 방출량이 많아도 유량이 안정되어 있을 것

해설
가스사용압력
0.1~0.5kg/cm²로 조정이 일정하게 한다.(산소 : 1.3kg/cm² 이하)

04 아크전류가 일정할 때 아크전압이 높아지면 용접봉의 용융속도가 늦어지고 아크전압이 낮아지면 용융속도가 빨라지는 아크 특성은?

① 부저항 특성
② 절연회복 특성
③ 전압회복 특성
④ 아크 길이 자기제어 특성

해설
아크 길이 자기제어 특성
아크 전류가 일정할 때 아크전압이 높아지면 용접봉의 속도가 늦어지고 아크전압이 낮아지면 용융속도가 빨라지는 특성

05 필릿용접의 이음강도를 계산할 때 다리길이가 10mm라면 이론 목두께는 약 mm인가?

① 5　　　　② 7
③ 9　　　　④ 11

해설
필릿용접(Fillet Weld)의 이론 목두께(h_t)
$= h\cos 45° = 0.707h = 10 \times 0.707 = 7.07\mathrm{mm}$

06 정격 2차 전류 250A, 정격사용률 40%의 아크용접기로서 실제로 200A의 전류로 용접한다면 허용사용률은 몇 %인가?

① 22.5　　　　② 42.5
③ 62.5　　　　④ 82.5

해설
허용사용률 = {(정격 2차 전류)²/(실제의 용접전류)²} × 정격사용률
$\therefore \left(\dfrac{250}{200}\right)^2 \times 40 = 62.5(\%)$

정답　01 ③　02 ④　03 ①　04 ④　05 ②　06 ③

07 가스용접 작업에서 일어날 수 있는 재해가 아닌 것은?

① 화상 ② 화재
③ 전격 ④ 가스폭발

해설
전격(電擊)
전기아크용접 시의 재해이다. 전격방지를 위해서 작업의 휴식 중에는 용접기의 무부하 전압을 25V로 고정하고 사용 시는 70~80V로 한다.

08 용접구조물을 리벳구조물과 비교할 때 용접구조물의 장점으로 틀린 것은?

① 잔류응력이 발생하지 않는다.
② 재료의 절약도 가능하게 되고 무게도 경감된다.
③ 리벳구멍에 의한 유효단면적의 감소가 없으므로 이음효율이 높다.
④ 리벳이음에 비해 수밀, 유밀, 기밀유지가 잘 된다.

해설
용접구조물은 용접작업이 끝난 후에 잔류응력이 발생하므로 후열 등 열처리를 하여 성질을 개선시킨다.

09 프로판가스용 절단팁에 대한 고려사항이 아닌 것은?

① 프로판은 아세틸렌보다 연소속도가 느리므로 가스 분출속도를 느리게 한다.
② 예열불꽃의 구멍을 크게 하고 개수도 많게 하여 불꽃이 꺼지지 않게 한다.
③ 팁 선단에 슬리브를 약 1.5mm 정도 가공면보다 길게 한다.
④ 프로판 가스와 산소의 비중에 차이가 있으므로 토치의 혼합실을 작게 한다.

해설
프로판(C_3H_8 : 분자량 44), 산소(O_2 : 분자량 32)
$C_3H_8 + 5O_2 \rightarrow 3CO_2 + 4H_2O$
(연소 시 산소요구량이 많아서 혼합실을 크게 한다.)

10 토치를 사용하여 용접부분의 뒷면을 따내든지 U형, H형의 용접 홈 가공법으로 일명 '가스 파내기'라고도 하는 것은?

① 스카핑 ② 가스 가우징
③ 산소창 절단 ④ 포갬 절단

해설
가스 가우징(Gas Gouging)
가스 절단과 비슷한 토치를 사용해서 강재의 표면에 둥근 홈을 파내는 방법(일명 가스 따내기라고 한다.)

11 연강용 피복아크용접봉 E4316의 피복제 계통은?

① 일미나이트계 ② 저수소계
③ 고산화티탄계 ④ 철분산화철계

해설
E4316(저수소계)
피복제의 계통 저수소계
※ E4316(일미나이트계)
  E4313(고산화티탄계)
  E4327(철분산화철계)

12 가스 절단에 대한 설명으로 틀린 것은?

① 가스 절단은 아세틸렌과 공기의 화학작용에 의한 것이다.
② 절단재의 두꺼운 것을 절단하기 위해서는 절단산소의 양을 증가시켜야 한다.
③ 가스 절단 시 화학반응열은 예열에 이용된다.
④ 철에 포함된 많은 탄소는 절단을 방해한다.

해설
아세틸렌
$(C_2H_2) + 2.5O_2(산소) \rightarrow 2CO_2 + H_2O$

[산소, 가스 절단 화학반응]
$Fe + \frac{1}{2}O_2 \rightarrow FeO + 64(kcal)$

$2Fe + \frac{3}{2}O_2 \rightarrow Fe_2O_3 + 190.7(kcal)$

$3Fe + 2O_2 \rightarrow Fe_3O_4 + 266.9(kcal)$

정답 07 ③ 08 ① 09 ④ 10 ② 11 ② 12 ①

13 수동 피복아크용접에서 양호한 용접을 하려면 짧은 아크를 사용하여야 하는데 아크 길이가 적당할 때 나타나는 현상이 아닌 것은?

① 아크가 안정된다.
② 양호한 용접부를 얻을 수 있다.
③ 산화 및 질화되기 쉽다.
④ 정상적인 입자가 형성된다.

해설
아크 길이(arc length)
아크 길이는 아크 중심의 길이이다(아크 길이는 아크 발생 시 모재에서 전극봉까지의 거리). 아크 길이는 용접봉 심선두께의 1~2배(일반적으로 3mm)이다. 아크 길이가 길면 산화 및 질화되기 쉽다.

14 용접 케이블에 대한 설명으로 틀린 것은?

① 2차 측 케이블은 유연성이 좋은 캡타이어 전선을 사용한다.
② 전원에서 용접기에 연결하는 케이블을 2차 측 케이블이라 한다.
③ 2차 측 케이블은 저전압 대전류를 사용한다.
④ 2차 측 케이블에 비하여 1차 측 케이블은 움직임이 별로 없다.

해설
용접 케이블 2차 측 케이블
용접기에서 모재나 홀더까지 연결해 주는 케이블

15 가스 절단에서 예열불꽃의 역할이 아닌 것은?

① 절단 개시점을 발화온도로 가열한다.
② 절단 산소의 순도 저하를 촉진시킨다.
③ 절단 산소의 운동량을 유지한다.
④ 절단재의 표면 스케일 등을 박리시켜 절단 산소와의 반응을 용이하게 한다.

해설
가스 절단 예열불꽃
가열작용, 절단 진행 중에 열을 보충하는 불꽃이다.

16 피복 금속 아크용접 시 발생하기 쉬운 재해가 아닌 것은?

① 전격   ② 결막염
③ 폭발   ④ 화상

해설
폭발
가연성 가스용접에서 발생하기 쉬운 재해이다.

17 다음 중 압접에 해당되는 용접법은?

① 스폿 용접   ② 피복금속 아크용접
③ 전자 빔 용접   ④ 테르밋 용접

해설
스폿 용접(Spot Welding)
겹침 저항 용접법의 한 가지로 점용접이라고도 한다.(가압상태에서 전기저항 발열을 이용하는 용접이며 저항용접에 속한다.)

18 탄산가스 아크용접(CO_2 Gas Shielded Arc Welding)의 원리와 같은 용접방식은?

① 미그(MIG) 용접   ② 서브머지드 용접
③ 피복금속 아크용접 ④ 원자수소 용접

해설
미그 용접은 아르곤을 사용하므로 비경제적이나 CO_2 아크용접은 아르곤 대신 이산화탄소를 사용하므로 경제적이다.

19 납땜에 사용되는 용재가 갖추어야 할 조건으로 잘못된 것은?

① 납땜의 표면장력을 맞추어서 모재와의 친화력을 높일 것
② 청정한 금속면의 산화를 방지할 것
③ 모재나 납땜에 대한 부식작용이 최대일 것
④ 납땜 후 슬래그의 제거가 용이할 것

해설
납땜에 사용하는 용재
연납, 경납의 땜납제로 사용하고 용제는 붕사, 붕산, 빙정석, 산화제1구리, 소금 등이다.

정답 13 ③ 14 ② 15 ② 16 ③ 17 ① 18 ① 19 ③

20 미그(MIG) 용접에서 용융속도의 표시 방법은?

① 모재의 두께
② 분당 보호가스 유출량
③ 용접봉의 굵기
④ 분당 용융되는 와이어의 길이, 무게

해설
미그 용접은 0.8~3.2mmϕ의 용접와이어를 3~5m/min 정도 일정한 속도로 자동공급하여 아크를 발생시켜 용접한다.

21 플라스마 아크용접에서 플라스마 아크는 일반적으로 몇 도의 온도를 얻을 수 있는가?

① 30,000~50,000℃
② 10,000~30,000℃
③ 5,000~8,000℃
④ 4,000~6,000℃

해설
플라스마 아크용접(Plasma Arc Welding)
자기적 핀치 효과에 의해 10,000~30,000℃ 정도의 아크 온도가 얻어진다.

22 이산화탄소 아크용접 20l/min의 유량으로 연속 사용할 경우 액체 이산화탄소 25kgf들이 용기는 대기 중에 가스량이 약 12,700l라 할 때 약 몇 시간 정도 사용할 수 있는가?

① 6
② 10
③ 15
④ 20

해설
CO_2 1kmol = 22.4m³ = 44kg

$22.4 \times \dfrac{25}{44} = 12.727$m³ = 12,727$l$

20l/min × 60min/h = 1,200l/h

∴ 사용시간 = $\dfrac{12,700}{1,200}$ = 10.58시간

23 서브머지드 아크용접용 용제의 구비조건이 아닌 것은?

① 아크 발생을 안정시켜 안정된 용접을 할 수 있을 것
② 적당한 수분을 흡수하고 유지하여 양호한 비드를 얻을 것
③ 용접 후 슬래그의 이탈성이 좋을 것
④ 적당한 입도를 가져 아크의 보호성이 좋을 것

해설
서브머지드 아크용접(Submerged Arc Welding)
잠호(潛弧)용접이다. 조선, 제관, 교량, 차량 용접에 양호하다. 용제(Flux)는 광물성 분말 모양이며 밀폐해서 보관하지 않으면 습기를 흡수하는데, 수분에 불순물이 혼입되어 아크열에 분해되어 수소나 산소로 되면 이것이 기공(Blow Hole), 균열(Crack)을 일으킨다.

24 TIG 용접봉 토치는 사용전류에 따라 공랭식과 수랭식으로 분류하는데 일반적으로 공랭식 토치는 전류 몇 A 이하에서 사용하는가?

① 200
② 300
③ 400
④ 500

해설
티그 용접
비피복용가재(텅스텐 전극)를 사용하며 비소모성 용접이다.
(토치 200A까지는 자연냉각, 200A 이상은 수랭식 사용.)

25 다음 중 원자수소용접에 이용되는 용접열은 얼마나 되는가?

① 2,000~3,000℃
② 3,000~4,000℃
③ 4,000~5,000℃
④ 5,000~6,000℃

해설
원자수소용접(Atomic Hydrogen Welding)

  흡열   발열
(분자) → (원자) → (분자)
 H_2 → 2H → H_2
(방출되는 열 3,000~4,000℃)
수소가스분위기 속에서 2개의 텅스텐 전극봉 사이에 아크를 발생시킨다.

정답 20 ④ 21 ② 22 ② 23 ② 24 ① 25 ②

26 서브머지드 아크용접의 다전극 용접기에서 비드 폭이 넓고 용입이 깊은 용접부를 얻을 수 있는 방식은?

① 텐덤식   ② 횡직렬식
③ 횡병렬식   ④ 유니언식

해설
서브머지드 아크용접의 다전극식
텐덤식, 직렬 횡병렬식, 병렬 횡직렬식이 있다.(횡병렬식 : 2개의 와이어를 똑같이 전원에 접속하여 비드의 폭이 넓고 용입이 깊은 용접부가 얻어진다.)

27 가스용접기의 안전사항을 바르게 설명한 것은?

① 고무 호스의 길이는 가스용기와 멀리 떨어져 작업하기 위하여 되도록 길게 한다.
② 도관은 되도록 굴곡이 많을수록 가스의 흐름에 좋다.
③ 호스 연결부의 가스누설검사는 비눗물로 한다.
④ 산소 용기 밸브와 압력 조정기의 연결부는 부식되지 않도록 그리스를 칠하여 연결한다.

해설
가스용접기에서 호스 연결부의 가스누설검사는 비눗물로 한다.(고무호스는 짧게, 도관은 굴곡이 없도록, 그리스 사용은 금물이다.)

28 TIG 용접에서 사용되는 전극의 조건으로 틀린 것은?

① 저용융점의 금속
② 전자방출이 잘 되는 금속
③ 전기저항률이 적은 금속
④ 열 전도성이 좋은 금속

해설
티그용접의 전극(비소모성 텅스텐 사용)은 거의 소모되지 않으므로 용융점은 고용융점이 되어야 한다.

29 다음 용접 중 저항열(줄의 열)을 이용하여 용접하는 것은?

① 탄산가스 아크용접   ② 일렉트로 슬래그 용접
③ 전자 빔 용접   ④ 테르밋 용접

해설
일렉트로 슬래그 용접(electro gas arc welding)
전기저항열을 이용한다. 탄산가스 분위기 속에서 아크를 발생시켜 용접하며 전극 와이어는 솔리드 와이어 또는 용제를 넣은 복합 와이어가 사용된다.

30 순철에 포함되어 있는 불순물 중 AC_3 점의 변태온도를 저하시키는 원소가 아닌 것은?

① Mn   ② Cu
③ C   ④ V

해설
AC_3 점 : 910℃의 변태온도(변태 저하 원소 : Mn, Cu, C)

31 연강에서 탄소가 증가할수록 기계적 성질은 일반적으로 어떻게 변하는가?

① 인장강도, 경도 및 연신율이 모두 감소한다.
② 인장강도, 경도 및 연신율이 모두 증가한다.
③ 인장강도와 연신율은 증가하나 경도는 감소한다.
④ 인장강도와 경도는 증가되고 연신율은 감소한다.

해설
연강
탄소가 증가하면 인장강도, 경도는 증가하고 충격치, 연신율은 감소한다.

32 주철과 비교한 주강의 특징 설명으로 옳은 것은?

① 기계적 성질이 좋다.
② 주조성이 좋다.
③ 용융점이 낮다.
④ 수축률이 작다.

정답 26 ③ 27 ③ 28 ① 29 ② 30 ④ 31 ④ 32 ①

> **해설**

주강
- 기계적 성질이 좋다.(인장강도 47~61kg/mm²)
- 주철에 비해 용해나 주입온도가 높다.
- 응고 시 수축이 크고 가스방출이 많다.
- 주철에 비해 탄소함량이 적다.(C : 0.1%)
- 주조용강이며 저합금강, 고망간강, 스테인리스강, 내열강의 제조에 사용된다.

33 강재의 KS 기호 중 틀린 것은?

① STS : 절삭용 합금 공구강재
② SKH : 고속도 공구강 강재
③ SNC : 니켈 크롬강 강재
④ STC : 기계구조용 탄소 강재

> **해설**

STC : 공구용 탄소 강재

34 표면경화법 중 침탄법에 속하는 것들로만 짝지어진 것은?

① 질화침탄법 – 고주파침탄법 – 방전침탄법
② 고체침탄법 – 액체침탄법 – 가스침탄법
③ 세라침탄법 – 마템퍼침탄법 – 크로마이징침탄법
④ 항온침탄법 – 칼로침탄법 – 뜨임침탄법

> **해설**

표면경화 침탄법
고체($BaCO_3$), 액체(시안화나트륨), 가스(CH_4) 등

35 스테인리스강 용접 시 열영향부 부근의 부식저항이 감소되어 입계부식 저항이 일어나기 쉬운데 이러한 현상의 주된 원인은?

① 탄화물의 석출로 크롬 함유량 감소
② 산화물의 석출로 니켈 함유량 감소
③ 수소의 침투로 니켈 함유량 감소
④ 유황의 편석으로 크롬 함유량 감소

> **해설**

입계부식(Intergraunlar Corrosion)
스테인리스강에서 480~800℃로 장시간 유지하든가 이 온도 범위를 서랭(徐冷)하면 크롬탄화물이 결정립계에 석출하여 내식성이 저하하고 결정립계가 부식하거나 부스러지기도 한다.

36 강의 담금질 조직에서 경도 순서를 바르게 표시한 것은?

① 마텐사이트 > 트루스타이트 > 솔바이트 > 오스테나이트
② 마텐사이트 > 솔바이트 > 오스테나이트 > 트루스타이트
③ 마텐사이트 > 트루스타이트 > 오스테나이트 > 솔바이트
④ 마텐사이트 > 솔바이트 > 트루스타이트 > 오스테나이트

> **해설**

강의 담금질 열처리 강도순서
마텐자이트 > 트루스타이트 > 솔바이트 > 오스테나이트

37 다이캐스팅용 알루미늄합금에 요구되는 성질이 아닌 것은?

① 유동성이 좋을 것
② 금형에 대한 점착성이 좋을 것
③ 응고수축에 대한 용탕 보급성이 좋을 것
④ 열간 취성이 작을 것

> **해설**

다이캐스팅용 알루미늄합금
알코아 No 12, 라우탈, 실루민, Y합금(금형에 대한 점착성이 없을 것)

38 용접부에 생기는 잔류응력을 없애기 위한 열처리방법은?

① 뜨임　　　　② 풀림
③ 불림　　　　④ 담금질

정답 33 ④　34 ②　35 ①　36 ①　37 ②　38 ②

해설
풀림(소둔, Annealing)
내부응력 제거, 재질의 연화, 결정립 크기의 조절, 펄라이트 구상화

39 티탄(Ti)의 종류 중 강도가 높고 용접이 용이한 용접구조용 판재, 관재로 가장 일반적인 것은?
① Ti 1종 ② Ti 2종
③ Ti 3종 ④ Ti 4종

해설
티탄은 알루미늄이나 마그네슘 합금에 비해 훨씬 비강도가 커서 제트기에 사용된다.

40 주철 용접에서 용접이 곤란하고 어려운 이유로 해당하지 않는 것은?
① 주철은 수축이 커서 균열이 생기기 쉽다.
② 일산화탄소가 발생하여 용착금속속에 기공이 생기기 쉽다.
③ 용접물 전체를 500~600℃의 고온에서 예열 및 후열을 할 수 있는 설비가 필요하다.
④ 주철은 연강보다 연성이 많고 급랭으로 인한 백선화가 되기 어렵다.

해설
주철은 연강보다 연성이 매우 부족하다.(백선화 : 주철에서 급랭 시 시멘타이트화가 되는 현상)

41 알루미늄 및 그 합금은 대체로 용접성이 불량하다. 그 이유로 틀린 것은?
① 비열과 열전도도가 대단히 커서 단시간 내에 용융온도까지 이르기가 힘들다.
② 용융점이 660℃로서 낮은 편이고, 색채에 따라 가열온도의 판정이 곤란하여 지나치게 용융되기 쉽다.
③ 강에 비해 응고수축이 적어 용접 후 변형이 적으나 균열이 생기기 쉽다.
④ 용융 응고 시에 수소가스를 흡수하여 기공이 발생되기 쉽다.

해설
알루미늄
- 온도확산율 $\left(\dfrac{\text{열전도도}}{\text{비열}\times\text{비중}}\right)$이 강의 10배 정도이다.
- 열팽창률이 강의 약 2배이다.
- 수축률이 크고 용접변형, 잔류응력이 발생한다.

42 구리(47%) - 아연(11%) - 니켈(42%)의 합금으로 니켈 함유량이 많을수록 융점이 높고 색은 변색한다. 융점이 높고 강인하므로 철강을 위시하여 동, 황동, 백동, 모넬 메탈 등의 납땜에 사용하는 것은?
① 양은납 ② 은납
③ 인청동납 ④ 황동납

해설
양은납
구리+아연+니켈의 합금(구리나 구리합금 납땜용이다.)

43 다음 이음부의 홈 형상 중 가장 두꺼운 판에 적합한 것은?
① I형 ② H형
③ V형 ④ J형

해설
두께가 20mm 이상 두꺼운 모재에는 X형, U자형, H형 홈이 필요하다.

44 그림과 같은 맞대기 용접 시 P=6,000kgf의 하중으로 잡아당겼을 때 모재에 발생되는 인장응력은 몇 kgf/mm²인가?
① 20
② 30
③ 40
④ 50

해설
인장응력 = $\dfrac{6,000}{5\times 40} = 30\,\text{kgf/mm}^2$

정답 39 ② 40 ④ 41 ③ 42 ① 43 ② 44 ②

45 다음 용접기호를 바르게 설명한 것은?

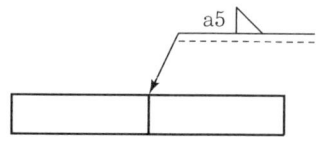

① 필릿 용접이다.
② 플러그 용접이다.
③ 목길이가 5mm이다.
④ 루트 간격은 5mm이다.

●해설
필릿(fillet) 용접 도면

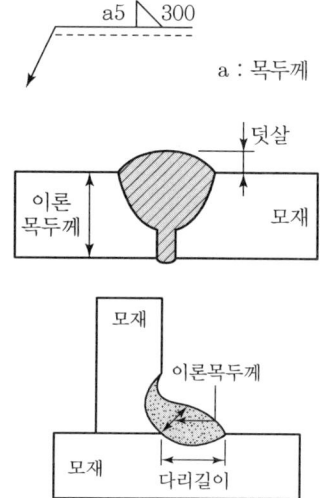

46 용접 시 예열에 대한 설명 중 틀린 것은?

① 용접성이 좋은 연강이라도 두께가 약 25mm 이상이 되면 예열을 하는 것이 좋다.
② 예열은 용접부의 냉각속도를 느리게 한다.
③ 예열온도는 모재의 재질에 따라 각각 다르다.
④ 연강은 0℃ 이하의 저온에서는 예열이 불필요하다.

●해설
연강은 0℃ 이하의 저온 용접 시에는 예열이 반드시 필요하다(40~70℃ 가열). 예열폭은 양쪽 100mm이다.(저온균열 방지용)

47 변형이나 잔류응력을 적게 하기 위한 용접순서 중 잘못된 것은?

① 동일 평면 내에 이음이 많은 경우 수축은 가능한 한 자유단으로 보낸다.
② 가능한 한 중앙에 대하여 대칭이 되도록 한다.
③ 용접선의 직각 단면 중심축에 대해 수축력 모멘트의 합이 0이 되게 한다.
④ 리벳이음과 용접이음을 동시에 할 경우는 리벳작업을 우선한다.

●해설
변형이나 잔류응력 발생이 큰 용접이음이 리벳작업보다 항상 우선이다.

48 용접패스상의 언더컷이 발생하는 가장 큰 원인은?

① 용접전류가 너무 높을 때
② 짧은 아크 길이를 유지할 때
③ 이음 설계가 부적당할 때
④ 용접부가 급랭될 때

●해설
언더컷(Under-cut)
용착금속이 모재 표면을 완전히 채우지 못하고 용접선 끝에 작은 홈이 있는 상태(용접전류가 너무 높거나 용접속도가 너무 빠르면 발생한다.)

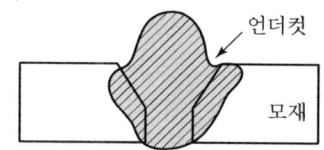

49 끝이 둥근 해머로 용접부를 두들겨 주는 피닝(Peening)의 목적과 관계없는 것은?

① 잔류응력 완화
② 용접변형의 감소 및 방지
③ 용착금속의 균열방지
④ 용착금속의 기공방지

해설
피닝법
잔류응력 제거(해머로 연속타격법), 변형 교정

50 와류탐상검사의 특징 설명으로 맞지 않는 것은?

① 표면결함의 검출 감도가 우수하다.
② 강자성 금속에 작용이 쉽고 검사의 숙련도가 필요 없다.
③ 표면 아래 깊은 곳에 있는 결함의 검출이 곤란하다.
④ 파이프, 환봉, 선 등에 대하여 고속자동화가 가능하여 능률이 좋은 On-Line 생산의 전수검사가 가능하다.

해설
와류검사법
금속 내에 유지되는 와류전류의 작용을 이용하여 검사한다.(비파괴시험법이며 검사의 숙련이 필요하다.)

51 용접성 시험 중 용접연성시험에 해당되는 것은?

① 코머렐 시험
② 슈나트 시험
③ 로버트슨 시험
④ 카안 인열 시험

해설
코머렐 시험(Kommerell Test)은 오스트리아 시험(Austrian test), 비드 굽힘 시험이라고도 한다.

52 다음 중 각 변형의 방지대책으로 옳지 않은 것은?

① 개선각도는 용접에 지장이 없는 한도 내에서 작게 한다.
② 판 두께가 얇을수록 첫 패스의 개선깊이를 작게 한다.
③ 용착속도가 빠른 용접방법을 선택한다.
④ 구속 지그 등을 활용한다.

해설
용접 시 판두께가 얇을수록 첫 패스의 개선 깊이를 크게 한다.

53 용접작업에서 가접의 일반적인 주의사항이 아닌 것은?

① 본 용접지그와 동등한 기량을 갖는 용접자가 가접을 시행한다.
② 용접봉은 본 용접 작업 시에 사용하는 것보다 약간 가는 것을 사용한다.
③ 본 용접과 같은 온도에서 예열을 한다.
④ 가접 위치는 부품의 끝 모서리나 각 등과 같은 곳에 한다.

해설
가접 위치
물체의 구속력이 있는 부위에 한다.

54 일반적인 산업용 로봇의 분류에서 미리 설정된 정보의 순서, 조건 등에 따라 동작이 진행되는 로봇은?

① 플레이 배 로봇
② 지능 로봇
③ 감각제어 로봇
④ 시퀀스 로봇

해설
시퀀스 로봇
산업용 로봇에서 미리 설정된 정보의 순서, 조건 등에 따라 동작이 진행된다.

55 C 관리도에서 k=20인 군의 총부적합(결점)수 합계는 58이었다. 이 관리도의 UCL, LCL을 구하면 약 얼마인가?

① UCL=6.92, LCL=0
② UCL=4.90, LCL=고려하지 않음
③ UCL=6.92, LCL=고려하지 않음
④ UCL=8.01, LCL=고려하지 않음

정답 50 ② 51 ① 52 ② 53 ④ 54 ④ 55 ④

해설

C 관리도(결점수의 관리도) : UCL & LCL = $\bar{\bar{x}} \pm E_2\bar{R}$

- 중심선(CL) = $\bar{c} = \dfrac{\sum}{k} = \dfrac{80}{20} = 2.9$
- 관리상한선(ULC) = $\bar{c} + 3\sqrt{c} = 2.9 + 3\sqrt{2.9} = 8.01$
- 관리하한선(LCL) = $\bar{c} - 3\sqrt{c} = 2.9 - 3\sqrt{2.9} = -2.21$

56 일반적으로 품질코스트 가운데 가장 큰 비율을 차지하는 코스트는?

① 평가코스트 ② 실패코스트
③ 예방코스트 ④ 검사코스트

해설

품질코스트
- 예방코스트
- 평가코스트
- 실패코스트(불량제품, 불량원료에 의한 손실비용으로 가장 비율이 크다.)

57 다음 중 데이터를 그 내용이나 원인 등 분류 항목별로 나누어 크기의 순서대로 나타낸 그림을 무엇이라 하는가?

① 히스토그램(Histogram)
② 파레토도(Pareto Diagram)
③ 특성요인도(Causes and Effects Diagram)
④ 체크시트(Check Sheet)

해설

파레토도
데이터를 그 내용이나 원인 등 분류 항목별로 나누어 크기 순으로 나열한 그림이다.

58 로트로부터 시료를 샘플링해서 조사하고, 그 결과를 로트의 판정기준과 대조하여 그 로트의 합격, 불합격을 판정하는 검사를 무엇이라 하는가?

① 샘플링 검사 ② 전수검사
③ 공정검사   ④ 품질검사

해설

샘플링 검사
로트로부터 시료를 샘플링해서 조사하고, 그 결과를 로트의 판정기준과 대조하여 그 로트의 합격, 불합격을 판정하는 검사이다.

59 일정 통제를 할 때 1일당 그 작업을 단축하는 데 소요되는 비용의 증가를 의미하는 것은?

① 비용구배(Cost slope)
② 정상소요시간(Normal duration time)
③ 비용견적(Cost estimation)
④ 총비용(Total cost)

60 모든 작업을 기본동작으로 분해하고, 각 기본동작에 대하여 성질과 조건에 따라 미리 정해 놓은 시간치를 적용하여 정미시간을 산정하는 방법은?

① PTS법   ② WS법
③ 스톱워치법 ④ 실적자료법

정답 56 ② 57 ② 58 ① 59 ① 60 ①

01 아크 용접봉의 피복제 작용에 관한 설명 중 틀린 것은?

① 아크를 안정하게 한다.
② 용적을 크게 하고 용착효율을 낮춘다.
③ 용착금속에 적당한 합금원소를 첨가한다.
④ 용착금속의 응고와 냉각속도를 느리게 한다.

해설
아크 용접 피복제는 용적(droplet)을 미세화하고 용착효율을 높인다.

02 가스용접 시 산화불꽃으로 용접하는 것이 좋은 재료는?

① 알루미늄, 아연
② 청동, 황동
③ 주철, 가단주철
④ 모넬메탈, 니켈

해설
산화불꽃
산소와 아세틸렌 비율은 1.5 : 1.0이다.(용접재료 : 구리, 황동, 청동)

03 사용되는 아세틸렌가스의 압력에 따라 가스용접 토치를 분류한 것 중 해당되지 않는 것은?

① 저압식
② 차압식
③ 중압식
④ 고압식

해설
가스용접 토치
- 저압식($0.07kg/cm^2$ 미만 사용)
- 중압식($0.07kg/cm^2$ 이상 사용)
- 고압식($0.4 \sim 1.3kg/cm^2$)

04 아세틸렌가스의 폭발성과 관계없는 것은?

① 수은
② 압력
③ 온도
④ 암모니아

해설
- 아세틸라이드 폭발성 금속 : 수은, 은, 구리 등(건조한 120℃ 부근에서 맹렬한 폭발 발생)
- C_2H_2 가스는 $1.5kg/cm^2$ 이상에서는 분해 폭발 발생
- 가스는 항상 40℃ 이하로 유지(구리가 62% 이상인 동합금은 사용불가)
- 분해폭발($C_2H_2 = 2C + H_2 + 64kcal$)

05 후판 절단에 이용되는 가스 절단 팁의 노즐 형태로 알맞은 것은?

① 직선형
② 스트레이트형
③ 다이버전트형
④ 저속다이버전트형

해설
- 후판(두꺼운 철판) 절단에 이용되는 절단팁의 노즐 형태로는 직선형이 사용된다.
- 다이버전트형(divergent type) : 고속분출용

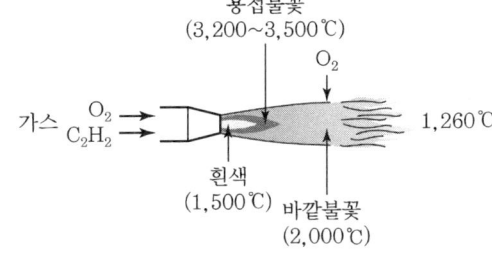

[가스용접]

06 알루미늄을 플라스마 제트 절단할 때 작동 가스로 적합한 것은?

① 알곤+수소
② 알곤+질소
③ 헬륨+수소
④ 질소+수소

해설
플라스마 제트 절단(아크절단) 작동가스
아르곤+수소의 혼합가스를 이용하고, 전원은 직류(DC)를 사용한다.

정답 01 ② 02 ② 03 ② 04 ④ 05 ① 06 ①

07 φ3.2 용접봉으로 작업 중 아크 길이를 길게 하였을 때 나타나는 현상이 아닌 것은?

① 용융금속이 산화된다.
② 열집중이 부족하다.
③ 용입불량이 되기 쉽다.
④ 스패터가 적다.

해설
- 지름 3.2mm인 용접봉에서 아크길이를 길게 하면 ①, ②, ③항의 장애가 나타난다.
- 아크 길이가 너무 길면 스패터가 발생한다.

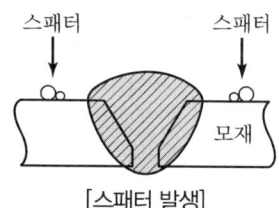
[스패터 발생]

08 연강용 피복금속 아크용접봉의 종류 중 라임티타니아계에 해당되는 것은?

① E4316   ② E4313
③ E4311   ④ E4303

해설
- E4316 : 저수소계
- E4313 : 고산화티탄계
- E4311 : 고셀룰로오스계

09 용접기의 자동전격 방지장치에서 아크를 발생하지 않을 때는 보조변압기에 의해 용접기의 2차 무부하 전압을 몇 V 이하로 유지하는 것이 가장 적합한가?

① 30   ② 50
③ 70   ④ 90

해설
교류아크 용접기
- 1차 측 : 200V
- 2차 측 : 70~80V(무부하 전압)
※ 전격방지 : 용접기의 무부하전압을 약 25~30V로 유지한다.

10 AW200 무부하 전압 80V 아크 전압 30V인 교류용접기를 사용할 때의 역률과 효율은?(단, 내부 손실은 4kW이다.)

① 역률 62.5%, 효율 60%
② 역률 30%, 효율 25%
③ 역률 80%, 효율 90%
④ 역률 84.55, 효율 75%

해설
- 역률 = $\dfrac{\text{입력(kW)}}{\text{입력(kVA)}}$

  $= \dfrac{\{(30 \times 200)/1{,}000\} + 4}{\dfrac{80 \times 200}{1{,}000}} \times 100 = 62.5\%$

- 효율 = $\dfrac{\text{출력(kW)}}{\text{입력(kW)}}$

  $= \dfrac{\left(\dfrac{30 \times 200}{1{,}000}\right)}{\dfrac{30 \times 200}{1{,}000} + 4} \times 100 = 60\%$

(30×200 = 아크입력, 80×200 = 전원입력)

11 다음 용접 종류 중에서 압접에 해당하는 것은?

① 피복 금속 아크용접
② 산소 – 아세틸렌 용접
③ 초음파 용접
④ 불활성가스 아크용접

해설
압접용접 분류
- 비가열식 : 냉간압접, 초음파용접, 마찰용접
- 가열식 : 압접, 저항용접, 단접

12 가스 절단 시 양호한 절단면을 얻기 위한 조건이 아닌 것은?

① 드래그(drag)가 가능한 한 클 것
② 절단면 표면의 각이 예리할 것
③ 슬래그 이탈이 양호할 것
④ 절단면이 평활하여 노치 등이 없을 것

정답 07 ④ 08 ④ 09 ① 10 ① 11 ③ 12 ①

해설

경제적인 면으로는 드래그의 길이가 길면 좋으나 잘못하면 절단의 끝부분에서 미처 절단이 되지 않은 부분이 남게 되므로 드래그는 판 두께의 20%를 표준으로 한다.

13 아크 에어 가우징 시 압축공기의 압력은 몇 kgf/cm² 정도가 좋은가?

① 3~5
② 5~7
③ 7~9
④ 10~11

해설
아크 에어 가우징(arc air gouging)은 가스 가우징보다 작업능률이 2~3배이고 직류용접기(35~45V, 200~500A)를 사용하며 압축공기는 압력 5~7kg/cm² 정도이다.(단, 0.4MPa 이하로 내려가면 용융금속 밀어냄이 나쁘다.)

14 잠호용접(SAW)에 대한 특징 설명으로 틀린 것은?

① 용융속도 및 용착속도가 빠르다.
② 개선각을 작게 하여 용접 패스 수를 줄일 수 있다.
③ 용접진행 상태의 양·부를 육안으로 확인할 수 없다.
④ 적용 자세에 제약을 받지 않는다.

해설
서브머지드 아크용접(특수아크용접, 잠호(潛弧))의 특징
①, ②, ③ 외에 용접시설비가 비싸고 모재의 재질, 와이어 용제의 선정이 어려우나 용접 후 변형이 적고 대량 생산에 적합하다.

15 발전기형 직류아크용접에는 전동기형, 엔진구동형이 있다. 공통적인 특징으로 옳지 않은 것은?

① 완전한 직류를 얻는다.
② 회전하므로 고장 나기 쉽고 소음이 발생한다.
③ 구동부, 발전기부로 되어 가격이 고가이다.
④ 보수와 점검이 쉽다.

해설
직류용접기(발전기형, 정류기형)
발전기형의 특징은 ①, ②, ③ 외에도 보수와 점검이 어렵다는 점이다.

16 서브머지드 아크용접에서 용융형 용제의 특징이 아닌 것은?

① 비드 외관이 아름답다.
② 흡습성이 거의 없으므로 재건조가 불필요하다.
③ 미용융 용제는 다시 사용이 가능하다.
④ 용융 시 분해되거나 산화되는 원소를 첨가할 수 있다.

해설
서브머지드 아크용접법(submerged arc welding)
• 용접용 용제(용융형, 소결형, 혼선형)
• 용융형 용제의 특징 : ①, ②, ③항 외 용제가 가는 입자인 것일수록 비드는 폭이 넓고 용입이 얕으며 파형이 아름답게 된다.

17 서브머지드 아크용접의 플럭스 중 분말 원료에 고착제를 첨가하여 500~600℃에서 건조하여 제조한 것은?

① 용융형 용제
② 저온소결형 용제
③ 고온소결형 용제
④ 혼합형 용제

해설
• 소결형 용제(저온소결형=혼성형, 고온소결형=소결형)
• 저온소결형(300~600℃ 건조)
• 고온소결형(750~1,000℃ 건조)

정답 13 ② 14 ④ 15 ④ 16 ④ 17 ②

18 TIG 용접에 대한 설명으로 틀린 것은?

① 불활성가스 분위기 속에서 용접한다.
② 전극봉은 순텅스텐전극봉, 토륨(1~2%) 텅스텐전극봉, 지르코늄 텅스텐전극봉이 사용된다.
③ Al, Mg 합금의 용접에 사용되는 전극봉은 1~2% 토륨텅스텐 전극봉이 사용된다.
④ 공랭식 토치는 사용전류 200A 이하에서 사용된다.

해설
미그(MIG) 용접
텅스텐 전극 대신에 용가재의 전극선을 자동적으로 연속공급하여 모재와의 사이에서 아크를 발생시켜 용접한다.(알루미늄, 비철재료, 고탄소강 등의 용접에 사용한다.)

19 TIG 용접 시 청정효과(cleaning action)에 대한 설명으로 틀린 것은?

① 이 현상은 가속된 가스이온이 모재 표면에 충돌하여 산화막이 제거되는 현상이다.
② 직류 정극성에서 잘 나타난다.
③ Ar 가스 사용 시 잘 나타난다.
④ 강한 산화막이 있는 금속도 용제 없이 용접이 가능하다.

해설
청정효과(가속된 가스이온이 모재에 충돌하여 이것에 의해 모재 표면의 산화막이 파괴되는 것)는 직류 역극성에서 잘 나타난다.

20 MIG 용접의 특징 설명으로 틀린 것은?

① 수동 피복아크용접에 비하여 능률적이다.
② 각종 금속의 용접에 다양하게 적용할 수 있다.
③ 박판(3mm 이하) 용접에서는 적용이 곤란하다.
④ CO_2 용접에 비해 스패터의 양이 많다.

해설
미그 용접은 스패터 및 합금 성분의 손실이 적다.

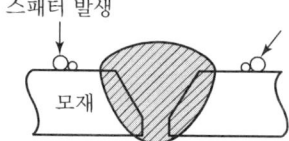

21 탄산가스 아크용접 시 발생하기 쉬운 CO_2에 의한 중독에서 극히 위험하게 되려면 작업장의 단위체적당 CO_2 농도가 몇 % 정도이어야 하는가?

① 5% 이하
② 5~15%
③ 15~25%
④ 30% 이상

해설
이산화탄소($2CO_2 \leftrightarrows 2CO + O$) 위험
• 뇌빈혈 : 3~4%
• 위험상태 : 15% 이상
• 치사량 : 30% 이상

22 CO_2 용접의 복합 와이어 구조에 해당하지 않는 것은?

① 아코스 와이어
② S관상 와이어
③ T관상 와이어
④ NCG 와이어

해설
(1) CO_2 용접 복합와이어(wire) 종류(용제가 들어 있는 와이어 CO_2법)
  • 아코스 아크법
  • 퍼스아크법
  • NCG법
  • 유니언아크법(자성용제식)
(2) 용극식
  • 솔리드 와이어 CO_2법
  • 솔리드 와이어 혼합 $CO_2 + O_2$ 가스법
  • 용제가 들어 있는 와이어 CO_2법
(3) 각종 복합와이어
  • BOC 와이어
  • 아코스 와이어
  • 퍼스아크 와이어
  • S관상 와이어
  • Y관상 와이어

23 일렉트로 가스 아크용접에서 사용되지 않는 보호가스는?

① CO_2
② Ar
③ He
④ H_2

해설
일렉트로 가스 아크용접(electro gas welding)
- 전류의 전기저항열을 이용하는 용접이다.
- 보호가스 : CO_2, Ar, He

해설
- 플래시 점 용접
  압접(가열저항 맞대기)용접, 즉 불꽃용접이다.
- 점용접 : 단극식, 맥동식, 직렬식, 인터랙식, 다전극식

24 테르밋 용접에서 테르밋제의 주성분은?

① 과산화바륨과 마그네슘
② 알루미늄 분말과 산화철 분말
③ 아연과 철의 분말
④ 과산화바륨과 산화철 분말

해설
테르밋 용접(thermit welding)
미세한 알루미늄 분말(Al)과 산화철 분말(FeO, Fe_2O_3, Fe_3O_4)을 3 : 1 중량비로 혼합한 테르밋제에 과산화바륨과 마그네슘의 혼합분말제로 된 점화제(ingnitor)를 성냥불로 점화하여 2,800℃ 이상에서 용접한다.

27 납땜에는 경납땜과 연납땜이 있다. 연납땜 시 용제를 사용하게 되는데 연납용 용제의 종류가 아닌 것은?

① 염화아연   ② 붕산염
③ 염화암모늄   ④ 염산

해설
- 연납용 용제 : 불화물, 염화아연, 송진, 염산, 소금, 염화칼륨
- 경납용 용제 : 붕사, 붕산, 붕산염, 염화물, 불화물, 알칼리 등

25 레이저 용접의 특징 설명으로 틀린 것은?

① 모재의 열변형이 거의 없다.
② 진공 중에서의 용접이 가능하다.
③ 미세하고 정밀한 용접을 할 수 있다.
④ 접촉식 용접방식이다.

해설
레이저빔 용접(laser beam welding)
- 레이저 : 유도광폭선 증폭기
- 18kHz 이상의 초음파 이용 진동마찰을 발생시켜 압접한다. (초음파 용접, 고주파 용접)
- 용접장치 : 고체금속형, 가스발전형, 반도체형
- 미세하고 정밀용접이 가능하다.
- $10^{-4} \sim 10^{-6}$mmHg 고진공 속에서 적열된 필라멘트에서 전자빔을 접합부에 조사하여 그 충격열로 이용하여 용접하는 용접 용접법이다.

28 아크용접 작업의 안전 중 전격에 의한 재해 예방법으로 틀린 것은?

① 좁은 장소의 용접작업자는 열기에 의하여 땀을 많이 흘리게 되므로 몸이 노출되지 않게 항상 주의하여야 한다.
② 전격을 받은 사람을 발견했을 때에는 즉시 스위치를 꺼야 한다.
③ 무부하 전압이 90V 이상 높은 용접기를 사용한다.
④ 자동 전격 방지기를 사용한다.

해설
전격방지를 위해 작업을 쉬는 중에 용접기의 2차 무부하 전압을 약 25~30V로 제한한다.

29 가스용접의 안전작업 설명 중에서 틀린 것은?

① 아세틸렌가스 집중장치시설에는 소화기를 준비한다.
② 산소병은 직사광선을 피해 보관해야 한다.
③ 용접작업은 가연성 물질이 있는 장소에서 한다.
④ 작업 종료 시 메인 밸브 및 콕 등을 완전히 잠근다.

해설
가스용접 시 가연성 가스인 수소, 프로판, 아세틸렌가스가 사용되므로 작업 시 가연성 물질이 있는 장소는 가능한 한 피한다.

26 점 용접의 종류에 속하지 않는 것은?

① 직렬식 점 용접   ② 맥동 점 용접
③ 인터랙 점 용접   ④ 플래시 점 용접

정답 24 ② 25 ④ 26 ④ 27 ② 28 ③ 29 ③

30 일반적인 합금의 특징 설명으로 틀린 것은?

① 경도가 높아진다.
② 내열성, 내산성, 응력을 증가시킨다.
③ 용융온도가 높아진다.
④ 열전도율이 저하된다.

해설
합금은 일반적으로 용융온도가 저하된다.

31 철강재료의 용접에서 설퍼밴드를 만들어 용접균열을 일으키는 원소는?

① F   ② Si
③ S   ④ Mg

해설
황(S)은 철강재료의 용접에서 설퍼밴드(sulfur band)를 만들어서 용접의 균열(크랙)을 만든다.

32 구상흑연주철 중 마그네슘의 첨가량이 많을 때, 규소가 적을 때, 냉각속도가 빠를 때 나타나는 조직은?

① 페라이트형   ② 시멘타이트형
③ 펄라이트형   ④ 오스테나이트형

해설
구상흑연주철
주철에 Ce(세륨)을 첨가하면 흑연이 구상화하여 강인한 주물이 된다(구상 : 흑연이 한쪽 편상으로 되어서 입자가 여린 것을 미세한 입상으로 분산시킨 것). 일명 노듈러주철(연성주철)이라 한다. 규소가 적고 냉각속도가 빠르면 시멘타이트(Cementite)가 나타난다.

33 주철의 용접 시 주의사항 중 틀린 것은?

① 보수 용접을 행하는 경우는 본 바닥이 나타날 때까지 잘 깎아낸 후 용접한다.
② 가열되어 있을 때 피닝작업을 하여 변형을 줄이는 것이 좋다.
③ 용접봉은 될 수 있는 대로 지름이 큰 것을 사용한다.
④ 비드의 배치는 짧게 해서 여러 번의 조작으로 완료한다.

해설
주철의 용접봉
가급적 지름이 가는 것을 이용한다.(중성불꽃이나 탄화불꽃을 이용한다.)

34 탄소강의 용접에 대한 설명으로 틀린 것은?

① 노치 인성이 요구되는 경우 저수소계 계통의 용접봉이 사용된다.
② 중탄소강의 용접에는 650℃ 이상의 예열이 필요하다.
③ 저탄소강의 경우 일반적으로 판두께 25mm까지의 예열이 필요 없다.
④ 고탄소강의 경우는 용접부의 경화가 현저하여 용접균열이 발생될 위험이 있다.

해설
탄소강 용법
• 중탄소강의 용접 예열온도 : 150~250℃ 이상
• 고탄소강의 용접 예열온도 : 200℃ 이상(후열은 650℃)
• 노치(notch) : 구조물의 불연속부나 용접금속과 모재와의 재질적 불연속 및 용접결합 등 응력 집중의 원인이 되는 것

35 오스테나이트계 스테인리스강 용접 시 유의해야 할 사항 중 틀린 것은?

① 예열을 해야 한다.
② 층간 온도가 320℃ 이상을 넘어서는 안 된다.
③ 짧은 아크 길이를 유지한다.
④ 될수록 가는 용접봉을 사용한다.

해설
오스테나이트(austenite)계 스테인리스강 용접
후열처리(700~820℃)는 하는 것이 좋으나 예열은 생략하여도 좋다.

정답 30 ③ 31 ③ 32 ② 33 ③ 34 ② 35 ①

36 알루미늄과 알루미늄 합금의 용접에 대한 설명으로 틀린 것은?

① 가스 용접할 때는 약한 산화불꽃을 사용한다.
② 가스 용접 시 얇은 판의 용접에서는 변형을 막기 위하여 스킵법과 같은 용접방법을 채택한다.
③ TIG 용접으로 할 경우 용제 사용 및 슬래그의 제거가 필요 없다.
④ 저항 점용접으로 접합할 경우는 표면의 산화막을 제거해야 한다.

해설
- 알루미늄은 온도확산율($\frac{열전도도}{비열 \times 비중}$)이 강의 10배이다.
- 국부가열이 곤란하다.
- 비교적 큰 용접입열량을 필요로 한다.
- 불활성 아크용접이 좋다.
- 탄화불꽃(아세틸렌 과잉불꽃)이 좋다.
- 열전도가 높아서 예열이 필요하다.

37 구리 및 구리합금에 관한 설명으로 틀린 것은?

① 용접 후 응고 시 수축변형이 생기기 쉽다.
② 구리 합금의 경우 아연 증발로 중독을 일으키기 쉽다.
③ 황동의 경우 산화 불꽃으로 용접한다.
④ TIG 용접으로 할 경우 판두께 6mm 이상에 많이 사용된다.

해설
- 구리 용접 시 판두께 6mm 이하에서는 티그(TIG) 용접이 사용된다.
- 구리는 용접 시 3.2mm 이상 두꺼운 판에서는 미그(MIG) 용접이 좋다.

38 니켈 합금이 아닌 것은?

① 콘스탄탄   ② 인코넬
③ 모넬메탈   ④ 다우메탈

해설
다우메탈(Dow Metal)
'마그네슘+알루미늄+아연+망간' 마그네슘 90% 내외 합금이다.

39 아연에 대한 설명 중 틀린 것은?

① 아연(Zn)은 철강재의 부식 방지용으로 많이 쓰인다.
② 아연은 공기 중에 산화되며 알칼리에 강하다.
③ 비중이 7.1, 용융점이 420℃ 정도이다.
④ 조밀육방격자의 금속이다.

해설
아연(Zn)은 건전지 재료, 도금용으로 사용되며, 알칼리에는 침식된다.

40 표면경화법 중 고체침탄법의 특징 설명으로 틀린 것은?

① 고도의 기술이 필요 없고 방법이 간단하다.
② 부품의 크기에 구애받지 않는다.
③ 가열용 열원으로 전기, 가스, 중유, 경유 등 어느 것이나 사용이 가능하다.
④ 현대화된 방법으로 대량 생산에 적합하다.

해설
고체침탄제
- 탄산바륨($BaCO_3$)
- 탄산소다(Na_2CO_3)
- 고체침탄법은 값이 싸나 작업이 곤란하다.

41 용접 후 응력제거 풀림의 효과로 틀린 것은?

① 크리프 강도의 저하
② 열영향부의 뜨임 연화
③ 응력 부식에 대한 저항력 증대
④ 용착금속 중의 수소 제거에 의한 연성의 증대

해설
크리프 현상
금속이 고온에서 오랜 시간 외력을 가하면 서서히 그 변형이 증가하는 현상(응력이 제거하여 풀림 어닐링 처리하면 내부응력이 제거된다.)

42 다음 표면경화법 중 금속 침투법이 아닌 것은?

① 크로마이징   ② 갈바나이징
③ 칼로라이징   ④ 세라다이징

정답 36 ① 37 ④ 38 ④ 39 ② 40 ④ 41 ① 42 ②

해설

금속침투 표면경화법
- 세라다이징(아연 침투)
- 칼로라이징(알루미늄 침투)
- 크로마이징(크롬 침투)
- 실리코나이징(규소 침투)
- 브로나이징(바륨 침투)
- 갈바나이징 : 금속아연도금(함석)

43 용접구조물 설계 시 주의할 사항 중 틀린 것은?

① 용접이음은 집중, 접근 및 교차를 피한다.
② 용접성, 노치인성이 우수한 재료를 선택하여 시공하기 쉽게 설계한다.
③ 용접금속은 가능한 한 다듬질 부분에 포함되지 않게 주의한다.
④ 후판을 용접할 경우는 용입을 깊게 하기 위하여 용접 층수를 가능한 한 많게 설계한다.

해설
후판(두꺼운 판) 용접 시에는 용입을 깊게 하여야 하나 용접층 수는 가능한 한 적게 설계한다.

44 필릿 용접의 이음강도는 목두께로 결정되는데 만약 다리길이가 20mm로 필릿용접할 경우 이론 목두께는 약 몇 mm로 정해야 하는가?(단, 간편법으로 계산하였을 경우)

① 7.81
② 9.81
③ 12.14
④ 14.14

해설
필릿용접(fillet welding)
겹쳐놓은 T형 이음의 필릿부분을 용접한다.

- 이론 목두께(h_t) = 0.707h
- ∴ $h_t = 0.707 \times 20 = 14.14$mm

45 다음 그림의 용접 도면을 설명한 것 중 맞지 않는 것은?

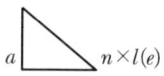

① a : 목두께
② l : 용접 길이
③ n : 목길이의 개수
④ (e) : 인접한 용접부 간격

해설
n : 용접부의 개수

필릿 단속 용접   필릿 연속 용접

46 용접지그 사용 시 이점이 아닌 것은?

① 동일 제품을 다량 생산할 수 있다.
② 제품의 정밀도와 용접부 신뢰성을 높인다.
③ 용접능률을 높인다.
④ 구속력이 크면 잔류응력이 발생하기 쉽다.

해설
④는 단점에 해당하는 내용이다.

47 맞대기 홈 용접에서 열원의 전방에 구속이 없는 경우 연속용접에 의한 홈 간격은 용접 진행에 따라 변화를 일으킨다. 이에 따른 설명으로 맞는 것은?

① 자동용접에서는 홈 간격이 넓어진다.
② 전속 소 입열에서는 개선이 넓어진다.
③ 고속 대 입열에서는 개선이 좁아진다.
④ 수동용접에서는 홈 간격이 넓어진다.

정답 43 ④ 44 ④ 45 ③ 46 ④ 47 ①

해설

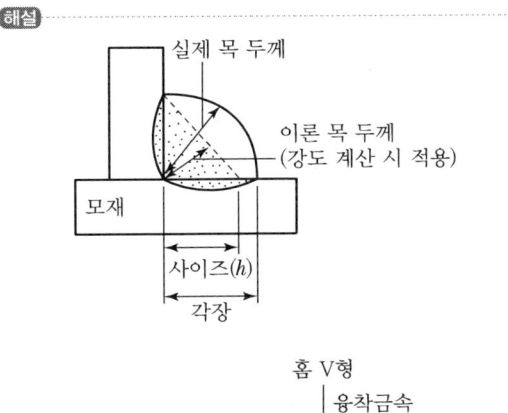

48 용접변형에 영향을 미치는 인자 중 용접열에 관계되는 인자와 거리가 가장 먼 것은?

① 용접 속도 ② 용접 층수
③ 용접 전류 ④ 부재 치수

해설
①, ②, ③항 외 기타 부재재료의 영향도 받는다.

49 용접부에 발생한 잔류응력을 제거하기 위해서 열거한 방법 중 옳은 것은?

① 풀림 처리를 한다.
② 담금질 처리를 한다.
③ 뜨임 처리를 한다.
④ 서브제로 처리를 한다.

해설
풀림 처리(어닐링 처리)
용접부에 잔류응력 제거를 위해 노 내에서 가열한 후 서서히 냉각시킨다.

50 용접결함 중 용입불량의 원인으로 틀린 것은?

① 용접봉의 선택이 불량할 경우
② 용접 속도가 너무 빠를 경우
③ 용접 전류가 낮을 경우
④ 용접 분위기 가운데 수소가 과잉일 경우

해설
용접 시에 수소가스는 용접부 결함 중 은점의 원인이 된다.

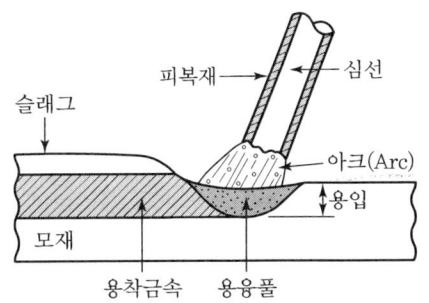

51 용접 비드의 토(toe)에 생기는 작은 홈을 말하는 것으로 용접전류가 과대할 때, 아크 길이가 길 때, 운봉속도가 너무 빠를 때 생기기 쉬운 용접결함은?

① 언더컷 ② 오버랩
③ 기공   ④ 용입불량

해설
언더컷

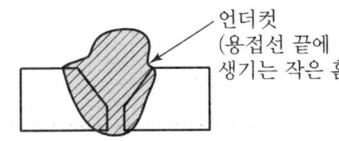

원인 ┌ 용접전류의 과대
     ├ 운봉의 불량
     └ 용접전류, 용접속도의 부적당

52 로봇을 동작기구에 따라 분류한 것은?

① 시퀀스 로봇
② 수치제어 로봇
③ 지능 로봇
④ 극좌표 로봇

정답 48 ④ 49 ① 50 ④ 51 ① 52 ④

해설
동작기구 로봇
- 원통자료 로봇
- 직각좌표 로봇
- 극좌표 로봇
- 다관절 로봇

53 다음 중 파괴시험의 용접성 시험에 해당되는 것은?

① 용접연성시험
② 초음파 시험
③ 맴돌이 전류시험
④ 음향시험

54 형광 침투검사법의 단계를 올바르게 표현한 것은?

① 전처리 → 침투 → 수세 → 현상제 살포와 건조 → 검사
② 수세 → 침투 → 현상제 살포와 건조 → 전처리 → 검사
③ 전처리 → 수세 → 현상제 살포와 건조 → 침투 → 검사
④ 수세 → 현상제 살포와 건조 → 전처리 → 침투 → 검사

해설
형광 침투검사법(비파괴시험법)
유기고분자 유용성 형광물질을 점도가 낮은 기름에 녹인 것이 침투액으로 이용된다. 그 검사단계는 전처리 → 침투 → 수세 → 현상제 살포와 건조 → 검사 순이다.

55 공정에서 만성적으로 존재하는 것은 아니고 산발적으로 발생하며, 품질의 변동에 크게 영향을 끼치는 요주의 원인으로 우발적 원인인 것을 무엇이라 하는가?

① 우연원인
② 이상원인
③ 불가피 원인
④ 억제할 수 없는 원인

56 계수규준형 1회 샘플링 검사(KS A 3102)에 관한 설명 중 가장 거리가 먼 내용은?

① 검사에 제출된 로트의 제조공정에 관한 사전 정보가 없어도 샘플링 검사를 적용할 수 있다.
② 생산자 측과 구매자 측이 요구하는 품질보호를 동시에 만족시키도록 샘플링 검사방식을 선정한다.
③ 파괴검사의 경우와 같이 전수검사가 불가능한 때에는 사용할 수 없다.
④ 1회만의 거래 시에도 사용할 수 있다.

해설
계수규준형 1회 샘플링 검사
로트로부터 1회만 시료를 채취하고 이것을 품질기준과 대조해서 양호품과 불량품으로 구분하고 시료 중에 발견된 불량품의 총 수가 합격판정 개수 이하이면 로트 합격

57 어떤 공장에서 작업을 하는 데 있어서 소요되는 기간과 비용이 다음 [표]와 같을 때 비용구배는 얼마인가?(단, 활동시간의 단위는 일(日)로 계산한다.)

정상 작업		특급 작업	
기간	비용	기간	비용
15일	150만 원	10일	200만 원

① 50,000원
② 100,000원
③ 200,000원
④ 300,000원

해설
비용구배 = $\dfrac{200만 원 - 150만 원}{15일 - 10일}$ = 100,000원/일

58 방법시간측정법(MTM ; Method Time Measurement)에서 사용되는 1TMU(Time Measurement Unit)는 몇 시간인가?

① $\dfrac{1}{100,000}$ 시간
② $\dfrac{1}{10,000}$ 시간
③ $\dfrac{6}{10,000}$ 시간
④ $\dfrac{36}{1,000}$ 시간

정답 53 ① 54 ① 55 ② 56 ③ 57 ② 58 ①

해설

1TMU 시간 : $\dfrac{1}{100,000}$ 시간

　　　　　=0.00001시간(0.0006분, 0.036초)

59 품질특성을 나타내는 데이터 중 계수치 데이터에 속하는 것은?

① 무게
② 길이
③ 인장강도
④ 부적합품의 수

해설

계수치 데이터 : 부적합품의 수, 불량개수, 흠의 수, 결점수, 사건사고 등

60 다음 중 품질관리시스템에 있어서 4M에 해당하지 않는 것은?

① Man
② Machine
③ Material
④ Money

해설

4M
- Man(사람)
- Method(방법)
- Material(자재)
- Machine(기계 또는 설비)

※ Money(자본)는 7M에 해당

정답 59 ④　60 ④

2009년 45회 기출문제

2009.3.29 시행

01 정격 2차 전류가 200A인 용접기로 용접전류 160A로 용접을 할 경우 이 용접기의 허용사용률은?(단, 용접기의 정격사용률은 40%임)

① 62.5% ② 6.25%
③ 0.625% ④ 50%

해설

용접기 허용사용률(%) = $\frac{(정격\ 2차\ 전류)^2}{(실제의\ 용접전류)^2} \times 정격사용률$
= $\frac{(200)^2}{(160)^2} \times 40 = 62.5\%$

02 연강용 피복 금속 아크용접봉의 종류 중 철분산화철계에 해당되는 것은?

① E4324 ② E4340
③ E4326 ④ E4327

해설
- E4327 : 철분산화철계 용접봉
- E4340 : 특수계
- E4324 : 철분산화티탄계
- E4326 : 철분저수소계

03 강괴, 강편, 슬래그 기타 표면의 흠이나 주름, 주조결함, 탈탄층 등을 제거하는 방법으로 가장 적합한 가공법은?

① 가스 가우징(gas gouging)
② 스카핑(scarfing)
③ 분말 절단(powder dutting)
④ 아크 에어 가우징(arc air gouging)

해설
스카핑
강괴, 강편, 슬래그 기타 표면의 균열이나 주름, 주조결함, 탈탄층 등의 표면결함을 불꽃가공에 의해서 제거하는 방법

04 가스의 흐름에 대한 용어의 설명 중 틀린 것은?

① 역류는 아세틸렌가스가 산소 쪽으로 흘러들어 가는 현상
② 역화는 팁 끝이 모재에 닿아 팁의 과열 등으로 팁 속에서 폭발음이 나며 불꽃이 꺼졌다가 다시 생기는 현상
③ 역류는 산소가 아세틸렌가스 발생기 안으로 흘러들어가는 현상
④ 인화는 팁 끝이 순간적으로 막히게 되면 가스의 분출이 나빠지고 혼합실까지 불꽃이 들어가는 현상

해설
역류
산소의 압력이 월등히 높아서 토치에서 산소가 아세틸렌 용기 쪽으로 흘러들어가는 것

05 산소-아세틸렌을 사용한 수동 절단 시 팁 끝과 연강판 사이의 거리는 백심에서 약 몇 mm 정도가 가장 적당한가?

① 0.5~1.0 ② 2.5~3.5
③ 1.5~2.0 ④ 3.4~4.5

해설

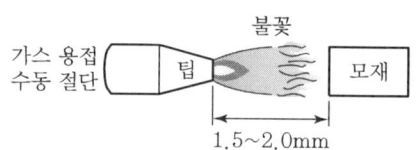

06 아크 절단법의 종류에 해당되지 않는 것은?

① TIG 절단 ② 분말 절단
③ MIG 절단 ④ 플라스마 절단

정답 01 ① 02 ④ 03 ② 04 ① 05 ③ 06 ②

해설
분말 절단(파우더 절단, Powder cutting)은 철의 분말, 질소(또는 공기), 아르곤가스, 산소가스 등으로 절단한다.(주철, 스테인리스강, 구리, 알루미늄 절단에 사용)

07 용접의 단점(短點) 설명으로 가장 관계가 먼 것은?

① 용접부는 응력 집중에 극히 민감하다.
② 용접부에는 재질의 변형이 생긴다.
③ 재료의 두께에 제한을 받으며 이음효율이 낮다.
④ 용접부에는 잔류응력이 존재한다.

해설
용접이음은 재료의 선택이 자유롭고 두께의 제한이 거의 없다.

08 프로판가스가 연소할 때 몇 배의 산소를 필요로 하는가?

① 2
② 2.5
③ 3
④ 4.5

해설
프로판가스의 연소반응식
$C_3H_8 + \underline{5O_2} \rightarrow 3CO_2 + 4H_2O$

09 산소 – 아세틸렌 용기의 취급 시 주의사항으로 가장 거리가 먼 것은?

① 운반 시 충격을 금지한다.
② 직사광선을 피하고 50℃ 이하 온도에서 보관한다.
③ 가스 누설 검사는 비눗물을 사용한다.
④ 저장실의 전기스위치, 전등 등은 방폭구조여야 한다.

해설
산소 – 아세틸렌가스는 직사광선을 피하고 항상 40℃ 이하로 보관하여야 한다.

10 연강용 피복금속아크 용접봉의 피복제 작용이 아닌 것은?

① 아크를 안정하게 하고, 스패터의 발생을 적게 한다.
② 중성 또는 환원성 분위기로 대기 중으로부터 용착금속을 보호한다.
③ 용융금속의 용적을 미세화하여 용착효율을 높인다.
④ 용융점이 높은 적당한 점성의 무거운 슬래그를 만든다.

해설
④ 용융점이 낮고 적당한 점성을 가진 가벼운 슬래그를 만들어야 한다.

11 교류용접기에서 2차 무부하 전압 80V, 아크 전압 30V, 아크전류 300A라고 하면 역률은 약 몇 %인가?(단, 용접기의 2차 측 내부손실(동손, 철손, 그 밖의 손)은 4kW로 한다.)

① 69
② 54
③ 48
④ 26

해설
$$역률 = \frac{입력(kW)}{입력(kVA)} = \frac{9+4}{24} \times 100 = 54.16\%$$

- 전원입력 = 80V × 300A
  = 24,000VA(24kVA)
- 아크입력 = 30V × 300A
  = 9,000W(9kW)

12 용접 구조물 설계상 주의할 사항으로 가장 거리가 먼 것은?

① 이음의 역학적 특징을 고려하여 구조상 불연속부가 없도록 한다.
② 용접 치수는 강도상 필요한 치수 이상으로 충분하게 한다.
③ 용접이음의 교차와 집중을 피한다.
④ 용접성 및 노치인성이 우수한 재료를 사용한다.

정답 07 ③ 08 ④ 09 ② 10 ④ 11 ② 12 ②

해설

용접치수가 크면 용접소모량이 많아지고 용접시공시간이 길어지며 판의 열영향부가 넓어져서 잔류응력이 발생한다.

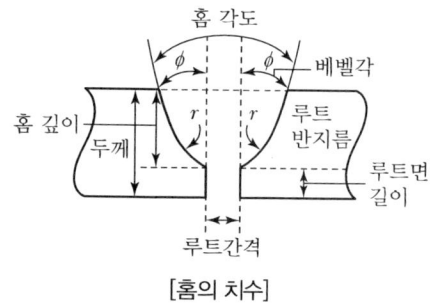

[홈의 치수]

13 가스 절단 시 절단속도에 관한 설명 중 틀린 것은?

① 절단속도는 절단산소의 압력이 낮고 산소 소비량이 많을수록 증가한다.
② 모재의 온도가 높을수록 고속 절단이 가능하다.
③ 다이버전트 노즐을 사용하면 절단속도를 20~25% 증가시킬 수 있다.
④ 절단속도는 절단 산소의 분출 상태와 속도에 따라 영향을 받는다.

해설

가스의 절단속도는 산소압력, 모재의 온도, 산소의 순도, 팁의 형상에 따라 달라진다. 절단 시 절단속도는 산소의 압력과 소비량에 따라 거의 비례한다. 산소순도가 높으면 절단속도가 빠르고 절단면이 아름답다.

14 피복 금속 아크용접법으로 다층용접을 할 때, 첫 번째 패스를 저수소계 용접봉을 사용하는 가장 큰 이유는?

① 위빙을 하지 않아도 좋기 때문이다.
② 수소와 잔류응력에 기인하는 균열을 방지하기 때문이다.
③ 비드 외관을 좋게 하기 때문이다.
④ 가접을 하지 않아도 좋기 때문이다.

해설

아크용접의 다층용접에서 저수소계 용접을 하는 이유

용착금속 중에 수소의 함유량이 다른 피복봉에 비해 약 $\frac{1}{10}$로 현저하게 낮고 강력한 탈산작용, 균열의 감수성이 좋아 내균열성이 우수하여 다층용접 시 첫 번째 패스의 용접봉으로 채택된다.

15 아크용접 전원의 외부 특성으로 부하전류 증가 시 단자전압은 낮아지는 특성을 나타내며, 아크를 안정하게 유지시키는 것은?

① 수하특성
② 정전압특성
③ 동전류특성
④ 역극성특성

해설

수하특성

아크용접 전원의 외부 특성으로 부하전류 증가 시 단자 전압은 낮아지는 특성을 나타내며 아크를 안정시킨다.(부하전류가 증가하면 단자전압이 저하되고 아크가 안정된다.)

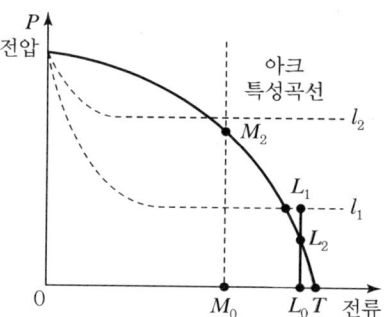

아크길이가 $l_1 \rightarrow l_2$로 변해도 전류는 별로 변하지 않는다.

[수하특성]

16 불활성가스 텅스텐 전극(GTAW) 아크용접에서 텅스텐 극성에 따른 용입 깊이를 가장 적절하게 표시한 것은?

① DCSP > AC > DCRP
② DCRP > AC > DCSP
③ DCRP > DCSP > AC
④ AC > DCSP > DCRP

정답 13 ① 14 ② 15 ① 16 ①

해설

텅스텐 극성에 따른 용입 깊이
DCSP > AC > DCRP

용접전류
- CAHF(고주파 교류)
- DCRP(직류 역극성)
- DCSP(깊은 용입)
- ACHF(중간 용입)
- DCSP(직류 정극성)
- AC(교류)
- DCRP(얕은 용입)

17 원자 수소 아크용접은 수소의 변화에 의하여 방출되는 열을 이용하여 수소가스 분위기 내에서 용접이 이루어지는데, 용접할 때 수소의 변화 상태가 맞는 것은?

① $H_2 \xrightarrow{\text{발열}} 2H \xrightarrow{\text{흡열}} H_2$
   (분자 상태)　(원자 상태)　(분자 상태)

② $H_2 \xrightarrow{\text{발열}} H_2 \xrightarrow{\text{흡열}} 2H$
   (분자 상태)　(분자 상태)　(원자 상태)

③ $H_2 \xrightarrow{\text{흡열}} 2H \xrightarrow{\text{발열}} H_2$
   (분자 상태)　(원자 상태)　(분자 상태)

④ $2H \xrightarrow{\text{흡열}} H_2 \xrightarrow{\text{발열}} H_2$
   (원자 상태)　(분자 상태)　(분자 상태)

해설
원자수소용접법은 분자상태의 수소를 원자상태의 수소로 열해리시키고 이것이 다시 결합해서 분자상태의 수소(H_2)로 될 때에 발생하는 열을 이용하여 수소가스 분위기 속에서 용접하는 것이다.
($H_2 \rightarrow 2H \rightarrow H_2$ 용접, $2H \rightarrow H_2 + 100\,kcal/mol$)

18 탄산가스 아크용접 작업에서 용접 진행방향에 대한 토치 각도에 따라 전진법과 후진법으로 구분하는데, 전진법에 대해 설명한 것 중 틀린 것은?

① 토치각은 용접 진행 반대쪽으로 15~20°로 유지하는 것이 좋다.
② 용접선이 잘 보이므로 운봉을 정확하게 할 수 있다.
③ 비드 높이가 높고, 폭이 좁은 비드를 얻는다.
④ 스패터가 비교적 많다.

해설
전진법

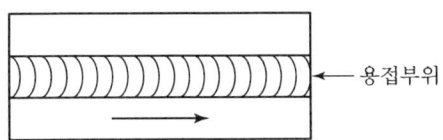

19 가스용접작업의 안전 및 화재, 폭발 예방에 대한 설명 중 맞지 않는 것은?

① 가스용접작업은 가연성 물질이 없는 안전한 장소를 선택한다.
② 작업 중에는 소화기를 준비하여 사고에 대비한다.
③ 산소는 지연성 가스이므로 산소병 내에 다른 가스와 혼합하여 사용한다.
④ 산소병은 40℃ 이하 온도에서 보관하고 직사광선을 피해야 한다.

해설
산소(O_2)는 지연성 가스(연소성을 도와주는 조연성)이므로 다른 가스와 혼합되지 않고 순도가 높아야 좋다.

20 저항 용접 조건의 3대 요소로 가장 적절한 것은?

① 용접전류, 통전시간, 전극 가압력
② 용접전류, 유지시간, 용접전압
③ 용접전류, 초기가압시간, 전극 가압력
④ 용접전류, 정지시간, 전극 가압력

해설
저항 용접(겹치기, 맞대기)
㉠ 저항열(Q) = $0.24J^2RT$(cal)
㉡ 저항 용접 3대 조건 요소
　• 용접전류
　• 통전시간
　• 전극 가압력
㉢ 저항 용접은 용접봉이나 용제가 불필요하다.
　용접재료를 서로 접촉시킨 후 전류를 통하면 저항열로 접합면의 온도가 높아지면 가압하여 용접한다.

정답 17 ③　18 ③　19 ③　20 ①

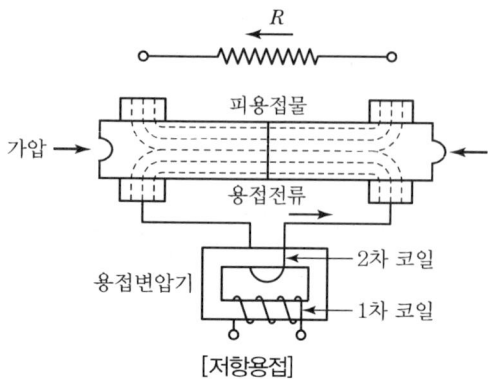
[저항용접]

21 불활성가스 금속아크(MIG) 용접의 장점이 아닌 것은?

① 대체로 전자세 용접이 가능하다.
② 대체로 모든 금속의 용접이 가능하다.
③ TIG 용접에 비해 전류밀도가 낮아 용융속도가 느리다.
④ 비교적 아름답고 깨끗한 비드를 얻을 수 있다.

해설
미그(MIG) 용접은 전류의 밀도가 대단히 커서 피복아크 용접전류 밀도의 6~8배 정도이고(용접능률이 좋다.), 티그 용접의 2배 정도이다.

22 CO_2 또는 MIG 용접에서 아크 길이가 길어지면 어떠한 현상이 일어나는가?

① 전류의 세기가 커진다.
② 전류의 세기가 작아진다.
③ 전압은 변화가 없다.
④ 전압이 낮아진다.

해설
CO_2 용접이나 미그(MIG) 용접에서 아크 길이가 길어지면 전류의 세기가 작아진다.(아크 길이가 짧으면 용입이 깊은 비드가 발생된다.)

23 감전방지대책으로 틀린 것은?

① 안전보호구를 착용한다.
② 전격방지기를 장치한다.
③ 작업 후에 반드시 접지상태를 확인한다.
④ 절연된 홀더를 사용한다.

해설
감전방지는 작업 후가 아닌 작업 전에 확인 접지한다.

24 전기저항열을 이용한 용접법은 어느 것인가?

① 전자빔 용접
② 일렉트로 슬래그 용접
③ 플라스마 용접
④ 레이저 용접

해설
일렉트로 슬래그 용접(electro slag welding)은 입상으로 된 용제 중에 피복제가 없는 용접봉으로 송급하여 모재 사이에서 아크를 일으켜 이 아크열로 용제를 녹이면서 용융된 슬래그의 저항열에 의해 용접봉과 모재를 녹여 순차적으로 용접한다.

25 수동 TIG 용접장치가 아닌 것은?

① 토치
② 제어장치
③ 냉각수 순환장치
④ 플럭스 호퍼

해설
플럭스 호퍼는 서브머지드 아크용접기 부속기기이다.

26 경납땜의 설명으로 가장 적합한 것은?

① 융점이 650℃ 이하인 용가제(땜납)를 사용한다.
② 융점이 650℃ 이상인 용가제(은납, 황동납)를 사용한다.
③ 융점이 450℃ 이하인 용가제(땜납)를 사용한다.
④ 융점이 450℃ 이상인 용가제(은납, 황동납)를 사용한다.

정답 21 ③ 22 ② 23 ③ 24 ② 25 ④ 26 ④

해설
경납땜 : 융점이 450℃ 이상인 용가재로 동납, 황동납, 인동납, 은납 등이 있다.

27 서브머지드 아크용접에서 아크전압이 낮으면 용입과 비드의 폭은 어떻게 되는가?

① 용입은 깊어지며, 비드 폭은 넓어진다.
② 용입은 얕아지며, 비드 폭은 넓어진다.
③ 용입은 깊어지며, 비드 폭은 좁아진다.
④ 용입은 얕아지며, 덧붙여진 비드가 생긴다.

해설
서브머지드 아크용접
보통 유니언 멜트(union melt)라고도 부르며 용제를 용접부에 쌓고 그 속에서 아크를 발생시켜 용접을 하는 잠호용접이다. (아크길이가 전압에 거의 비례한다.)
• 용접전류가 크게 되면 용입이 급증하며 비드의 높이도 높아지고 오버랩이 생긴다.
• 전압이 낮으면 용입이 깊어지며 비드폭이 좁고 보강 덧붙이가 커진다.

28 플라스마 아크용접의 특징 설명으로 맞는 것은?

① 용입이 얕고 비드폭이 넓다.
② 용접 홈은 H형이면 되고 아크의 안정성 나쁘다.
③ 아크의 방향성과 집중성이 좋고 용접속도가 빠르다.
④ 용접부의 금속학적 기계적 성질이 좋고 변형이 크다.

해설
플라스마 아크용접(Plasma arc welding)은 열적핀치효과(thermal pinch effect) 용접이라고 한다.
열에너지의 집중도가 좋고 고온이 얻어지므로 용입이 깊고 또한 비드의 폭이 좁은 접합부가 얻어지고 용접속도가 빠르다.

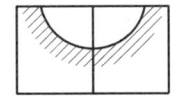
TIG 용접

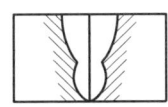
플라스마 용접

[용입 비교]

29 서브머지드 아크용접에 사용되는 용융형 플럭스(fused flux)는 원료광석을 몇 ℃로 가열 용융시키는가?

① 1,300℃ 이상   ② 800~1,000℃
③ 500~600℃   ④ 150~300℃

해설
서브머지드 아크용접(submerged arc welding)
용융형 용제의 주원료는 광물성 원료로서 노에 넣어서 1,300℃ 이상 가열·용해하여 응고시킨 후 분쇄하여 입도로 만든 것이며 유리와 같은 광택이 난다. G50, G80(그레이드, grade)가 대표적이다.

30 실용금속 중에서 가장 가볍고 비강도가 Al합금보다 우수하므로 항공기, 자동차 부품에 이용되는 합금은?

① Pb 합금   ② W 합금
③ Mg 합금   ④ Ti 합금

해설
마그네슘(Mg) 합금 : 우라늄 제련의 환원재, 자동차, 항공기, 전기기기, 광학기 등의 재료이다.

31 평로제강법에서 탈산제로 사용되는 것은?

① 알루미늄 분말   ② 산화철
③ 코크스   ④ 암모니아수

해설
평로제강법 탈산제 : 페로망간, 철-규소, 알루미늄 분말 등

32 주철의 성장을 방지하는 방법으로 옳지 않은 것은?

① C 및 Si 양을 증가시킨다.
② Cr, Mn, Mo, V 등을 첨가하여 펄라이트 중의 Fe_3C 분해를 막는다.
③ 편상흑연을 구상 흑연화시킨다.
④ 흑연의 미세화로서 조직을 치밀하게 한다.

정답 27 ③ 28 ③ 29 ① 30 ③ 31 ① 32 ①

해설
주철의 성장을 방지하려면 ②, ③, ④ 외에 Cr, W, Mo 등의 시멘타이트 분해방지 원소를 첨가한다.

33 용접 후 열처리의 목적으로 관계가 먼 것은?

① 용접 잔류응력 완화
② 용접 후 변형방지
③ 용접부 균열방지
④ 연성 증가, 파괴인성 감소

해설
용접 후에 열처리의 목적은 용접부의 잔류응력, 변형방지, 용접부 균열방지를 하기 위함이다.

34 450℃까지의 온도에서 강도, 중량비가 높고 내식성이 좋아 항공기 엔진 부품, 화학용기분야에 주로 사용되는 합금은?

① 망간합금
② 텅스텐합금
③ 구리합금
④ 티탄합금

해설
티탄(Ti)합금은 용융점이 높고 내식성 및 강도가 크며 화학공업용 재료, 항공기, 로켓재료로 사용된다. 비중은 4.6이다.

35 마텐사이트계 스테인리스강의 피복아크 용접 시 발생하는 잔류응력 과대 및 균열 발생을 방지하기 위해 예열을 실시하는데 이때 가장 적절한 예열온도 범위는?

① 100~200℃
② 200~400℃
③ 400~600℃
④ 600~700℃

해설
마텐자이트계 스테인리스강의 용접 예열온도는 200~400℃ 정도이다.

36 오스템퍼 처리 온도의 상한에서 조작하여 미세한 솔바이트상의 펄라이트 조직을 얻기 위해 실시하는 것으로 오스테나이트 가열온도에서 대략 500~550℃의 용융염욕 속에 담금질하여 항온변태를 완료시킨 다음 공랭하는 열처리법은?

① 템퍼링(tempering)
② 노멀라이징(normalizing)
③ 패턴팅(patenting)
④ 어닐링(annealing)

해설
패턴팅(공랭처리법)
오스템퍼 처리 온도의 상한에서 조작하여 미세한 솔바이트상의 펄라이트 조직을 얻기 위해 실시한다.(공랭처리법 : 담금질법이며 뜨임하지 않고 강인한 소르바이트 조직으로 변화시킬 수 있다.)

37 일반 고장력강의 용접 시 주의사항으로 틀린 것은?

① 용접봉은 저수소계를 사용한다.
② 아크 길이는 가능한 한 짧게 유지한다.
③ 기공발생을 막기 위해 전류를 낮게 하고 위빙은 용접봉 지름의 3배 이상으로 한다.
④ 용접 시작점보다 20~30mm 앞에서 아크를 발생시켜 예열 후 용접 시작점으로 후퇴하여 시작점부터 용접한다.

해설
일반 고장력강 용접 시 주의사항은 ①, ②, ④항이다.

38 방식법 중 15~25% 황산액에서 산화물계의 피막을 형성하는 방법은?

① 알루마이트법
② 알루미나이트법
③ 크롬산염법
④ 하이드로날륨법

해설
알루미나이트법(Aluminite)
황산액 사용하며, $Al_2SO_4(OH)_4 \cdot 7H_2O$의 피막형식 방식법이다.

정답 33 ④ 34 ④ 35 ② 36 ③ 37 ③ 38 ②

39 쇼터라이징 또는 도펠 – 듀로(doppel – durro)법이라 하며, 국부 담금질이 가능한 표면경화 처리법은?

① 화염경화법
② 구상화 처리법
③ 강인화 처리법
④ 결정입자 처리법

해설
화염경화법(Flame Hardening)
쇼터라이징법이며 산소 – 아세틸렌 화염으로 가열하여 물로 냉각하는 표면경화법

40 탄소강에서 탄소량이 증가할 경우 알맞은 사항은?

① 경도 감소, 연성 감소
② 경도 감소, 연성 증가
③ 경도 증가, 연성 증가
④ 경도 증가, 연성 감소

해설
탄소강에서 탄소량 증가 시 경도는 증가하고 연성은 감소한다.

41 Cu와 Zn의 합금 및 이것에 다른 원소를 첨가한 합금으로 판, 봉, 관, 선 등의 가공재 또는 주물로 사용되는 것은?

① 주철
② 합금강
③ 황동
④ 연강

해설
• 황동 : 구리+아연(Cu+Zn)
• 청동 : 구리+주석

42 다음 중 불변강의 종류에 해당되지 않는 것은?

① 인바(invar)
② 엘린바(elinvar)
③ 서멧(cermet)
④ 플래티나이트(platinite)

해설
서멧(cermet)
분말야금법으로 만들어진다.(금속+세라믹스) 내열재료 신재료이다.(경도, 내열성, 내산화성, 내약품성, 내마모성과 금속의 강인성, 가소성, 기계적 강도 등을 겸비한 신재료이다.)

43 용접순서를 결정하는 기준으로 틀린 것은?

① 용접물의 중심에 대하여 항상 대칭으로 용접을 해 나간다.
② 수축이 작은 이음을 먼저 용접하고 수축이 큰 이음을 나중에 용접한다.
③ 용접 구조물이 조립되어감에 따라 용접작업이 불가능한 곳이나 곤란한 경우가 생기지 않도록 한다.
④ 용접구조물의 중립축에 대하여 용접 수축력의 모멘트의 합이 0(제로)이 되게 용접한다.

해설
용접 시에는 수축이 작은 이음은 나중에 하고 수축이 큰 이음을 먼저 용접한다.

44 KSB 0052에서 표기되는 용접부의 모양이 아닌 것은?

① S형
② K형
③ J형
④ X형

해설
용접부 모양에서 S형은 용접이 불가하다.(I형, V형, U형, J형, X형, K형, H형, 양J형)

45 용접에 이용되는 산업용 로봇(Robot)은 역할에 따라 크게 3개의 기능으로 구성하는데 이에 해당되지 않는 것은?

① 작업기능
② 송급기능
③ 제어기능
④ 계측인식기능

정답 39 ① 40 ④ 41 ③ 42 ③ 43 ② 44 ① 45 ②

46 꼭짓각이 136°인 다이아몬드 사각추의 압입자를 시험 하중으로 시험편에 압입한 후에 생긴 오목 자국의 대각선을 측정해서 환산표에 의해 경도를 표시하는 것은?

① 비커스 경도
② 마이어 경도
③ 브리넬 경도
④ 로크웰 경도

해설
비커스 경도 : 다이아몬드 사각형(사각뿔형 대면각 136°)의 피라미드형 압입자를 사용하여 시험편의 경도 측정

47 KSB 0052에서 현장용접을 나타내는 기호는?

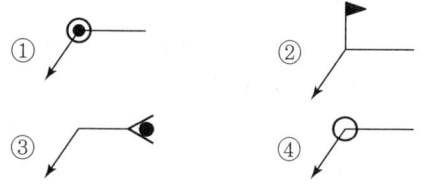

해설
- ● : 현장 용접
- ○ : 전둘레 용접
- ● : 전둘레 현장 용접

48 용접할 경우 일어나는 균열 결함 현상 중 저온 균열에서 볼 수 없는 것은?

① 토 균열(Toe Crack)
② 비드 밑 균열(Under Bead Crack)
③ 루트 균열(Root Crack)
④ 크레이터 균열(Crater Crack)

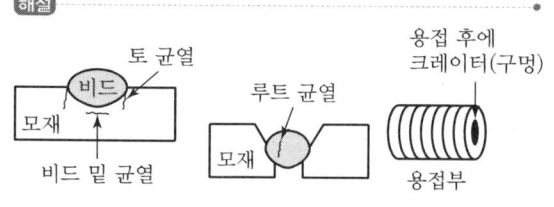

49 측면 필릿 용접 이음에서 이론 목두께를 h_t, 필릿용접의 크기(다리길이)를 h라 할 때 이론 목두께를 구하는 식으로 옳은 것은?

① $h_t = h \cdot \tan 90°$
② $h_t = h \cdot \cos 45°$
③ $h_t = h \cdot \cos 90°$
④ $h_t = h \cdot \tan 60°$

해설
이론 목두께 계산(h_t)
$h_t = h \cdot \cos 45° = 0.707h$

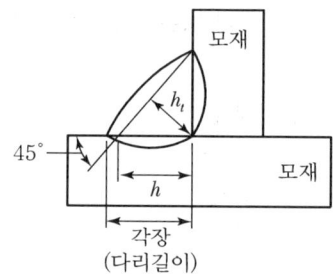

50 용접 시 잔류응력을 경감시키는 시공법이 아닌 것은?

① 적당한 예열을 한다.
② 용착금속량을 적게 한다.
③ 적절한 용착법(비석법 등)을 선정한다.
④ 용접부의 수축을 억제한다.

해설
용접 시 잔류응력을 경감시키려면 어느 정도 수축을 허용한다.

51 용접할 때 생기는 변형 중 면외 변형이 아닌 것은?

① 굽힘변형
② 좌굴변형
③ 회전변형
④ 나사변형

정답 46 ① 47 ② 48 ④ 49 ② 50 ④ 51 ③

52 지그(Jig) 설계의 목적이 아닌 것은?

① 공정 수가 늘어나고 생산능률이 향상된다.
② 제품의 정밀도가 증가한다.
③ 경제적 생산이 가능하다.
④ 불량이 적고 미숙련공도 작업이 용이하다.

해설
지그를 사용하여 용접하면 공정 수가 감소하여 생산능률이 향상된다.

53 용접부의 시험에서 파괴시험이 아닌 것은?

① 형광침투시험   ② 육안조직시험
③ 충격시험   ④ 피로시험

해설
용접부 비파괴시험에서 형광침투검사는 유기 고분자 유용성 형광물을 점도가 낮은 기름에 녹여 침투시킨다.

54 특수한 구면상의 선단을 갖는 해머(hammer)로 용접부를 연속적으로 타격해 잔류응력을 완화시키고 용접변형을 경감시키는 것은?

① 기계 응력 완화법   ② 저온 응력 완화법
③ 피닝법   ④ 응력제거 풀림법

해설
피닝법
용접부분을 구면 모양의 선단을 한 특수 피닝 해머로 연속 타격하여 용접표면 측을 소성변형시키는 조작이다.

55 다음 [표]는 A 자동차 영업소의 월별 판매실적을 나타낸 것이다. 5개월 단순이동평균법으로 6월의 수요를 예측하면 몇 대인가?

(단위 : 대)

월	1	2	3	4	5
판매량	100	110	120	130	140

① 120   ② 130
③ 140   ④ 150

해설
$$\frac{100+110+120+130+140}{5} = 120대$$

56 다음 검사의 종류 중 검사공정에 의한 분류에 해당되지 않는 것은?

① 수입검사   ② 출하검사
③ 출장검사   ④ 공정검사

57 다음 중 반즈(Ralph M. Barnes)가 제시한 동작경제의 원칙에 해당되지 않는 것은?

① 표준작업의 원칙
② 신체의 사용에 관한 원칙
③ 작업장의 배치에 관한 원칙
④ 공구 및 설비의 디자인에 관한 원칙

58 품질관리기능의 사이클을 표현한 것으로 옳은 것은?

① 품질개선 – 품질설계 – 품질보증 – 공정관리
② 품질설계 – 공정관리 – 품질보증 – 품질개선
③ 품질개선 – 품질보증 – 품질설계 – 공정관리
④ 품질설계 – 품질개선 – 공정관리 – 품질보증

59 다음 중 계수치 관리도가 아닌 것은?

① c 관리도   ② p 관리도
③ u 관리도   ④ x 관리도

해설
㉠ 계수치 관리도
   c 관리도, p 관리도, u 관리도, nP(Pn) 관리도
㉡ 계량치 관리도
   $\overline{X}-R$ 관리도, X 관리도, $\tilde{X}-R$ 관리도

정답 52 ① 53 ① 54 ③ 55 ① 56 ③ 57 ① 58 ② 59 ④

60 부적합품률이 1%인 모집단에서 5개의 시료를 랜덤하게 샘플링할 때, 부적합품수가 1개일 확률은 약 얼마인가?(단, 이항분포를 이용하여 계산한다.)

① 0.048 ② 0.058
③ 0.48   ④ 0.58

해설

이항분포$(P)X = nC_x P^x (1-P)^{n-x}$
$= 5 \times C_1 \times 0.01^1 (1-0.01)^{(5-1)} = 0.048 C_1$
또는
불량률 $1\% = 0.01$, $(1-P) = 0.09$
$x = 0$
$\therefore \dfrac{5}{0-(5-0)}(0.01)^0 (0.09)^5 = 0.048$

정답 60 ①

2009년 46회 기출문제

2009.7.13 시행

01 일명 핀치효과형이라고도 하며, 비교적 큰 용적이 단락되지 않고 옮겨가는 이행형식은?

① 단락형
② 글로뷸러형
③ 스프레이형
④ 입자형

해설
핀치효과형(Pinch effect, globuler transfer)
구적이행이다.(비교적 큰 용적이 단락되지 않고 용접이 옮겨가는 이행형식)
※ 탄산가스 아크용접이행 : 스프레이 이행, 구적이행

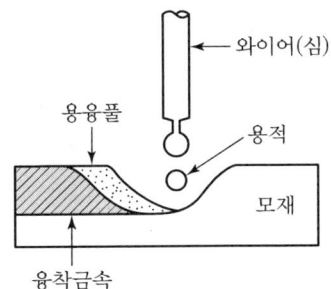

[글로뷸러형, 핀치효과형(구적이행)]

02 용접의 장점과 가장 거리가 먼 것은?

① 자재가 절약되고 중량이 가벼워진다.
② 작업공정이 단축되며 재료의 두께에 제한이 없다.
③ 제품의 성능과 수명이 향상되며 이종 재료도 접합할 수 있다.
④ 잔류응력이 발생하고 용접사의 기량에 따라 용접부의 품질이 좌우된다.

해설
④는 용접의 특성상 단점이다.

03 플라스마 아크 절단의 작동가스 중 일반적으로 알루미늄 등의 경금속에 사용되는 가스는?

① 질소와 수소혼합가스
② 알곤과 수소의 혼합가스
③ 헬륨과 산소의 혼합가스
④ 탄산가스와 산소의 혼합가스

04 용접법을 분류할 때 압접(pressure welding)에 해당되지 않는 것은?

① 전자빔 용접
② 유도 가열 용접
③ 초음파 용접
④ 마찰 용접

해설
전자빔 용접
• $10^{-4} \sim 10^{-6}$mmHg 고진공에서 적열된 필라멘트에서 전자빔을 접합부에 조사(照射)하여 그 충격열로 용융하여 용접한다.
• electron beam welding으로서 극히 좁고 깊은 용입이 얻어지는 용접이다.
• 융접법에 속한다.

05 포갬 절단(stack cutting)에 대하여 설명한 것 중 틀린 것은?

① 비교적 얇은 판(6mm 이하)에 사용된다.
② 절단 시 판 사이에 산화물이나 불순물을 깨끗이 제거한다.
③ 0.08mm 이하의 틈이 생기도록 포개어 압착시킨 후 절단한다.
④ 예열 불꽃으로 산소-프로판 불꽃보다 산소-아세틸렌 불꽃이 적합하다.

해설
포갬 절단
• 12mm 이하의 비교적 얇은 판을 이용하는 용접이다.
• 예열불꽃은 산소와 -LPG 불꽃이 적합하다.

정답 01 ② 02 ④ 03 ② 04 ① 05 ④

06 저수소계 용접봉은 사용 전에 충분한 건조가 되어야 한다. 가장 알맞은 건조 온도는?

① 150~200℃ ② 200~250℃
③ 300~350℃ ④ 400~450℃

해설
저수소계 용접봉(E4316)은 300~350℃에서 30~60분 정도 충분히 건조시킨다.

07 아세틸렌가스 소비량이 1시간당 200리터인 저압토치를 사용해 용접할 때, 게이지 압력이 60kgf/cm²인 산소병을 몇 시간 정도 사용할 수 있는가?(단, 병의 내용적은 40리터, 산소는 아세틸렌가스의 1.2배 정도 소비하는 것으로 한다.)

① 2   ② 10
③ 8   ④ 12

해설
- 절대압력 = 60+1 = 61kg/cm²a
- 산소저장량 = 40×61 = 2,440L
- 용기 사용시간 = $\frac{2,440}{2,000} \times \frac{1}{1.2}$ = 10시간

08 용접전류 200A, 아크전압 20V, 용접속도 15cm/min이라 하면 단위길이당 용접 입열은 몇 joule인가?

① 2,000   ② 5,000
③ 10,000 ④ 16,000

해설
용접 입열(H)
$$H = \frac{60EI}{V}(J/cm) = \frac{60 \times 20 \times 200}{15} = 16,000J$$

09 가스용접 작업에서 후진법에 비교한 전진법에 대한 설명으로 맞는 것은?

① 열 이용률이 좋다.
② 용접속도가 느리다.
③ 두꺼운 판의 용접에 적합하다.
④ 용접 변형이 적다.

해설
전진법(좌진법, forward welding)
용접봉이 앞서서 진행하기 때문에 용접봉의 소비가 비교적 많고 용접시간이 긴 데 비해 후진법(우진법)은 그 반대이다.

10 가스가우징(Gas Gouging)과 스카핑(Scarfing)에 대한 설명으로 틀린 것은?

① 가스가우징은 용접부의 결함, 가접의 제거 등에 사용된다.
② 스카핑은 강재 표면의 홈이나 개재물, 탈탄층을 제거하기 위해서 사용된다.
③ 가스가우징은 스카핑에 비해서 너비가 매우 큰 홈을 가공하는 데 사용된다.
④ 스카핑은 가우징에 비해서 타원형 모양으로 깎아내는 가공법으로 제강공장에 많이 사용된다.

해설
가스 스카핑 작업은 너비가 매우 큰 홈을 가공하는 데 사용된다.

11 아세틸렌가스에 대한 설명으로 틀린 것은?

① 아세틸렌은 충격, 마찰, 진동 등에 의하여 폭발하는 일이 있다.
② 아세틸렌가스는 구리 또는 구리합금과 접촉하면 이들과 폭발성 화합물을 생성한다.
③ 아세틸렌은 공기 중에서 가열하여 406~408℃ 부근에 도달하면 자연발화를 한다.
④ 아세틸렌가스는 수소와 탄소가 화합된 매우 완전한 기체이다.

해설
아세틸렌(C_2H_2) 용접(흡열화합)
$C_2H_2 + O_2 \rightarrow 2CO + H_2 + 107.7(kcal) \rightarrow$ 분해 폭발 위험
$2C_2H_2 + 5O_2 \rightarrow 4CO_2 + 2H_2O + 193.7(kcal)$
※ 인화수소(H_2P), 유화수소(H_2S), 암모니아(NH_3) 등 불순물이 포함된 가스이다.

정답 06 ③ 07 ② 08 ④ 09 ② 10 ③ 11 ④

12 산소가스 절단의 원리를 가장 바르게 설명한 것은?

① 산소와 금속의 산화 반응열을 이용하여 절단한다.
② 산소와 금속의 탄화 반응열을 이용하여 절단한다.
③ 산소와 금속의 산화 아크열을 이용하여 절단한다.
④ 산소와 금속의 탄화 아크열을 이용하여 절단한다.

13 수동 피복 아크용접에서 양호한 용접을 하려면 짧은 아크를 사용하여야 하는데 아크 길이가 적당할 때 나타나는 현상이 아닌 것은?

① 아크가 안정된다.
② 양호한 용접부를 얻을 수 있다.
③ 산화 및 질화되기 쉽다.
④ 정상적인 입자가 형성된다.

해설
용접 시 아크길이가 적당하면 ① ② ④항의 현상 외에 산화나 질화가 방지된다.

14 피복 아크용접봉의 피복제의 주요 기능을 설명한 것 중 틀린 것은?

① 아크를 안정하게 하고 슬래그를 제거하기 쉽게 하며, 파형이 고운 비드를 만든다.
② 중성 및 환원성의 가스를 발생하여 아크를 덮어서 대기 중 산소나 질소의 침입을 방지하고 용융 금속을 보호한다.
③ 용착 금속의 탈산 정련 작용을 하며, 용융점이 낮은 적당한 점성의 가벼운 슬래그를 만든다.
④ 용착 금속의 냉각속도를 빠르게 하여 급랭을 방지한다.

해설
피복 아크용접봉의 피복제는 용접 시 용착금속의 급랭을 방지함으로써 모재와 용착금속이 자유로이 팽창수축을 하여 균열 등의 발생을 방지한다.

15 용접부에 생기는 결함의 종류 중 구조상의 결함이 아닌 것은?

① 기공(blow hole)
② 용접 금속부 형상 부적당
③ 용입 불량
④ 비금속 또는 슬래그 섞임

해설
형상불량(비드 파형의 불균일, 용입의 과대)은 치수상 결함의 원인이다.

16 서브머지드 아크용접법의 단점으로 틀린 것은?

① 용접선이 짧거나 불규칙한 경우 수동에 비하여 비능률적이다.
② 홈가공의 정밀을 요하고, 용접 도중 용접상태를 육안으로 확인할 수가 없다.
③ 특수한 지그를 사용하지 않는 한 아래보기 자세로 한정된다.
④ 용융속도와 용착속도가 느리며, 용융이 짧다.

해설
서브머지드 아크용접(submerged arc welding)은 단시간에 자동용접이 가능하여 수동용접에 비해 대단히 능률도 좋다. 용입이 깊고 용접속도가 빨라 용접이 능률적이다.

17 불활성가스 텅스텐 아크용접 시 혼합가스로 사용되지 않는 가스는?

① 알곤   ② 헬륨
③ 산소   ④ 질소

해설
불활성가스 텅스텐 아크용접 시 혼합가스
• 아르곤
• 헬륨
• 산소(0.005% 이하)

정답 12 ① 13 ③ 14 ④ 15 ② 16 ④ 17 ④

18 가스용접작업에서 팁 끝이 모재에 닿아 순간적으로 팁 끝이 막히면서 팁의 과열, 사용가스의 압력이 부적당할 때 팁 속에서 폭발음이 나면서 불꽃이 꺼졌다가 다시 나타나는 현상은?

① 역류 ② 역화
③ 인화 ④ 산화

해설
가스용접 역화(back fire)
작업물에 팁의 끝이 닿았을 때 팁 끝이 과열되어 가스압력이 적당하지 않을 때나 팁의 조임이 완전치 않았을 때 일어나는 현상으로 팁 속에서 폭발음이 나면서 불꽃이 꺼졌다가 다시 나타난다.

19 심용접의 종류에 해당되지 않는 것은?

① 매시 심용접(mash seam welding)
② 포일 심용접(foil seam welding)
③ 맞대기 심용접(butt seam welding)
④ 플래시 심용접(flash seam welding)

해설
심용접(압점의 저항용접)
매시 심용접, 포일 심용접, 롤러 점용접, 맞대기 심용접
(1) 저항용접(겹치기)
  ㉠ 점용접
  ㉡ 프로젝션 용접
  ㉢ 심용접
(2) 맞대기 저항용법
  ㉠ 업셋 용접
  ㉡ 플래시 용접
  ㉢ 맞대기 심용접
  ㉣ 퍼커션 용접

20 불활성가스 아크용접에서 교류용접기를 사용할 경우 모재 표면의 불순물 등에 의해 전류가 불평형하게 흘러 아크가 불안정하게 되는 것을 무엇이라고 하는가?

① 청정작용 ② 정류작용
③ 방전작용 ④ 펄스작용

해설
불활성 아크 교류 용접 정류작용
모재 표면의 불순물 등에 의해 전류가 불평형하게 흘러 아크가 불안정하게 되는 것(이때 불평형 부분을 직류 DC 성분이라 부르며 이 크기는 교류성분의 1/3에 달하는 때도 있다.)

21 플럭스 코어 아크용접에서 기공의 발생 원인으로 가장 거리가 먼 것은?

① 탄산가스가 공급되지 않을 때
② 아크 길이가 길 때
③ 순도가 나쁜 가스를 사용할 때
④ 개선 각도가 적을 때

해설
플럭스 코어 아크용접(Flux cored arc welding)
• 와이어의 단면적 감소로 인한 전류밀도 상승으로 용착속도가 증가하고 플럭스에 의한 용접부의 금속학적 성질이 향상된다.
• 기공 발생은 ①, ②, ③항의 경우에 나타난다.

22 일렉트로 슬래그 용접의 설명으로 틀린 것은?

① 용제를 사용한다.
② 아크열로 용융시킨다.
③ 비소모 노즐방식이 있다.
④ 두꺼운 판의 용접에 경제적이다.

해설
일렉트로 슬래그 용접(electro slag welding)
• 아주 두꺼운 물건의 용접용 용접기이다.
• 아크열이 아닌 와이어와 용융슬래그 사이에 통전된 전류의 전기 저항열(줄열)을 주로 이용하여 모재와 전극와이어를 용융시키면서 미끄럼판을 서서히 위쪽으로 이동시켜 연속 주조 방식에 의해 단층 상진용접을 한다.(와이어[심선]의 지름은 3.2~4.0mmϕ 정도이고 성분은 C, Mn, Si, Cr, Mo 등이다.)

정답 18 ② 19 ④ 20 ② 21 ④ 22 ②

23 용제가 들어 있는 와이어 CO_2법은 복합와이어의 구조에 따라 분류하는데, 다음 그림과 같은 와이어는?

① 아코스 와이어
② Y관상 와이어
③ S관상 와이어
④ NCG 와이어

해설
CO_2 아크용접의 복합와이어 구조

BOC 와이어
(NCG 와이어)   S관상 와이어

24 연납용으로 사용되는 용제가 아닌 것은?
① 염산
② 염화물
③ 염화아연
④ 염화암모니아

해설
연납땜 용제
• 염산   • 인산
• 염화아연   • 염화암모니아
※ 염화나트륨, 염화리튬 : 경납땜 용제

25 불활성가스 금속 아크용접 작업 시 용접시공에 대한 설명으로 틀린 것은?

① 용접재료의 준비 시 알루미늄은 산화피막을 제거한 후 용접을 하며 특히 화학제는 가성소다 수용액이나 초산수를 사용한다.
② 보호가스는 고순도의 가스를 사용해야 하며 가스공급 계통에 문제가 생겼을 때는 용기 → 감압 밸브 → 유량계 → 제어장치 → 용접토치의 순서로 직접 확인한다.
③ MIG 용접기는 CO_2 용접기에 비하여 아크열을 약하게 받으므로 공랭식 토치가 많고 필터렌즈도 피복아크용접용으로 쓰는 10~12번 정도면 가능하다.
④ MIG 용접의 자외선은 매우 강하여 공기 중의 산소가 오존(O_3)으로 바뀌므로 용접 중에 발생하는 오존, 금속분진, 세척제 증기 등의 해를 방지하기 위하여 반드시 환기를 시킬 수 있는 장치가 필요하다.

해설
미그(MIG) 용접
금속와이어인 용가전극(용접용 와이어)을 일정한 속도로 토치에 자동공급하여 모재와 와이어 사이에서 아크를 발생시켜 그 주위에 아르곤, 헬륨 또는 이것들의 혼합가스 공급을 하여 아크와 용융풀을 보호하면서 행하는 용접이다.
• 토치는 호스나 리드(lead)들이 달려 있는 금속노즐을 사용한다. 200A 이하는 공랭식, 200A 초과는 수랭식이다.
• CO_2 용접기는 용융풀로부터 방사열이 높아서 자동토치는 수랭식이 많다.
• 미그 용접은 아크 용접 전류밀도의 6~8배 정도로 밀도가 대단히 크다.

26 아크용접 종류에서 후판 구조물 제작과 스테인리스강 용접이 가능하며, 잠호용접이라고도 하는 용접법은?

① 일렉트로 슬래그 용접
② 테르밋 용접
③ 서브머지드 아크용접
④ 논가스 아크용접

해설
잠호용접(submerged arc welding)
• 용제는 실드(shield, 보호작용) 작용에 의해 200~4,000A를 심선에 흐를 수 있게 한다.
• 용제 : $SiO_2 + MnO + CaO$ 혼합물
• 와이어 : $C + Si + Mn$ 혼합물

27 테르밋 용접(thermit welding)에서 테르밋은 무엇의 혼합물인가?

① 붕사와 붕산의 분말
② 알루미늄과 산화철의 분말
③ 알루미늄과 마그네슘의 분말
④ 규소와 납의 분말

해설

테르밋 용접

미세한(알루미늄 분말 Al + 산화철 분말 $FeO + Fe_2O_3 + Fe_3O_4$) 테르밋을 3 : 1~4 : 1 등의 중량비로 혼합한 것이다. 여기에 점화제인 과산화바륨과 마그네슘 또는 알루미늄의 혼합분말을 가하여 1,100℃~2,800℃의 고온을 얻어 용접한다.

- 레일, 커넥팅로드, 크랭크샤프트, 선박의 스턴프레임 용접이다.

28 가스용접 및 절단작업의 안전 중 산소와 아세틸렌 용기의 취급사항으로 맞지 않는 것은?

① 산소병은 40℃ 이하 온도에서 보관하고 직사광선을 피해야 한다.
② 산소병을 운반할 때에는 공기가 잘 환기되도록 캡(Cap)을 벗겨서 이동한다.
③ 아세틸렌병은 세워서 사용하며 병에 충격을 주어서는 안 된다.
④ 아세틸렌병 가까이에서는 불똥이나 불꽃을 가까이 하지 말아야 한다.

해설

산소병 운반 시는 반드시 캡을 씌워서 이동하여야 한다.

29 오토콘 용접과 비교한 그래비티 용접의 특징을 설명한 것으로 올바른 것은?

① 구조가 간단하다.
② 사용법이 쉽다.
③ 운봉속도의 조절이 가능하다.
④ 중량이 가볍다.

해설

그래비티(Gravity) 용접

자동화한 피복아크용접으로 용접봉 유지부가 봉의 소모에 따라 미끄러지는 기능이며 봉의 경사가 항상 일정하고 용접봉이 짧아지면 자동적으로 아크가 멈춘다.(운봉의 속도조절이 가능하다.)

오토콘 용접

영구자석 및 스프링을 이용한 간단한 용접장치로 고능률 및 수평 필릿 전용 용접봉이다. 이 장치는 특수 스프링으로 홀더에 압력을 가하여 용접봉이 자동적으로 모재에 밀착하도록 설계된 용접이며 간단한 기구를 이용하여 고능률화를 꾀하는 반자동 용접이다. 한 명이 용접기 여러 대를 관리할 수가 있고 이들을 feeder에 철분계 용접봉(E4324, E4326, E4327)을 장착하여 용접한다.

30 황동의 종류 중 톰백(Tombac)이란 무엇을 말하는가?

① 0.3~0.8% Zn의 황동
② 1.2~3.7% Zn의 황동
③ 5~20% Zn의 황동
④ 30~40% Zn의 황동

해설

톰백

황동(구리+아연 5~20%)
금박, 금분, 불상, 화폐제조 용

31 강의 조직을 개선 또는 연화시키는 풀림의 종류에 해당되지 않는 것은?

① 항온 풀림   ② 구상화 풀림
③ 완전 풀림   ④ 강화 풀림

해설

풀림(Annealing)의 종류는 ①, ②, ③항이며, 목적은 잔류응력 제거, 재질의 연화, 결정립 크기의 조절이다.

32 일반 고장력강을 용접할 때 주의사항으로 틀린 것은?

① 용접봉은 용접작업성이 좋은 고산화티탄계 용접봉을 사용한다.
② 용접 개시 전에 이음부 내부 또는 용접할 부분에 청소를 한다.
③ 아크 길이는 가능한 한 짧게 한다.
④ 위빙 폭은 크게 하지 않는다.

정답 28 ② 29 ③ 30 ③ 31 ④ 32 ①

33 알루미늄이나 그 합금은 용접성이 대체로 불량한데, 그 이유에 해당되지 않는 것은?

① 비열과 열전도도가 대단히 커서 단시간 내에 용융 온도까지 이르기가 힘들기 때문이다.
② 용접 후의 변형이 크며 균열이 생기기 쉽기 때문이다.
③ 용융점이 660℃로서 낮은 편이고, 색채에 따라 가열온도의 판정이 곤란하여 지나치게 용융되기 쉽기 때문이다.
④ 용융응고 시에 수소가스를 배출하여 기공이 발생되기 어렵기 때문이다.

해설
④ 용융응고 시에 수소(H_2) 가스를 흡수하는 성질이 있어서 용착금속부에 기공(blow hole)이 생기기 쉽다.

34 오스테나이트 온도로 가열 유지시킨 후 절삭유 또는 연삭유의 수용액 등에 담금질하여 미세 펄라이트 조직을 얻는 방법으로 200℃ 이하에서 공랭하는 것은?

① 슬랙 담금질   ② 시간 담금질
③ 분사 담금질   ④ 프레스 담금질

해설
슬랙 담금질(Slack quenching)
오스테나이트 온도로 가열 유지시킨 후 절삭유나 연삭유의 수용액 등에 담금질하여 미세 펄라이트 조직을 얻는 방법이며 200℃ 이하에서 공랭한다.

35 마그네슘과 그 합금 중 Mg – Al – Zn계 합금의 대표적인 것은?

① 도우메탈   ② 일렉트론
③ 하이드로날륨   ④ 라우탈

해설
일렉트론은 '마그네슘+알루미늄+아연'의 합금이다.

36 Ni 35~36%, Mn 0.4%, C 0.1~0.3%의 Fe의 합금으로 길이표준용 기구나 시계의 추 등에 쓰이는 불변강은?

① 플래티나이트(Platinite)
② 코엘린바(Coelinvar)
③ 인바(Invar)
④ 스텔라이트(Stellite)

해설
인바는 철+니켈의 합금으로 줄자, 표준자 등의 재료에 사용하며 내식성이 매우 우수하다.

37 제강할 때 편석을 일으키기 쉬우며, 함유량이 0.25%로 되면 연신율이 감소되고, 결정립이 조대하게 되어서 강을 메지게 하여 상온취성의 원인이 되는 성분은?

① 인   ② 망간
③ 황   ④ 수소

해설
인(P)의 성분은 제강 시 편석을 일으키기 쉬우며 함유량이 0.25%로 되면 연신율 감소, 결정립이 조대하게 되어서 강을 메지게 하여 상온취성(청열취성)의 원인이 된다.

38 마텐사이트계 스테인리스강에 관한 사항 중 관련이 없는 것은?

① Cr 18% – Ni 8%의 18-8 스테인리스강이 대표적이다.
② 950~1,020℃에서 담금질하여 마텐사이트 조직으로 한 것이다.
③ 인성을 요할 때 550~650℃에서 뜨임하여 솔바이트 조직으로 한다.
④ 550℃ 이상에서는 강도 및 경도가 급감하고 연성이 증가한다.

해설
마텐사이트계 스테인리스강
크롬 12~13%를 함유한 합금강이며 담금질의 열처리로 기계적 성질을 조성할 수 있다.(균열방지로 200~400℃ 정도의 예열이 필요하다.)

정답 33 ④ 34 ① 35 ② 36 ③ 37 ① 38 ①

39 내마모성의 표면처리법으로 시안화소다, 시안화칼륨을 주성분으로 한 염(alt)을 사용하여 침탄온도 750~900℃에서 30분~1시간 침탄시키는 방법은?

① 액체 침탄법   ② 고체 침탄법
③ 가스 침탄법   ④ 기체 침탄법

해설
액체 침탄법(표면경화법)
- 침탄제 : 시안화나트륨, 시안화칼륨
- 촉진제 : 탄산칼륨, 탄산나트륨, 염화칼륨

40 탄소강에서 탄소량에 따른 물리적 성질에 대한 설명 중 틀린 것은?

① 탄소량 증가와 더불어 비중이 증가한다.
② 탄소량 증가와 더불어 열팽창계수는 감소한다.
③ 탄소량 증가와 더불어 열전도율이 감소한다.
④ 탄소량 증가와 더불어 전기저항은 증가한다.

해설
탄소강에서 탄소(C)가 증가하면 비중이나 열팽창계수가 감소하나 비열, 전기적 저항은 증가한다.

41 주철 용접 시의 예열 및 후열 온도의 범위는 몇 ℃ 정도가 가장 적당한가?

① 500~600℃   ② 700~800℃
③ 300~350℃   ④ 400~450℃

해설
주철 용접 시 예열이나 후열의 온도
- 예열온도 : 500~600℃
- 후열온도 : 600℃ 이하(540~570℃)

42 유황은 철과 화합하여 황화철(FeS)을 만들어 열간가공성을 해치며 적열취성을 일으킨다. 이와 같은 단점을 제거하기 위해서 일반적으로 많이 사용되는 원소는?

① Mn(망간)   ② Cu(구리)
③ Ni(니켈)   ④ Si(규소)

해설
망간의 성질
- 적열취성의 방지
- 열가공성을 해친다.
- 탈산작용, 절삭성의 개선
- 강괴에서 황(S)에 대한 메짐성 방지

43 용접부에 생기는 잔류응력 제거법이 아닌 것은?

① 노 내 풀림법   ② 국부 풀림법
③ 기계적 응력 풀림법 ④ 역변형 풀림법

44 용접부 시험방법에서 야금학적 방법에 해당하는 것은?

① 피로시험   ② 부식시험
③ 파면시험   ④ 충격시험

해설
야금학적 시험
용접금속과 모재의 파면에 대하여 결정조밀, 균열기공, 슬래그 섞임, 선상조직, 은점 등을 육안이나 혹은 저배율의 확대경을 통하여 관찰한다.

45 CO₂ 가스 아크용접의 용접 결함 중 기공발생의 원인이 아닌 것은?

① CO_2 가스 유량이 부족하다.
② 노즐과 모재 간 거리가 지나치게 길다.
③ 전원 전압이 불안정하다.
④ 노즐에 스패터가 많이 부착되어 있다.

해설
전원 전압 이상은 스패터, 언더컷, 비드외관불량, 필릿의 각 장이 고르지 못한 것이 원인이다.

정답 39 ① 40 ① 41 ① 42 ① 43 ④ 44 ③ 45 ③

46 비드를 쌓아 올리는 다층 용접법에 해당되지 않는 것은?

① 덧살 올림법 ② 전진 블록법
③ 캐스케이드법 ④ 스킵법

해설
스킵법
용접 시 변형을 적게 하기 위해서 처음부터 연속적으로 용접을 계속하지 않고 띄엄띄엄 용접을 한 다음 냉각된 후 용접하는 방법이다.

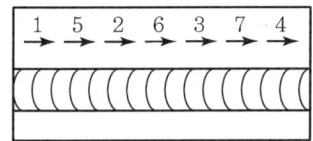

47 용접변형의 교정방법에 해당되지 않는 것은?

① 점 가열법 ② 구속법
③ 가열 후 해머링법 ④ 롤러에 의한 법

48 라멜라 티어링(Lamellar Tearing) 균열을 감소하기 위한 가장 좋은 용접 설계는?

해설
라멜라 티어 균열(Lamellar Tear Cracking)

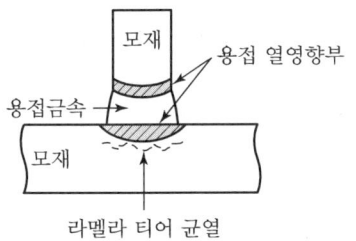

49 지그와 고정구(Fixture)의 선택 기준에 대한 설명으로 틀린 것은?

① 구조물이나 부재의 위치를 결정하며, 고정과 분리가 쉬워야 한다.
② 구조물이나 부재의 지지, 고정시켜 줄 수 있는 크기와 강성이 있어야 한다.
③ 용접 변형을 촉진할 수 있는 구조이어야 한다.
④ 용접작업을 용이하게 할 수 있는 구조이어야 한다.

해설
지그와 고정구는 용접변형을 방지하기 위해 사용한다.

50 용접이음 설계 시 일반적인 주의사항으로 틀린 것은?

① 가급적 능률이 좋은 아래보기 용접을 많이 할 수 있도록 할 것
② 용접작업에 지장을 주지 않도록 충분하나 공간을 갖도록 할 것
③ 필릿 용접은 될 수 있는 대로 피하고 맞대기 용접을 하도록 할 것
④ 용접이음부를 1개소에 집중되도록 설계할 것

해설
용접이음 설계 시 용접이음부는 1개소가 아닌 구조물의 일부나 전체의 공작을 용접하는 데 알맞게 설계한다.

51 용접부의 검사에서 초음파 탐상시험 방법에 속하지 않는 것은?

① 공진법 ② 투과법
③ 펄스반사법 ④ 맥진법

해설
초음파 탐상시험(비파괴검사법)
• 공진법,
• 투과법,
• 펄스반사법이 있다.
• 초음파의 진동수 0.5~15MHz를 이용한다.

정답 46 ④ 47 ② 48 ② 49 ③ 50 ④ 51 ④

52 용접부의 천이온도에 관한 설명으로 옳은 것은?

① 천이온도가 높으면 기계적 성질이 좋아진다.
② 용착 금속부, 열영향부, 모재부에서의 천이온도는 각각 같다.
③ 재료가 연성파괴에서 취성파괴로 변화하는 온도범위를 말한다.
④ 최고 가열온도 100~200℃ 부분에서 천이온도가 가장 높다.

해설
용접부의 천이온도(Transition Temperature)
• 최대 흡수에너지의 50%가 되는 온도
• 재료가 연성파괴에서 취성파괴로 변화하는 온도 범위

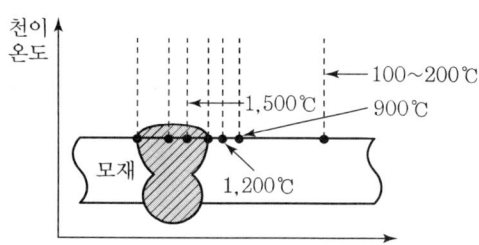

53 용접용 로봇을 동작기능을 나타내는 좌표계의 종류로 구분할 때 해당되지 않는 것은?

① 원통 좌표 로봇(cylindrical robot)
② 평행 좌표 로봇(parallel coordinate robot)
③ 극좌표 로봇(polar coordinate robot)
④ 관절 좌표 로봇(articulated robot)

54 다음 그림과 같이 강판의 두께 25mm, 인장하중 10,000kgf를 작용시켜 겹치기 용접 이음을 한다. 용접부 허용응력을 7kgf/mm²이라 할 때 필요한 용접 길이는?(단, 두 장의 판 두께는 동일함)

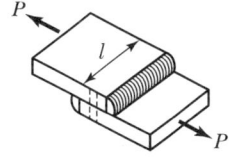

① 40.4mm ② 42.3mm
③ 45.6mm ④ 50.5mm

해설
용접길이$(l) = \dfrac{\sqrt{2}\,W}{2\sigma f} = \dfrac{\sqrt{2} \times 10,000}{2 \times 7 \times 25} = 40.4\text{mm}$

55 200개들이 상자가 15개 있다. 각 상자로부터 제품을 랜덤하게 10개씩 샘플링할 경우, 이러한 샘플링 방법을 무엇이라 하는가?

① 계통 샘플링 ② 취락 샘플링
③ 층별 샘플링 ④ 2단계 샘플링

해설
층별 샘플링
로트를 몇 개의 층으로 나눌 수 있다. 제품을 랜덤하게 샘플링하는 경우의 샘플링이다.(단순한 랜덤보다 층별로 샘플링한다.)

56 다음 중 신제품에 대한 수요예측방법으로 가장 적절한 것은?

① 시장조사법 ② 이동평균법
③ 지수평활법 ④ 최소자승법

해설
시장조사법
신제품에 대한 수요예측방법으로 정성적 판단법이다.

57 다음 중 사내표준을 작성할 때 갖추어야 할 요건으로 옳지 않은 것은?

① 내용이 구체적이고 주관적일 것
② 장기적 방침 및 체계하에서 추진할 것
③ 작업표준에는 수단 및 행동을 직접 제시할 것
④ 당사자에게 의견을 말하는 기회를 부여하는 절차로 정할 것

해설
단순화 · 통일화의 목표에서 규격을 정해 지켜나가는 체제이므로 내용이 구체적이고 객관적이어야 한다.

정답 52 ③ 53 ② 54 ① 55 ③ 56 ① 57 ①

58 $\bar{x}$관리도에서 관리상한이 22.15, 관리하한이 6.85, $\bar{R}=7.5$일 때 시료군의 크기(n)는 얼마인가?

> $n=2$일 때 $A_2=1.88$
> $n=3$일 때 $A_2=1.02$
> $n=4$일 때 $A_2=0.73$
> $n=5$일 때 $A_2=0.58$

① 2　　② 3
③ 4　　④ 5

해설
관리상한, 하한을 합하면
$22.15+6.85=29$
표본평균 $\bar{x}=\dfrac{29}{2}=14.5$
관리상한식(UCL) $=n\bar{p}+3\sqrt{n\bar{p}(1-\bar{p})}$
$14.5+A_2\times 7.5=22.15$(관리상한식)
∴ $A_2=1.02$에서 기호(n)=3이다.

59 ASME(American Society of Mechanical Engineers)에서 정의하고 있는 제품공정 분석표에 사용되는 기호 중 "저장(Storage)"을 표현한 것은?

① ○　　② D
③ □　　④ ▽

해설
- ○ : 가공
- D : 정체
- □ : 검사
- ▽ : 저장
- ⇒ : 운반

60 어떤 측정법으로 동일 시료를 무한횟수 측정하였을 때 데이터 분포의 평균치와 모집단 참값과의 차를 무엇이라 하는가?

① 편차　　② 신뢰성
③ 정확성　　④ 정밀도

정답　58 ②　59 ④　60 ③

2010년 47회 기출문제

2010.3.29 시행

01 가스용접에서 공급압력이 낮거나 팁이 과열되었을 때 산소가 아세틸렌 쪽으로 흡입되는 것을 무엇이라고 하는가?

① 역류   ② 역화
③ 인화   ④ 폭발

[해설]
역류
가스용접 시 산소가 아세틸렌(C_2H_2) 가스 쪽으로 흡인되는 현상

02 수동 가스 절단기 토치의 종류 중 작은 곡선 등의 절단은 어려우나, 직선 절단에 있어서는 능률적이고 절단면이 깨끗한 절단토치의 팁 모양은?

① 동심(同心)형   ② 동심(同心) 구멍형
③ 이심(異心) 타원형   ④ 이심(異心)형

[해설]
이심형 절단토치 팁(독일식 토치용)
• 각각 별개의 팁으로 가스가 분출된다.(가열팁과 절단산소팁이 분리된다.)
• 직선 절단, 큰 곡선 절단용 팁이다.
• 직선 절단에서는 능률적이고 단절면이 고우나 최근에는 별로 사용하지 않는다.

03 일반적으로 용접기에 대한 사용률(duty cycle)을 계산하는 식으로 맞는 것은?

① 사용률(%) = $\dfrac{\text{아크발생시간}}{\text{아크발생시간}+\text{휴식시간}} \times 100$

② 사용률(%) = $\dfrac{\text{휴식시간}}{\text{아크발생시간}+\text{휴식시간}} \times 100$

③ 사용률(%) = $\dfrac{\text{아크발생시간}}{\text{아크발생시간}-\text{휴식시간}} \times 100$

④ 사용률(%) = $\dfrac{\text{아크발생시간}}{\text{아크발생시간}\times\text{휴식시간}} \times 100$

[해설]
용접기 사용률(%) = $\dfrac{\text{아크발생시간}}{\text{아크발생시간}+\text{휴식시간}} \times 100$

04 교류 아크용접기의 부속장치인 핫 스타트장치에 대한 설명으로 틀린 것은?

① 아크 발생을 쉽게 한다.
② 기공 발생을 방지한다.
③ 비드 모양을 개선한다.
④ 아크 발생 초기에만 용접전류를 낮게 한다.

[해설]
핫 스타트(Hot Start) 장치
아크부스터라 하며 모재에 접촉하는 순간인 0.2~0.25sec 정도에 순간적으로 대전류를 흘려서 아크 초기의 안정을 도모하는 장치로 그 특징은 ①, ②, ③항이다.

05 KS에 규정된 연강 아크용접에 사용하는 용접봉 심선의 화학성분에 해당되지 않는 것은?

① 규소   ② 니켈
③ 구리   ④ 인

[해설]
아크 용접봉 심선의 화학성분 중 니켈(Ni)은 사용되지 않는다.

06 가스가우징 작업에서 홈의 깊이와 폭의 일반적인 비율로 가장 적절한 것은?

① 1 : 2~1 : 3   ② 1 : 4~1 : 5
③ 1 : 6~1 : 7   ④ 1 : 1

[해설]
가스가우징(gas gouging)
• 토치를 이용하여 강재의 표면에 둥근 홈을 파내는 방법이다. (일명 가스 따내기다.)
• 홈의 깊이와 폭의 일반적 비율은 1 : 2~1 : 3 정도이다.

정답 01 ① 02 ④ 03 ① 04 ④ 05 ② 06 ①

- 팁 지름 3.4mm, 판의 홈(폭 8mm, 깊이 3.2~4.8mm)
- 팁 지름 6.4mm, 판의 홈(폭 12.7mm, 깊이 8~11mm)

07 피복 금속 아크용접에서 아크 쏠림(arc blow)이 발생할 때 그 방지법으로 가장 적합한 사항은?

① 접지점을 될 수 있는 대로 용접부에서 가까이 할 것
② 용접봉 끝을 아크 쏠림 같은 방향으로 기울일 것
③ 교류용접기로 용접을 할 것
④ 가급적 긴 아크를 사용할 것

해설
- 교류용접기에서는 아크쏠림(자기쏠림) 현상이 없다.
- 자기쏠림 : 아크가 전류의 자기작용에 의해서 한쪽으로만 쏠리는 현상이다.

08 플라스마 절단방법에 대한 설명으로 틀린 것은?

① 텅스텐 전극과 모재 사이에서 아크 플라스마를 발생시키는 것을 이행형 아크 절단이라 한다.
② 플라스마 절단방식은 이행형 아크 절단과 비이행형 아크 절단으로 분류된다.
③ 플라스마 제트 절단법을 이용하여 알루미늄, 구리, 스테인리스강 및 내화물 재료를 절단할 수 있다.
④ 이행형 아크 절단은 특수한 TIG절단토치를 사용하여 만들어지는 아크와 고속의 가스기류에서 얻어지는 플라스마 제트를 이용한 절단으로서 교류전원을 사용한다.

해설
플라스마 제트 절단
㉠ 제트의 발생방식
  - 텅스텐 아크 절단
  - 플라스마 제트 절단
㉡ 직류전원을 이용한다.
㉢ 기체를 가열하여 온도 상승 시 기체원자의 운동으로 원자나 원자핵으로 대단히 활발하게 되어 ⊕⊖ 이온상태로 된 것이 플라스마이다.

09 다음 보기는 어떤 용접봉의 특성을 나타낸 것인가?

[보기]
- 주성분은 유기물을 약 30% 정도 포함한다.
- 가스실드계로 환원가스분위기에서 용접한다.
- 보관 중 습기에 유의한다.
- 비드 표면이 거칠고 스패터의 발생이 많다.

① 일미나이트계   ② 라임티타니아계
③ 고셀룰로오스계 ④ 저수소계

해설
고셀룰로오스계 용접봉(E4311 : high cellulose type)
- 유기물(셀룰로오스)이 약 30% 정도의 피복제로 되어 있다.
- CO, H_2 등 환원성 가스에 의해 용융금속을 보호한다.
- 습기를 흡수하기 용이해서 사용 전 건조시킨다.

10 부하전류가 증가하면 단자전압이 저하하는 특성으로서 피복 아크용접에서 필요한 전원 특성은?

① 정전압 특성   ② 수하 특성
③ 부저항 특성   ④ 상승 특성

해설
수하 특성(drooping characteristic)
부하전류가 증가하면 단자전압이 저하되는 특성이 용접기에 필요하다. 이를 수하 특성이라 한다.(아크가 안정된다.)

11 $5,000l$의 액체 산소는 가스로 환산하면 $6,000l$의 산소병 몇 병을 충전할 수 있는가?(단, $1l$의 액체산소는 35℃ 대기압에서 $0.9m^3$의 기체 산소가스로 환원된다.)

① 100병   ② 350병
③ 550병   ④ 750병

해설
$5,000l$의 액체 산소, $1l$ 액체산소 : $0.9m^3$

충전용기 수 = $\dfrac{(5,000 \times 0.9) \times 1,000 l/m^3}{(6,000/용기)} = 750ea$

정답 07 ③ 08 ④ 09 ③ 10 ② 11 ④

12 교류 아크용접기와 직류 아크용접기의 비교에 대한 설명 중 틀린 것은?

① 발전형 직류 아크용접기는 직류발전기이므로 완전한 직류전원이 얻어진다.
② 발전형 직류 아크용접기는 회전부에 고장이 나기 쉽고, 소음이 많다.
③ 직류 아크용접기는 극성 변화가 불가능하다.
④ 무부하 전압은 직류 용접기가 교류 용접기보다 약간 낮다.

해설
직류 아크용접기
㉠ 전자의 충격을 받아서 양극 쪽이 음극보다 발열량이 크다 하여 용접 시 극성을 고려한다.
㉡ 정극성 : • 모재 : 양극
         • 용접봉 : 음극
㉢ 역극성 : • 모재 : 음극
         • 용접봉 : 양극

13 가스 절단에서 드래그에 관한 설명 중 틀린 것은?

① 절단면에 일정한 간격의 곡선이 진행방향으로 나타난 것을 드래그 라인이라 한다.
② 표준드래그의 길이는 보통 판 두께의 40% 정도이다.
③ 절단면 밑단부가 남지 않을 정도의 드래그를 표준드래그 길이라고 한다.
④ 하나의 드래그 라인의 시작점에서 끝점 까지의 수평거리를 드래그라 한다.

해설
드래그(drag) = $\dfrac{\text{드래그 길이(mm)}}{\text{판 두께(mm)}} \times 100$ (표준드래그는 판 두께의 20%가 표준이다.)

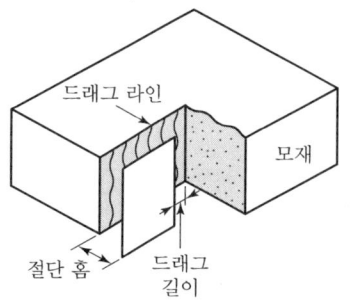

14 아세틸렌에 관한 설명으로 틀린 것은?

① $1m^3$의 아세틸렌은 23,400kcal의 발열량을 낸다.
② 공기보다 가볍다.
③ 각종 액체에 잘 용해되며 아세톤에서 25배가 용해된다.
④ 카바이드와 물의 화학작용으로 발생한다.

해설
아세틸렌 $1m^3$의 발열량은 13,204kcal이다.

15 피복 아크용접에서 아크 전압이 20[V], 아크 전류가 150[A], 용접속도가 15[cm/min]인 경우 용접 단위 길이[cm]당 발생되는 용접 입열은?

① 10,000[J/cm] ② 12,000[J/cm]
③ 14,000[J/cm] ④ 16,000[J/cm]

해설
용접 입열(H)
$H = \dfrac{60EI}{V} = \dfrac{60 \times 20 \times 150}{15} = 12,000(\text{J/cm})$

16 서브머지드 아크용접의 용접용 용제 중 합금제 및 탈산제의 손실이 거의 없기 때문에 용융금속의 탈산작용 및 조직의 미세화가 비교적 용이하지만 흡습의 단점을 가진 것은?

① 소결형 용제   ② 용융형 용제
③ 산성형 용제   ④ 알칼리형 용제

해설
저온 소결형 용제
단점은 흡습성이 매우 크다는 것이다. 소결형 용제는 광물성 원료 및 합금 분말을 규산나트륨과 같은 점결제와 더불어 원료가 용해되지 않을 정도(400~1,000℃)의 저온상태에서 소정의 입도로 소결되어 제조된다.

정답 12 ③ 13 ② 14 ① 15 ② 16 ①

17 논 가스 아크용접의 설명으로 틀린 것은?

① 보호 가스나 용제를 필요로 하지 않는다.
② 용접장치가 간단하며 운반이 편리하다.
③ 용접 길이가 긴 용접물에 아크를 중단하지 않고 연속 용접을 할 수 있다.
④ 용접전원으로는 교류만 사용할 수 있고 위보기자세의 용접은 불가능하다.

해설
논 가스 아크용접(non shielded arc welding)
CO_2 용접보다 바람에 의한 옥외 용접도 가능하고 직류용접은 비교적 낮은 용접전류로 안정된 아크가 얻어지고 얇은 판 용접에 접합하며 교류·직류 용접이 가능하다.

18 용접장치의 기본형이 고체 금속형, 가스 방전형, 반도체형 등으로 구별되는 용접법은?

① 레이저 용접법
② 플라스마 아크용접법
③ 초음파 용접법
④ 폭발 압접법

해설
레이저 용접법
㉠ 레이저(laser) 장치의 기본형식
 • 고체금속형(solid state type)
 • 가스방전형(gas discharge type)
 • 반도체형(semi conductor type)
㉡ 레이저는 광의 증폭기(light amplifier)이다. 종래의 진공관 방식과 매우 성질이 다른 증폭발진방식으로 원자와 분자의 유도방사를 이용하여 얻어진 빛으로 강력한 에너지를 가진 접속성이 강한 단색 광선이다.(에너지 밀도 $10^{12} W/cm^2$)

19 땜납의 구비조건에 해당되지 않는 것은?

① 모재보다 용융점이 낮고, 접합강도가 우수해야 한다.
② 유동성이 좋고 금속과의 친화력이 없어야 한다.
③ 표면장력이 적어 모재의 표면에 잘 퍼져야 한다.
④ 강인성, 내식성, 내마멸성, 화학적 성질 등이 사용 목적에 적합해야 한다.

해설
납땜
접합시킬 금속을 용해시키지 않고 두 금속의 경계면에 그보다 용융점이 낮고 모재와 융합되기 쉬운 금속의 용가재(땜납)를 용융시켜 금속을 서로 접합한다.(주로 얇은 판의 접합이나 장식용 금은세공에 쓰인다. 유동성이 좋고 금속과의 친화력이 요구된다.)

20 안전·보건 표지의 색채에서 녹색의 용도는?

① 금지   ② 지시
③ 안내   ④ 경고

21 TIG 용접 시 청정작용효과가 가장 우수한 경우로 옳은 것은?

① 직류 정극성, 사용가스는 He
② 직류 역극성, 사용가스는 He
③ 직류 정극성, 사용가스는 Ar
④ 직류 역극성, 사용가스는 Ar

해설
티그(TIG)용접에서 역극성이 갖는 또 하나의 효과는 청정효과(plate cleaning action surface cleaning action)이다. 가속된 가스이온이 모재에 충돌하여 이것에 의해 모재 표면에 발생된 산화물이 파괴되어 일어나는 현상으로 직류역극성에서 아르곤 가스를 이용한 경우 많이 발생된다.

22 플래시 용접기를 속도제어 방식에 따라 분류할 때 해당되지 않는 것은?

① 광학식 플래시 용접기
② 수동식 플래시 용접기
③ 공기가압식 플래시 용접기
④ 유압식 플래시 용접기

해설
플래시 용접(flash welding)의 분류로는 ②, ③, ④ 외에도 전동식 플래시 용접기가 있다.

정답 17 ④ 18 ① 19 ② 20 ③ 21 ④ 22 ①

23 CO₂ 용접에서 용접부에 가스를 잘 분출시켜 양호한 실드(shield) 작용을 하도록 하는 부품은?

① 토치바디(Torch body)
② 노즐(Nozzle)
③ 가스 분출기(Gas diffuse)
④ 인슐레이터(insulator)

[해설]
탄산가스(CO_2) 아크용접
• 용접부에 가스를 분출시켜 양호한 실드 작용을 하는 부품은 토치 선단의 노즐(Nozzle)이다.(불활성가스 대신 CO_2 가스 사용)
• 용접법 : 수동식, 반자동식, 전자동식

24 CO_2 가스 아크용접법에서 복합 와이어의 구조에 따른 종류가 아닌 것은?

① 아코스 와이어
② Y관상 와이어
③ V관상 와이어
④ NCG 와이어

[해설]
복합 와이어의 종류
• 아코스 와이어
• BOS 와이어 및 NCG 와이어
• 퍼스 아크 와이어
• S관상 와이어
• Y관상 와이어

25 가스 절단 작업안전으로 맞지 않는 것은?

① 절단 진행 중에 시선은 절단면보다 가스용기에 집중시켜야 한다.
② 호수가 꼬여 있는지, 혹은 막혀 있는지 확인한다.
③ 호스가 용융금속이나 산화물의 비산으로 손상되지 않도록 한다.
④ 토치의 불꽃방향은 안전한 쪽을 향하도록 해야 하며 조심스럽게 다루어야 한다.

[해설]
절단 진행 중에 시선은 가스용기보다는 절단면에 집중시킨다.

26 서브머지드 아크용접의 시작점과 끝나는 부분에 결함이 발생되므로 이것을 효과적으로 방지하고 회전 변형의 발생을 막기 위해 용접선 양끝에 무엇을 설치하는가?

① 컴퍼지션 배킹
② 멜트 배킹
③ 동판
④ 엔드탭

[해설]
엔드탭
서브머지드 아크용접의 시작점과 끝나는 부분에 결함이 발생하므로 이것을 효과적으로 방지하고 회전변형의 발생을 막기 위해 용접선 양끝에 설치한다.

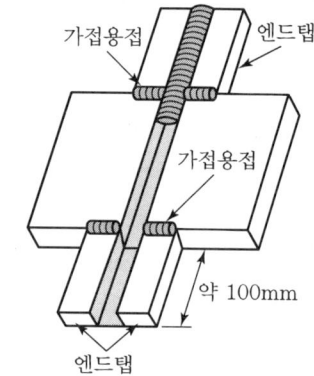

27 일렉트로 슬래그 용접작업에서 주로 사용하는 홈의 형상은?

① I형
② V형
③ J형
④ U형

[해설]
일렉트로 슬래그 용접작업(두꺼운 판 용접)에서 주로 사용하는 홈의 형상은 I형이다. 용접 홈은 특별한 것은 쓸 필요가 없고 가스 절단에 의한 I형 홈이 좋다.

정답 23 ② 24 ③ 25 ① 26 ④ 27 ①

28 불활성가스 금속 아크용접의 특징이 아닌 것은?

① 전자동 또는 반자동식 용접기로 용접속도가 빠르다.
② 전류 밀도가 높아 3mm 이상의 두꺼운 판의 용접에 능률적이다.
③ 무저항 특성 또는 상승 특성이 있는 교류 용접기가 사용된다.
④ 아크 자기 제어 특성이 있다.

해설
불활성가스 금속 아크용접
• 전기저항을 이용한다.
• 직류전원(역극성, 정극성)
• 교류전원(직류분이 많으면 청정효과에 영향을 미친다.)

29 각 아크용접법과 관계있는 내용을 연결한 것 중 틀린 것은?

① 탄산가스 아크용접 – 용극식
② TIG 용접 – 소모전극식 가스실드 아크용접법
③ 서브머지드 아크용접 – 입상 플럭스
④ MAG 용접 – Ar+CO_2 혼합가스

해설
티그(TIG) 용접
비소모성의 텅스텐 전극과 모재 사이에서 발생하는 아크열에 의해 비피복 용가재를 용해해서 용접한다.
※ MAG 용접 : 소모전극식 가스실드 아크용접으로 CO_2+Ar 실드가스 사용

30 주석계 화이트 메탈(white metal)의 주성분으로 맞는 것은?

① 주석, 알루미늄, 인 ② 구리, 니켈, 주석
③ 납, 알루미늄, 주석 ④ 구리, 안티몬, 주석

해설
화이트 메탈(white metal)
주석+안티몬+납+구리의 합금(백색이며 용융점이 낮고 강도가 약하다. 베어링용, 다이캐스팅용)

31 열처리하지 않아도 충분한 경도를 가지며 코발트를 주성분으로 한 것으로 단련이 불가능하므로 금형주조에 의해서 소정의 모양으로 만들어 사용하는 합금은?

① 고속도강   ② 스텔라이트
③ 화이트 메탈   ④ 합금 공구강

해설
스텔라이트
열처리를 하지 않아도 코발트(Co)를 주성분으로 한 것으로 단련이 불가하고 금형주조에 의해서 소정의 모양으로 만든 합금이다.(stellite : 탄소, 크롬, 텅스텐, 코발트, 철의 합금이며 절삭공구, 의료기구 제작)

32 알루미늄 합금의 종류 중 내열성, 연신율, 절삭성이 좋으나 고온취성이 크고 수축에 의한 균열 등의 결점이 있는 합금은?

① Al – CO계 합금   ② Al – Cu계 합금
③ Al – Zn계 합금   ④ Al – Pb계 합금

해설
Al – Cu계 합금
• 내열성, 연신율, 절삭성이 좋다.
• 고온취성이 크고 수축에 의한 균열 등의 결점이 있다.

33 담금질할 때 생긴 내부응력을 제거하며 인성을 증가시키고 안정된 조직으로 변화시키는 열처리는?

① 뜨임   ② 표면경화
③ 불림   ④ 담금질

해설
뜨임(Tempering)
담금질한 강에 연성이나 인성을 부여하고 내부응력을 제거하는 열처리법이다.

정답 28 ③ 29 ② 30 ④ 31 ② 32 ② 33 ①

34 강의 표면경화 방법이 아닌 것은?

① 침탄법   ② 질화법
③ 토머스법   ④ 화염경화법

해설
- 표면경화법에는 침탄법, 질화법, 화염경화법, 도금법, 금속침투법, 고주파경화법이 있다.
- ※ 토머스법(thomas process)은 전로제강법(전로 내면은 돌로마이트와 같은 염기성 내화물 이용)에 해당한다.

35 마그네슘의 성질을 틀리게 설명한 것은?

① 비중 1.74로서 실용금속 재료 중 가장 가볍다.
② 고온에서 쉽게 발화한다.
③ 알칼리에는 부식되나 산에는 거의 부식이 안 된다.
④ 열 및 전기전도도가 구리, 알루미늄보다 낮다.

해설
마그네슘(Mg)
알칼리 수용액에는 비교적 침식되지 않는다.(산, 염류의 수용액에는 현저하게 침식된다.)

36 스테인리스강의 분류에 속하지 않는 것은?

① 펄라이트계   ② 마텐사이트계
③ 오스테나이트계   ④ 페라이트계

해설
스테인리스강의 분류
- 마텐자이트계
- 오스테나이트계
- 페라이트계
※ 펄라이트(Pearlite) : 페라이트와 시멘타이트의 혼합

37 구리의 용접에 관한 설명으로 가장 관계가 먼 것은?

① 불활성가스 텅스텐 아크용접은 판 두께 6mm 이하에 대하여 많이 사용된다.
② 구리의 용접에는 불활성가스 텅스텐 아크용접법과 가스용접이 많이 사용된다.
③ 용접용 구리재료로는 전해구리를 사용하고 용접봉은 전해구리 용접봉을 사용해야 한다.
④ 구리는 용융될 때 심한 산화를 일으키며, 가스를 흡수하기 쉽다.

해설
구리(용접용재)는 무산소동 내지 탈산동 구리를 용접용 재료로 사용한다.
- 용접봉 : E-Cu, E-Cu-Si, E-Cu-Si-Al계 사용
- 전해구리 : 전기용 구리로만 사용한다.

38 응고에서 상온까지 냉각할 때 순철에 발생하는 변태가 아닌 것은?

① A_1 변태점   ② A_4 변태점
③ A_3 변태점   ④ A_2 변태점

해설
A_1 변태점 : 강의 공석변태
- A_1은 C가 0.02% 이상에서만 나타난다.
- 오스테나이트 고용체 $\xrightarrow[\text{가열}]{\text{냉각}}$ = 페라이트 + 시멘타이트 = 펄라이트(온도 726℃, C 0.85%에서 변태가 최고이다.)
- 순철은 C가 0.02% 이하이다.

39 용융금속이 그 주위로부터 냉각되기 시작하면서 결정이 냉각면에 수직하게 가늘고 긴 형상으로 생기는 조직은?

① 주조조직   ② 편석조직
③ 종방향조직   ④ 주상조직

40 주철 중 기계구조용 주물로서 우수하여 널리 사용되며 강력주철(고급 주철)이라고도 하는 것은?

① 백주철   ② 펄라이트 주철
③ 얼룩주철   ④ 페라이트 주철

정답 34 ③   35 ③   36 ①   37 ③   38 ①   39 ④   40 ②

해설

펄라이트 주철(고급주철)
- 기계구조용 주물로서 기계적 성질이 우수하여 널리 사용된다.
- 강력주철이다.
- 인장강도가 크고 종류에는 란츠, 에멜, 코살리, 파워스키, 미하나이트주철이 있다.

41 재료의 선팽창계수나 탄성률 등의 특성이 변하지 않는 불변강에 해당되지 않는 것은?

① 인바(Invar)
② 코엘린바(coelinvar)
③ 슈퍼인바(super Invar)
④ 슈퍼엘린바(super elinvar)

해설

불변강
인바, 엘린바, 코엘린바, 퍼멀로이, 플래티나이트, 슈퍼인바 등

42 열전대 중 가장 높은 온도를 측정할 수 있는 것은?

① 백금-백금로듐
② 철-콘스탄탄
③ 크로멜-알루멜
④ 구리-콘스탄탄

해설
- 백금-백금로듐 : 0~1,600℃
- 철-콘스탄탄 : -20~750℃
- 크로멜-알루멜 : -200~1,200℃
- 구리-콘스탄탄 : -180~350℃

43 용접 잔류응력을 경감하기 위한 방법 중 맞지 않는 것은?

① 용착금속의 양을 될 수 있는 대로 적게 한다.
② 예열을 이용한다.
③ 적당한 용착법과 용접순서를 선택한다.
④ 용접 전에 억제법, 역변형법 등을 이용한다.

44 지그나 고정구의 설계 시 유의사항으로 틀린 것은?

① 구조가 간단하고 효과적인 결과를 가져와야 한다.
② 부품 간의 거리측정이 필요해야 한다.
③ 부품의 고정과 이완은 신속히 이루어져야 한다.
④ 모든 부품의 조립은 쉽고 눈으로 볼 수 있어야 한다.

해설
지그나 고정구의 설계 시 부품 간의 거리측정은 제외한다.

45 용접구조 설계상의 주의사항으로 틀린 것은?

① 용접치수는 강도상 필요한 이상으로 크게 하지 말 것
② 리벳과 용접의 혼용 시에는 충분한 주의를 할 것
③ 용접성, 노치인성이 우수한 재료를 선택하여 시공하기 쉽게 설계할 것
④ 후판을 용접할 경우는 용입이 얕은 용접법을 이용하여 층수를 늘일 것

해설
후판(두꺼운 판)의 용접 시에는 용입이 깊은 용접봉을 이용하여 층수를 늘린다.

46 용접부의 단면을 연삭기나 샌드페이퍼 등으로 연마하고 적당한 부식을 해서 육안이나 저배율의 확대경으로 관찰하여 용입의 상태, 열영향부의 범위, 결함의 유무 등을 알아보는 시험은?

① 응력부식 시험
② 현미경 시험
③ 파면 시험
④ 매크로 조직시험

정답 41 ④ 42 ① 43 ④ 44 ② 45 ④ 46 ④

47 그림과 같은 맞대기 용접 시 $P=6,000\text{kgf}$의 하중으로 잡아당겼을 때 모재에 발생되는 인장응력은 몇 kgf/mm^2인가?

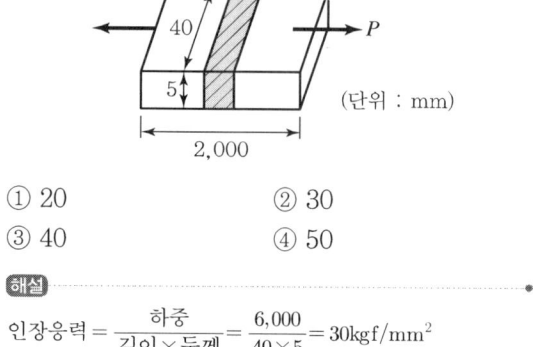

① 20 ② 30
③ 40 ④ 50

해설
인장응력 = $\dfrac{\text{하중}}{\text{길이}\times\text{두께}} = \dfrac{6,000}{40\times5} = 30\text{kgf/mm}^2$

48 다음 그림과 같은 형상을 한 용접부를 용접기호로 나타낸 것은?

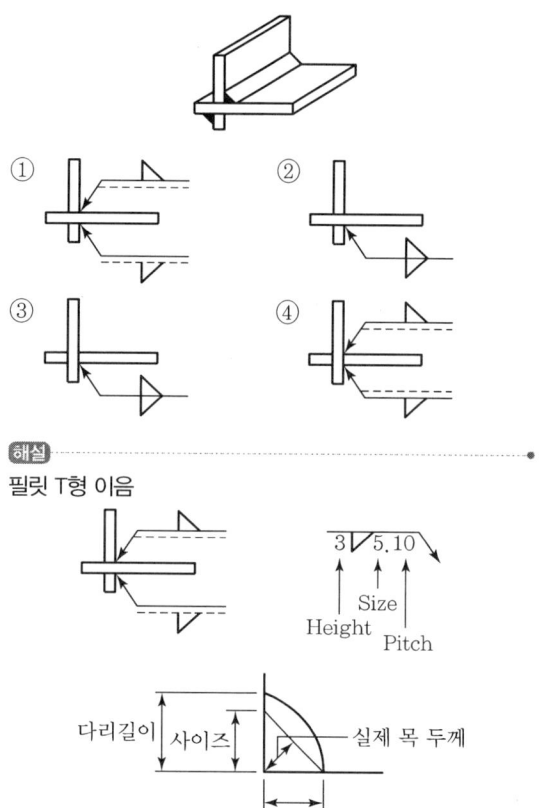

해설
필릿 T형 이음

49 용접 순서를 결정짓는 설명으로 가장 거리가 먼 것은?

① 동일 평면 내에 이음부가 많을 경우 수축은 가능한 자유단으로 내보내어 외적 구속에 의한 잔류응력을 적게 한다.
② 중심선에 대해 대칭을 벗어나면 수축이 발생하여 변형하거나, 굽혀지거나 뒤틀리는 경우가 있으므로 가능한 한 물품의 중심에 대하여 대칭적으로 용접한다.
③ 가능한 한 수축이 적은 이음용접을 먼저 하여 변형을 최소한으로 줄이고 수축이 큰 이음 용접을 나중에 하여 각 부품의 조립의 정밀도를 높일 수 있도록 한다.
④ 용접선의 직각 단면 중립축에 대하여 용접수축력의 총합이 0이 되도록 하여 용접방향에 대한 굽힘을 줄인다.

해설
용접순서는 가능한 한 수축이 큰 이음용접을 먼저 하고 수축이 적은 이음 용접은 나중에 해야 변형을 최소한으로 줄일 수 있다.

50 용접 전에 용접부의 예열을 시키는 목적으로 틀린 것은?

① 열영향부와 융착 금속의 경화를 촉진하고 인성을 증가시킨다.
② 수소의 방출을 용이하게 하여 저온균열을 방지한다.
③ 용접부의 기계적 성질을 향상시키고 경화조직의 석출을 방지시킨다.
④ 온도분포가 완만하게 되어 열응력의 감소로 변형과 잔류응력의 발생을 적게 한다.

해설
용접 전에 용접부의 예열을 시키는 목적은 열영향부와 용착 금속의 경화를 완화시키고 인성을 증가시키기 위함이다.

정답 47 ② 48 ① 49 ③ 50 ①

51 용접 시 기공 발생의 방지대책으로 틀린 것은?

① 위빙을 하여 열량을 늘리거나 예열을 한다.
② 충분히 건조한 저수소계 용접봉을 사용한다.
③ 정해진 범위 안에 전류로 좀 긴 아크를 사용하거나 용접법을 조절한다.
④ 피닝작업을 하거나 용접 비드 배치법을 변경한다.

해설
피닝작업(Peening)은 잔류응력을 제거하는 것으로, 구면모양의 선단을 한 특수한 피닝 해머로서 연속적으로 난타하여 용접표면 측을 소성변형시키는 조작(용접표면의 인장응력 완화)이다.

52 필릿 용접 이음부의 루트 부분에 생기는 저온균열로 모재의 열팽창 및 수축에 의한 비틀림이 주원인이 되는 균열의 명칭은?

① 비드 밑 균열   ② 루트 균열
③ 힐 균열   ④ 병배 균열

해설
필릿 용접 이음부의 루트 부분에 생기는 저온균열로 모재의 열팽창이나 수축에 의한 비틀림이 주원인이 되는 것은 힐 균열(heel crack)이며 비드 길이가 짧을 때 일어나기 쉽다.

53 자분탐상시험에서 자화방법의 종류가 아닌 것은?

① 축통전법   ② 전류관통법
③ 원통통전법   ④ 코일법

해설
자분탐상검사(비파괴시험)법(자화법)
- 축통전법
- 전류관통법
- 직각통전법
- 코일법(직선자강)
- 극간법

54 산업용 용접로봇의 주요 작업 기능부가 아닌 것은?

① 구동부   ② 용접부
③ 검출부   ④ 제어부

55 다음 중 통계량의 기호에 속하지 않는 것은?

① σ ② R
③ s ④ $\bar{x}$

해설
통계량 기호
- 표본평균 : $\bar{x}$
- 모평균 : μ
- 표본표준편차 : S
- 모분산 : σ^2
- 범위 : R
- 모표준편차 : σ

56 계수 규준형 샘플링 검사의 DC 곡선에서 좋은 로트를 합격시키는 확률을 뜻하는 것은?(단, α는 제1종 과오, β는 제2종 과오이다.)

① α ② β
③ $1-\alpha$ ④ $1-\beta$

해설
생산자위험확률(α)
시료가 불량하기 때문에 로트가 불합격되는 확률

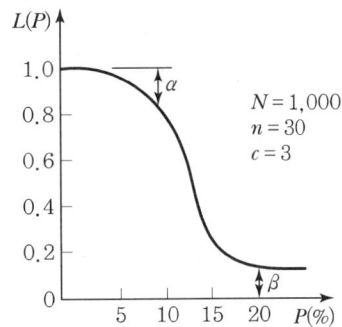

$N = 1,000$
$n = 30$
$c = 3$

※ $1-\alpha$: 좋은 로트가 합격되는 확률은 전체에서 불합격되어야 할 로트가 불합격된 확률(α)을 뺀 나머지 부분이다.

정답 51 ④ 52 ③ 53 ③ 54 ② 55 ① 56 ③

57 다음 중 인위적 조절이 필요한 상황에 사용될 수 있는 워크팩터(Work Factor)의 기호가 아닌 것은?

① D
② K
③ P
④ S

해설
워크팩터 기호
작업의 표준시간 설정을 위해 정밀계측시계를 이용하여 극소동작에 대한 상세 데이터를 분석한 결과를 토대로 기초적인 동작시간공식을 작성하고 분석하는 법이다.
- D : 일정정지
- P : 주의
- S : 방향조절
- U : 방향변경

58 어떤 회사의 매출액이 80,000원, 고정비가 15,000원, 변동비가 40,000원일 때 손익분기점 매출액은 얼마인가?

① 25,000원
② 30,000원
③ 40,000원
④ 55,000원

해설
손익분기점 산출공식
손익분기점 매출액 = 고정비/한계이익률

$$= \frac{고정비}{1-\left(\frac{변동비}{매상고}\right)} = \frac{15,000}{1-\frac{40,000}{80,000}}$$

$$= 30,000원$$

59 예방보전(Preventive Maintenance)의 효과로 보기에 가장 거리가 먼 것은?

① 기계의 수리비용이 감소한다.
② 생산시스템의 신뢰도가 향상된다.
③ 고장으로 인한 중단시간이 감소한다.
④ 예비기계를 보유해야 할 필요성이 증가한다.

해설
PM(예방보전)
설비 사용 전 정기점검 및 검사와 조기 수리 등을 하여서 설비성능 저하 방지, 사고나 고장을 미연에 방지함으로써 설비의 성능을 개선하여 표준 이상으로 유지하는 보전활동을 예방보전이라고 한다.

60 u관리도의 관리한계선을 구하는 식으로 옳은 것은?

① $\bar{u} \pm \sqrt{u}$
② $\bar{u} \pm 3\sqrt{\bar{u}}$
③ $\bar{u} \pm 3\sqrt{n\bar{u}}$
④ $\bar{u} \pm 3\sqrt{\dfrac{u}{n}}$

해설
관리한계선(u관리도)
- 중심선 : $\bar{u} = \dfrac{\Sigma_c}{\Sigma_n}$
- 관리한계선(Control Limit) : $\bar{u} \pm 3\sqrt{\dfrac{u}{n}}$

정답 57 ② 58 ② 59 ④ 60 ④

2010년 48회 기출문제

2010.7.12 시행

01 피복아크용접에서 아크쏠림 방지대책 중 맞는 것은?

① 교류용접기로 하지 말고 직류용접기로 할 것
② 아크길이를 다소 길게 할 것
③ 접지점은 한 개만 연결할 것
④ 용접봉 끝을 아크쏠림 반대방향으로 기울일 것

[해설]
아크쏠림(magnetic blow arc blow)은 아크(arc)가 전류의 자기 작용에 의해서 한쪽으로 쏠리는 현상이다(직류 아크용접법은 안정된 아크를 얻을 수 있으나 자기쏠림의 현상이 있어 용접물의 형상 용접 개소에 따라 도체에 흐르는 전류에 의해 그 주위에는 자장이 생긴다.). 그 방지법은 ④항 및 긴 용접에서 후퇴법으로 용착하는 방법이 있다.

02 초음파 탐상시험에서 음파의 종류에 해당되지 않는 것은?

① 저음파   ② 청음파
③ 초음파   ④ 고음파

[해설]
초음파 탐상시험에서 음파의 종류
- 초음파 용접이라 함은 접합하고자 하는 소재에 초음파 18kHz 이상에서 횡진동을 주어 그 진동 에너지에 의해 접촉부의 원자가 서로 확산되어 접합이 된다.
- 음파의 종류 : 저음파, 청음파, 초음파 등

03 가스용접으로 동합금을 용접하는 데 적당한 용제(flux)는?

① 붕사   ② 황혈염
③ 염화나트륨   ④ 탄산소다

[해설]
동합금 용접 시 용제
붕사($Na_2B_4O_7 \cdot 10H_2O$), 붕산(H_3BO_3)

04 저압식 절단 토치를 올바르게 설명한 것은?

① 아세틸렌가스의 압력이 보통 $0.07 kgf/cm^2$ 이하에서 사용한다.
② 산소가스의 압력이 보통 $0.07 kgf/cm^2$ 이하에서 사용한다.
③ 아세틸렌가스의 압력이 보통 $0.07~0.4 kgf/cm^2$ 정도에서 사용한다.
④ 산소가스의 압력이 보통 $0.07~0.4 kgf/cm^2$ 정도에서 사용한다.

[해설]
아세틸렌 절단 토치
- 저압식 절단 토치 : $0.07 kg/cm^2$ 이하
- 중압식 절단 토치 : $0.07~1.3 kg/cm^2$

05 뉴턴(Newton)의 만유인력의 법칙에 따라서 금속원자 간에 인력이 작용하여 결합하게 된다. 이 결합을 이루게 하기 위해서는 원자들은 보통 몇 cm 접근시켰을 때 결합하는가?

① 10^{-6} ② 10^{-8}
③ 10^{-10} ④ 10^{-12}

[해설]
금속원자 간의 인력결합에서 원자의 접근결합 : $10^{-8} cm$

06 피복금속 아크용접봉의 피복제 역할이 아닌 것은?

① 용융금속을 대기와 잘 접촉하게 한다.
② 아크를 안정시켜 용접을 용이하게 한다.
③ 용착금속의 냉각속도를 지연시킨다.
④ 모재표면의 산화물을 제거한다.

[해설]
피복금속 아크용접봉 피복제는 중성 또는 환원성의 분위기를 만들어서 대기 중의 산소나 질소의 침입을 방지하고 용융금속을 보호한다.

정답 01 ④   02 ④   03 ①   04 ①   05 ②   06 ①

07 비교적 큰 용적이 단락되지 않고 옮겨가는 형식이며, 서브머지드 아크용접과 같이 대전류 사용 시에 나타나는 용적이행 형식은?

① 단락형　　② 스프레이형
③ 글로뷸러형　④ 반발형

해설
글로뷸러형(입적이행)
비교적 큰 용적이 단락되지 않고 옮겨가는 형식이며 서브머지드 아크용접과 같이 대전류 사용 시에 나타나는 용적이행 형식이다.

08 가스용접에서 정압 생성열($kcal/m^3$)이 가장 적은 가스는?

① 아세틸렌　② 메탄
③ 프로판　　④ 부탄

해설
가스용접 가스발열량($kcal/m^3$) : 고위발열량값
- 아세틸렌(C_2H_2) : 13204
- 메탄(CH_4) : 9010
- 프로판(C_3H_8) : 22340
- 부탄(C_4H_{10}) : 29035

09 피복아크용접의 품질에 영향을 주는 요소가 아닌 것은?

① 전류조정　　② 용접기의 사용률
③ 용접속도　　④ 아크길이

해설
용접품질에 영향을 주는 요소
- 전류조정
- 용접속도
- 아크길이
- 용접기 성능

10 산소와 아세틸렌 용기 취급 시 주의사항 중 잘못된 것은?

① 산소병 내에 다른 가스를 혼합하여도 된다.
② 산소병 운반 시 충격을 주어서는 안 된다.
③ 아세틸렌 병은 세워서 사용하며, 병에 충격을 주어서는 안 된다.
④ 산소병은 40℃ 이하 온도에서 보관하고 직사광선을 피해야 한다.

해설
- 산소는 순도가 높은 가스를 사용하여야 한다.
  - 산소용기 도색 : 녹색
  - 수소용기 도색 : 주황색
  - 아세틸렌용기 도색 : 황색
  - 프로판용기 도색 : 회색
  - 아르곤용기 도색 : 회색
- 아세틸렌 용해도(물 : 같은 양, 석유 : 2배, 벤젠 : 4배, 아세톤 : 25배, 용해량은 온도를 낮추고 압력을 높이면 증가한다.)

11 1차 코일을 교류 전원에 접속하면 2차 코일은 70~100V의 저전압으로 되고, 2차 코일은 전환 탭으로 권선비에 따라 큰 전류를 조정하는 용접기는?

① 발전형 직류 아크용접기
② 가동 코일형 교류 아크용접기
③ 가동 철심형 교류 아크용접기
④ 탭 전환형 직류 아크용접기

해설
가동 철심형 교류 아크용접기
- 2차 코일 전압 : 70~100V(2차 코일 : 전환탭으로 권선비에 따라 큰 전류를 조정한다.)
- 교류 아크용접기 : ①, ②, ③ 외 가포화 리액터형 등이 있다.

12 AW400인 교류아크용접기로 두께가 9mm인 연강판을 용접전류 180A, 아크전압 30V로 접합하고자 할 때 이 용접기의 효율은 약 %인가?(단, 이 교류 아크용접기의 내부 손실은 4kW이다.)

① 32.4　　② 38.7
③ 45.7　　④ 57.4

해설
$$효율 = \frac{출력}{입력(소비전력)}, \frac{5.4}{5.4+4} \times 100 = 57.4(\%)$$
※ $180 \times 30 = 5,400W(5.4kW)$

정답 07 ③　08 ②　09 ②　10 ①　11 ③　12 ④

13 가스토치를 사용하여 용접부의 결함, 뒤따내기, 가접의 제거, 압연강재, 주강의 표면결함의 제거 등에 사용하는 가공법은?

① 가스 절단 ② 아크 에어 가우징
③ 가스 가우징 ④ 가스 스카핑

> **해설**
> 가스 가우징(gas gouging)
> 가스토치를 사용하여 용접부의 결함, 뒤따내기, 가접의 제거, 압연강재, 주강의 표면결함을 제거하고 강재의 표면에 둥근 홈을 따내는 방법이다. 일명 가스따내기라고 한다. 작업 시 토치 팁을 강의 표면과 30~40° 경사지게 한다.

14 가스 절단에 쓰이는 예열용 가스로 불꽃의 온도가 가장 높은 것은?

① 수소 ② 아세틸렌
③ 프로판 ④ 메탄

> **해설**
> 가스 예열 시 불꽃의 온도
> • 아세틸렌 : 2,632℃
> • 수소 : 2,210℃
> • 프로판 : 2,116℃
> • 메탄 : 2,066℃

15 플라스마 절단에 대한 설명 중 틀린 것은?

① 텅스텐 전극과 모재 사이에서 아크 플라스마를 발생시키는 것을 이행형 아크 절단이라 한다.
② 비이행형 아크 절단은 텅스텐 전극과 수랭 노즐과의 사이에서 아크를 발생시켜 절단한다.
③ 작동가스로는 스테인리스강에 대해서는 헬륨과 산소의 혼합가스를 일반적으로 사용된다.
④ 알루미늄 등의 경금속에 대해서는 작동가스로 알곤과 수소의 혼합가스를 일반적으로 사용된다.

> **해설**
> 스테인리스강의 절단은 텅스텐 아크 절단법을 이용한다.(전원은 직류 사용이며 작동가스는 아르곤, 수소의 혼합가스나 질소가스를 사용하는 경우가 있다.)

16 서브머지드 아크용접의 장점에 대한 설명으로 틀린 것은?

① 대전류에서 용접할 수 있으므로 고능률적이다.
② 용접입열이 커서 모재에 변형을 가져올 우려가 없으며 열영향부가 넓다.
③ 용접 금속의 품질이 양호하다.
④ 유해광선이나 퓸(fume) 등이 적게 발생되어 작업환경이 깨끗하다.

> **해설**
> 서브머지드 아크용접의 장점은 ①, ③, ④항 및 기타 용입이 깊고 용접속도도 빨라서 능률적인 용접을 할 수 있다는 점이다. 또한 용접 후에 변형이 적고 대량생산이 가능하다.

17 일렉트로 슬래그 용접의 장점이 아닌 것은?

① 박판 강재의 용접에 적합하다.
② 특별한 홈 가공을 필요로 하지 않는다.
③ 용접시간이 단축되기 때문에 능률적이다.
④ 냉각속도가 느리므로 가공, 슬래그 섞임이 없다.

> **해설**
> 일렉트로 슬래그 용접(electro slag welding)은 그 장점으로 ②, ③, ④ 외에 박가판이나 어떠한 두꺼운 판이라도 용접이 가능하고 변형이 적으며 준비시간이 $\frac{1}{4}$로 절감된다.

18 전류가 인체에 미치는 영향 중 순간적으로 사망할 위험이 있는 전류량은 몇 [mA] 이상인가?

① 8 ② 20
③ 35 ④ 50

> **해설**
> 전격재해
> • 10mA : 견디기 어려운 고통
> • 20mA : 근육수축
> • 50mA : 상당히 위험, 생명위험
> • 100mA : 치명적

정답 13 ③ 14 ② 15 ③ 16 ② 17 ① 18 ④

19 염화아연을 사용하여 납땜을 하였더니 후에 그 부분이 부식되기 시작했다. 그 이유로 가장 적당한 것은?

① 땜납과 금속판이 전기작용을 일으켰기 때문에
② 땜납의 양이 많기 때문에
③ 인두의 가열온도가 높기 때문에
④ 납땜 후 염화아연을 닦아내지 않았기 때문에

해설
경납용 용제
- 염화리튬, 염화나트륨, 염화칼륨, 불화리튬, 염화아연 등
- 염화아연($AnCl_2$) : 납땜 시 부식이 발생한다. 납땜 후에 부식 방지를 위해 닦아낸다.

20 CO_2 가스 아크용접에서 사용되는 복합 와이어의 구조가 아닌 것은?

① 아코스 와이어 ② Y관상 와이어
③ S관상 와이어 ④ U관상 와이어

해설
CO_2 탄산가스 아크용접봉 복합 와이어 종류
- 아코스 와이어
- Y관상 와이어
- S관상 와이어
- BOC 와이어
- 퍼스 아크 와이어

21 서브머지드 아크용접 시 와이어 표면에 구리 도금을 하는 이유로 가장 적당하지 않은 것은?

① 콘택트 팁과 전기적 접촉을 원활히 해준다.
② 와이어의 녹 방지를 함으로써 기공 발생을 적게 한다.
③ 송급 롤러와 접촉을 원활히 해줌으로써 용접속도에 도움이 된다.
④ 용착금속의 강도와 기계적 성질도 저하시킨다.

해설
서브머지드 아크용접봉 와이어의 표면은 접촉 팁과의 전기적 접촉을 양호하게 하기 위하여 또한 녹스는 것을 방지하기 위하여 구리(Cu)로 도금하는 것이 보통이다. (스테인리스강은 제외한다.)

※ 용접용 와이어는 비피복선을 코일 모양으로 감고 지름은 2.4~12.7mm까지 있고 보통 2.4~7.9mm를 사용한다.

22 미그(MIG) 용접에서 용융속도의 표시방법은?

① 모재의 두께
② 분당 보호가스 유출량
③ 용접봉의 굵기
④ 분당 용융되는 와이어의 길이, 무게

해설
미그 용접의 용융속도 표시방법
분당(min) 용융되는 와이어(wire)의 길이나 무게로 표시한다.(0.8~3.2mmϕ를 3~5m/min 속도로 사용된다.)

23 겹치기 저항 용접에 있어서 접합부에 나타나는 용융응고된 금속 부분을 무엇이라고 하는가?

① 오목 자국 ② 너깃
③ 튐 ④ 오손

해설
너깃

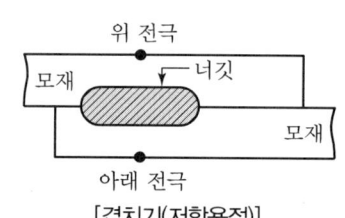

[겹치기(저항용접)]

24 전기적 에너지를 열원으로 사용하는 용접법에 해당되지 않는 것은?

① 피복 금속 아크용접
② 플라스마 아크용접
③ 테르밋 용접
④ 일렉트로 슬래그 용접

해설
테르밋 용접(thermit welding)
'알루미늄분말+산화철분말'과 테르밋제(과산화바륨+마그네슘)의 점화제를 사용하여 용접한다.

정답 19 ④ 20 ④ 21 ④ 22 ④ 23 ② 24 ③

25 원자 수소 아크용접에 이용되는 용접열로 가장 적당한 것은?

① 2,000~3,000℃ ② 3,000~4,000℃
③ 4,000~5,000℃ ④ 5,000~6,000℃

해설
원자 수소 용접
분자상태의 수소(H_2)를 원자상태의 수소로 열해리시켜 이것이 다시 결합하여 분자상태의 수소로 될 때 발생하는 열을 이용하여 순원자 상태 및 분자 상태의 수소가스 분위기 내에서 행하는 용접이다. 방출열은 약 3,000~4,000℃이다.

26 TIG 용접기법 중 용입이 얕고 청정효과가 있는 전극 특성은?

① 직류 역극성(DCRP)
② 직류 정극성(DCSP)
③ 교류 역극성(ACRP)
④ 교류 정극성(ACSP)

해설
직류 역극성(TIG 불활성 가스 용접)
용입이 얕고 청정효과(Plate cleaning action surface cleaning action)가 있다. 청정효과란 가속된 가스 이온이 모재에 충돌하여 이것에 의해 모재표면의 산화물이 제거되는 것이다.

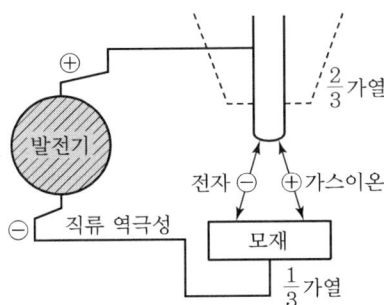

27 KS규격에서 정한 TIG 용접에서 사용되는 2% 토륨 텅스텐(YWTh-1) 전극봉의 식별용 색으로 맞는 것은?

① 녹색 ② 갈색
③ 황색 ④ 적색

해설
텅스텐 전극
• 순수한 텅스텐 : 초록색
• 토륨(Th) 1~2% 함유된 텅스텐 전극봉의 식별은 적색이다.(1% 토륨 : 노란색)

28 가스용접 및 절단작업 시 안전사항으로 가장 거리가 먼 것은?

① 작업 시 작업복은 깨끗하게 간편한 복장으로 갈아입고 작업자의 눈을 보호하기 위해 보안경을 착용한다.
② 납이나 아연합금 및 도금 재료의 용접이나 절단 시 중독에 우려가 있으므로 환기에 신경을 쓰며 계속적인 작업보다 주기적으로 휴식을 취한 후 작업한다.
③ 산소병은 고압으로 충전되어 있으므로 운반 및 압력 조정기 체결을 정확히 해야 하며 나사부분의 마모를 적게 하기 위하여 윤활유를 사용한다.
④ 밀폐된 용기를 용접하거나 절단할 때 내부의 잔여물질 성분이 팽창하여 폭발할 우려를 충분히 검토한 후 작업을 한다.

해설
산소는 가연성 가스에 필요한 조연성(지연성) 가스이므로 나사부에 위험물 제4류 윤활유 사용은 불가하다.

29 탄산가스 아크용접에서 전진법의 특징이 아닌 것은?

① 용접선이 잘 보이므로 운봉을 정확하게 할 수 있다.
② 비드 높이가 낮고 평탄한 비드가 형성된다.
③ 스패터가 비교적 많으며 진행방향 쪽으로 흩어진다.
④ 비드 형상이 잘 보이기 때문에 비드폭, 높이 등을 억제하기 쉽다.

해설
탄산가스 아크용접
전자동, 반자동용접 또는 전자세용접이 가능하다.
• 비드 높이가 낮고 평탄한 비드를 형성한다.

정답 25 ② 26 ① 27 ④ 28 ③ 29 ④

30 일반적인 합금의 특징 설명으로 틀린 것은?

① 경도가 높아진다.
② 전기전도율이 저하된다.
③ 용융 온도가 높아진다.
④ 열전도율이 저하된다.

해설
합금은 일반적으로 용융점이나 전기 및 열전도율이 낮다.

31 Ni 40~50%와 Fe의 합금으로 열팽창계수가 5~9×10⁻⁶ 정도이며 전구의 도입선으로 사용되는 불변강은?

① 인바
② 플라티나이트
③ 코엘린바
④ 슈퍼인바

해설
플라티나이트(Platinite)
주성분은 철+니켈의 불변강이며 열팽창계수가 (5~9)×10⁻⁶ 정도이며 전구의 도입선으로 사용

32 이산화탄소 아크용접법은 어느 금속에 가장 적합한가?

① 알루미늄
② 마그네슘
③ 저탄소강
④ 몰리브덴

해설
저탄소강(C가 0.3% 이하) : 연강이라고 한다.
- 일미나이트 용접봉을 많이 사용한다.
- 서브머지드 아크용접, 이산화탄소(CO_2) 용접에 이상적이다.
- 아주 두꺼운 저탄소강은 일렉트로 슬래그 용접이 이상적이다.

33 칼슘이나 규소를 첨가해서 흑연화를 촉진시켜 미세 흑연을 균일하게 분포시키거나 백주철을 열처리하여 연신율을 향상시킨 주철은?

① 반주철
② 가단주철
③ 구상흑연주철
④ 회주철

해설
흑심가단주철 : 백선주물 안의 화합탄소를 풀림열처리하여 흑연화시킨 것

34 내열용 알루미늄 합금의 종류가 아닌 것은?

① Y합금
② 로우엑스
③ 코비탈륨
④ 라우탈

해설
라우탈(Lautal)
- 알루미늄의 내열용이 아닌 탄력용 강력합금이다.(실용합금)
- 알루미늄+구리+규소의 합금이다.

35 니켈-구리계 합금의 종류가 아닌 것은?

① 어드밴스(advance)
② 큐프로 니켈(cupro nickel)
③ 퍼멀로이(permalloy)
④ 콘스탄탄(constantan)

해설
퍼멀로이 : 니켈+코발트(Ni-Co) 합금이며 니켈이 36% 이상의 불변강, 고니켈강, 비자성체, 내식성 강

36 Ni-Cr계 합금의 특징 설명으로 틀린 것은?

① 전기저항이 크다.
② 내열성이 크고 고온에서 경도 및 강도 저하가 적다.
③ 내식성이 작고 산화도가 크다.
④ Fe 및 Cu에 대한 전열효과가 크다.

해설
니켈-크롬(Ni-Cr) 합금은 전기저항, 내열성, 내식성이 크다.

37 주철의 용접은 보수용접에 많이 쓰이며 주물의 상태, 결함의 위치, 크기, 겉모양 등에 유의하여야 한다. 주철의 보수용접 종류가 아닌 것은?

① 스터드법
② 빌드업법
③ 비녀장법
④ 버터링법

해설
주철의 보수용접에 따른 종류
- 스터드법
- 비녀장법
- 버터링법

38 철강 표면에 Zn을 확산 침투시키는 방법으로 청분이라고 하는 300mesh 정도의 Zn 분말 속에 제품을 넣고, 300~420℃로 1~5시간 가열하여 경화층을 얻는 금속침투법은?

① 칼로라이징(calorizing)
② 세라다이징(sheradizing)
③ 크로마이징(chromizing)
④ 실리코나이징(siliconizing)

해설
세라다이징
표면경화법이며 철강 표면에 아연(Zn)을 확산 침투시킨다.
- 칼로라이징 : Al 침투
- 크로마이징 : Cr 침투
- 실리코나이징 : Si 침투

39 페라이트계 스테인리스강에 대한 설명으로 틀린 것은?

① 표면이 잘 연마된 것은 공기나 물 중에서 부식되지 않는다.
② Cr 12~17%, C 0.2% 이하 함유된 스테인리스강이다.
③ 유기산, 질산, 염산, 황산 등에 잘 침식된다.
④ 오스테나이트계에 비하여 내산성이 낮다.

해설
페라이트 스테인리스강
- 탄소(C)가 0.2% 이하인 강이다.
- 열처리 강화가 안 됨, 연성이나 소성, 가공성이 우수하다.
※ 내식성 : 오스테계보다는 떨어지지만 마텐자이트계보다는 우수하다. 질산, 유기산에는 충분히 견디나 염산에는 침식된다.

40 구리 및 구리합금의 용접 시 판두께 6mm 이하에서 많이 사용되며, 용접부의 기계적 성질이 우수하여 가장 널리 쓰이는 용접법은?

① 불활성가스 텅스텐 아크용접
② 테르밋 용접
③ 일렉트로 슬래그 용접
④ CO_2 아크용접

41 듀콜(ducol)강은 어디에 속하는 강종인가?

① 고망간강 중 시멘타이트 조직을 나타낸다.
② 저망간강 중 펄라이트 조직을 나타낸다.
③ 고망간강 중 오스테나이트 조직을 나타낸다.
④ 저망간강 중 페라이트 조직을 나타낸다.

해설
듀콜강
철+망간(1.2~1.7% 저망간) 합금으로 구조용 특수강이다. 조직은 펄라이트 조직(723℃ 이상은 γ철)이다. 고장력강의 원재료, 기계구조용, 일반구조용 선박, 교량, 레일용으로 사용된다.
※ 펄라이트(Pearlite) : 페라이트와 시멘타이트의 혼합물이다.

42 잔류 오스테나이트를 마텐사이트화하기 위한 처리를 무엇이라고 하는가?

① 심랭처리   ② 용체화 처리
③ 균질화 처리 ④ 불루잉 처리

해설
심랭처리
잔류 오스테나이트를 마텐자이트화하기 위한 처리이다.

43 잔류응력이 존재하는 구조물에 인장이나 압축하중을 걸어 용접부를 약간 소성변형시킨 후 하중을 제거하면 잔류응력이 감소하는 현상을 이용하는 잔류응력 완화법은?

① 기계적 응력 완화법   ② 저온 응력 완화법
③ 피닝법   ④ 응력제거 풀림법

정답 38 ② 39 ③ 40 ① 41 ② 42 ① 43 ①

44 용접을 진행하면서 용접부 부근을 냉각시켜 모재의 열영향부 범위를 축소시킴으로써 변형을 방지하는 데 사용하는 냉각법에 속하지 않는 것은?

① 수랭동판 사용법 ② 살수법
③ 피닝법 ④ 석면포 사용법

_{해설}
피닝법
용접부분을 구면 모양의 선단을 한 특수 해머로서 연속 타격하여 용접표면 측을 소성 변형시키는 잔류응력 제거방법이다.

45 모재에 라미네이션이 발생하였다. 이 결함을 찾는 데 가장 좋은 비파괴검사방법은?

① 육안시험 ② 자분탐상시험
③ 음향검사시험 ④ 초음파탐상시험

_{해설}
초음파 비파괴검사법(투상법, 반향법)
• 초음파의 진동수 0.5~1.5MHz 사용
• 라미네이션 : 기공에 의해 철판 모재가 두 층으로 갈라지는 현상

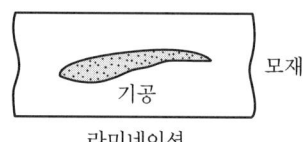
라미네이션

46 아크 용접부 파단면에 생기는 것으로 용접부의 냉각속도가 너무 빠르고 모재의 탄소, 탈산생성물 등이 너무 많을 때의 원인으로 생성되는 결함은?

① 언더필 ② 스패터링
③ 아크 스트라이크 ④ 선상조직

_{해설}
선상조직
• 아크 용접부 파단면에 생기는 것으로 용접부 냉각속도가 너무 빨라서 모재의 탄소, 탈산생성물 등이 너무 많을 때 생성되는 결함이다.
• 선상조직, 은점은 구조상의 결함이다.

47 용접기본기호 중 표면육성기호로 맞는 것은?

① ◯ ② ⊖
③ ⌢ ④ ⌇

_{해설}
용접기본기호(표면육성기호) : ⌢ (서피싱)

48 제어의 형태에 따라 산업용 로봇을 분류할 때 해당되지 않는 것은?

① 서보제어 로봇 ② 논 서보제어 로봇
③ 원통좌표 로봇 ④ CP제어 로봇

49 다음 중 용착법에 대해 잘못 표현된 것은?

① 덧살올림법 : 각 층마다 전체의 길이를 용접하면서 쌓아올리는 방법
② 대칭법 : 용접부의 중앙으로부터 양끝을 향해 대칭적으로 용접해 나가는 방법
③ 비석법 : 용접 길이를 짧게 나누어 간격을 두면서 용접하는 방법
④ 전진블록법 : 한 끝에서 다른 쪽 끝을 향해 연속적으로 진행하면서 용접하는 방법

_{해설}
용착금속 비드 만들기
• 전진법
• 후진법
• 대칭법
• 스킵법
• 덧붙임법, 가스킷법, 블럭법 등은 다층쌓기법
※ 전진법 : 한쪽에서 다른 쪽으로 용접을 진행하는 방법

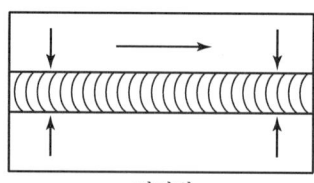
전진법

※ 전진블록법 : 한개의 용접봉으로 홈을 한 부분씩 여러 층으로 쌓아올려 다른 부분으로 진행하는 용접

50 용접재료시험법 중에서 인장시험 파단 후의 시험편 단면적을 $A(\text{mm}^2)$, 최초의 단면적을 $A_0(\text{mm}^2)$라 할 때 단면수축률 ϕ를 구하는 식은?

① $\phi = \dfrac{A - A_0}{A_0} \times 100(\%)$

② $\phi = \dfrac{A_0 - A}{A_0} \times 100(\%)$

③ $\phi = \dfrac{A - A_0}{A} \times 100(\%)$

④ $\phi = \dfrac{A_0 - A}{A} \times 100(\%)$

[해설]
단면수축률(%)
$\phi = \dfrac{\text{최초 단면적} - \text{파단 후 단면적}}{\text{최초 단면적}} \times 100\%$

51 용접지그를 선택하는 기준으로 틀린 것은?
① 용접하고자 하는 물체를 튼튼하게 고정시켜 줄 수 있는 크기와 강성이 있어야 한다.
② 용접변형을 억제할 수 있는 구조이어야 한다.
③ 피용접물과의 고정과 분해가 어렵고 용접할 간극을 적당하게 받쳐 주어야 한다.
④ 청소하기 쉽고 작업능률이 향상되어야 한다.

[해설]
피용접물과의 고정과 분해가 용이하면서 용접할 간극을 적당하게 받쳐주어야 한다.

52 보통 판 두께 4~19mm 이하의 경우를 한쪽에서 용접으로 완전용입을 얻고자 할 때 사용하며 홈 가공이 비교적 쉬우나 판의 두께가 두꺼워지면 용착 금속의 양이 증가하는 맞대기 이음형상은?
① V형 홈   ② H형 홈
③ J형 홈   ④ X형 홈

[해설]
V형 용접 홈(V형 Groove)
판두께 4~19mm 이하 용접에서 완전용입을 얻고자 사용한다. 홈가공이 비교적 용이하나 판두께가 두꺼워지면 용착금속의 양이 증가한다.

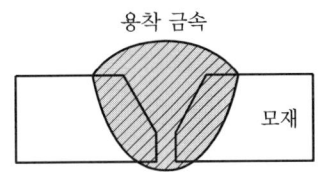

53 어떤 부재의 용접시공 시 용착금속의 중량을 $Wd(\text{g})$, 용착속도를 $V(\text{g/hr})$, 용접공의 실동효율(= 아크타임)을 $Te(\%)$라 할 때 용접작업시간(총 용접시간) $Ta(\text{hr})$의 계산식은?

① $\dfrac{Wd \cdot V}{Te}$ ② $\dfrac{V}{Wd \cdot Te}$

③ $\dfrac{Wd}{V \cdot Te}$ ④ $\dfrac{Te}{Wd \cdot V}$

[해설]
용접작업시간(T_a)
$T_a = \dfrac{\text{용착금속의 중량(g)}}{\text{용착속도(g/h)} \times \text{아크시간 실동효율(\%)}}$

54 피복아크용접에서 아크길이가 너무 길거나 용접전류가 지나치게 높을 때 발생되는 용접 결함으로 가장 적당한 것은?
① 슬래그 혼입   ② 언더컷
③ 선상조직   ④ 오버랩

[해설]
언더컷
아크길이가 너무 길거나 용접 전류가 지나치게 높을 때 발생하는 용접결함

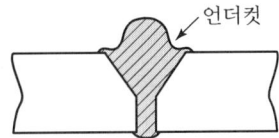

55 관리도에서 점이 관리한계 내에 있으나 중심선 한쪽에 연속해서 나타나는 점의 배열현상을 무엇이라 하는가?

① 연
② 경향
③ 산포
④ 주기

해설
런(run : 연)이란 점의 배열에서 이상 상태이다.

56 로트의 크기 30, 부적합품률 10%인 로트에서 시료의 크기를 5로 하여 랜덤 샘플링할 때, 시료 중 부적합품 수가 1개 이상일 확률은 약 얼마인가?(단, 초기하분포를 이용하여 계산한다.)

① 0.3695
② 0.4335
③ 0.5665
④ 0.6305

해설
검사특성곡선의 불량률 계산(불량품의 개수가 $x=1$개 이상 나올 확률)
- 로트의 크기$(N) = 30$
- 불량품의 개수$(D) = 30 \times 10\%(0.1) = 3$개
- 로트의 크기$(n) = 5$

$P_{(x)} = \dfrac{\binom{d}{x}\binom{N-D}{n-x}}{\binom{N}{n}}$ 이므로

$P_{(x \geq 1)} = P_{(1)} + P_{(2)} + P_{(3)} + P_{(4)} + P_{(5)}$

$= \dfrac{\binom{3}{1}\binom{27}{4}}{\binom{30}{5}} + \dfrac{\binom{3}{2}\binom{27}{3}}{\binom{30}{5}} + \dfrac{\binom{3}{3}\binom{27}{2}}{\binom{30}{5}}$

$= \dfrac{_3C_1 \times _{27}C_4}{_{30}C_5} + \dfrac{_3C_2 \times _{27}C_3}{_{30}C_3} + \dfrac{_3C_3 \times _{27}C_2}{_{30}C_5}$

≒ 0.4335

57 다음 중 브레인스토밍(Brainstorming)과 가장 관계가 깊은 것은?

① 파레토도
② 히스토그램
③ 회귀분석
④ 특성요인도

해설
브레인스토밍
일정한 테마에 관하여 회의 형식을 채택하고 구성원의 자유발언을 통해 아이디어를 제시하고 요구하여 발상을 찾아내려는 방법으로 특성요인도를 이용해 원인규명을 쉽게 한다.

58 작업개선을 위한 공정분석에 포함되지 않는 것은?

① 제품 공정분석
② 사무 공정분석
③ 직장 공정분석
④ 작업자 공정분석

해설
공정분석의 종류
• 제품 공정분석 • 사무 공정분석 • 작업자 공정분석

59 로트의 크기가 시료의 크기에 비해 10배 이상 클 때, 시료의 크기와 합격판정 개수를 일정하게 하고 로트의 크기를 증가시키면 검사특성곡선의 모양 변화에 대한 설명으로 가장 적절한 것은?

① 무한대로 커진다.
② 거의 변화하지 않는다.
③ 검사특성곡선의 기울기가 완만해진다.
④ 검사특성곡선의 기울기 경사가 급해진다.

해설
로트의 크기가 증가하면 검사특성곡선의 기울기가 급해지게 되나 로트의 크기가 시료의 크기에 비해 10배 이상 크면 거의 변화하지 않는다.

60 과거의 자료를 수리적으로 분석하여 일정한 경향을 도출한 후 가까운 장래의 매출액, 생산량 등을 예측하는 방법을 무엇이라 하는가?

① 델파이법
② 전문가패널법
③ 시장조사법
④ 시계열분석법

해설
시계열분석법
과거의 수요에 기초해서 특징 경향을 파악하여 미래의 수요를 예측하는 기법이다.

정답 55 ① 56 ② 57 ④ 58 ③ 59 ② 60 ④

2011년 49회 기출문제

2011.4.17 시행

01 인버터 방식의 아크용접기의 특징이 아닌 것은?

① 용접기가 소형 경량이다.
② 고속 정밀 제어가 가능하다.
③ 아크 스타트(arc start)율이 높다.
④ 용접기의 보수 유지가 간단하다.

해설
인버터(Inverter) 아크용접기 특징은 ①, ②, ③항이다.
• 하나의 장비 내에서 교류→직류→교류→직류공급 용접기
  변환을 동시에 행하는 ↑ 인버터 설치
• 정변환(교류→직류)
• 역변환(직류→교류)
• 용접기의 보수유지가 복잡하다.

02 가스 절단용 산소 중의 불순물이 증가될 때 나타나는 현상으로 올바른 것은?

① 절단면이 깨끗해진다.
② 절단속도가 빨라진다.
③ 산소의 소비량이 많아진다.
④ 슬래그의 이탈성이 좋아진다.

해설
가스 절단 시 가스나 산소 중 불순물(유화수소, 인화수소 등)이 증가하면 산소요구량이 많아진다.

03 피복아크용접봉의 피복제에 대하여 설명한 것 중 맞지 않는 것은?

① 저수소계를 제외한 다른 피복아크용접봉의 피복제는 아크 발생 시 탄산(CO_2)가스와 수증기(H_2O)가 가장 많이 발생한다.
② 아크 안정제는 아크열에 의하여 이온화가 되어 아크전압을 강화시키고 이에 의하여 아크를 안정시킨다.
③ 가스 발생제는 중성 또는 환원성 가스를 발생하여 용접부를 대기로부터 차단하여 용융금속의 산화 및 질화를 방지하는 작용을 한다.
④ 슬래그 생성제는 용융점이 낮은 슬래그를 만들어 용융금속의 표면을 덮어서 산화나 질화를 방지하고 용착금속의 냉각속도를 느리게 한다.

해설
저수소계 용접봉(E4316)
아크에 탄산가스를 가지고 분위기를 만들어 용착금속 중에 수소(H_2) 함량을 적게 한다. 습기의 영향이 많아 사용 전 300~350℃에서 1시간 정도 건조시킨다.(탄산가스가 많고 H_2O가 적다.)

04 금속재료를 접합하는 방법 중 용접은 무슨 접합법인가?

① 기계적 접합법
② 야금적 접합법
③ 전자적 접합법
④ 자기적 접합법

해설
금속용접접합법 : 야금적 접합법

05 절단부에 철분 등을 압축공기로 팁을 통해 분출시키며 예열불꽃 중에서 연소반응에 따른 고온을 이용한 절단법으로 맞는 것은?

① 산소창 절단
② 탄소 아크 절단
③ 분말 절단
④ 미그 절단

정답 01 ④ 02 ③ 03 ① 04 ② 05 ③

06 가스용접 시 가변압식 토치에 사용하는 팁 번호가 250번인 것을 중성불꽃으로 용접한다면 아세틸렌가스의 소비량은 매 시간당 몇 L가 소비되는가?

① 100
② 150
③ 200
④ 250

해설
팁 번호 250 : 시간당 250L의 아세틸렌가스 소비량
(중성불꽃 = $\dfrac{산소}{아세틸렌}$ = $\dfrac{1.04\sim1.14}{1}$ 의 불꽃)

07 아세틸렌가스의 자연발화 온도는 몇 도인가?

① 306~308℃
② 355~358℃
③ 406~408℃
④ 455~458℃

해설
아세틸렌(C_2H_2)가스의 자연발화 온도 : 406~408℃

08 자기불림 또는 아크쏠림의 방지책이 아닌 것은?

① 큰 가접부를 향하여 용접할 것
② 긴 용접부는 후퇴법을 사용할 것
③ 용접봉 끝은 아크쏠림 쪽으로 기울여 용접할 것
④ 접지점 2개를 연결하여 용접할 것

해설
①, ②, ④ 외 직류 대신 교류를 사용하거나 모재와 같은 재료의 조각을 처음과 끝에 용접선을 연장하도록 가용접하여 용접하는 방법이 있다.

09 교류 아크용접기(AC arc welding machine)에 관한 설명 중 옳은 것은?

① 교류 아크용접기는 극성 변화가 가능하고 전격의 위험이 적다.
② 교류 아크용접기는 가동철심형, 탭전환형, 엔진구동형, 가포화리엑터형 등으로 분류된다.
③ AW-300은 교류 아크용접기의 정격 입력 전류가 300(A) 흐를 수 있는 전류 용량의 값을 표시하고 있다.
④ 교류 아크용접기의 부속장치에는 고주파 발생장치, 전격방지장치, 원격제어장치 등이 있다.

해설
교류 아크용접기
- 종류 : 가동철심형, 가동코일형, 탭전환형, 가포화리엑터형
- 부속장치 : 고주파발생장치, 전격방지장치, 원격제어장치
- AW-300은 정격 2차 전류 300A
- 교류용접기는 극성 변화가 불가능하다.
※ 엔진구동형, 정류기형, 발전기형 : 직류용접기

10 가스용접에서 전진법과 비교한 후진법에 대한 설명으로 틀린 것은?

① 판 두께가 두꺼운 후판에 적합하다.
② 용접속도가 빠르다.
③ 용접변형이 작다.
④ 열 이용률이 나쁘다.

해설
후진용법
용접변형이 적고 속도가 빠르며 두꺼운 재료에 적합하다. 또한 열 이용률도 좋다.

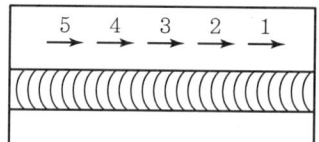

11 아크 에어 가우징에 대한 설명으로 틀린 것은?

① 그라인딩, 치핑, 가스 가우징보다 작업능률이 2~3배 높다.
② 가우징 토치는 일반 피복 아크용접봉 토치와 비슷하나 부수적으로 압축공기를 보내는 공기통로와 분출구가 마련되어 있다.
③ 용융금속을 쉽게 불어내므로 가우징 속도가 느려 모재의 가열범위가 넓다.
④ 활용범위가 넓어 비철금속(스테인리스강, 알루미늄, 동합금 등)에도 적용된다.

정답 06 ④ 07 ③ 08 ③ 09 ④ 10 ④ 11 ③

해설
가스 가우징(gas gouging)
가스 절단과 비슷한 토치를 사용하여 강재의 표면에 둥근 홈을 파내는 방법이다. 또한 용접부 결함, 뒤따내기, 가접의 제거 등에 이용된다.

12 용접 수축량에 미치는 용접시공 조건의 영향으로 맞는 것은?

① 용접속도가 빠를수록 각 변형이 커진다.
② 용접봉 직경이 큰 것이 수축이 크다.
③ 용접 밑면 루트 간격이 클수록 수축이 크다.
④ 용접 홈의 형상에서 V형 홈이 X형 홈보다 수축이 적다.

해설
용접 수축량에 미치는 용접시공 조건의 영향에서 용접 밑면 루트 간격이 클수록 수축도 크다.

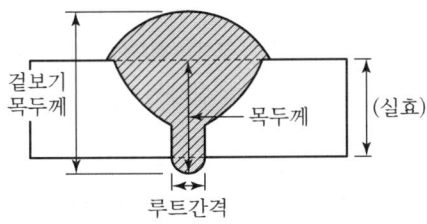

13 용접기의 자동전격 방지장치에서 아크를 발생하지 않을 때는 보조변압기에 의해 용접기의 2차 무부하 전압을 몇 V 이하로 유지하는 것이 가장 적합한가?

① 30   ② 40
③ 45   ④ 50

해설
용접기의 자동전격 방지장치에서 아크를 발생하지 않을 경우 용접기의 2차 무부하 전압을 30V 이하로 유지한다.

14 피복 아크용접봉 중 염기성이면서 내균열성이 가장 우수한 것은?

① 저수소계   ② 라임티타니아계
③ 일루미나이트계   ④ 고셀룰로오스계

해설
저수소계 용접봉(E4316)
• 강인성이 풍부하다.
• 균열의 감수성도 극히 낮다(내균열성이다.).
• 두꺼운 구조물의 1층 용접에 사용된다.
• 슬래그 생성식 용접봉이다.

15 다음은 여러 가지 절단법에 대하여 설명한 것이다. 틀린 것은?

① 산소창 절단법의 용도는 스테인리스강이나 구리, 알루미늄 및 그 합금을 절단하는 데 주로 사용한다.
② 아크 에어 가우징은 탄소아크 절단에 압축공기를 같이 사용하는 방법으로 용접부의 홈파기, 결함부 제거 등에 사용된다.
③ 수중 절단에 사용되는 연료가스로는 수소, 아세틸렌, LPG 등이 쓰인다.
④ 레이저 절단은 다른 절단법에 비해 에너지 밀도가 높고 정밀 절단이 가능하다.

해설
산소창 절단법(oxygen lance)
• 두꺼운 강판용 절단
• 주철, 주강, 강괴의 절단
• 철 분말로 국부 절단 시 콘크리트 구멍도 뚫을 수 있다.

16 일렉트로 슬래그 용접의 장점이 아닌 것은?

① 후판을 단일층으로 한 번에 용접할 수 있다.
② 최소한의 변형과 최단 시간의 용접법이다.
③ 아크가 눈에 보이지 않고 아크불꽃이 없다.
④ 높은 입열로 인하여 기계적 성질이 향상된다.

해설
일렉트로 슬래그 용접(electro slag welding)은 아주 두꺼운 물건에 사용하는 전기전류의 저항열을 이용하는 용접이다. 이 용접은 아크열이 아닌 와이어와 용융슬래그 사이에 통전된 전류의 전기저항열을 이용하여 모재와 전극와이어를 용융시키면서 미끄럼판을 서서히 위쪽으로 이동시켜 연속주조방식에 의해 단층 上進(상진)용접을 하는 방식이다. 그 특징은 ①, ②, ③항이다.

정답 12 ③ 13 ① 14 ① 15 ① 16 ④

17 TIG 용접에 대한 설명으로 가장 거리가 먼 것은?

① TIG 용접은 알루미늄 합금과 스테인리스강을 비롯한 대부분의 금속을 접합할 수 있다.
② TIG 용접은 용제(flux)를 사용하지 않으므로 슬래그 제거가 불필요하다.
③ TIG 용접은 교류전원만을 용접에 사용하고 있다.
④ TIG 용접에 사용하는 알곤 가스는 용착금속의 산화, 질화를 방지한다.

해설
불활성 아크(TIG, MIG) 용접
• 직류전원 사용 시(역극성, 정극성)
• 교류전원 사용 시(2차 전류에 직류분 전류 사용)

18 MIG 용접의 특징 설명으로 틀린 것은?

① 수동 피복아크용접에 비하여 능률적이다.
② 각종 금속의 용접에 다양하게 적용할 수 있다.
③ 박판(3mm 이하) 용접에서는 적용이 곤란하다.
④ CO_2 용접에 비해 스패터의 양이 많다.

해설
미그용접은 스패터 및 합금 성분의 손실이 적다. 또한 용착금속의 품질이 좋고 전자세 용접이 가능하다.

19 저항 점용접(spot welding)에서 용접을 좌우하는 중요인자가 아닌 것은?

① 용접전류
② 통전시간
③ 용접전압
④ 전극 가압력

해설
점용접(저항 겹치기 용접)
• 용접장치 : 통전장치, 가압장치, 제어장치
• 통전장치의 전원방식 : 단상교류식, 직류축세식, 3상 저주파식, 3상 정류기식
• 저항용접은 용접봉이나 용제(flux)가 불필요하다.

20 화재의 분류 및 구성, 안전에 대한 설명 중 틀린 것은?

① 전기화재에는 포말소화기를 사용한다.
② 인화성 액체의 반응 또는 취급은 폭발 한계범위 이외의 농도로 한다.
③ 화재의 구성 요소는 가연성 물질, 산소 그리고 점화원이다.
④ 화재의 분류 중 D급 화재는 금속화재를 말한다.

해설
전기화재에는 CO_2나 분말소화기가 좋다.

21 오버레이 용접에 대한 설명으로 맞는 것은?

① 연강과 고장력강의 맞대기 용접을 말한다.
② 연강과 스테인리스강의 맞대기 용접을 말한다.
③ 모재에 약 1mm 이상의 두께로 내마모, 내식, 내열성이 우수한 용접금속을 입히는 방법을 말한다.
④ 스테인리스강판과 연강판재를 접합 시 스테인리스강판에 구멍을 뚫어 용접하는 것을 말한다.

해설
오버레이 용접(Hard facing or overlay welding)
기계부품은 마멸 충격, 침식에 의하여 마모되거나 환경의 영향으로 부식이 발생하여 손실을 보게 되는데, 이것을 방지하기 위해 재료의 표면에 내마모 또는 내식성 재료를 1mm 이상 입히는 용접이다.

22 탄산가스 아크용접에서 전극 와이어의 송급 방식으로 맞는 것은?

① 자기제어 특성을 이용하여 정속 송급한다.
② 전류[A]의 크기에 따라 달라진다.
③ 아크길이 제어 특성과 관계없다.
④ 용접속도에 따라 달라진다.

해설
탄산가스 아크용접
• 전극 와이어 송급제어와 실드 가스 및 냉각수 송급의 두 계통을 한 개의 제어상자에 넣어 조작패널에 의해 아크전압 조정, 스위치류 등이 한곳에 집중 조작되도록 용접조건에 맞추도록 설정된다.(정속공급한다)

정답 17 ③ 18 ④ 19 ③ 20 ① 21 ③ 22 ①

- 와이어 재질 : 망간, 규소, 티탄 등의 탈산성 원료
- 전극 와이어 송급 : 구동모터에 의해 감속기, 송급롤러를 통해서 일정한 속도(자기제어 정속)로 송급된다.

23 서브머지드 아크용접의 장단점에 대한 각각의 설명에서 틀린 것은?

① 장점 : 용접속도가 피복아크용접에 비해 빠르므로 능률이 높다.
② 장점 : 1회에 깊은 용입을 얻을 수 있어, 용접이음의 신뢰도가 높다.
③ 단점 : 아크가 보이지 않으므로 용접부의 적부를 확인해서 용접할 수 없다.
④ 단점 : 와이어에 많은 전류를 흘려줄 수 없고, 용입이 얇다.

해설
서브머지드 아크용접(Union Carbide & Carbon, Research Laboratories)
- 용입이 깊다.(수동 아크용접의 2~3배)
- 능률적인 용접이 가능하다.(자동용접이 우수하다.)
- 상당히 두꺼운 판도 한 번에 용접이 가능하다.
- 대전류의 사용이 가능하다.

24 불활성가스 텅스텐 아크용접에서 용착속도를 향상시키는 방법으로 옳은 것은?

① 핫 가스법
② 핫 와이어법
③ 콜드 가스법
④ 콜드 와이어법

해설
핫 와이어(Hot wire)
불활성가스용접에서 아크의 용착속도를 향상시킨다.
〈전극〉
- 비소모성(텅스텐 전극봉 사용) : TIG 용접
- 소모성(심선 용가재 전극 사용) : MIG 용접

25 이산화탄소 아크용접 시 솔리드와이어와 복합와이어를 비교한 사항으로 틀린 것은?

① 솔리드와이어가 복합와이어보다 용착효율이 양호하다.
② 솔리드와이어가 복합와이어보다 전류밀도가 높다.
③ 복합와이어가 솔리드와이어보다 스패터가 많다.
④ 복합와이어가 솔리드와이어보다 아크가 안정된다.

해설
CO_2(이산화탄소) 아크용접
- 와이어(솔리드 와이어)
- 복합와이어가 솔리드와이어보다 스패터가 적다.

26 연납용으로 사용되는 용제가 아닌 것은?

① 염산
② 붕산염
③ 염화아연
④ 염화암모니아

해설
- 연납용 용제(염화아연, 염산, 송진, 염화암모늄)
- 경납용 용제(붕사, 붕산, 염화리튬, 알칼리, 불화물)

27 플라스마 아크용접장치가 아닌 것은?

① 용접 토치
② 제어장치
③ 페룰
④ 가스공급장치

해설
플라스마(Plasma) 아크용접
- 용접장치 : 용접토치, 제어장치, 가스공급장치
- 페룰(ferrule) : 스터디 용접에서 사용되는 내열도관이다.

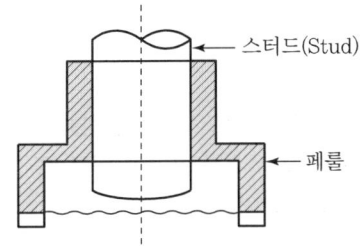

정답 23 ④ 24 ② 25 ③ 26 ② 27 ③

28 아크 용접 작업의 안전 중 전격에 의한 재해 예방법으로 틀린 것은?

① 좁은 장소의 용접작업자는 열기에 의하여 땀을 많이 흘리게 되므로 몸이 노출되지 않게 항상 주의하여야 한다.
② 전격을 받은 사람을 발견했을 때에는 즉시 스위치를 꺼야 한다.
③ 무부하 전압이 90V 이상 높은 용접기를 사용한다.
④ 자동 전격 방지기를 사용한다.

해설
아크 용접 무부하 전압 전격방지
• 교류 아크용접기(1차 측 : 200V, 2차 측 : 70~80V)
• 직류 아크용접기(1차 측 : 200V, 2차 측 : 40~60V)
• 전격방지 : 무부하 2차 전압 약 25V 유지

29 아크 광선에 대한 설명으로 옳은 것은?

① 아크 광선은 적외선으로만 구성되어 있다.
② 아크 빛이 반사하여 눈에 들어오면 전광성 안염은 발생하지 않는다.
③ 아크 광선 중 자외선은 화학선이라고도 하며 가시광선보다 파장이 짧다.
④ 아크 광선 중 적외선은 전자기파 중의 하나로 가시광선보다 파장이 짧다.

해설
아크 광선
• 자외선 발생(자외선 포함), 적외선 발생
• 자외선은 가시광선보다는 파장이 짧고, X선보다는 파장이 길다.(10mm~400mm 파장)

30 주철은 고온으로 가열과 냉각을 반복하면 차례로 팽창하면서 치수가 변하게 된다. 주철의 성장에 대한 대책으로 틀린 것은?

① C와 결합하기 쉬운 Cr 등의 원소를 첨가한다.
② 구상흑연 또는 국화무늬 모양의 흑연을 발생시킨다.
③ Si의 양을 많게 한다.
④ Ni을 첨가하여 준다.

해설
주철의 성장
600℃ 이상 온도로 가열하면서 냉각을 반복하면 그 체적이 점차 증가하여 나중에는 균열이나 강도가 저하하는 것. 고용원소인 규소(Si) 양을 줄이고 내산화성인 니켈(Ni)로 치환한다.
※ 방지법 : 규소(Si) 양을 적게 한다.

31 강철 재료에서 탄소량이 증가될 때 용접성에 미치는 영향으로 옳은 것은?

① 용접부의 경도가 증가된다.
② 용접부의 강도가 낮아진다.
③ 용착금속의 유동성이 나쁘다.
④ 용접성이 우수해진다.

해설
강철에서 탄소량이 증가하면 용접부의 강도 및 경도가 증가한다.

32 담금질 시효에 의하여 강도가 증가하며 내열성, 연신율, 절삭성이 좋으나 고온취성이 크고 수축에 의한 균열 등의 결점을 가지고 있는 합금은?

① Al-Cu계 합금
② Al-Si계 합금
③ Al-Cu-Si계 합금
④ Al-Si-Ni계 합금

해설
알루미늄(Al)+구리(Cu)의 합금
• 담금질 시효에 의하여 경도가 증가한다.
• 내열성, 연신율, 절삭성이 좋아진다.
• 고온에서 취성이 크고 수축에 의한 균열이 발생한다.
• 알루미늄의 열처리법으로 시효경화(석출경화)로 시간이 지나면 단단하게 되는 현상이다.
• 두랄루민이다.(Al+Cu 4%, Mn 1%+0.5% Mg)

33 오스테나이트계 스테인리스강 용접 시 유의해야 할 사항 중 틀린 것은?

① 예열을 해야 한다.
② 아크를 중단하기 전에 크레이터 처리를 한다.
③ 짧은 아크길이를 유지한다.
④ 용접봉은 모재의 재질과 동일한 것을 사용한다.

정답 28 ③ 29 ③ 30 ③ 31 ① 32 ① 33 ①

해설

- 오스테나이트계 스테인리스강은 변태점이 없으므로 열처리에 의한 기계적 성질 개선이 어렵다.
- 18-8(Cr 18% - Ni 8%) 스테인리스강이 대표적인 오스테나이트계이다.
- 내식성, 내열성이 우수하고 저온용 강재이다.
- 예열은 불필요하며 후열은 생략이 가능하나 후열처리를 하는 것이 좋다.

34 철강의 풀림 중에서 고온풀림의 종류가 아닌 것은?

① 완전풀림 ② 응력제거풀림
③ 확산풀림 ④ 항온풀림

해설
풀림 열처리(어닐링 Annealing)
- 잔류응력 제거, 재질의 연화, 결정립 크기의 조절, 펄라이트 구상화
- 완전풀림, 확산풀림, 항온풀림이 있다.

35 Ni-Cr계 합금의 특성으로 맞지 않는 것은?

① 전기저항이 대단히 크다.
② 내열성이 크고 고온에서 경도 및 강도의 저하가 작다.
③ 내식성 및 산화도가 크다.
④ 산이나 알칼리에 침식이 되지 않는다.

해설
니켈(Ni) + 크롬(Cr)계 합금
전기저항, 내열성, 내식성이 크다.(산화도가 매우 적다.)

36 합금강에서 Cr 원소의 첨가효과 중 틀린 것은?

① 내열성 증가 ② 내마모성 증가
③ 내식성 증가 ④ 인성 증가

해설
합금강
- 크롬(Cr)의 첨가 시에는 내열성, 내마모성, 내식성이 증가한다.

- 철에 Cr을 첨가하면 담금질성과 내열, 내식성이 우수해진다.
- 망간(Mn)을 철에 합금하면 강인성이 부여된다.

37 알루미늄 청동에 대한 설명 중 틀린 것은?

① 알루미늄 청동은 알루미늄의 함유량과 그 열처리에 따라 기계적 성질이 변한다.
② 알루미늄을 12% 이상 포함한 것으로 주조, 단조, 용접 등이 용이하다.
③ 황동이나 청동에 비하여 기계적 성질, 내식성, 내열성, 내마멸성이 우수하다.
④ 알루미늄 청동은 선박용 펌프, 용접기 부품, 기어, 자동차용 엔진밸브 등으로 쓰인다.

해설
알루미늄 청동
구리에 약 12% 정도의 알루미늄(Al)을 함유시키면 강도나 경도, 내식성, 내마모성이 우수하고 공업기기, 항공기, 선박, 자동차부품에 사용이 가능하다.(Bronze)

38 Co를 주성분으로 한 Co-Cr-W-C계의 합금으로서 주조 경질합금의 대표적인 것은?

① 비디아(Widia) ② 트리디아(Tridia)
③ 스텔라이트(Stellite) ④ 텅갈로이(Tungalloy)

39 탄소강의 용접에 대한 설명으로 틀린 것은?

① 노치 인성이 요구되는 경우 저수소계 계통의 용접봉이 사용된다.
② 중탄소강의 용접에는 650℃ 이상의 예열이 필요하다.
③ 저탄소강의 경우 일반적으로 판 두께 25mm까지는 예열이 필요 없다.
④ 고탄소강의 경우는 용접부의 경화가 현저하여 용접 균열이 발생될 위험이 있다.

해설
중탄소강(탄소 0.3~0.5% 강)의 예열온도는 150~250℃, 고탄소강의 예열온도는 200℃ 이상이며 후열의 경우 650℃ 정도로 가열한다.

정답 34 ② 35 ③ 36 ④ 37 ② 38 ③ 39 ②

40 동소 변태를 일으키는 순철의 A_3 변태점은?

① 912℃ ② 1,112℃
③ 1,394℃ ④ 1,494℃

[해설]
- A_0 변태점 온도 : 210℃
- A_1 변태점 온도 : 723℃
- A_2 변태점 온도 : 768℃
- A_3 변태점 온도 : 910~912℃
- A_4 변태점 온도 : 1,400℃

41 내마모성의 표면처리법으로 시안화소다, 시안화칼륨을 주성분으로 한 염(salt)을 사용하여 침탄온도 750~900℃에서 30분~1시간 침탄시키는 방법은?

① 액체침탄법 ② 고체침탄법
③ 가스침탄법 ④ 기체침탄법

[해설]
액체침탄법(표면경화법)
- 침탄제 : 시안화나트륨, 시안화칼륨(일명 시안청화법)
- 촉진제 : 탄산칼륨, 탄산나트륨, 염화칼륨 등

42 방식법 중 15~25% 황산액에서 산화물계의 피막을 형성하는 방법은?

① 알루마이트법
② 알루미나이트법
③ 크롬산염법
④ 하이드로날륨법

43 용접부에 두꺼운 스케일이나 오물 등이 부착되었을 때, 용접 홈이 좁을 때, 양모재의 두께 차이가 클 경우 운봉속도가 일정하지 않을 때 생기는 용접결함은?

① 언더컷 ② 융합불량
③ 크랙(crack) ④ 선상조직

44 비접촉식 용접선 추적 센서로서 아크용접 도중 위빙할 때 용접 파라미터를 감지하여 용접선을 추적하면서 용접을 진행하도록 하는 센서는?

① 전자기식 센서
② 아크 센서
③ 적응체적 제어 센서
④ 전방인식 광센서

[해설]
아크 센서
아크용접 도중 위빙할 때 용접 파라미터를 감지하여 용접선을 추적하면서 용접을 진행하도록 하는 센서로 비접촉식 용접선 추적 센서이다.

45 용착부의 단면적 A에 작용하는 허용인장응력이 σ_t일 경우의 인장하중 P를 구하는 식은?

① $P = A\sigma_t$ ② $P = 2A\sigma_t$
③ $P = \dfrac{A}{\sigma_t}$ ④ $P = \dfrac{2A}{\sigma_t}$

[해설]
인장하중(P) = 용접부단면적 × 허용인장응력

46 큰 하중이나 충격 또는 교번하중을 받거나 저온에 사용되는 완전용입 이음형태는?

①  ②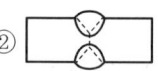
③ 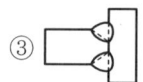 ④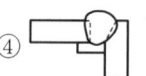

[해설]
완전용입이음

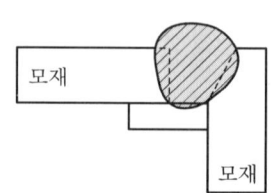

47 용접지그(jig)의 사용 목적으로 틀린 것은?

① 소량 생산을 위해 사용된다.
② 용접작업을 쉽게 한다.
③ 제품의 정밀도와 용접부의 신뢰성을 높인다.
④ 공정수를 절약하므로 능률을 좋게 한다.

해설
용접지그를 사용하면 ②, ③, ④항의 장점 외에도 생산성이 향상된다.

48 용접변형에 영향을 미치는 인자 중 용접열에 관계되는 인자와 거리가 가장 먼 것은?

① 용접속도   ② 용접층 수
③ 용접전류   ④ 부재치수

49 용접이음의 안전율을 계산하는 식으로 맞는 것은?

① 안전율 = $\dfrac{허용응력}{인장강도}$

② 안전율 = $\dfrac{인장강도}{허용응력}$

③ 안전율 = $\dfrac{피로강도}{변형률}$

④ 안전율 = $\dfrac{파괴강도}{연신율}$

50 용접부에 생기는 잔류응력 제거법이 아닌 것은?

① 노 내 풀림법
② 국부 풀림법
③ 기계적 응력 완화법
④ 역 변형 풀림법

51 다음 용접기호는 무슨 용접법인가?

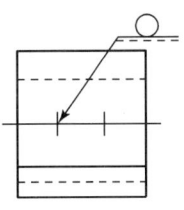

① 스폿 용접   ② 심 용접
③ 필릿 용접   ④ 플러스 용접

해설
스폿 용접(spot welding)
금속판을 포개어 놓고 전극 끝을 금속판 아래 위에 대고 비교적 작은 부분에 전류 및 가압력을 집중시켜 국부적으로 저항용접시킨다.

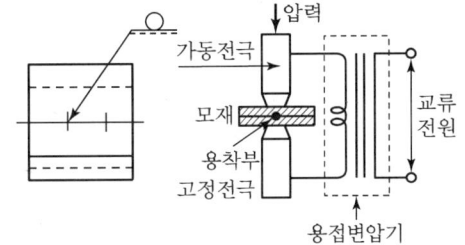

52 용접부의 시험에서 파괴시험이 아닌 것은?

① 형광침투시험   ② 육안조직시험
③ 충격시험   ④ 피로시험

해설
비파괴침투검사
• 형광침투검사
• 염색침투검사

53 한 부분의 몇 층을 용접하다가 이것을 다음 부분의 층으로 연속시켜 전체가 단계를 이루도록 용착시켜 나가는 것으로 변형 및 잔류응력을 줄이기 위해 용접하는 방법으로 맞는 것은?

① 덧붙이법   ② 블록법
③ 스킵법   ④ 캐스케이드법

정답 47 ① 48 ④ 49 ② 50 ④ 51 ① 52 ① 53 ④

해설
캐스케이드용접법(Cascade Welding)
한 부분의 몇 층을 용접하다가 이것을 다음 부분의 층으로 연속시켜 전체가 단계를 이루도록 용착시켜 나가는 것으로 변형 및 잔류응력을 줄이기 위한 용접방법

54 결함 중 가장 치명적인 것으로, 발생되면 그 양단에 드릴로 정지구멍을 뚫고 깎아내어 규정의 홈으로 다듬질하는 것은?

① 균열(crack)
② 은점(fish eye)
③ 언더컷(under cut)
④ 기공(blow hole)

해설
균열
결함 중 가장 치명적이다. 처리법은 균열 양단에 드릴로 구멍을 뚫고 깎아내어서 규정의 홈으로 다듬질하는 것이다.

55 다음 중 계량값 관리도에 해당되는 것은?

① c 관리도
② nP 관리도
③ R 관리도
④ u 관리도

해설
계량값 관리도
- $\bar{x} - R$ 관리도
- X 관리도
- $X - R$ 관리도
- R 관리도

56 다음 검사의 종류 중 검사공정에 의한 분류에 해당되지 않는 것은?

① 수입검사
② 출하검사
③ 출장검사
④ 공정검사

해설
검사의 공정에 의한 분류
- 수입검사
- 공정검사
- 최종검사
- 출하검사

검사장소에 의한 분류
정위치검사, 순회검사, 출장검사

57 로트 크기 1,000, 부적합품률이 15%인 로트에서 5개의 랜덤시료 중에서 발견된 부적합품 수가 1개일 확률을 이항분포로 계산하면 약 얼마인가?

① 0.1648
② 0.3915
③ 0.6085
④ 0.8352

해설
분포도 $P_{(x)} = {}_nC_x P^x (1-P)^{n-x}$

∴ $P_{(1)} = {}_5C_1 \times 0.15^1 \times (1-0.15)^{5-1} = 0.3915\%$

※ 불량률 P인 베르누이 시행이 n회 반복되면 불량품 개수(x)

58 Ralph M. Barnes 교수가 제시한 동작경제의 원칙 중 작업장 배치에 관한 원칙(Arrangement of the workplace)에 해당되지 않는 것은?

① 가급적이면 낙하식 운반방법을 이용한다.
② 모든 공구나 재료는 지정된 위치에 있도록 한다.
③ 충분한 조명을 하여 작업자가 잘 볼 수 있도록 한다.
④ 가급적 용이하고 자연스런 리듬을 타고 일할 수 있도록 작업을 구성하여야 한다.

해설
동작경제의 작업장 배치에 관한 원칙은 ①, ②, ③ 외 작업면을 적당한 높이에 두거나 공구나 재료는 작업순서대로 나열하거나 공구와 재료는 작업자의 전면에 가깝게 배치한다.

59 품질코스트(quality cost)를 예방코스트, 실패코스트, 평가코스트로 분류할 때, 다음 중 실패코스트(failure cost)에 속하는 것이 아닌 것은?

① 시험 코스트
② 불량대책 코스트
③ 재가공 코스트
④ 설계변경 코스트

해설
실패 코스트는 소비자의 요구사항에 맞지 않아서 부수적으로 소요되는 비용이다.

정답 54 ① 55 ③ 56 ③ 57 ② 58 ④ 59 ①

60 그림과 같은 계획공정도(Network)에서 주공정은?(단, 화살표 아래의 숫자는 활동시간을 나타낸 것이다.)

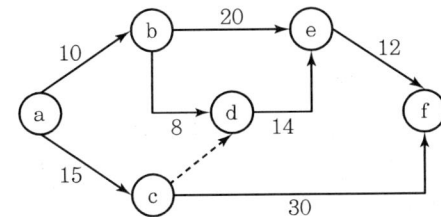

① ⓐ-ⓒ-ⓕ
② ⓐ-ⓑ-ⓔ-ⓕ
③ ⓐ-ⓑ-ⓓ-ⓔ-ⓕ
④ ⓐ-ⓒ-ⓓ-ⓔ-ⓕ

해설

주공정
가장 긴 작업시간이 예상되는 공정이다.
- ① = 45시간
- ② = 42시간
- ③ = 44시간
- ④ = 41시간

정답 60 ①

2011년 50회 기출문제
2011.8.1 시행

01 다음 중 양호한 가스 절단면을 얻기 위한 조건으로 틀린 것은?

① 드래그가 가능한 한 작을 것
② 절단면이 평활하며 드래그의 홈이 높을 것
③ 슬래그의 이탈성이 양호할 것
④ 절단면 표면의 각이 예리할 것

해설
가스 절단면
평편하고 직선적이며 각도가 정확할 것(드래그가 가능한 한 작고 슬래그의 이탈성 양호)

02 다음 중 아크 절단법의 종류에 해당되지 않는 것은?

① TIG 절단   ② 분말 절단
③ MIG 절단   ④ 플라스마 절단

해설
분말 절단
절단부에 철분이나 용제의 미세한 분말을 압축공기나 또는 압축질소로 자동적으로 연속하여 팁을 통해 분출한다. 예열불꽃 중에서 이들과의 연소반응을 이용하여 절단부를 고온으로 만들어 산화물을 용해하여 연속적으로 절단한다.(주철, 스테인리스강, 동, 알루미늄 등의 절단이다.)

03 직류 아크용접의 극성 중 직류 역극성(DCRP)의 특징이 아닌 것은?

① 모재의 용입이 깊다.
② 용접봉 용융속도가 빠르다.
③ 비드의 폭이 넓다.
④ 박판, 주철, 고탄소강, 합금강, 비철금속의 용접에 이용된다.

해설
직류 아크 역극성
아크는 용접봉의 이동보다 늦어지게 되어 아크의 길이가 늘어나게 되므로 아크의 안전성과 용접결과가 나빠진다.(정극성은 모재 쪽의 용융이 빠르고 용접봉의 용융이 느리기 때문에 용입이 깊어진다.)

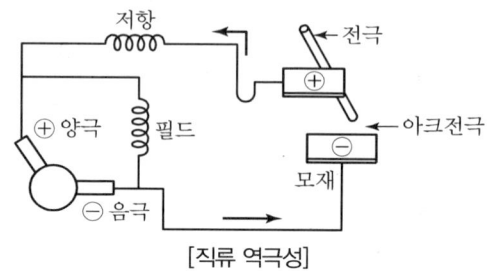

[직류 역극성]

04 아크 에어 가우징 시 압축공기의 압력으로 적당한 것은?

① $1 \sim 3 kgf/cm^2$ ② $5 \sim 7 kgf/cm^2$
③ $8 \sim 10 kgf/cm^2$ ④ $11 \sim 13 kgf/cm^2$

해설
아크 에어 가우징
• 탄소아크 절단에 압축공기를 같이 사용하는 방법(용접부의 홈파기, 용접결함부의 제거, 절단 및 구멍 뚫기)
• 작업능률이 가스 가우징의 2~3배
• 압축공기용 컴프레서는 압력 $6 \sim 7 kg/cm^2$

05 아크전류 200A, 아크전압 25V, 용접속도 20cm/min인 경우 용접단위길이 1cm당 발생하는 용접입열은 얼마인가?

① 12,000J/cm   ② 15,000J/cm
③ 20,000J/cm   ④ 23,000J/cm

해설
$$용접입열(H) = \frac{60EI}{V}(J/cm) = \frac{60 \times 25 \times 200}{20}$$
$$= 15,000 J/cm$$

정답 01 ② 02 ② 03 ① 04 ② 05 ②

06 전면 필릿 용접이음에서 인장하중 20ton에 견디기 위해 필요한 용접 길이는 얼마인가?(단, 인장강도 $\sigma_1 = 40\text{kgf/mm}^2$, 목두께 $h = 10\text{mm}$이다.)

① 30mm ② 40mm
③ 50mm ④ 60mm

해설

$$\text{용접길이} = \frac{\text{인장하중}}{\text{인장강도} \times \text{목두께}}$$
$$= \frac{20 \times 10^3}{40 \times 10} = 50\text{mm}$$

07 다음 중 용접속도와 관련된 설명으로 잘못된 것은?

① 운봉속도 또는 아크속도라고도 한다.
② 모재의 재질, 이음의 형상, 용접봉의 종류 및 전류값, 위빙의 유무에 따라 용접속도가 달라진다.
③ 용접변형을 적게 하기 위하여 가능한 한 높은 전류를 사용하여 용접속도를 느리게 한다.
④ 용입의 정도는 용접전류값을 용접속도로 나눈 값에 따라 결정되므로 전류가 높을 때 용접속도가 증가한다.

해설

용접속도 및 전류
- 전류가 너무 크면 언더컷과 기공이 생긴다.
- 전압이 너무 낮으면 단락하기 쉽다.
- 용접부 변형방지법 : 억제법, 역변형법, 도열법
- 아크길이 자기제어 특성 : 아크전류가 일정할 때 아크전압이 높아지면 용융속도가 늦어지고 아크전압이 낮아지면 용융속도가 빨라진다.

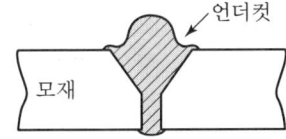

08 다음 중 저수소계 용접봉에 대한 설명으로 틀린 것은?

① 용착금속은 강인성이 풍부하고 내균열성이 우수하다.
② 논가스실드계의 대표적인 용접봉으로 유기물을 20~30% 정도 포함하고 있다.
③ 용착 금속 중의 수소 함유량이 다른 용접봉에 비해 약 1/10 정도로 낮다.
④ 습기의 영향이 다른 용접봉보다 커서 사용 전에 300~350℃ 정도에서 1~2시간 정도 건조시킨다.

해설

저수소계 용접봉(E4316)
- 피복아크 용접봉이다.
- 유기물을 포함하지 않으며 탄산칼슘($CaCO_3$), 불화칼슘(CaF)이 주성분이다.

09 아세틸렌은 기체 상태로 압축하면 위험하므로 다공성 물질(옥탄-규조토)에 ( )을(를) 흡수시킨 다음 아세틸렌을 흡수시킨다. ( )에 들어갈 적당한 용어는?

① 벤젠 ② 헬륨
③ 알코올 ④ 아세톤

해설

용제인 아세톤(acetone)에 아세틸렌 25배를 용해한다.
- 분해폭발 $C_2H_2 = 2C + H_2 + 64\text{kcal}$
- 연소반응 $C_2H_2 + 2.5O_2 \rightarrow 2CO_2 + H_2O + 312.4\text{kcal}$

10 용접부 비파괴 검사에 대한 설명 중 잘못된 것은?

① 방사선 투과검사는 내부의 결함을 쉽게 찾을 수 있다.
② 자분탐상검사는 어두운 곳에서는 적용이 불가능하다.
③ 염색침투 탐상검사는 표면에 노출된 결함을 검출할 수 있다.
④ 초음파 탐상검사는 필릿 용접부 및 내부의 라미네이션 검사에 좋다.

정답 06 ③ 07 ③ 08 ② 09 ④ 10 ②

해설

비파괴 자분검사(magnetic inspection)
- 검사물을 자화시킨 상태로 하여 표면과 이면의 가까운 면에 있는 결함에 의하여 생기는 누설 자속을 자분 혹은 코일을 사용하여 결함의 존재를 알아낸다.(자화전류는 500~5,000A 정도의 교류를 3~5초 통전시켜서 단시간에 잔류자기를 이용한다. 직류 사용도 가능)
- 축통전법, 관통법, 직각통전법, 코일법, 극간법이 있다.
- 어두운 곳에서도 측정이 가능하다.

11 용접 아크의 특성을 잘못 설명한 것은?

① 부하전류(아크전류)가 증가하면 단자전압이 저하하는 특성을 수하 특성이라고 한다.
② 아크는 전류가 크게 되면 저항이 적어져서 전압도 낮아지는데 이러한 현상을 부저항 특성이라고 한다.
③ 부하전류(아크전류)가 증가할 때 단자전압이 다소 높아지는 특성을 상승 특성이라고 한다.
④ 아크쏠림(arc blow)은 교류 용접에서 피복 용접봉 사용 시 특히 심하게 발생한다.

해설
직류용접이 아닌 교류용접에서는 자기쏠림(아크쏠림)이 방지된다.

12 아세틸렌은 15℃에서 몇 기압 이상으로 압축하면 충격이나 가열에 의해 분해·폭발의 위험이 있는가?(단, 아세틸렌은 얼마간의 불순물을 포함하고 있는 사용 조건이다.)

① 0.8기압 ② 1.2기압
③ 1.5기압 ④ 1.0기압

해설
- 아세틸렌가스(C_2H_2)의 분해폭발은 용기 충전 시 15℃에서 1.5기압 이상 가압하면 발생한다.
- 아세톤에 용해하여 사용하면 $25kg/cm^2$까지 충전이 가능하다.

13 연강 판 두께 100mm인 판재 절단을 예열 없이 자동가스 절단기에 의하여 절단하고자 한다. 팁(Tip) 구멍의 지름으로 가장 적합한 것은?

① 0.5~1.0mm ② 1.0~1.5mm
③ 2.1~2.2mm ④ 3.2~4.0mm

해설
모재의 두께가 16mm 이상인 경우 팁의 구멍은 약 2.1~2.7mm가 적당하다. 이때 절단에는 산소아세틸렌가스를 사용한다.

14 연강용 피복 아크용접봉 중 주성분인 산화철에 철분을 첨가하여 만든 것으로 아크는 분무상이고 스패터가 적으며 비드표면이 곱고 슬래그의 박리성이 좋아 아래보기 및 수평 필릿 용접에 적합한 용접봉은?

① E4304 ② E4311
③ E4316 ④ E4327

해설
E4327 용접봉(철분산화철계)
산화철이 주성분이고 이것에 철분을 가하여 만든다.(대체로 규산염을 많이 포함하여 산성 슬래그를 생성한다.)
- 아크는 스프레이 모양으로 스패터가 적고 용입은 양호하다.
- 비드 표면은 곱고 아래보기 및 수평자세 필릿용접에 사용된다.

15 가스용접에서 토치 내부의 청소가 불량할 때 막힘이 생겨 고압의 산소가 배출되지 못하고 산소보다 압력이 낮은 아세틸렌 통로로 밀면서 아세틸렌 호스 쪽으로 흐르는 현상은?

① 산화현상 ② 역류현상
③ 역화현상 ④ 인화현상

해설
역류현상
가스용접에서 팁의 끝이 막히게 되면 산소가 아세틸렌 도관 내에 흘러들어가 수봉식 안전기로 들어간다. 이때 만일 안전기가 불안전하면 산소가 C_2H_2 발생기에 들어가 폭발하는 현상이다.

정답 11 ④ 12 ③ 13 ③ 14 ④ 15 ②

16 TIG 용접에 사용되는 전극의 조건으로 틀린 것은?

① 전자방출이 잘 되는 금속
② 저용융점의 금속
③ 전기저항률이 적은 금속
④ 열전도성이 좋은 금속

> 해설
> 티그(TIG) 용접 전극은 비소모성 텅스텐 전극 사용
> • 텅스텐 전극은 소모되지 않는다.
> • 전극의 수명이 길다.(순수한 텅스텐, 토륨 함유 텅스텐)
> ※ 미그(MIG) 용접은 비피복의 가는 금속와이어인 용가전극을 사용한다.(전극선을 연속적으로 소모하여 용착금속을 형성한다.)

17 불활성가스 텅스텐 아크용접(TIG)에서 고주파 발생장치를 더하면 다음과 같은 이점이 있다. 설명 중 틀린 것은?

① 전극을 모재에 접촉시키지 않아도 아크가 발생된다.
② 아크가 안정되고 아크가 길어도 끊어지지 않는다.
③ 전극봉의 소모가 적어 수명이 길어진다.
④ 일정 지름의 전극에 대해서만 지정된 전압의 사용이 가능하다.

> 해설
> 티그용접에서 고전압 고주파 발생장치를 이용하면 이 점은 ①, ②, ③항 및 일정 지름의 전극에 대해서 광범위한 전류의 사용이 가능하다.

18 일렉트로 가스 아크용접에 관한 설명 중 틀린 것은?

① 사용하는 용접봉은 솔리드 와이어 또는 플랙스 코어드 용접봉이다.
② 판 두께에 관계없이 단층으로 상진 용접한다.
③ 보호가스로는 알곤, 헬륨, 이산화탄소 또는 이들을 혼합한 가스를 사용한다.
④ 전류의 저항발열을 이용하는 수직자동용접법이며, 아크용접은 아니다.

> 해설
> 일렉트로 가스 아크용접(electro gas arc welding)
> • 전기저항열을 이용한다.(일렉트로 슬래그 용접의 경우)
> • 일렉트로 가스 아크용접은 실드 가스로서 주로 탄산가스를 사용하여 용융부를 보호하며 CO_2 분위기 속에서 아크열을 발생하여 그 아크열로 모재를 용융시켜 용접한다.
> • 전극와이어는 솔리드와이어 또는 용제를 넣은 복합와이어가 사용된다.
> • 수직자동용접이다.

19 아크용접 중 아크 빛으로 인해 눈이 따갑거나 전광성 안염이 발생한 경우 가장 먼저 조치하여야 하는 것으로 옳은 것은?

① 안약을 넣고 계속 작업을 해도 좋다.
② 냉수로 얼굴과 눈을 닦은 후 냉습포를 얹어 놓는다.
③ 신선한 공기와 맑은 하늘을 보면 된다.
④ 소금을 물에 타서 눈을 닦고 작업한다.

> 해설
> 아크 빛으로 인해 눈이 따갑거나 전광성 안염이 발생하면 먼저 냉수로 얼굴과 눈을 닦은 후 냉습포를 얹어 놓는다.

20 CO_2 용접의 복합 와이어 구조에 해당하지 않는 것은?

① U관상 와이어
② Y관상 와이어
③ 아코스 와이어
④ NCG 와이어

> 해설
> 복합와이어 종류(탄산가스 아크용접)
> • Y관상 와이어
> • S관상 와이어
> • 퍼스 아크 와이어
> • NCG 와이어
> • 아코스 와이어 등

정답 16 ② 17 ④ 18 ④ 19 ② 20 ①

21 처음 용접시작 시 아크 발생이 잘 되지 않아 스틸 울(steel wool)을 끼워 전류를 통하게 하거나 고주파를 사용하여 아크를 쉽게 발생시키는 용접법은?

① 서브머지드 아크 용접
② MIG 용접
③ 그래비티 용접
④ 전자빔 용접

해설
서브머지드 아크 용접(submerged arc welding)
과거에는 수동피복 아크용접과 같이 심선을 모재에 접촉시켰다가 떨어뜨려 아크를 발생시켰으나 최근에는 고주파를 이용한 아크발생법이 많이 사용된다.

22 반자동 MIG 용접기와 비교한 전자동 MIG 용접기의 장점 설명으로 틀린 것은?

① 제품 생산비를 최소화시킬 수 있다.
② 용접사의 기량에 의존하지 않고 숙달이 비교적 쉽다.
③ 용접속도가 빠르고 용착효율이 낮아 능률이 매우 좋다.
④ 반자동 용접에 비해 우수한 품질의 용접이 얻어진다.

해설
미그(MIG) 용접(불활성가스 아크용접)
• 반자동용접(토치 이동을 손으로 한다.)
• 자동용접(토치를 자동으로 이동한다.)
• 전자동 용접은 조작만 습득하면 용접기능은 필요하지 않다.
• 용착효율이 높다.

23 연납땜에 사용하는 용제(Flux) 중 부식성 용제에 해당하는 것은?

① 송진
② 올리브유
③ 염산
④ 송진+알코올

해설
염산(HCl)은 연납땜 용제로서 부식성이 강한 염화수소용액이며, 강한 자극취를 갖는다.

24 프로젝션 용접의 특징을 바르게 설명한 것은?

① 서로 다른 금속을 용접할 때 열전도가 낮은 쪽에 돌기를 만든다.
② 전극 면적이 넓으므로 기계적 강도나 열전도 면에서 유리하나 전극의 소모가 많다.
③ 점간 거리가 작은 점용접이 가능하고 동시에 여러 점의 용접을 할 수 있어 작업속도가 빠르다.
④ 모재의 두께가 각각 다른 경우에는 용접할 수 없다.

해설
프로젝션 용접(Projection welding)
• 점(spot welding) 용접과 같다.
• 동시에 여러 점을 용접한다.
• 작업속도가 빠르다.
• 모재 두께가 각각 달라도 용접이 가능하다.
• 전극의 소모가 적다.

25 다음 중 초음파 용접의 장점이 아닌 것은?

① 대형구조물의 용접에 적용하기 쉽다.
② 냉간압접에 비해 정지 가압력이 작기 때문에 용접물의 변형이 작다.
③ 경도 차이가 크지 않는 한 이종금속의 용접이 가능하다.
④ 박판과 Foil의 용접이 가능하다.

해설
초음파 용접(ultrasonic welding)
㉠ 용접용 판재
  • 금속(0.01~2mm)
  • 플라스틱 종류(1~5mm 정도)
㉡ 주로 얇은 판의 접합에 사용된다.
㉢ 용접에 초음파의 진동(18kHz), 즉 횡진동으로 접합된다.
※ Foil : 금속의 얇은 박판 용접

정답 21 ① 22 ③ 23 ③ 24 ③ 25 ①

26 서브머지드 아크용접을 설명한 것 중 틀린 것은?

① 콘택트 팁에서 통전되므로 와이어 중에 저항열이 적게 발생되어 고전류 사용이 가능하다.
② 2개 이상의 심선을 사용하는 다전극 서브머지드 아크용접도 있다.
③ 용접 전원으로 직류는 비드형상이나 아크의 안정면에서 우수하다.
④ 용접 전원으로 교류는 아크의 자기불림 현상으로 이음 성능이 좋아진다.

해설
서브머지드 아크용접
교류용접 시는 시설비가 싸고 자기쏠림(arc blow)이 없으므로 많이 사용되며 직류는 400A 전류 이하의 용접이 이상적이다. (자기불림=자기쏠림)

27 테르밋 용접에 대한 설명 중 맞지 않는 것은?

① 철도 레일의 맞대기 용접, 크랭크축, 배의 프레임 등의 보수용접에 사용한다.
② 테르밋 반응의 발화제로서 산화구리, 알루미늄 등의 혼합분말을 이용한다.
③ 용접시간이 짧고, 용접 후 변형이 적다.
④ 설비가 싸고, 전원이 필요 없으므로 이동해서 사용이 가능하다.

해설
테르밋 용접(thermit welding)
• 테르밋제 : 알루미늄분말(3)+산화철분말(1) 혼합
• 점화제 : 과산화바륨, 마그네슘, 알루미늄 등 혼합분말

28 가스용접 및 절단작업의 안전 중 산소와 아세틸렌 용기의 취급사항으로 맞지 않는 것은?

① 산소병은 40℃ 이하 온도에서 보관하고 직사광선을 피해야 한다.
② 산소병을 운반할 때에는 공기가 잘 환기되도록 캡(Cap)을 벗겨서 이동한다.
③ 아세틸렌 병은 세워서 사용하며 병에 충격을 주어서는 안 된다.
④ 용기는 진동이나 충격을 가하지 말고 신중히 취급해야 한다.

해설
가스용접에서 산소(O_2)병을 운반할 때는 반드시 캡을 씌워서 운반한다.

29 서브머지드 아크용접의 장단점에 대한 설명으로 잘못된 것은?

① 장비가격이 비싸고, 적용 자세에 제약을 받는다.
② 용융속도 및 용착속도가 느리다.
③ 용접 홈의 가공정밀도가 높아야 한다.
④ 용접 진행상태의 양·부를 육안으로 확인할 수 없다.

해설
서브머지드 아크용접
대전류(4,000A) 사용이 가능하고 용융슬래그(그레이드)에 의해 용입이 수동용접의 2~3배 깊고 용접속도가 수동용접에 비해 3~12배 정도 빨라서 능률적이다.(용착금속의 야금적 성질이 개선된다.)

30 다음 중 아연에 대한 설명 중 틀린 것은?

① 아연은 철강재의 부식 방지용으로 많이 쓰인다.
② 아연은 공기 중에 산화되며 알칼리에 강하다.
③ 비중이 7.1, 용융점이 420℃ 정도이다.
④ 조밀육방격자의 금속이다.

해설
아연(Zn)
• 함석 제조
• 건전지 재료, 도금용에 사용, 알칼리에 침식된다.

31 철강 표면에 아연을 확산 침투시키는 세라다이징에서 주로 향상시키고자 하는 성질로 가장 적당한 것은?

① 경도   ② 인장강도
③ 내식성   ④ 연성

정답 26 ④ 27 ② 28 ② 29 ② 30 ② 31 ③

해설
세라다이징(sheradizing) : 아연을 침투시켜 금속 표면의 내식성, 내산성을 향상시킨다.

32 쇼터라이징 또는 도펠-듀로(doppel-durro)법이라 하며, 국부담금질이 가능한 표면경화처리법은?

① 화염경화법 ② 구상화 처리법
③ 강인화 처리법 ④ 결정입자 처리법

해설
화염경화법(표면경화법)
쇼터라이징(shoterizing)은 탄소강을 $O_2-C_2H_2$ 화염으로 가열한 후 물로 냉각하여 표면만 단단하게 열처리한다.(선반기계 배드안내면에 사용)

33 알루미늄-규소계 합금에 속하는 실루민(silumin)을 개량하기 위하여 소량의 마그네슘을 첨가하여 시효성을 부여한 것은?

① α실루민 ② β실루민
③ γ실루민 ④ δ실루민

해설
일반용 알루미늄(Al) 주물합금
• 실루민 : 알루미늄+규소계 합금
• γ실루민 : Al+Si+소량의 마그네슘 첨가(시효성 부과)

34 강을 표준상태로 하기 위하여 가공조직의 균일화, 결정립의 미세화, 기계적 성질의 향상을 목적으로 실시하며, 가열온도가 A_3 또는 A_{cm}점 이상까지 가열하는 열처리 방법은?

① 담금질 ② 어닐링
③ 템퍼링 ④ 노멀라이징

해설
노멀라이징(Normalizing, 불림열처리)
재질의 균일화, 조직의 표준화, 펄라이트 미세화 열처리 A_3 또는 A_{cm}선 이상 50~80℃까지 가열 후 공기 중에서 서랭한다.

35 다음 중 일반 고장력강의 용접 시 주의사항으로 틀린 것은?

① 용접봉은 저수소계를 사용한다.
② 아크 길이는 가능한 한 짧게 한다.
③ 위빙 폭을 가급적 크게 한다.
④ 용접 개시 전에 이음부 내부 또는 용접할 부분을 청소한다.

해설
• 고장력강은 강의 인장강도를 높인 것이다.
• 연강에 비해 용접이 어렵다.(서브머지드, CO_2 아크, 피복아크 용접이 이상적이다.)
• 용접 시 위빙(Weaving) 폭을 가급적 적게 한다.(용접봉 지름의 3배 이하, 기공, 인장강도 저하방지)

36 용접 후 열처리의 목적으로 관계가 먼 것은?

① 용접잔류응력 완화
② 용접 후 변형방지
③ 용접부 균열방지
④ 연성 증가, 파괴인성 감소

해설
용접 후 열처리나 후열처리는 파괴인성을 증가시킨다.(연성 증가)

37 오스테나이트계 스테인리스강은 용접 시 냉각되면서 고온균열이 발생하기 쉬운데 그 원인이 아닌 것은?

① 아크 길이가 너무 길 때
② 크레이터 처리를 하지 않았을 때
③ 모재가 오염되어 있을 때
④ 모재를 구속하지 않은 상태에서 용접할 때

해설
오스테나이트계 스테인리스강 용접
• 고온균열이 발생되며 그 원인은 ①, ②, ③항이다.
• 구속을 작게 하여 인장응력을 저감하면 고온균열이 방지된다.

정답 32 ① 33 ③ 34 ④ 35 ③ 36 ④ 37 ④

38 불즈 아이 조직(Bull's eye structure)이 나타나는 주철로 맞는 것은?

① 칠드 주철 ② 미하나이트 주철
③ 백심가단주철 ④ 구상흑연주철

해설
구상흑연주철
- 회주철의 흑연이 편상으로 존재하며 마그네슘(Mg), 세륨(Ce) 등을 첨가한다. 일명 연성주철, 노듈러 주철이라고 한다.
- 불즈 아이 조직 : 구상흑연주철, 가단주철에서 흑연 둘레를 페라이트가 둘러싸서 펄라이트로 되어 마치 황소눈처럼 된 조직이다.

39 탄소강의 조직 중 현미경 조직으로는 흰 결정으로 나타나며, 대단히 연하고 전성과 연성이 크며 A_2점 이하에서는 강자성을 나타내는 조직은?

① 페라이트 ② 펄라이트
③ 레데뷰라이트 ④ 시멘타이트

해설
페라이트(Ferrite)
탄소강의 조직이다. 극히 연하고 연성이 크며 인장강도는 비교적 작다. 상온에서 강자성체, 전기전도도가 높고, 담금질에 의해 경화되지 않는다. 파면은 백색을 띠고 순철에 가깝다.(A_2 : 723℃에서 페라이트가 최대고용도상태)

40 6 : 4 황동에 관한 설명으로 옳지 않은 것은?

① 상온에서 7 : 3 황동에 비하여 전연성이 낮고, 인장강도가 크다.
② 내식성이 높고, 탈아연 부식을 일으키지 않는다.
③ 아연 함유량이 많고 황동 중에서 값이 싸서, 기계재료로 많이 사용된다.
④ 일반적으로 판재, 선재, 볼트, 너트, 파이프, 밸브 등의 재료로 쓰인다.

해설
6 : 4 황동(탈아연 부식 발생)
구리 58~62%+아연 35~45% 함유, 내식성이 좋고 가격이 싸며 강도가 요구되는 부분에 사용

- 탈아연부식 : 불순물이나 부식성 물질, 소금물 등에서 용존하는 수용액의 작용에 의해 황동의 표면이나 내부까지 아연이 없어지는 현상
- 황동에는 고온탈아연, 탈아연 부식이 발생한다.

41 주철의 흑연화를 촉진시키는 원소가 아닌 것은?

① Si ② Al
③ Mn ④ Ti

해설
주철의 흑연화 촉진 방해 원소
망간(Mn)은 백선화 촉진

42 78~80% Ni, 12~14% Cr의 합금으로 내식성과 내열성이 우수하며, 특히 산화기류 중에서 내열성이 우수한 합금은?

① 니크롬 ② 콘스탄탄
③ 인코넬 ④ 모넬메탈

해설
인코넬(Inconel)
니켈 78~80%+크롬 12~14%+철 0.75%~1% 합금

43 용접 길이를 짧게 나누어 간격을 두면서 용접하는 것으로 잔류응력이 적게 발생하도록 하는 용착법은?

① 빌드업법 ② 후진법
③ 전진법 ④ 스킵법

해설
스킵법(skip method)
주로 용접에 변형을 적게 하기 위하여 용접 시 처음부터 연속적으로 용접을 계속하지 않고 띄엄띄엄 용접한 후 냉각을 시킨 후에 용접한다.

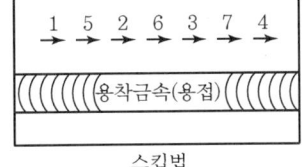

스킵법

44 보조기호 중 영구적인 아연 판재 사용을 표시하는 기호는?

① ⌐M⌐ ② ⌒
③ ⌐MR⌐ ④ ⌣⌣

해설
덮개판
- ⌐M⌐ : 영구적인 아연판재 표시
- ⌒ : 블록형
- ⌐MR⌐ : 제거가 가능한 덮개판
- ⌣⌣ : 끝단부를 매끄럽게 한다.

45 비커스(vickers) 경도시험에 사용되는 압입자는?

① 지름 1.5mm의 강구
② 꼭지각 120°의 다이아몬드 사각추
③ 꼭지각 136°의 다이아몬드 사각추
④ 1mm 구형의 다이아몬드 사각추

해설
비커스 경도시험

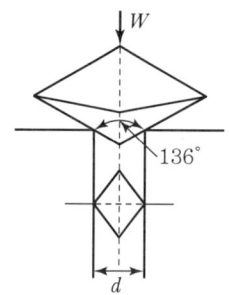

- W : 하중
- d : 압흔의 대각선 길이

46 용접할 때 일어나는 균열결함현상 중 저온균열에서 볼 수 없는 것은?

① 토 균열 ② 비드 밑 균열
③ 루트 균열 ④ 크레이터 균열

해설
- 저온균열 : 200℃ 실온에서의 균열(비드 밑 균열, 토 균열, 루트 균열, 힐 균열, 마이크로 균열 등)
- 고온균열 : 횡균열, 종균열, 크레이터 균열

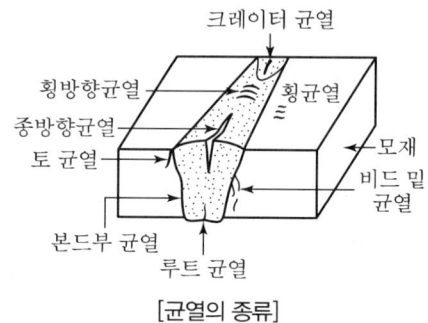

[균열의 종류]

47 용접 후 변형을 교정하는 방법을 나열한 것 중 틀린 것은?

① 냉각 후 해머질하는 방법
② 형재에 대한 직선 수축법
③ 롤러에 거는 방법
④ 절단에 의하여 성형하고 재용접하는 방법

해설
냉각 후 해머질하는 방법은 잔류응력을 제거하는 피닝법이다.

48 다음 중 스패터링 현상이 발생하는 원인이 아닌 것은?

① 슬랙의 점도가 낮을 때
② 아크 길이가 길 때
③ 용접전류가 높을 때
④ 모재온도가 낮을 때

49 가접(track welding)에 대한 설명으로 가장 거리가 먼 것은?

① 부재강도상 중요한 장소는 가접을 피한다.
② 가접할 때 용접봉은 본 용접봉보다 지름이 약간 굵은 것을 사용한다.
③ 본 용접 전에 좌우의 홈 부분을 잠정적으로 고정하기 위한 짧은 용접이다.
④ 가접은 본 용접 못지않게 중요하므로 본 용접사와 기량이 동등해야 한다.

해설
가접
가접 시 용접봉은 본 용접봉보다 지름이 약간 작은 것을 사용한다.

50 로봇 종류의 일반 분류에서 교시 프로그래밍을 통해서 입력된 작업 프로그램을 반복해서 실행할 수 있는 로봇은?

① 학습 제어 로봇
② 시퀀스 로봇
③ 지능 로봇
④ 플레이 백 로봇

51 용접부의 검사법 중 비파괴시험 방법에 대한 용도의 설명으로 잘못된 것은?

① 외관검사 : 용접부의 표면에 대한 검사로 비드의 모양, 용입, 크레이터 처리상황 조사를 위한 검사
② 누설검사 : 탱크, 용기 등의 기밀, 수밀 및 내압을 요하는 용접부에 대한 검사
③ 초음파 탐상 검사 : 검사물의 내부에 파장이 짧은 음파를 침투시켜 내부의 결함 또는 불균일층의 존재를 검지
④ 방사선 투과검사 : 교류전류를 통한 코일을 검사물에 접근시켜 용접부 내부의 균열, 용입불량, 슬래그 섞임

해설
방사선 검사
• X선 검사(10^{-8}cmÅ)
• γ선 검사
• 용입불량, 융합부족, 슬래그, 기공, 두께 및 갭 측정이 검사된다.

52 용접작업 전 예열의 주된 목적에 대한 설명으로 틀린 것은?

① 용접금속의 결정립을 조대하게 하여 용접부의 입계부식 및 응력부식 균열을 예방한다.
② 용접부의 냉각속도를 늦추어 용접금속 및 용접 열영향부의 균열을 방지한다.
③ 용접부의 확산성 수소의 방출을 용이하게 하여 수소취성 및 저온균열을 방지한다.
④ 용접부의 기계적 성질을 향상시키고 취성파괴를 예방한다.

해설
결정립이 조대화하면 균열의 발생이 촉진된다.

53 용접 이음부의 형상에서 변형을 가능한 한 줄이고, 또한 재료두께가 100mm 정도에 달한다고 할 때의 형상으로서 가장 적당한 것은?

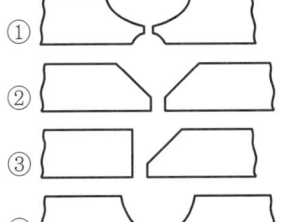

해설
용접부 · 이음부 형상에서 재료가 100mm 두께인 경우 변형을 가능한 한 줄일 때 형상

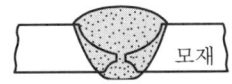

54 판 두께 12mm, 용접 길이가 25cm인 판을 맞대기 용접하여 4,200N의 인장하중을 작용시킬 때 인장응력은 얼마인가?

① 140N/cm²
② 280N/cm²
③ 420N/cm²
④ 560N/cm²

해설

$$\text{인장응력} = \frac{W}{t \cdot l}$$
$$= \frac{\text{인장하중}(4,200)}{1.2 \times 25} = 140\text{N/cm}^2$$

55 어떤 측정법으로 동일 시료를 무한 횟수 측정하였을 때 데이터 분포의 평균치와 참값의 차를 무엇이라 하는가?

① 재현성
② 안정성
③ 반복성
④ 정확성

해설

정확성
치우침이라고 하며 어떤 측정방법으로 동일 시료를 무한횟수로 측정하였을 때 데이터 분포의 평균치와 참값의 차이다.

56 관리도에서 측정한 값을 차례로 타점했을 때 점이 순차적으로 상승하거나 하강하는 것을 무엇이라 하는가?

① 연(run)
② 주기(cycle)
③ 경향(trend)
④ 산포(dispersion)

해설

경향
길이 7의 상승경향과 하강경향(비관리 상태이다.), 즉 점의 배열에서 이상 상태이다.

57 도수분포표를 작성하는 목적으로 볼 수 없는 것은?

① 로트의 분포를 알고 싶을 때
② 로트의 평균치와 표준편차를 알고 싶을 때
③ 규격과 비교하여 부적합품률을 알고 싶을 때
④ 주요 품질항목 중 개선의 우선순위를 알고 싶을 때

해설

도수분포표
여러 개의 제품을 측정하여 측정치를 순서대로 기록하여 놓은 표이다. 데이터가 어떻게 분포되는지를 나타내 줌으로써 집단, 품질 확인이 가능하다.

58 정상소요기간이 5일이고, 이때의 비용이 20,000원이며 특급소요기간이 3일이고, 이때의 비용이 30,000원이라면 비용구배는 얼마인가?

① 4,000원/일
② 5,000원/일
③ 7,000원/일
④ 10,000원/일

해설

$$\text{비용구배} = \frac{(\text{특급비용} - \text{정상비용})}{(\text{정상시간} - \text{특급시간})}$$
$$= \frac{30,000 - 20,000}{5 - 3} = 5,000(\text{원/일})$$

59 "무결점 운동"으로 불리는 것으로 미국의 항공사인 마틴사에서 시작된 품질개선을 위한 동기부여 프로그램은 무엇인가?

① ZD
② 6σ
③ TPM
④ ISO 9001

해설

Zero Defects(ZD) 운동
- 회사 개별 종업원에게 계획기능을 부여하는 자주관리운동의 하나이다.
- 종업원들의 주의와 연구를 통해 작업상 발생하는 모든 결함을 없애는 운동이다.
- 무결점 운동으로 품질개선의 동기 부여 프로그램이다.
※ TPM(총체적 생산보전)
   6σ(품질경영은 고객만족을 최우선으로 하는 운동)

정답 54 ① 55 ④ 56 ③ 57 ④ 58 ② 59 ①

60 컨베이어 작업과 같이 단조로운 작업은 작업자에게 무력감과 구속감을 주고 생산량에 대한 책임감을 저하시키는 등 폐단이 있다. 다음 중 이러한 단조로운 작업의 결함을 제거하기 위해 채택되는 직무설계방법으로서 가장 거리가 먼 것은?

① 자율경영팀 활동을 권장한다.
② 하나의 연속작업시간을 길게 한다.
③ 작업자 스스로가 직무를 설계하도록 한다.
④ 직무확대, 직무충실화 등의 방법을 활용한다.

해설
하나의 연속작업 시간을 길게 하면 작업자에게 무력감, 구속감을 주고 생산량에 대한 책임감을 저하시키는 폐단이 발생한다.

정답 60 ②

2012년 51회 기출문제
2012.4.9 시행

01 피복 아크용접봉 중 내균열성이 가장 우수한 것은?
① E4313
② E4316
③ E4324
④ E4327

해설
- E4313 : 고산화티탄계(슬래그 제거가 양호하다.)
- E4316 : 저수소계(내균열성이 우수하다.)
- E4324 : 철분산화티탄계(고능률성을 겸비한다.)
- E4327 : 철분산화철계(용착효율이 크다.)

02 아세틸렌가스의 성질 중 틀린 것은?
① 순수한 아세틸렌가스는 무색무취이다.
② 아세틸렌가스의 비중은 0.906으로 공기보다 가볍다.
③ 아세틸렌가스는 산소와 적당히 혼합하여 연소시키면 낮은 열을 낸다.
④ 아세틸렌가스는 아세톤에 25배가 용해된다.

해설
- 산소-아세틸렌가스는 불꽃온도가 약 3,200℃로 가장 높다.
- 아세틸렌(C_2H_2) 가스발열량(고위발열량) : 13,204(kcal/m³)

03 저압식 가스 절단 토치를 올바르게 설명한 것은?
① 아세틸렌가스의 압력이 보통 $0.07 kgf/cm^2$ 이하에서 사용한다.
② 산소가스의 압력이 보통 $0.07 kgf/cm^2$ 이하에서 사용한다.
③ 아세틸렌가스의 압력이 보통 $0.07 kgf/cm^2$ 이상에서 사용한다.
④ 산소가스의 압력이 보통 $0.07 \sim 0.4 kgf/cm^2$ 정도에서 사용한다.

해설
저압식 가스 절단 토치
가스발생기 C_2H_2 가스 압력이 $0.07 kgf/cm^2$ 이하

04 피복 아크용접봉 피복제 중에 포함되어 있는 주요 성분은 용접에 있어서 중요한 작용과 역할을 하는데 이 중 관계가 없는 것은?
① 아크 안정제
② 슬래그 생성제
③ 고착제
④ 침탄제

해설
전기용접봉 피복제에는 ①, ②, ③ 외 탈산제, 합금첨가제, 고착제 등의 성분이 들어 있다.
※ 침탄제 : 표면경화제

05 용접열원으로서 제어가 매우 용이하고 에너지의 집중화를 예측할 수 있는 에너지원은?
① 전자기적 에너지
② 기계적 에너지
③ 화학반응 에너지
④ 결정 에너지

해설
용접 시 이용하는 에너지 분류에서 전자기적 에너지는 용접열원으로 제어가 매우 용이하고 집중화를 예측할 수 있는 에너지이다.

06 교류 아크용접기에서 용접사를 보호하기 위하여 사용한 장치는?
① 전격방지기
② 핫스타트 장치
③ 고주파 발생 장치
④ 원격제어장치

해설
교류 아크용접기에서 용접기사를 보호하기 위한 장치는 전격방지기(작업휴지 시 2차 무부하 전압을 25V 이하로 유지하는 것)이다.

정답 01 ② 02 ③ 03 ① 04 ④ 05 ① 06 ①

07 아세틸렌가스의 통로에 구리 또는 구리합금(62% 이상 구리)을 사용하면 안 되는 이유는?

① 아세틸렌의 과다한 공급을 초래하기 때문에
② 폭발성 화합물을 생성하기 때문에
③ 역화의 원인이 되기 때문에
④ 가스성분이 변하기 때문에

해설
구리와 아세틸렌의 폭발성(구리 62% 이상에서)
$2Cu + C_2H_2 \rightarrow Cu_2C_2$(동아세틸라이드)$+ H_2$

08 교류 아크용접기의 종류표시와 사용된 기호의 수치에 대한 설명 중 옳은 것은?

① AW-300으로 표시하며 300의 수치는 정격출력 전류이다.
② AW-300으로 표시하며 300의 수치는 정격 1차 전류이다.
③ AC-300으로 표시하며 300의 수치는 정격출력 전류이다.
④ AC-300으로 표시하며 300의 수치는 정격 1차 전류이다.

해설
AW-300 : 용접기 정격출력이 300A이다.(정격 2차 전류값이다.)

09 레이저 절단기의 구성요소가 아닌 것은?

① 광전송부 ② 가공 테이블
③ 광파 측정볼 ④ 레이저 발진기

10 용해 아세틸렌을 충전하였을 때 용기 전체의 무게가 62.5kgf이었는데, B형 토치의 200번 팁으로 표준불꽃 상태에서 가스용접을 하고 빈 용기를 달아보았더니 무게가 58.5kgf이었다면 가스용접을 실시한 시간은 약 얼마인가?

① 약 12시간 ② 약 14시간
③ 약 16시간 ④ 약 18시간

해설
$62.5 - 58.5 = 4$kgf 소비
C_2H_6 분자량(26kg $= 22.4$m³)
$4 \times \dfrac{23.4}{26} = 3.45$m³($3,446 l$)
∴ 시간 $= \dfrac{3,446 l}{200 l/h} ≒ 18$시간

11 다음 중 용착효율(deposition efficiency)이 가장 낮은 용접은?

① MIG 용접
② 피복 아크용접
③ 서브머지드 아크용접
④ 플럭스코어드 아크용접

해설
용착효율 $= \dfrac{\text{용착금속의 중량}}{\text{용접봉 중량}} \times 100(\%)$

용착효율 크기 순서
서브머지드>미그 용접>솔리드 와이어>플럭스 코어드 아크용접(FCAW)>피복 아크용접(SMAW)

12 용접 케이블에 대한 설명으로 틀린 것은?

① 2차 측 케이블은 유연성이 좋은 캡타이어 전선을 사용한다.
② 전원에서 용접기에 연결하는 케이블을 2차 측 케이블이라 한다.
③ 2차 측 케이블은 저전압 대전류를 사용한다.
④ 2차 측 케이블에 비하여 1차 측 케이블은 움직임이 별로 없다.

해설
1차측 케이블 : 전원에서 용접기에 연결하는 케이블
• 200A : 5.5mm 직경
• 300A : 8mm 직경
• 400A : 14mm 직경

정답 07 ② 08 ① 09 ③ 10 ④ 11 ② 12 ②

13 공정변경에 의한 용접매연 및 유독성분 발생 감소방안에 대한 설명 중 틀린 것은?

① 용접매연 발생량이 적은 용접공정의 선택
② 스패터를 최소화할 수 있는 용접조건의 설정
③ 작업 가능한 최소의 용접전류 및 아크전압 선택
④ 주위 환경에 최대의 산소를 보장할 수 있는 플럭스의 선택

해설
용접 시 산소는 산화작용을 일으키는 방해물이다.

14 피복 아크용접봉의 피복제 중 탈산제가 아닌 것은?

① Fe-Cu   ② Fe-Si
③ Fe-Mn   ④ Fe-Ti

해설
용접봉 배합제
(1) 탈산제 : ㉠ Fe-Mn(망간)
           ㉡ Fe-Si(실리콘)
           ㉢ Fe-Ti(티탄)
(2) 합금제 : ㉠ Fe-Cu(구리)
           ㉡ Fe-Mn(망간)
           ㉢ Fe-Mo(몰리브덴)
           ㉣ Fe-Si(실리콘)

15 강재 표면의 흠이나 개재물, 탈탄층 등을 제거하기 위해서 될 수 있는 대로 얇게, 타원형으로 표면을 깎아내는 가공법은?

① 가우징   ② 아크 에어 가우징
③ 스카핑   ④ 플라스마 제트 절단

해설
Scarfing(스카핑)
강괴, 강편, 슬래그 기타 표면의 균열이나 주름, 주조결함, 탈탄층 등의 표면 결함을 불꽃 가공에 의해 제거하는 것

16 서브머지드 용접과 같이 대전류 영역에서 비교적 큰 용적이 단락되지 않고 옮겨가는 용적 이행 방식은?

① 입상용적 이행(globular transfer)
② 단락 이행(short-circuiting transfer)
③ 분사식 이행(spray transfer)
④ 중간 이행(middle transfer)

해설
글로블러형 입상용적 이행
서브머지드 아크용접과 같이 대전류 영역에서 비교적 큰 용적이 단락되지 않고 옮겨가는 용적이행(대전류 : 200~4,000A 사용)

17 서브머지드 아크용접용 용제의 종류 중 광물성 원료를 혼합하여 노(爐)에 넣어 1,300℃ 이상으로 가열해서 용해하여 응고시킨 후 분쇄하여 알맞은 입도로 만든 것으로 유리 모양의 광택이 나며 흡습성이 적은 것이 특징인 것은?

① 용융형 용제
② 소결형 용제
③ 혼성형 용제
④ 분쇄형 용제

18 MiG 용접 시 송급 롤러의 형태가 아닌 것은?

① 플랫형   ② 기어형
③ 지그재그형   ④ U형

해설
MiG 미그 용접 시 와이어(wire) 송급 롤러의 형태 및 송급기구
• 플랫형
• 푸시플식
• 푸시식(미는 식)
• 풀식(당기는 식)
• 기어형 및 U형

19 전류가 인체에 미치는 영향 중 순간적으로 사망할 위험이 있는 전류량은 몇 [mA] 이상인가?

① 10 ② 20
③ 30 ④ 50

[해설]
전격(감전) 재해 전류값 통전
- 10mA : 견디기 어려운 고통
- 20mA : 근육수축
- 50mA : 생명에 위험
- 100mA : 치명적

20 레이저 용접(Laser welding)의 장점 설명으로 틀린 것은?

① 좁고 깊은 용접부를 얻을 수 있다.
② 소입열 용접이 가능하다.
③ 고속 용접과 용접 공정의 융통성을 부여할 수 있다.
④ 접합되어야 할 부품의 조건에 따라서 한 방향의 용접으로는 접합이 불가능하다.

[해설]
레이저 용접의 기본장치
- 고체금속형, 가스방전형, 반도체형이 있다.
- 접합되어야 할 부품의 조건에 따라서 한 방향의 용접으로 접합이 가능하다.
- 용접속도가 빠르다.
- 레이저(Laser) : 유도방사에 의한 광의 증폭기

21 돌기(projection) 용접의 장점 설명으로 틀린 것은?

① 여러 점을 동시에 용접할 수 있으므로 생산성이 높다.
② 좁은 공간에 많은 점을 용접할 수 있다.
③ 용접부의 외관이 깨끗하며 열변형이 적다.
④ 용접기의 용량이 적어 설비비가 저렴하다.

[해설]
프로젝션 용접(돌기용접)
㉠ 점용접과 같다.(제품의 한쪽 또는 양쪽에 작은 돌기를 만들어서 이 부분에 용접전류를 집중시켜 압접하는 방법)

㉡ 용접설비비가 비싸고 용접기는 가압력이 커서 공기가압식이 많이 사용된다.

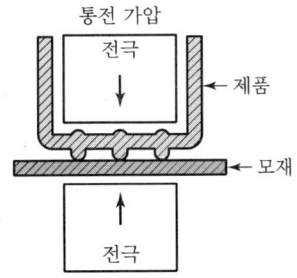

22 불활성가스 아크용접에서 주로 사용되는 불활성가스는?

① C_2H_2 ② Ar
③ H_2 ④ N_2

[해설]
불활성가스 아크용접에서 주로 사용되는 불활성가스는 Ar(아르곤), He(헬륨) 등이다.

23 전기저항 용접의 3대 요소에 해당되는 것은?

① 도전율 ② 용접전압
③ 용접저항 ④ 가압력

[해설]
전기저항 용접의 3대 구성요소
- 가압장치(가압력)
- 통전장치
- 제어장치
※ 전기저항열 $(Q) = 0.24I^2Rt$ (cal)

24 기체를 가열하여 양이온과 음이온이 혼합된 도전(導電)성을 띤 가스체를 적당한 방법으로 한 방향에 분출시켜, 각종 금속의 접합에 이용하는 용접은?

① 서브머지드 아크용접
② MIG 용접
③ 피복 아크용접
④ 플라스마(plasma) 아크용접

정답 19 ④ 20 ④ 21 ④ 22 ② 23 ④ 24 ④

해설
플라스마
기체를 가열시켜 온도가 높아지면 기체원자는 격심한 열운동에 의해 마침내 전리되어 이온과 전자로 나뉜다. 이때 기체는 도전성을 띠게 된다. 플라스마 아크는 종래의 아크열보다 더 고온고에너지 밀도에 의해 각종 금속의 접합에 이용된다.
※ 열적핀치효과 : 전류밀도가 증대되고 아크 전압이 상승된 결과 에너지 밀도가 극히 높은 고온도의 아크 플라스마가 얻어지는 현상이다.

25 탄산가스(CO_2) 아크용접 작업 시 전진법의 특징으로 맞는 것은?

① 용접 스패터가 비교적 많으며 진행방향 쪽으로 흩어진다.
② 용접선이 잘 안 보이므로 운봉을 정확하게 할 수 없다.
③ 용착금속의 용입이 깊어진다.
④ 비드 폭의 높이가 높아진다.

해설
탄산가스 아크용접 작업 시 전진법 용접
용접 스패터가 비교적 많이 생기고 진행방향 쪽으로 흩어진다.

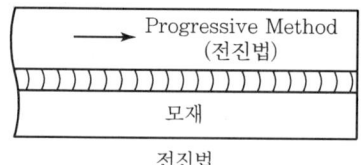

전진법

26 TIG 용접 시 텅스텐 혼입이 일어나는 이유로 거리가 먼 것은?

① 전극의 길이가 짧고 노출이 적어 모재에 닿지 않을 때
② 전극과 용융지가 접촉하였을 때
③ 전극의 굵기보다 큰 전류를 사용하였을 때
④ 외부 바람의 영향으로 전극이 산화되었을 때

해설
불활성가스 티그 용접(텅스텐 전극)
• 순수한 텅스텐, 토륨(Th)을 2% 함유한 텅스텐 사용
• TIG 용접 시 텅스텐 혼입이 일어나는 이유는 ②, ③, ④항이다.

27 티그(TIG) 용접과 비교한 플라스마(plasma) 아크용접의 단점이 아닌 것은?

① 플라스마 아크 토치가 커서 필릿 용접 등에 불리하다.
② 키홀 용접 시 언더컷이 발생하기 쉽다.
③ 용입이 얕고, 비드 폭이 넓으며, 용접속도가 느리다.
④ 키홀 용접과 용융 용접을 모두 사용해야 하는 다층 용접 시 용접변수의 변화가 크다.

해설
플라스마 아크용접
전자빔 용접과 같이 열 에너지의 집중도가 좋고 고온이 얻어지므로 용입이 깊고 또한 비드의 폭이 좁은 접합부가 얻어지고 용접속도가 빠르다.

28 가스용접 및 절단작업 시 안전사항으로 가장 거리가 먼 것은?

① 작업 시 작업복은 깨끗하고 간편한 복장으로 갈아입고 작업자의 눈을 보호하기 위해 보안경을 착용한다.
② 납이나 아연합금 및 도금 재료의 용접이나 절단 시 중독의 우려가 있으므로 환기에 신경에 쓰며 방독마스크를 착용하고 작업을 한다.
③ 산소병은 고압으로 충전되어 있으므로 운반 시는 전용 운반장비를 이용하며, 나사부분의 마모를 적게 하기 위하여 윤활유를 사용한다.
④ 밀폐된 용기를 용접하거나 절단할 때 내부의 잔여물질 성분이 팽창하여 폭발할 우려를 충분히 검토한 후 작업을 한다.

해설
산소는 가연성 물질의 조연성 가스(지연성 가스)이므로 윤활유를 사용한 용기에 저장이나 운반은 자제한다.

정답 25 ① 26 ① 27 ③ 28 ③

29 납땜에 사용하는 용제가 갖추어야 할 조건 중 틀린 것은?

① 모재의 산화 피막과 같은 불순물을 제거하고 유동성이 좋을 것
② 모재나 땜납에 대한 부식 작용이 최대일 것
③ 납땜 후 슬래그 제거가 용이할 것
④ 인체에 해가 없어야 할 것

[해설]
납땜에 사용하는 용제(플럭스)는 부식작용이 최저가 되어야 한다.

30 스테인리스강을 조직상으로 분류한 것 중 틀린 것은?

① 시멘타이트계
② 페라이트계
③ 마텐사이트계
④ 오스테나이트계

[해설]
스테인리스강(stainless steel)의 종류
• 오스테나이트계(austenite)
• 마텐자이트계(martensite)
• 페라이트계(ferrite)

31 티탄합금을 용접할 때, 용접이 가장 잘되는 것은?

① 피복아크용접
② 불활성가스 아크용접
③ 산소-아세틸렌가스 용접
④ 서브머지드 아크용접

[해설]
티탄(Ti) 합금
알루미늄의 1.6배 비중(스테인리스강의 60%)
• 사용온도 범위 : 500℃ 이하
• 산소나 질소와 화합하여 매우 안정된 산화물이나 질화물을 만든다.
• 주로 불활성가스 아크용접이 쓰인다.

32 다음 중 70~90% Ni, 10~30% Fe을 함유한 합금으로 니켈-철계 합금은?

① 어드밴스(advance)
② 큐프로 니켈(cupro nickel)
③ 퍼멀로이(permalloy)
④ 콘스탄탄(constantan)

[해설]
퍼멀로이(불변강)
• 비자성체이다.
• 철+니켈 10~30% 합금강이다.(코발트도 일부 첨가한다.)

33 담금질 균열 방지책이 아닌 것은?

① 급격한 냉각을 위하여 빠른 속도로 냉각한다.
② 가능한 한 수랭을 피하고 유랭을 한다.
③ 설계 시 부품의 직각 부분을 적게 한다.
④ 부분적인 온도차를 적게 하기 위해 부분 단면을 작게 한다.

[해설]
담금질(열처리) 과정에서 크랙(균열)을 방지하기 위하여 냉각속도를 다소 느리게 한다.

34 오스테나이트계 스테인리스강의 용접 시 입계부식 방지를 위하여 탄화물을 분해하는 가열온도로 가장 적당한 것은?

① 480~600℃
② 650~750℃
③ 800~950℃
④ 1,000~1,100℃

[해설]
오스테나이트계 스테인리스강(18-8 STS)은 탄화물이 석출하여 입계부식을 일으켜서 용접 쇠약을 일으키므로 냉각속도를 빠르게 하든지 용접 후에 충분하게 1,000~1,100℃로 가열 후 급랭시켜 용체화 처리한다.(탄소량을 감소시켜 Ar_4C 탄화물 발생을 방지한다.)

[정답] 29 ② 30 ① 31 ② 32 ③ 33 ① 34 ④

35 풀림의 목적으로 틀린 것은?

① 냉간가공 시 재료가 경화됨
② 가스 및 분출물의 방출과 확산을 일으키고 내부응력이 저하됨
③ 금속합금의 성질을 변화시켜 연화됨
④ 일정한 조직의 균일화됨

해설
풀림(어닐링 Annealing) 열처리
• 잔류응력 제거, 재질의 연화, 결정립 크기의 조절, 펄라이트 구상화의 목적
• A_3 온도 이상 30~50℃ 가열(완전 풀림)
• 재료가 연화된다.

36 황동의 탈아연 부식에 대한 설명으로 틀린 것은?

① 탈아연 부식은 60 : 40 황동보다 70 : 30 황동에서 많이 발생한다.
② 탈아연된 부분은 다공질로 되어 강도가 감소하는 경향이 있다.
③ 아연이 구리에 비하여 전기화학적으로 이온화 경향이 크기 때문에 발생한다.
④ 불순물이 부식성 물질이 공존할 때 수용액의 작용에 의하여 생긴다.

37 고급주철인 미하나이트 주철은 저탄소, 저규소의 주철에 어떤 접종제를 사용하는가?

① 규소철, Ca-Si
② 규소철, Fe-Mn
③ 칼슘, Fe-Si
④ 칼슘, Fe-Mg

해설
미하나이트 주철(철+Ca+Si)
• 미세한 흑연을 균일하게 분포시킨 펄라이트 주철
• 용도 : 브레이크 드럼, 기어, 크랭크 축

38 기어, 크랭크 축 등 기계요소용 재료의 열처리법으로 사용되고 표면은 내마모성을 가지고 중심은 강인성을 요구하는 재료의 열처리법이 아닌 것은?

① 화염경화법
② 침탄법
③ 질화법
④ 소성가공법

해설
소성가공법
금속에 힘을 가하여 판재, 봉재, 관재 등에서 여러 가지 모양으로 가공이 가능한데 이와 같이 변형되는 성질을 소성이라 하고 이 성질을 이용한 가공법이 소성가공이다.

39 특수강의 제조목적이 아닌 사항은?

① 고온기계적 성질 저하의 방지
② 담금질 효과의 증대
③ 결정입도의 조대화 증대
④ 기계적 성질의 증대

40 탄소강을 질화처리한 것으로 그 특징이 아닌 것은?

① 경화층은 얇고, 경도는 침탄한 것보다 크다.
② 마모 및 부식에 대한 저항이 크다.
③ 침탄강은 침탄 후 담금질하나 질화강은 담금질할 필요가 없다.
④ 600℃ 이하의 온도에서는 경도가 감소되고 산화가 잘된다.

해설
질화법
NH_3 가스를 고온에서 분해하여 질소(N) 가스를 발생시키면서 철과 화합하여 굳은 질화층(경도 증가)을 형성한다.
※ 경도, 내마멸성, 내식성이 크다.

정답 35 ① 36 ① 37 ① 38 ④ 39 ③ 40 ④

41 일반 고장력강의 용접 시 주의사항이 아닌 것은?

① 용접봉은 저수소계를 사용한다.
② 아크 길이는 가능한 한 짧게 유지한다.
③ 위빙폭은 용접봉 지름의 3배 이상이 되게 한다.
④ 용접봉은 300~350℃ 정도에서 1~2시간 건조 후 사용한다.

해설
일반 고장력강의 용접 시 주의사항
• 인장강도 : 50~100kg/mm²
• 용접은 연강에 비해 어렵다.

42 알루미늄이나 그 합금은 용접성이 대체로 불량한데, 그 이유에 해당되지 않는 것은?

① 비열과 열전도도가 대단히 커서 단시간 내에 용융온도까지 이르기가 힘들기 때문이다.
② 용접 후의 변형이 크며 균열이 생기기 쉽기 때문이다.
③ 용융점 660℃로서 낮은 편이고, 색채에 따라 가열온도의 판정이 곤란하여 지나치게 용융되기 쉽기 때문이다.
④ 용융응고 시에 수소가스를 배출하여 기공이 발생되기 어렵기 때문이다.

해설
용융상태에서 특히 수소를 배출하지 않고 흡수하는 성질이 있다.(기공이 발생한다.)

43 다음 그림에서 강판의 두께 20mm, 인장하중 8,000N을 작용시키고자 하는 겹치기 용접이음을 하고자 한다. 용접부의 허용응력을 5N/mm²라 할 때 필요한 용접길이는 약 얼마인가?

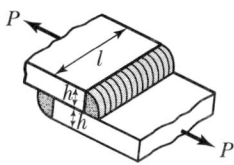

① 36.6mm   ② 46.5mm
③ 56.6mm   ④ 65.5mm

해설
용접길이 계산(mm)
용접부에 작용하는 힘 내력 $(F) = \dfrac{8,000}{20} = 400$ kg/mm

∴ 용접치수 길이 $(l) = 1.414 \times \dfrac{400}{5} = 56.6$ mm

44 한국산업표준에서 현장용접을 나타내는 기호는?

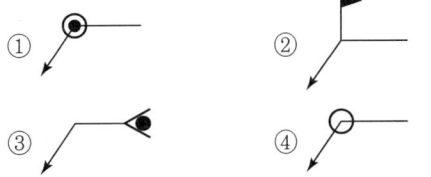

해설

▐ : 현장용접

◯ : 전둘레용접

◯▐ : 전둘레 현장용접

45 19mm 두께의 알루미늄 판을 양면으로 TIG 용접하고자 할 때 이용할 수 있는 이음방식은?

① I형 맞대기 이음
② V형 맞대기 이음
③ X형 맞대기 이음
④ 겹치기 이음

해설
알루미늄(Al)의 두께가 12.7mm 이상이면 TIG 용접에서 X형 맞대기 용접을 실시한다.

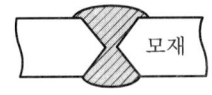

[X형 맞대기 용접]

정답 41 ③ 42 ④ 43 ③ 44 ② 45 ③

46 관절좌표 로봇(articulated robot) 동작기구의 장점에 대한 설명으로 틀린 것은?

① 3개의 회전축을 가진다.
② 장애물의 상하에 접근이 가능하다.
③ 작은 설치공간에 큰 작업영역을 가진다.
④ 복잡한 머니퓰레이터 구조를 가진다.

해설
머니퓰레이터(manipulator)란 조종이 가능한 일명 로봇팔을 의미한다.

47 다음 중 용접 포지셔너 사용 시 장점이 아닌 것은?

① 최적의 용접 자세를 유지할 수 있다.
② 로봇 손목에 의해 제어되는 이송각도의 일종인 토치 팁의 리드 각과 래그 각의 변화를 줄일 수 있다.
③ 용접 토치가 접근하기 어려운 위치를 용접이 가능하도록 접근성을 부여한다.
④ 바닥에 고정되어 있는 로봇의 작업영역 한계를 축소시켜 준다.

해설
바닥에 고정되어 있는 로봇의 작업영역 한계를 크게 하여 준다.

48 용접부에 대한 비파괴시험 방법에 관한 침투탐상시험법을 나타낸 기호는?

① RT   ② UT
③ MT   ④ PT

해설
- 방사선검사 : RT
- 침투탐상검사 : PT
- 초음파탐상검사 : UT
- 자분탐상검사 : MT
- 와류검사 : ET
- 음향검사 : AE

49 용접변형 교정방법 중 맞대기 용접이음이나 필릿 용접이음의 각 변형을 교정하기 위하여 이용하는 방법으로 이면 담금질법이라고도 하는 것은?

① 점가열법
② 선상가열법
③ 가열 후 해머링
④ 피닝법

해설
선상가열법(Line Heating)
용접변형 교정방법 중 맞대기 용접, 필릿 용접이음의 각 변형을 교정하기 위하여 이용하는 담금질법

50 CO_2 아크용접에서 기공의 발생 원인이 아닌 것은?

① 노즐과 모재 사이의 거리가 15mm이었다.
② CO_2 가스에 공기가 혼입되어 있다.
③ 노즐에 스패터가 많이 부착되어 있다.
④ CO_2 가스 순도가 불량하다.

해설
탄산가스(CO_2) 아크용접법에서 기공의 발생은 ②, ③, ④ 외에 수분이나 질소에 의한 것이다.

51 일반적인 각 변형의 방지대책으로 틀린 것은?

① 구속 지그를 활용한다.
② 용접속도가 빠른 용접법을 이용한다.
③ 판 두께가 얇을수록 첫 패스 측의 개선깊이를 크게 한다.
④ 개선각도는 작업에 지장이 없는 한도 내에서 크게 한다.

해설
용접 시 일반적인 각 변형의 방지대책으로 개선각도는 작업에 지장이 없는 한도 내에서 작게 한다.

52 예열을 하는 목적에 대한 설명 중 틀린 것은?

① 용접부와 인접된 모재의 수축응력을 감소시키기 위하여
② 임계온도 도달 후 냉각속도를 느리게 하여 경화를 방지하기 위하여
③ 약 200℃ 범위의 통과시간을 지연시켜 비드 및 균열 방지를 위하여
④ 후판에서 30~50℃로 용접 홈을 예열하여 냉각속도를 높이기 위하여

해설
예열의 목적
재질에 따라서 50~350℃ 정도 홈을 예열하는데 냉각속도를 느리게 하기 위해서다.

53 금속현미경 조직시험의 진행과정 순서로 맞는 것은?

① 시편의 채취 → 성형 → 연삭 → 광연마 → 물세척 및 건조 → 부식 → 알코올 세척 및 건조 → 현미경 검사
② 시편의 채취 → 광연마 → 연삭 → 성형 → 물세척 및 건조 → 부식 → 알코올 세척 및 건조 → 현미경 검사
③ 시편의 채취 → 성형 → 물세척 및 건조 → 광연마 → 연삭 → 부식 → 알코올 세척 및 건조 → 현미경 검사
④ 시편의 채취 → 알코올 세척 및 건조 → 성형 → 광연마 → 물세척 및 건조 → 연삭 → 부식 → 현미경 검사

54 용접부의 국부가열 응력제거방법에서 용접구조용 압연강재의 응력 제거 시 유지온도와 유지시간으로 적합한 것은?

① 625±25℃ 판 두께 25mm에 대해 1시간
② 725±25℃ 판 두께 25mm에 대해 1시간
③ 625±25℃ 판 두께 25mm에 대해 2시간
④ 725±25℃ 판 두께 25mm에 대해 2시간

해설
용접부의 국부가열 응력 제거(용접구조용 압연강재)
• 유지온도 : 625±25℃
• 유지시간 : 판두께 25mm에 대해 1시간
※ ④항은 탄소강관, 보일러 열교환기용

55 여유시간이 5분, 정미시간이 40분일 경우 내경법으로 여유율을 구하면 약 몇 %인가?

① 6.33% ② 9.05%
③ 11.11% ④ 12.50%

해설
내경법을 통한 여유율 산정식

$$표준시간 = 정미시간 \times \frac{1}{1-여유율}$$

$$45 = 40 \times \frac{1}{1-여유율}$$

$$45(1-여유율) = 40$$

$$\therefore 여유율 = \frac{45-40}{45} \times 100 = 11.11\%$$

56 로트에서 랜덤하게 시료를 추출하여 검사한 후 그 결과에 따라 로트의 합격, 불합격을 판정하는 검사방법을 무엇이라 하는가?

① 자주검사 ② 간접검사
③ 전수검사 ④ 샘플링검사

해설
랜덤샘플링검사
로트에서 랜덤(무작위)하게 시료를 추출하여 검사한 후 그 결과에 따라서 로트의 합격이나 불합격을 판정하는 검사방법이다.

57 다음과 같은 [데이터]에서 5개월 이동평균법에 의하여 8월의 수요를 예측한 값은 얼마인가?

월	1	2	3	4	5	6	7
판매실적	100	90	110	100	115	110	100

① 103 ② 105
③ 107 ④ 109

정답 52 ④ 53 ① 54 ① 55 ③ 56 ④ 57 ③

해설

이동평균법$(F) = \dfrac{110+100+115+110+100}{5\text{개월}} = 107$

58 관리사이클의 순서를 가장 적절하게 표시한 것은?(단, A는 조치(Act), C는 체크(Check), D는 실시(Do), P는 계획(Plan)이다.)

① P → D → C → A
② A → D → C → P
③ P → A → C → D
④ P → C → A → D

해설

관리사이클 순서
계획(P) → 실시(D) → 체크(C) → 조치(A)

59 다음 중 계량값 관리도만으로 짝지어진 것은?

① c 관리도, u 관리도
② $x - R_s$ 관리도, P 관리도
③ $\overline{x} - R$ 관리도, nP 관리도
④ $Me - R$ 관리도, $\overline{x} - R$ 관리도

해설

계량값 관리도 종류
- $\tilde{x} - R$ 관리도, x 관리도, $x - R$ 관리도, R 관리도

계수치에 관한 관리도
- nP(불량개수관리도), P(불량률관리도), C(결점수) 관리도, u(단위당 결점수 관리도)

해설

최빈값(Mode)
모듈은 도수분포의 도수가 최대인 곳의 대표치를 말한다.(모집단의 중심적 경향 측도)

60 다음 중 모집단의 중심적 경향을 나타낸 측도에 해당하는 것은?

① 범위(Range)
② 최빈값(Mode)
③ 분산(Variance)
④ 변동계수(Coefficient of variation)

정답 58 ① 59 ④ 60 ②

2012년 52회 기출문제

2012.7.23 시행

01 AW-500 교류 아크용접기의 최고 무부하 전압은 몇 V 이하인가?

① 30V 이하
② 80V 이하
③ 95V 이하
④ 85V 이하

해설
교류 아크용접기 최고 2차 무부하 전압 AW-500(정격사용률 60%, 저항강하 40V 최고 무부하 전압 95V, 용접봉 지름 4~8mm)

02 교량의 개조나 침몰선의 해체, 항만의 방파제 공사 등에 가장 많이 사용되는 것은?

① 산소창 절단
② 수중 절단
③ 분말 절단
④ 플라스마 절단

해설
- 산소창 절단 : 두꺼운 강판의 절단, 주철, 강괴의 절단
- 수중 절단 : 침몰선의 해체, 교량의 개조, 항만과 방파제의 공사에 필요한 절단

03 연강용 피복 아크용접봉을 KS에 의하여 E4316으로 표시할 때, "43"이 의미하는 것은?

① 용착금속의 최소 인장강도의 수준
② 피복 아크용접봉
③ 모재의 최대 인장강도의 수준
④ 피복제 계통

해설
- E : 전극봉
- 43 : 용착금속의 최저 인장강도(kg/mm²)
- △ : 용접자세
- □ : 피복제 종류

04 저수소계 용접봉에 대한 설명으로 틀린 것은?

① 피복제는 석회석이나 형석을 주성분으로 한다.
② 타 용접봉에 비해 용착금속 중의 수소 함유량이 1/10 정도로 적다.
③ 용접봉은 사용하기 전에 300~350℃ 정도로 1~2시간 정도 건조시켜 사용한다.
④ 용착 금속은 강인성이 풍부하나 내균열성이 나쁘다.

해설
저수소계 용접봉(E4316)
- 균열의 내균열성이 우수하다.
- 균열의 감수성이 극히 낮다.
- 두꺼운 구조물의 제1층 용접 혹은 구속이 큰 연강, 구조물, 고장력강 및 탄소나 유황의 함유량이 많은 강의 용접에 사용되고 있다.(수소함유량이 적다.)

05 가스용접에서 용제에 대한 설명으로 틀린 것은?

① 용제는 단독으로 사용하는 것보다 혼합제로 사용하는 것이 좋다.
② 용제는 용접 직전의 모재(母材) 및 용접봉에 엷게 바른 다음 불꽃으로 태워서 사용한다.
③ 용제로 지나치게 많은 양을 쓰는 것은 도리어 용접을 곤란하게 한다.
④ 강 이외의 많은 금속은 그 산화물보다 용융점이 높기 때문에 산화물을 제거하기 위하여 용제가 중요한 역할을 한다.

해설
용제의 특성
- 알루미늄, 스테인리스강 등에 있는 산화물은 모재보다 용융점이 높다.
- 용접 중에 생성된 산화물과 유해물을 용융시켜 슬래그로 만들거나 산화물의 용융온도를 낮게 하기 위해서 용제(flux)를 사용하게 된다.

정답 01 ③ 02 ② 03 ① 04 ④ 05 ④

06 잠호용접(SAW)에 대한 특징 설명으로 틀린 것은?

① 용융속도 및 용착속도가 빠르다.
② 개선각을 작게 하여 용접 패스 수를 줄일 수 있다.
③ 용접진행 상태의 양·부를 육안으로 확인할 수 없다.
④ 적용 자세에 제약을 받지 않는다.

해설
잠호용접(서브머지드 아크용접)은 적용자세로서 대부분 아래보기 및 수평 필릿 용접에만 사용되므로 제약을 받는다.

07 산소-아세틸렌 용접에서 전진법은 보통 판 두께가 몇 mm 이하의 맞대기 용접이나 변두리 용접에 쓰이는가?

① 5mm   ② 10mm
③ 15mm   ④ 20mm

해설
- 전진법(좌진법) : 판두께 5mm 이하의 맞대기 용접이나 변두리 용접에, 또 비철금속이나 주철용접에 사용된다.
- 후진법(우진법) : 5mm 이상의 두꺼운 판재의 용접법이다.

08 가스용접으로 사용되는 산소의 성질에 대한 설명으로 잘못된 것은?

① 물에 조금 녹아 있기 때문에 수중생물의 호흡에 쓰인다.
② 다른 물질의 연소를 도와주는 조연성 가스이다.
③ 액체산소는 보통 연한 청색을 띤다.
④ 금, 백금, 수은 등을 제외한 모든 원소와 화합 시 탄화물을 만든다.

해설
산소는 불활성가스나 금, 백금 등은 제외하고 대부분의 원소와 직접 화합하여 탄화물이 아닌 산화물을 만든다.

09 가스 절단기 중 비교적 가볍고 2가지의 가스를 2중으로 된 동심형의 구멍으로부터 분출하는 토치의 종류는?

① 프랑스식   ② 덴마크식
③ 독일식   ④ 스웨덴식

해설
토치 종류
- 프랑스식(B형 : 가변압식) : 동심형
- 독일식(A형 : 불변압식) : 이심형

10 가스 가우징 작업에 대해 설명한 것 중 틀린 것은?

① 용접부의 결함 제거
② 가접의 제거
③ 용접부의 뒤따내기
④ 강재 표면의 얇고 넓은 층, 탈탄층 제거

해설
- 가스가우징 : 강재 표면의 둥근 홈을 파내는 방법이다.(가스 따내기)
- 스카핑 : 강괴, 강편, 슬래그 기타 표면의 균열이나 주름, 주조 결함, 탈탄층의 제거

11 정격 2차 전류 250A, 정격사용률 40%의 아크용접기로 실제로 200A의 전류로 용접한다면 허용사용률은 몇 %인가?

① 22.5   ② 42.5
③ 62.5   ④ 82.5

해설
용접 허용사용률(%)

$$\frac{(정격\ 2차\ 전류)^2}{(실제\ 용접전류)^2} \times 정격사용률 = \frac{(250)^2}{(200)^2} \times 40 = 62.5\%$$

정답 06 ④ 07 ① 08 ④ 09 ① 10 ④ 11 ③

12 아크용접 시 용접봉의 용융금속 이행형식이 될 수 없는 것은?

① 단락형 ② 스프레이형
③ 글로뷸러형 ④ 전류형

해설
아크용접 용융금속의 이행형식
• 단락형 : 맨 용접봉, 박피복 용접봉에서 발생
• 글로뷸러형 : 피복제가 두꺼운 저수소계 용접봉에서 발생
• 스프레이형 : 고산화티탄계, 일미나이트계 용접봉에서 발생

13 용접구조물을 리벳구조물과 비교할 때 용접구조물의 장점으로 틀린 것은?

① 잔류응력이 발생하지 않는다.
② 재료의 절약도 가능하게 되고 무게도 경감된다.
③ 리벳구멍에 의한 유효단면적의 감소가 없으므로 이음효율이 높다.
④ 리벳이음에 비해 수밀, 유밀, 기밀유지가 잘된다.

해설
용접구조물은 항상 잔류응력이 발생한다.

14 직류 용접기와 교류 용접기의 비교 설명 중 틀린 것은?

① 무부하 전압은 교류 용접기가 높다.
② 직류 용접기가 역률이 양호하다.
③ 교류 용접기의 구조가 직류 용접기보다 간단하다.
④ 교류 용접기는 극성 변화가 가능하다.

해설
㉠ 교류 용접기는 극성 변화가 불가능하다.
㉡ 직류 용접기 극성
  • 정극성 : 홀더⊖+모재⊕
  • 역극성 : 모재⊖+전극홀더⊕

15 플라스마 절단방식에서 텅스텐 전극과 모재 사이에서 아크 플라스마를 발생시키는 것은?

① 이행형 아크 절단 ② 비이행형 아크 절단
③ 단락형 아크 절단 ④ 중간형 아크 절단

해설
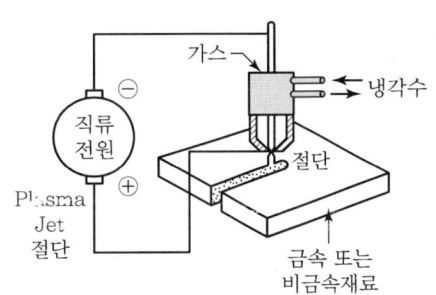

16 경납땜에 사용되는 용가재 중 은납에 관한 설명 중 틀린 것은?

① 구리, 은, 아연이 주성분인 합금이다.
② 구리, 구리합금, 스테인리스강 등에 사용한다.
③ 융점은 황동 납보다 높고 유동성이 좋다.
④ 불꽃 경납땜, 고주파 유도 가열 경납땜, 노내 경납땜에 사용한다.

해설
은납
경납땜이며 은+구리+아연이 중성분인 합금이다. 유동성이 좋고 비교적 융점이 낮다(융점이 황동납보다 낮다).
※ 동납, 황동납은 융점이 820~930℃로 높다.

17 가스용접작업에 관한 안전사항 중 틀린 것은?

① 아세틸렌 병은 저압이므로 눕혀서 사용하여도 좋다.
② 가스누설 점검은 수시로 비눗물로 점검한다.
③ 산소병을 운반할 때는 캡(cap)을 씌워 이동한다.
④ 작업종료 후에는 메인밸브 및 콕을 완전히 잠근다.

해설
아세틸렌(C_2H_2) 가스 용기는 저압이지만 반드시 세워서 사용하여야 한다.

정답 12 ④ 13 ① 14 ④ 15 ① 16 ③ 17 ①

18 용접면을 가볍게 접촉시키면서 대전류를 흐르게 하여 접촉면에 전기불꽃을 발생시켜 그 열로 두 개의 면을 접합시키는 용접은?

① 플래시 용접 ② 마찰용접
③ 프로젝션 용접 ④ 심 용접

해설
플래시 용접(flash welding)
불꽃용접이다. 단락 대전류가 흘러 접촉저항과 대전류 밀도에 의하여 국부적으로 발열하여 잠시 동안 과열 용융되어 불꽃이 비산된다.

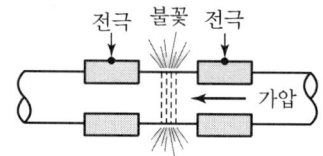

19 TIG 용접에 사용되는 전극의 조건으로 틀린 것은?

① 고용융점의 금속
② 전자방출이 잘되는 금속
③ 전기저항률이 큰 금속
④ 열전도성이 좋은 금속

해설
티그 불활성가스 아크용접(비용극식 불활성 용접)
• 아크가 대단히 안정하다.
• 순수 텅스텐 전극
• 2% 토륨(Th) 함유 전극
• 전극의 온도가 높으면 전자방사량이 많아서 아크가 안정된다.(저항률이 낮은 금속에 유리하다)

20 산업보건기준에 관한 규칙에서 근로자가 상시 작업하는 장소의 작업면의 조도 중 정밀작업 시 조도의 기준으로 맞는 것은?(단, 갱내 및 감광재료를 취급하는 작업장은 제외한다.)

① 300럭스 이상 ② 750럭스 이상
③ 150럭스 이상 ④ 75럭스 이상

해설
• 정밀작업 현장의 조도기준 : 300Lux 이상이 필요하다.
• 일반작업 : 150Lux 이상

21 테르밋 용접에서 테르밋제의 주성분은?

① 과산화바륨과 마그네슘 분말
② 알루미늄 분말과 산화철 분말
③ 아연 분말과 알루미늄 분말
④ 과산화바륨과 산화철 분말

해설
테르밋 용접에서 테르밋제의 주성분
• 테르밋(thermit)제(알루미늄+산화철분말)
• 점화제(과산화바륨+마그네슘 또는 알루미늄)

22 탄산가스 아크용접법에서 아크를 안정시키기 위하여 혼합가스를 사용한다. 다음 중 공급가스로서 사용되지 않는 것은?

① CO_2-O_2 ② CO_2-Ar
③ CO_2-H_2 ④ CO_2-Ar-O_2

해설
탄산가스 아크용접법의 공급가스
• CO_2
• O_2
• Ar

23 불활성가스 텅스텐 아크용접에서 사용되는 가스로서 무색, 무미, 무취로 독성이 없으며 대기중에는 약 0.94% 정도 포함되어 있고 용접부 보호능력이 우수한 가스는?

① 헬륨(He) ② 수소(H_2)
③ 알곤(Ar) ④ 탄산가스(CO_2)

해설
아르곤(Ar : 분자량 40 불활성가스)은 공기 중에 약 0.94% 함유된 가스로 불활성가스 텅스텐 아크용접에서 보호가스로 사용한다.

정답 18 ① 19 ③ 20 ① 21 ② 22 ③ 23 ③

24 일반적으로 곧고 긴 용접선의 용접에 적합하며 이음면 위에 뿌려놓은 분말 플럭스 속에 용가재(전극)를 찔러 넣은 상태에서 용접하는 용극식의 자동용접법은?

① 불활성가스 아크용접
② 전자빔 용접
③ 플라스마 아크용접
④ 서브머지드 아크용접

해설
서브머지드 아크용접
전극와이어(비피복 용접봉)를 넣어 와이어 끝과 모재 사이에서 아크를 발생시켜 그 아크열로 모재, 와이어 및 용제를 용해하여 용접하는 자동아크용접법이다.
• 용제(flux) : $SiO_2 + MnO + CaO$
• 와이어(저탄소강) : $Fe + C + Si + Mn$

25 서브머지드 아크용접에서 사용 재료로 가장 적당하지 않은 것은?

① 탄소강   ② 주강
③ 주철   ④ 스테인리스강

해설
서브머지드 아크용접(submerged arc welding)
사용재료는 탄소강, 주강, 스테인리스강이다. 조선, 각종 탱크, 교량, 차량, 철골구조, 가스터빈, 대형전동기, 대형변압기 케이스 용접에 사용한다.

26 탄산가스 아크용접(CO_2 gas shielded arc welding)의 원리와 같은 용접방식은?

① 미그(MIG) 용접
② 서브머지드 아크용접
③ 피복금속 아크용접
④ 원자수소 아크용접

해설
탄산가스 아크용접
MIG 용접 시 아르곤을 사용하는데, 비경제적이고, 또한 용착금속에 기공이 생기기 쉽다. 따라서 연강 용접은 CO_2 용접이 훨씬 편리하다.(용극식 용접)

27 고진공 상태에서 충격열을 이용하여 용접하며 원자력 및 전자제품의 정밀용접에 적용되는 용접은?

① 전자 빔 용접
② 레이저 용접
③ 원자수소 아크용접
④ 플라스마제트 용접

해설
전자 빔 용접(electron beam welding)
• $10^{-4} \sim 10^{-6}$ mmHg 고진공 용접
• 충격열을 이용하여 용접하고 원자력 및 전자제품의 정밀 용접에 사용하며 용접봉이 필요 없다.

28 MIG 용접의 특성이 아닌 것은?

① 직류 역극성 이용 시 청정작용에 의해 알루미늄, 마그네슘 등의 용접이 가능하다.
② TIG 용접에 비해 전류밀도가 낮다.
③ 아크 자기제어 특성이 있다.
④ 정전압 특성 또는 상승 특성의 직류 용접기가 사용된다.

해설
미그 용접은 밀도가 대단히 커서 피복 아크용접의 6~8배 정도가 된다.(TIG 용접에 비해 능률이 높고 3~4mm 이상의 두께에 용접이 가능하다.)
와이어(심선)가 사용된다.(일명 용가재 전극식 불활성가스 아크용접이다.)
※ 청정작용 : 산화피막 제거 작용

29 일렉트로 가스 아크용접에서 사용되지 않는 보호가스는?

① CO_2 ② Ar
③ He   ④ N_2

정답 24 ④ 25 ③ 26 ① 27 ① 28 ② 29 ④

30 다이캐스팅용 알루미늄 합금에 요구되는 성질이 아닌 것은?

① 유동성이 좋을 것
② 금형에 대한 점착성이 좋을 것
③ 응고수축에 대한 용탕 보급성이 좋을 것
④ 열간 취성이 적을 것

해설
다이캐스팅(Die casting)
기계가공에서 제작한 금형에 응용한 알루미늄, 아연, 주석, 마그네슘 등의 합금을 가압 주입하고 냉각 응고시켜서 제조하는 방법(금형에 대한 점착성이 없을 것)

31 탄산가스 아크용접에서 와이어에 적당한 탈산제를 첨가하여 용착금속 내에 기공을 방지하는 데 사용되는 원소로 맞는 것은?

① Mn, Si   ② Cr, Si
③ Ni, Mn   ④ Cr, Ni

해설
탄산가스 아크용접에서 와이어(심선)에 적당한 탈산제(망간-규소 Mn-Si)를 첨가하여 용착금속 내 기공을 방지한다.

32 주철의 마우러(maurer) 조직도란 무엇인가?

① C와 Si 양에 따른 주철 조직도
② Fe와 Si 양에 따른 주철 조직도
③ Fe와 C 양에 따른 주철 조직도
④ Fe 및 C와 Si 양에 따른 주철 조직도

해설
주철의 마우러 조직도
마우러는 지름 75mm의 원봉을 1,250℃의 건조형 틀에 주입해 냉각속도를 일정하게 했을 때 탄소(C)와 규소(Si)의 조직도

33 표면경화 열처리법 중에서 가열시간이 짧기 때문에 산화, 탈탄, 결정입자의 조대화는 일어나지 않지만, 급열 급랭으로 인한 변형과 마텐사이트 생성에 따른 담금질 균열의 발생이 우려되는 것은?

① 화염 경화법   ② 가스 침탄법
③ 액체 침탄법   ④ 고주파 경화법

해설
고주파 표면경화법(Tocco Process)
고주파에 의한 열로 표면을 가열한 후 물에 급랭시켜 마텐자이트 생성에 따른 담금질 균열의 발생이 우려된다.

34 스테인리스강 용접 시 열영향부(HAZ) 부근의 부식저항이 감소되어 입계부식현상이 일어나기 쉬운데 이러한 현상의 주된 원인으로 맞는 것은?

① 탄화물의 석출로 크롬 함유량 감소
② 산화물의 석출로 니켈 함유량 감소
③ 유황의 편석으로 크롬 함유량 감소
④ 수소의 침투로 니켈 함유량 감소

해설
- 스테인리스강 용접에서 열영향부 부근의 부식저항이 감소하여 입계부식 현상의 원인이 된다.
- 탄화물의 석출로 크롬 함유량이 감소하여 발생한다.(입계균열은 고온균열이다.)
- 입계부식(intergranular corrosion) : 용접 쇠약

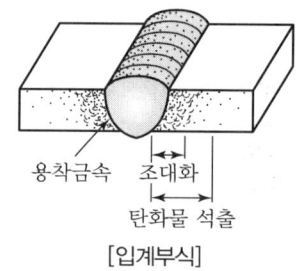

[입계부식]

35 Al-Cu-Si계의 합금으로서 Si에 의해 주조성을 개선하고 Cu에 의해 피삭성을 좋게 한 주조용 알루미늄 합금은?

① Y합금   ② 배빗메탈
③ 라우탈   ④ 두랄루민

해설
라우탈(Lautal)
알루미늄 + 구리 6% + 규소 2~4%의 탄력용 강력 알루미늄 합금(실용합금)

36 강을 담금질한 후 0℃ 이하로 냉각하고 잔류 오스테나이트를 마텐사이트화하기 위한 방법은?

① 저온뜨임　　② 고온뜨임
③ 오스템퍼　　④ 서브제로처리

해설
서브제로(subzero) 처리
강을 담금질한 후 0℃ 이하로 냉각하고 잔류오스테나이트를 마텐자이트화하기 위한 심랭처리방법

37 주강의 대표적인 특성에 대한 설명으로 틀린 것은?

① 수축이 크다.
② 유동성이 나쁘다.
③ 고온 인장강도가 낮다.
④ 표피 및 그 인접부위의 품질이 나쁘다.

해설
주강의 대표적인 특성(인장강도 47~61kg/mm²)
- 주철에 비하여 응고 수축이 2배이다.
- 표피나 그 인접부위의 품질이 좋다.

38 Fe-C계 평형상태도 상에서 탄소를 2.0~6.67% 정도 함유하는 금속재료는?

① 구리　　② 티탄
③ 주철　　④ 니켈

39 엘린바의 주요 성분원소가 아닌 것은?

① 철　　② 니켈
③ 크롬　　④ 인

해설
엘린바(Elinvar)
니켈 36% 이상 함유한 고니켈강의 비자성체인 불변강의 일종으로 '철+니켈+크롬'의 합금이며 정밀 저울, 고급시계 스프링용에 사용한다.

40 구리(47%) - 아연(11%) - 니켈(42%)의 합금으로 니켈 함유량이 많을수록 융점이 높고 색은 변색한다. 융점이 높고 강인하므로 철강을 위시하여 동, 황동, 백동, 모넬메탈 등의 납땜에 사용하는 것은?

① 양은납　　② 은납
③ 인청동납　　④ 황동납

해설
양은납
구리+니켈+아연의 합금 땜으로 구리나 동합금의 땜납에 사용된다.

41 베어링용 합금이 갖추어야 할 조건 중 옳지 않은 것은?

① 충분한 경도와 내압력을 가져야 한다.
② 전연성이 풍부해야 한다.
③ 주조성, 절삭성이 좋아야 한다.
④ 내식성이 좋고 가격이 저렴해야 한다.

해설
베어링용 합금
- 화이트 메탈
- 배빗메탈
- 켈밋
- 하중에 대한 내구력이 있는 경도나 내압력이 있어야 하며 내식성 및 마찰계수가 적고 저항력이 커야 한다.

42 화염경화법의 장점에 해당되지 않는 것은?

① 부품의 크기나 형상에 제한이 없다.
② 국부 담금질이 가능하다.
③ 일반 담금질법에 비해 담금질 변형이 많다.
④ 설비비가 적게 든다.

해설
화염경화법(Flame Hardening)이라고도 하며 쇼터라이징(shoterizing)이다.
탄소강을 산소-아세틸렌 화염으로 가열하고 물로 냉각하여 표면만 단단하게 열처리한다.
※ 담금질 시 변형이 적다.

정답 36 ④ 37 ④ 38 ③ 39 ④ 40 ① 41 ② 42 ③

43 용접변형 교정법으로 맞지 않는 것은?

① 얇은 판에 대한 점수축법
② 형재에 대한 직선 수축법
③ 국부 템퍼링법
④ 가열한 후 해머링하는 방법

해설
용접변형 교정법은 ①, ②, ④ 외에도 후판 가열 후 압력을 가하고 수랭하는 방법, 롤러가공, 피닝, 절단 후 정형한 후 재용접 하는 방법이 있다.

44 연강재료의 인장시험편이 시험 전의 표점거리가 60mm이고 시험 후의 표점거리가 78mm일 때 연신율은 몇 %인가?

① 77%
② 130%
③ 30%
④ 18%

해설
$78 - 60 = 18mm$
∴ 연신율 = $\frac{18}{60} \times 100 = 30\%$

45 피복 아크용접 시 열효율과 가장 관계가 없는 항목은?

① 용접봉의 길이
② 아크 길이
③ 모재의 판 두께
④ 용접속도

해설
피복 아크 열효율 항목
• 아크 길이
• 모재와 판 두께
• 용접속도

46 자동제어의 장점으로 가장 거리가 먼 것은?

① 제품의 품질이 균일화되어 불량품이 감소된다.
② 인간 능력 이상의 정밀 고속작업이 가능하다.
③ 인간에게는 부적당한 위험환경에서 작업이 가능하다.
④ 설비나 장치가 간단하며 이용이 용이하다.

해설
자동제어는 설비나 장치가 복잡한 곳에 설치하여 이용이 용이하다.

47 용접구조물의 본 용접 시 용접순서를 결정할 때 주의사항으로 틀린 것은?

① 동일 평면 내에 이음이 많을 경우, 수축은 가능한 자유단으로 보낸다.
② 가능한 한 수축이 큰 이음부를 먼저 용접한다.
③ 물품의 중심에 대하여 항상 대칭적으로 용접을 진행한다.
④ 리벳과 용접을 병행하는 경우 리벳이음을 먼저 한 후 용접이음을 한다.

해설
용접 시 리벳과 용접은 병행하는 경우 리벳이음을 한 후에 용접을 하지 않고 먼저 용접을 한 후에 리벳이음을 한다.

48 지그(jig)를 구성하는 기계요소에 해당되지 않는 것은?

① 공작물의 내마모장치
② 공작물의 위치결정장치
③ 공작물의 클램핑장치
④ 공구의 안내장치

49 용접부의 비파괴 검사 중 비자성체 재료에 이용할 수 없는 것은?

① 방사선 투과 검사
② 초음파 탐상 검사
③ 침투 탐상 검사
④ 자분 탐상 검사

정답 43 ③ 44 ③ 45 ① 46 ④ 47 ④ 48 ① 49 ④

해설
자분탐상검사(MT)는 자화를 시켜야 하므로 비자성체 재료의 검사에는 불가능하다.(잔류자기를 이용한다.)

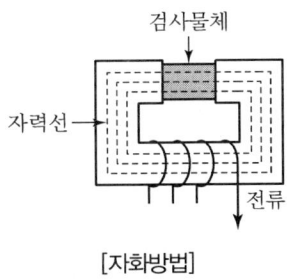
[자화방법]

50 용접비드의 토(toe)에 생기는 작은 홈을 말하는 것으로 용접전류가 과대할 때, 아크길이가 길 때, 운봉속도가 너무 빠를 때 생기기 쉬운 용접결함은?

① 언더컷　　② 오버랩
③ 기공　　　④ 용입불량

해설
언더컷(under-cut)
용착금속이 모재 표면을 완전히 채우지 못하고 용접선 끝에 작은 홈이 있는 상태
• 용접전류가 높거나 아크길이가 너무 길 때 생긴다.
• 용접운봉속도가 너무 빠를 때 생긴다.
• toe(토) : 용접의 끝부분

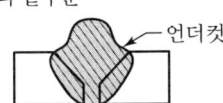

51 잔류응력의 측정법에서 정성적 방법이 아닌 것은?

① 자기적 방법　　② 응력 와니스법
③ 응력 이완법　　④ 부식법

해설
응력이완법은 잔류응력 제거 방법이다.

52 용접 이음을 설계할 때의 주의사항 중 틀린 것은?

① 맞대기 용접에서는 뒷면 용접을 할 수 있도록 해서 용입부족이 없도록 한다.
② 용접 이음부가 한곳에 집중하지 않도록 설계한다.
③ 맞대기용접은 가급적 피하고 필릿 용접을 하도록 한다.
④ 아래보기 용접을 많이 하도록 설계한다.

해설
용접이음은 가급적 맞대기 용접을 하도록 한다.

53 용접비드 바로 밑에서 용접선에 아주 가까이 거의 평행하게 모재 열영향부에 생기는 균열은?

① 토 균열　　　② 크레이터 균열
③ 루트 균열　　④ 비드 밑 균열

해설
비드 밑 균열

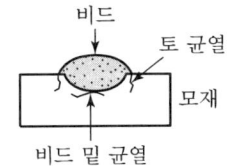

54 다음 그림의 용접도면을 설명한 것 중 맞지 않는 것은?

① a : 목두께
② l : 용접 길이(크레이터 제외)
③ n : 목길이의 개수
④ (e) : 인접한 용접부 간격

해설
n : 용접부의 개수

정답　50 ①　51 ③　52 ③　53 ④　54 ③

55 축의 완성지름, 철사의 인장강도, 아스피린 순도와 같은 데이터를 관리하는 가장 대표적인 관리도는?

① c 관리도
② nP 관리도
③ u 관리도
④ $\bar{x}-R$ 관리도

56 로트의 크기가 시료의 크기에 비해 10배 이상 클 때, 시료의 크기와 합격판정개수를 일정하게 하고 로트의 크기를 증가시킬 경우 검사특성곡선의 모양 변화에 대한 설명으로 가장 적절한 것은?

① 무한대로 커진다.
② 별로 영향을 미치지 않는다.
③ 샘플링 검사의 판별능력이 매우 좋아진다.
④ 검사특성곡선의 기울기 경사가 급해진다.

〔해설〕
로트 크기가 증가하면 검사특성곡선의 기울기가 급해지게 되나 로트의 크기가 시료의 크기에 비해 10배 이상 크면 별로 영향을 미치지 않는다.

57 작업시간 특정 방법 중 직접측정법은?

① PTS법
② 경험견적법
③ 표준자료법
④ 스톱워치법

〔해설〕
직접측정법(스톱워치법)
계속시간 관측법, 반복시간 관측법, 순환법
stop watch의 시간 단위 : $\dfrac{1}{100분}$ ($=1DM$)

58 준비작업시간 100분, 개당 정미작업시간 15분, 로트 크기 20일 때 1개당 소요작업시간은 얼마인가?(단, 여유시간은 없다고 가정한다.)

① 15분
② 20분
③ 35분
④ 45분

〔해설〕
외경법(표준시간) = 정미시간×(1+여유율)
$15 \times \left(1 + \dfrac{100}{15 \times 20}\right) = 20분$

59 소비자가 요구하는 품질로서 설계와 판매정책에 반영되는 품질을 의미하는 것은?

① 시장품질
② 설계품질
③ 제조품질
④ 규격품질

〔해설〕
시장품질
소비자가 요구하는 품질(설계와 판매정책에 반영되는 품질을 의미한다.)

60 다음 중 샘플링 검사보다 전수검사를 실시하는 것이 유리한 경우는?

① 검사항목이 많은 경우
② 파괴검사를 해야 하는 경우
③ 품질특성치가 치명적인 결점을 포함하는 경우
④ 다수 다량의 것으로 어느 정도 부적합품이 섞여도 괜찮을 경우

〔해설〕
• 전수검사의 유리한 점은 품질특성치가 치명적인 결점을 포함하는 경우(불량품이 1개라도 혼입되면 안 되는 경우에 유리하다.)
• ①, ④는 샘플링검사가 유리하다.

정답 55 ④ 56 ② 57 ④ 58 ② 59 ① 60 ③

2013년 53회 기출문제

01 교류와 직류 용접기를 비교할 때 교류용접기가 유리한 항목은?

① 아크의 안정이 우수하다.
② 비피복봉 사용이 가능하다.
③ 자기쏠림 방지가 가능하다.
④ 역률이 매우 양호하다.

해설
교류 용접기는 자기쏠림(magnetic blow arc blow)이 방지된다.
※ 자기쏠림 : 아크가 전류의 자기작용에 의해서 한 쪽으로 쏠리는 현상(직류 아크는 안정된 아크가 가능하나 자기쏠림 현상이 있어 용접물의 형상, 용접 개소에 따라 도체에 흐르는 전류에 의해 그 주위에는 자장이 생긴다.)

02 아크 전류(welding current)가 210A, 아크 전압이 25V, 용접속도가 15cm/min인 경우 용접의 단위 길이 1cm당 발생하는 용접입열은 몇 joule/cm인가?

① 11,000joule/cm
② 3,000joule/cm
③ 21,000joule/cm
④ 8,000joule/cm

해설
용접입열(H) = $\dfrac{60EI}{V}$(J/cm)

∴ $H = \dfrac{60 \times 25 \times 210}{15} = 21,000$(J/cm)

03 가스 절단면을 보면 거의 일정 간격의 평행곡선이 진행방향으로 나타나 있는데 이 곡선을 무엇이라 하는가?

① 비드 길이
② 트랙
③ 드래그 라인
④ 다리 길이

해설
드래그 라인(drag line)
가스 절단면을 보면 거의 일정 간격으로 평행곡선이 진행방향으로 나타나는 곡선이다.

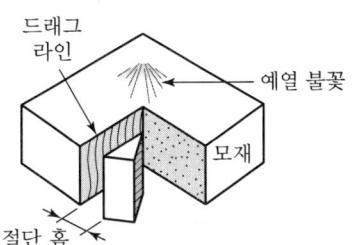

04 아크쏠림(arc blow)의 방지대책으로 맞지 않는 것은?

① 접지점을 용접부에서 멀리할 것
② 교류(AC) 대신에 직류(DC)를 쓸 것
③ 짧은 아크를 사용할 것
④ 이음부의 처음과 끝에 엔드 탭(end tap)을 이용할 것

해설
아크쏠림 방지(자기쏠림 방지)는 ①, ③, ④항이며 직류 대신에 교류를 사용한다.

05 서브머지드 아크용접에서 소결형 플럭스(flux)의 특성으로 맞는 것은?

① 가스 발생이 적다.
② 슬래그의 박리성이 좋다.
③ 고전류가 되기 곤란하다.
④ 외관은 유리 형상(grass)의 형태를 나타낸다.

해설
용제(shield 보호작용) : SiO_2 + MnO + CaO 합금
• 용융형 용제 : 유리모양의 광택
• 소결형 용제 : 슬래그의 박리성이 좋음
• 혼성형 용제 : 소성형 용제

정답 01 ③ 02 ③ 03 ③ 04 ② 05 ②

06 아세틸렌가스와 접촉하여도 폭발의 위험성이 가장 적은 재료는?

① 수은(Hg) ② 은(Ag)
③ 동(CU) ④ 크롬(Cr)

해설
아세틸렌가스 아세틸라이트 폭발성 인자
- 수은
- 은
- 동(구리)

07 토치를 사용하여 용접부분의 뒷면을 따내든지 U형, H형의 용접 홈 가공법으로 일명 가스 파내기라고도 하는 것은?

① 스카핑 ② 가스 가우징
③ 산소창 절단 ④ 포갬 절단

해설
가스 가우징(gas gouging)
가스 절단과 비슷한 토치를 사용해서 강재의 표면에 둥근 홈을 파낸다.(가스 따내기)

08 다음은 피복 아크용접기법에 대하여 설명한 것이다. 이 중 맞지 않는 것은?

① 용접봉은 건조로 작업에 필요한 양만큼 사전에 건조시켜 놓아야 한다.
② 작업자를 보호하기 위하여 반드시 지정된 규격품의 보호구를 착용하여야 한다.
③ 피복 아크용접할 때 일반적으로 3mm 정도 짧은 아크길이를 사용하는 것이 유리하다.
④ 용접을 정지하려면 정지시키는 곳에 아크를 길게 하여 운봉을 크게 하면서 아크를 소멸시킨다.

해설
아크길이를 길게 하면 붕붕 소리를 내고 아크가 불안정하여 큰 용적이 떨어져 용입불량과 비드에 요철이 생긴다.

09 피복아크 용접봉의 피복제 중에 포함되어 있는 주요 성분이 아닌 것은?

① 가스발생제 ② 고착제
③ 탈수소제 ④ 탈산제

해설
탈수소제가 아니라 탈산소제다. 탈산소제(페로망간, 페로실리콘 등)는 용강 중에 침입한 산소를 제거한다.

10 플라스마 아크 절단의 작동가스 중 일반적으로 알루미늄 등의 경금속에 사용되는 가스는?

① 질소와 수소의 혼합가스
② 알곤과 수소의 혼합가스
③ 헬륨과 산소의 혼합가스
④ 탄산가스와 산소의 혼합가스

해설
플라스마 아크 절단은 알루미늄, 마그네슘, 구리, 구리합금, 스테인리스강 등 경금속의 절단에 사용한다.
- 아크 플라스마 온도 : 10,000~30,000℃
- 작동가스 : 아르곤과 수소의 혼합가스(용접 시)
- 작동가스 : 공기나 질소도 가능

11 연강 피복 아크용접봉 중 산화티탄과 염기성 산화물이 함유되어 작업성이 뛰어나고 비드 외관이 좋은 것은?

① E4301 ② E4303
③ E4311 ④ E4326

해설
E4303 : 라임티탄계 용접봉
슬래그 생성제인 산화티탄(TiO_2)을 주성분으로 하고 두꺼운 피복용접봉이다. 박판용접에 적합하고 E4313 고산화 티탄계의 새로운 형태의 용접봉이다.

정답 06 ④ 07 ② 08 ④ 09 ③ 10 ② 11 ②

12 수동 가스 절단기의 설명 중 틀린 것은?

① 가스를 동심원의 구멍에서 분출시키는 절단토치는 전후, 좌우 및 직선 절단을 자유롭게 할 수 있다.
② 이심형의 절단토치는 작은 곡선 등의 절단에 능률적이다.
③ 독일식 절단토치는 이심형이다.
④ 프랑스식 절단토치는 동심형이다.

해설
이심형 절단토치(독일식)
가열팁과 절단팁(산소만 분출시킴)이 분리되어 있다.(작업을 하면 절단면이 아름답다.)
※ 곡선보다 직선 절단에 대해서는 능률적이고 단절면이 곱다.

13 산소-아세틸렌 용접을 할 때 팁(tip) 끝이 순간적으로 막히면 가스의 분출이 나빠지고 토치의 가스 혼합실까지 불꽃이 그대로 도달되어 토치가 빨갛게 달구어지는 현상은?

① 인화(flash back)
② 역화(back fire)
③ 적화(red flash)
④ 역류(contra flow)

해설
인화
산소-아세틸렌 용접 시 팁 끝이 순간적으로 막히면 가스 분출이 나빠지고 토치의 가스 혼합실까지 불꽃이 그대로 도달되어 토치가 빨갛게 달구어지는 현상
※ 방지법 : 산소밸브 차단, 다음에 아세틸렌 밸브 차단

14 가스용접 기법 중 전진법과 후진법에 대한 비교 설명 중 옳은 것은?

① 열이용률은 후진법보다 전진법이 좋다.
② 홈각도는 전진법보다 후진법이 크다.
③ 용접변형은 후진법보다 전진법이 작다.
④ 산화의 정도는 전진법보다 후진법이 약하다.

해설

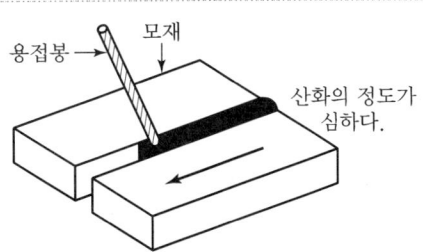

[좌진법(전진법)] (열이용률이 나쁘다.)

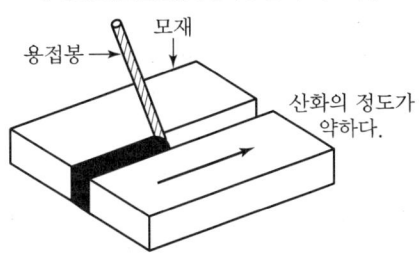

[후진법(우진법)] (열이용률이 좋다.)

15 교류아크 용접기에서 1차 전압 220V, 1차 코일의 감긴 수가 15회, 2차 코일의 감긴 수가 6회이면 2차 전압은 몇 V인가?

① 75V
② 80V
③ 88V
④ 90V

해설
200V : 15회 = xV : 6회
∴ 2차 전압 = $220 \times \dfrac{6}{15} = 88$V

16 다음 중 일렉트로 가스 아크용접의 특징으로 적합하지 않은 것은?

① 판 두께에 관계없이 단층으로 상진 용접한다.
② 판 두께가 두꺼울수록 경제적이다.
③ 용접장치가 복잡하며 고도의 숙련이 필요하다.
④ 용접속도는 자동으로 조절된다.

해설
(1) 일렉트로 슬래그 용접(electro slag welding)
 • 아주 두꺼운 물건의 용접에 이상적이다.
 • 전기의 저항열을 이용한다.(아크열이 아닌 와이어와 용융 슬래그 사이에 통전된 전기의 저항열 이용)

정답 12 ② 13 ① 14 ④ 15 ③ 16 ③

(2) 일렉트로 가스 아크용접은 다소 두꺼운 두께의 용접에 이용되며 용접장치나 고도의 숙련이 필요하지 않다.(탄산가스를 사용하고 결점은 용접강의 인성이 떨어진다.)

17 테르밋 용접(thermit welding)에서 테르밋제는 무엇의 미세한 분말 혼합인가?

① 규소와 납의 분말
② 붕사와 붕산의 분말
③ 알루미늄과 산화철의 분말
④ 알루미늄과 마그네슘의 분말

해설
테르밋 용접
- 테르밋제 : 미세한 알루미늄분말+산화철분말(3 : 1)
- 점화제(ignitor) : 과산화바륨+마그네슘

18 같은 재료에서 심용접은 점용접에 비해 몇 배 정도의 용접전류를 필요로 하는가?

① 0.1~0.5 ② 0.6~0.8
③ 1.5~2.0 ④ 3.0~3.5

해설
㉠ 심용접(seam welding) : 점용접에 비해 용접 전류가 1.5~2.0배가 필요하다.(가압력은 1.2~1.6배 정도 필요)
㉡ 점용접(spot welding)
㉢ 심용접의 통전방법
  - 단속법
  - 연속법
  - 맥동법

19 다음 중 압접에 해당되는 용접법은?

① 스폿 용접   ② 피복금속 아크용접
③ 전자 빔 용접   ④ 스터드 용접

해설
- 점용접(spot welding, 스폿용접)은 압접용접이며 저항 겹치기 용접이다.
- 겹치기저항용접 : 스폿용접, 심용접, 프로젝션용접

20 염화아연을 사용하여 납땜을 사용하였더니 그 후에 납땜 부분이 부식되기 시작했다. 그 주된 원인은?

① 인두의 가열온도가 높기 때문에
② 땜납과 모재가 친화력이 없기 때문에
③ 납땜 후 염화아연을 닦아내지 않았기 때문에
④ 땜납과 금속판이 전기작용을 일으켰기 때문에

해설
(1) 경납용제
  - LiCl(염화리튬)
  - NaCl(염화나트륨)
  - KCl(염화칼륨)
  - LiF(염화리튬)
  - $ZnCl_2$(염화아연)
(2) 염화아연특성(zinc chloride) : $ZnCl_2$이다. 무색의 결정분말로 물에 잘 녹는다.(금속산화물을 녹이는 성질이 있어서 납땜 시 금속표면 청정제로 사용)

21 다음 가스용접의 안전작업 중 적합하지 않은 것은?

① 가스를 들이마시지 않도록 주의한다.
② 산소 누설시험에는 비눗물을 사용한다.
③ 토치 끝으로 용접물의 위치를 바꾸거나 재를 제거하면 안 된다.
④ 토치에 불꽃을 점화시킬 때에는 산소 밸브를 먼저 충분히 열고 다음에 아세틸렌 밸브를 연다.

해설
- 점화순서 : 아세틸렌 밸브를 열고 그 다음 산소밸브 개방
- 작업종료순서 : 아세틸렌가스 토치를 잠근 후 산소밸브 차단

22 서브머지드 아크용접에서, 비드 중앙에 발생되기 쉬우며 그 주된 원인은 수소가스가 기포로서 용착금속 내에 포함되기 때문이다. 이 결함은 다음 중 어느 것인가?

① 용입 부족   ② 언더컷
③ 용락   ④ 기공

정답 17 ③ 18 ③ 19 ① 20 ③ 21 ④ 22 ④

해설
수소가스의 기포는 기공의 원인이 된다.(기공 : blow hole)
(모재에 부착된 수분이나 용제 중의 수분은 아크열에 의해 수소와 산소로 분해된다.)

23 전자빔 용접의 장단점을 설명한 것 중 틀린 것은?

① 전자빔은 전자 렌즈에 의해 에너지를 집중시킬 수 있으므로 용융점이 높은 몰리브덴, 텅스텐 등을 용접할 수 있다.
② 전자빔은 전기적으로 정확히 제어되므로 얇은 판의 용접에 적용되며 후판의 용접은 곤란하다.
③ 일반적으로 용접봉을 사용하지 않으므로 슬래그 섞임 등의 결함이 생기지 않는다.
④ 진공 중에서 용접을 하기 때문에 기공의 발생, 합금성분의 감소 등이 생긴다.

해설
전자빔 용접(electron beam welding)
- $10^{-4} \sim 10^{-6}$ mmHg 고진공 상태에서 적열된 필라멘트에서 전자빔을 조사하여 접합부에 충격열로 용접한다.
- 전기적으로 매우 정확히 제어되므로 얇은 판에서 두꺼운 후판까지 용접이 광범위하다.
- 가속전압(70~150kV)
- 가속저전압(20~40kV)
- 두 가지를 사용한다.

24 GTAW(Gas Tungsten Arc Welding) 용접 방법으로 파이프이면 비드를 얻기 위한 방법으로 옳은 것을 [보기]에서 있는 대로 고른 것은?

[보기]
ㄱ. 파이프 안쪽에 알맞은 플럭스를 칠한 후 용접한다.
ㄴ. 용접부 전면과 같이 뒷면에도 알곤가스 등을 공급하면서 용접한다.
ㄷ. 세라믹 가스컵을 가능한 한 큰 것을 사용하고 전극봉을 길게 하여 용접한다.

① ㄱ, ㄴ
② ㄱ, ㄷ
③ ㄴ, ㄷ
④ ㄱ, ㄴ, ㄷ

해설
GTAW(가스 텅스텐 아크용접)
불활성가스(아르곤, 헬륨)를 이용한 텅스텐 아크용접이다.

25 다음 중 서브머지드 아크용접에서 다 전극 방식에 따른 분류에 해당되지 않는 것은?

① 횡횡렬식
② 횡병렬식
③ 횡직렬식
④ 텐덤식

해설
서브머지드 아크용접 시 전극방식
- 전극 와이어를 1개 사용하는 것
- 전극 와이어를 2개 이상 사용하는 다전극식(텐덤식, 횡병렬식, 횡직열식)

26 CO_2 가스 아크용접 작업 시 전진법의 특징을 설명한 것이 아닌 것은?

① 용접선이 잘 보이므로 운봉을 정확하게 할 수 있다.
② 스패터가 비교적 많으며 진행방향 쪽으로 흩어진다.
③ 용착금속이 아크보다 앞서기 쉬워 용입이 얕아진다.
④ 비드 높이가 약간 높고 폭이 좁은 비드가 형성된다.

해설
탄산가스 아크용접 전진법(좌진법)에서 특징은 ①, ②, ③항이다.

용접장치
- 전자동식(주행대차 이용)
- 반자동식(토치는 수동 나머지는 자동)

27 텅스텐 전극을 사용하여 모재를 가열하고 용접봉으로 용접하는 불활성가스 아크용접법은 무엇인가?

① MIG 용접
② TIG 용접
③ 논 가스 아크용접
④ 플래시 용접

정답 23 ② 24 ① 25 ① 26 ④ 27 ②

28 다음 용접 중 전기저항열을 이용하여 용접하는 것은?

① 탄산가스 아크용접
② 플라스마 아크용접
③ 일렉트로 슬래그 용접
④ 일렉트로 가스 아크용접

해설
- 일렉트로 슬래그 용접 : 와이어와 용융슬래그 사이에 통전된 전류의 저항열 이용
- 일렉트로 가스 용접 : 와이어와 모재 간의 아크 발생열 이용

29 이산화탄소 아크용접법이 아닌 것은?

① 아코스 아크법
② 플라스마 아크법
③ 유니언 아크법
④ 퓨즈 아크법

해설
플라스마 아크용접
기체가 전리현상을 일으켜 이온과 전자가 혼재된 상태로 되어 도전성을 나타내는 상태가 plasma이다.
㉠ 토치 종류
  - 이행아크형
  - 비이행아크형
㉡ 플라스마 가스
  - Ar
  - $Ar+H_2$
  - $Ar \cdot (Ar+H_2)$
  - $Ar+N_2$

30 다음 중 특수 황동의 종류가 아닌 것은?

① Al 황동
② 톰백
③ 7 : 3 황동
④ 6 : 4 황동

해설
특수황동
- 주석황동(애드미럴티, 네이벌)
- 납황동
- 알루미늄황동
- 규소황동
- 고강도황동
- 니켈황동
- 황동법
- 델타메탈

31 알루미늄(Al)을 침투 확산시키는 금속침투법은?

① 보로나이징(boronizing)
② 세라다이징(sheradizing)
③ 칼로라이징(calorizing)
④ 크로마이징(chromizing)

해설
칼로라이징 금속침투법
강재의 표면에 Al을 침투시켜 내열성, 내식성 증가

32 담금질 조직 중에서 가장 경도가 높은 것은?

① 펄라이트
② 소르바이트
③ 마텐사이트
④ 트루스타이트

해설
- 담금질(열처리) 조직 경도순서
  마텐자이트＞트루스타이트＞소르바이트＞오스테나이트
- 조직의 변화순서
  오스테나이트＞마텐자이트＞트루스타이트＞소르바이트

33 마그네슘(Mg)의 성질에 대한 설명 중 틀린 것은?

① 고온에서 발화하기 쉽다.
② 비중은 1.74 정도이다.
③ 조밀육방 격자로 되어 있다.
④ 바닷물에 대단히 강하다.

해설
마그네슘 원료
돌로마이트, 마그네사이트, 해수 중의 간수(알칼리 수용액에 침식되지 않으나 바다의 염류에는 현저하게 침식된다.)
※ 부식방지법 : 양극산화처리, 도금, 도장법 등

정답 28 ③ 29 ② 30 전항 정답 31 ③ 32 ③ 33 ④

34 백주철을 열처리하여 연신율을 향상시킨 주철은?

① 반주철　　　② 회주철
③ 구상흑연 주철　④ 가단주철

해설
가단주철(흑심, 백심)
- 백심가단주철(WMC) : 백선주물을 산화철로 싸고 900℃ 정도의 고온에서 탈산시킨 것으로 파단면이 백색이다.
- 백주철을 열처리하여 연신율을 향상시키며 두께가 얇아도 강도가 큰 주물을 얻는다.

35 탄소강에서 펄라이트 조직은 구체적으로 어떤 조직인가?

① α 고용체
② γ 고용체 + Fe_3C
③ α 고용체 + Fe_3C
④ Fe_3C

해설
탄소강 조직(페라이트, 펄라이트, 시멘타이트, 오스테나이트, 라데브라이트)
- 펄라이트(pearlite) : α 고용체 + Fe_3C (탄화철)
  유리탄소로서 (페라이트 + 시멘타이트 혼합물)

36 화염경화법의 담금질 경도(HRC)를 구하는 식은?(단, C는 탄소 함유량이다.)

① $24 + 40 \times C\%$
② $C\% \times 100 + 15$
③ $600/(경화 깊이)^2$
④ $550 \div 350 \times C\%$

해설
화염경화법(표면경화법)
쇼터라이징이라고 하며 탄소강을 ($O_2 + C_2H_2$) 화염으로 가열한 후 물로 냉각하여 표면만 단단하게 열처리한다.(선반기계 베드안내면)
※ 담금질 경도 측정 HRC = [$C\% \times 100 + 15$]

37 스테인리스강 용접 시 열영향부 부근의 부식저항이 감소되어 입계부식 저항이 일어나기 쉬운데 이러한 현상의 주된 원인은?

① 탄화물의 석출로 크롬 함유량 감소
② 산화물의 석출로 니켈 함유량 감소
③ 수소의 침투로 니켈 함유량 감소
④ 유황의 편석으로 크롬 함유량 감소

해설
- 스테인리스강 용접 시 열영향부 부근의 입계부식저항 원인 : 탄화물의 석출로 크롬 함유량 감소
- 입계부식(intergranular corrosion) : 용접 쇠약
- 크롬탄화물이 결정립계에 석출되면 내식성이 저하한다.

38 마텐사이트 조직이 생기기 시작하는 점(M_s)부터 마텐사이트 변태가 완료하는 점(M_f) 부근에서의 항온 열처리로서 오스테나이트 구역의 강은 정 M_s 이하의 열욕(100~200℃)에서 담금질하고, 변태가 거의 끝날 때까지 항온 유지시킨 후 강을 꺼내어 공기 중에서 냉각하는 방법은?

① 오스템퍼링　　② 마템퍼링
③ 마퀜칭　　　　④ 마르에이징

해설
마템퍼링(항온열처리, mertenpering)
- M_s점과 M_f점 사이에서 발생하는 항온 변태 후 열처리
- 마텐자이트 + 베이나이트의 혼합물

39 배빗메탈(babbit metal)은 무슨 계를 주성분으로 하는 화이트 메탈인가?

① Sb계　　② Sn계
③ Pb계　　④ Zn계

해설
베어링 합금
- 화이트 메탈(Sn + Sb + Pb + Cu)
- 배빗 메탈(Sn(주석) + Sb(안티몬) + Cu(구리))

정답　34 ④　35 ③　36 ②　37 ①　38 ②　39 ②

40 알루미늄 용접의 전처리 방법으로 부적합한 것은?

① 와이어 브러시나 줄로 표면을 문지른다.
② 화학약품과 물을 사용하여 표면을 깨끗이 한다.
③ 불활성가스 용접의 경우는 전처리를 하지 않아도 된다.
④ 전처리는 용접 하루 전에 실시하는 것이 좋다.

[해설]
알루미늄(Al) 용접의 전처리는 용접 직전에 처리하여 기름류, 페인트, 산화피막을 제거한다.

41 일반 고장력강을 용접할 때 주의사항으로 틀린 것은?

① 용접봉은 용접작업성이 좋은 고산화티탄계 용접봉을 사용한다.
② 용접 개시 전에 이음부 내부 또는 용접할 부분에 청소를 한다.
③ 아크 길이는 가능한 한 짧게 한다.
④ 위빙 폭은 크게 하지 않는다.

[해설]
고장력강(하이텐, HT)
- high strength steel이다.
- 잘 건조된 저수소계 용접봉(E4316)을 사용한다.

42 고급주철은 주철의 기지조직을 펄라이트로 하고 흑연을 미세화시켜 인장강도를 약 몇 MPa 이상 강화시킨 것인가?

① 104 ② 154
③ 234 ④ 294

[해설]
고급주철 제조법
란츠법, 에멜법, 코살리법, 피보와르스키법, 미이한법 등(인장강도 154MPa 이상)
- 펄라이트(페라이트+시멘타이트 혼합물)
- 고급주철 : 편상흑연 주철 중에서 인장강도가 25kg/mm² 정도 이상 주철 미하나이트 주철을 많이 사용된다.

43 용접부 검사법 중 비파괴시험에 속하지 않는 것은?

① 부식시험 ② 와류시험
③ 형광시험 ④ 누설시험

[해설]
부식시험(파괴시험법, 화학시험법)의 종류
- 고온부식
- 습부식
- 응력부식

44 용접자동화의 장점이 아닌 것은?

① 생산성 증대 ② 품질 향상
③ 노동력 증가 ④ 원가 절감

[해설]
용접자동화 장점은 노동력이 감소하고 기타 ①, ②, ④항의 이점이 발생한다.

45 용접부의 검사에서 초음파 탐상시험 방법에 속하지 않는 것은?

① 공진법 ② 투과법
③ 펄스반사법 ④ 맥진법

[해설]
초음파검사법(비파괴검사법)
- 투상법
- 반향법
- 공진법, 투과법, 펄스반사법
- 초음파의 진동수 : 0.5~1.5(MHz 사용)

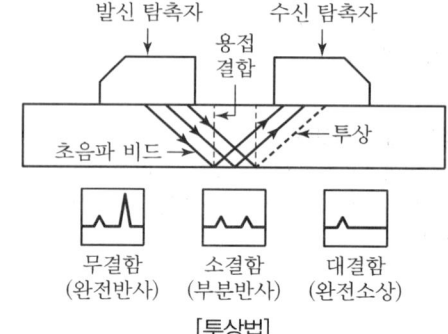

[투상법]

정답 40 ④ 41 ① 42 ② 43 ① 44 ③ 45 ④

46 용접기본기호 중 심(seam) 용접기호로 맞는 것은?

① ○   ② ⊖
③ ⌒⌒   ④ ⊋

[해설]
- 스폿용접(심용접) : $c\ \ominus\ \ \ n \times l(e)$
- 덧살올림용접 : ⌒⌒

여기서, c : 용접부지름, n : 용접개수, l(용접길이)

47 T형이음(홈완전용입)에서 인장하중 6ton, 판두께를 20mm로 할 때 필요한 용접길이는 몇 mm인가?(단, 용접부의 허용 인장응력은 5kgf/mm²이다.)

① 60   ② 80
③ 100   ④ 102

[해설]
용접길이 = $\dfrac{6 \times 10^3}{20 \times 5} = 60\text{mm}$ $\left(5 = \dfrac{6 \times 10^3}{20 \times l}\right)$

48 용접 결함 중 언더컷(under cut)에 대한 설명 중 맞지 않는 것은?

① 대부분 언더컷의 깊이는 사양서에 명시하되 일반적으로 0.8mm까지 허용한다.
② 방사선 투과시험에서 필름상의 언더컷 모양은 흰색으로 용접부 중앙에 나타난다.
③ 언더컷의 방지대책으로 짧은 아크 길이를 유지한다.
④ 언더컷의 방지대책으로 용접속도를 늦춘다.

[해설]
용접의 외부결함 언더컷

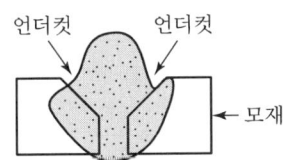

언더컷(under cut)은 용접결함이며 용접선 끝에 나타나는 작은 홈이다.(용접전류가 높거나 용접속도가 빨라서 생긴다.)

49 용접 모재의 제조서(mill sheet)에 기재되어 있지 않은 것은?

① 강재의 제조 공정   ② 해당 규격
③ 재료 치수   ④ 화학 성분

[해설]
용접 모재의 제조서 기재사항
- 해당 규격
- 재료 치수
- 화학 성분
- 강재의 재질

50 압력용기를 회전하면서 아래보기 자세로 용접하기에 가장 적합하지 않은 용접설비는?

① 스트롱 백(strong back)
② 포지셔너(positioner)
③ 머니퓰레이터(manipulator)
④ 터닝롤러(turning roller)

[해설]
- 스트롱 백 : 압력용기를 회전하면서 아래보기 자세(flat position)로 용접하기에 가장 불편한 용접설비이다.
- strong back : 용접시공에 사용되는 지그(jig)의 일종이다. (가접을 피하기 위해서 피용접제를 구속시키기 위한 도구이다.)

51 용접시공에서 한 부분의 몇 층을 용접하다가 이것을 다음 부분의 층으로 연속시켜 전체가 한 단계로 이루도록 용착시켜 나가는 용착법은?

① 전진법   ② 대칭법
③ 스킵법   ④ 캐스케이드법

[해설]
캐스케이드법
용접시공에서 한 부분의 몇 층을 용접하다가 이것을 다음 부분의 층으로 연속시켜 전체가 1차 2차의 한 단계가 이루어지는 용착법

정답 46 ② 47 ① 48 ② 49 ① 50 ① 51 ④

52 용접 후 용착 금속부의 인장응력을 연화시키는 데 효과적인 방법으로 구면 모양의 특수해머로 용접부를 가볍게 때리는 것은?

① 어닐링(annealling) ② 피닝(peening)
③ 크리프(creep) 가공 ④ 저온응력 완화법

해설
피닝법
둥근 구면 모양의 특수 해머로 용접부를 가볍게 때려서 잔류응력이나 변형을 교정한다.

53 설퍼프린트의 황편석 분류 중 황이 강의 외주부로부터 중심부로 향하여 감소하여 분포되고, 외주부보다 중심부의 방향으로 착색도가 낮게 된 편석은?

① 정편석   ② 역편석
③ 주상편석   ④ 중심부편석

해설
설퍼프린트법(화학적, 야금학적 시험법)
- sulpher print : 유화물의 분포, 편석, 결함 검사
- 묽은 황산(H_2SO_4) 이용
- 사진용 인화지(bromide) 사용
- 역편석 : 외주부보다 중심부의 방향으로 착색도가 낮게 된 편석

54 용접작업에서 잔류응력의 경감과 완화를 위한 방법으로 적합하지 않은 것은?

① 용착 금속량의 감소
② 용착법의 적절한 선정
③ 포지셔너 사용
④ 직선 수축법 선정

해설
- 용접작업에서 잔류응력 경감과 완화를 위한 법은 ①, ②, ③ 외 예열을 이용한다.
- 진행방향에 의한 용착법(용접법) : 전진법, 후진법, 대칭법, 교호법, 스킵법
- 다층용법 : 덧살올림법, 캐스케이드법, 블록법

55 검사의 분류방법 중 검사가 행해지는 공정에 의한 분류에 속하는 것은?

① 관리 샘플링검사
② 로트별 샘플링 검사
③ 전수검사
④ 출하검사

해설
검사공정에 의한 검사분류
- 수입검사
- 최종검사
- 공정검사
- 출하출고검사

56 다음 중 브레인스토밍(Brainstorming)과 가장 관계가 깊은 것은?

① 파레토도   ② 히스토그램
③ 회귀분석   ④ 특성요인도

해설
특성요인도
특성에 대하여 어떤 요인이 어떤 관계로 영향을 미치고 있는지 명확히 하여 원인 규명을 쉽게 할 수 있도록 하는 기법이다.(브레인스토밍과 가장 관계가 깊다.)

57 단계여유(slack)의 표시로 옳은 것은?(단, TE는 가장 이른 예정일, TL은 가장 늦은 예정일, TF는 총 여유시간, FF는 자유여유시간이다.)

① TE－TL   ② TL－TE
③ FF－TF   ④ TE－TF

해설
단계여유(slack times, TS)
＝가장 늦은 예정일(TL)－가장 이른 예정일(TE)

정답 52 ② 53 ② 54 ④ 55 ④ 56 ④ 57 ②

58 C 관리도에서 k = 20인 군의 총 부적합수 합계는 58이었다. 이 관리도의 UCL, LCL을 계산하면 약 얼마인가?

① UCL=2.90, LCL=고려하지 않음
② UCL=5.90, LCL=고려하지 않음
③ UCL=6.92, LCL=고려하지 않음
④ UCL=8.01, LCL=고려하지 않음

[해설]
- 중심선(center line) = $\frac{58}{20}$ = 2.9
- UCL(관리상한선) = $\bar{c} + 3\sqrt{\bar{c}} = 2.9 + 3\sqrt{2.9} = 8.01$
- (관리하한선) = $\bar{c} - 3\sqrt{\bar{c}} = 2.9 - 3\sqrt{2.9} = -2.21$
  (−)이므로 고려하지 않음

59 테일러(F.W. Taylor)에 의해 처음 도입된 방법으로 작업시간을 직접 관측하여 표준시간을 설정하는 표준시간 설정기법은?

① PTS법   ② 실적자료법
③ 표준자료법   ④ 스톱워치법

[해설]
- stop watch(스톱워치법 : 표준시간 측정)
- 스톱워치의 시간 단위 ($\frac{1}{100}$ 분 = 1DM)
- 관측방법 종류 : 계속시간 측정법, 반복시간 관측법, 순환법
- 직접관측 : stop watch법, 통계적 추측법 : work sampling법

60 공정 중에 발생하는 모든 작업, 검사, 운반, 저장, 정체 등이 도식화된 것이며 또한 분석에 필요하다고 생각되는 소요시간, 운반거리 등의 정보가 기재된 것은?

① 작업분석(Operation Analysis)
② 다중활동분석표(Multiple Activity Chart)
③ 사무공정분석(Form Process Chart)
④ 유통공정도(Flow Process Chart)

[해설]
유통 공정도(유통흐름 공정도)
대상 공정에 포함된 모든 작업, 운반, 검사 지연, 저장의 계열을 기호로 표시하고 분석에 필요한 소요시간이나 이동거리를 나타낸다.

〈공정분석 종류〉
- 제품공정
- 사무공정
- 작업자 공정

정답 58 ④ 59 ④ 60 ④

2013년 54회 기출문제

2013.7.21 시행

01 피복 아크용접봉의 피복제에 대하여 설명한 것 중 틀린 것은?

① 저수소계를 제외한 다른 피복 아크용접봉의 피복제는 아크 발생 시 탄산(CO_2)가스와 수증기(H_2O)가 가장 많이 발생한다.
② 아크 안정제는 아크열에 의하여 이온화가 되어 아크 전압을 강화시키고 이에 의하여 아크를 안정시킨다.
③ 가스 발생제는 중성 또는 환원성 가스를 발생하여 용접부를 대기로부터 차단하여 용융금속의 산화 및 질화를 방지하는 작용을 한다.
④ 슬래그 생성제는 용융점이 낮은 슬래그를 만들어 용융금속의 표면을 덮어서 산화나 질화를 방지하고 용착금속의 냉각속도를 느리게 한다.

해설
저수소계 피복용접봉(E4316)은 용접 시 환원가스(수소, CO, CO_2)가 용접부를 둘러싸서 공기를 몰아낸다.(산화, 질화방지용) H_2 성분이 가장 적어 H_2O 발생이 적다.
※ 피복제는 환원가스인 수소, CO, CO_2가 많다.

02 정격 2차 전류가 300A, 정격사용률이 40%인 용접기로 180A로 용접할 때, 허용사용률(%)은?

① 약 111%
② 약 101%
③ 약 91%
④ 약 121%

해설

$$허용사용률 = \frac{(정격\ 2차\ 전류)^2}{(실제의\ 용접전류)^2} \times 정격사용률$$
$$= \frac{(300)^2}{(180)^2} \times 40 = 111\%$$

03 가스 절단 시 양호한 절단면을 얻기 위한 조건이 아닌 것은?

① 드래그(drag)가 가능한 한 클 것
② 절단면 표면의 각이 예리할 것
③ 슬래그 이탈이 양호할 것
④ 절단면이 평활하여 노치 등이 없을 것

해설
• 경제적인 면에서는 드래그의 길이가 긴 것이 좋으나 잘못하면 절단의 끝부분에서 미처 절단되지 않는 부분이 남게 된다.(노치 : 요철)
• 산소량이 증가하면 드래그의 길이는 짧아진다.
• 드래그는 판 두께의 20%가 이상적이다.

04 다음 중 가스 가우징용 토치에 대한 설명으로 옳은 것은?

① 팁 끝은 일직선으로 되어 있다.
② 산소 분출공이 일반 절단용에 비하여 작다.
③ 토치 본체는 일반 절단용과 매우 차이가 크다.
④ 예열 화염의 구멍은 산소 분출구멍의 상하 또는 둘레에 만들어져 있다.

해설
가스 가우징(gouging)
가스 절단과 비슷한 토치를 사용해서 강재의 표면에 둥근 홈을 파내는 가스 따내기이다.
※ 예열불꽃은 그 구멍이 산소분출구멍의 상하 또는 둘레에 만들어져 있다.

05 용해 아세틸렌을 취급할 때 주의사항으로 틀린 것은?

① 저장 장소는 통풍이 잘 되어야 한다.
② 용기가 넘어지는 것을 예방하기 위하여 용기는 뉘어서 사용한다.
③ 화기에 가깝거나 온도가 높은 장소에는 두지 않는다.
④ 용기 주변에 소화기를 설치해야 한다.

정답 01 ① 02 ① 03 ① 04 ④ 05 ②

해설
- 아세틸렌가스용기는 항상 세워서 사용하여야 한다.
- 용해 아세틸렌은 용접작업의 안정성이 높고 용접부도 양호하나 가격이 비싸서 대량 소비 시에는 발생기를 사용하여 C_2H_2를 얻는다.

06 용접에서 용융금속의 이행방식 분류에 속하지 않는 것은?

① 연속형 ② 글로뷸러형
③ 단락형 ④ 스프레이형

해설
용융금속의 이행형태
- 단락형 : 맨 용접봉, 박피복 용접봉에서 발생
- 스프레이형 : 고산화티탄계, 일미나이트계에서 발생
- 입적이행(글로뷸러형) : Grobular Transfer, 피복제가 두꺼운 저수소계 용접봉에서 발생

07 내용적이 40L인 산소용기의 고압게이지에 압력이 90kgf/cm²로 나타났다면 가변압식 토치 팁(tip) 300번으로 몇 시간 사용할 수 있는가?

① 3.5 ② 7.5
③ 12   ④ 20

해설
팁 300번(C_2H_2 300L/h 사용)
총 가스 저장량 = 40L × 90kg/cm² = 3,600L
∴ 사용시간 = $\frac{3,600L}{300L/h}$ = 12시간

08 직류용접에서 정극성과 비교한 역극성의 특징은?

① 비드의 폭이 넓다.
② 모재의 용입이 깊다.
③ 용접봉의 녹음이 느리다.
④ 용접열이 용접봉 쪽보다 모재 쪽에 많이 발생한다.

해설
- 직류(DC), 교류(AC)
- 직류 정극성은 비드폭이 작아진다.(용입이 깊고 용접속도가 빠르고 고압으로 전류 사용이 어렵다.)
- 정극성은 두꺼운 판재, 얇은 박판의 경우는 역극성을 쓴다.(용착속도가 역극성이 정극성보다 크다.)
- 역극성은 폭이 넓고 용입이 낮다.

09 다음 [보기]는 어떤 용접봉의 특성을 나타낸 것인가?

- 주성분은 산화티탄(TiO_2) 30% 이상과 석회석($CaCO_3$)이다.
- 용입이 얕으므로 박판용접에 적합하다.
- 비드 표면은 평면적이며 언더컷이 생기지 않고 곱다.
- 피복의 두께가 두껍고 슬래그는 유동성이 좋고 가벼우며 박리성이 양호하다.

① 저수소계 ② 라임티타니아계
③ 고셀룰로오스계 ④ 일미나이트계

해설
라임티탄계 용접봉(E4303)
슬래그 생성제인 산화티탄(TiO_2)을 30% 이상 주성분으로 하고 있다.(일반적으로 두꺼운 피복이다. 용입이 약간 작아서 박판의 용접에 이상적이다.)
- 비드는 평면적이고 슬래그는 유동성이다.
- 비드 외관은 곱고 언더컷이 발생되기 어렵다.

10 용접작업에 영향을 주는 요소 중 아크길이가 너무 길 때 용접부의 특징에 대한 설명으로 틀린 것은?

① 스패터가 많고 기공이 생긴다.
② 용착금속이 산화나 질화가 된다.
③ 비드 표면이 거칠고 아크가 흔들린다.
④ 비드 폭이 좁고 볼록하다.

해설
- 아크길이가 너무 길면 아크 전압이 증가한다.
- 스패터(spatter) : 아크 또는 크레이터 부근에서 폭발적으로 비산하는 슬래그이다.
- 아크길이가 길면 아크불안정, 용입불량, 비드의 요철이 생긴다.

정답 06 ① 07 ③ 08 ① 09 ② 10 ④

11 아크용접에서 아크길이가 너무 길 때, 용접부에 미치는 현상으로 틀린 것은?

① 스패터가 많다.
② 아크 실드효과가 떨어진다.
③ 열 집중이 많다.
④ 기공이 생긴다.

해설
아크용접에서 아크길이가 너무 길면 ①, ②, ④항이 발생하고 열의 방산으로 용입이 나쁘다.(언더컷이나 용입불량이 발생하고 자기쏠림이 발생한다.)

12 자동가스 절단에서 절단면에 대한 설명으로 맞는 것은?

① 절단속도가 빠를 경우 드래그가 작다.
② 절단속도가 느린 경우 표면이 과열되어 위 가장자리가 둥글게 된다.
③ 산소 중에 불순물이 증가하면 슬래그의 이탈성이 좋아진다.
④ 팁의 위치가 높을 때에는 예열범위가 좁아진다.

해설
자동가스 절단
주행대차에 절단 헤드를 탑재하고 레일 위를 자동적으로 움직이면서 절단을 행한다.

13 아크 에어 가우징의 장점에 해당되지 않는 것은?

① 가스 가우징에 비해 작업능률이 2~3배 높다.
② 용융금속에 순간적으로 불어내므로 모재에 악영향을 주지 않는다.
③ 소음이 매우 심하다.
④ 용접결함부를 그대로 밀어붙이지 않는 관계로 발견이 쉽다.

해설
아크 에어 가우징(arc air gouging)
탄소아크 절단에 압축공기를 같이 사용하는 방법이다.(용접부 홈파기, 용접부 결함 제거, 절단 및 구멍 뚫기 등) 가스 가우징에 비해 작업능률이 높다. 또한 직류용접기가 사용되며 공기의 압력은 0.6~0.7MPa이다.

14 피복아크용접의 품질에 영향을 주는 요소가 아닌 것은?

① 용접전류
② 용접기의 사용률
③ 용접봉 각도
④ 용접속도

해설
피복아크용접의 품질에 영향을 주는 요소
• 용접전류나 전압
• 용접봉 사용 각도
• 용접속도

15 보통 가스 절단 시 판두께 12.7mm의 표준 드래그 길이는 몇 mm인가?

① 2.4
② 5.2
③ 5.6
④ 6.4

해설
보통 가스 절단 시 표준 드래그 길이는 판 두께의 20%
∴ 12.7×0.2=2.54mm

[표준 드래그값]

판두께(mm)	12.7	25.4	51	51~152
드래그 길이(mm) (drag line)	2.4	5.2	5.6	6.4

16 그래비티 용접의 설명으로 틀린 것은?

① 철분계 용접봉을 사용한다.
② 한 사람이 여러 대(2~7대)의 용접기를 조작할 수 있다.
③ 중력을 이용한 용접법이다.
④ 스프링으로 압력을 가하여 자동적으로 용접봉이 모재에 밀착되도록 설계된 특수 홀더를 사용한다.

해설
그래비티 용접(Gravity welding) : 중력식 용접
• 자동화한 개복아크용접이다.(홀더가 경사진 슬라이드바를 중력의 힘에 의해 하강하여 용접)
• 용착량의 조정은 용접봉 직경, 미끄럼봉과 용접봉이 이루는 각에 의해 결정된다.
• 그래비티 용접의 특징은 ①, ②, ③항이다.

정답 11 ③ 12 ① 13 ③ 14 ② 15 ① 16 ④

• 용접봉과 모재가 일정한 각도를 유지한 용접선상을 이용하여 용접하고 1명이 여러 대의 용접기를 사용할 수 있다.

17 이산화탄소 아크용접 20L/min의 유량으로 연속 사용할 경우 액체 이산화탄소 25kg 용기는 대기 중에서 가스량이 약 12,700L라 할 때 약 몇 시간 정도 사용할 수 있는가?

① 6.6 ② 10.6
③ 15.6 ④ 20.6

[해설]
이산화탄소 사용량＝20L/min×60분/시간＝1,200L/h
∴ 사용시간＝$\frac{12,700}{1,200}$＝10.6시간

18 다음 용접법 중 가장 두꺼운 판을 용접할 수 있는 것은?

① 이산화탄소 아크 용접
② 일렉트로 슬래그 용접
③ 불활성가스 아크 용접
④ 스터드 용접

[해설]
일렉트로 용접(electro welding)
• 일렉트로 가스 용접 : 두꺼운 판 용접(보호가스가 필요하다.)
• 일렉트로 슬래그 용접 : 아주 두꺼운 판 용접(보호가스가 불필요하다.)

19 납땜에 대한 설명으로 틀린 것은?

① 비철금속의 접합에 이용할 수 있다.
② 납은 접합할 금속보다 높은 온도에서 녹아야 한다.
③ 용접용 땜납으로 경납을 사용한다.
④ 일반적으로 땜납은 합금으로 되어 있다.

[해설]
납은 접합할 금속보다 낮은 온도에서 녹아야 한다.
• 연납땜(450℃ 이하) : soft soldering
• 경납땜(450℃ 이상) : hard brazing

20 스테인리스강의 용접방법에 대한 설명으로 옳은 것은?

① 용접 전류는 연강 용접 시보다 약 10% 높게 용접한다.
② 오스테나이트계 용접 시 고온에서 탄화물이 형성될 수 있다.
③ 마텐사이트계는 열에 의해 경화되지 않는다.
④ 오스테나이트계 용접 시 예열을 800℃로 높이고 시간은 길게 한다.

[해설]
stainless steel(철＋크롬)
내식성, 내산성, 내열성 합금강이다.(크롬 12% 이상 함유)
• 오스테나이트계(austenite)에서는 용접 시 480~800℃ 온도에서 장시간 유지하거나 이 온도 범위에서 서랭시키면 크롬탄화물이 결정입계에 석출하여 내식성이 저하하고 결정립계가 부식하거나 부스러지기도 한다.
• 용접에 의해 발생된 입계부식(intergranular corrosion), 즉 용접 쇠약이 발생한다.

21 테르밋 용접에서 산화철과 알루미늄이 반응할 때 화학반응을 통하여 발생되는 온도는 약 몇 도(℃)인가?

① 800 ② 2,800
③ 4,000 ④ 5,800

[해설]
테르밋 용접(thermit welding)에서 테르밋 반응(Al＋FeO＋Fe_2O_3＋Fe_3O_4) 시의 온도는 약 2,800℃(5,000°F)이다.

22 점 용접기를 사용하여 서로 다른 종류 금속을 납땜할 때 가장 적합한 방법은?

① 인두납땜(soldering-iron brazing)
② 가스납땜(gas brazing)
③ 저항납땜(resistance brazing)
④ 노내납땜(furance brazing)

[정답] 17 ② 18 ② 19 ② 20 ② 21 ② 22 ③

해설
(1) 점용접(spot welding)
- 단극식
- 직렬식
- 간접법
- 다전극식
- 맥동용접식

(2) 납땜에서 저항납땜(resistance brazing)은 작은 물건이나 서로 다른 종류의 금속 납땜에 적합하다.

23 미그(MIG) 용접의 와이어(wire) 송급장치가 아닌 것은?

① 푸시(push) 방식
② 푸시-아웃(push-out) 방식
③ 풀(pull) 방식
④ 푸시-풀(push-pull) 방식

해설
미그 용접(비피복의 가늘게 생긴 금속 와이어 용가 전극을 이용)
- 와이어 공급은 자동, 토치는 손으로 하는 반자동 용접
- 와이어 공급과 토치의 이동 모두 자동으로 하는 전자동 용접
- 와이어 송급방식은 푸시식(미는 식), 풀식(당기는 식), 푸시풀식(최신식) 3가지가 있다.

24 불활성가스 아크용접에서 스테인리스강을 용접할 때의 설명 중 잘못된 것은?

① 깊은 용입을 위하여 직류 정극성을 사용한다.
② 전극봉은 지르코늄 텅스텐을 사용한다.
③ 전극의 끝이 뾰족할수록 전류가 안정되고 열집중성이 좋다.
④ 보호가스는 알곤가스를 사용하며 낮은 유속에서도 우수한 보호작용을 한다.

해설
불활성가스 아크용접에서 스테인리스강 용접 시
※ 전극봉(토륨텅스텐 사용)
- 비소모성 텅스텐
- 소모성 텅스텐

25 티그(TIG) 용접 시 불활성가스를 용접 중에는 물론 용접 전후에도 약간 유출시켜야 하는 이유를 설명한 것 중 틀린 것은?

① 용접 전에 가스 유출은 도관이나 토치에 공기를 배출시키기 위함이다.
② 용접 후에 가스 유출은 가열된 상태의 용접부가 산화 혹은 질화되는 것을 방지하기 위함이다.
③ 용접 후에 가스 유출은 가열된 텅스텐 전극의 산화 방지를 하기 위함이다.
④ 용접 전에 가스 유출은 세라믹 노즐을 보호하기 위함이다.

해설
용접 전에는 도관이나 토치에 있는 공기를 배출시키고 용접 후에는 가열된 상태의 용접부가 산화 혹은 질화되는 것을 방지하며 아울러 텅스텐 전극의 산화도 방지한다.

26 탄산가스 아크용접에서 전진법의 특징이 아닌 것은?

① 용접선이 잘 보이므로 운봉을 정확하게 할 수 있다.
② 용융금속이 앞으로 나가지 않으므로 깊은 용입을 얻을 수 있다.
③ 스패터가 비교적 많으며 진행 방향 쪽으로 흩어진다.
④ 비드 높이가 낮고 평탄한 비드가 형성된다.

해설
후진법
- 토치의 뒤를 용접봉이 따라간다.
- 용입이 깊은 관계로 5mm 이상의 두꺼운 판재의 용접에 쓰인다.
- 비드 표면은 매끈하게 되기가 어려우며 비드 높이가 커지기 쉽다.(용접봉 소비가 적고 용접시간이 짧다.)

정답 23 ② 24 ② 25 ④ 26 ②

27 서브머지드 아크용접기에 사용되는 용제(flux)의 종류가 아닌 것은?

① 용융형
② 고온 소결형
③ 저온 소결형
④ 가입형

[해설]
서브머지드 아크용접의 용제 종류
• 용융형
• 소결형
• 혼성형

28 서브머지드 아크용접의 장점에 해당하는 것은?

① 자유곡선 용접이 가능하다.
② 용착금속의 품질이 양호하다.
③ 용접홈 가공이 정밀해야 한다.
④ 용접자세의 제한을 받는다.

[해설]
서브머지드 아크용접에서 용착금속의 품질이 가장 양호하다. (잠호용접이기 때문이다.)
SAW > MIG(solid wire) > FCAW > 피복아크용접

29 가스용접 작업에서 팁 끝이 모재에 닿아 순간적으로 팁 끝이 막히면서 팁의 과열, 사용가스의 압력이 부적당할 때 팁 속에서 폭발음이 나면서 불꽃이 꺼졌다가 다시 나타나는 현상은?

① 역류
② 역화
③ 인화
④ 산화

[해설]
가스용접 역화(back fire)
토치의 취급이 잘못되어 순간적으로 토치 팁 끝에서 소리가 나며 불길이 기어들어갔다가 곧 정상이 되거나 불길이 완전히 꺼지는 현상(가스압력이 적당하지 못하거나 팁의 끝이 과열되거나 팁의 조임이 완전치 못할 때 발생한다.)

30 용접부는 급격한 열팽창 및 응고수축으로 인한 결함 발생 우려가 있어 예열을 실시한다. 그 목적으로 거리가 먼 것은?

① 수축응력 감소
② 용착금속 및 열영향부 경화방지
③ 비드 밑 균열방지
④ 내부식성 향상

[해설]
예열온도(T_o) = $1,440P_c - 392$℃
• P_c : 용접균열 감성지수

$$P_c = P_{cm} + \frac{H}{60} + \frac{t}{600}$$

• P_{cm} : 용접균열 감수성 조성
• H : 수소량
• t : 모재의 두께

31 다음 주조용 알루미늄 합금 중 Alcoa(알코아) No.12 합금의 종류는?

① Al-Ni계 합금
② Al-Si계 합금
③ Al-Cu계 합금
④ Al-Zn계 합금

[해설]
• 알코아(알루미늄 합금 주조용)
 Al+Cu+Si 합금(시효경화성 합금)
• 다이캐스팅용 알루미늄(Al)합금 : 알코아 No.12, 라우탈, 실루민, Y합금 등

32 오스테나이트 스테인리스강의 용접 시 유의해야 할 사항 중 틀린 것은?

① 짧은 아크 길이를 유지한다.
② 층간 온도는 320℃ 이상으로 유지한다.
③ 아크를 중단하기 전에 크레이터 처리를 한다.
④ 낮은 전류값으로 용접하여 용접 입열을 억제한다.

[해설]
오스테나이트 스테인리스강 용접 시 저온용도에 사용하고 층간 온도는 320℃ 이하로 유지한다.(열팽창계수가 높고 변형 발생이나 고온균열, 입계부식, 응력부식 균열에 주의한다.)

정답 27 ④ 28 ② 29 ② 30 ④ 31 ③ 32 ②

33 열전대 중 가장 높은 온도를 측정할 수 있는 것은?

① 백금-백금로듐
② 철-콘스탄탄
③ 크로멜-알루멜
④ 구리-콘스탄탄

해설

열전대 온도계
- 백금-백금로듐(R) : 0~1,600℃
- 철-콘스탄탄(J) : -20~750℃
- 크로멜-알루멜(K) : -200~1,200℃
- 구리-콘스탄탄(T) : -200~350℃

34 절삭되어 나오는 칩 처리의 능률, 공정의 단축, 가공 단가의 저렴화 등을 고려하여 탄소강에 S, Pb, P, Mn을 첨가한 구조용 강은?

① 강인강
② 스프링강
③ 표면 경화용강
④ 쾌삭강

해설
- 망간(Mn)은 쾌삭강에서 절삭성을 좋게 한다.
- 쾌삭강 : 탄소강에 절삭성을 향상시키기 위해 황(S), 인(P), 납(Pb), 망간 등을 첨가한 것으로 일명 특수용도강이다.

35 침탄, 질화, 고주파 담금질 등으로 내마모성과 인성이 요구되는 기계적 성질을 개선하는 열처리는?

① 뜨임
② 표면경화
③ 항온 열처리
④ 담금질

해설

표면경화법
- 침탄법(고체, 액체, 가스 사용)
- 질화법(NH_3가스 사용)
- 화염경화법
- 도금법
- 금속침투법
- 고주파법(토코방법)

36 스테인리스강의 입계(粒界)부식 방지를 위한 가장 적합한 설명은?

① 용접 후 입계부식 온도를 서서히 통과할 수 있도록 한다.
② 모재가 STS 321, STS 347 등의 용접에 사용한다.
③ 용접 후 서랭시킨다.
④ 용접 후 1,100℃에서 응력제거를 위하여 열처리한다.

해설

STS 321 : STS 347강에 티타늄을 첨가하여 입계부식 방지 (450~900℃의 입계부식 예민화 구간 사용에 적합하다.)

37 흑연봉을 양극으로 하고 WC, TiC 등의 초경합금을 음극으로 하여 공구 표면에 불꽃을 일으켜 그 열로 주위를 경화시키는 방법은?

① 고주파담금질
② 화염경화법
③ 금속침투법
④ 방전경화법

해설

방전경화법
흑연봉을 양극, WC, TiC 등을 (초경합금) 음극으로 하여 공구 표면에 불꽃을 일으켜 그 열로 주위를 경화시키는 방법(arc hardening)

38 고망간강의 주요 성분으로 다음 중 가장 적합한 것은?

① C 0.2~0.8%, Mn 11~14%
② C 0.2~0.8%, Mn 5~10%
③ C 0.9~1.3%, Mn 5~10%
④ C 0.9~1.3%, Mn 10~14%

해설
- 고망간강 주요 성분 : 일명 Hadfield강이라 하며, 철에 망간이 10~14%, 탄소가 0.9~1.3% 함유되어 있다(우수한 내충격성 강이다).
- 저망간강(Ducole, 듀콜강)
  C : 0.17~0.45%, 망간(Mn) : 1.2~1.7%(고장력강의 원재료, 교량, 레일용)

39 백주철을 풀림 열처리에서 탈탄 또는 흑연화 방법으로 제조한 것은?

① 칠드 주철　　② 구상 흑연 주철
③ 가단 주철　　④ 미하나이트 주철

해설
가단 주철
백주철을 풀림 열처리(Annealing, 어닐링)하고 흑연화(흑심 가단주철), 탈산화, 탈탄화(백심가단주철)시킨 주철

40 강을 담금질할 때 가장 냉각속도가 빠른 것은?

① 식염수　　② 기름
③ 비눗물　　④ 물

해설
• 강을 담금질할 때 가장 냉각속도가 빠른 것은 식염수이다.
• 경도순서
　마텐자이트＞트루스타이트＞소르바이트＞오스테나이트
• 냉각속도
　식염수＞물＞비눗물＞기름

41 일반적으로 탄소강 가공 시 특히 가공성을 요구하는 경우에 가장 적합한 탄소 함유량의 범위는?

① 0.05~0.3%C　　② 0.45~0.6%C
③ 0.76~1.2%C　　④ 1.34~1.9%C

해설
탄소강의 가공성이 요구하는 탄소함유량은 저탄소강(0.05~0.3% 이하)이다.

42 코발트를 주성분으로 하는 주조경질합금의 대표적 강으로 주로 절삭공구에 사용되는 것은?

① 고속도강　　② 스텔라이트
③ 화이트 메탈　　④ 합금 공구강

해설
스텔라이트(주조합금)
열처리하지 않아도 충분한 경도가 있다.(공구용 합금강)
• 주성분 : Fe+W+Co+Cr+Mo
• Co : 코발트

43 경도 측정방법 중 압입경도시험기가 아닌 것은?

① 쇼어 경도계　　② 브리넬 경도계
③ 로크웰 경도계　　④ 비커즈 경도계

해설
• 쇼어 경도계(Shore 경도계) : 반발경도계이다.
$$H_s = \left(\frac{10,000}{65}\right) \times \left(\frac{h}{h_o}\right)$$
• 경도(H_B) 크기 : 시멘타이트(820), 마텐자이트(720), 트루스타이트(400), 베이나이트(340), 소르바이트(270), 오스테나이트(155), 페라이트(90)
• ②, ③, ④ 경도는 압입 경도에 속한다.
• 모스(Mohs) 경도 : Scratch 경도

44 용접변형을 방지하는 방법 중 냉각법이 아닌 것은?

① 수랭동판 사용법　　② 살수법
③ 피닝법　　④ 석면포 사용법

해설
• 피닝법(Peening) : 잔류응력 제거나 용접부 변형교정에 사용된다.
• 피닝 해머(Peening Hammer) 역할이다.

45 초음파 탐상시험의 장점이다. 틀린 것은?

① 표면에 아주 가까운 얕은 불연속을 검출할 수 있다.
② 고감도이므로 아주 작은 결함의 검출도 가능하다.
③ 휴대가 가능하다.
④ 검사 시험체의 한 면에서도 검사가 가능하다.

정답　39 ③　40 ①　41 ①　42 ②　43 ①　44 ③　45 ①

해설

초음파 탐상시험검사(ultrasonic inspection)
- 진동수 0.5~15MHz 사용
- 피시험물 내부에 침입시켜 내부의 결함이나 불균형층의 존재를 검지하는 법이다.(투상법, 반향법 2가지가 있다.)

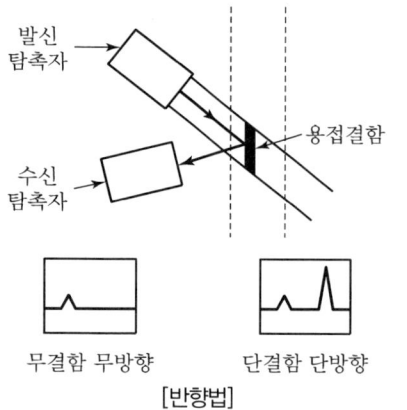

[반향법]

46 용접 잔류응력을 경감하기 위한 방법이 아닌 것은?

① 용착금속의 양을 될 수 있는 대로 적게 한다.
② 예열을 이용한다.
③ 적당한 용착법과 용접순서를 선택한다.
④ 용접 전에 억제법, 역변형법 등을 이용한다.

해설
- 잔류응력 경감에는 저온응력완화법, 기계적 응력완화법, 피닝법을 이용한다.
- 역변형법 : 용접 후에 예상되는 변형각도만큼 용접 전에 반대방향으로 굽혀서 용접한다.

47 로봇의 구성에서 구동부와 제어부를 가동시키기 위한 에너지를 동력원이라 하는데 에너지를 기계적인 움직임으로 변환하는 기기의 명칭은?

① 액추에이터   ② 머니퓰레이터
③ 교시박스   ④ 시퀀스 제어

해설
액추에이터(구동기)
전기적인 힘 등을 이용하여 기계적인 힘으로 변환시키는 것

48 V형 맞대기 피복아크 용접 시 슬래그 섞임의 방지대책이 아닌 것은?

① 슬래그를 깨끗이 제거한다.
② 용접 전류를 약간 세게 한다.
③ 용접 이음부의 루트 간격을 좁게 한다.
④ 봉의 유지각도를 용접 방향에 적절하게 한다.

해설
모재에 따라서 루트간격을 일정하게 한다.

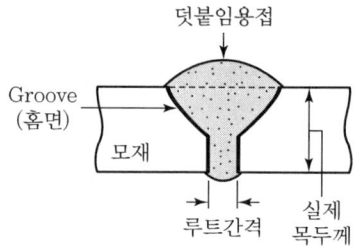

49 저온균열의 발생 원인으로 틀린 것은?

① 와이어 흡습   ② 예열 부족
③ 저입열 용접   ④ 심한 구속

해설
냉각속도가 빠를수록 저온균열감수성이 크다.

50 용접 보조기호 중 용접부의 다듬질 방법을 표시하는 기호 설명으로 잘못된 것은?

① P-치핑   ② G-연삭
③ M-절삭   ④ F-지정 없음

해설
기호
- 치핑 : C
- 연삭 : G
- 절삭 : M
- 구별이 없는 경우(지정 없음) : F

정답 46 ④ 47 ① 48 ③ 49 ③ 50 ①

51 [그림]과 같이 두께 12mm, 폭 100mm의 강판에 맞대기 용접이음을 할 때 이음효율 $\eta = 0.8$로 하면 인장력(P)은 얼마인가?(단, 판의 최저인장강도는 420MPa이고 안전율은 4로 한다.)

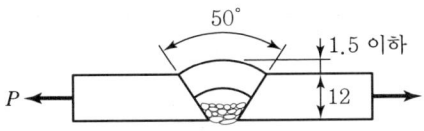

① 100,200N ② 10,080N
③ 108,800N ④ 100,800N

해설
인장응력(σ) $420 \times 10^6 = 420,000,000$Pa
$\dfrac{420,000,000}{4} = 105,000,000$Pa/mm² $(1\text{Pa} = 1\text{N/m}^2)$
$\therefore \dfrac{105,000,000}{(1,000 \times 1,000)} \times 12 \times 100 \times 0.8 = 100,800$N
※ $1\text{m}^2 = 1,000 \times 1,000\text{mm} = 1,000,000\text{mm}^2$

52 지그(JIG)의 사용목적에 부합되지 않는 것은?

① 제품의 정밀도가 향상되고 대량생산에서 호환성 있는 제품이 만들어진다.
② 불량률이 감소되고 미숙련공의 작업을 용이하게 한다.
③ 제작상의 공정 수가 감소하고 생산능률을 향상시킨다.
④ 비교적 본 기계장비에 비해 소형 경량이며, 큰 출력을 발생시키는 데 사용된다.

해설
용접지그(welding jig)의 사용목적은 ① ② ③항이며 정확한 치수로 완성이 가능하며 조립시간의 단축, 생산제품의 표준화 등이다.

53 용접이음 설계 시 일반적인 주의사항이 아닌 것은?

① 가급적 능률이 좋은 아래보기 용접자세를 많이 할 수 있도록 설계한다.
② 될 수 있는 대로 용접량이 많은 홈 형상을 선택한다.
③ 용접이음을 1개소로 집중시키거나 너무 접근하여 설계하지 않는다.
④ 안전상 필릿용접보다 맞대기 용접을 주로 한다.

해설
용접이음 설계 시 될 수 있는 대로 용접량이 적은 홈(Groove)을 선택한다.

54 용접 순서를 결정하는 방법으로 옳은 것은?

① 같은 평면 안에 많은 이음이 있을 때 수축량이 큰 이음은 가능한 한 지그로 고정한다.
② 물품에 대하여 처음부터 끝까지 일률적으로 용접을 진행한다.
③ 수축이 작은 이음을 가능한 한 먼저 하고 수축이 큰 이음을 뒤에 용접한다.
④ 용접물의 중립축에 대하여 수축력 모멘트의 합이 "0"이 되도록 한다.

해설
- 용접순서 결정 시 용접물의 중립축에 대하여 용접으로 인한 수축력 모멘트(kg-mm) 합이 0이 되도록 한다.
- 모멘트(moment) : 물체를 회전시키려고 하는 힘의 작용

55 모집단으로부터 공간적·시간적으로 간격을 일정하게 하여 샘플링하는 방식은?

① 단순랜덤샘플링(simple random sampling)
② 2단계샘플링(two-stage sampling)
③ 취락샘플링(cluster sampling)
④ 계통샘플링(systematic sampling)

해설
계통샘플링
공정이나 품질에 주기적 연동이 있으면 사용을 금지하나 모집단으로부터 공간적·시간적으로 일정한 간격에서 시료를 뽑는 방법이다.

정답 51 ④ 52 ④ 53 ② 54 ④ 55 ④

56 예방보전(preventive Maintenance)의 효과가 아닌 것은?

① 기계의 수리비용이 감소한다.
② 생산시스템의 신뢰도가 향상된다.
③ 고장으로 인한 중단시간이 감소한다.
④ 잦은 정비로 인해 제조원단위가 증가한다.

해설
PM(예방보전)
설비의 사용 전 검사나 정기점검, 조기 수리를 하여 설비의 성능이 저하하는 것을 방지하고 고장이나 사고를 미연에 방지한다. (설비의 성능을 표준 이상으로 유지하기 위한 보전활동이다.)

57 제품공정도를 작성할 때 사용되는 요소(명칭)가 아닌 것은?

① 가공
② 검사
③ 정체
④ 여유

해설
공정분류(기호)
- ○ : 가공
- → : 운반
- D : 정체
- ▽ : 저장
- □ : 검사

58 부적합수 관리도를 작성하기 위해 $\sum c = 559$, $\sum n = 222$를 구하였다. 시료의 크기가 부분군마다 일정하지 않기 때문에 u관리도를 사용하기로 하였다. $n = 10$일 경우 u 관리도의 UCL 값은 약 얼마인가?

① 4.023
② 2.518
③ 0.502
④ 0.252

해설
- 관리중심선($\bar{u}$) = $\frac{539}{222} ≒ 2.518$
- 관리한계선의 상한계선(UCL)
  = $\bar{u} + 3\sqrt{\frac{\bar{u}}{n}} = 2.518 \pm 3\sqrt{\frac{2.518}{10}} ≒ 4.023$

59 작업방법 개선의 기본 4원칙을 표현한 것은?

① 층별 – 랜덤 – 재배열 – 표준화
② 배제 – 결합 – 랜덤 – 표준화
③ 층별 – 랜덤 – 표준화 – 단순화
④ 배제 – 결합 – 재배열 – 단순화

60 이항분포(Binomial distribution)의 특징에 대한 설명으로 옳은 것은?

① $P = 0.01$일 때는 평균치에 대하여 좌우대칭이다.
② $P \le 0.1$이고, $nP = 0.1 \sim 10$일 때는 푸아송 분포에 근사한다.
③ 부적합품의 출현 개수에 대한 표준편차는 $D(x) = nP$이다.
④ $P \le 0.5$이고, $nP \le 5$일 때는 정규분포에 근사한다.

해설
이항분포
베르누이 시행에서 성공과 실패의 확률은 n번 반복시행할 때 x번의 성공확률이 주어지는 분포이다.
- $P = 0.5$(기대치(평균치) nP에 대하여 좌우대칭이다.)
- $P \le 0.5$이고, $nP \ge 5$일 때(정규분포에 근사한다.)
- $P \le 0.1$이고, $nP = 0.1 \sim 10$일 때(푸아송 분포에 근사한다.)

정답 56 ④ 57 ④ 58 ① 59 ④ 60 ②

2014년 55회 기출문제

2014.4.6 시행

01 용접 중 피복제의 중요한 작용이 아닌 것은?

① 슬래그(slag)의 작용
② 피복통(被覆筒)의 작용
③ 용접비드 형성 작용
④ 아크 분위기의 생성

해설
- 피복제는 슬래그의 제거를 쉽게 하고 파형이 고운 비드를 만든다.
- 아크용접봉 심선은 용접비드를 형성한다.(심선은 모재와 동일한 재질의 것을 주로 사용한다.)

02 가스 절단 작업에서 예열불꽃이 강할 때 일어나는 현상이 아닌 것은?

① 절단면이 거칠어진다.
② 드래그가 증가한다.
③ 모서리가 용융되어 둥글게 된다.
④ 슬래그 중의 철 성분의 박리가 어려워진다.

해설
- 드래그 길이(drag line)는 주로 절단속도, 산소소비량 등에 의해 변한다.(절단속도를 느리게 하면 드래그의 각도가 0이 된다.)
- 산소의 소비량(압력)을 적게 하면 드래그의 길이가 길어진다.(산소량이 증가하면 드래그 길이가 짧아진다.)
- 경제적 측면에서는 드래그의 길이가 긴 것이 좋으나 잘못하면 미처 절단되지 않는 부분이 생기므로 표준은 판 두께의 약 20%가 좋다.

03 정격전류 200A, 정격사용률 50%의 아크용접기로 150A의 용접 전류로 용접하는 경우 허용사용률은 약 몇 %인가?

① 38　② 66
③ 89　④ 112

해설
허용사용률 = $\dfrac{(200)^2}{(150)^2} \times 50 = 89\%$

04 MIG 용접에서 많이 사용하는 분무형 이행(spray transfer)을 설명한 것 중 틀린 것은?

① 용융방울 입자(용적)가 느리게 모재로 이행한다.
② 고전압, 고전류에서 주로 얻어진다.
③ 알곤가스나 헬륨가스를 사용하는 경합금 용접에서 주로 나타난다.
④ 용착속도가 빠르고 능률적이다.

해설
불활성가스 아크용접 중 미그 용접은 텅스텐 전극(티그) 대신에 비피복의 가느다란 금속 와이어인 용가전극(용접와이어)을 일정한 속도로 토치에 자동공급하는 와이어 사이에 아크를 발생시킨다.(보호가스는 아르곤이나 헬륨)
- 구적이행(globular transfer) : 용접전류가 적은 경우 용융금속이 피복아크 용접이 되어 모재로 이행하는 것(비드 표면은 요철이 된다.)
- 스프레이 이행(spray transfer) : 전류값이 임계치를 넘으면 용적이 갑자기 작게 되어서 입자가 고속으로 전극에서 이행하는 스프레이 이행이 된다. 그 특징은 ②, ③, ④항이며 비드 표면의 파형이 매우 적고 아름다운 비드 발생, 아크가 안정하다.

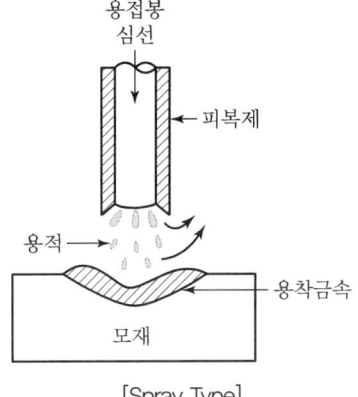

[Spray Type]

정답 01 ③　02 ②　03 ③　04 ①

05 용접전류 조정은 직류여자전류의 조정에 의하여 증감하며 조작이 간단하고 소음이 없으며 원격조정(remote control)이나 핫스타트가 용이한 용접기는?

① 가동철심형 교류아크 용접기
② 가포화 리액터형 교류아크 용접기
③ 탭전환형 교류아크 용접기
④ 가동코일형 교류아크 용접기

해설
- 교류용접기 : 가동철심형, 가동코일형, 탭 전환형, 가포화 리액터형
- 가포화 리액터형(saturable reactor type) : 변압기와 가포화리액터를 조합한 용접기로서 직류여자(勵磁)코일을 가포화리액터에 감아 놓은 용접기이다.(전류조정을 전기적으로 하므로 기계적 마멸이 없고 원격조정이 가능하다.)
※ 전원, 변압기, 정류기, 가변저항, 포화리액터가 필요하다.

06 연강용 피복아크 용접봉 중 주성분이 산화철에 철분을 첨가하여 만든 것으로 아크는 분무상이고 스패터가 적으며 비드 표면이 곱고 슬래그의 박리성이 좋아 아래보기 및 수평필릿 용접에 적합한 용접봉은?

① E4301   ② E4311
③ E4316   ④ E4327

해설
- E4301 : 일미나이트계
- E4311 : 고셀룰로오스계
- E4316 : 저수소계
- E4327 : 철분산화철계(슬래그의 박리성이 좋다.)
※ 철분산화철계(iron oxide type) : 산화철의 주성분이 아크 용접이다. 대체로 규산염을 많이 포함하여 산성슬래그를 생성한다. 아크는 스프레이 모양이고 스패터가 적고 용입이 양호하다.

07 플라스마 제트 절단 시 알루미늄 등 경금속에 많이 사용되는 혼합가스는?

① 알곤과 수소의 혼합가스
② 알곤과 산소의 혼합가스
③ 헬륨과 질소의 혼합가스
④ 헬륨과 산소의 혼합가스

해설
절단 시 고온의 플라스마(제4의 물리상태가스)를 적당한 방법으로 한 방향으로만 분출시키는 것을 플라스마 제트라고 한다. (토치 속에 아르곤 등의 실드가스를 보내어 아크플라스마 주위를 냉각시켜 열적 핀치를 일으키면 가열 팽창된 고온가스는 노즐 구멍에서 고속도로 분출되어 플라스마 제트를 형성하여 가스불꽃과 같은 조작에 의해 용접이나 절단을 한다.) 고온도(10,000~30,000)의 높은 열에너지가 발생한다. 전원은 직류를 사용하고 작동가스는 (아르곤+수소) 또는 질소가스를 이용한다.

08 용적이 40L인 산소 용기에 고압력계가 90kgf/cm²이 나타났다면 300L의 팁으로 몇 시간을 용접할 수 있겠는가?

① 3.5시간   ② 7.5시간
③ 12시간   ④ 20시간

해설
(O_2)가스저장량 = 40L × 90kg/cm² = 3,600L

산소 사용시간 = $\dfrac{3,600L}{300L/h}$ = 12시간 사용

09 전류가 일정할 때 아크 전압이 높아지면 용접봉의 용융속도가 늦어지고, 아크 전압이 낮아지면 용융속도가 빨라지는 특성은?

① 부저항 특성   ② 전압회복 특성
③ 정전압 특성   ④ 아크길이 자기제어 특성

해설
- 아크 길이(arc length)는 아크 발생 시 모재에서 전극봉까지 거리이다. 아크전압은 아크 길이에 비례해서 변한다.
- 아크 길이 자기제어 특성 : 전류가 일정할 때 아크 전압이 높아지면 용접봉의 용융속도가 늦어지고 아크 전압이 낮아지면 용융속도가 빨라진다.

정답 05 ② 06 ④ 07 ① 08 ③ 09 ④

10 피복 아크용접봉의 종류를 나타내는 기호 중 철분 저수소계를 나타내는 것은?

① E4303
② E4316
③ E4324
④ E4326

해설
- E4303 : 라임티탄계
- E4316 : 저수소계
- E4324 : 철분산화티탄계
- E4326 : 철분저수소계(저수소계 E4316 + 철분혼합)

11 다음 재료의 용접 예열온도로 가장 적합한 것은?

① 주철 : 150~300℃
② 주강 : 150~250℃
③ 청동 : 60~100℃
④ 망간(Mn) – 몰리브덴강(Mo) : 20~100℃

해설
- 청동 : 100~180℃
- 주강 : 후열온도 600~650℃
- 주철 : 가스용접 시 400~600℃(아크용접은 150~300℃)
- 망간–몰리브덴강 : 두꺼운 판은 100~150℃

12 아크 에어 가우징(arc air gouging)을 가스 가우징과 비교했을 때 작업능률에 대한 설명으로 맞는 것은?

① 작업능률이 가스 가우징과 대략 동일하다.
② 작업능률이 가스 가우징의 1.5배이다.
③ 작업능률이 가스 가우징의 2~3배이다.
④ 작업능률이 가스 가우징보다 조금 낮다.

해설
아크 에어 가우징(arc air gouging)은 가스 가우징보다 작업의 능률이 2~3배이다.(탄소아크 절단 시 압축공기를 같이 사용하여 용접부 홈파기, 용접결함부의 제거, 절단, 구멍 뚫기 등)

13 연료가스 아세틸렌의 공기 중 대기압에서의 발화 온도는 몇 ℃인가?

① 406~408℃
② 515~543℃
③ 520~630℃
④ 650~750℃

해설
- 아세틸렌 = $(C_2H_2) + 2.5O_2$
  $\rightarrow 2CO_2 + H_2O + 312.4 kcal/mol$
- 대기압하에서 C_2H_2 가스의 발화온도(착화온도)는 약 406~408℃
- 카바이드$(CaC_2) + 2H_2O \rightarrow Ca(OH)_2 + C_2H_2$ 발생
  64g + 36g → 소석회 74g + 26g

14 아세틸렌 도관 내에 산소가 역류하는 원인에 대한 설명 중 틀린 것은?

① 토치가 과열되었을 때
② 토치가 산화물 등 부착물이 붙어서 화구 구멍이 막혔을 때
③ 토치의 능력에 비해 산소의 압력이 지나치게 낮을 때
④ 토치의 콕과 밸브가 마모되었을 때

해설
역류(contra flow)의 원인
- 팁의 끝이 막힐 때
- 산소가 아세틸렌 도관에 흘러들어가는 경우
- 안전기의 불안전(용해 아세틸렌에서는 안전기가 불필요)
- 토치의 콕과 밸브 마모
- 토치의 능력에 비해 산소압력이 지나치게 높을 때

15 용접 시 수축량에 대한 설명으로 틀린 것은?

① 선팽창계수가 클수록 수축이 증가한다.
② 입열량이 클수록 수축이 증가한다.
③ 다층 용접에서 층수가 증가함에 따라 수축량의 증가 속도도 차츰 증가한다.
④ 재료의 밀도가 클수록 수축량은 감소한다.

해설
다층용접에서는 층수가 증가함에 따라 수축량의 증가속도가 느려진다.

정답 10 ④ 11 ① 12 ③ 13 ① 14 ③ 15 ③

16 서브머지드 아크용접 시 와이어 표면에 구리 도금을 하는 목적이 아닌 것은?

① 콘택트 팁과 전기적 접촉을 원활히 해준다.
② 와이어의 녹 방지를 함으로써 기공 발생을 적게 한다.
③ 송급 롤러와 접촉을 원활히 해줌으로써 용접속도에 도움이 된다.
④ 용착금속의 강도를 저하시키고 기계적 성질도 저하시킨다.

[해설]
- 서브머지드 아크용접(비피복봉 사용 : 전극와이어)에서 와이어는 저탄소강을 사용한다.
- 와이어의 표면은 접촉 팁(contact tip)과의 전기적 접촉을 양호하게 하기 위한 것과 와이어가 녹스는 것을 방지하기 위해 구리로 도금하는 것이 보통이다(스테인리스강은 제외). 또는 와이어는 용접할 때 높은 전류를 받아 연속적으로 공급시킨다.

17 가스용접 작업에 관한 안전사항 중 틀린 것은?

① 가스누설 점검은 수시로 비눗물로 점검한다.
② 아세틸렌 병은 저압이므로 눕혀서 사용하여도 좋다.
③ 산소병을 운반할 때는 캡(cap)을 씌워 이동한다.
④ 작업종료 후에는 메인밸브 및 콕을 완전히 잠근다.

[해설]
아세틸렌가스 용기(15L용, 30L용, 50L용) 내에 다공성 물질에 아세톤 액체를 포화흡수시킨 후 C_2H_2 가스를 용해시킨다.(아세톤 1L에 아세틸렌가스 324L가 용해된다.)
용기에는 안전밸브가 부착되며 내부 온도가 70℃가 되면 작동하는 가용 안전플러그나 밸브에 안전판이 설치된다. 용기의 밸브를 폐쇄하려면 용기는 세워서 사용한다.

18 일렉트로 슬래그 용접의 특징 중 틀린 것은?

① 입향상진 전용 용접임
② 박판 용접에 사용함
③ 소모성 노즐을 사용함
④ 용접능률과 용접 품질이 우수함

[해설]
일렉트로 슬래그 용접(용접이음)
아크열이 아닌 와이어와 용융슬래그 사이에 통전된 전류의 전기 저항열을 주로 이용하여 모재와 전극와이어를 용융시키면서 단층 상진 용접을 한다. 대단히 능률적이고 변형이 적다.(특히 아주 두꺼운 물건의 용접을 하기 위해 사용되는 용접기이다.)

19 GTAW(Gas Tungsten Arc Welding) 용접 시 텅스텐의 혼입을 막기 위한 대책으로 옳은 것은?

① 사용전류를 높인다.
② 전극의 크기를 작게 한다.
③ 용융지와의 거리를 가깝게 한다.
④ 고주파 발생장치를 이용하여 아크를 발생시킨다.

[해설]
GTAW(불활성가스 TIG 용접이다.) 용접 시에는 직류 역극성(DCRP)에서 텅스텐 전극봉이 모재보다 열을 많이 받기 때문에 전극봉 끝이 녹아내릴 염려가 있으므로 같은 전류에서 정극성(DCSP)보다 4배 정도 사이즈가 큰 용접봉을 사용하여야 한다.
※ 고주파 교류(ACHF)는 텅스텐 전극봉을 모재에 접촉시키지 않아도 아크가 발생되므로 용착금속에 텅스텐이 오염되지 않는다.

20 저항점용접(spot welding) 중 접합면의 일부가 녹아 바둑알 모양의 단면으로 오목하게 들어간 부분을 무엇이라고 하는가?

① 너깃 ② 스폿
③ 슬래그 ④ 플라스마

[해설]
저항점용접에서 가압에 의해 스폿 용접금속인 너깃(Nugget)이 형성된다.
※ 너깃 : 접촉면에 통 모양의 용융금속이 응고한 부분

정답 16 ④ 17 ② 18 ② 19 ④ 20 ①

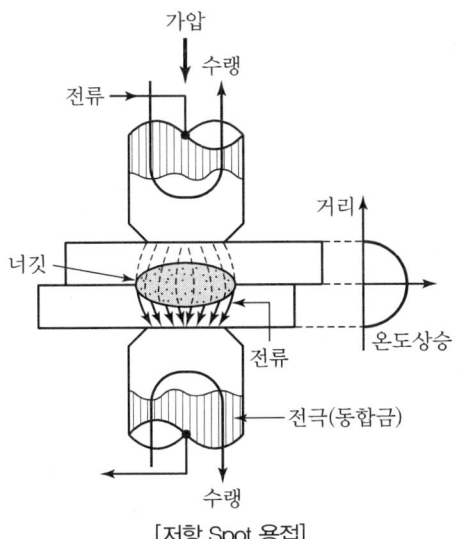

[저항 Spot 용접]

21 저항점용접에서 용접을 좌우하는 중요인자가 아닌 것은?

① 용접전류 ② 통전시간
③ 용접전압 ④ 전극 가압력

해설
(1) 저항점용접의 조건 4대 구성
  • 통전시간   • 전극의 가압력
  • 용접전류   • 전극의 재질 및 형상
(2) 점용접방법 : 단극식, 직렬식, 간접법, 다전극식, 맥동용접식

22 레이저 용접에 대한 설명으로 틀린 것은?

① 비접촉용접이며 어떤 분위기에서도 용접이 가능하다.
② 고에너지밀도로 모든 금속 및 이종금속의 용접도 가능하다.
③ 정밀하지 않은 넓은 장소의 용접에 응용되고, 열에 민감한 부품에 근접 용접이 가능하다.
④ 레이저 빔은 거울에 의해 반사될 수 있으므로 직각 및 기존의 용접방식으로는 도달하기 어려운 영역에서도 용접 가능하다.

해설
(1) 레이저 용접(laser welding) 장치
  • 고체금속형
  • 가스방전형
  • 반도체형
(2) 레이저 : 유도방사에 의한 광의 증폭기이다.(에너지 밀도는 $10^{10}W/cm^2$로 매우 높다.)
(3) 보호가스 : 아르곤 또는 헬륨
(4) 가까이 갈 수 없고 접촉하기 힘든 부재의 용접이 가능하며 피용접물이 전도성 물질이 아니라도 용접하며 미세하고 정밀한 용접이 가능하다.

23 탄산가스 아크용접에서 토치의 작동형식에 의한 분류가 아닌 것은?

① 수동식 ② 용극식
③ 반자동식 ④ 전자동식

해설
탄산가스(CO_2) 아크용접 토치의 작동형식(torch, 토치)
• 수동식
• 반자동식
• 전자동식
• 탄산가스 아크용접은 Ar, He 대신에 CO_2 가스를 사용하며 용접용 전극에는 용극식과 비용극식이 있다.

24 연납땜 시 용제를 사용하게 되는데 연납용 용제의 종류가 아닌 것은?

① 염산 ② 붕산염
③ 염화아연 ④ 염화암모늄

해설
경납용 용제(flux)
• 붕사($Na_2B_4O_7+10H_2O$)
• 붕산(H_2BO_3)
• 불화나트륨(NaF)
• 불화칼륨(KF)

정답 21 ③ 22 ③ 23 ② 24 ②

25 MIG 용접의 특징이 아닌 것은?

① 전류의 밀도가 대단히 크다.
② 아크의 자기 제어 특성이 있다.
③ 용접전원은 직류의 정전압 특성과 상승 특성이다.
④ 모재 표면에 대한 청정작용이 있고, 수하특성이다.

해설
- TIG 용접에서 직류용접 시 역극성의 경우 청정효과가 있다. 교류용접에서는 정류작용이 있다.
- 수하특성 : 아크용접에서 부하 측의 전류가 증가하면 단자전압이 저하되는 특성(아크를 안정시키는 조건에서 요청되는 것, 아크길이가 변해도 전류는 별로 변하지 않는다.)

26 서브머지드 아크용접용 용제의 구비조건이 아닌 것은?

① 용접 후 슬래그의 이탈성이 좋을 것
② 적당한 입도를 가져 아크의 보호성이 좋을 것
③ 아크 발생을 안정시켜 안정된 용접을 할 수 있을 것
④ 적당한 수분을 흡수하고 유지하여 양호한 비드를 얻을 것

해설
서브머지드 아크용접(잠호용접) 용제는 실드(shield : 보호작용) 용융형, 소결형, 혼성형 3가지를 사용한다.
※ 습기나 수분, 불순물은 아크열에 의해 분해되어 수소, 산소로 되며 기공(blow hole), 균열(crack)의 원인이 된다.

27 서브머지드 용접 시 금속 분말(metal powder)을 용접 진행방향에 미리 추가할 때 이점으로 옳은 것은?

① 비드 외관은 거칠어진다.
② 용착률을 최고 120% 증대시킬 수 있다.
③ 용착 금속의 크랙 발생을 억제할 수 있다.
④ 입열을 증대시켜 인성의 저하를 막을 수 있다.

해설
서브머지드 용접 시 금속분말(메탈 파우더)을 용접 진행방향에 미리 추가하는 것은 용착금속의 크랙을 방지 또는 억제 가능하다.

28 프로젝션 용접의 특징을 옳게 설명한 것은?

① 모재의 두께가 각각 다른 경우에는 용접할 수 없다.
② 서로 다른 금속을 용접할 때 열전도가 낮은 쪽에 돌기를 만든다.
③ 점과 거리가 작은 점용접이 가능하고 동시에 여러 점의 용접을 할 수 있어 작업속도가 빠르다.
④ 전극 면적이 넓으므로 기계적 강도나 열전도 면에서 유리하나 전극의 소모가 많다.

해설
프로젝션 용접(돌기용접)
- 점용접과 같다.
- 점용접(spot welding)과는 달리 동시에 여러 점을 용접하기 때문에 대단히 능률적이고 돌기부의 형상을 연구하면 견고한 이음을 얻을 수가 있어서 작업속도가 빠르다.
- 두꺼운 판에 돌기를 만들고 모재가 달라도 용접이 가능하며 전극면적이 넓어서 기계적 강도나 열전도 면에서 유리하여 전극소모가 적다.

29 전기적 에너지를 열원으로 사용하는 용접법에 해당되지 않는 것은?

① 테르밋 용접
② 플라스마 아크용접
③ 피복금속 아크용접
④ 일렉트로 슬래그 용접

해설
테르밋 용접(Thermit welding)은 화학반응열을 이용한 용접이며 보호방법은 용제 플럭스를 이용한다.

30 담금질할 때 생긴 내부응력을 제거하고 인성을 증가시키기 위한 목적으로 하는 열처리는?

① 뜨임   ② 담금질
③ 표면경화   ④ 침탄처리

해설
뜨임(Tempering)
담금질한 강제에 연성, 인성을 부여하고 내부응력을 제거한다.

정답 25 ④ 26 ④ 27 ③ 28 ③ 29 ① 30 ①

31 황동의 종류 중 톰백(Tombac)이란 무엇을 말하는가?

① 0.3~0.8% Zn 황동 ② 1.2~3.7% Zn 황동
③ 5~20% Zn 황동   ④ 30~40% Zn 황동

해설
톰백(Tombac)
구리＋아연 5~20%(금에 가깝고 연성이 크다. 금박, 금분, 불상, 화폐제조용)

32 35~36% Ni, 0.4% Mn, 0.1~0.3% Co에 나머지는 Fe의 합금으로 열팽창계수가 상온 부근에서 매우 작아 길이의 변화가 거의 없어 측정용 표준자 등에 쓰이는 불변강은?

① 인바(Invar)
② 코엘린바(Coelinver)
③ 스텔라이트(stellite)
④ 플레티나이트(platinite)

해설
인바
불변강으로 철＋니켈(36%) 합금강이다. 줄자, 표준자, 내식성이 우수하다.

33 Fe–C 평형 상태도에서 공석반응이 일어나는 곳의 탄소함량은 얼마 정도인가?

① 0.025%   ② 0.33%
③ 0.80%   ④ 2.0%

해설
공석강
탄소함량 0.80~0.85% 강이다.

34 경질 주조합금 공구재료로서, 주조한 상태 그대로를 연삭하여 사용하는 것은?

① 스텔라이트   ② 오일리스 합금
③ 고속도 공구강 ④ 하이드로날륨

해설
공구용 합금강(스텔라이트)
주조합금이며 연마하여 사용하는 공구이다. 열처리하지 않아도 충분한 경도를 가진다.(주성분＝Fe＋W＋Co＋Cr＋Mo)

35 탄소강이 200~300℃에서 단면수축률, 연신율이 현저히 감소되어 충격치가 저하하는 현상을 무엇이라 하는가?

① 상온취성   ② 적열취성
③ 청열취성   ④ 저온취성

해설
- 청열취성 : 탄소강이 200~300℃에서 단면수축률, 연신율이 현저히 감소되어 충격치가 저하하는 현상이다.
- 적열취성 : 고온취성이며 탄소강이 900℃ 이상에서 유황에 의해 취성을 갖게 된다.
- 저온취성 : 상온보다 낮아지면 강도 경도가 증가하고 연신율, 충격치가 감소한다.

36 잔류 오스테나이트를 마텐사이트화하기 위한 처리를 무엇이라고 하는가?

① 심랭처리   ② 용체화 처리
③ 균질화 처리 ④ 블루잉 처리

해설
심랭처리(Subzero, 서브제로 처리)
점성이 큰 오스테나이트를 제거하고 잔류 오스테나이트를 마텐자이트화하기 위해 담금질 후에 0℃ 이하까지 온도를 내리는 것

37 고주파 담금질의 특징을 설명한 것 중 틀린 것은?

① 직접가열에 의하므로 열효율이 높다.
② 조작이 간단하며 열처리 가공시간이 단축될 수 있다.
③ 열처리 불량은 적으나 변형 보정이 항상 필요하다.
④ 가열시간이 짧아 경화면의 탈탄이나 산화가 극히 적다.

정답 31 ③ 32 ① 33 ③ 34 ① 35 ③ 36 ① 37 ③

> **해설**
> 피담금질 물체 내에 유도된 고주파 전류의 줄열에 의해 표면만 가열한 후 물로 급랭한다.

38 두랄루민(Duralumin)의 조성으로 옳은 것은?

① Al-Cu-Mg-Mn
② Al-Cu-Ni-Si
③ Al-Ni-Cu-Zn
④ Al-Ni-Si-Mg

> **해설**
> 두랄루민 : 탄력용 강력 Al 합금
> Al+구리 4%+망간 0.5~1%+마그네슘 0.5%의 실용합금이다.

39 청동에 대한 설명 중 틀린 것은?

① 구리와 주석의 합금이다.
② 포금은 청동의 일종이다.
③ 내식성이 나쁘다.
④ 내마멸성이 좋다.

> **해설**
> 청동(Bronze)
> • 내식성이 크고 인장강도와 연신율이 크다.
> • 내해수성이 좋다.
> • 황동보다 주조하기 쉽다.

40 주석계 화이트 메탈(white metal)의 주성분으로 옳은 것은?

① 주석, 알루미늄, 인
② 구리, 니켈, 주석
③ 납, 알루미늄, 주석
④ 구리, 안티몬, 주석

> **해설**
> 화이트 메탈(베어링 합금)
> • 구리(Cu)+안티몬(Sb)+납(Pb)+주석
> • 백색이며 용융점이 낮고 강도가 약하다.

41 금속침투법 중 철강표면에 Zn을 확산 침투시키는 방법을 무엇이라고 하는가?

① 크로마이징(chromizing)
② 칼로라이징(calorizing)
③ 보로나이징(boronizing)
④ 세라다이징(sheradizing)

> **해설**
> 세라다이징
> 탄소강에 아연(Zn)을 침투시키는 금속침투법의 표면경화법이다.

42 주철의 성질에 대한 설명으로 옳은 것은?

① 비중은 C와 Si 등이 많을수록 높아진다.
② 용융점은 C와 Si 등이 많을수록 높아진다.
③ 흑연편이 클수록 자기감응도가 나빠진다.
④ 투자율을 크게 하기 위해서는 화합탄소를 많게 하여 균일하게 분포시킨다.

> **해설**
> • 주철성장을 방지하기 위해 산화원소인 규소(Si)를 적게 하거나 내산화성인 니켈(Ni)로 치환한다.
> • 주철은 흑연편(편상)에서 구상으로 변하면 인성이나 연성이 매우 커진다.
> • 자기감응도 : 주철에서 흑연편이 클수록 나빠진다.

43 용접 전에 변형 발생을 적게 하는 변형 방지 방법이 아닌 것은?

① 억제법
② 역변형법
③ 압축법
④ 비드순서나 용착방법을 바꾸는 법

정답 38 ① 39 ③ 40 ④ 41 ④ 42 ③ 43 ③

44 용접균열시험 중 열적구속도 시험이라고도 부르는 것은?

① 피스코 균열시험(Fisco cracking test)
② CTS 균열시험(Conrtolled thermal severity cracking)
③ 리하이 구속균열시험(Lehigh controlled cracking test)
④ 슬릿형 균열시험(Slit type cracking test)

해설
용접균열시험(CTS)
열적구속도 균열시험이다. 겹치기이음의 비드 밑 균열시험이다.

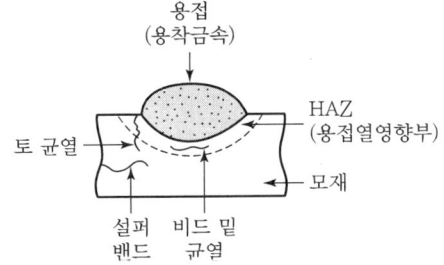

45 용접부 육안검사의 장점이 아닌 것은?

① 육안검사는 어떤 용접부이건 제작 전, 중, 후에 할 수 있다.
② 검사원의 경험과 지식에 따라 크게 좌우되지 않는다.
③ 육안검사는 용접이 끝난 즉시 보수해야 할 불연속을 검출, 제거할 수 있다.
④ 육안검사는 대부분 큰 불연속을 검출하나 기타 다른 방법에 의해 검출되어야 할 불연속도 예측할 수 있게 된다.

해설
용접부 육안검사(사람의 눈으로 검사) 는 검사원의 경험과 지식에 따라 크게 좌우된다.

46 다음 중 용접 조건의 결정 시 점검사항이 아닌 것은?

① 용접전류
② 아크길이
③ 용접자세
④ 예열 유무

해설
예열 유무는 올바른 비드, 잔류응력을 방지하고 올바른 용접을 하기 위해 용접재료에 따라 예열온도 후열온도가 다르다.

47 용접 잔류응력에 관한 설명 중 틀린 것은?

① 용접에 의한 영향 중 역학적인 것으로 잔류응력이 가장 크다.
② 잔류응력은 일반적으로 용접선 부근에서는 인장항복 응력에 가까운 값으로 존재한다.
③ 일반적으로 하중방향의 인장 잔류응력은 피로강도를 어느 정도 증가시킨다.
④ 잔류응력이 존재하는 상태에서는 재료의 부식저항이 약화되어 부식이 촉진되기 쉽다.

해설
기계적 응력완화법
잔류응력이 있는 제품에 하중을 가하여 제거하는 방법이다(실제의 큰 구조물에서는 한정된 조건에서만 가능하다.). 잔류응력이 클수록 하중에서 파괴된다. 용접잔류응력은 피로강도가 저하된다.

48 다음 그림과 같은 형상을 한 용접부를 용접기호로 나타낸 것은?

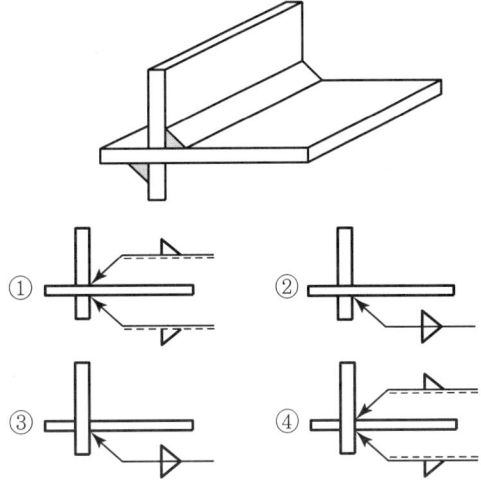

정답 44 ② 45 ② 46 ④ 47 ③ 48 ①

해설

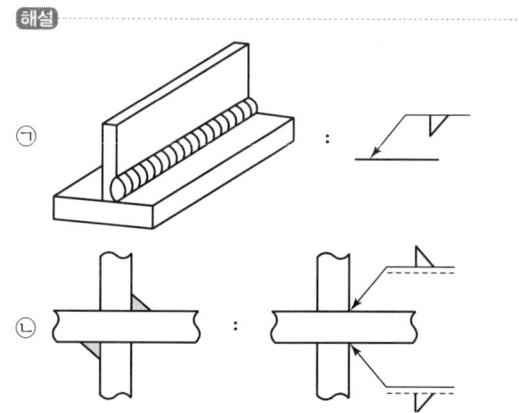

49 아크용접 자동화의 센서(sensor) 종류에서 과전류, 전격방지 등을 위한 비접촉식 센서로 가장 많이 활용되는 것은?

① 포텐셔미터(potentio meter)식 센서
② 기계식 센서
③ 전자기식 센서
④ 전기접점식 센서

해설
전기접점식 자동화 센서
아크용접에서 과전류, 전격방지 등을 위한 비접촉식 센서로 가장 많이 사용된다.

50 주철의 보수용접 종류 중 스터드 볼트 대신 용접부 바닥면에 둥근 홈을 파고 이 부분에 걸쳐 힘을 받도록 하여 용접하는 것은?

① 스터드법　　② 비녀장법
③ 버터링법　　④ 로킹법

해설
• 스터드법 : 경사면에 스터드 볼트를 심는 방법
• 로킹법 : 용접부 비닥면에 둥근 홈을 파고 이 부분에 걸쳐 힘을 받도록 하는 것
• 비녀장법 : 지름 6~10mm 정도의 I자형 강봉을 박고 용접
• 버터링법 : 처음에는 모재와 잘 용합되는 용접봉으로 적당한 두께까지 용접 후에 다른 용접봉으로 용접하는 것

51 용접지그 사용 시 장점이 아닌 것은?

① 구속력이 커도 잔류응력이 발생하지 않는다.
② 제품의 정밀도와 용접부 신뢰성을 높인다.
③ 작업을 용이하게 하고 용접능률을 높인다.
④ 동일 제품을 다량 생산할 수 있다.

해설
용접지그(welding jig)는 구속력을 너무 크게 한 후 용접하면 잔류응력이 발생한다.(가접용, 용접포지셔너, 회전롤러붙이 테이블, 회전테이블, 미니테이블 등이 있다.)

52 용착 금속의 균열 방지법이 아닌 것은?

① 적당한 수축에 의한 인장응력
② 적당한 예열과 서랭
③ 적당한 용접조건 및 순서
④ 적당한 피닝(Peening)

해설
용접 시 수축에 의해 응력이 아닌 균열이 발생한다.

53 맞대기 이음에서 1,500kgf의 인장력을 작동시키려고 한다. 판 두께가 6mm일 때 필요한 용접 길이는?(단, 허용인장응력은 7kgf/mm²이다.)

① 25.7mm　　② 35.7mm
③ 38.5mm　　④ 47.5mm

해설
용접길이$(l) = \dfrac{P}{\sigma \cdot t} = \dfrac{1,500}{6 \times 7} = 35.7\text{mm}$

54 피복 아크용접에서 모재 재질이 불량하고 용착금속의 냉각속도가 빠를 때 발생하는 결함은?

① 언더 컷　　② 용입불량
③ 기공　　　④ 선상조직

해설
선상조직(Ice Flow Like Structure)은 수소가 국부적으로 집중하여 나타나는 현상이다. 가늘고 긴 선상으로 석출한다(취성 파단의 원인). 피복아크 용접에서 모재 재질이 불량하고 용착금속의 냉각속도가 빠를 때 나타난다.

정답　49 ④　50 ④　51 ①　52 ①　53 ②　54 ④

55 다음 [표]를 참조하여 5개월 단순이동평균법으로 7월의 수요를 예측하면 몇 개인가?

[단위 : 개]

월	1	2	3	4	5	6
실적	48	50	53	60	64	68

① 55개 ② 57개
③ 58개 ④ 59개

[해설]
5개월 적용(2~6월)
∴ $\frac{50+53+60+64+68}{5} = 59$개

---

56 도수분포표에서 도수가 최대인 계급의 대표값을 정확히 표현한 통계량은?

① 중위수
② 시료평균
③ 최빈수
④ 미드-레인지(Mid-range)

[해설]
최빈수(mode)
도수분포표에서 도수가 최대(peak)인 계급의 대표값을 정확히 표현한 통계량이다.

---

57 전수검사와 샘플링 검사에 관한 설명으로 가장 올바른 것은?

① 파괴검사의 경우에는 전수검사를 적용한다.
② 전수검사가 일반적으로 샘플링검사보다 품질 향상에 자극을 더 준다.
③ 검사항목이 많을 경우 전수검사보다 샘플링검사가 유리하다.
④ 샘플링검사는 부적합품이 섞여 들어가서는 안 되는 경우에 적용한다.

[해설]
- 파괴검사 : 샘플링 검사가 유리
- 샘플링검사가 전수검사보다 품질 향상에 더 자극을 준다.
- 전수검사는 불량품이 1개라도 혼입되면 안 될 때 적용한다.

---

58 다음 중 반즈(Ralph M. Barnes)가 제시한 동작경제원칙에 해당되지 않는 것은?

① 표준작업의 원칙
② 신체의 사용에 관한 원칙
③ 작업장의 배치에 관한 원칙
④ 공구 및 설비의 디자인에 관한 원칙

---

59 근래 인간공학이 여러 분야에서 크게 기여하고 있다. 다음 중 어느 단계에서 인간공학적 지식이 고려됨으로써 기업에 가장 큰 이익을 줄 수 있는가?

① 제품의 개발단계 ② 제품의 구매단계
③ 제품의 사용단계 ④ 작업자의 채용단계

---

60 다음 중 두 관리도가 모두 푸아송 분포를 따르는 것은?

① x 관리도, R 관리도
② c 관리도, u 관리도
③ np 관리도, p 관리도
④ c 관리도, p 관리도

[해설]
계수치관리도
- np 관리도(불량계수) : 이항분포
- p 관리도(불량률) : 푸아송 분포
- c 관리도(결점수) : 푸아송 분포
- u 관리도(단위당 결점수) : 푸아송 분포
- x, $\bar{x}-R$, $x-R$, R관리도 : 정규분포이용

정답 55 ④ 56 ③ 57 ③ 58 ① 59 ① 60 ②

2014년 56회 기출문제

2014.7.20 시행

01 정격 2차 전류가 300A, 정격 사용률이 60%인 용접기를 사용하여 200A로 용접할 때, 허용사용률은?

① 91% ② 111%
③ 121% ④ 135%

[해설]

허용사용률 $= \dfrac{(300)^2}{(200)^2} \times 60 = 135(\%)$

02 절단작업에 관한 설명 중 옳은 것은?

① 절단 속도가 같은 조건에서 보통 팁에 비하여 다이버젠트 노즐은 산소 소비량이 25~40% 절약된다.
② 예열 불꽃의 끝에서 모재 표면까지의 거리를 15~25mm 정도 유지하면 절단이 가장 능률적이다.
③ 산소의 순도가 높으면 절단속도가 빠르나 절단면은 거칠게 된다.
④ 드래그는 판 두께의 10%를 표준으로 하고 있다.

[해설]

절단산소의 분출구
• 직선형(많이 사용)
• 다이버젠트형(divergent type) : 고속노즐이며 보통팁에 비하여 절단속도가 같다면 산소소비량이 25~40%나 절약된다.

03 가스 절단작업 시 예열불꽃이 강한 경우 절단 결과에 미치는 영향이 아닌 것은?

① 드래그가 증가한다.
② 절단면이 거칠게 된다.
③ 모서리가 용융되어 둥글게 된다.
④ 슬래그 중의 철 성분의 박리가 어렵다.

[해설]

드래그 길이(Drag line)는 절단속도, 산소소비량과 관계된다. 절단속도가 일정하고 산소의 소비량(압력)을 적게 하면 드래그 길이는 증가한다.(단, 산소량이 증가하면 드래그 길이는 짧아진다.)

04 아크 에어 가우징에 대한 설명 중 틀린 것은?

① 압축공기를 사용한다.
② 전극을 텅스텐으로 사용한다.
③ 가스 가우징에 비해 작업능률이 2~3배 높다.
④ 용접 결함 제거, 절단 및 천공 작업에 적합하다.

[해설]

아크 에어 가우징(arc air gouging)은 절단에서 탄소아크 절단에 압축공기를 같이 사용하는 방법이다.(용접부 홈파기, 용접결함부 제거, 절단, 구멍 뚫기)

05 다음 중 피복아크 용접봉의 피복제 역할에 대한 설명으로 틀린 것은?

① 용적을 미세화하여 용착효율을 높인다.
② 모재 표면의 산화물을 제거하고 아크를 안정시킨다.
③ 용착금속의 급랭을 막아주나, 슬래그의 제거를 어렵게 한다.
④ 중성 또는 환원성 분위기로 공기에 의한 산화, 질화 등의 해를 방지하여 용착금속을 보호한다.

[해설]

피복제 역할은 슬래그의 제거를 쉽게 하고 파형이 고운 비드를 만드는 것이다.

06 연강용 피복아크 용접봉 심선의 KS규격기호로 옳은 것은?

① SMAW ② SM40
③ SWR11 ④ SS41

정답 01 ④ 02 ① 03 ① 04 ② 05 ③ 06 ③

해설
연강용 아크용접봉 심선(KS규격) : SWR11
㉠ 1종 : • A(SWRW 1A)
         • B(SWRW 1B)
㉡ 2종 : • A(SWRW 2A)
         • B(SWRW 2B)

07 아세틸렌가스 소비량이 1시간당 200리터인 저압토치를 사용해서 용접할 때, 게이지 압력이 60kgf/cm²인 산소병을 몇 시간 정도 사용할 수 있는가?(단, 병의 내용적은 40리터, 산소는 아세틸렌가스의 1.2배 정도 소비하는 것으로 한다.)

① 2시간   ② 8시간
③ 10시간 ④ 12시간

해설
산소저장량 = 40L × 60kg/cm² = 2,400L

산소소비시간 = $\frac{2,400}{200 \times 1.2}$ = 10시간

08 아크전류 200A, 아크전압 25V, 용접속도 20cm/min인 경우 용접단위길이 1cm당 발생하는 용접 입열은 얼마인가?

① 12,000J/cm   ② 15,000J/cm
③ 20,000J/cm   ④ 23,000J/cm

해설
$H = \frac{60EI}{V} = \frac{60 \times 25 \times 200}{20} = 15,000 \text{J/cm}$

09 스테인리스 클래드강 용접 시 탄소강과 스테인리스강의 경계부(이종재질부)에 중화작용 역할을 하는 용접봉은?

① E 308   ② E 309
③ E 316   ④ E 317

해설
E 309 : 스테인리스 클래드강 용접 시 탄소강과 STC강의 경계부(이중재질부) 중화작용을 하는 용접봉이다.

10 용해 아세틸렌병의 전체 무게가 33kg, 빈 병의 무게가 30kg일 때 이 병 안에 있는 아세틸렌가스의 양은 몇 L인가?

① 2,115L   ② 2,315L
③ 2,715L   ④ 2,915L

해설
C_2H_2 1kmol = 22.4m³ = 26kg(분자량)
33kg − 30kg = 3kg(C_2H_2 소비량)
$\left(3 \times \frac{22.4}{26}\right) \times 1,000 = 2,715$L 소비량

11 다음 중 용접속도와 관련된 설명으로 틀린 것은?

① 운봉속도 또는 아크속도라고도 한다.
② 모재의 재질, 이음의 형상, 용접봉의 종류 및 전류 값, 위빙의 유무에 따라 용접속도가 달라진다.
③ 용접변형을 적게 하기 위하여 가능한 한 높은 전류를 사용하여 용접속도를 느리게 한다.
④ 용입의 정도는 용접전류 값을 용접속도로 나눈 값에 따라 결정되므로 전류가 높을 때 용접속도도 증가한다.

해설
높은 전류를 사용하면 용접속도는 증가한다.(전압이 높아도 용접속도가 빠르다. 용접속도가 빨라지면 용접입열량이 적어지고 아래보기 용접자세가 가장 빠르다.)

12 가스용접에서 사용되는 용제(Flux)에 대한 설명으로 틀린 것은?

① 용착금속의 성질을 양호하게 한다.
② 일반적으로 연강에는 용제를 사용하지 않는다.
③ 용접 중에 생기는 금속산화물을 제거하는 역할을 한다.
④ 구리 및 구리합금의 용제로는 염화나트륨이나 염화칼륨 등이 쓰인다.

해설
• 구리용 용제(flux)는 붕사, 붕산, 인산소다 등
• 알루미늄 용제 : 염화칼륨, 염화나트륨, 염화리튬 등

정답 07 ③ 08 ② 09 ② 10 ③ 11 ③ 12 ④

13 용접봉 선택 및 취급 시 주의사항으로 틀린 것은?

① 용접봉의 편심률은 10%가 넘는 것을 선택한다.
② 용접봉은 사용 전에 충분히 건조해야 한다.
③ 일미나이트계 용접봉의 건조온도는 70~100℃이다.
④ 저수소계 용접봉의 건조온도는 300~350℃이다.

[해설]
용접봉 편심률은 3(%) 이내이어야 한다.
편심률 = $\dfrac{D-D'}{D} \times 100(\%)$

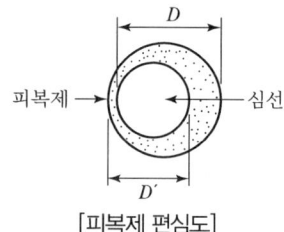

[피복제 편심도]

14 용접봉을 선정하는 인자가 아닌 것은?

① 용접자세
② 모재의 재질
③ 모재의 형상
④ 사용전류의 극성

[해설]
용접봉 선정 인자
• 용접자세
• 모재의 재질
• 사용전류 극성

15 산소-아세틸렌가스를 1:1로 혼합하여 생긴 불꽃에서 백심의 온도는 약 몇 ℃인가?

① 2,000℃
② 2,500℃
③ 3,000℃
④ 4,000℃

[해설]
산소-아세틸렌 불꽃(1:1 상태)인 중성불꽃의 온도는 3,200~3,500℃ 백심불꽃은 3,000℃ 정도

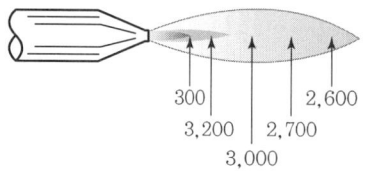

16 그래비티(gravity) 및 오토콘(autocon) 용접 시 T형 필릿 용접에 많이 이용되는 피복 용접봉의 종류는?

① 저수소계
② 일미나이트계
③ 철분산화철계
④ 라임티타니아계

[해설]
그래비티 및 오토콘 용접 시 T형 필릿용접에 많이 이용되는 피복 용접봉은 철분산화철계다. 그 특성은 산성슬래그가 많고 용착효율이 크며 용접속도가 빠르다.

17 다음 중 레이저 용접의 특징을 설명한 것으로 옳은 것은?

① 레이저 용접의 경우 용융 폭이 매우 넓다.
② 아크용접에 비해 깊은 용입을 얻을 수 있다.
③ 아크용접에 비하여 용접부가 조대화되어 품질이 우수하다.
④ 용접 에너지를 모재에 전달할 때 표면을 기점으로 점진적으로 열을 전달한다.

[해설]
레이저 용접
높은 레이저 광선을 이용하는 용접이다. 대상 물체가 레이저의 에너지를 흡수하여 열이 나는 원리로 다른 방법에 비해 효율적으로 가열과 냉각이 가능하며 아크용접에 비해 깊은 용입이 가능하다.

18 불활성가스 텅스텐 아크용접(TIG)에서 고주파 발생장치를 더하면 다음과 같은 이점이 있다. 설명 중 틀린 것은?

① 전극을 모재에 접촉시키지 않아도 아크가 발생된다.
② 아크가 안정되고 아크가 길어도 끊어지지 않는다.
③ 전극봉의 소모가 적어 수명이 길어진다.
④ 일정 지름의 전극에 대해서만 지정된 전압의 사용이 가능하다.

정답 13 ① 14 ③ 15 ③ 16 ③ 17 ② 18 ④

해설
일정 지름의 전극에 대해서 광범위한 전류의 사용이 가능하고 전압 3,000V, 주파수 300~1,000K 정도가 사용된다.

19 MIG 용접에서 일반적으로 사용되는 용접극성은?

① 직류 역극성 ② 직류 정극성
③ 교류 역극성 ④ 교류 정극성

해설
미그용접(MIG)의 용접극성 : 직류 역극성 이용(모재가 음극)

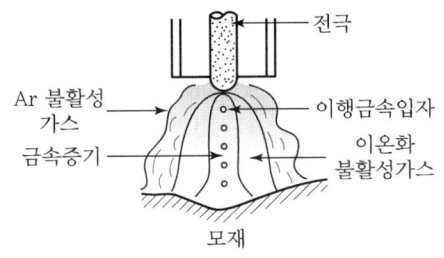

[MIG 아크용접]

20 겹치기 저항용접에서 접합부에 나타나는 용융응고된 금속 부분을 무엇이라고 하는가?

① 오목 자국 ② 너깃
③ 튐 ④ 오손

해설
점용접(spot welding)
접합부에 나타나는 용융응고된 금속부분을 너깃(nugget)이라고 한다.
※ 튐(expulsion and surface flash) : 겹치기 저항용접에서 모재가 국부적으로 용융되어 비산하는 현상이나 금속을 말한다.

21 TIG 용접에 관한 설명으로 틀린 것은?

① 직류 정극성은 용입이 깊고 비드폭이 좁아진다.
② 스테인리스강, 주철, 탄소강 등의 강은 주로 고주파 교류전원으로 용접한다.

③ 직류 역극성으로 용접할 때 전극봉의 직경은 같은 전류에서 직류 정극성보다 4배 정도 큰 것을 사용한다.
④ 교류전원은 청정효과가 있어 알루미늄이나 마그네슘 등의 용접에 이용된다.

해설
티그(TIG) 불활성가스 용접
직류용접, 교류용접이 가능하다.

22 수랭 동판을 용접부의 양편에 부착하고 용융된 슬래그 속에서 전극와이어를 연속적으로 송급하여 용융슬래그 내를 흐르는 저항열에 의하여 전극와이어 및 모재를 용융접합시키는 용접법은?

① 일렉트로 슬래그 용접
② 일렉트로 가스 아크 슬래그 용접
③ 일렉트로 피복금속 슬래그 용접
④ 일렉트로 플러스코어드 아크용접

해설
일렉트로 슬래그 용접
• 미끄럼판(수랭 동판)과 모재는 밀착되어 용접금속과의 사이에 슬래그의 엷은 막을 만들므로 비드형상이 아름답다.
• 와이어와 용융슬래그 사이에 통전된 전류의 전기저항열을 이용하여 아주 두꺼운 물건을 용접한다.

23 납땜에 대하여 설명한 것 중 틀린 것은?

① 용가재의 용융온도에 따라 연납땜, 경납땜으로 구분된다.
② 황동납은 구리와 아연의 합금으로 그 융점은 600℃ 정도이다.
③ 흡착 작용은 주석 함량이 100%일 때 가장 좋다.
④ 주석과 납이 공정 합금 땜납일 때 용융점이 가장 낮다.

해설
황동납(구리+아연 60%)의 융점은 820~930℃이다.

정답 19 ① 20 ② 21 ② 22 ① 23 ②

24 서브머지드 아크용접에 사용되는 용융형 플럭스(fused flux)는 원료광석을 몇 ℃로 가열 용융시키는가?

① 1,200℃ 이상
② 800~1,000℃
③ 500~600℃
④ 150~300℃

해설
서브머지드 아크용접에서 사용하는 용융형 용제는 광물성 원료이며 노에 넣어서 약 1,300℃ 이상 가열하여 용해 응고시킨다. (분쇄하여 알맞은 입도로 만들고 유리 모양의 광택이 난다.)

25 가스용접 안전에서 산소용기와 아세틸렌 용기의 취급에 있어서 적합하지 못한 것은?

① 산소용기는 40℃ 이하에서 보관하고 직사광선을 피해야 한다.
② 아세틸렌 용기는 넘어지므로 뉘어서 사용하여 충격을 주어서는 안 된다.
③ 산소용기 밸브 조정기, 도관 등은 기름 묻은 천으로 닦아서는 안 된다.
④ 산소용기를 운반할 때에는 반드시 캡(cap)을 씌워서 이동한다.

해설
아세틸렌가스 용기는 세워서 사용하여야 압력조절이 용이하다.

26 탄산가스 아크용접용 토치의 구성품이 아닌 것은?

① 콘택트 팁(contact tip)
② 노즐 인슐레이터(nozzle insulator)
③ 오리피스(orifice)
④ 조정기(regulator)

해설
탄산가스 아크용접 토치(torch) 구성품
• 콘택트 팁
• 노즐 인슐레이터
• 오리피스

27 탭이나 구멍 뚫기 등의 작업 없이 모재에 볼트나 환봉 등을 용접할 수 있는 용접법은?

① 심 용접
② 스터드 용접
③ 레이저 용접
④ 테르밋 용접

해설
스터드 용접
• 탭이나 구멍 뚫기 등의 작업 없이 모재에 볼트나 환봉 등을 용접할 수 있다.
• 아크열을 이용하여 자동적으로 단시간에 용접부를 가열 용융해서 용접하는 방법이다.
• 용접변형이 거의 없다.

28 탄산가스 아크용접에서 후진법으로 용접할 때 나타나는 현상이 아닌 것은?

① 용입이 깊다.
② 스패터가 적다.
③ 아크가 안정적이다.
④ 용접선을 잘 볼 수 있다.

해설
후진법(우진법)
용접봉이 토치의 뒤에 위치하여 진행되는 용접법, 용접선이 잘 보이지 않는다.

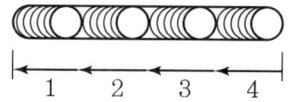

29 전기저항용접(Electric resistance welding)의 원리를 설명한 것 중 틀린 것은?

① 전기저항 용접은 모재를 서로 접촉시켜 놓고 전류를 통하면 저항열로 접합면을 가압하여 용접하는 방법이다.
② 저항열은 줄(Joule)의 법칙, 즉 $H = 0.42\,IRT$의 공식에 의해 계산한다.
③ 전류를 통하는 시간은 짧을수록 좋다.
④ 용접변압기, 단시간 전류개폐기, 가압장치, 전극 및 홀더(Holder) 등으로 구성된다.

정답 24 ① 25 ② 26 ④ 27 ② 28 ④ 29 ②

> **해설**

전기저항용접(줄법칙 이용)
저항열 $(Q) = 0.24I^2Rt$ (cal)
여기서, I(전류), R(저항), t(통전시간)

30 금속침투법은 철과 친화력이 강한 금속을 표면에 침투시켜 내열 및 내식성을 부여하는 방법으로 실리코나이징(siliconizing)은 어느 금속을 침투시키는가?

① B
② Al
③ Si
④ Cr

> **해설**

실리코나이징(금속침투법)에서는 금속인 규소(Si)를 침투시켜 표면을 경화한다.

31 Fe-C 상태도에서 γ고용체+Fe$_3$C의 조직으로 옳은 것은?

① 페라이트(ferrite)
② 펄라이트(pearlite)
③ 레데뷰라이트(ledeburite)
④ 오스테나이트(austenite)

> **해설**

탄소강 조직
• 레데뷰라이트 조직 : γ고용체+Fe$_3$C 조직(공정철, C 4.3%)
• 오스테나이트 : γ고용체(면심입방격자)
• 펄라이트 : 페라이트+시멘타이트

32 순철에 합금성분이 증가하면 나타나는 현상이 아닌 것은?

① 경도가 높아진다.
② 전기 전도율이 저하된다.
③ 용융 온도가 높아진다.
④ 열전도율이 저하된다.

> **해설**

순철에 합금성분이 증가하면 용융 온도가 낮아진다.

33 메탄가스와 같은 탄화수소계 가스를 사용하여 침탄하는 방법으로 침탄온도 900~950℃에서 침탄하는 방법은?

① 액체 침탄법
② 고체 침탄법
③ 가스 침탄법
④ 고액 침탄법

> **해설**

가스 침탄법(표면경화법)에서의 사용가스는 메탄가스, 프로판가스 등이다.

34 알루미늄의 용접성에 대한 설명 중 옳은 것은?

① 열팽창률과 온도 확산율이 저조하다.
② 알루미나가 용접성을 좋게 해준다.
③ 용융상태에서 수소를 흡수, 기공이 발생하기 쉽다.
④ 알루미늄은 산화가 안 되며 공기 중에서 내부까지 부식한다.

> **해설**

알루미늄(Al) 용접 시 용융상태에서 수소(H$_2$)가스를 흡수할 수 있는 성질이 있어 용착금속에 기공이 생기기 쉽다.

35 황동에 관한 설명 중 틀린 것은?

① 6-4황동은 60%Cu-40%Zn 합금으로 상온조직은 $\alpha + \beta$ 조직으로 전연성이 낮고 인장강도가 크다.
② 7-3황동은 70%Cu-30%Sn 합금으로 상온조직은 β 조직으로 전연성이 크고 인장강도가 작다.
③ 황동은 가공재, 특히 관, 봉 등에서 잔류응력으로 인한 균열을 일으키는 일이 있다.
④ α황동을 냉간가공하여 재결정온도 이하의 낮은 온도로 풀림하면 가공상태보다도 오히려 경화한다.

> **해설**

황동(구리+아연)
• 7-3황동(구리 63~72%+아연 25~35%)
• 부드럽고 연성이 풍부하고 압연 압출이 가능하다.
• α황동이다.(듀라나 메탈)

정답 30 ③ 31 ③ 32 ③ 33 ③ 34 ③ 35 ②

36 탄소강에 함유된 원소 중 망간(Mn)의 영향으로 옳은 것은?

① 적열취성을 방지한다.
② 뜨임취성을 방지한다.
③ 전자기적 성질을 개선시킨다.
④ Cr과 함께 사용되어 고온강도와 경도를 증가시킨다.

해설
- 적열취성(고온취성) : 유황(S)이 900℃ 이상에서 유화철이 되어 취성을 갖는다.
- 청열취성 : 철강 200~300℃에서 가장 취약하다.

37 오스테나이트계 스테인리스강 용접 시 발생하는 입계부식(Intergramular corrosion)을 방지하기 위한 방법으로 옳은 것은?

① 용접 후 200~350℃로 가열하여 지나치게 모재가 용해되지 않도록 하거나, 500℃에서 완전 풀림한다.
② 용접 후 475℃로 장시간 가열하여 불안정한 고용체에서 탄화물을 석출시키거나 서랭시킨다.
③ 용접 후 800℃ 정도의 풀림을 하거나, 200~400℃의 예열로서 용접한 후, 100℃에서 풀림하여 인성을 회복시킨다.
④ 용접 후 1,000~1,050℃로 용체화 처리를 하고 급랭시킨다.

해설
④ 용접 후 1,000~1,050℃로 용체화 처리를 하고 급랭시킨다.

38 열처리 방법 중 가열온도는 A_3 또는 A_{cm} 선보다 30~50℃ 높은 온도에서 가열하였다가 공기 중에 냉각하여 표준화된 조직을 얻는 열처리 방법은?

① 뜨임
② 풀림
③ 담금질
④ 노멀라이징

해설
노멀라이징(불림열처리, Normalizing)
A_3 또는 A_{cm} 선 이상에서 30~50℃의 온도 범위까지 가열 후에 공기 중에서 냉각처리하여 강도, 경도, 인성 등의 기계적 성질 개선

39 물리적 표면경화법으로 강이나 주철제의 작은 볼을 고속으로 분사하여 표면층을 가공 경화시키는 것은?

① 질화법
② 쇼트 피닝법
③ 불꽃 경화법
④ 고주파 경화법

해설
쇼트 피닝법
강이나 주철제의 작은 구면의 볼을 고속으로 분사하여 표면층을 가공 경화시키는 것

40 다음 특수원소가 강 중에서 나타나는 일반적인 특성이 아닌 것은?

① Si – 적열취성·방지
② Mn – 담금질 효과 향상
③ Mo – 뜨임취성 방지
④ Cr – 내식성, 내마모성 향상

해설
- 적열취성 방지금속 : 망간(Mn)
- 탈산제 : 페로망간, 페로실리콘
- 규소(Si) : 강의 유동성 개선, 연신율, 충격치 등 감소, 탄성한도, 경도 등의 증가

41 베어링용 합금으로 갖추어야 할 조건으로 틀린 것은?

① 마찰계수가 적고 저항력이 클 것
② 충분한 점성과 인성이 있을 것
③ 소착성이 크고 내식성이 있을 것
④ 주조성, 절삭성이 좋고 열전도율이 클 것

정답 36 ① 37 ④ 38 ④ 39 ② 40 ① 41 ③

해설
베어링용 합금 종류
- 화이트 메탈
- 배빗 메탈
- 켈밋
※ 합금의 구비조건 : ①, ②, ④ 외 하중에 대한 내구력 및 경도나 내압력이 있어야 하고 내식성 및 축에 대한 적응이 되도록 충분한 점성이나 인성이 있어야 한다.

42 78~80%Ni, 12~14%Cr의 합금으로 내식성과 내열성이 우수하며, 특히 산화기류 중에서 내열성이 우수한 합금은?

① 니크롬(nichrome)
② 콘스탄탄(constantan)
③ 인코넬(inconel)
④ 모넬 메탈(monel metal)

해설
인코넬
내식성용이며 니켈과 크롬의 합금이다.

43 용접 비드 끝단에 생기는 작은 홈의 결함으로 전류가 높고, 아크(Arc) 길이가 길 때 생기기 쉬운 결함은?

① 피트 ② 언더컷
③ 오버 랩 ④ 용입 불량

해설
언더컷(under-cut)의 발생 원인
- 용접전류가 높다.
- 용접속도가 빠르다.
- 아크 길이가 너무 길다.

44 용접로봇의 작업기능에 해당되지 않는 것은?

① 동작기능 ② 구속기능
③ 계측기능 ④ 이동기능

45 아크 용접부 파단면에 생기는 것으로 용접부의 냉각속도가 너무 빠르고 모재의 탄소, 탈산 생성물 등이 너무 많을 때의 원인으로 생성되는 결함은?

① 선상조직
② 스패터링
③ 수지상 조직
④ 아크 스트라이크

해설
선상조직(ice flow like structure)
수소가 국부적으로 집중하여 존재하는 것은 점과 비교해 보면 가늘고 긴 선상으로 석출(취성파단의 원인)

46 CO_2 가스 아크용접 결함 중 기공 발생의 원인이 아닌 것은?

① CO_2 가스 유량이 부족하다.
② 전원 전압이 불안정하다.
③ 노즐과 모재 간 거리가 지나치게 길다.
④ 노즐에 스패터가 많이 부착되어 있다.

해설
탄산가스(CO_2) 아크용접의 기공발생 원인은 ① ③ ④ 외에 아크가 불안정하거나 CO_2에 수분 혼입, 솔리드 와이어에 녹이 있을 경우이다.(전원의 전류, 전압 불안정은 스패터나 언더컷의 원인)

47 다음 중 용접이음의 기본 형식에 해당되지 않는 것은?

① T이음
② 겹치기 이음
③ 맞대기 이음
④ 플러그 이음

해설
플러그 이음
동관과 경질 염화비닐관 등에 이용되며 내경을 상대관 끝의 외경에 맞춰서 연결하는 파이프 이음이다.

정답 42 ③ 43 ② 44 ③ 45 ① 46 ② 47 ④

48 가용접 시 주의하여야 할 사항으로 틀린 것은?

① 본 용접과 같은 온도에서 예열을 한다.
② 본 용접사와 동등한 기량을 갖는 용접사가 가접을 시행한다.
③ 위치는 부재의 단면이 급변하여 응력이 집중될 우려가 있는 곳은 피한다.
④ 가접 용접봉은 본 용접 작업 시 사용하는 것보다 지름이 굵은 것을 사용한다.

해설
가접 용접 시 용접봉은 본 용접 시 사용하는 용접봉보다 지름이 가는 것을 사용한다.

49 용접순서를 결정하는 기준으로 틀린 것은?

① 용접물의 중심에 대하여 항상 대칭으로 용접을 해 나간다.
② 수축이 작은 이음을 먼저 용접하고 수축이 큰 이음을 나중에 용접한다.
③ 용접 구조물이 조립되어감에 따라 용접 작업이 불가능한 곳이나 곤란한 경우가 생기지 않도록 한다.
④ 용접구조물의 중립축에 대하여 용접 수축력의 모멘트 합이 0(zero)이 되게 용접한다.

해설
용접 시에는 수축이 큰 이음을 먼저 용접하고 수축이 작은 이음을 나중에 용접한다.

50 보통 판 두께가 4~19mm 이하인 경우를 한쪽에서 용접으로 완전용입을 얻고자 할 때 사용하며 홈 가공이 비교적 쉬우나 판의 두께가 두꺼워지면 용착 금속의 양이 증가하는 맞대기 이음 형상은?

① V형 홈   ② H형 홈
③ J형 홈   ④ X형 홈

해설
V형 홈(Groove) 용접은 4~19mm 이하의 용접에서 사용

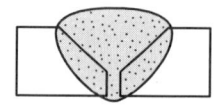
V형

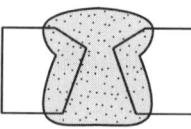
H형(20mm 이상)

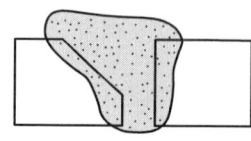
J형(20mm 이상)

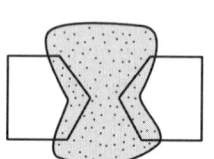
X형(20mm 이상)

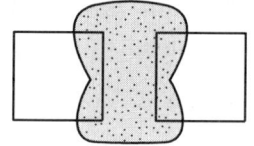
I형(6mm 모재 두께 이하)

51 용접부의 단면을 연삭기나 샌드페이퍼 등으로 연마하고 적당한 부식을 해서 육안이나 저배율의 확대경으로 관찰하여 용입의 상태, 열영향부의 범위, 결함의 유무 등을 알아보는 시험은?

① 파면 시험
② 현미경 시험
③ 응력부식 시험
④ 매크로 조직시험

52 용접변형의 교정방법에 해당되지 않는 것은?

① 구속법
② 점가열법
③ 가열 후 헤머링법
④ 롤러에 의한 법

해설
용접변형 교정방법
점가열법, 가열 후 헤머링법, 롤러에 의한 법

정답 48 ④ 49 ② 50 ① 51 ④ 52 ①

53 각 층마다 전체의 길이를 용접하면서 쌓아 올리는 용접방법은?

① 스킵법
② 덧살 올림법
③ 전진 블록법
④ 캐스케이드법

54 용접선이 교차하는 것을 방지하기 위한 조치로서 옳은 것은?

① 교차되는 곳에는 용접을 하지 않는다.
② 교차되는 곳에는 돌림 용접을 시공한다.
③ 교차되는 곳에는 용접 각장을 키워준다.
④ 교차되는 곳에는 스칼롭을 만들어 준다.

해설
스칼롭(scallop)
용접선이 교차하는 것을 방지하기 위한 조치

55 np관리도에서 시료군마다 시료 수(n)는 100이고, 시료군의 수(k)는 20, $\sum np = 77$이다. 이때 np관리도의 관리상한선(UCL)을 구하면 약 얼마인가?

① 8.94
② 3.85
③ 5.77
④ 9.62

해설
관리상한선(UCL)
$UCL = \bar{c} + 3\sqrt{\bar{c}}$, 중심선($c$) = $\dfrac{\sum c}{K} = \dfrac{77}{20} = 3.85$
∴ $UCL = 3.85 + 3\sqrt{3.85} ≒ 9.62$

56 그림의 OC곡선을 보고 가장 올바른 내용을 나타낸 것은?

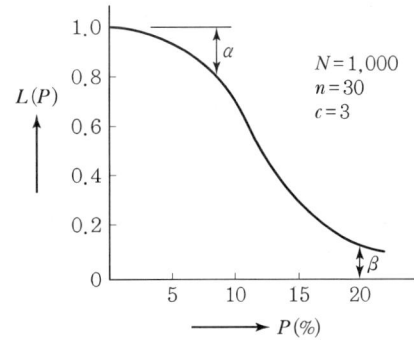

① α : 소비자 위험
② $L(P)$: 로트가 합격할 확률
③ β : 생산자 위험
④ 부적합품률 : 0.03

해설
샘플링 검사 불량률(P)
로트가 검사에서 합격되는 확률을 $L(P)$라 한다.(여기서 $L(P)$ =엘오브피(L of P)라고 읽는다.)
• N : 크기 N의 로트
• n : 크기 n의 시료
• 시료 중에 포함된 불량품의 수(x)가 합격판정 개수(C) 이하이면 로트가 합격이다.
(α : 생산자 위험, β : 소비자 위험)

57 미국의 마틴 마리에타사(Martin Marietta Corp.)에서 시작된 품질개선을 위한 동기 부여 프로그램으로, 모든 작업자가 무결점을 목표로 설정하고, 처음부터 작업을 올바르게 수행함으로써 품질비용을 줄이기 위한 프로그램은 무엇인가?

① TPM 활동
② 6시그마 운동
③ ZD 운동
④ ISO 9001 인증

해설
ZD 운동
품질개선을 위한 동기부여 프로그램(작업자가 무결점을 목표로 설정한다. 처음부터 작업을 올바르게 수행하여 품질비용을 줄이기 위한 프로그램이다.)

정답 53 ② 54 ④ 55 ④ 56 ② 57 ③

58 다음 중 단속생산시스템과 비교한 연속생산시스템의 특징으로 옳은 것은?

① 단위당 생산원가가 낮다.
② 다품종 소량 생산에 적합하다.
③ 생산방식은 주문생산방식이다.
④ 생산설비는 범용설비를 사용한다.

해설
연속생산시스템의 특징은 단위당 생산원가가 낮다는 것이다.

59 일정 통제를 할 때 1일당 그 작업을 단축하는 데 소요되는 비용의 증가를 의미하는 것은?

① 정상 소요시간(Normal duration time)
② 비용 견적(Cost estimation)
③ 비용 구배(Cost slope)
④ 총비용(Total cost)

60 MTM(Method Time Measurement) 법에서 사용되는 1TMU(Time Measurement Unit)는 몇 시간인가?

① $\dfrac{1}{100,000}$ 시간 ② $\dfrac{1}{10,000}$ 시간
③ $\dfrac{6}{10,000}$ 시간 ④ $\dfrac{36}{1,000}$ 시간

해설
MTM법에서(PTS법의 하나이다.)
※ 1TMU 시간 범위 : $\dfrac{1}{100,000}$ 시간

정답 58 ① 59 ③ 60 ①

2015년 57회 기출문제

01 KS D 7004 규정에서 연강용 피복 용접봉의 표시는 E 43 △ □이다. 용착금속의 최저인장강도를 나타내는 것은?

① E
② 43
③ △
④ □

해설

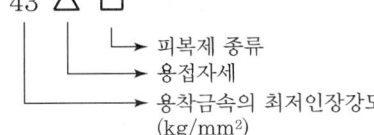

02 스테인리스강, 스텔라이트, 모넬메탈 등의 용접에 사용되며 금속 표면에 침탄 작용을 일으키기 쉬운 산소-아세틸렌 불꽃은?

① 중성불꽃
② 산화불꽃
③ 산소과잉불꽃
④ 탄화불꽃

해설
탄화불꽃(과잉불꽃)
- 산소 양이 적다.
- C_2H_2 가스 양이 많다.
- 산화를 방지해야 하는 스테인리스, 알루미늄, 모넬메탈 등의 가스 용접용 불꽃

03 가스용접에서 역류, 역화, 인화의 주된 원인으로 틀린 것은?

① 토치 체결부분의 나사가 풀렸을 때
② 팁에 석회가루, 먼지, 기타 이물질이 막혔을 때
③ 팁의 과열, 토치의 취급을 잘못할 때
④ 산소가스의 공급이 부족할 때

해설
- 역류 : 산소가 아세틸렌 도관 내로 들어가는 경우
- 역화 : 가스압력이 정상적이지 못한 경우
- 인화 : 산소, 아세틸렌의 가스압력 부족

04 용접자세에 사용된 기호 F가 나타내는 용접자세는?

① 아래보기자세
② 수직자세
③ 수평자세
④ 위보기자세

해설
- 아래보기자세(flat position) : F
- 수직자세(vertical position) : V
- 수평자세(horizontal position) : H
- 위보기자세(overhead position) : O

05 교류 아크용접기 중 가동철심형에 대한 설명으로 틀린 것은?

① 가변저항기 부분을 분리하여 용접전류를 원격으로 조정한다.
② 가동철심으로 누설 자속을 이용하여 전류를 조정한다.
③ 중간 이상 가동철심을 빼면 누설 자속의 영향으로 아크가 불안정되기 쉽다.
④ 미세한 전류 조정이 가능하다.

해설
가동철심형(movable core type) 교류 용접기
- 가장 많이 사용한다.
- 가변저항기 부분을 분리하지 않고 부착하면 가포화 리액터형 교류용접기에 한다.(원격조정이 가능하다.)

정답 01 ② 02 ④ 03 ④ 04 ① 05 ①

06 용접성에 영향을 미치는 탄소강의 5대 인자 중 강도, 경도, 인성을 증가시키고 유황의 해를 제거하며 강의 고온가공을 쉽게 하는 원소는?

① 탄소(C)
② 규소(Si)
③ 망간(Mn)
④ 인(P)

해설
망간의 특징
- 강괴에서 황(S)에 대한 취성(메짐성) 방지
- 강인성, 내식성, 내마멸성 부여
- 강괴에서 탈산제로 사용하며 절삭성 향상

07 다음 중 피복아크 용접에서 아크의 성질 중 정극성(DCSP)의 특징으로 옳은 것은?

① 모재의 용입이 얕다.
② 용접봉의 녹음이 느리다.
③ 비드 폭이 넓다.
④ 박판, 주철, 비철금속의 용접에 쓰인다.

해설
(1) 정극성(모재 쪽 용융이 빠르고 용접봉 용융이 느리다.)은 용입이 깊어진다.
- 정극성(DCSP) : −용접봉 ⊖
　　　　　　　　 −모재 ⊕
(2) 역극성(용접봉의 용융속도가 빠르고 모재의 용융을 피하기 쉽다.)
- 역극성(DCRP) : −용접봉 ⊕
　　　　　　　　 −모재 ⊖

08 순수한 카바이드 5kg은 이론적으로 몇 l의 아세틸렌가스를 발생시키는가?

① 174l
② 1,740l
③ 219l
④ 2,190l

해설
카바이드(CaC_2)
$CaC_2 + 2H_2O \rightarrow Ca(OH) + C_2H_2$(아세틸렌)
　64g　　　　　소석회　　26g(22.4l)
5kg = 5,000g
∴ $22.4 \times \dfrac{5,000}{64} = 1,740l$ 발생

09 피복아크용접봉의 피복제의 주요 기능을 설명한 것 중 틀린 것은?

① 아크를 안정하게 하며 슬래그를 제거하기 쉽게 하고, 파형이 고운 비드를 만든다.
② 중성 및 환원성의 가스를 발생하여 아크를 덮어서 대기 중 산소나 질소의 침입을 방지하고 용융 금속을 보호한다.
③ 용착 금속의 탈산정련작용을 하며, 용융점이 낮은 적당한 점성의 가벼운 슬래그를 만든다.
④ 용착 금속의 냉각속도를 빠르게 하여 급랭을 방지한다.

해설
용접봉 피복재의 기능에서 피복제는 용착금속의 급랭방지를 위해서 용접봉에 부착시킨다.(기공 blow hole 및 슬래그 섞임 방지를 위함)

10 가스 절단에 관한 설명으로 옳은 것은?

① 모재가 산화 연소하는 온도는 그 금속의 용융점보다 높아야 한다.
② 생성된 산화물의 용융점은 모재의 용융점보다 높아야 한다.
③ 예열 불꽃을 약하게 하면 역화가 발생하지 않는다.
④ 동심형 팁은 전후좌우 및 직선을 자유롭게 절단할 수 있다.

해설
동심형 팁(concentric type)
- 전후좌우로 곡선을 자유로이 절단할 수 있다.
- 이심형 팁은 가열팁과 절단팁(산소분출)이 분리되어 있고 직선 절단, 큰 곡선 절단에 사용한다.
- 동심형은 프랑스식이다.

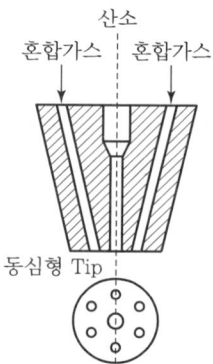

정답　06 ③　07 ②　08 ②　09 ④　10 ④

11 스테인리스강을 플라스마 절단하고자 할 때 어떤 작동가스를 사용하는가?

① O_2+H_2 ② $Ar+N_2$
③ N_2+O_2 ④ N_2+H_2

해설
플라스마 절단용 가스 2가지
- $Ar+H_2$
- H_2+N_2
- 고온도 열에너지 사용(10,000~30,000℃)

12 용접기 사용상의 일반적인 주의사항으로 틀린 것은?

① 탭전환형 용접기에서 탭전환은 반드시 아크를 멈추고 행한다.
② 용접기 케이스에 접지(earth)를 시키지 않는다.
③ 정격사용률 이상 사용하면 과열되므로 사용률을 준수한다.
④ 1차 측의 탭은 1차 측의 전류 전압의 변동을 조절하는 것이므로 2차 측의 무부하 전압을 높이거나 용접 전류를 높이는 데 사용해서는 안 된다.

해설
- 전격을 방지하기 위하여 용접기 케이스에도 접지(어스)를 시킨다.
- 전격방지 : 2차 무부하 전압 25V 유지
- 2차 측 단자의 한쪽과 용접기 케이스는 반드시 접지(earth)시킨다.

13 용접기의 자동전격 방지장치에서 아크를 발생하지 않을 때는 보조변압기에 의해 용접기의 2차 무부하 전압을 몇 V 이하로 유지하는 것이 가장 적합한가?

① 30 ② 40
③ 45 ④ 50

해설
전격방지기
용접작업 휴지 중에 용접기의 2차 무부하 전압은 약 25~30V로 유지시켜 용접 중 전격위험을 방지한다.

14 산소가스 절단의 원리를 가장 바르게 설명한 것은?

① 산소와 금속의 산화반응열을 이용하여 절단한다.
② 산소와 금속의 탄화반응열을 이용하여 절단한다.
③ 산소와 금속의 산화아크열을 이용하여 절단한다.
④ 산소와 금속의 탄화아크열을 이용하여 절단한다.

해설
산소가스 절단의 원리
- 산소와 금속의 산화반응열을 이용하여 절단한다.
- 산소 $-C_2H_2$ 절단 시 예열온도는 약 800~1,000℃
- 절단 시 철강의 화학반응

$Fe+\frac{1}{2}O_2 \rightarrow FeO+64kcal$(제1반응)
$2Fe+1.5O_2 \rightarrow Fe_2O_3+190.7kcal$(제2반응)
$3Fe+2O_2 \rightarrow Fe_3O_4+266.9kcal$(최종반응)

15 아크에어가우징 시 압축공기의 압력은 몇 kgf/cm^2 정도가 좋은가?

① 2~4 ② 5~7
③ 8~10 ④ 11~13

해설
아크에어가우징
탄소아크 절단에 압축공기 5~7kgf/cm^2 사용(직류아크 전압 35~45V, 전류 200~500A)

16 용접 관련 안전사항에 대한 설명으로 옳은 것은?

① 탭 전환 시 아크를 발생하면서 진행한다.
② 용접봉 홀더는 전체가 절연된 B형을 사용하여 작업자를 보호한다.
③ 작업자의 안전을 위하여 무부하 전압은 높이고 아크 전압은 낮춘다.
④ 정격 2차 전류가 낮을 때 정격사용률 이상으로 용접기를 사용해도 안전하다.

정답 11 ④ 12 ② 13 ① 14 ① 15 ② 16 ④

해설
교류용접기의 용접봉 녹는 속도는 아크길이 아크전압에는 관계 없고 용접전류의 크기로 결정된다.(정격사용률은 정격 2차 전류의 크기에 따라 사용된다.)
- 정격 2차 전류 200A(정격사용률 40%)
- 정격 2차 전류 500A(정격사용률 60%)

17 레이저광에 의한 눈의 위험을 방지하기 위한 주의사항으로 적합하지 않은 것은?

① 적당한 보호안경을 사용할 것
② 밝은 장소에서 레이저를 취급하지 말 것
③ 레이저 장치에 따른 레이저 광이 난반사되지 않게 정밀히 조절할 것
④ 레이저 장치의 주위에 반사율이 높은 물질을 사용하는 것을 피할 것

해설
레이저 빔 용접(light beam welding)
- 광의 증폭기가 레이저이다.
- 전자빔보다 가격이 싸다.
- 공기 중 밝은 장소에서 용접이 가능하고 미세정밀용접도 가능하다.

18 전기저항열을 이용한 용접법은?

① 전자빔 용접
② 일렉트로 슬래그 용접
③ 플라스마 용접
④ 레이저 용접

해설
일렉트로 슬래그 용접(저항열 이용 용접)
와이어와 용융슬래그 사이에 통전된 전류의 전기저항열 이용 용접
(줄의 열) $Q = 0.24EI$(cal/sec)을 주로 이용한다.

〈저항용접의 종류〉
- 겹치기형 : - 심용접
   - 프로젝션 용접
   - 점용접
- 맞대기형 : - 업세트버트 용접
   - 플래시 용접
   - 퍼커션(충격) 용접

19 CO_2 가스아크용접에서 사용되는 복합와이어의 구조가 아닌 것은?

① U관상 와이어
② Y관상 와이어
③ S관상 와이어
④ 아코스 와이어

해설
복합와이어
- BOC 와이어
- 아코스 와이어
- 퍼스 아크 와이어
- S, Y관상 와이어

20 납땜에서 용제가 갖추어야 할 조건이 아닌 것은?

① 모재의 산화 피막과 같은 불순물을 제거하고 유동성이 좋을 것
② 청정한 금속면의 산화를 방지할 것
③ 용제의 유효온도 범위와 납땜 온도가 일치할 것
④ 침지 땜에 사용되는 것은 충분한 수분을 함유할 것

해설
납땜의 용제에서 침지 땜은 그 사용 용제에 수분함유가 없어야 한다.

〈납땜가열방법〉
- 인두
- 가스
- 저항
- 노 내
- 침지납땜(침투납땜)
- 고주파납땜

21 탄산가스 아크용접은 어느 극성으로 연결하여 사용해야 하는가?(단, 복합와이어는 사용하지 않는다.)

① 교류(AC)를 사용하므로 극성에 제한이 없다.
② 직류(DC)전원을 사용하며 극성에 제한이 없다.
③ 직류 정극성(DCSP)을 사용한다.
④ 직류 역극성(DCRP)을 사용한다.

정답 17 ② 18 ② 19 ① 20 ④ 21 ④

> **해설**
>
> 탄산가스 아크용접
> - 복합와이어 사용 시는 직류나 교류전원 사용도 가능하다.
> - 용접전원
>   - 세렌정류 직류전원
>   - 직류전동 발전기
> - 아크안전성을 위하여 직류 역극성(DCRP)을 사용한다.

22 헬륨을 이용하여 불활성가스 아크용접을 하고자 할 때 가장 적합한 금속은?

① 비중이 높은 금속
② 저속도의 수동 용접
③ 연성이 큰 얇은 금속
④ 열전도율이 높은 금속

> **해설**
>
> 불활성가스 아크용접 사용 금속
> 알루미늄과 그 합금, 스테인리스강, 마그네슘과 그 합금, 구리, 실리콘구리합금, 동니켈합금, 은·인 청동, 저합금강, 주철, 철강 등 열전도율이 높은 금속에 사용한다.

23 불활성가스 아용접에서 일반적으로 헬륨(He)가스는 알곤(Ar)가스의 몇 배의 유량을 분출해야만 알곤과 같은 정도의 실드효과를 나타내는가?

① 약 1배
② 약 2배
③ 약 3배
④ 약 4배

> **해설**
>
> 불활성가스(Ar, He)
> 아르곤(Ar)은 헬륨(He)보다 용접부위를 포위하는 성질이나 청정효과는 우수하나 용접속도는 느리다.(헬륨가스는 아르곤가스의 약 2배 유량 분출을 요구한다.)

24 서브머지드 아크용접 시 용접속도가 지나치게 빠른 경우 어떤 현상이 나타나는가?

① 용입은 다소 증가하고 이음가공의 정도가 좋아진다.
② 용집선이 길어져 단열작용의 원인이 된다.
③ 비드가 좁고 용입이 얕아진다.
④ 용접전류와 전압이 높아져 용입이 깊게 된다.

> **해설**
>
> 서브머지드 아크용접
> - 속도가 느리면 용입이 약간 증대된다.
> - 용접속도가 빠르면 비드가 좁고 용입이 얕아진다.
> - 용접속도가 지나치게 빠르면 언더컷 발생 및 파형이 거칠게 된다.

25 스터드 용접에서 페룰의 역할이 아닌 것은?

① 용접이 진행되는 동안 아크열을 집중시켜 준다.
② 용착부의 오염을 방지한다.
③ 용융금속의 유출을 증가시킨다.
④ 용융금속의 산화를 방지한다.

> **해설**
>
> 스터드 용접 페룰(ferrule)의 역할은 ①, ②, ④ 외에 열의 방출이 원만해진다. 또한 아크열 때문에 발생된 가스를 방출함과 동시에 내부의 공기도 몰아낸다.

26 아크용접법에 속하지 않는 것은?

① 프로젝션 용접
② 그래비티 용접
③ MIG 용접
④ 스터드 용접

> **해설**
>
> 프로젝션 용접(저항용접)
> - 점용접과 비슷하다.
> - 제품의 한쪽 또는 양쪽에 작은 돌기(projection)를 만들어서 용접전류를 집중시켜 압접하는 용접이다.

27 전자빔 용접법의 특징이 아닌 것은?

① 에너지 밀도가 크다.
② 고용융점 재료의 용접이 가능하다.
③ 얇은 판에서 두꺼운 판까지 용접할 수 있다.
④ 모재의 크기에 제한이 없고, 배기장치가 필요 없다.

> **해설**
>
> 전자빔 용접($10^{-4} \sim 10^{-6}$mmHg 고진공용접)
> 진공 속에서 용접이라 피용접물의 크기에 제한을 받는다.

정답 22 ④ 23 ② 24 ③ 25 ③ 26 ① 27 ④

28 용접매연 발생의 영향인자에 대한 설명으로 틀린 것은?

① 일반적으로 용접전류가 증가함에 따라 용접매연의 발생량이 증가한다.
② 일반적으로 모든 아크용접에는 용접전압이 증가함에 따라 용접매연의 발생량이 증가한다.
③ 보호가스의 조성은 용접매연의 조성뿐만 아니라 발생량에도 영향을 미친다.
④ 피복용접봉과 플럭스 코어드 와이어가 솔리드와이어보다 용접매연이 적게 발생한다.

[해설]
피복용접봉과 플럭스 코어드 와이어가 솔리드와이어(탄산가스 아크용접용)보다 용접매연이 많이 발생한다.
※ 플럭스 코어드 와이어 : 용접 와이어 속에 용제가 들어 있는 와이어(탄산가스 아크용접의 와이어이다.)

29 서브머지드 아크용접용 용제의 종류 중 광물성 원료를 혼합하여 노에 넣어 1,300℃ 이상으로 가열·용해하여 응고시킨 후 분쇄하여 알맞은 입도로 만든 것으로 유리 모양의 광택이 나며 흡습성이 적은 것이 특징인 것은?

① 용융형 용제 ② 소결형 용제
③ 혼성형 용제 ④ 분쇄형 용제

[해설]
용융형 용제(fused flux)는 아크노에 넣어서 1,300℃ 이상 가열·용해하여 응고시킨 후 분쇄하고 알맞은 입도로 만든 유리모양의 용제이다.

30 일반 고장력강의 용접 시 주의사항으로 틀린 것은?

① 용접봉은 저수소계를 사용한다.
② 아크 길이는 가능한 한 짧게 한다.
③ 위빙 폭을 가급적 크게 한다.
④ 용접 개시 전에 이음부 내부 또는 용접할 부분을 청소한다.

[해설]
고장력강(HT : high tensile)의 용접
· 피복아크용접이 용이하다.
· 서브머지드 아크용접이나 탄산가스 아크용접이 사용된다.
· 저수소계 용접봉 사용이 알맞다.
· 아크용접 시 위빙폭은 봉 지름의 3배 이하로 한다.(위빙이 너무 크면 인장강도가 저하하고 기공이 생기기 쉽다.)

31 주철의 용접이 곤란하고 어려운 이유를 설명한 것은?

① 주철은 연강에 비해 수축이 적어 균열이 생기기 어렵기 때문이다.
② 일산화탄소가 발생하여 용착금속에 기공이 생기기 쉽기 때문이다.
③ 장시간 가열로 흑연이 조대화된 경우 모재와의 친화력이 좋기 때문이다.
④ 주철은 연강에 비하여 경하고 급랭에 의한 흑선화로 기계가공이 쉽기 때문이다.

[해설]
주철은 탄소(C) 함량이 2% 이상이라서 용접 시 일산화탄소(CO)가스가 발생하여 용착금속에 기공이 발생한다.(블루 홀 발생)

32 순철이 1,539℃ 용융상태에서 상온까지 냉각하는 동안에 1,400℃ 부근에서 나타나는 동소변태의 기호는?

① A_1 ② A_2
③ A_3 ④ A_4

[해설]
동소변태
결정구조가 외적인 온도나 압력에 의해서 변하는 것을 동소변태라고 한다.(A_4 변태 : 1,400℃에서 $\delta Fe - \gamma Fe$로 변환)
※ 변태(A_0 : 210~215℃, A_2 : 768℃, A_3 : 910℃)

정답 28 ④ 29 ① 30 ③ 31 ② 32 ④

33 탄소강의 기계적 성질인 취성(메짐)과 관계 없는 것은?

① 청열취성 ② 저온취성
③ 흑연취성 ④ 적열취성

해설
탄소강의 취성
- 청열취성(강이 200~300℃에서 전연성이 줄어드는 취성)
- 저온취성(상온보다 낮아지면 강도 · 경도 증가, 연신율 · 충격치 감소)
- 적열취성(900℃ 이상에서 유화철이 원인)

34 탈산 및 기타 가스 처리가 불충분한 상태의 용강을 그대로 주형에 주입하여 응고한 것으로 강괴 내에 기포가 많이 존재하게 되어 품질이 균일하지 못한 강괴는?

① 림드강 ② 킬드강
③ 캡드강 ④ 세미킬드강

해설
림드강
Fe-Mn으로 가볍게 탈산시킨 강(불충분한 강괴)
- 내부에 기포가 남아 있다.
- 표면 부근에 순도가 높다.
- 봉 · 관 · 파이프 재료

35 표준자, 시계추 등 치수 변화가 적어야 하는 부품을 만드는 데 가장 적합한 재료는?

① 스텔라이트 ② 샌더스트
③ 인바 ④ 불수강

해설
인바(Invar) : 불변강
- 주성분 : 철+니켈(Fe+Ni)
- 줄자, 표준자 등의 재료
- 내식성이 대단히 우수

36 오스테나이트계 스테인리스강을 용접하면 내식성을 감소시키는 입계부식이 발생하는데 이 입계부식을 방지하는 방법이 아닌 것은?

① 탄소량을 감소시켜 Cr_4C 탄화물의 발생을 저지시킨다.
② 500~800℃로 가열하여 가능한 한 예민화(Sensitize)시키도록 한다.
③ 티탄(Ti), 바나듐(V), 니오븀(Nb) 등을 첨가하여 Cr의 탄화물화를 감소시킨다.
④ 고온으로 가열한 후 Cr 탄화물을 오스테나이트 조직 중에 용체화하여 급랭시킨다.

해설
오스테나이트계 스테인리스강(입계부식 : 칼날부식 발생)
- 고온균열(입계에 존재하는 저융점 및 불순물 등이 원인) : 가로균열, 세로균열, 루트균열 발생
- 용접에 의해 발생된 입계부식(intergranular corrosion)은 용접 쇠약이 된다. 일명 예민화현상(weld decay)이라 한다.
- 방지책 : 용체화처리, δ-Ferrite 철 형성 원소첨가(입계부식방지) 예민화 방지, 탄화물 안정화 원소 첨가, 탄화물 석출 형태의 조절 등

37 Fe-C 상태도에서 탄소함유량이 약 0.8%일 때 강의 명칭은?

① 공석강 ② 아공석강
③ 과공석강 ④ 공정주철

해설
탄화철(Fe-C)의 공석강 : 탄소(C)가 0.8~0.85%

38 Fe-C 평형상태도에서 나타나는 반응이 아닌 것은?

① 공석반응 ② 공정반응
③ 포정반응 ④ 포석반응

해설
탄화철 평형상태도 반응(액상→고상의 변화)(고체-고상 변화)
- 공석반응(고체 → 고상) : Eutectoid
- 공정반응(액상 → 고상) : Eutectic

정답 33 ③ 34 ① 35 ③ 36 ② 37 ① 38 ④

- 포정반응(액상 → 고상) : Peritectic
  - 포석반응-(Penritectoid reaction)
    포정반응에서 용융 대신에 고용체가 생길 때 반응(고체 A + 액체 ↔ 고체 B)
  - 평형상태 : 물질이 압력, 온도, 성분 등의 조건하에서 안정되어 있을 때 상태선도
  - 포정반응-(고체 A + 액체 ↔ 고체 B)
  - 편정반응-(액체 ↔ 고체 + 액체 B)

39 구리 및 구리합금의 용접성에 관한 설명으로 틀린 것은?

① 충분한 용입을 얻으려면 예열을 해야 한다.
② 용접 후 응고 수축 시 변형이 발생하기 쉽다.
③ 구리합금의 경우 아연 증발로 중독을 일으키기 쉽다.
④ 가스 용접 시 수소 분위기에서 가열하면 산화물이 산화되어 수분을 생성하지 않는다.

해설
구리 및 구리합금의 용접선 특징은 ①, ②, ③항이며 구리는 고온에서 다량의 수소를 흡수하여 응고 시에 방출하므로 용접부에 기공(blow hole)이 생기는 일이 많다.(용융구리의 산소가 수소와 급격히 반응되어 H_2O로 방출되므로 용융풀이 비등하고 구멍이 많이 생기는 다공질이 된다.)
(산화제1구리 $Cu_2O + H_2 → 2Cu + H_2O$)

40 오스테나이트 온도로 가열 유지시킨 후 절삭유 또는 연삭유의 수용액 등에 담금질하여 미세펄라이트 조직을 얻는 방법으로 200℃ 이하에서 공랭하는 것은?

① 슬랙(slack) 담금질
② 시간(time) 담금질
③ 분사(jet) 담금질
④ 프레스(press) 담금질

해설
슬랙 담금질
오스테나이트 온도로 가열 후 유리시키고 절삭유 기름이나 또는 절삭연삭유의 수용액에 담금질하여 미세한 펄라이트 조직을 얻는 방법으로 200℃ 이하 공기 중에서 냉각시킨다.

- 오스테나이트(면심입방격자) : r철 상태
- 강의 열처리과정 : 오스테나이트 → 마텐자이트 → 트루스타이트 → 소르바이트

41 열처리 방법 중 연화를 목적으로 하며, 냉각 시 서랭하는 열처리법은?

① 뜨임   ② 풀림
③ 담금질   ④ 노멀라이징

해설
풀림 열처리(Annealing)
A_3 또는 A_1 온도 이상 30~50℃ 범위로 가열한 후 냉각시킨다.
(내부응력 제거, 재질의 연화, 결정립 크기의 조절, 펄라이트 구상화가 목적이다.)

42 Cu에 5~20%Zn을 첨가한 황동으로 강도는 낮으나 전연성이 좋고 금색에 가까운 색을 나타내며, 금박 대용으로 사용되는 것은?

① 톰백   ② 쾌삭황동
③ 문츠메탈   ④ 네이벌황동

해설
톰백(Tombac)
구리에 아연(Zn) 8~20%가 함유된 황동이다.
※ 용도 : 금박, 금분, 불상, 화폐제조 등

43 용접부 인장시험에서 모재의 인장강도가 450kg/mm², 용접시험편의 인장강도가 300kg/mm²으로 나타났다면 이음효율은 몇 %인가?

① 15%   ② 66.7%
③ 150%   ④ 667%

해설
용접부 이음효율
$\eta = \dfrac{300}{450} \times 100 = 66.7(\%)$

정답 39 ④ 40 ① 41 ② 42 ① 43 ②

44 모재 가운데 유황 함유량의 과대, 아크길이 조작의 부적당, 과대전류 사용 등으로 기공이 발생하는데 기공의 방지대책으로 틀린 것은?

① 건조한 저수소계 용접봉을 사용한다.
② 정해진 범위 안의 전류로 긴 아크를 사용한다.
③ 적정전류를 사용한다.
④ 용접 분위기 가운데 수소량을 증가시킨다.

해설
모재에 수소량을 첨가시키면 선상조직이 발생한다.(수소 농도가 높을수록 취성화 증대)

45 용착법에 대해 잘못 표현된 것은?

① 후진법 : 잔류응력을 최소로 해야 할 경우에 이용된다.
② 대칭법 : 이음의 수축에 따른 변형이 서로 대칭이 되게 할 경우에 사용된다.
③ 스킵법 : 판이 매우 얇은 경우나 용접 후에 비틀림이 생길 염려가 있는 경우에 사용된다.
④ 전진법 : 이음의 수축에 따른 변형과 잔류응력을 최소화하여 기계적 성질을 높이는 데 사용된다.

해설
전진법
• 열이용률이 나쁘다.
• 용접속도가 느리다.
• 비드 모양이 매끈하지 못하다.
• 용접변형이 크다.(균열 발생이 일어나기 쉽다.)
• 두께가 얇은 판의 용접이 가능하다.(후진법은 용접변형이 적다.)

46 대형 공작물을 일정하게 고정하고 용접기를 용접부위로 이동시켜 작업을 능률적으로 하기 위한 장치로 대차주행 크로스, 헤드, 상승 컬럼, 선회붐(boom) 등으로 구성되어 용접작업하는 자동화 장치는?

① 포지셔너(positioner)
② 머니퓰레이터(manipulator)
③ 포지션 코더(position corder)
④ 포텐셔미터(potentiometer)

해설
• 머니퓰레이터 : 대형공작물 용접 시에 공작물을 일정하게 고정하고 용접기를 용접부 위로 이동시켜 작업을 능률적으로 하기 위한 장치이다.(대차주행 크로스, 헤드, 상승컬럼, 선회붐으로 구성한다.)
• 용접 포지셔너 : 용접하고자 하는 공작물을 탑재하고 조립이나 용접을 효율적으로 진행하기 위한 것이다.

47 보수용접의 설명으로 틀린 것은?

① 용접부분의 기공은 연삭하여 제거 후에 재용접한다.
② 용접 균열부는 균열 정지구멍을 뚫고 용접홈을 만든 다음 재용접한다.
③ 언더컷은 굵은 용접봉을 사용한다.
④ 용접부의 천이온도가 높을수록 취화가 적다.

해설
보수용접
언더컷이나 오버랩의 용접결함 시 용접봉의 지름은 소경지름의 용접봉으로 하고 뒤의 것은 일부 끌질하여 재용접한다.

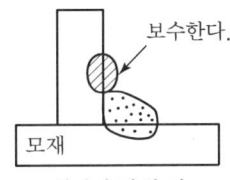
언더컷 발생 시

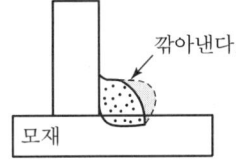
오버랩 발생 시

48 꼭지각이 136°인 다이아몬드 4각추의 압자를 1~120kg의 하중으로 시험편에 압입한 후에 생긴 오목자국의 대각선을 측정하여 경도를 측정하는 시험은?

① 로크웰 경도
② 브리넬 경도
③ 쇼어 경도
④ 비커스 경도

해설
경도시험
브리넬 경도, 비커스 경도, 쇼어 경도, 로크웰 경도
※ 비커스경도(Diamond pyramid Hardness)

정답 44 ④ 45 ④ 46 ② 47 ③ 48 ④

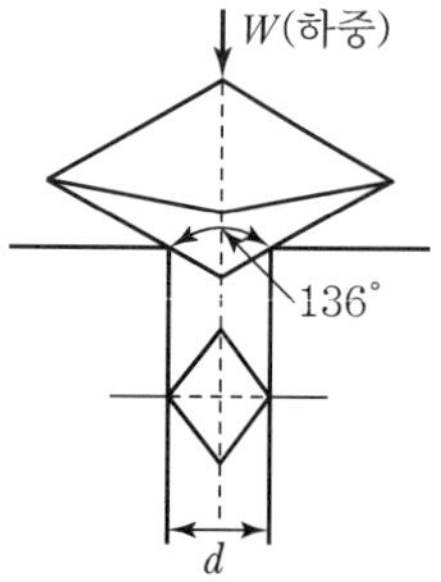

[압흔의 대각선 길이]

49 용접의 결함 중 마이크로(Micro) 결함에 속하는 것은?

① 본드부
② 연화영역
③ 취성화영역
④ 불순물 또는 비금속 게재물 편석

해설

용접에서 마이크로 결함(용접균열)
- Micro 결함 : 불순물이나 또는 비금속 게재물 편석 결함
- 50배율의 확대경을 통해 육안으로 보이는 균열

50 초음파 탐상법의 종류가 아닌 것은?

① 직각통전법
② 투과법
③ 펄스반사법
④ 공진법

해설

(1) 초음파 탐상법(비파괴 시험검사)
- 초음파 진동수 0.5~1.5MHz 사용
- 모재 내부의 음파에 의해 내부결함, 불균형층의 용접결함 검사
- 탐상방법 : 투상법, 반향법
- 초음파 탐상시험(UT ; Ultrasonic Test)

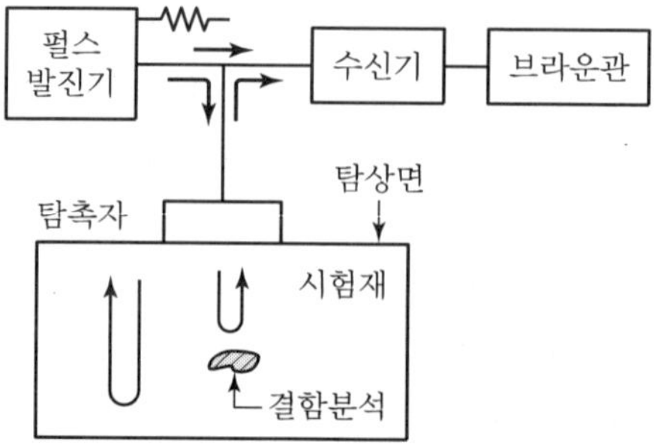

[UT의 원리]

(2) 자분탐상법 : 극간법, 직각통전법, 축통전법, 관통법, 코일법

51 다음 용접 보조 기호는?

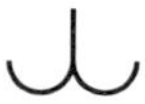

① 용접부를 볼록으로 다듬질함
② 끝 단부를 매끄럽게 함
③ 용접부를 오목으로 다듬질함
④ 영구적인 덮개판을 사용함

해설

보조기호
- —— : 평면
- 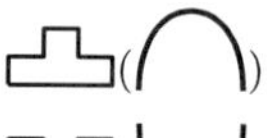 : 요철
- 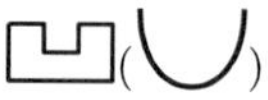 : 오목
- 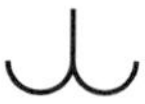 : 끝단 부를 매끄럽게 함
- 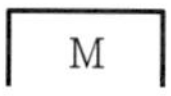 : 영구적인 덮개판을 사용
- 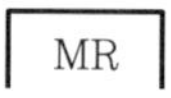 : 제거 가능한 덮개판을 사용

52 용접용 로봇을 동작기능으로 분류할 때 좌표계의 종류로 해당되지 않는 것은?

① 원통 좌표 로봇
② 평행 좌표 로봇
③ 극좌표 로봇
④ 관절 좌표 로봇

정답 49 ④ 50 ① 51 ② 52 ②

해설
용접용 로봇
• 원통 좌표 로봇
• 극좌표 로봇
• 관절 좌표 로봇

53 용접변형에 영향을 미치는 인자 중 용접열에 관계되는 인자가 아닌 것은?

① 용접속도   ② 용접층수
③ 용접전류   ④ 부재치수

해설
용접변형 중 용접열에 관계되는 인자
• 용접속도
• 용접층수
• 용접전류
용접부는 모재에 비하여 자유에너지가 높은 불안정한 상태가 된다. 이로 인하여 용접부는 전기화학적으로 쉽게 부식당하기 쉽다.

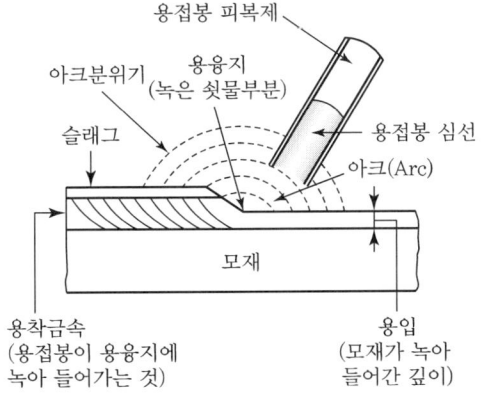

54 용접 설계상 주의하여야 할 사항으로 틀린 것은?

① 용접 이음이 한군데 집중되거나 너무 접근하지 않도록 할 것
② 반복하중을 받는 이음에서는 이음표면을 볼록하게 할 것
③ 용접길이는 가능한 한 짧게 하고, 용착금속도 필요한 최소한으로 할 것
④ 필릿 용접은 가능한 한 피할 것

해설
반복하중(동하중)
두 종류의 힘이 변화가 없는 상태에서 동시에 반복적으로 작용하는 힘

55 생산보전(PM ; productive maintenance)의 내용에 속하지 않는 것은?

① 보전예방   ② 안전보전
③ 예방보전   ④ 개량보전

해설
생산보전
• 보전예방(MP)   • 예방보전(PM)
• 개량보전(CM)   • 사후보전(BM)

56 200개들이 상자가 15개 있을 때 각 상자로부터 제품을 랜덤하게 10개씩 샘플링할 경우 이러한 샘플링 방법을 무엇이라 하는가?

① 층별 샘플링   ② 계통 샘플링
③ 취락 샘플링   ④ 2단계 샘플링

해설
층별 샘플링 : 각 상자로부터 제품을 임의적으로 랜덤하게 채취하여 샘플링하는 방법(로트를 몇 개의 층으로 나누어 로트 전체를 모아서 단순히 무작위 랜덤으로 추출하는 것보다 간편하다.)

57 모든 작업을 기본동작으로 분해하고, 각 기본동작에 대하여 성질과 조건에 따라 미리 정해놓은 시간치를 적용하여 정미시간을 산정하는 방법은?

① PTS법   ② Work Sampling법
③ 스톱워치법   ④ 실적자료법

해설
작업측정(PTS)법
• MTM : 작업을 몇 개의 기본동작으로 분석하여 기본동작 간의 관계나 그것에 필요한 시간치를 밝히는 것
• WF : 표준시간 설정을 위해 정밀계측시계를 이용하여 극소동작에 대한 상세 데이터를 분석한 결과를 기초적인 동작시간 공식을 작성하여 분석하는 것

정답 53 ④ 54 ② 55 ② 56 ① 57 ①

58 어떤 공장에서 작업을 하는 데 있어서 소요되는 기간과 비용이 다음 표와 같을 때 비용구배는?(단, 활동시간의 단위는 일(日)로 계산한다.)

정상작업		특급작업	
기간	비용	기간	비용
15일	150만 원	10일	200만 원

① 50,000원 ② 100,000원
③ 200,000원 ④ 500,000원

해설

비용구배 $= \dfrac{\text{특급비용} - \text{정상비용}}{\text{정상시간} - \text{특급시간}} = \dfrac{200-150}{15-10}$
$= 10$만 원/day

59 관리도에서 측정한 값을 차례로 타점했을 때 점이 순차적으로 상승하거나 하강하는 것을 무엇이라 하는가?

① 연(run) ② 주기(cycle)
③ 경향(trend) ④ 산포(dispersion)

해설
- 경향 : 관리도에서 측정한 값을 차례로 타점하였을 때 점이 순차적으로 상승 또는 하강하는 것
- 관리도 $\begin{cases} \text{계량치}(\tilde{X}-R,\ X,\ X-R,\ R) \\ \text{계수치}(nP,\ P,\ C,\ U) \end{cases}$

60 품질 특성을 나타내는 데이터 중 계수치 데이터에 속하는 것은?

① 무게 ② 길이
③ 인장강도 ④ 부적합품률

해설
계수치 관리도
- nP(불량 개수)
- P(불량률)
- C(결점수)
- V(단위당 결점수)

정답 58 ② 59 ③ 60 ④

2015년 58회 기출문제

2015.7.19 시행

01 저수소계 용접봉은 용접하기 전에 어느 정도의 온도에서 일정 시간 건조시켜 사용하는가?

① 100~150℃
② 200~250℃
③ 300~350℃
④ 400~450℃

해설
저수소계 용접봉(E 4316)의 건조온도
300~350℃에서 1시간 정도 건조한다.

02 가스 절단이 원활하게 이루어질 수 있는 재료의 성질은?

① 모재의 산화물의 유동성이 좋아야 한다.
② 산화물의 용융온도가 모재의 용융온도보다 높아야 한다.
③ 모재의 점도가 높아야 한다.
④ 산소와 결합하여 연소되면 안 된다.

해설
가스 절단 조건
용접용 모재의 산화물 유동성이 좋을 것(절단부분의 예열온도 약 800~1,000℃)

03 산소-아세틸렌을 사용한 수동 절단 시 팁끝과 연강판 사이의 거리는 백심에서 약 몇 mm 정도가 가장 적당한가?

① 0.5~1.0
② 1.5~2.0
③ 2.5~3.0
④ 3.5~4.0

해설

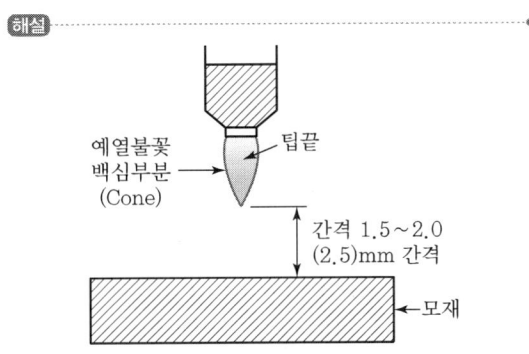

04 아세틸렌가스 발생기가 아닌 것은?

① 투입식
② 청정식
③ 주수식
④ 침지식

해설
C_2H_2 가스 발생기
• 투입식(물에 카바이드를 투입한다.)
• 주수식(카바이드에 물을 넣는다.)
• 침지식(버킷에 카바이드를 넣어 물에 잠기게 한다.)

05 가스 절단팁의 노즐 모양으로 가우징, 스카핑 등에서 사용하는 것으로 넓고 얇게 용착을 행하기 위한 노즐로 가장 적합한 것은?

① 스트레이트 노즐
② 곡선형 노즐
③ 저속 다이버전트 노즐
④ 직선형 노즐

해설
절단산소의 분출구(노즐)
• 직선형 : 공작이 용이하다.
• 다이버전트형(divergent type) : 가우징, 스카핑 등에서 사용하며 구멍이 끝으로 감에 따라 조금씩 넓어지기 때문에 넓고 얇게 용착이 가능하다.

정답 01 ③ 02 ① 03 ② 04 ② 05 ③

06 용착(deposit)을 가장 잘 설명한 것은?

① 모재가 녹은 깊이
② 용접봉이 용융지에 녹아 들어가는 것
③ 모재의 열영향을 받는 경계부
④ 아크열에 녹은 모재의 용융지 면적

해설
용착(deposit)
모재의 열영향을 받는 경계부

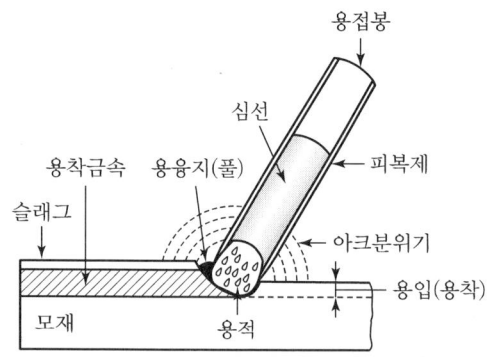

07 다음 중 전류 100A 이상 300A 미만의 금속 아크용접 시 어떤 범위의 차광렌즈를 사용하는 것이 가장 적당한가?

① 8~9   ② 10~12
③ 13~14   ④ 15 이상

해설
아크 차광렌즈(유리) 규격(차광도 번호)
• 6~7 : 30A 미만
• 8~9 : 30~100A 미만
• 10~12 : 100A 이상~300A 미만
• 13~14 : 300A 이상

08 강재 표면의 홈이나 개재물, 탈탄층 등을 제거하기 위하여 될 수 있는 대로 얇게 그리고 타원형 모양으로 표면을 깎아내는 가공법은?

① 가우징(gouging)   ② 드래그(drag)
③ 스테이킹(staking)   ④ 스카핑(scarfing)

해설
스카핑
강재 표면의 홈이나 개재물, 탈탄층 등을 제거하기 위하여 될 수 있는 대로 얇게 그리고 타원형 모양으로 표면을 깎아내는 가공법

09 E4313-AC-5-400 연강용 피복아크 용접봉의 규격을 표시한 것 중 규격 설명이 잘못된 것은?

① E : 전기용접봉
② 43 : 용착금속의 최저인장강도
③ 13 : 피복제의 계통
④ 400 : 용접전류

해설
E4313 중, 400 : 용접기 정격 2차 전류값이다.

10 용접부의 내식성에 영향을 미치는 인자가 아닌 것은?

① 용접이음 형상
② 용제(flux)
③ 잔류응력 및 재질
④ 용접방법

11 용접기의 핫스타트(hot start) 장치의 장점이 아닌 것은?

① 아크 발생을 쉽게 한다.
② 크레이터 처리를 잘 해준다.
③ 비드 모양을 개선한다.
④ 아크 발생 초기의 비드 용입을 양호하게 한다.

해설
용접기의 hot start(아크부스터)
모재 접촉한 0.2~0.25초 정도의 순간적인 시간에 대전류를 흘려서 아크 초기 안정을 도모하는 장치이다. 그 설치(사용) 목적은 ①, ③, ④항이다.

정답 06 ② 07 ② 08 ④ 09 ④ 10 ④ 11 ②

12 아세틸렌가스의 자연발화 온도는 몇 도인가?

① 306~308℃
② 355~358℃
③ 406~408℃
④ 455~458℃

해설
아세틸렌가스의 자연발화 온도 : 406~408℃

13 정격사용률이 40%, 정격 2차 전류 300A, 무부하전압 80V, 효율 85%인 용접기를 200A의 전류로 사용하고자 할 때 이 용접기의 허용사용률은 몇 %인가?

① 60%
② 70.6%
③ 76.5%
④ 90%

해설
용접기의 허용사용률(%)
$$\frac{(정격\ 2차\ 전류)^2}{(용접기\ 전류)^2} \times 정격사용률 = \frac{(300)^2}{(200)^2} \times 40 = 90\%$$

14 가스용접에서 전진법에 대한 설명으로 옳은 것은?

① 용접봉의 소비가 많고 용접시간이 길다.
② 용접봉의 소비가 적고 용접시간이 길다.
③ 용접봉의 소비가 많고 용접시간이 짧다.
④ 용접봉의 소비가 적고 용접시간이 짧다.

해설
가스용접 전진법(용접봉이 앞서서 진행)
- 왼쪽방향으로 움직인다 하여 좌진법이라고도 한다. 불꽃이 용융풀(용융지)의 앞쪽을 가열하기 때문에 모재의 변형이 심하고 기계적 성질이 떨어지고 불꽃 때문에 용입이 방해되나 비드의 표면은 매끈하다.
- 용접봉의 소비가 많고 용접시간이 길다.(후진법은 반대이다.)

15 아세틸렌의 발화나 폭발과 관계없는 것은?

① 압력
② 가스혼합비
③ 유화수소
④ 온도

해설
아세틸렌가스(C_2H_2) 불순물
- 인화수소(H_2P)
- 유화수소(H_2S)
- 암모니아(NH_3)

16 TIG 용접으로 Ti 합금재질의 파이프(pipe) 용접 시의 설명으로 틀린 것은?

① Ar 가스로 용접부의 용접 비드 보호를 위하여 파이프 내면의 퍼징과 외면에 퍼징기구를 사용하여 보호가스로 퍼징하여 산화를 막는다.
② Ti 합금의 용접부 가공 시 초경합금 또는 다이아몬드 숫돌로 가공 후 용접한다.
③ Ti 합금의 용접 전류는 펄스(Pulse)전류를 사용하는 것이 좋으며 직류 정극성을 사용하여야 한다.
④ Ti 합금 용접 시 예열온도는 350℃, 층간온도는 300℃로 하여야 한다.

해설
티탄(Ti) 합금 용접 시
티탄의 용융점은 1,670℃로 높다. 600℃ 이상 고온에서만 반응한다.

17 용접면을 가볍게 접촉시키면서 대전류를 흐르게 하여 접촉면에 전기불꽃을 발생시켜 그 열로 두 개의 면을 접합시키는 용접은?

① 플래시 용접
② 마찰 용접
③ 프로젝션 용접
④ 심 용접

해설
플래시 용접(flash welding) : 불꽃용접
- 용접면을 가볍게 접촉시키면서 대전류를 흐르게 하여 접촉면에 전기불꽃을 발생시켜 그 열로 두 개의 면을 접합시킨다.(업세트용접에 비해 가열범위가 좁고 이음의 신뢰성이 높다.)
- 플래시 과정에서 산화물 등을 플래시로 비산시키므로 용접부에서 불순물을 제거할 수 있다.

정답 12 ③ 13 ④ 14 ① 15 ③ 16 ④ 17 ①

18 불활성가스 아크용접에서 주로 사용되는 불활성가스는?

① C_2H_2
② Ar
③ H_2
④ N_2

해설
불활성가스 아크용접에서 사용되는 가스
아르곤(Ar), 헬륨(He)

19 탄산가스(CO_2) 아크용접 작업 시 전진법의 특징으로 옳은 것은?

① 용접 스패터가 비교적 많으며 진행방향 쪽으로 흩어진다.
② 용접선이 잘 안 보이므로 운봉을 정확하게 할 수 없다.
③ 용착금속의 용입이 깊어진다.
④ 비드 폭의 높이가 높아진다.

해설
탄산가스 아크용접 시 전진법의 특징(용극식 : 전극와이어가 소모된다.)
- 용접전류의 밀도가 커서($100 \sim 300A/mm^2$) 용입이 깊고 용접속도가 빠르다.
- 전진법은 용접스패터가 많고 진행방향 쪽으로 흩어진다.

20 가스용접 및 절단작업 시 안전사항으로 가장 거리가 먼 것은?

① 작업 시 작업복은 깨끗하고 간편한 복장으로 갈아입고 작업자의 눈을 보호하기 위해 보안경을 착용한다.
② 납이나 아연합금 및 도금 재료의 용접이나 절단 시 중독의 우려가 있으므로 환기에 신경을 쓰며 방독마스크를 착용하고 작업을 한다.
③ 산소병은 고압으로 충전되어 있으므로 운반 시는 전용 운반장비를 이용하며, 나사부분의 마모를 적게 하기 위하여 윤활유를 사용한다.
④ 밀폐된 용기를 용접하거나 절단할 때 내부의 잔여물질 성분이 팽창하여 폭발할 우려를 충분히 검토한 후 작업을 한다.

해설
산소는 조연성(지연성) 가스이므로 가연물인 윤활유 사용은 금지한다.

21 서브머지드 아크용접에 사용하는 용제(flux)의 작용이 아닌 것은?

① 용착금속에 포함된 불순물을 제거한다.
② 용접금속의 급랭을 방지한다.
③ 용제의 공급이 많아지면 기공의 발생이 적어진다.
④ 단열 작용으로 아크열이 외부에 발산되는 것을 막아 용접부에 집중시킨다.

해설
서브머지드 아크용접용 용제
- 종류 : 용융형, 소결형, 혼성형
- 용제가 습기를 흡수해서 수분을 갖든지, 불순물이 혼입되어 있으면 이것이 아크열을 받아 분해되어 수소나 산소로 되면 기공(blow hole), 균열(crack)이 발생한다.

22 CO_2 용접에서 용접부에 가스를 잘 분출시켜 양호한 실드(shield)작용을 하도록 하는 부품은?

① 토치 바디(Torch body)
② 노즐(Nozzle)
③ 가스 분출기(Gas diffuse)
④ 인슐레이터(Insulator)

해설
탄산가스 아크용접법에서 실드가스(CO_2)를 사용한다.
㉠ 용접용 토치 종류
  - 반자동식 : 피스톨 권총형
  - 전자동식 : 원통모양
㉡ 탄산가스 실드가스의 송급량은 홈의 형상, 노즐과 모재의 거리, 작업 시 풍향·풍속 등에 의하여 알맞은 양이 결정된다.

정답 18 ② 19 ① 20 ③ 21 ③ 22 ②

23 땜납 가운데 결정 입자가 치밀하며 강도도 충분하여 스테인리스강의 납땜에 이용되는 것은?

① 20[%] 주석 – 납
② 30~40[%] 주석 – 납
③ 50[%] 주석 – 납
④ 60[%] 주석 – 납

해설
땜납(주석 + 납의 합금) : 연납
• 스테인리스강 납땜 : 은납, 황동납
• 주석 60% + 납 40% = 정밀작업용

24 서브머지드 아크용접에서 고능률 용접법이 아닌 것은?

① 다전극법
② 컷 와이어(cut wire) 첨가법
③ CO_2 + UM 다전극법
④ 일렉트로 슬래그 용접법

해설
서브머지드 아크용접(피복아크용접)
㉠ 고능률 용접법
  • 다전극법(첸덤식, 횡병렬식, 횡직열식)
  • 컷 와이어 첨가법
  • CO_2 + UM 다전극법
㉡ 일렉트로 슬래그 용접법(아주 두꺼운 물건의 용접에 사용) 전기저항 발생열을 이용하여 용접한다.(비피복용접)

25 테르밋 용접의 특징은?

① 용접시간이 짧고 용접 후 변형이 적다.
② 설비비가 비싸고 작업 장소 이동이 어렵다.
③ 용접에 전기가 필요하다.
④ 불활성가스를 사용하여 용접한다.

해설
테르밋 용접
• 용접시간이 짧고 또 용접 후의 변형이 적다.
• 용접용 기기 설비가 싸고 이동도 할 수 있다.
• 전기가 불필요하다.
• 불활성 가스가 불필요하다.

26 일렉트로 가스 아크용접(EGW) 시 사용되는 보호가스가 아닌 것은?

① 알곤가스   ② 헬륨가스
③ 이산화탄소   ④ 수소가스

해설
일렉트로 가스 아크용접
• 일렉트로 슬래그 용접보다 두께가 얇은 중후판의 용접에 이상적이다.
• 실드 보호가스 : CO_2, Ar, He

27 불활성가스 금속 아크용접법에 대한 설명 중 틀린 것은?

① 알루미늄(Al), 마그네슘(Mg), 동합금, 스테인리스강, 저합금강 등 거의 모든 금속에 적용되며, TIG용접의 2~3배 용접 능률을 얻을 수 있다.
② MIG 용접에서 아크길이를 일정하게 유지할 수 있게 하는 것은 고주파장치가 있기 때문이다.
③ MIG 용접에서의 용적이행에는 단락이행, 입상이행, 스프레이 이행이 있으며 이 중 가장 많이 사용하는 것은 스프레이 이행이다.
④ TIG 용접과 같이 청정작용으로 용제(flux)가 필요 없다.

해설
불활성가스 금속 아크용접법
교류를 사용하는 티그(TIG) 용접에서 아크를 안정시켜서 불평형 부분을 적게 하기 위해서 용접전류에 고전압, 고주파수, 저출력의 추가 전류의 도입이 일반적으로 행해주고 있다.(전압 3,000V, 주파 300~1,000KC)

28 TIG 용접에서 고주파 교류전원은 일반 교류전원에 비하여 다음과 같은 장점을 가지고 있다. 틀린 것은?

① 텅스텐 전극봉의 수명이 연장된다.
② 텅스텐 전극봉을 모재에 접촉시키지 않아도 아크가 발생된다.
③ 아크가 더욱 안정된다.

④ 텅스텐 전극봉에 보다 많은 열이 발생한다.

해설
티그 용접에서 고주파 교류전원의 장점 : ①, ②, ③ 외 일정지름의 전극에 대해서 광범위한 전류의 사용이 가능하다.

29 이음 형상에 따른 심 용접기의 종류가 아닌 것은?

① 횡 심 용접기
② 종 심 용접기
③ 만능 심 용접기
④ 업셋 심 용접기

해설
심 용접기 종류(형상에 의한 분류)
- 심 용접기(횡심, 종심, 원주)
- 만능 심 용접기
※ 심용접은 기밀이나 유밀성을 요하는 제품에 사용하는 용접이다.

30 베어링 합금의 필요조건으로 틀린 것은?

① 충분한 점성과 인성이 있을 것
② 마찰계수가 크고 저항력이 작을 것
③ 전동피로수명이 길고, 내마모성을 가질 것
④ 하중에 견딜 수 있는 정도의 경도와 내압력을 가질 것

해설
베어링 합금은 마찰계수가 적고 저항력이 커야 한다.

〈합금〉
- 화이트 메탈 • 배빗 메탈 • 켈밋

31 합금강에서 Cr 원소의 첨가효과로 틀린 것은?

① 내열성을 증가시킨다.
② 자경성을 증가시킨다.
③ 부식성을 증가시킨다.
④ 내마멸성을 증가시킨다.

해설
크롬(Cr)의 특징
- 내식성, 내열성 증가(부식성 감소)
- 주물에서 흑연화 억제

32 금속 침투법 중에서 Al를 침투시키는 것은?

① 세라다이징
② 크로마이징
③ 실리코나이징
④ 칼로나이징

해설
표면경화 칼로나이징(calorizing)
강재에 알루미늄(Al) 침투로 내열성, 내식성 증가

33 용접구조용 압연강재의 한국산업표준(KS D3515)의 기호로 옳은 것은?

① SM400A
② SS400A
③ STS410A
④ SWR11A

해설
압연강재 표준기호(KSD3515) : 용접구조용 압연강재(SM400A)
- 압연강재 성분 : C, Mn, Si, P, S
- 압연강재 분류 : 일반구조용(SS41, 50), 용접구조용(SM41A), 보일러용(SB42)

34 다음 탄소공구강 중 탄소 함유량이 가장 많은 것은?

① STC1
② STC2
③ STC3
④ STC4

해설
탄소공구강(STC) C의 함량
- STC1 : 1.3~1.5%
- STC2 : 1.10~1.30%
- STC3 : 1.0~1.10%
- STC4 : 0.90~1.0%

35 Sn 청동의 용해 주조 시에 탈산제로 사용되는 P를 합금 중에 0.05~0.5% 정도 남게 하여 용탕의 유동성이 좋아지고 합금의 경도, 강도가 증가하며, 내마모성 · 탄성이 개선되는 청동은?

① 인청동
② 연청동
③ 규소청동
④ 알루미늄청동

정답 29 ④ 30 ② 31 ③ 32 ④ 33 ① 34 ① 35 ①

해설
인청동 : 구리에 인(P)을 1% 이하로 합금
- 내마멸성, 탄성의 개선
- 큰 하중을 받는 베어링의 부시나 웜, 치차의 웜의 재질로 사용되는 합금

36 주철의 기계적 성질로서 틀린 것은?

① 압축강도가 크다.   ② 내마멸성이 크다.
③ 절삭성이 크다.   ④ 연성 및 전성이 크다.

해설
주철(Cast Iron)의 특성
- 가단성이나 강도, 인성, 전성이 나쁘다.(탄소함량 2% 이상)
- 유동성이 좋고 압축강도와 감쇄능이 크다.
- 여러 가지 모양으로 주조가 가능하다.

37 시멘타이트(cementite)란?

① Fe와 C의 화합물   ② Fe와 S의 화합물
③ Fe와 N의 화합물   ④ Fe와 O의 화합물

해설
시멘타이트
- 탄소강 조직 : 페라이트, 펄라이트, 시멘타이트, 오스테나이트
- 시멘타이트 : 탄화철(Fe_3C)은 대단히 경하고 취약하다. 연성은 거의 없고 상온에서는 강자성체이고 담금질하여도 경화하지 않는다.(탄소가 5% 이상이다.)

38 스테인리스강 용접 시 열영향부 부근의 부식 저항이 감소되어 입계부식이 일어나기 쉬운데 이러한 현상의 주된 원인은?

① 탄화물의 석출로 크롬 함유량 감소
② 산화물의 석출로 니켈 함유량 감소
③ 수소의 침투로 니켈 함유량 감소
④ 유황의 편석으로 크롬 함유량 감소

해설
오스테나이트 스테인리스강에서 용접 시 600~800℃ 사이에서 단시간 내 탄화물이 결정립계에 석출되기 때문에 입계 부근의 내식성이 저하되어 점진적으로 부식되는 입계부식이 발생한다.

이를 방지하려면 냉각속도를 빠르게 하든지 용접 후에 충분히 장시간 가열 후 급랭시키는 용체화 처리를 한다.

39 Fe-C 평형상태도에 대한 설명 중 틀린 것은?

① BCC격자가 FCC격자로 변태하면 팽창한다.
② 결정격자가 변화하는 것을 동소변태라 한다.
③ 강자성을 잃고 상자성으로 변화하는 것을 자기변태라 한다.
④ 성질 변화가 일정한 온도에서 급격히 불연속적으로 일어나는 것을 동소변태라 한다.

해설
Fe-C 평형상태도
- BCC격자 : 체심입방격자
- FCC격자 : 면심입방격자
- HCP격자 : 조밀입방격자
※ 면심입방격자가 체심입방격자보다 전연성이 크다.

40 WC, TiC, TaC 등의 분말에 Co 분말을 결합제로 혼합하여 1,300~1,600℃로 가열소결시키는 재료는?

① 세라믹   ② 초경합금
③ 스테인리스   ④ 스텔라이트

해설
초경합금(소결합금)
텅스텐(W)분말+탄소(C)분말을 혼합시켜 WC로 만든 다음 점결제인 Co(코발트)로 1,400~1,500℃에서 소결시킨 강, 특징은 고온경도가 우수한 위디아, 아리아, 카볼로이, 텅갈로이가 만들어진다.(공구용 합금강이다.)

41 라우탈(lautal)의 주요 합금 조성으로 옳은 것은?

① Al-Si 합금
② Al-Cu-Si 합금
③ Al-Cu-Ni-Mn
④ Al-Cu-Mg-Mg

해설

라우탈(탄력용 강력 알루미늄 합금)
알루미늄(A)+구리 6%+규소 2~4% 합금(Al+Cu+Si)
실용합금 Alcoa 25S

42 불변강이란 온도 변화에 따라 열팽창계수, 탄성계수 등이 변하지 않는 것이다. 이러한 불변강에 해당되지 않는 것은?

① 인바(invar)
② 코엘린바(coelinvar)
③ 센더스트(sendust)
④ 슈퍼인바(superinvar)

해설

불변강은 철+니켈(Ni 36% 이상)의 합금으로서 고니켈강이며 비자성체이고 강력한 내식성강이다.
• 종류 : 인바, 엘린바, 코엘린바, 퍼멀로이, 플래티나이트 등
• 센더스터 : 철 85%+알루미늄 5%, 규소 10% 조성(고투자율 합금이다.)

43 인장을 받는 맞대기 용접이음에서 굽힘모멘트 M[kgf·mm], 굽힘응력 : σ_b[kgf/mm²], 용접길이 : L[mm]일 때, 용접치수(모재두께) : t[mm]를 구하는 식으로 옳은 것은?

① $t = \sqrt{\dfrac{\sigma_b L}{6M}}$
② $t = \sqrt{\dfrac{\sigma_b M}{6L}}$
③ $t = \sqrt{\dfrac{6M}{\sigma_b L}}$
④ $t = \sqrt{\dfrac{6L}{\sigma_b M}}$

해설

인장을 받는 맞대기 용접이음 굽힘 모멘트
용접치수(t) 모재 두께 계산 = $\sqrt{\dfrac{6M}{\sigma_b \cdot L}}$ (mm)

44 용접전류가 과대하거나 운봉속도가 너무 빨라서 용접 비드 토(toe)에 생기는 작은 홈과 같은 용접결함을 무엇이라 하는가?

① 기공
② 오버 랩
③ 언더 컷
④ 용입불량

해설

언더 컷(under-cut) 원인
• 용접전류 과대
• 용접운봉속도가 빠를 때
• 아크길이가 너무 길 때
• 용접봉 유지각도 불량

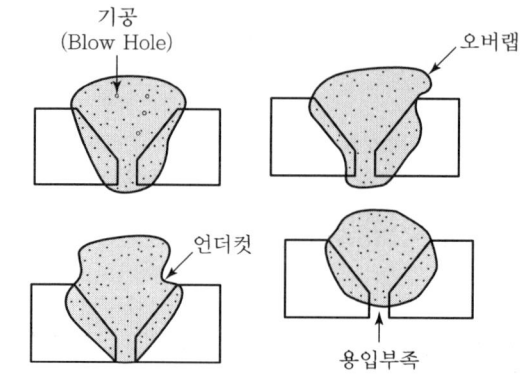

45 용접에서 잔류응력이 영향을 주는 것은?

① 좌굴강도
② 은점(fish eye)
③ 용접 덧살
④ 언더 컷

해설

용접 잔류응력의 영향은 좌굴강도(挫屈强度)이다.
• 좌굴강도 : Buckling Strength, 즉 재료가 좌굴파괴를 일으키는 최대응력
• 잔류응력 장해
 - 피로강도 저하
 - 취성파괴 우려
 - 응력부식 균열의 진전

46 꼭지각이 136°인 다이아몬드 사각추의 압입자를 시험 하중으로 시험편에 압입한 후에 생긴 오목자국의 대각선을 측정해서 환산표에 의해 경도를 표시하는 것은?

① 비커스 경도
② 피로 경도
③ 브리넬 경도
④ 로크웰 경도

정답 42 ③ 43 ③ 44 ③ 45 ① 46 ①

해설

비커스 경도
정각 136°의 다이아몬드 제4각추를 시험편에 압입할 때 압흔의 흔적으로 압입에 요하는 하중을 나눈 값으로 나타낸다.(질화강, 침탄강 경도시험에 적합하다.)

47 주철은 대체적으로 보수용접에 많이 쓰이며, 주물의 상태, 결함의 위치, 크기와 특징, 겉모양 등에 대하여 요구될 때에는 여러 가지 시공법에 유의하여 용접하여야 한다. 다음 중 주철의 보수용접에 쓰이는 용접방법이 아닌 것은?

① 스터드법   ② 비녀장법
③ 버터링법   ④ 홀더링법

해설

주철의 보수용접 방법
- 스터드법
- 비녀장법
- 버터링법
- 로킹법

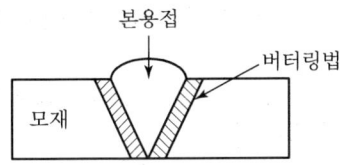

48 비파괴검사법 중 표면 바로 밑의 결함 검출에 가장 좋은 검사법은 어느 것인가?

① 방사선투과시험
② 육안검사시험
③ 자기탐상시험
④ 침투탐상시험

해설

비파괴검사법에서 용접부 바로 밑 균열 결함 검사 시에는 (비드 밑균열검사) 방사선투과검사법이 좋다.

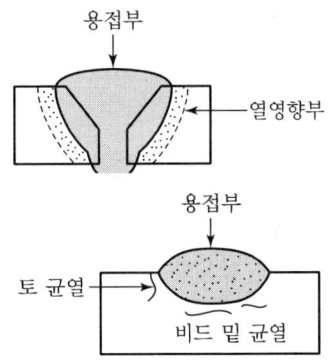

49 제조업의 피크 전력 시간대에 용접된 제품의 품질이 저하되는 이유는?

① 전압 강하로 인한 용접 조건의 변화
② 기온 상승에 의한 모재 온도 상승
③ 전류 밀도 증가로 용적 이행 상태 변화
④ 작업 권태 발생으로 품질의식 저하

해설

제조업의 피크 전력 시간대에 용접된 제품의 품질저하 원인은 전압강하로 인한 용접조건

50 보조기호 중 영구적인 이면 판재 사용을 표시하는 기호는?

① ⌐M⌐   ② ‿‿
③ ⌐MR⌐ ④ ⌣⌣

해설

보조기호 표시
① ⌐M⌐ : 영구적인 덮개판을 사용
② ⌐MR⌐ : 제거가 가능한 덮개판을 사용
③ ‿(⊥) : 요철
④ ⌣⌣ : 끝단부를 매끄럽게 함

정답 47 ④ 48 ① 49 ① 50 ①

51 다음 중 각 변형의 방지대책으로 틀린 것은?

① 개선각도는 용접에 지장이 없는 한도 내에서 작게 한다.
② 판 두께가 얇을수록 첫 패스의 개선깊이를 작게 한다.
③ 용접속도가 빠른 용접방법을 선택한다.
④ 구속 지그 등을 활용한다.

해설
변형 방지대책
판ㆍ두께가 얇으면 용접 첫 패스의 개선깊이를 크게 한다.

52 가접에 대한 설명 중 가장 올바른 것은?

① 가접은 가능한 한 크게 한다.
② 가접은 중요치 않으므로 본 용접공보다 기능이 떨어지는 용접공이 해도 된다.
③ 강도상 중요한 곳, 용접 시점 및 종점이 되는 끝부분은 가접을 피하도록 한다.
④ 가접은 본 용접에는 영향이 없다.

해설
가접
• 응력집중이 되는 곳은 피한다.
• 강도상 중요한 곳은 가접을 피한다.
• 용접시작점, 끝나는 부분은 가접을 피한다.
• 본 용접 용접봉보다는 작은 용접봉으로 가접한다.
• 가접은 가능한 한 적게 한다.

53 용접성(weldability) 시험법에 속하는 것은?

① 화학분석시험   ② 부식시험
③ 노치취성시험   ④ 파면시험

해설
노치취성시험
구조물에 노치가 없으면 충분한 연성을 나타내지만 노치가 있으면 취약해지고 파괴현상이 일어난다. 용접구조물의 취성파괴에 관해서 시험방식은 다음과 같다.(샤르피충격시험, COD시험, 팬더벤시험, 로버트슨시험, 2중인장시험, 디프노치 시험 등을 말한다.)
※ 노치(notch) : 홈이나 날카로운 모서리 등이 있는 부분의 취성(notch brittleness) 재료에 홈이 있으면 취약파괴 현상

54 용접패스상의 언더컷이 발생하는 가장 큰 원인은?

① 용접전류가 너무 높을 때
② 짧은 아크 길이를 유지할 때
③ 이음 설계가 적당할 때
④ 용접부가 급랭될 때

해설
언더컷 발생원인
• 용접전류가 너무 높을 때
• 아크 길이가 너무 길 때
• 용접속도가 너무 빠를 때
• 부적당한 용접봉을 사용했을 때

55 TPM 활동체제 구축을 위한 5가지 기둥과 가장 거리가 먼 것은?

① 설비 초기 관리체제 구축활동
② 설비효율화의 개별 개선활동
③ 운전과 보전의 스킬 업 훈련활동
④ 설비경제성 검토를 위한 설비투자 분석활동

해설
TPM(Total Productive Maintenance, 전사적 생산보전)
• 3정 : 정위치, 정품, 정량
• 5S : 정리, 정돈, 청소, 청결, 습관화
• TPM 활동체제 구축을 위한 기둥은 ① ② ③항이다.

56 로트에서 랜덤하게 시료를 추출하여 검사한 후 그 결과에 따라 로트의 합격, 불합격을 판정하는 검사방법을 무엇이라 하는가?

① 자주검사   ② 간접검사
③ 전수검사   ④ 샘플링검사

해설
샘플링검사
로트에서 무작위로 시료를 추출하여 검사한 후 그 결과에 따라 로트의 합격, 불합격을 판정하는 검사방법이다.
※ 로트 : 1회의 준비로서 만드는 물품의 집단

정답 51 ② 52 ③ 53 ③ 54 ① 55 ④ 56 ④

57 도수분포표에서 알 수 있는 정보로 가장 거리가 먼 것은?

① 로트 분포의 모양
② 100단위당 부적합 수
③ 로트의 평균 및 표준편차
④ 규격과의 비교를 통한 부적합품률의 추정

해설
도수분포표
품질변동을 분포현상 또는 수량적으로 파악하는 통계적 기법으로 평균치와 표준편차를 구할 때 사용한다.

58 ASME(American Society of Mechanical Engineers)에서 정의하고 있는 제품공정분석표에 사용되는 기호 중 "저장(Storage)"을 표현한 것은?

① ○ ② □
③ ▽ ④ ⇨

해설
ASME 기호
- ○, ⇨ : 운반
- □ : 검사
- ▽, △ : 저장
- D : 정체

59 자전거를 셀 방식으로 생산하는 공장에서, 자전거 1대당 소요공수가 14.5H이며, 1일 8H, 월 25일 작업을 한다면 작업자 1명당 월 생산 가능 대수는 몇 대인가?(단, 작업자의 생산종합효율은 80%이다.)

① 10대 ② 11대
③ 13대 ④ 14대

해설
- 8시간×25일=200대
- 월 생산 가능 대수 = $\frac{200}{14.5} \times 0.8 = 11$대

60 미리 정해진 일정단위 중에 포함된 부적합 수에 의거하여 공정을 관리할 때 사용되는 관리도는?

① c 관리도 ② P 관리도
③ X 관리도 ④ nP 관리도

해설
관리도
㉠ 계량치 관리도
- 평균치범위 : $\overline{X} - R$
- 개수측정치 : x
- 메디안 범위 : $\tilde{X} - R$

㉡ 계수치 관리도
- 불량개수 : P_n
- 불량률 : P
- 결점수 : C
- 단위당 결점수 : u

㉢ C 관리도 : 미리 정해진 일정 단위 중에 포함된 부적합 수에 의거하여 공정을 관리할 때 사용되는 관리도이다.

정답 57 ② 58 ③ 59 ② 60 ①

2016년 59회 기출문제

2016.4.2 시행

01 아세틸렌가스에 관한 설명으로 틀린 것은?
① 공기보다 무겁다.
② 탄소와 수소의 화합물이다.
③ 압축하면 분해폭발을 일으킬 수 있다.
④ 카바이드와 물의 화학작용으로 발생한다.

해설
아세틸렌가스[C_2H_2]의 분자량 : 26
공기의 분자량(산소, 질소, 아르곤 평균) : 29
C_2H_2 비중 = $\frac{26}{29}$ = 0.90(공기보다 가볍다.)

02 가스 절단 작업에서 산소의 순도가 99.5% 이상 높을 때 나타나는 현상이 아닌 것은?
① 절단속도가 빠르다.
② 절단면이 양호하다.
③ 절단 홈의 폭이 넓어진다.
④ 경제적인 절단이 이루어진다.

해설
산소의 순도가 99.5% 이상이면 가스 절단 시에 절단면이 매끈하고 아름답다(절단속도가 빨라진다.). 단, 절단 홈의 폭이 좁아진다.

03 가스 절단 시 예열 불꽃이 강할 때 일어나는 현상이 아닌 것은?
① 절단속도가 늦어진다.
② 절단면이 거칠어진다.
③ 모서리가 용융되어 둥글게 된다.
④ 슬래그 중 철 성분의 박리가 어려워진다.

해설
가스 절단 시 예열 불꽃이 강하면 절단속도가 빨라진다.

04 공업용 LP가스는 상온에서 얼마 정도로 압축하는가?
① 1/100
② 1/150
③ 1/200
④ 1/250

해설
공업용 LP가스(액화 석유가스)는 상온에서 액화 시 $\left(\frac{1}{250}\right)$ 정도 압축시킨다.

05 다음 가연성 가스 중 발열량이 가장 큰 것은?
① 수소
② 부탄
③ 에틸렌
④ 아세틸렌

해설
가스의 발열량(kcal/m³)
760mmHg, 15.5℃에서
• 수소 : 2,899
• 부탄 : 29,035
• 에틸렌 : 15,134
• 아세틸렌 : 13,204
※ 분자량이 크면 발열량이 높다.

06 강판 두께 25.4mm를 가스 절단 시 표준 드래그 길이는 약 몇 mm 정도인가?
① 3.1
② 5.1
③ 7.1
④ 9.1

해설
(1) 드래그 길이
• 판 두께 12.7mm(2.4mm)
• 판 두께 25.4mm(5.2mm)
• 판 두께 51mm(5.6mm)
• 판 두께 51~152mm(6.4mm)
(2) 드래그 길이(%) = (드래그 길이/판 두께)×100
※ 답이 20% 정도이면 표준이다.

정답 01 ① 02 ③ 03 ① 04 ④ 05 ② 06 ②

07 교류와 직류 용접기를 비교할 때 교류 용접기가 유리한 항목은?

① 역률이 매우 양호하다.
② 아크의 안정이 우수하다.
③ 비피복봉 사용이 가능하다.
④ 자기쏠림 방지가 가능하다.

해설
교류용 접기는 자기쏠림 방지가 가능하다.(자기쏠림이 거의 없다.)
①, ②, ③항은 직류 용접기의 특성이다.

08 정격 2차 전류 250A, 정격사용률 40%의 아크용접기를 가지고 실제로 200A의 전류로 용접한다면 허용사용률은 몇 %인가?

① 22.5
② 42.5
③ 62.5
④ 82.5

해설
허용사용률
정격 2차 전류 이하의 전류로서 용접을 하는 경우에 허용되는 사용률

$$허용사용률(\%) = \frac{(정격\ 2차\ 전류)^2}{(실제의\ 용접전류)^2} \times 정격사용률(\%)$$
$$= \frac{(250)^2}{(200)^2} \times 40 = 62.5\%$$

09 포갬 절단(stack cutting)에 대한 설명으로 틀린 것은?

① 비교적 얇은 판(6mm 이하)에 사용된다.
② 절단 시 판 사이에 산화물이나 불순물을 깨끗이 제거한다.
③ 0.08mm 이하의 틈이 생기도록 포개어 압착시킨 후 절단한다.
④ 예열 불꽃으로 산소-프로판 불꽃보다 산소-아세틸렌 불꽃이 적합하다.

해설
포갬 절단(stack cutting)
포개어 압착시킨 후 절단, 즉 비교적 6mm 이하의 박판을 포개어 놓고 한꺼번에 절단하는 방법으로 판과 판 사이에 오물이나 산화물을 제거하고 0.08mm 이상의 틈이 있으면 절단이 되지 않으므로 큰 압력으로 누른 후에 절단하여야 한다.(예열 불꽃은 산소-아세틸렌 불꽃보다 산소-프로판 불꽃이 적당하다.)

10 일명 핀치 효과형이라고도 하며, 비교적 큰 용적이 단락되지 않고 옮겨가는 이행형식은?

① 단락형
② 입자형
③ 스프레이형
④ 글로뷸러형

해설
- 글로뷸러형 : 핀치 효과형이라고도 하며 비교적 큰 용적이 단락되지 않고 옮겨가는 이행형식
- 핀치효과 : 기체 중을 흐르는 전류는 동일 방향의 평행 전류 간에 작용하는 흡인력에 의해 중심을 향해서 수축하려는 성질이 있는데, 이를 핀치효과라고 한다.
- 아크용착현상 : 단락형, 스프레이형, 글로뷸러형

11 피복 아크용접에서 아크쏠림 방지대책 중 옳은 것은?

① 아크길이를 길게 할 것
② 접지점은 가급적 용접부에 가까이 할 것
③ 교류용접으로 하지 말고 직류용접으로 할 것
④ 용접봉 끝을 아크쏠림 반대방향으로 기울일 것

해설
아크쏠림(아크 블로)
도체에 전류가 흐르면 그 주위에 자장이 생기게 된다. 아크 블로(arc blow)라는 현상은 모재, 아크, 용접봉과 흐르는 전류에 따라 그 주위에 자계가 생기며 이 자계가 용접물의 형상과 아크 위치에 따라 아크에 대해 비대칭이 되어 아크가 한 방향으로 강하게 되면서 아크 방향이 흔들려서 불안정하게 된다. 주로 직류용접에서 발생하는데, 이를 방지하기 위해서는 교류용접 아크를 짧게 하고, 접지점은 가급적 용접부에서 떨어져야 하며, 용접봉 끝을 아크 쏠림 반대방향으로 기울여야 한다.

정답 07 ④ 08 ③ 09 ④ 10 ④ 11 ④

12 토치를 사용하여 용접부의 결함 뒤따내기, 가접의 제거, 압연강재 및 주강의 표면결함 제거 등에 사용되는 가공법은?

① 가스 가우징
② 산소창 절단
③ 산소아크 절단
④ 아크에어 가우징

해설
가스 가우징(gas gouging)
토치를 사용하여 용접부의 결함 뒤따내기, 가접의 제거, 압연강재나 주강의 표면결함 제거 등에 사용하는 가공법이다.

13 저수소계 용접봉은 사용 전에 충분한 건조가 되어야 한다. 가장 적당한 건조온도와 건조시간은?

① 150~200℃, 30분~1시간
② 200~250℃, 1~2시간
③ 300~350℃, 1~2시간
④ 400~450℃, 30분~1시간

해설
저수소계 용접봉(E4316)
인장강도 49~58kg/mm²(사용 전 건조시간 및 건조온도 : 1~2시간, 300~350℃)
※ 수소 성분이 매우 적다.

14 스카핑(scarfing)에 대한 설명으로 옳은 것은?

① 탄소 또는 흑연 전극봉과 모재와의 사이에 아크를 일으켜서 절단하는 방법이다.
② 강재 표면의 탈탄층 또는 홈을 제거하기 위해 타원형 모양으로 얇고 넓게 표면을 깎는 것이다.
③ 탄소 아크 절단에 압축공기를 병용한 방법으로 결함 제거, 절단 및 구멍 뚫기 작업이다.
④ 물의 압력을 초고압 이상으로 압축하여 물의 정지 에너지를 운동에너지로 전환하여 절단하는 작업이다.

해설
스카핑(scarfing)
강재 표면의 탈탄층 또는 홈을 제거하기 위해 타원형 모양으로 얇고 넓게 표면을 깎는 것이다.

15 AW-500 교류 아크용접기의 최고 무부하 전압은 몇 V 이하인가?

① 30
② 80
③ 95
④ 110

해설
- AW-500(교류 아크용접기 용량 표시)
- 2차 무부하 전압
  - 400A 용접기(85V 이하)
  - 500A 용접기(95V 이하)

16 전자빔 용접의 단점이 아닌 것은?

① 냉각속도가 빨라 경화현상이 일어난다.
② 배기장치가 필요하고 피용접물의 크기도 제한받는다.
③ X선이 많이 누출되므로 X선 방호장비를 착용해야 한다.
④ 용접봉을 일반적으로 사용하지 않으므로 슬래그 섞임 등의 결함이 생기지 않는다.

해설
전자빔 용접(electron beam welding)은 고진공(10^{-4}~10^{-6} mmHg) 속에서 적열된 필라멘트에서 전자빔을 접합부에 조사하여 그 충격열로 이용한 용융법이다. ④항은 단점이 아닌 장점이다.

17 다음과 같은 성질을 무엇이라고 하는가?

아크 플라스마는 고전류가 되면 방전전류에 의하여 생기는 자장과 전류의 작용으로 아크 단면이 수축하여 가늘게 되고 전류밀도는 증가한다.

① 플라스마
② 단락 이행 효과
③ 자기적 핀치 효과
④ 플라스마 제트 효과

해설
- 플라스마(plasma) : 기체를 가열시켜 온도를 높이고 도전성을 얻어서 전자와 이온이 혼합되어서 도전성을 띈 가스를 플라스마라고 한다.
- 열적핀치효과(thermal pinch effect)

18 CO_2 가스 아크용접용 토치의 구성품이 아닌 것은?

① 노즐 ② 오리피스
③ 송급 롤러 ④ 콘택트 팁

해설
- CO_2 가스 아크용접 토치에는 ①, ②, ④ 외 용접기에는 와이어 송급장치 등이 있다.
- 탄산가스 아크용접 : 가격이 비싼 아르곤이나 헬륨 대신 CO_2를 사용하는 용극식 용접방법이다.(실드 가스와 전극 와이어 토치의 작동형식에 의해서 분류할 수 있다.)

19 TIG 용접에 사용되는 텅스텐 전극봉의 종류에 해당되지 않는 것은?

① 순 텅스텐
② 바륨 텅스텐
③ 2% 토륨 텅스텐
④ 지르코늄 텅스텐

해설
불활성가스 아크용접(inert gas arc welding)
(1) 티그용접(TIG)
- 수동식
- 반자동식
- 전자동식
- 아크 점용접
(2) 텅스텐
순텅스텐, 2% 토륨 텅스텐, 지르코늄 텅스텐

20 납땜과 용제를 삽입한 틈을 고주파 전류를 이용하여 가열하는 납땜 방법으로 가열시간이 짧고 작업이 용이한 것은?

① 저항 납땜 ② 노 내 납땜
③ 인두 납땜 ④ 유도 가열 납땜

해설
유도 가열 납땜(Induction brazing)
납땜과 용제를 삽입한 틈을 고주파 전류를 이용하여 가열하는 납땜방법으로 가열시간이 짧고 작업이 용이하다.
- 주로 관 모양의 결합 시 사용한다.
- 장치의 조작이 간단하고 균일한 급속가열이 가능하다.
- 온도조절이 용이하다.

21 탄산가스 아크용접에서 전진법의 특징이 아닌 것은?

① 비드 높이가 낮고 평탄한 비드가 형성된다.
② 용접선이 잘 보이므로 운봉을 정확하게 할 수 있다.
③ 스패터가 비교적 많으며 진행방향 쪽으로 흩어진다.
④ 용융 금속이 앞으로 나가지 않으므로 깊은 용입을 얻을 수 있다.

해설
- 후진법 : $\xrightarrow{5\ 4\ 3\ 2\ 1}$
- 대칭법 : $\xleftarrow{4\ 2\ 1\ 3}$
- 스킵법 : $\xrightarrow{1\ 4\ 2\ 5\ 3}$
- 전진법 :
- 전진법 : 보통 5mm 이하의 얇은 박판 용접에 사용

22 금속 또는 금속화합물의 분말을 가열하여 반용융 상태로 하여 불어서 밀착 피복하는 방법은?

① 용사 ② 스카핑
③ 레이저 ④ 가우징

해설
용사 피복법
금속 또는 금속화합물의 분말을 가열하여 반용융 상태로 하여 불어서 밀착 피복하는 방법이다.(용사 : metallizing)

정답 18 ③ 19 ② 20 ④ 21 ④ 22 ①

23 불활성가스 아크용접으로 스테인리스강을 용접할 때의 설명 중 가장 거리가 먼 것은?

① 깊은 용입을 위하여 직류 정극성을 사용한다.
② 용접성이 우수한 순 텅스텐 전극봉을 가장 많이 사용한다.
③ 전극의 끝은 뾰족할수록 전류가 안정되고 열집중성이 좋다.
④ 보호가스는 알곤 가스를 사용하며 낮은 유속에서도 우수한 보호작용을 한다.

[해설]
㉠ 텅스텐 전극
  - 순수한 텅스텐
  - 토륨(Th 1~2%)이 함유된 텅스텐 전극
㉡ 스테인리스강(stainless steel) : 철 + 크롬의 합금

24 플래시 버트 용접의 특징으로 틀린 것은?

① 용접면에 산화물 개입이 적다.
② 업셋 용접보다 전력 소비가 적다.
③ 용접면을 정밀하게 가공할 필요가 없다.
④ 가열부의 열영향부가 넓고 용접시간이 길다.

[해설]
플래시 버트 용접(압접용접의 저항 맞대기 용접)
용접할 2개의 레일 단부를 약 2mm 띄어서 전류를 통하게 한 후 양 단부를 접촉과 분리를 반복하여 교류회로를 단락시키면 전기저항에 의하여 열이 발생하고 이때 양쪽 모재를 강압하여 접합하는 용접이다.

25 CO_2 아크용접 시 아크전압은 비드형상을 결정하는 가장 주요한 요인이 되는데 아크전압을 높이면 어떤 현상이 나타나는가?

① 용입이 약간 깊어진다.
② 비드가 볼록하고 좁아진다.
③ 비드가 넓어지고 납작해진다.
④ 와이어가 녹지 않고 모재 바닥에 부딪힌다.

[해설]
㉠ CO_2 아크용접 전류 : 300~750A
㉡ CO_2 아크용접 전압
  - 박판 전압 = $0.04 \times 1 + 15.5 \pm 1.5$(V)
  - 후판 전압 = $0.05 \times 1 + 11.5 \pm 2$(V)
※ 아크 전압을 올리면 비드가 넓어지고 납작해진다.

26 테르밋 용접에 대한 설명으로 틀린 것은?

① 용접시간이 짧고, 용접 후 변형이 적다.
② 설비비가 싸고, 전원이 필요 없으므로 이동해서 사용이 가능하다.
③ 테르밋 반응의 발화제로서 산화구리, 티타늄 등의 혼합분말을 이용한다.
④ 철도 레일의 맞대기 용접, 크랭크축, 배의 프레임 등의 보수용접에 사용한다.

[해설]
테르밋 용접(thermit welding)
미세한 알루미늄분말(Al) + 산화철분말(FeO)을 약 3 : 1 ~ 4 : 1 등으로 혼합하여 점화제로 점화하면 1,100℃ 이상의 고온이 얻어져서 강렬한 반응으로 테르밋 반응으로 약 2,800℃를 얻는다.(발화제 : 과산화바륨 + 마그네슘 혼합분말 사용) 테르밋 용접은 전기가 필요 없다.

27 레이저 용접(Laser welding)에 관한 설명으로 틀린 것은?

① 소입열 용접이 가능하다.
② 좁고 깊은 용접부를 얻을 수 있다.
③ 고속 용접과 용접 공정의 융통성을 부여할 수 있다.
④ 접합되어야 할 부품의 조건에 따라서 한 방향의 용접으로는 접합이 불가능하다.

[해설]
레이저 에너지 밀도(10^{10}W/cm^2)
레이저는 광의 증폭기이다(육안으로 확인하면서 용접이 가능하고 원격조작, 고융점을 가진 금속에 이용된다.). 정밀용접이 가능하고 불량도체나 접근하기 곤란한 용접도 가능하다.

정답 23 ② 24 ④ 25 ③ 26 ③ 27 ④

28 플라스마(plasma) 아크용접장치의 구성 요소가 아닌 것은?

① 토치
② 홀더
③ 용접전원
④ 고주파 발생장치

해설
플라스마는 기체원자가 전리되어 이온과 전자로 분리되고 이온이 혼합되어 도전성을 띤 가스체로서 냉각가스를 이용하여 10,000~30,000℃까지 온도를 낼 수 있다. 핀치효과를 이용하므로 홀더는 필요없다.(핀치효과 : Pinch effect)

29 논 가스 아크용접법의 특징으로 틀린 것은?

① 보호가스나 용제를 필요로 하지 않는다.
② 수소가 많이 발생하여 아크 빛과 열이 약하다.
③ 보호가스의 발생이 많아서 용접선이 잘 보이지 않는다.
④ 용접 길이가 긴 용접물에 아크를 중단하지 않고 연속으로 용접할 수 있다.

해설
논 가스 아크용접(Nongas arc welding)
보호가스나 용제가 불필요한 용접이며 솔리드와이어 또는 플럭스가 든 와이어를 써서 CO_2 등 실드가스 없이 공기 중에서 직접 용접하는 방법, 비피복 아크용접법(실드가스가 필요하지 않아서 바람이 불어도 비교적 안정되고 특히 옥외 용접에 이상적이다.)

30 강의 담금질 조직에서 경도가 높은 순서로 옳게 표시한 것은?

① 마텐사이트 > 트루스타이트 > 소르바이트 > 오스테나이트
② 마텐사이트 > 소르바이트 > 오스테나이트 > 트루스타이트
③ 오스테나이트 > 트루스타이트 > 마텐사이트 > 소르바이트
④ 마텐사이트 > 소르바이트 > 트루스타이트 > 오스테나이트

해설
강의 담금질 경도순서는 ①항이며 조직의 변화순서는 오스테나이트 > 마텐자이트 > 트루스타이트 > 소르바이트이다.

31 주철 용접 시 주의사항 중 틀린 것은?

① 용접봉은 가능한 한 가는 지름을 사용한다.
② 용접전류는 필요 이상 높이지 말아야 한다.
③ 가스용접에 사용되는 불꽃은 산화 불꽃으로 한다.
④ 균열의 보수는 균열의 연장을 방지하기 위하여 균열 끝에 작은 구멍을 뚫는다.

해설
주철은 강철에 비해 탄소, 규소가 많고 취성을 가지기 때문에 용접이 곤란하다. 즉, 주철은 단단하여 부스러지기 때문에 용접부 또는 다른 부분에 균열이 생기기 쉽다. 가스용접 시에는 주철제 용접봉이 사용되고(중성불꽃 : 3,240℃) 산소 : 아세틸렌 비율이 1.0~1.0이다.
가스용접 시 가장 이상적인 불꽃은 중성불꽃인 표준불꽃(neutral flame)이다.

32 다음 금속 중 비중이 가장 큰 것은?

① Mo   ② Ni
③ Cu   ④ Mg

해설
금속의 비중(분자량) : 비중 4.5 이상은 중금속
• Mo(몰리브덴) : 10.2
• Ni(니켈) : 8.8
• Cu(구리) : 8.7
• Mg(마그네슘) : 1.74

33 CO_2 용접으로 용접하기에 가장 용이한 재료로 사용되는 것은?

① 철강   ② 구리
③ 실루민   ④ 알루미늄

정답 28 ② 29 ② 30 ① 31 ③ 32 ① 33 ①

> [해설]
>
> 아크용접
> - 피복(실드) 아크용접(탄산가스 아크용접)
> - CO_2 gas shielded(피복, 보호) arc welding
> - $CO_2 \leftrightarrows CO + O$(아크열에 의해 열해리된다.)
> - 연강(철강) 용접에 이상적인 용접이다.

34 알루미늄 및 알루미늄합금 재료의 용접에 가장 적절한 용접방법은?

① TIG 용접
② CO_2 용접
③ 피복 아크용접
④ 서브머지드 아크용접

> [해설]
>
> TIG 용접
>
> 불활성가스 아크용접으로 전극의 주위에서 아르곤이나 헬륨 등과 같이 금속과 반응이 잘 일어나지 않는 불활성가스(inert gas)를 유출시키면서 텅스텐 전극 또는 모재와 같은 전극 사이에서 아크를 발생시켜 아크열에 의해 용접한다. 알루미늄은 가스나 아크용접이 곤란하나 TIG 용접의 역극성을 사용하면 용제 없이도 용접이 쉽고 아르곤 이온이 모재 표면에 충돌하여 산화물이 제거된다. 단 정극성에는 산화막의 청정작용이 없어서 직류정극성은 경합금 용접에는 사용되지 않는다.

35 고Mn강의 조직으로 옳은 것은?

① 오스테나이트
② 펄라이트
③ 베이나이트
④ 마텐사이트

> [해설]
>
> 고망간(Mn)강 조직 : 오스테나이트
> - Austenite(오스테나이트) 조직은 r 고용체, 즉 강에서 면심입방격자
> - 망간(Mn)은 강에 경도, 강도, 점성을 증가시키고 탈산작용을 하여 강의 유동성을 좋게 한다. 황(S)이 주는 해를 제거시키고 절삭성을 개선한다.
> - 고망간강은 탄소 1~1.2%, 망간 11~13%에서 1,000~1,050℃로 가열 후 물이나 기름에 급랭시키면 오스테나이트 조직화된다.

36 Fe-C 평형상태도에서 시멘타이트의 자기변태점에 해당되는 것은?

① A_0 변태점
② A_1 변태점
③ A_3 변태점
④ A_4 변태점

> [해설]
>
> 시멘타이트(Cementite, Fe_3C : 탄화철)
> - A_0 변태점 : 210℃(시멘타이트 자기 변태점)
> - A_1 변태점 : 723℃
> - A_2 변태점 : 768℃
> - A_3 변태점 : 910℃
> - A_4 변태점 : 1,400℃

37 철강재료 선정 시 고려사항 중 틀린 것은?

① 기계적 강도가 요구되며 인장강도가 클 것
② 반복하중을 받는 것이면 피로강도가 클 것
③ 마모되는 곳에는 탈탄 산화성이 클 것
④ 부식되는 곳에는 내부식성이 클 것

> [해설]
>
> 철강재료의 경우 마모되는 곳에는 탈탄이나 산화성이 적어야 한다.

38 철강 표면에 아연(Zn)을 확산 침투시키는 세러다이징(sheradizing)의 주요 목적으로 옳은 것은?

① 연성
② 가단성
③ 내식성
④ 인장강도

> [해설]
>
> 금속침투법(세러다이징 : 아연침투법)에서 아연을 침투시키면 내식성이 증가한다.
> ※ 칼로라이징(Al 침투법), 크로마이징(Cr 침투법), 실리코나이징(Si 침투법), 보로나이징(B 침투법)

39 용접 후 열처리(Post Weld Heat Treatment)를 실시한 후 시간의 경과에 따라 형상 치수를 안정시키는 방법으로 옳은 것은?

① 최종 잔류응력을 증가시켜야 한다.
② 냉각속도는 가급적 빠르게 진행한다.
③ 노로부터 반출 온도는 가급적 낮게 하여야 한다.
④ 용접부의 가열 후 유지 온도의 상하한 폭을 가능한 한 높게 한다.

해설
용접 후 열처리를 실시한 후 시간의 경과에 따라 형상 치수를 안정시키는 방법은 노로부터 반출 온도는 가급적 낮게 한다.

40 알루미늄 합금 중 불화알칼리, 금속나트륨 등을 첨가하여 개량처리하는 합금은?

① 실루민   ② 라우탈
③ 로엑스 합금   ④ 하이드로날륨

해설
실루민 합금을 서랭하면 공정조직이 거칠게 발달하여 기계적 성질이 저하되므로 용체에 미량의 나트륨(Na), NaF, Sr(스트론튬)을 첨가하여 조직을 미세화시키는 데 이를 개량처리(Modification)라고 한다.

41 한국산업표준에서 정한 일반 구조용 탄소강관을 나타내는 기호로 옳은 것은?

① STS   ② SKS
③ SNC   ④ STK

해설
- STS : 고압배관용 탄소강관
- STK : 일반구조용 탄소강 강관 KS-D 3566, STK 290~400~500 등이 있다.

42 질화처리에 대한 설명 중 틀린 것은?

① 내마모성이 커진다.
② 피로한도가 향상된다.
③ 높은 표면경도를 얻을 수 있다.
④ 고온에서 처리되는 관계로 변형이 많다.

해설
질화처리(질화법) : 표면열처리
암모니아(NH_3) 가스를 이용한 표면경화법, 즉 NH_3가 고온에서 분해하여 질소(N)가스를 발생하고 철과 화합하여 질화층을 형성하며 이 질화층은 경도가 대단히 크고 내마멸성, 내식성이 크다. 고온에서 경도가 유지되고 변형이 적다.(단, 질화 후에는 수정이 불가하다.)

43 용접 길이를 짧게 나누어 간격을 두면서 용접하는 것으로 전류응력이 적게 발생하도록 하는 용착법은?

① 전진법   ② 후진법
③ 스킵법   ④ 빌드업법

해설
스킵법(Skip method)
용접길이를 짧게 나누어 간격을 두면서 용접한다.(잔류응력이 적게 발생한다. 스킵법은 판이 매우 얇은 경우나 용접 후에 비틀림이 생길 염려가 있는 경우 사용한다.)
1　4　2　5　3

44 양호한 용접품질을 얻기 위하여 용접시공 시 예열이 많이 사용되고 있다. 다음 중 예열을 하는 가장 주된 이유는?

① 표면 오염을 제거하기 위하여
② 고강도의 용착금속을 얻기 위하여
③ 저열전도도 재료를 용이하게 용접하기 위하여
④ 열영향부와 용착금속의 경화를 방지하고 연성을 증가하기 위하여

해설
용접 시공 시 예열의 이유
열영향부와 용착금속의 경화를 방지하고 연성을 증가시킨다.

정답　39 ③　40 ①　41 ④　42 ④　43 ③　44 ④

45 판 두께 12mm, 용접 길이 25cm인 판을 맞대기 용접하여 4,200N의 인장하중을 작용시킬 때 인장응력은 얼마인가?

① 14N/cm² ② 140N/cm²
③ 700N/cm² ④ 1,400N/cm²

해설
인장응력(N/cm²) = $\dfrac{\text{인장하중}}{\text{판두께} \times \text{용접길이}}$
= $\dfrac{4,200}{1.2 \times 25}$ = 140N/cm²

46 용접 후 변형을 교정하는 방법을 나열한 것 중 틀린 것은?

① 롤러에 거는 방법
② 형재에 대한 직선 수축법
③ 냉각 후 해머질하는 방법
④ 절단에 의하여 성형하고 재용접하는 방법

해설
해머질(피닝)은 잔류응력을 제거하는 방법이다.

47 용접작업에서 잔류응력의 경감과 완화를 위한 방법으로 적합하지 않은 것은?

① 포지셔너 사용 ② 직선 수축법 선정
③ 용착 금속량의 감소 ④ 용착법의 적절한 선정

해설
용접작업 후 잔류응력의 경감과 완화를 위한 방법은 ①, ③, ④항이다. 잔류응력 제거에는 노내풀림법, 국부풀림법, 기타 잔류응력제거법을 사용한다.

48 용접비드 끝에서 불순물과 편석에 의해 발생하는 응고균열은?

① 은점 ② 스패터
③ 수소취성 ④ 크레이터

해설
크레이터(Crater)
용접비드 끝에서 불순물과 편석에 의해 발생하는 응고 균열, 즉 용접에서 분화구 모양의 움푹 패인 모습이다. 용접물이 부족해서 비드가 충분히 위로 올라가지 못해 발생한다.

49 용접지그를 선택하는 기준으로 틀린 것은?

① 용접변형을 억제할 수 있는 구조이어야 한다.
② 청소하기 쉽고 작업능률이 향상되어야 한다.
③ 피용접물과의 고정과 분해가 어렵고 용접할 간극이 좁아야 한다.
④ 용접하고자 하는 물체를 튼튼하게 고정시켜 줄 수 있는 크기와 강성이 있어야 한다.

50 다음 용접기호를 바르게 설명한 것은?

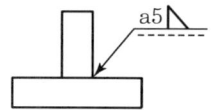

① 필릿 용접 ② 플러그 용접
③ 목 길이가 5mm ④ 루트 간격은 5mm

해설
- ◣ : 필릿용접(단속) : 아래보기자세 용접
- a5 : 목두께 5mm

51 가접에 대한 설명으로 가장 거리가 먼 것은?

① 부재 강도상 중요한 곳은 가접을 피한다.
② 가접할 때 용접봉은 본 용접봉보다 지름이 굵은 것을 사용한다.
③ 본 용접사와 동등한 기량을 갖는 용접자로 하여금 가접을 하게 한다.
④ 본 용접 전에 좌우의 홈 부분을 잠정적으로 고정하기 위한 짧은 용접이다.

해설
용접시공 시 가접할 때 용접봉은 본 용접봉보다 약간 지름이 작은 것을 사용한다.

52 오버랩(overl lap)의 결함이 있을 경우, 보수 방법으로 가장 적합한 것은?

① 비드 위에 재용접한다.
② 드릴로 구멍을 뚫고 재용접한다.
③ 결함 부분을 깎아내고 재용접한다.
④ 직경이 작은 용접봉으로 재용접한다.

해설

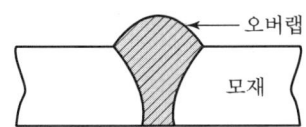

용융금속이 모재와 융합되어서 모재 위에 겹쳐지는 상태
※ 보수방법 : 결함부분을 깎아내고 재용접한다.

53 용접구조 설계상의 주의사항으로 틀린 것은?

① 용접이음의 집중, 접근 및 교차를 가급적 피할 것
② 용접치수는 강도상 필요 이상으로 크게 하지 말 것
③ 용접에 의한 변형 및 잔류응력을 경감시킬 수 있도록 할 것
④ 후판 용접의 경우 용입이 얕은 용접법을 이용하여 용접 층수(패스 수)를 많게 할 것

해설

후판 용접(두께가 두꺼운 판의 용접)
• 용입을 깊게 한다.
• 용접의 층 수를 적게 한다.

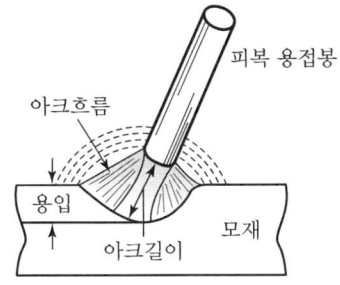

54 강재 용접부 표면에 발생한 기공의 탐상에 가장 적합한 비파괴 검사법은?

① 음향방출검사
② 자분탐상검사
③ 초음파 탐상검사
④ 방사선 투과검사

해설

자분탐상검사
비파괴 검사법으로 강재 용접부 표면에 발생한 기공의 탐상에 가장 적합하다.(탐사코일법, 자성분말법)
※ 비자성체인 알루미늄, 구리, 오스테나이트계 스테인리스 등은 적용되지 않는다.

55 계수 규준형 샘플링 검사의 OC 곡선에서 좋은 로트를 합격시키는 확률을 뜻하는 것은?(단, α는 제1종 과오, β는 제2종 과오이다.)

① α
② β
③ $1 - \alpha$
④ $1 - \beta$

해설

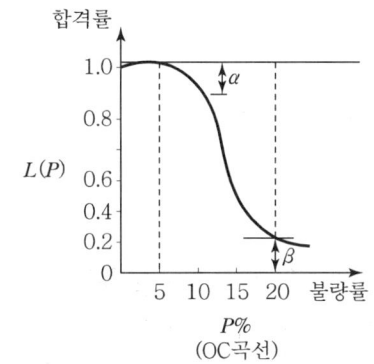

• 불량률 P%인 로트가 검사에서 합격되는 확률 L(P)
• $1 - \alpha$: OC 곡선에서 좋은 로트를 합격시키는 확률이다.
• OC 곡선에서 좋은 Lot의 과오에 의한 불합격 확률과 임의의 품질을 가진 로트의 합격 또는 불합격되는 확률을 알 수 있다.
• 제1종 과오(생산자 위험) : 시료가 불량하기 때문에 lot가 불합격되는 확률(실제로는 진실인데 거짓으로 판단되는 과오로서 α로 표시한다.)
• 제2종 과오(소비자 위험) : 당연히 불합격되어야 할 lot가 합격되는 확률(실제로는 거짓인데 진실로 판단되는 과오로서 β로 표시한다.)

정답 52 ③ 53 ④ 54 ② 55 ③

56 어떤 작업을 수행하는 데 작업소요시간이 빠른 경우 5시간, 보통이면 8시간, 늦으면 12시간 걸린다고 예측되었다면 3점 견적법에 의한 기대 시간치와 분산을 계산하면 약 얼마인가?

① $t_e = 8.0$, $\sigma^2 = 1.17$
② $t_e = 8.2$, $\sigma^2 = 1.36$
③ $t_e = 8.3$, $\sigma^2 = 1.17$
④ $t_e = 8.3$, $\sigma^2 = 1.36$

해설
- 3점 견적법 $(t_e) = \dfrac{T_0 + 4T_m + T_p}{6}$

  $\therefore \dfrac{5 + 4 \times 8 + 12}{6} = 8.2$
- 분산 $= \dfrac{8.2}{6} = 1.36$

57 작업측정의 목적 중 틀린 것은?

① 작업개선   ② 표준시간 설정
③ 과업관리   ④ 요소작업 분할

해설
작업측정 목적
- 작업개선
- 표준시간 설정
- 과업관리

58 정규분포에 관한 설명 중 틀린 것은?

① 일반적으로 평균치가 중앙값보다 크다.
② 평균을 중심으로 좌우대칭의 분포이다.
③ 대체로 표준편차가 클수록 산포가 나쁘다고 본다.
④ 평균치가 0이고 표준편차가 1인 정규분포를 표준정규분포라 한다.

해설
정규분포(Normal Distribution)
일명 Gauss의 오차분포라고 하며 평균치에 대한 좌우대칭 종모양을 하고 있는 분포로서 계량치는 원칙적으로 이 분포에 따른다.

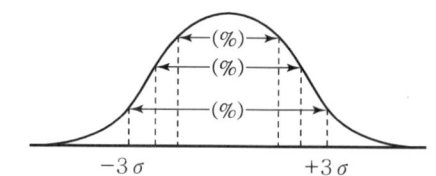

정규분포의 성질은 분포의 평균과 표준오차로 결정된다.

59 계량값 관리도에 해당되는 것은?

① c 관리도   ② u 관리도
③ R 관리도   ④ np 관리도

해설
- 계량값 관리도(길이, 무게, 강도, 전압, 전류 등의 연속변량 측정) : $\tilde{X}-R$ 관리도, X 관리도, $X-R$ 관리도, R 관리도
- 계수치 관리도(직물의 얼룩, 흠 등 불량률 측정) : np 관리도, p 관리도, c 관리도, u 관리도

60 일반적으로 품질코스트 가운데 가장 큰 비율을 차지하는 것은?

① 평가코스트   ② 실패코스트
③ 예방코스트   ④ 검사코스트

해설
실패코스트
품질코스트에서 가장 큰 비율을 차지하며 내부실패비율, 외부실패비율 초기단계에서 실패코스트가 50~75%로 그 비율이 크다.

정답 56 ② 57 ④ 58 ① 59 ③ 60 ②

2016년 60회 기출문제

2016.7.10 시행

01 교류 아크용접기에 관한 설명으로 옳은 것은?

① 교류 아크용접기는 극성 변화가 가능하고 전격의 위험이 적다.
② 교류 아크용접기의 부속장치에는 전격방지장치, 원격제어장치 등이 있다.
③ 교류 아크용접기는 가동철심형, 탭전환형, 엔진구동형, 가포화리액터형 등으로 분류된다.
④ AW-300은 교류 아크용접기의 정격 입력 전류가 300A 흐를 수 있는 전류 용량의 값을 표시하고 있다.

해설
- 전격(감전) : 50~100mA에서는 치명적이다. 전압이 높고 인체의 저항값이 작을수록 위험하다.(무부하 전압이 90V 이상 높은 용접기를 사용하지 않는다.)
- 원격제어장치 : 용접전류의 조정을 원격조작한다.
- 교류아크용접기 : 일반공장에서 가장 많이 사용한다.
  - 1차 측 : 200V 동력전원에 접속한다.
  - 2차 측 : 70~80V 정도이다.
- 교류에는 엔진구동형은 존재하지 않는다.

02 강괴, 강편, 슬래그 기타 표면의 흠이나 주름, 주조결함, 탈탄층 등을 제거하는 방법으로 가장 적합한 가공법은?

① 스카핑
② 분말 절단
③ 가스 가우징
④ 아크 에어 가우징

해설
스카핑(scarfing)
강괴, 강편, 슬래그 기타 표면의 흠이나 주름, 주조결함, 탈탄층을 제거하는 적합한 가공법이다. 가우징(gouging)에 비해 얇게, 그리고 넓게 표면을 깎는다.

03 피복 아크용접봉으로 운봉할 때 운봉 폭은 심선 지름의 어느 정도가 가장 적합한가?

① 2~3배   ② 4~5배
③ 6~7배   ④ 8~9배

해설
피복 아크용접봉 운봉 : 용접봉의 운동상태(예 : ∿∿∿)이며, 위빙 운봉의 폭은 용접봉 심선의 직경 2~3배가 이상적이다.

04 200메시(mesh) 정도의 철분에 알루미늄 분말을 배합하여 절단하는 것으로 주철, 스테인리스강, 구리, 청동 등의 절단에 효과적인 절단법은?

① 수중 절단   ② 철분 절단
③ 산소창 절단   ④ 탄소 아크 절단

해설
철분 절단
200메시 정도의 철분에 알루미늄(Al) 분말을 배합하여 절단하는 것이다(주철, 스테인리스강, 구리, 청동 등의 절단에 효과적이다.). 절단부에 철분이나 용제(flux)의 미세한 분말을 압축공기나 또는 압축질소를 팁을 통해 분출하면서 절단한다.(철분 사용 : 철분 절단, 용제 사용 : 플럭스 절단)

05 교량의 개조나 침몰선의 해체, 항만의 방파제 공사 등에 가장 많이 사용되는 절단은?

① 수중 절단   ② 분말 절단
③ 산소창 절단   ④ 플라스마 절단

해설
수중 절단
교량의 개조나 침몰선의 해체, 항만의 방파제 공사 등에 가장 많이 사용되는 절단이다.
- 사용연료 : 수소, 아세틸렌, 벤젠, 프로판
- 예열가스의 양 : 공기 중보다 4~8배, 산소의 양은 1.5~2배
- 압축공기나 산소를 분출시켜 물을 배제하고 절단한다.

정답 01 ② 02 ① 03 ① 04 ② 05 ①

06 용해 아세틸렌을 충전하였을 때 용기 전체의 무게가 62.5kgf이었는데, B형 토치의 200번 팁으로 표준불꽃 상태에서 가스용접을 하고 빈 용기를 달아보았더니 무게가 58.5kgf이었다면 가스용접을 실시한 시간은 약 얼마인가?

① 약 12시간　　② 약 14시간
③ 약 16시간　　④ 약 18시간

해설

아세틸렌(C_2H_2) 반응식 : $C_2H_2 + 2.5O_2$
　　　　　　　　　　→ $2CO_2 + H_2O + 312.4kcal$
가스사용량 = 62.5 − 58.5 = 4kgf

가스량 = $4 \times \dfrac{22.4}{26} \times 1,000 = 3,447 l$

∴ 사용시간 = $\dfrac{3,447}{200} ≒ 18$시간 사용

- $1m^3 = 1,000 l$
- C_2H_2 분자량(26kg, 22.4m^3)
- C_2H_2 용기색(황색), O_2 용기(녹색), 팁번호 200 : 판두께 10mm에 사용
- 토치 B형(프랑스식), 토치 A형(독일식)
- B형 토치 팁 200은 1시간에 200l C_2H_2 사용

07 아세틸렌가스의 압력에 따른 가스 용접 토치의 분류에 해당하지 않는 것은?

① 저압식　　② 차압식
③ 중압식　　④ 고압식

해설

가스 용접 토치
아세틸렌+산소의 적당한 비율로 불꽃을 만드는 기구
- 저압식(0.2kg/cm^2 미만)
- 중압식(사용압력 0.07~1.3kg/cm^2)
- 고압식(중압 이상 압력 사용)

08 절단법에 대한 설명으로 틀린 것은?

① 레이저 절단은 다른 절단법에 비해 에너지 밀도가 높고 정밀 절단이 가능하다.
② 산소창 절단법의 용도는 스테인리스강이나 구리, 알루미늄 및 그 합금을 절단하는 데 주로 사용한다.
③ 수중 절단에 사용되는 연료 가스로는 수소, 아세틸렌, LPG 등이 쓰이는데 주로 수소가스가 사용된다.
④ 아크 에어 가우징은 탄소아크 절단에 압축공기를 같이 사용하는 방법으로 용접부의 홈파기, 결함부 제거 등에 사용된다.

해설

산소창 절단
산소호스에 연결된 밸브가 있는 구리관에 안지름 3.3~12mm, 깊이 1.5~3m 정도의 강관을 들어막은 장치. 강관의 끝을 적열하고 산소를 천천히 방출시키면서 모재에 눌러 붙여서 산소와 강관 및 모재와의 화학반응에 의하여 절단한다.(용광로나 평로의 탭(tap) 구멍의 천공, 두꺼운 판의 절단, 주강 슬래그의 덩어리 암석의 천공에 이용)

09 교류 아크용접기 중 가변저항의 변화로 용접 전류를 조정하는 용접기의 형식은?

① 탭 전환형　　② 가동 철심형
③ 가동 코일형　　④ 가포화 리액터형

해설

가포화 리액터형(saturated reactor control type)
변압기와 가포화 리액터를 조합한 것으로 직류의 여자 코일이 가포화 리액터 철심에 감겨 있다. 즉, 가변저항의 변화로 용접전류가 흐른다.
※ 교류용접기는 무부하 전압이 70~90V로 높다.

10 고산화 티탄계의 연강용 피복아크 용접봉을 나타낸 것은?

① E4301　　② E4313
③ E4311　　④ E4316

해설

- E4313(고산화 티탄계) : 슬래그 생성계인 산화티탄을 주성분으로 한 피복제로 사용한다.
- E4301(일미나이트계)
- E4311(고셀룰로오스계)
- E4316(저수소계)
- E4324(철분산화티탄계)
- E4326(철분저수소계)
- E4327(철분산화철계)

정답　06 ④　07 ②　08 ②　09 ④　10 ②

11 피복 아크용접봉의 피복제 역할이 아닌 것은?

① 아크를 안정시킨다.
② 용착 금속을 보호한다.
③ 파형이 고운 비드를 만든다.
④ 스패터의 발생을 많게 한다.

해설
스패터의 발생을 적게 한다.
※ 스패터(spatter) : 용접 중에 용융금속에서 녹은 금속입자나 슬래그가 비산되어 나오는 것(용융금속 내 가스기포가 방출될 때 발생한다.)

12 피복 아크용접 시 아크전압 30V, 아크전류 600A, 용접 속도 30cm/min일 때 용접 입열은 몇 Joule/cm인가?

① 9,000
② 13,500
③ 36,000
④ 43,225

해설
용접 입열 $(H) = \dfrac{E \cdot I \cdot 60}{V}$ (J/cm)

$= \dfrac{60 \times 30V \times 600A}{30cm/min} = 36,000 J/cm$

13 산소-아세틸렌 용접을 할 때 팁(tip) 끝이 순간적으로 막히면 가스의 분출이 나빠지고 토치의 가스 혼합실까지 불꽃이 그대로 도달되어 토치가 빨갛게 달구어지는 현상은?

① 인화(flash back)
② 역화(back fire)
③ 적화(red flash)
④ 역류(contra flow)

14 피복 아크용접봉의 피복제에 포함되어 있는 주요 성분이 아닌 것은?

① 고착제
② 탈산제
③ 탈수소제
④ 가스발생제

해설
용접봉 피복제 주요 성분
• 고착제
• 탈산제
• 가스발생제
• 슬래그 생성제
• 아크안정제
• 합금첨가제

15 부하전류가 증가하면 단자 전압이 저하하는 특성으로서 피복 아크용접에서 필요한 전원 특성은?

① 수하 특성
② 상승 특성
③ 부저항 특성
④ 정전압 특성

16 TIG 용접에 사용되는 전극봉의 조건으로 틀린 것은?

① 저용융점의 금속
② 열 전도성이 좋은 금속
③ 전기저항률이 적은 금속
④ 전자방출이 잘 되는 금속

해설
전극에는 아크열에 녹는 소모식과 열에 의해 녹지 않는 비소모식이 있다.
비소모식은 불활성가스 텅스텐 아크용접법에서 티그 용접봉이라 하며, 소모식은 미그(MIG) 용접이라 한다.

정답 11 ④ 12 ③ 13 ① 14 ③ 15 ① 16 ①

17 MIG 용접에서 극성에 따른 아크상태 및 용접부의 형상에 관한 설명으로 틀린 것은?

① 직류 역극성에서는 스프레이 이행이 되고 용입이 깊다.
② 직류 정극성에서는 입상 이행이 되고 용입이 낮은 비드를 얻을 수 있다.
③ 직류 정극성에서는 큰 용적이 간헐적으로 낙하되어 볼록한 비드를 얻을 수 있다.
④ 직류 역극성에서는 안정된 아크를 얻고, 적은 스패터와 좁고 깊은 용입을 얻을 수 있다.

해설
직류 용접기 극성
• 역극성(DCRP) : 일반적으로 비드 폭이 좁다.
• 정극성(DCSP) : 일반적으로 비드 폭이 넓다.

18 서브머지드 아크용접과 같은 대전류를 사용하는 것에 알맞은 용융금속의 이행방법은?

① 직선형
② 단락형
③ 폭발형
④ 핀치 효과형

해설
대전류를 사용하는 용융금속은 아크 기둥에 흐르는 방전전류에 의해 생긴 자장과 전류의 작용에 의하여 전류통로가 수축되는 현상으로 이 결과 아크 단면이 수축되고 가늘게 되며 에너지의 밀도가 증가하는 아크 성질을 자기적 핀치 효과라 한다.(pinch effect)

19 테르밋 용접에서 테르밋제의 주성분은?

① 과산화바륨과 산화철 분말
② 아연 분말과 알루미늄 분말
③ 과산화바륨과 마그네슘 분말
④ 알루미늄 분말과 산화철 분말

해설
테르밋 용접(thermit welding)
미세한 알루미늄 분말과 산화철 분말을 3 : 1~4 : 1 중량비로 혼합한 테르밋제에 과산화바륨과 마그네슘의 혼합된 분말 점화제를 점화원으로 점화하여 1,100℃ 고온에서 테르밋 반응에 의하여 다시 고온의 2,800℃에서 용접한다.

20 아세틸렌가스와 접촉 시 폭발의 위험성이 없는 것은?

① Cu
② Zn
③ Ag
④ Hg

해설
아세틸렌(C_2H_2) 가스 폭발 요소
• $C_2H_2 + 2Cu(구리) \rightarrow Cu_2C_2 + H_2$
• $C_2H_2 + 2Hg(수은) \rightarrow Hg_2C_2 + H_2$
• $C_2H_2 + 2Ag(은) \rightarrow Ag_2C_2 + H_2$

21 용접법은 에너지원의 종류에 따라 분류할 수 있는데 용접에너지원과 용접법을 연결한 것 중 틀린 것은?

① 전기 에너지 – 확산용접법
② 기계적 에너지 – 마찰용접법
③ 전자기적 에너지 – 폭발용접법
④ 화학적 에너지 – 테르밋용접법

해설
전기적 에너지 – 충격열 용접법(고주파 용접, 레이저 빔 용접)
※ 폭발용접법(EXW) : 폭약층을 이용

22 오토콘 용접과 비교한 그래비티 용접의 특징을 설명한 것으로 옳은 것은?

① 사용법이 쉽다.
② 중량이 가볍다.
③ 구조가 간단하다.
④ 운봉속도의 조절이 가능하다.

해설
능률 아크용접(SMAW)
feeder에 철분계(용접봉 E4324, E4326, E4327)를 장착하여 수평 필릿용접 전용으로 개발된 일종의 고능률 용접이 오토콘 용접, 그래비티 용접이다(반자동으로 한 명이 여러 대의 용접기 관리가 가능하다.). 그래비티는 운봉속도 조절이 가능하다. ①, ②, ③항은 오토콘 용접이다.
• 오토콘 용접(autocon welding)
• 그래비티 용접(gravity welding)

정답 17 ③　18 ④　19 ④　20 ②　21 ③　22 ④

23 용제가 들어 있는 와이어 CO_2법은 복합와이어의 구조에 따라 분류하는데, 다음 그림과 같은 와이어는?

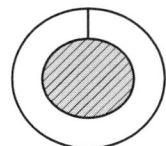

① NCG 와이어
② S관상 와이어
③ Y관상 와이어
④ 아코스 와이어

해설
(1) 탄산가스(CO_2) 아크용접법
  • 용접와이어가 녹는 용극식
  • 전극이 텅스텐으로 되어 있어 녹지 않는 비용극식
(2) 용제가 들어 있는 와이어 CO_2법(아코스 와이어법, 퍼스 아크 CO_2법, NCG법, 유니언 아크법(자성용제식))

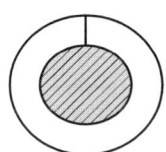

※ NCG(BOC) 복합와이어는 중공의 와이어에 플럭스를 채워서 충진시킨 복합와이어이다.

24 저항용접의 3대 요소에 해당되는 것은?

① 도전율
② 가압력
③ 용접전압
④ 용접저항

해설
저항용접
접합단면에 직각으로 대전류를 짧은 시간에 흐르게 하여 접합단면의 전기저항에 의한 발열로서 국부적으로 가열시켜 압력을 가하여 용접한다.(압접법 용접이다.)
※ 저항의 3대 요소 : 용접전류, 통전시간, 가압력

25 솔더링(soldering)용 용제와 용도가 서로 맞게 연결된 것은?

① 인산 – 염화아연 혼합용
② 염산(HCl) – 아연도금 강판용
③ 염화아연($ZnCl_2$) – 일반 전기제품용
④ 염화암모니아(NH_4Cl) – 구리와 동합금용

해설
(1) 납땜
  • 연납땜(soft soldering)
  • 경납땜(hard soldering brazing)
(2) 용제(연납용)
  • 인산(구리, 구리합금판)
  • 염화아연(주석도금강판, 구리, 구리합금판)
  • 염화암모니아(철강계 금속)
  • 염산(아연도금 강판용)
  • 송진

26 후판 구조물 제작과 스테인리스강 용접이 가능하며, 잠호용접이라고도 하는 것은?

① 테르밋 용접
② 논 가스 아크용접
③ 서브머지드 아크용접
④ 일렉트로 슬래그 용접

해설
서브머지드 특수 아크용접(submerged arc welding)은 잠호(潛弧) 용접이다. 아크는 물론 발생하는 가스(fume)도 외부에서 볼 수 없는 용접이다. 후판(두꺼운 판)과 스테인리스강 용접이 가능하다.

27 플라스마 아크용접의 장점으로 틀린 것은?

① 높은 에너지 밀도를 얻을 수 있다.
② 용접속도가 빠르고 품질이 우수하다.
③ 용접부의 기계적 성질이 좋으며 변형이 적다.
④ 맞대기 용접에서 용접 가능한 모재 두께의 제한이 없다.

정답 23 ① 24 ② 25 ② 26 ③ 27 ④

> **해설**

기체를 가열하여 온도가 높아지면 기체 원자는 격심한 열 운동에 의해 마침내 전리되어 이온과 전자로 나뉜다. 이때 기체는 도전성을 띠게 된다. 이와 같이 전자와 이온이 혼합되어 도전성을 띤 가스체를 플라스마(plasma)라 한다. 맞대기 용접에서 1층으로 용접 시 판두께에 따라 충분한 입열을 가하지 않으면 용접속도를 어느 정도 느리게 하여도 속까지 녹지 않아 용융 부족이 일어난다.

28 다음 용접법 중 압접법에 속하는 것은?

① 초음파용접
② 피복아크용접
③ 산소 아세틸렌용접
④ 불활성가스 아크용접

> **해설**

②, ③, ④는 융접(용접)에 해당한다.

29 납땜의 용제가 갖추어야 할 조건으로 틀린 것은?

① 청정한 금속면의 산화를 방지할 것
② 모재나 땜납에 대한 부식작용이 최소한일 것
③ 용제의 유효온도 범위와 납땜온도가 일치할 것
④ 땜납의 표면장력을 맞추어서 모재와의 친화력을 낮출 것

> **해설**

납땜
• 연납땜(soldering : 450℃ 이하)
• 경납땜(brazing : 450℃ 이상)
• 납땜의 용제 : 붕사, 붕산 등
※ 용제는 땜납의 표면장력을 맞추어서 모재와의 친화력을 크게 하여야 한다.

30 베어링용 합금이 갖추어야 할 조건으로 틀린 것은?

① 열전도율이 작아야 한다.
② 주조성, 절삭성이 좋아야 한다.
③ 충분한 경도와 내압력을 가져야 한다.
④ 내소착성이 크고 내식성이 좋아야 한다.

> **해설**

베어링용 합금
베어링 합금은 주조성, 피가공성이 좋으며 열전도성이 커야 한다.
• 화이트 메탈
• 배빗 메탈
• 켈밋

31 담금질강의 취성을 줄이고 인성(toughness)을 부여하기 위한 열처리법으로 가장 좋은 것은?

① 풀림(annealing)
② 뜨임(tempering)
③ 담금질(quenching)
④ 노멀라이징(normalizing)

> **해설**

• 뜨임(템퍼링) : 담금질한 강재에 연성, 인성을 부여하고 내부응력을 제거하기 위해서 담금질 후 A_1 온도 이하의 범위에서 재가열하는 처리 열처리이다.
• 담금질(퀜칭), 풀림(어닐링), 불림(노멀라이징)

32 용접 시 산화아연이 발생되는 용접재료는?

① 황동
② 주철
③ 연강
④ 스테인리스강

> **해설**

황동
구리+아연계 합금(가스용접에서 주의를 요하는 것은 아연의 증발로 산화아연이 백색 연기로 되어 비드가 보이지 않게 됨에 따라 작업이 곤란하고 기포의 원인이 된다.)

33 Fe-C 평형상태도에서 3상이 공존하는 곳의 자유도는?(단, 압력은 일정하다.)

① 0
② 1
③ 2
④ 3

정답 28 ① 29 ④ 30 ① 31 ② 32 ① 33 ①

해설
자유도(F) = $C - P + 2$
Fe-C(탄화철) 삼상 E점의 자유도(F)
$F = n + (-P) = 2 + 1 - 3 = 0$
여기서, n : 성분 수
P : 상의 수

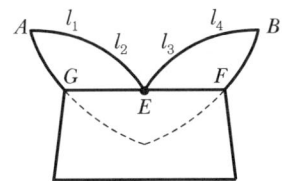

34 일반 고장력강을 용접할 때 주의사항으로 틀린 것은?

① 아크 길이는 가능한 한 짧게 한다.
② 위빙 폭은 크게 하지 않는다.
③ 용접 개시 전에 이음부 내부 또는 용접할 부분에 청소를 한다.
④ 용접봉은 용접작업성이 좋은 고산화티탄계 용접봉을 사용한다.

해설
고장력강(high strength steel)
철에 인장강도를 높이기 위해 망간, 규소, 니켈, 크롬, 몰리브덴, 바나지움, 티타늄 등을 가한 것이다.(용접성을 좋게 하기 위해 탄소량을 적게 한다.)
※ 사용용접봉 : 일미나이트계, 라임티탄계, 저수소계, 철분저수소계, 특수계 사용

35 침탄, 질화 등으로 내마모성과 인성이 요구되는 기계적 성질을 개선하는 열처리는?

① 수인법   ② 담금질
③ 표면경화 ④ 오스포밍

해설
표면경화법
• 침탄법(고체, 액체, 가스침탄법)
• 질화법(NH_3 가스로 N_2 가스 이용)
• 화염경화법(shoterizing)

• 도금법(Ni, Cr 도금)
• 금속침투법

36 고주파 담금질의 특징을 설명한 것으로 틀린 것은?

① 직접가열에 의하므로 열효율이 높다.
② 조작이 간단하며 열처리 가공시간이 단축될 수 있다.
③ 열처리 불량은 적으나 변형 보정이 항상 필요하다.
④ 가열시간이 짧아 경화면의 탈탄이나 산화가 극히 적다.

해설
고주파경화법(담금질)
표면을 경화할 재료의 표면에 코일을 감아 고주파, 고전압의 전류를 흐르게 하면 내부까지 적열되지 않고, 표면만 급속히 가열되어 적열된 후 냉각액으로 급랭시켜 크랭크 축 등의 표면을 경화시킨다.

37 표면 열처리방법인 금속침투법의 침투원소 종류 중 칼로라이징은 어떤 금속을 침투시키는 방법인가?

① Zn   ② Cr
③ Al   ④ Cu

해설
금속침투법(표면경화법)
• 세라다이징(Zn : 아연)
• 칼로라이징(Al : 알루미늄)
• 크로마이징(Cr : 크롬)
• 실리코나이징(Si : 규소)
• 보로나이징(B : 바륨)

38 주철의 마우러(maurer) 조직도란?

① C와 Si 양에 따른 주철 조직도
② Fe와 Si 양에 따른 주철 조직도
③ Fe와 C 양에 따른 주철 조직도
④ Fe 및 C와 Si 양에 따른 주철 조직도

정답   34 ④   35 ③   36 ③   37 ③   38 ①

해설
주철의 마우러 조직도
마우러는 지름 75mm의 원봉을 1,250℃의 건조 형틀에 주입, 냉각속도가 일정한 경우 탄소(C)와 규소(Si)의 조직도(백주철, 반주철, 회주철)

39 강을 담금질한 후 0℃ 이하로 냉각하고 잔류 오스테나이트를 마텐사이트화하기 위한 방법은?

① 저온풀림 ② 고온뜨임
③ 오스템퍼링 ④ 서브제로 처리

해설
서브제로 처리
점성이 큰 잔류 오스테나이트를 제거하는 방법으로 심랭처리라고도 한다. 강을 담금질(소입 : 퀜칭)한 후 0℃ 이하로 냉각하고 잔류오스테나이트를 마텐자이트화하기 위한 방법이다.

40 Fe-C 평형 상태도에서 공석반응이 일어나는 곳의 탄소함량은 약 몇 %인가?

① 0.025% ② 0.33%
③ 0.80% ④ 2.0%

해설
- 공석강 : 탄소 2% 이하(0.77%)
- 과공석강 : 탄소 2% 이하(0.77% 이상)
- 아공석강 : 탄소 2% 이하(0.77% 이하)

41 Ni 36%를 함유하는 Fe-Ni 합금으로서 상온에서 열팽창계수가 매우 적고 내식성이 대단히 좋으므로 줄자, 계측기, 시계의 진자, 바이메탈 등으로 사용되는 강은?

① 인바 ② 라우탈
③ 퍼멀로이 ④ 두랄루민

해설
인바
철+니켈(Ni 36%) 함유합금강(상온에서 열팽창계수가 매우 적고 내식성이 대단히 좋으므로 줄자, 계측기, 시계진자, 바이메탈 등에 사용)

42 탄산가스 아크용접에서 와이어에 적당한 탈산제를 첨가하여 용착금속 내에 기공을 방지하는데 사용되는 원소는?

① Mn, Si ② Cr, Si
③ Ni, Mn ④ Cr, Ni

해설
탄산가스 아크용접에서는 와이어에 적당한 탈산제를 첨가하여 용착금속 내에 기공방지용으로 망간(Mn), 규소(Si)를 첨가한다.

43 용접부에 생기는 용접 균열 결함의 종류에 속하지 않는 것은?

① 가로 균열 ② 세로 균열
③ 플랭크 균열 ④ 비드 밑 균열

해설
용접부 균열 종류
- 가로의 균열
- 세로의 균열
- 비드 밑 균열

44 비드를 쌓아 올리는 다층 용접법에 해당되지 않는 것은?

① 스킵법 ② 덧살 올림법
③ 전진 블록법 ④ 캐스케이드법

해설
- 용접 비드 만들기 : 전진법, 후진법, 대칭법, 스킵법
- 스킵법(skip method) : 1 4 2 5 3
- 다층쌓기법 : 덧붙이법, 가스킷법, 전진블록법, 캐스케이드법이 있다.

45 용접구조 설계상의 주의사항으로 틀린 것은?

① 용접이음이 집중되게 한다.
② 단면형상의 급격한 변화 및 노치를 피한다.
③ 용접치수는 강도상 필요 이상 크게 하지 않는다.
④ 용접에 의한 변형 및 잔류응력을 경감시킬 수 있도록 한다.

정답 39 ④ 40 ③ 41 ① 42 ① 43 ③ 44 ① 45 ①

> **해설**
> 용접구조 설계상 용접이음은 고르게 널리 분포하여 균일한 분포가 되게 용접한다.

46 다음 용접기호의 설명으로 틀린 것은?

① a : 목두께
② n : 목길이의 개수
③ (e) : 인접한 용접부 간격
④ l : 용접 길이(크레이터 제외)

> **해설**
> 기호(n) : 용접 개수

47 용접 비드 끝부분에서 흔히 나타나는 고온균열로서 고장력강이나 합금원소가 많은 강 중에서 나타나는 균열은?

① 토 균열(toe crack)
② 설퍼 균열(sulfur crack)
③ 크레이터 균열(crater crack)
④ 비드 밑 균열(under bead crack)

> **해설**
> 크레이터 균열 : 용접비드 끝 부분에서 고온균열로 고장력강이나 합금원소가 많은 강의 균열

48 용접 시 발생하는 변형 또는 잔류응력을 경감시키는 방법에 대한 설명으로 틀린 것은?

① 용접부의 잔류응력을 경감하는 방법으로 급랭법을 쓴다.
② 용접 전 변형방지책으로 억제법 또는 역변형법을 쓴다.
③ 용접 금속부의 변형과 잔류응력 경감을 위하여 피닝을 한다.
④ 용접시공에 의한 경감법으로는 대칭법, 후퇴법, 스킵 블록법, 스킵법 등을 쓴다.

> **해설**
> 뜨임 열처리(Tempering)
> 내부응력 제거를 위해 담금질 후 A_1 온도 이하(723℃)에서 완속 냉각법으로 열처리한다.

49 용접이음의 안전율을 계산하는 식은?

① 안전율 = $\dfrac{허용응력}{인장강도}$
② 안전율 = $\dfrac{인장강도}{허용응력}$
③ 안전율 = $\dfrac{피로강도}{변형률}$
④ 안전율 = $\dfrac{파괴강도}{연신율}$

> **해설**
> 용접이음안전율 = $\dfrac{인장강도}{허용응력}$

50 강재 이음제작 시 용접 이음부 내에 라멜라 티어(lamella tear)가 발생할 수 있다. 다음 중 라멜라 티어 발생을 방지할 수 있는 대책은?

① 다층용접을 한다.
② 모서리 이음을 한다.
③ 킬드강재나 세미킬드강재의 모재를 사용한다.
④ 모재의 두께 방향으로 구속을 부과하는 구조를 사용한다.

> **해설**
> 용접이음 라멜라 티어 발생
> • 비금속 개재물이 주요 원인이며 발생하는 계단상의 저온균열
> • 강판표면상에 거의 평행방향으로 진전한다.

51 용접 작업에서 피닝을 실시하는 가장 큰 이유는?

① 급랭을 방지한다.
② 잔류응력을 줄인다.
③ 모재의 연성을 높인다.
④ 모재의 경도를 높인다.

정답 46 ② 47 ③ 48 ① 49 ② 50 ③ 51 ②

> **해설**
> 피닝 작업의 목적
> 용접 후에 잔류응력을 줄이기 위함이다. 구면 모양의 선단을 한 특수 피닝 해머로서 연속적으로 타격하여 용접표면 측을 소성변형시키는 조작으로 금속용접부분의 인장응력을 완화시킨다.

52 파이프 용접 시 용접 능률과 품질을 향상시킬 수 있는 아래보기자세의 유지가 가능한 기구로, 파이프의 원주 속도와 용접 속도를 같게 조정하여 파이프의 맞대기 용접을 자동으로 시공할 수 있게 하는 기구는?

① 정반
② 터닝 롤러
③ 회전지그
④ 용접용 포지셔너

53 용접 자동화의 장점으로 틀린 것은?

① 용접의 품질 향상
② 용접의 원가 절감
③ 용접의 생산성 증대
④ 용접의 설비투자비용 감소

> **해설**
> 초기 설비투자가 증대한다.

54 용접지그(jig)를 사용하여 용접작업할 때 얻는 효과로 가장 거리가 먼 것은?

① 용접변형을 억제한다.
② 작업능률이 향상된다.
③ 용접작업을 용이하게 한다.
④ 용접 공정 수를 늘리게 된다.

> **해설**
> 용접지그를 사용하면 용접 공정 수를 감소시킨다.

55 다음 표는 어느 자동차 영업소의 월별판매실적을 나타낸 것이다. 5개월 단순이동평균법으로 6월의 수요를 예측하면 몇 대인가?

월	1월	2월	3월	4월	5월
판매량	100대	110대	120대	130대	140대

① 120대
② 130대
③ 140대
④ 150대

> **해설**
> 판매월별
> • 5개월간 총 판매수량 : 600대
> • 6월의 수요예측 : $\frac{600}{5}=120$대

56 표준시간 설정 시 미리 정해진 표를 활용하여 작업자의 동작에 대해 시간을 산정하는 시간연구법에 해당되는 것은?

① PTS법
② 스톱워치법
③ 워크샘플링법
④ 실적자료법

> **해설**
> PTS법
> 표준시간 설정 시 미리 정해진 표를 활용하여 작업자의 동작에 대해 시간을 산정하는 시간연구법

57 다음 내용은 설비보전조직에 대한 설명이다. 어떤 조직의 형태에 대한 설명인가?

> 보전작업자는 조직상 각 제조부문의 감독자 밑에 둔다.
> • 단점 : 생산 우선에 의한 보전작업 경시, 보전 기술 향상의 곤란성
> • 장점 : 운전자와 일체감 및 현장감독의 용이성

① 집중보전
② 지역보전
③ 부문보전
④ 절충보전

정답 52 ② 53 ④ 54 ④ 55 ① 56 ① 57 ③

> **해설**
>
> 설비보전 부문보전
> 보전작업자는 조직상 각 제조부문의 감독자 밑에 둔다. 단점은 생산 우선에 의한 보전작업 경시, 보전기술 향상의 곤란성이며, 장점은 운전자와의 일체감 및 현장감독의 용이성이다.

58 다음은 관리도의 사용 절차를 나타낸 것이다. 관리도의 사용 절차를 순서대로 나열한 것은?

> ㉠ 관리하여야 할 항목의 선정
> ㉡ 관리도의 선정
> ㉢ 관리하려는 제품이나 종류 선정
> ㉣ 시료를 채취하고 측정하여 관리도를 작성

① ㉠ → ㉡ → ㉢ → ㉣
② ㉠ → ㉢ → ㉡ → ㉣
③ ㉢ → ㉠ → ㉡ → ㉣
④ ㉢ → ㉣ → ㉠ → ㉡

> **해설**
>
> 품질관리 관리도의 사용 절차
> ㉢ → ㉠ → ㉡ → ㉣

59 이항분포(binomial distribution)에서 매회 A가 일어나는 확률이 일정한 값 P일 때, n회의 독립시행 중 사상 A가 x회 일어날 확률 $P(x)$를 구하는 식은?(단, N은 로트의 크기, n은 시료의 크기, P는 로트의 모부적합품률이다.)

① $P(x) = \dfrac{n!}{x!(n-x)!}$

② $P(x) = e^{-x} \cdot \dfrac{(nP)^x}{x!}$

③ $P(x) = \dfrac{\binom{NP}{x}\binom{N-NP}{n-x}}{\binom{N}{n}}$

④ $P(x) = \binom{n}{x} P^x (1-P)^{n-x}$

> **해설**
>
> - 이항분포 확률($P_{(x)}$)을 구하는 식
>
> $P_{(x)} = \binom{n}{x} P^x (1-P)^{n-x}$
>
> - 통계학에서 정규분포와 마찬가지로 모집단이 가지는 이상적인 분포형으로 정규분포가 연소변량인 데 대하여 이항분포는 이산변량이다. A가 일어날 확률식은 ④항이다.
>   일명 계수치분포이다(계수치분포 : 이항분포, 푸아송분포, 초기화분포 등).

60 샘플링에 관한 설명으로 틀린 것은?

① 취락 샘플링에서는 취락 간의 차는 작게, 취락 내의 차는 크게 한다.
② 제조공정의 품질 특성에 주기적인 변동이 있는 경우 계통 샘플링을 적용하는 것이 좋다.
③ 시간적 또는 공간적으로 일정 간격을 두고 샘플링하는 방법을 계통 샘플링이라고 한다.
④ 모집단을 몇 개의 층으로 나누어 각 층마다 랜덤하게 시료를 추출하는 것을 층별 샘플링이라고 한다.

> **해설**
>
> 지그재그 샘플링(Zigzag Sampling)
> 제조공정에서 주기적인 변동이 있는 경우에 시료를 샘플링한다.(계통 샘플링에서 주기성에 의한 치우침의 발생위험을 방지하기 위한 방법으로 하나씩 걸러서 일정한 간격으로 시료를 뽑는다.)

정답 58 ③ 59 ④ 60 ②

2017년 61회 기출문제
2017.3.5 시행

01 교류 용접기에서 2차 무부하전압 80V, 아크전압 30V, 아크전류 300A라고 하면 역률은 약 몇 %인가?(단, 용접기의 내부손실은 4kW이다.)

① 26 ② 48
③ 54 ④ 69

해설
- 역률 = $\dfrac{\text{입력(kW)}}{\text{입력(kVA)}} \times 100(\%)$
  = $\dfrac{9+4}{24} \times 100 = 54(\%)$
- 입력 = 30V × 300A = 9kW(9,000W)
- 전원입력 = 80V × 300A = 24kVA(24,000VA)

02 강철을 산소-아세틸렌가스를 이용하여 절단할 경우 예열온도는 약 몇 ℃ 정도가 가장 적당한가?

① 100~200
② 300~500
③ 800~1,000
④ 1,100~1,500

해설
(1) 가스 절단 예열온도 : 약 800~1,000℃
(2) 절단의 철강반응
- 제1반응 : $Fe + \dfrac{1}{2}O_2 \rightarrow FeO +$ 발열량 64kcal
- 제2반응 : $2Fe + \dfrac{3}{2}O_2 \rightarrow Fe_2O_3 +$ 발열량 190.7kcal
- 최종 반응 : $3Fe + 2O_2 \rightarrow Fe_3O_4 +$ 발열량 266.9kcal

03 보통 가스 절단 시 판두께 12.7mm의 표준 드래그 길이는 약 몇 mm인가?

① 2.4 ② 5.2
③ 5.6 ④ 6.4

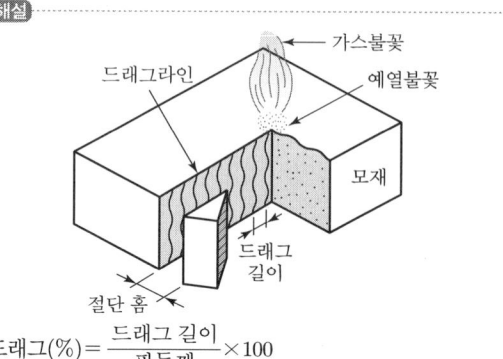

드래그(%) = $\dfrac{\text{드래그 길이}}{\text{판두께}} \times 100$

보통 절단 드래그 값

판두께(mm)	12.7	25.4	51	51~152
드래그 길이(mm)	2.4	5.2	5.6	6.4

04 피복 아크용접에서 피복제의 역할로 틀린 것은?

① 아크를 안정시킨다.
② 스패터 발생을 적게 한다.
③ 용융 금속의 용적을 조대화하여 용착효율을 높인다.
④ 모재 표면의 산화물을 제거하고 양호한 용접부를 만든다.

해설
피복 아크용접의 피복제 역할 : ①, ②, ④ 외에도 용적(droplet)을 미세화하고 용착효율을 높인다.

05 용접 후 열처리에서 고려 대상이 아닌 것은?

① 냉각속도(cooling rate)
② 가열속도(heating rate)
③ 연료의 종류(type of fuel)
④ 가열온도(heating temperature)

해설
용접 후 응력, 가공경화 등을 감소시키기 위하여 열처리를 하는 고려대상은 ①, ②, ④항이다.

정답 01 ③ 02 ③ 03 ① 04 ③ 05 ③

06 가스용접에서 사용하는 토치의 취급 시 주의사항으로 틀린 것은?

① 토치를 망치 등 다른 용도로 사용한다.
② 점화되어 있는 토치를 아무 곳에나 방치하지 않는다.
③ 팁 및 토치를 작업장 바닥이나 흙 속에 방치하지 않는다.
④ 팁을 바꿔 끼울 때는 반드시 양쪽 밸브를 모두 닫은 다음에 행한다.

해설
가스용접에서 토치(torch)는 용접불꽃을 만드는 기구이기 때문에 망치나 다른 용도로 사용하는 것은 금물이다.

07 다음 중 용접기의 사용률을 계산하는 식은?

① 사용률(%) = $\dfrac{\text{아크시간}}{\text{휴식시간}}$

② 사용률(%) = $\dfrac{\text{아크시간}}{\text{아크시간}+\text{휴식시간}} \times 100$

③ 사용률(%) = $\dfrac{(\text{정격 2차 전류})^2}{(\text{실제의 용접전류})^2} \times 100$

④ 사용률(%) = $\dfrac{(\text{정격 2차 전류})^2}{(\text{실제의 용접전류})^2} \times \text{정격사용률}$

해설
전기용접기 사용률 = $\dfrac{\text{아크시간}}{\text{아크시간}+\text{휴식시간}} \times 100(\%)$

08 피복 아크용접에서 용접봉의 용융속도(melting rate)를 가장 적합하게 설명한 것은?

① 전체 사용된 용접봉의 길이
② 전체 사용된 용접봉의 중량
③ 단위시간당 사용된 용접 재료
④ 단위시간당 소비되는 용접봉의 길이

해설
피복 아크용접봉의 용융속도
단위시간당 소비되는 용접봉의 길이

09 아세틸렌과 산소를 대기 중에서 연소시킬 때 공급되는 산소량에 따라 불꽃을 나눌 수 있다. 다음 중 불꽃의 종류에 포함되지 않는 것은?

① 탄화불꽃 ② 중성불꽃
③ 인화불꽃 ④ 산화불꽃

해설
산소-아세틸렌 불꽃
• 탄화불꽃(3,000~3,140℃)
• 중성불꽃(3,240℃)
• 산화불꽃(3,420℃)

10 가스 용접 불꽃의 구성에 포함되지 않는 것은?

① 불꽃심 ② 속불꽃
③ 겉불꽃 ④ 제3불꽃

해설
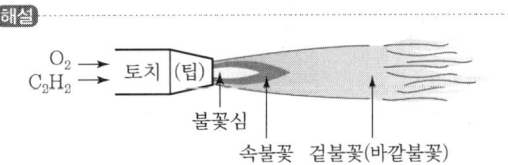

11 플라스마 절단 시 절단품질에 영향을 미치는 요소가 아닌 것은?

① 작동가스 ② 절단전류
③ 토치 높이 ④ 토치 도선의 길이

해설
아크 절단(arc cutting) 플라스마 제트 절단(plasma jet cutting)시 절단품질에 영향을 미치는 요소는 작동가스, 절단전류, 토치높이다.(10,000~30,000℃ 고온도에서 절단된다.)

12 용접이음에서 안전율의 결정조건으로 가장 거리가 먼 것은?

① 재료의 용접성
② 용접시공 조건
③ 하중과 응력계산의 정확성
④ 모재와 용착금속의 화학적 성질

정답 06 ① 07 ② 08 ④ 09 ③ 10 ④ 11 ④ 12 ④

해설
모재와 용착금속의 기계적 성질이 있다.

13 연강용 피복 아크용접봉의 종류 중 철분산화철계에 해당되는 것은?

① E4324
② E4340
③ E4326
④ E4327

해설
- E4324 : 철분산화티탄계
- E4340 : 특수계
- E4326 : 철분저수소계
- E4327 : 철분산화철계

14 피복 아크용접봉의 피복 배합제 중 탈산제가 아닌 것은?

① 페로티탄
② 알루미늄
③ 페로실리콘
④ 규산나트륨

해설
피복 배합제 중 탈산제(산소제거제)는 용강(溶鋼) 중에 침입한 산소를 제거한다.
- 페로티탄
- 알루미늄
- 페로망간
- 페로실리콘

15 주철, 비철금속, 스테인리스강 등을 절단하는 데 용제 및 철분을 혼합 사용하는 절단방법은?

① 스카핑
② 분말 절단
③ 산소창 절단
④ 플라스마 절단

해설
분말 절단
주철, 비철금속, 스테인리스강 절단 시 용제 및 철분을 혼합 사용한다. 일명 파우더 절단(powder cutting)이라고 한다.
- 철분 절단 : 철분 사용(주철, 스테인리스강, 구리, 청동에 사용)
- 플럭스 절단(flux cutting) : 용제 사용(스테인리스강에 사용)

16 CO_2 가스 아크용접법의 종류 중 용제가 들어있는 와이어 CO_2법이 아닌 것은?

① 퓨즈 아크법(fuse arc process)
② 필러 아크법(filler arc process)
③ 유니언 아크법(union arc process)
④ 아코스 아크법(arcos arc process)

해설
탄산가스 아크용접(용제가 들어 있는 와이어 CO_2법)
- arcos arc법
- union arc법
- fuse arc법
- ncg법

17 플라스마 아크용접에 관한 설명으로 틀린 것은?

① 핀치효과에 의해 열에너지의 집중이 좋으므로 용입이 깊다.
② 가스가 충분히 이온화되어 전류가 통할 수 있는 상태를 플라스마라 한다.
③ 플라스마 아크 발생 방법은 플라스마 이행형태에 따라 크게 2가지가 있다.
④ 아크의 형태가 원통형이며, 일반적으로 토치에서 모재까지의 거리변화에 영향이 크지 않다.

해설
플라스마 아크용접(plasma arc welding)
- 이행형 아크
- 비이행형 아크
- 중간형 아크

18 CO_2 가스 아크용접의 용적이행 형태가 아닌 것은?

① 단락 이행
② 입상 이행
③ 복합 이행
④ 스프레이 이행

해설
CO_2 가스 아크용접 용적이행 형태
- 단락 이행(가는 지름의 전극 0.8~1.2mmϕ 사용)
- 입상 이행(피복층 내부의 피복의 일부가 가스가 되어 분출)
- 스프레이 이행(입상이행 : 글로뷸러 이행이며 스프레이 이행과 비슷한 용접열, 용접량을 갖는다.)

정답 13 ④ 14 ④ 15 ② 16 ② 17 ③ 18 ③

19 가스용접 작업에 관한 안전사항 중 틀린 것은?

① 가스누설 점검은 비눗물로 수시로 점검한다.
② 아세틸렌 병은 저압이므로 눕혀서 사용하여도 좋다.
③ 산소병을 운반할 때는 캡(cap)을 씌워 이동한다.
④ 작업 종료 후에는 메인밸브 및 콕을 완전히 잠근다.

해설
아세틸렌(C_2H_2) 병은 가스압력을 조정해야 하기 때문에 항상 세워서 용접한다.

20 티타늄의 용접성에 관한 설명으로 틀린 것은?

① 열간가공이나 용접이 어렵다.
② 해수 및 암모니아 등에 우수한 내식성을 가지고 있다.
③ 물리적 성질은 용융점이 낮고 탄소강에 비해 밀도가 낮다.
④ 티타늄의 용접에는 플라스마 아크용접, 전자빔 용접 등의 특수용접법이 사용되고 있다.

해설
티타늄(Ti)
용융점이 높고 내식성이나 강도가 크다. 비중은 4.6이며, 밀도는 4.54g/cm³로 낮다.(사용용도는 화학공업용 재료, 항공기, 로켓 재료로 사용)

21 다음 중 레이저 용접장치의 기본형에 속하지 않는 것은?

① 반도체형   ② 엔드밀형
③ 고체금속형   ④ 가스방전형

해설
(1) 레이저 용접장치 기본형식
  • 반도체형
  • 고체금속형(직관 섬광방식, 나선 섬광방식)
  • 가스방전형
(2) 엔드밀형 : 밑면과 옆면이 날로 되어 있어서 공작물의 평면이나 옆면을 가공할 수 있는 것

22 겹치기 저항 용접에서 접합부에 나타나는 용융응고된 금속 부분을 무엇이라고 하는가?

① 튐   ② 오손
③ 너깃   ④ 오목 자국

해설
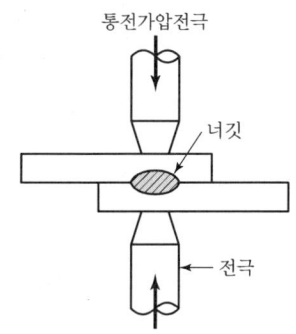

23 일렉트로 가스 아크용접의 특징으로 틀린 것은?

① 판 두께가 두꺼울수록 경제적이다.
② 판 두께에 관계없이 단층으로 상진 용접한다.
③ 용접장치가 간단하며, 취급이 쉽고 고도의 숙련을 요하지 않는다.
④ 스패터 및 가스의 발생이 적고, 용접작업 시 바람의 영향을 받지 않는다.

해설
• electro slag welding(아주 두꺼운 물건 용접)
• electro gas arc welding(수직자동용접) : 조선이나 고압탱크, 원유탱크 용접에 사용, 실드 가스로 CO_2를 사용하며 용접작업 시 바람의 영향을 줄여야 한다.

24 다음 중 주철의 보수용접 방법이 아닌 것은?

① 로킹법   ② 크라운법
③ 비녀장법   ④ 버터링법

해설
주철의 보수용접 방법
• 로킹법(용접부 바닥에 홈을 판다.)
• 비녀장법(I자형 강봉 사용)
• 버터링법(처음에는 모재와 융합되는 용접법 사용 후 나중에 다른 용접봉으로 용접)

정답 19 ② 20 ③ 21 ② 22 ③ 23 ④ 24 ②

25 다음 중 전자빔 용접의 특징으로 틀린 것은?

① 용접변형이 적어 정밀한 용접을 할 수 있다.
② 에너지의 집중이 가능하기 때문에 용융속도가 빠르고 고속 용접이 가능하다.
③ 전자빔은 전기적으로 정확한 제어가 어려워 얇은 판의 용접에 적용되며 후판의 용접은 곤란하다.
④ 전자빔은 자기 렌즈에 의해 에너지를 집중시킬 수 있으므로 용융점이 높은 재료의 용접이 가능하다.

해설
전자빔 용접(electro beam welding)은 고진공 $10^{-4} \sim 10^{-6}$ mmHg 속에서 적열된 필라멘트에서 전자빔을 접합부에 조사(照射)하여 그 충격열로 용접한다.
※ 전자빔은 전기적으로 매우 정확히 제어되므로 얇은 판에서 두꺼운 후판까지 광범위한 용접이 가능하다.

26 서브머지드 아크용접에서 수소가스가 기포 상태로 용착금속 내에 포함될 때 발생하며, 주로 비드 중앙에서 발생하기 쉬운 결함은?

① 용락　　　　② 기공
③ 언더 컷　　　④ 용입 부족

해설
잠호용접(submerged arc welding)은 용접용 용제(광물성 분말 모양의 피복제)는 사용 중 밀폐해서 보관하지 않으면 습기를 흡수해서 수분이나 불순물이 혼입되면 아크열에 의해 분해되어 수소, 산소로 되면 이것이 기공(blow hole), 균열의 원인이 된다.

27 연납용으로 사용되는 용제가 아닌 것은?

① 염산　　　　② 붕산염
③ 염화아연　　④ 염화암모니아

해설
- 붕산염 용제 : 경납용 용제
- 경납용 용제 : 붕사, 붕산, 붕산염, 불화물, 염화물, 알칼리 등
- 연납용 용제 : 염화아연, 염산, 염화암모늄, 송진, 인산 등

28 불활성가스 텅스텐 아크용접의 장점이 아닌 것은?

① 모든 용접자세가 가능하며 특히 박판용접에서 능률이 좋다.
② 후판 용접에서는 다른 아크용접에 비해 능률이 떨어진다.
③ 거의 모든 금속을 용접할 수 있으므로 응용범위가 넓다.
④ 용접부에 산화, 질화 등을 방지할 수 있어 우수한 이음을 얻을 수 있다.

29 오스테나이트계 스테인리스강 용접 시 유의해야 할 사항으로 틀린 것은?

① 예열을 실시해야 한다.
② 짧은 아크 길이를 유지한다.
③ 용접봉은 모재의 재질과 동일한 것을 사용한다.
④ 낮은 전류값으로 용접하여 용접 입열을 억제한다.

해설
오스테나이트계 스테인리스강
내식성, 내열성이 좋아서 피복아크 용접 시 예열은 불필요하나 후열은 처리하는 것이 좋다.(입계부식이 발생한다.)

30 Al의 표면을 적당한 전해액 중에 양극 산화 처리하여 표면에 방식성이 우수하고 치밀한 산화 피막을 만드는 방법이 아닌 것은?

① 수산법　　　　② 크롤법
③ 황산법　　　　④ 크롬산법

31 7-3 황동에 Sn을 1% 첨가한 황동으로 전연성이 좋아 관 또는 판을 만들어 증발기, 열교환기 등에 사용하는 것은?

① 양은　　　　　② 톰백
③ 네이벌 황동　　④ 애드미럴티 황동

정답 25 ③　26 ②　27 ②　28 ②　29 ①　30 ②　31 ④

해설
애드미럴티 황동
7-3 황동에 주석(Sn)을 1% 첨가한 황동(증발기, 열교환기용 재료)으로 전연성이 좋다.

32 다음 중 베이나이트 조직을 얻기 위한 항온 열처리방법은?

① 퀜칭 ② 심랭처리
③ 오스템퍼링 ④ 노멀라이징

해설
베이나이트 조직 : 항온변태에서 나타나는 조직(마텐자이트 조직과 트루스타이트 조직의 중간조직)
※ 오스템퍼링(austempering) : 염욕 소금물 담금질이며 베이나이트가 미세하게 생긴다.

33 특정의 결정면을 경계로 처음의 결정과 경면적 대칭의 관계에 있는 원자배열을 갖는 결정부분을 무엇이라고 하는가?

① 슬립 ② 쌍정
③ 전위 ④ 결정구조

해설
쌍정(twin)
특정의 결정면을 경계로 처음의 결정과 경면적 대칭의 관계에 있는 원자배열을 갖는 결정부분이다.
• 어닐링 쌍정
• 변형 쌍정

34 다음 중 트루스타이트보다 냉각 속도를 느리게 하면 얻어지는 조직으로 트루스타이트보다는 연하지만 펄라이트보다는 강인하고 단단한 조직은?

① 페라이트 ② 마텐사이트
③ 소르바이트 ④ 오스테나이트

해설
• 소르바이트 경도순서 (일반열처리 과정)
마텐자이트>트루스타이트>소르바이트>오스테나이트

• 펄라이트 : 723℃ 이상의 온도에서 오스테나이트 상태, 탄소가 용해되어 있다.(페라이트와 시멘타이트가 혼합)

35 다음 중 표면 경화 열처리 방법이 아닌 것은?

① 방전 경화법 ② 세라다이징
③ 서브제로처리 ④ 고주파경화법

해설
서브제로처리(심랭처리)
점성이 큰 잔류 오스테나이트를 제거하기 위해 담금질 열처리 직후 0℃ 이하로 냉각하는 열처리이다.(잔류오스테나이트 → 마텐자이트로 변화)

36 면심입방격자(FCC)에 속하지 않는 금속은?

① Ag ② Cu
③ Ni ④ Zn

해설
아연(Zn)
조밀육방격자로 이루어짐(비중 7.1, 용융점 420℃, 도금용, 건전지용)
※ 면심입방격자 : 구리, 니켈, 알루미늄 등의 격자

37 탄소강에서 탄소량이 증가할 경우 나타나는 현상은?

① 경도 감소, 연성 감소
② 경도 감소, 연성 증가
③ 경도 증가, 연성 증가
④ 경도 증가, 연성 감소

해설
탄소강에서 탄소량 증가 시
• 경도 증가 • 연성 감소
• 열전도 감소 • 비열 증가
• 전기적 저항 증가

정답 32 ③ 33 ② 34 ③ 35 ③ 36 ④ 37 ④

38 일반적인 화염경화법의 특징으로 틀린 것은?
① 국부 담금질이 가능하다.
② 가열장치의 이동이 가능하다.
③ 장치가 간단하며 설비비가 저렴하다.
④ 담금질 변형을 일으키는 경우가 많다.

해설
기타 표면경화법(화염경화법)
쇼터라이징(shoterizing)이며 탄소강을 산소 $-C_2H_2$ 가스의 화염으로 가열하여 물로 냉각한 후 표면막을 열처리하는 방법이다. 선반 제조 시 베드안내면을 만든다.

39 담금질하여 경화된 강을 변태가 일어나지 않는 A_1 점(온도) 이하에서 가열한 후 서랭 또는 공랭하는 열처리 방법은?
① 뜨임
② 담금질
③ 침탄법
④ 질화법

해설
뜨임(소려, Tempering)
담금질한 강재에 연성, 인성을 부여하고 내부응력을 제거하기 위해 723℃(A_1) 이하의 온도에서 재가열하는 열처리 방법이다.

40 다음 중 용융점이 가장 높은 금속은?
① Au
② W
③ Cr
④ Ni

해설
금속의 용융점
- Au(금) : 1,063℃
- W(텅스텐) : 3,683℃
- Cr(크롬) : 1,800℃
- Ni(니켈) : 1,455℃

41 Y합금은 고온강도가 크므로 내연기관의 실린더, 피스톤 등에 사용된다. Y합금의 조성으로 옳은 것은?
① Cu – Zn
② Cu – Sn – P
③ Fe – Ni – C – Mn
④ Al – Cu – Ni – Mg

해설
Y합금(알루미늄 합금)의 조성
알루미늄(Al)+구리(Cu) 4%+니켈(Ni) 2%+마그네슘(Mg) 1.5%

42 용강 중에 Fe – Si 또는 Al 분말 등의 강한 탈산제를 첨가하여 완전히 탈산시킨 강은?
① 림드강
② 킬드강
③ 캡드강
④ 세미킬드강

해설
강괴
- 킬드강(killed steel) : 탈산강
- 림드강(rimmed steel) : 가벼운 탈산
- 세미킬드강(semi-killed steel)
- 캡드강(capped steel)

43 다음 용접이음에서 냉각속도가 가장 빠른 것은?
① 모서리 이음
② T형 필릿 이음
③ I형 맞대기 이음
④ V형 맞대기 이음

해설
T형 이음(fillet joint)
냉각속도가 빠르다.

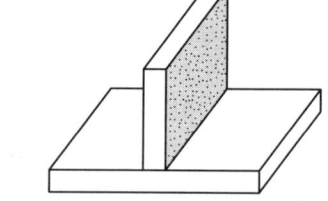

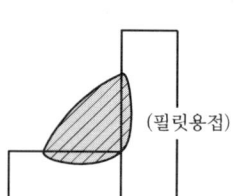
(필릿용접)

정답 38 ④ 39 ① 40 ② 41 ④ 42 ② 43 ②

44 다음 중 용접부의 시험법 중에서 비파괴 검사방법이 아닌 것은?

① 피로시험 ② 자분검사
③ 초음파검사 ④ 침투탐상검사

해설
파괴시험법 : 기계적 시험
• 정적시험(인장, 굽힘, 경도, 크리프 시험)
• 동적시험(충격시험, 피로시험)

45 주철의 보수용접 종류 중 스터드 볼트 대신 용접부 바닥면에 둥근 홈을 파고 이 부분에 걸쳐 힘을 받도록 하여 용접하는 방법은?

① 로킹법 ② 스터드법
③ 비녀장법 ④ 버터링법

해설
로킹(locking)법
주철의 보수 용접법(스터드 볼트 대신에 용접부 바닥면에 둥근 홈을 파고 이 부분에 걸쳐 힘을 받도록 하는 용접)

[주철 로킹법 보수]

46 다음 그림과 같이 강판의 두께 25mm, 인장하중 10,000kgf를 작용시켜 겹치기 용접이음을 한다. 용접부 허용응력을 7kgf/mm²이라 할 때 필요한 용접 길이는?(단, 두 장의 판 두께는 동일하다.)

① 40.4mm
② 42.3mm
③ 45.6mm
④ 50.5mm

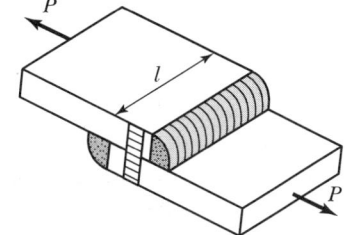

해설
필요용접길이 = $\frac{10,000}{25 \times 7} \times \frac{1}{\sqrt{2}} = 40.4$mm

47 용접 비드 끝단에 생기는 작은 홈의 결함으로 전류가 높고, 아크 길이가 길 때 생기기 쉬운 결함은?

① 피트 ② 언더컷
③ 오버랩 ④ 용입 불량

해설
언더컷(under cut)
용접비드 끝단에 생기는 작은 홈의 결함이다.(전류가 높고 아크 길이가 길 때 생긴다.)

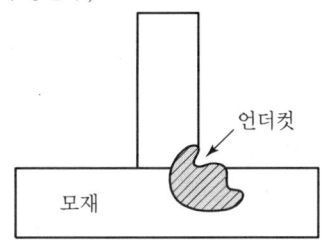

48 용접재료 검사 중 경도시험에서 사용되지 않는 시험방법은?

① 쇼어 경도 ② 브리넬 경도
③ 비커스 경도 ④ 샤르피 경도

해설
샤르피 경도시험(charpy impact test)
금속재료의 충격시험기이다.

49 용접이음에서 정하중에 대한 안전율은 얼마인가?

① 1 ② 3
③ 5 ④ 8

해설
• 용접이음 정하중 안전율 : 3
• 안전율 : 허용응력은 보통 정하중의 인장강도의 $\frac{1}{4}$값이다.
(안전율은 재료의 인장강도와 허용응력의 비)

정답 44 ① 45 ① 46 ① 47 ② 48 ④ 49 ②

50 용접부의 단면을 연삭기나 샌드페이퍼 등으로 연마하고 적당한 부식을 해서 육안이나 저배율의 확대경으로 관찰하여 용입의 상태, 열영향부의 범위, 결함의 유무 등을 알아보는 시험은?

① 파면 시험 ② 현미경 시험
③ 응력부식 시험 ④ 매크로 조직시험

해설
매크로 조직시험(파괴 야금학적 시험)
용접부 단면을 연삭기나 샌드페이퍼 등으로 연마하고 적당한 부식을 해서 육안이나 저배율의 확대경으로 관찰하여 용입상태, 열영향부의 범위, 결함의 유무 등을 알아본다.

51 용접시공 방법 중 잔류응력을 경감시키는 데 필요한 방법이 아닌 것은?

① 예열을 이용한다.
② 용접 후 열처리를 한다.
③ 적당한 용착법과 용접순서를 선정한다.
④ 용착금속의 양을 될 수 있는 대로 많게 한다.

해설
잔류응력 경감법으로는 후열처리 또는 ①, ②, ③ 외에 노내풀림법, 피닝법, 응력완화법, 국부풀림법이 있다.

52 다음 중 잔류응력완화법에 해당되지 않는 것은?

① 피닝법 ② 역변형법
③ 응력 제거 풀림 ④ 저온 응력 완화법

해설
역변형법
용접 후에 예상되는 변형각도만큼 용접 전에 반대방향으로 굽혀 놓고 용접하면 원상태로 돌아오는 용접 전 변형방지법

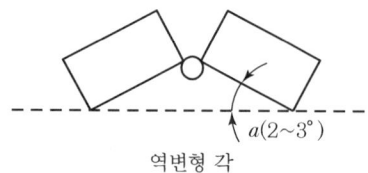

역변형 각

53 한 부분의 몇 층을 용접하다가 이것을 다음 부분의 층으로 연속시켜 전체가 계단 형태의 단계를 이루도록 용착시켜 나가는 용착방법은?

① 블록법 ② 스킵법
③ 덧붙임법 ④ 캐스케이드법

해설
캐스케이드법(다층용접법)
한 부분의 몇 층을 용접하다가 이것을 다음 부분의 층으로 연속시켜 전체가 계단 형태의 단계를 이루도록 용착시켜 나가는 용착방법이다.

54 용접의 기본기호 중 심(seam) 용접기호로 맞는 것은?

① ◯ ② ⌒⌒
③ ⊖ ④ ⊋

해설
• ◯ : 전둘레 용접   • ⌒⌒ : 덧살올림 용접
• ⊖ : 스폿용접(심용접)

55 부적합품률이 20%인 공정에서 생산되는 제품을 매시간 10개씩 샘플링 검사하여 공정을 관리하려고 한다. 이때 측정되는 시료의 부적합품 수에 대한 기댓값과 분산은 약 얼마인가?

① 기댓값 : 1.6, 분산 : 1.3
② 기댓값 : 1.6, 분산 : 1.6
③ 기댓값 : 2.0, 분산 : 1.3
④ 기댓값 : 2.0, 분산 : 1.6

해설
(1) 기댓값 = $10 \times 0.2 = 2.0$
(2) 분산 = $\sum x^2 \times P(x) - (기댓값)^2$
∴ $(10-2) = 8$, $8 \times 0.2 = 1.6$

• 기댓값 : 확률의 결과가 수 값으로 나타날 경우 1회의 시행결과로 기대되는 수 값의 크기(예 : 20개 제품 중 3개의 불량 이하로 기대)
• 분산 : 모집단에 대한 분산을 모분산이라 하고 구해진 값은 불편분산이라고 한다.

56 설비배치 및 개선의 목적을 설명한 내용으로 가장 관계가 먼 것은?

① 재공품의 증가
② 설비투자 최소화
③ 이동거리의 감소
④ 작업자 부하 평준화

[해설]
제공품의 감소이다.

57 3σ법의 $\overline{X}$관리도에서 공정이 관리상태에 있는 데도 불구하고 관리상태가 아니라고 판정하는 제1종 과오는 약 몇 %인가?

① 0.27
② 0.54
③ 1.0
④ 1.2

[해설]
3σ법의 $\overline{X}$관리도
- 제1종 과오 : 공정의 변화가 없음에도 불구하고 점이 한계선을 벗어나는 비율. 즉, 0.27%
- 제2종 과오 : 공정의 변화가 있음에도 불구하고 점이 관리한계선 내에 있으므로 공정의 변화를 검출하지 못하는 비율. 즉, 10~13%

58 워크 샘플링에 관한 설명 중 틀린 것은?

① 워크 샘플링은 일명 스냅리딩(Snap Reading)이라 불린다.
② 워크 샘플링은 스톱워치를 사용하여 관측대상을 순간적으로 관측하는 것이다.
③ 워크 샘플링은 영국의 통계학자 L.H.C. Tippet가 가동률 조사를 위해 창안한 것이다.
④ 워크 샘플링은 사람의 상태나 기계의 가동상태 및 작업의 종류 등을 순간적으로 관측하는 것이다.

[해설]
워크 샘플링의 특징은 ①, ③, ④ 외에도 관측대상의 작업을 모집단으로 하고 임의의 시점에서 작업내용을 샘플링하는 것이다.

59 설비보전조직 중 지역보전(area maintenance)의 장단점에 해당하지 않는 것은?

① 현장 왕복 시간이 증가한다.
② 조업요원과 지역보전요원과의 관계가 밀접해진다.
③ 보전요원이 현장에 있으므로 생산 본위가 되며 생산의욕을 가진다.
④ 같은 사람이 같은 설비를 담당하므로 설비를 잘 알며 충분한 서비스를 할 수 있다.

[해설]
- 지역보전 : 현장 왕복시간이 단축된다.
- 설비보전조직 기본 : 집중보전, 지역보전, 절충보전
- 지역보전은 보전요원이 제조부의 작업자에게 접근이 가능하다.

60 검사의 종류 중 검사공정에 의한 분류에 해당되지 않는 것은?

① 수입검사
② 출하검사
③ 출장검사
④ 공정검사

[해설]
검사공정에 의한 분류
- 수입검사
- 출하검사
- 최종검사
- 공정검사

정답 56 ① 57 ① 58 ② 59 ① 60 ③

2017년 62회 기출문제

2017.7.8 시행

01 다음 중 아크쏠림 방지대책으로 옳은 것은?
① 긴 아크를 사용한다.
② 교류 용접기를 사용한다.
③ 접지점을 용접부로부터 가깝게 한다.
④ 용접봉 끝을 아크쏠림 방향으로 기울인다.

해설
아크쏠림(arc blow, 자기쏠림)
아크가 전류의 자기작용에 의해서 한쪽으로 쏠리는 현상이다. 교류의 경우 1초에 50~60번 전류의 방향이 변하므로 자기쏠림은 거의 일어나지 않는다.

02 다음 중 아세틸렌가스의 폭발성과 관련이 가장 적은 것은?
① 외력　　② 압력
③ 온도　　④ 증류수

해설
아세틸렌(C_2H_2) 가스의 폭발성은 외력·압력·온도의 작용에 의한다. $C_2H_2 + 2.5O_2 \rightarrow 2CO_2 + H_2O$

03 다음 중 아크절단법의 종류에 해당되지 않는 것은?
① TIG 절단　　② 분말 절단
③ MIG 절단　　④ 플라스마 절단

해설
아크 절단법
- 티그 절단
- 미그 절단
- 플라스마 절단

04 다음 중 융접에 속하지 않는 것은?
① 마찰 용접　　② 스터드 용접
③ 피복 아크용접　　④ 탄산가스 아크용접

해설
융접
- 아크용접
- 가스용접
- 테르밋 용접
- 전자빔 용접
- 플라스마 제트용접
- 일렉트로 슬래그, 가스용접

05 피복 아크 용접봉의 심선으로 주로 사용되는 재료는?
① 저탄소 림드강
② 저탄소 킬드강
③ 고탄소 림드강
④ 고탄소 세미킬드강

06 아세틸렌가스와 프로판가스를 이용한 절단 시의 비교 내용으로 틀린 것은?
① 프로판은 슬래그의 제거가 쉽다.
② 아세틸렌은 절단 개시까지의 시간이 빠르다.
③ 프로판이 점화하기 쉽고 중성불꽃을 만들기도 쉽다.
④ 프로판의 포갬 절단 속도는 아세틸렌보다 빠르다.

해설
프로판가스는 연소용 공기가 많이 필요하다. 프로판은 산화성이 강하고 슬래그의 제거가 쉽다. 다만, 절단 개시 시의 예열시간이 다소 길어서 용접이 어렵다.
※ 포갬절단(stack cutting)은 12mm 이하의 비교적 얇은 판을 쌓아 포개어 놓고 한꺼번에 가스절단하는 방법이다. 예열불꽃에는 산소-아세틸렌보다 산소-LPG 불꽃이 적합하다.

07 가스용접에서 공급압력이 낮거나 팁이 과열되었을 때 산소가 아세틸렌 쪽으로 흡입되는 것을 무엇이라고 하는가?
① 역류　　② 역화
③ 인화　　④ 폭발

정답　01 ②　02 ④　03 ②　04 ①　05 ①　06 ③　07 ①

해설
역류현상
가스용접에서 공급압력이 낮거나 팁이 과열되었을 때 산소가 아세틸렌 쪽으로 흡입되는 현상

08 아세틸렌 용기 속에 아세틸렌가스가 3,200리터 보관되어 있다면, 프랑스식 200번 팁을 이용하여 표준불꽃으로 연강판을 용접할 경우 약 몇 시간 동안 용접할 수 있는가?

① 4시간 ② 8시간
③ 16시간 ④ 32시간

해설
200번 팁은 200L/h
∴ $\frac{3,200L}{200L/h} = 16$시간 사용

09 강재 표면에 흠이나 개재물, 탈탄층 등을 제거하기 위하여 얇고 넓게 표면을 깎아내는 가공법은?

① 스카핑   ② 가스 가우징
③ 탄소 가우징 ④ 아크 에어 가우징

해설
스카핑(Scarfing)은 강괴, 강편, 슬래그 기타 표면의 균열이나 주름, 주조결함, 탈탄층 등의 표면 결함을 불꽃가공에 의해서 제거하는 방법이다.

10 피복 아크용접봉에 사용되는 피복 배합제에서 아크안정제로 사용되는 것은?

① 니켈   ② 산화티탄
③ 페로망간 ④ 마그네슘

해설
아크의 발생을 유지시켜 주는 아크(arc) 안정제로 산화티탄, 규산칼리, 탄산바리움이 사용된다.

11 피복 아크용접봉 중 내균열성이 가장 우수한 것은?

① E4303 ② E4311
③ E4316 ④ E4327

해설
E4316(저수소계) 용접봉
용착금속은 강인하고 기계적 성질, 내균열성이 우수하다.(피복제 중에 수소원이 되는 성분의 유기물을 포함하지 않는다.)

12 탄소 아크 절단에서 압축공기를 병용하여 전극 홀더의 구멍에서 탄소 전극봉에 나란히 분출하는 고속의 공기를 분출시켜 용융금속을 불어내어 홈을 파는 방법을 무엇이라고 하는가?

① 철분 절단   ② 불꽃 절단
③ 가스 가우징 ④ 아크 에어 가우징

해설
아크 에어 가우징(arc air gouging)은 탄소 아크 절단에 압축공기를 같이 사용하는 방법으로 용접부의 홈파기, 용접결합부 제거 및 구멍 뚫기 등을 한다.

13 용접전류 200A, 아크전압 20V, 용접속도 15cm/min이라 하면 용접의 단위길이 1cm당 발생하는 용접 입열은 몇 joule/cm인가?

① 2,000   ② 5,000
③ 10,000 ④ 16,000

해설
용접 입열 계산
$\frac{60 \times A \times V}{용접속도} = \frac{60 \times 200 \times 20}{15} = 16,000 J/cm$

14 가스 절단에서 표준 드래그의 길이는 판 두께의 얼마 정도인가?

① 5%   ② 10%
③ 15% ④ 20%

정답 08 ③ 09 ① 10 ② 11 ③ 12 ④ 13 ④ 14 ④

해설

가스 절단 표준 드래그 길이는 모재판 두께 20%이다.

$$드래그(drag) = \frac{드래그\ 길이(mm)}{판두께(mm)} \times 100(\%)$$

15 피복 아크용접에서 양호한 용접을 하려면 짧은 아크를 사용하여야 하는데 아크 길이가 적당할 때 나타나는 현상이 아닌 것은?

① 아크가 안정된다.
② 산화 및 질화되기 쉽다.
③ 정상적인 압자가 형성된다.
④ 양호한 용접부를 얻을 수 있다.

해설

아크 길이가 적당하면 피복 아크 용접에서 양호한 용접을 하면 산화 및 질화가 방지된다.

16 일반적인 레이저 빔 용접의 특징으로 옳은 것은?

① 용접속도가 느리고 비드 폭이 매우 넓다.
② 깊은 용입을 얻을 수 있고 이종금속의 용접도 가능하다.
③ 가공물의 열변형이 크고 정밀 용접이 불가능하다.
④ 여러 작업을 한 레이저로 동시에 작업할 수 없으며 생산성이 낮다.

17 고진공 상태에서 충격열을 이용하여 용접하며 원자력 및 전자제품의 정밀 용접에 적용되고 일반적으로 용접봉을 사용하지 않아 슬래그 섞임 등의 결함이 생기지 않는 용접은?

① 오토콘 용접
② 전자 빔 용접
③ 원자 수소 아크용접
④ 일렉트로 가스 아크용접

해설

전자 빔 용접(electron beam welding)은 고진공상태($10^{-4} \sim 10^{-6}$mmHg)의 적열된 필라멘트에서 전자빔을 접합부에 조사하여 그 충격열을 이용하여 용융한다.

18 논 가스 아크용접에서 개봉된 와이어를 재사용하면 흡습으로 인하여 여러 가지 결함이 발생하기 쉽다. 이를 방지하기 위하여 사용하기 전 재건조를 실시하는데, 이때 가장 적당한 온도와 시간은?

① 50~100℃에서 1~2시간 건조
② 100~150℃에서 3시간 이상 건조
③ 200~300℃에서 1~2시간 건조
④ 400~500℃에서 3시간 이상 건조

해설

논 실드 아크용접(shielded gas)은 non gas non flux arc welding에서 와일드 흡습과 재건조 시 200~300℃에서 1~2시간 재건조를 시켜야 한다.

19 불활성가스 텅스텐 아크용접을 이용하여 알루미늄 주물을 용접할 때 사용하는 전류로 가장 적합한 것은?

① AC
② DCRP
③ DCSP
④ ACHF

해설

불활성가스 텅스텐 아크용접을 이용하여 알루미늄 주물을 용접할 때 교류전류를 사용한다.[알루미늄은 표면이 산화물(Al_2O_3)인 내화성 물질이기 때문에 모재의 용융점 660℃보다 매우 높은 용융점(2,050℃)을 가지고 있어 가스용접이나 아크용접은 다소 불편하다.]

20 가스 금속 아크용접에서 제어장치의 기능 중 크레이터 처리 기능에 의해 낮아진 전류가 서서히 줄어들면서 아크가 끊어져 이면 용접부가 녹아내리는 것을 방지하는 것은?

① 번 백 시간
② 스타트업 시간
③ 크레이터 지연시간
④ 이면 용접 보호시간

정답 15 ② 16 ② 17 ② 18 ③ 19 ④ 20 ①

해설
크레이터 지연시간
가스 금속 아크용접에서 제어장치의 기능 중 크레이터 처리 기능에 의해 낮아진 전류가 서서히 줄어들면서 아크가 끊어져 이면 용접부가 녹아내리는 것을 방지하는 시간

21 점 용접의 종류에 속하지 않는 것은?

① 직렬식 점 용접 ② 맥동 점 용접
③ 인터랙 점 용접 ④ 플래시 점 용접

해설
저항용접
(1) 겹치기 저항용접
 • 점 용접
 • 프로젝션 용접
 • 심 용접
(2) 맞대기 저항용접
 • 업세트 용접
 • 플래시 용접
 • 맞대기 심 용접
 • 퍼커션 용접

22 일반적인 CO_2 가스 아크용접 작업에서 전진법의 특징으로 틀린 것은?

① 스패터가 많으며 진행방향 쪽으로 흩어진다.
② 비드 높이가 높고 폭이 좁은 비드가 형성된다.
③ 용착 금속이 아크보다 앞서기 쉬워 용입이 얕아진다.
④ 용접 시 용접선이 잘 보여서 운봉을 정확하게 할 수 있다.

해설
전진법
• 가장 간단한 방법의 용접 진행법
• 용접 시작 부분의 수축보다 끝단에 가까운 부분의 수축이 크게 된다.

23 구리 및 구리 합금의 용접성에 대한 설명으로 틀린 것은?

① 용접 후 응고 수축 시 변형이 생기지 않는다.
② 열전도도, 열팽창계수는 용접성에 영향을 준다.
③ 구리합금의 경우 아연 증발로 용접사가 중독될 수 있다.
④ 가스 용접 시 수소 분위기에서 가열을 하면 산화물이 환원되어 수분을 생성시킨다.

해설
구리나 구리 합금의 용접성
전체적으로 열전도와 냉각효과가 크기 때문에 보통 예열을 하여 용접한다. 구리는 고온에서 다량의 수소가스를 흡수하여 응고 시에 방출하므로 용접부에 기공(blow hole)이 발생한다. 가스 용접 시는 산화, 탈산, 정련작용을 하기 위해 용제를 사용하고 유동성을 좋게 한다.

24 일반적인 저탄소강의 용접에 대한 설명으로 틀린 것은?

① 용접법의 적용에 제한이 없다.
② 용접 균열의 발생 위험이 적다.
③ 피복 아크용접의 경우 노치 인성이 요구될 때에는 저수소계 계통의 용접봉을 사용한다.
④ 서브머지드 아크용접의 경우 일반적으로 판두께 25mm 이하에서도 예열이 필요하다.

해설
저탄소강의 용접 시에는 판두께 25mm 정도까지는 별로 문제가 되지 않는다. 서브머지드 아크용접에서는 저수소계 용접봉을 판두께가 두꺼울 때 사용하고 두께 25mm 이하에서는 일미나이트계 용접봉을 사용한다.

25 피복 아크용접 작업에서 전기적 충격을 방지하기 위한 대책으로 틀린 것은?

① 용접기의 내부에 함부로 손을 대지 않는다.
② 홀더나 용접봉을 맨손으로 취급하지 않는다.
③ 땀, 물 등에 의해 습기 찬 작업복이나 장갑, 구두 등을 착용한다.
④ 가죽장갑, 앞치마, 발 덮개 등 규정된 보호구를 반드시 착용한다.

정답 21 ④ 22 ② 23 ① 24 ④ 25 ③

해설
피복 아크용접에서 전기적 충격을 방지하기 위해서 땀이나 물 등에 의해 습기 찬 작업복이나 장갑, 구두 등은 피한다.

26 스터드 용접에서 페룰의 역할이 아닌 것은?

① 용착부의 오염을 방지한다.
② 용접이 진행되는 동안 아크열을 집중시켜준다.
③ 탈산제가 들어 있어 용접부의 기계적 성질을 개선해 준다.
④ 용융금속의 산화를 방지하고, 용융금속의 유출을 막아준다.

해설
스터드 용접 페룰
- 스터드(stud) : 압정, 장식 버튼, 장식 못 등을 의미한다. 용접에서는 볼트, 환봉, 핀(pin) 등을 말한다.
- 페룰(ferrule) : 아크가 발생하는 외주에는 내열성의 도기로 만든 페룰로 포위하는 것(지름은 스터드의 지름보다 약간 크고 모재와 접촉하는 부분은 홈이 파여 있다.). 용접 시 아크열에 발생된 가스를 방출하고 내부의 공기를 몰아내어 피해를 막는다.

27 플라스마 아크용접의 장점으로 틀린 것은?

① 용접속도가 빠르다.
② 용입이 낮고 비드 폭이 넓다.
③ 1층으로 용접할 수 있으므로 능률적이다.
④ 용접부의 기계적 성질이 좋으며 변형이 적다.

해설
플라스마(plasma) 아크용접
기체를 가열하여 온도가 높아지면 기체원자는 격심한 열운동에 의해 전리되어 이온과 전자로 나뉜다. 이때 기체는 도전성을 띠게 된다. 종래의 용접아크에 비해 10~100배의 에너지 밀도를 가져 10,000~30,000℃ 고온 플라스마가 발생하여 금속의 용접이나 또는 절단이 가능한 용접이다.(용입이 깊고 비드폭이 좁은 접합부가 얻어지며 용접속도가 빠르다.)

28 박판(3mm 이하) 용접에 적용하기 곤란한 용접법은?

① TIG 용접
② CO_2 용접
③ 심(seam) 용접
④ 일렉트로 슬래그 용접

해설
일렉트로 슬래그 용접(electro slag welding)은 특히 아주 두꺼운 물건의 용접을 위해 개발된 것으로 아크열이 아닌 와이어와 용융슬래그 사이에 통전된 전류의 전기저항열을 주로 이용한다.

29 서브머지드 아크용접에서 사용하는 플럭스 중 분말 원료에 결합제를 혼합하여 500~600℃에서 건조하여 제조한 것은?

① 용융형 용제
② 혼합형 용제
③ 저온소결 용제
④ 고온소결 용제

해설
저온소결형 용제의 건조온도
500~600℃(흡습성이 크다.)

30 다음 중 항온 열처리 방법에 해당되지 않는 것은?

① 마퀜칭
② 마템퍼링
③ 오스템퍼링
④ 노멀라이징

31 오스테나이트계 스테인리스강에 대한 설명으로 틀린 것은?

① 가공경화성이 높다.
② 실온에서 조직이 마텐자이트이다.
③ 냉간가공에 의한 내력과 강도가 크게 상승한다.
④ 용접 등의 열 가공을 할 경우 변형이나 잔류응력에 대한 문제가 발생한다.

해설
스테인리스강(STS) 중에서 마텐자이트(Martensite)는 실온에서 펄라이트 조직이다.

정답 26 ③ 27 ② 28 ④ 29 ③ 30 ④ 31 ②

32 시안화법이라고도 하며 시안화나트륨(NaCN), 시안화칼륨(KCN)을 주성분으로 하는 용융염을 사용하여 침탄하는 방법은?

① 고체 침탄법 ② 액체 침탄법
③ 가스 침탄법 ④ 고주파 침탄법

해설
액체 침탄법
- 침탄제 : 시안화나트륨, 시안화칼륨
- 촉진제 : 탄산칼륨, 탄산나트륨, 염화칼륨

33 탄소강에 포함된 원소 인(P)의 영향이 아닌 것은?

① 연신율을 증가시킨다.
② 상온취성의 원인이 된다.
③ 결정립을 조대화시킨다.
④ Fe_3P는 MnS 등과 접합하여 고스트라인을 형성하여 강의 파괴 원인이 된다.

해설
인(P)은 연신율이나 충격치를 감소시킨다.

34 다음 중 Al-Si계 합금인 것은?

① 청동 ② 실루민
③ 퍼민바 ④ 미시메탈

해설
실루민(알루미늄+규소계 합금)

35 다음 주철 중 조직은 주로 편상 흑연과 페라이트로 되어 있으나, 약간의 펄라이트를 함유하고 있으며 기계 가공성이 좋고 값이 저렴한 주철은?

① 보통주철 ② 가단주철
③ 구상흑연주철 ④ 미하나이트주철

해설
보통주철
회주철, 백주철이 있으며 기계가공성이 좋고 가격이 저렴하다.

36 다음 금속침투법 중 철강 표면에 알루미늄을 확산 침투시키는 것은?

① 칼로라이징 ② 크로마이징
③ 세라다이징 ④ 보로나이징

해설
칼로라이징
금속 표면에 알루미늄(Al)을 침투시켜 내열성, 내식성을 증가시킨다.

37 황동의 종류 중 톰백에 대한 설명으로 옳은 것은?

① 0.3~0.8% Zn의 황동
② 1.2~3.7% Zn의 황동
③ 5~20% Zn의 황동
④ 30~40% Zn의 황동

38 다음 중 순철에 대한 설명으로 틀린 것은?

① 비중이 약 7.8 정도이다.
② 융점이 약 1,539℃ 정도이다.
③ 순철의 A_3 변태점은 약 910℃이다.
④ 순철이 조직인 페라이트는 공석강 조직보다 경도가 강하다.

해설
공석강 : 탄소함량이 2% 이하의 강이며 순철보다 경도가 강하다.(페라이트는 순철에 가깝다.)

39 Ti합금의 결정구조 종류가 아닌 것은?

① α형 합금 ② β형 합금
③ δ형 합금 ④ $(\alpha \cdot \beta)$형 합금

해설
티타늄(Ti) 합금
- α형 합금
- β형 합금
- $(\alpha+\beta)$형 합금

정답 32 ② 33 ① 34 ② 35 ① 36 ① 37 ③ 38 ④ 39 ③

40 다음 중 스테인리스강의 종류에 포함되지 않는 것은?

① 펄라이트계 스테인리스강
② 페라이트계 스테인리스강
③ 마텐자이트계 스테인리스강
④ 오스테나이트계 스테인리스강

해설
스테인리스강 종류
- 페라이트계
- 마텐자이트계
- 오스테나이트계

41 금속조직학상으로 강이라 함은 Fe-C합금 중 탄소의 함유량이 약 몇 % 정도 포함된 것인가?

① 0.008~2.1   ② 2.1~4.3
③ 4.3~6.6   ④ 6.6 이상

해설
탄소의 함유량이 0.008~2.1%인 경우 Fe-C 합금에서 강이라고 한다.

42 재료의 선팽창계수나 탄성률 등의 특성이 변하지 않는 불변강에 해당되지 않는 것은?

① 인바(invar)
② 코엘린바(coelinvar)
③ 슈퍼인바(super invar)
④ 슈퍼엘린바(super elinvar)

해설

43 용접 변형방법 중 용접부 부근을 냉각시켜서 열영향부의 넓이를 축소시킴으로써 변형을 감소시키는 방법은?

① 피닝법   ② 도열법
③ 구속법   ④ 역변형법

44 보통 판 두께가 4~19mm 이하인 경우 한쪽에서 용접으로 완전 용입을 얻고자 할 때 사용하며 홈 가공이 비교적 쉬우나 판의 두께가 두꺼워지면 용착 금속의 양이 증가하는 맞대기 이음 형상은?

① V형 홈   ② H형 홈
③ J형 홈   ④ X형 홈

해설
V형 홈 맞대기 이음

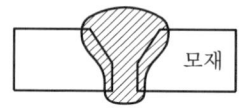

V형 맞대기는 모재 판 두께가 4~19mm 이하 또는 6~20mm 이하 시 완전용입을 얻고자 하는 경우의 이음

45 맞대기 이음에서 1,500kgf의 인장력을 작동시키려고 한다. 판 두께가 6mm일 때 필요한 용접길이는 약 몇 mm인가?(단, 허용인장응력은 $7kgf/mm^2$이다.)

① 25.7   ② 35.7
③ 38.5   ④ 47.5

해설
$$용접길이 = \frac{인장력}{판두께 \times 허용인장응력}$$
$$= \frac{1,500}{6 \times 7} = 35.71mm$$

46 용접 아크길이가 길어지면 발생하는 현상으로 틀린 것은?

① 열 집중도가 좋다.
② 아크가 불안정하게 된다.
③ 용융금속이 산화되기 쉽다.
④ 용접금속에 개재물이 많게 된다.

해설
용접에서 아크길이가 길어지면 열 집중도가 좋지 않다.(아크길이는 항상 일정하게 유지시킨다.)

정답 40 ① 41 ① 42 ④ 43 ② 44 ① 45 ② 46 ①

47 용접부에 생기는 잔류응력 제거법이 아닌 것은?

① 국부 풀림법 ② 노 내 풀림법
③ 노멀라이징법 ④ 기계적 응력 완화법

해설
노멀라이징(normalizing)법
주조에 조대화된 결정립의 미세화, 단조압연가공된 결정립의 회복과 조직의 균일화이다. 즉, 철강을 아공석강의 Ac 점에서 30~50℃ 이상 가열하여 균일한 오스테나이트로 한 후에 공랭 열처리하는 것이다.

48 용접구조물 설계 시 주의할 사항 중 틀린 것은?

① 용접이음은 집중, 접근 및 교차를 피한다.
② 용접성, 노치인성이 우수한 재료를 선택하여 시공하기 쉽게 설계한다.
③ 용접금속은 가능한 한 다듬질 부분에 포함되지 않게 주의한다.
④ 후판을 용접할 경우는 용입을 깊게 하기 위하여 용접 층수를 가능한 한 많게 설계한다.

해설
후판(두꺼운 판)의 용접 시에는 용입을 깊게 하기 위해 용접층수를 가능한 한 적게 설계한다.

49 용접으로 인한 변형교정방법 중에서 가열에 의한 교정방법이 아닌 것은?

① 롤러에 의한 법
② 형재에 대한 직선 수축법
③ 얇은 판에 대한 점 수축법
④ 후판에 대한 가열 후 압력을 주어 수랭하는 법

해설
용접변형 교정에서 롤러에 의한 법은 가열법이 아닌 소성변형을 일으키는 외력을 이용한 것이다.

50 로봇의 동작기능을 나타내는 좌표계의 종류에 포함되지 않는 것은?

① 극좌표로봇 ② 다관절로봇
③ 원통좌표로봇 ④ 삼각좌표로봇

해설
로봇의 동작기능 좌표계
• 극좌표로봇 • 원통좌표로봇 • 다관절로봇

51 용접부의 비파괴검사 중 비자성체 재료에 적용할 수 없는 검사방법은?

① 침투 탐상 검사 ② 자분 탐상 검사
③ 초음파 탐상 검사 ④ 방사선 투과 검사

해설
자분 탐상 비파괴 검사법
검사물을 자화시킨 상태로 표면과 이면에 가까운 면에 있는 결함에 의하여 생기는 누설 자속을 자분 혹은 코일을 사용하여 알아내는 방법이다.

52 용접 설계 시 주의사항으로 틀린 것은?

① 구조상의 노치부를 만들 것
② 용접하기 쉽도록 설계할 것
③ 용접에 적합한 구조의 설계를 할 것
④ 용접 이음의 특성을 고려하여 선택할 것

해설
노치취성(Notch Toughness)
용접구조물에서 저온에서의 충격강도가 절대 필요하므로 노치취성에 의한 충격치를 구하여 용접설계에 이용한다.
※ 노치 : 재료에 국부적으로 만든 요철부이다.

53 용접 후 용착 금속부의 인장응력을 연화시키는 데 효과적인 방법으로 구면 모양의 특수해머로 용접부를 가볍게 때리는 것은?

① 어닐링(annealing) ② 피닝(peening)
③ 크리프(creep)가공 ④ 저온응력 완화법

정답 47 ③ 48 ④ 49 ① 50 ④ 51 ② 52 ① 53 ②

54 재료의 인성과 취성을 측정하려고 할 때 사용하는 가장 적합한 파괴시험법은?

① 인장시험   ② 압축시험
③ 충격시험   ④ 피로시험

55 검사특성곡선(OC Curve)에 관한 설명으로 틀린 것은?(단, N : 로트의 크기, n : 시료의 크기, c : 합격판정개수이다.)

① N, n이 일정할 때 c가 커지면 나쁜 로트의 합격률은 높아진다.
② N, c가 일정할 때 n이 커지면 좋은 로트의 합격률은 낮아진다.
③ $N/n/c$의 비율이 일정하게 증가하거나 감소하는 퍼센트 샘플링 검사 시 좋은 로트의 합격률은 영향이 없다.
④ 일반적으로 로트의 크기 N이 시료 n에 비해 10배 이상 크다면, 로트의 크기를 증가시켜도 나쁜 로트의 합격률은 크게 변화하지 않는다.

해설

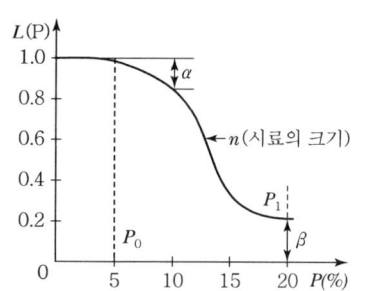

- lot(로트) : 1회의 준비로서 만들 수 있는 생산단위
- α(생산자 위험확률)
- β(소비자 위험확률)
- c(합격판정개수)
- $L(P)$: 로트의 합격 확률
- (N, n, c) : 샘플링 검사의 특성 곡선
- N : 크기 N모집단 (lot)로트의 크기
- P_0 : 합격시키고 싶은 lot의 부적합률$(1-\alpha)$
- P_1 : 불합격시키고 싶은 lot의 합격률$(1-\beta)$

56 다음 그림의 AOA(Activity-on-Arc) 네트워크에서 E작업을 시작하려면 어떤 작업들이 완료되어야 하는가?

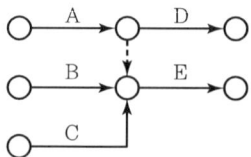

① B   ② A, B
③ B, C   ④ A, B, C

해설
E작업을 시작하려면 먼저 A, B, C작업이 완료되어야 한다.

57 표준시간을 내경법으로 구하는 수식으로 맞는 것은?

① 표준시간＝정미시간＋여유시간
② 표준시간＝정미시간×(1＋여유율)
③ 표준시간＝정미시간×$\left(\dfrac{1}{1-여유율}\right)$
④ 표준시간＝정미시간×$\left(\dfrac{1}{1+여유율}\right)$

해설
표준시간
- 내경법＝정미시간×$\left(\dfrac{1}{1-여유율}\right)$
- 외경법＝정미시간×(1＋여유율)

58 브레인스토밍(Brainstorming)과 가장 관계가 깊은 것은?

① 특성요인도   ② 파레토도
③ 히스토그램   ④ 회귀분석

해설
- 브레인스토밍
  일정한 테마에 관하여 회의형식을 채택하고 구성원의 자유발언을 통한 아이디어의 제시를 요구하여 발상을 찾아내는 방법(브레인스토밍을 통해 지식과 문제의 원인 의견을 수집하려면 특성요인도가 필요함)

정답 54 ③ 55 ③ 56 ④ 57 ③ 58 ①

- 특성요인도
  특성에 대하여 어떤 요인이 어떤 관계로 영향을 미치고 있는지 명확히 하여 원인 규명을 쉽게 할 수 있도록 하는 기법

59 품질특성에서 X관리도로 관리하기에 가장 거리가 먼 것은?

① 볼펜의 길이
② 알코올 농도
③ 1일 전력소비량
④ 나사길이의 부적합품 수

[해설]
①, ②, ③ 외에 길이, 무게, 강도, 전압, 전류 등 연속변량 측정이 있다.

60 다음 데이터로부터 통계량을 계산한 것 중 틀린 것은?

21.5, 23.7, 24.3, 27.2, 29.1

① 범위(R)=7.6 ② 제곱합(S)=7.59
③ 중앙값(Me)=24.3 ④ 시료분산(s^2)=8.988

[해설]
- 범위(Range) : 데이터가 얼마나 많은 숫자 값을 포함하고 있는지 알려준다.
- 제곱합(Sum of Sequence) : 각 데이터로부터 데이터의 평균값을 뺀 값의 제곱합
- 중앙값(Median)=24.3
- 범위=29.1−21.5=7.6

  제곱합=$(21.5-25.16)^2+(23.7-25.16)^2+(24.3-25.16)^2+(27.2-25.16)^2+(29.1-25.16)^2$
  =35.952

  평균값=$\dfrac{(21.5+23.7+24.3+27.2+29.1)}{5}$=25.16

  시료분산=$\dfrac{35.952}{4}$=8.988

정답 59 ④ 60 ②

2018년 63회 기출문제
2018.3.31 시행

01 다음 중 피복아크용접기 설치 시 가장 적합한 장소는?

① 먼지가 많은 장소
② 진동이나 충격이 심한 장소
③ 주위 온도 4℃ 정도의 장소
④ 휘발성 기름이나 부식성 가스가 있는 장소

[해설]
피복아크용접법(consumable metal electrode process)에서 용접기 설치장소는 주위 온도가 4℃ 정도인 곳이 적당하다.

02 속이 빈 피복 용접봉과 모재 사이에 아크를 발생시켜 이때 발생하는 아크열을 이용하여 절단하는 방법으로 고크롬강, 스테인리스강 등을 절단할 때 사용되는 절단은?

① 탄소 아크 절단
② 금속 아크 절단
③ 플라스마 절단
④ 산소 아크 절단

[해설]
산소아크 절단
속이 빈 피복 용접봉과 모재 사이에 아크를 발생시켜 이때 발생하는 아크열을 이용하여 절단한다.(고크롬강, 스테인리스강 등을 절단. 지름 4.8, 7.2, 8.0mm 용접봉 등이 있다.)

03 다음 용접자세 중 모재가 눈 위로 들려 있는 수평면의 아래쪽에서 용접봉을 위로 향하게 하여 용접하는 것은?

① F
② O
③ V
④ H

[해설]
용접자세
아래보기자세 : F, 수평자세 : H, 수직자세 : V, 위보기자세 : O

04 접합하려고 하는 금속을 용융시키지 않고 모재보다 용융점이 낮은 용가재를 금속 사이에 용융 첨가하여 접합하는 방법은?

① 납땜
② 단접
③ 심 용접
④ 스폿 용접

[해설]
납땜(연납땜, 경납땜)
㉠ 연납땜 용가제 : 450℃ 이하의 납으로 주석+납, 알루미늄, 주석, 아연 등이 있다.
㉡ 경납땜 : 은납, 황동납, 알루미늄납, 인동납, 니켈납 등

05 다음 중 압력조정기의 취급상 주의사항으로 틀린 것은?

① 압력용기의 설치구 방향에는 장애물이 없어야 한다.
② 조정기를 취급할 때에는 기름이 묻은 장갑 등을 사용해서는 안 된다.
③ 압력지시계가 잘 보이도록 설치하며 유리가 파손되지 않도록 주의한다.
④ 조정기를 설치한 다음 조정나사를 풀고 밸브는 급격히 빨리 열어야 하며, 가스 누설 여부는 가스 불꽃으로 점검한다.

[해설]
㉠ 가스용접 시 압력조정기(프랑스식, 독일식) 취급에서 밸브는 서서히 열어야 하며 산소 누설 시 즉시 밸브를 닫고 다시 조인다. 누설점검은 비눗물 검사나 가스누설검지기로 한다.
㉡ 산소가 누설되면 밸브를 닫고 패킹을 교환한다.

06 산소-아세틸렌 가스용접 시 연강판 용접에 가장 적당한 불꽃은?

① 중성 불꽃
② 산화 불꽃
③ 탄화 불꽃
④ 환원 불꽃

[정답] 01 ③ 02 ④ 03 ② 04 ① 05 ④ 06 ①

해설
㉠ 탄화불꽃 : 산소와 아세틸렌 비율(0.8~1.0)
㉡ 중성불꽃 : 산소와 아세틸렌 비율(1.0~1.0)
㉢ 산화불꽃 : 산소와 아세틸렌 비율(1.5~1.0)
㉣ 중성불꽃 : 표준불꽃이며 주강, 연강, 강관, 아연 등의 용접에 사용한다.

07 다음 중 용착효율(deposition efficiency)이 가장 낮은 용접은?

① MIG 용접
② 피복아크용접
③ 서브머지드 아크용접
④ 플럭스코어드 아크용접

해설
피복아크용접은 아크용접 중 용착효율이 가장 낮다.

08 아크가 발생하는 초기에 용접봉과 모재가 냉각되어 있어 용접 입열이 부족하여 아크가 불안정하기 때문에 아크 초기만 용접전류를 특별히 높게 하는 장치는?

① 전격 방지 장치
② 원격 제어 장치
③ 핫 스타트 장치
④ 고주파 발생장치

해설
핫 스타트 장치
아크 발생 초기에 용접봉과 모재가 냉각되어 있어 용접 입열이 부족하여 아크가 불안정하기 때문에 아크 초기만 용접 전류를 특별히 높게 하는(Hot Start)이다. 0.2~0.25초 정도의 대전류를 흘려서 아크 초기를 안정시킨다.

09 가스용접에서 토치 내부의 청소가 불량할 때 막힘이 생겨 고압의 산소가 배출되지 못하고 산소보다 압력이 낮은 아세틸렌 통로로 밀면서 아세틸렌 호스 쪽으로 흐르는 현상은?

① 탄화현상
② 역류현상
③ 역화현상
④ 인화 현상

해설
역류 현상
고압의 산소가 압력이 낮은 아세틸렌 통로로 밀면서(C_2H_2 가스) 호스쪽으로 흐르는 역류현상이며 가스용접시 주의 사항이다.

10 가스절단에서 예열불꽃 세기의 영향을 설명한 것으로 틀린 것은?

① 예열불꽃이 약할 때 절단면이 거칠어진다.
② 예열불꽃이 약할 때 드래그가 증가한다.
③ 예열불꽃이 약할 때 절단속도가 늦어진다.
④ 예열불꽃이 강할 때 모서리가 용융되어 둥글게 된다.

해설
가스절단(산소-아세틸렌)이며 때로는 산소-LPG 불꽃이나 산소-H_2 불꽃이 사용된다. 중성불꽃을 사용하며 예열불꽃이 강하면 절단면이 거칠어진다.

11 용접기의 자동전격방지장치에서 아크를 발생하지 않을 때는 보조변압기에 의해 용접기의 2차 무부하 전압을 몇 V 이하로 유지하는 것이 가장 적합한가?

① 25
② 45
③ 65
④ 80

해설
전격방지기
2차 무부하 전압을 이용하며 전압이 약 25V로 유지된다. 사용 시에는 70~80V로 아크가 발생한다.

12 피복아크용접기의 구비조건으로 틀린 것은?

① 일정한 전류가 흘러야 한다.
② 구조 및 취급이 간단해야 한다.
③ 아크 발생 및 유지가 용이해야 한다.
④ 사용 중에 온도 상승이 높아야 한다.

해설
피복아크 용접기는 사용 중에 온도 상승이 낮아야 과열이 방지된다.

13 다음 연료가스 중 발열량(kcal/m³)이 가장 큰 것은?

① 메탄
② 수소
③ 부탄
④ 아세틸렌

정답 07 ② 08 ③ 09 ② 10 ① 11 ① 12 ④ 13 ③

> **해설**
>
> 가스연료의 발열량
> ㉠ 메탄(CH_4) : $10,500 kcal/m^3$
> ㉡ 수소(H_2) : $2,900 kcal/m^3$
> ㉢ 부탄(C_4H_{10}) : $29,000 kcal/m^3$
> ㉣ 아세틸렌(C_2H_2) : $13,200 kcal/m^3$

14 용해 아세틸렌병의 전체무게가 33kg, 빈병의 무게가 30kg일 때 이 병 안에 있는 아세틸렌 가스의 양은 몇 리터(L)인가?

① 2,115
② 2,315
③ 2,715
④ 2,915

> **해설**
>
> $33-30=3kg$ 가스(C_2H_2 가스 분자량 $=26kg=22.4m^3$)
> $\therefore 22.4 \times \dfrac{3}{26} = 2.59m^3 = 25,846(L)$
> ※ $1m^3 = 1,000(L)$

15 스카핑 작업에 대한 설명으로 틀린 것은?

① 스카핑 작업은 강재 표면의 흠을 제거한다.
② 스카핑 토치는 가우징 토치에 비하여 능력이 작고 팁은 직선형을 사용한다.
③ 예열은 표면의 불순물이 떨어져 깨끗한 금속면이 나타날 때까지 가열한다.
④ 작업방법은 스카핑 토치를 공작물의 표면과 75° 정도로 경사지게 하고 예열 불꽃의 끝이 표면에 접촉되도록 한다.

> **해설**
>
> 스카핑(scarfing)은 강괴, 강편, 슬래그, 기타 표면의 균열이나 주름, 주조, 주조결함, 탈탄층 등의 표면 결함을 불꽃가공에 의해서 제거하는 것이다.
> 가우징 토치에 비하여 능력이 크고 팁은 경사진 것을 사용한다.

16 서브머지드 아크용접 시 적용 재료로 적당하지 않은 것은?

① 티탄
② 탄소강
③ 저합금강
④ 스테인리스강

> **해설**
>
> 서브머지드 아크용접(submerged arc welding)은 잠호용접이다.(사용체 : 조선, 제관, 교량, 차량에 사용되는 용접이다. 티탄(Ti)은 비철금속이다. 화학공업용, 항공기, 로켓재료로 사용한다.)

17 일반적인 이산화탄소 가스아크용접의 특징으로 틀린 것은?

① 용접속도를 빠르게 할 수 있다.
② 전류밀도가 높으므로 용입이 깊다.
③ 적용 재질이 철계통으로 한정되어 있다.
④ 바람의 영향을 크게 받지 않아 방풍장치가 필요 없다.

> **해설**
>
> ㉠ $C+O_2 \rightarrow CO_2$ (이산화탄소)
> ㉡ CO_2 gas shielded arc welding 용접은 가격이 비싼 알곤이나 헬륨 대신에 탄산가스를 사용한다.(바람의 영향을 받아서 방풍장치가 필요하다.)
> ㉢ 솔리드(solid) 와이어 CO_2(순탄산가스법)법
> ㉣ 솔리드 와이어 혼합가스법
> ㉤ 용제가 들어 있는 와이어 CO_2법

18 전극와이어보다 앞에 미세한 입상의 용제를 살포하면서 전극와이어를 연속적으로 송급하여 용제 속에 전극 선단과 모재 사이에 아크가 발생되면서 용접이 진행되는 자동용접 방법은?

① 플라스마 아크용접
② 불활성가스 아크용접
③ 서브머지드 아크용접
④ 이산화탄소 아크용접

> **해설**
>
> 서브머지드 특수아크용접법은 미세한 가루 모양의 용제(플럭스 : flux)를 쌓아놓고 그 속에 전극와이어(wire), 즉 비피복 용접봉을 넣어 와이어 끝과 모재 사이에서 아크가 발생되는 용접이다. 200~4,000A 대전류를 사용한다.

정답 14 ③ 15 ② 16 ① 17 ④ 18 ③

19 다음 중 테르밋 용접의 특징으로 틀린 것은?

① 전기가 필요 없다.
② 작업장소의 이동이 쉽다.
③ 용접시간이 짧고 용접 후 변형이 적다.
④ 용접용 기구가 복잡하고 설비비가 비싸다.

해설
테르밋 용접(thermit welding)은 알루미늄(Al) 분말과 산화철 분말(FeO Fe_2O_3 Fe_3O_4)을 약 4 : 1 정도의 중량비로 혼합한 테르밋제에 과산화바륨과 마그네슘 또는 알리미늄의 혼합분말로 된 점화제(ignitor)를 넣고 이것을 점화원으로 점화시켜 1100℃ 이상의 고온에서 용접된다. 이 고온에 의해 강렬한 반응으로 온도가 2,800℃ 이상에 달한다.
용접작업이 단순하며 용접용 기기 설비가 싸고 또 이동이 가능하다. 또한 용접가격이 싸다.

20 아크 용접작업 중 전격의 위험이 발생할 수 있는 요인으로 가장 적당한 것은?

① 용접열량이 클 때
② 전류세기가 클 때
③ 어스의 접지가 불량할 때
④ 절연된 보호구를 사용할 때

해설
전기용접에서 어스의 접지가 불량하면 전격의 위험이 발생할 수가 있다.

21 플라스마 아크용접에 사용되는 보호가스로 적당하지 않은 것은?

① 헬륨
② 아르곤
③ 아세틸렌
④ 아르곤과 수소의 혼합가스

해설
플라스마(plasma) : 도전성을 띤 가스체이다.
제4의 물리상태 기체이다.
용접아크에 비해 밀도가 10~100배이고 10,000~30,000℃의 고온 플라스마를 얻어서 용접한다. 아크의 열적 핀치 효과를 이용한다.

22 일반적인 일렉트로 슬래그 용접의 특징으로 틀린 것은?

① 박판 용접에 적용할 수 없다.
② 비교적 최소한의 변형과 최단 시간의 용접법이다.
③ 용접시간에 비하여 용접 준비시간이 길다.
④ 용접 진행 중 용접부를 직접 관찰할 수 있다.

해설
일렉트로 가스아크용접(elector gas arc welding)은 실드(보호)가스 대신에 전기저항열을 이용하며 일렉트로 슬래그(slag) 용접은 아주 두꺼운 물건의 용접에 이용된다. 아크열이 아닌 와이어의 용융슬래그 사이에 통전된 전류의 전기저항열(줄열)을 이용한다.

23 다음 중 화재의 분류가 잘못된 것은?

① A급 화재 – 일반 화재
② B급 화재 – 유류 화재
③ C급 화재 – 전기 화재
④ D급 화재 – 가스 화재

해설
D급 화재 : 금속분말화재이다.(Al, Mg 등)

24 다음 중 전자빔 용접의 단점이 아닌 것은?

① 용접기의 값이 고가이다.
② 피용접물 크기의 제한을 받는다.
③ 에너지를 집중시킬 수 있어 고용융 재료의 용접이 가능하다.
④ 용융부가 좁기 때문에 냉각속도가 빨라 경화현상이 일어나기 쉽다.

해설
전자 빔 용접(electron beam welding)은 고진공(10^{-4}~10^{-6} mmHg)에서 적열된 필라멘트에서 전자빔을 접합부에 조사(보냄)하여 그 충격열을 이용한 용접법이다.
가속된 강력한 에너지가 렌즈(magnetic lens)에 해당하는 접속 코일을 통하여 적당한 크기로 만들어 용접부에 조사된다.

정답   19 ④   20 ③   21 ③   22 ④   23 ④   24 ③

25 저항용접에 대한 설명으로 틀린 것은?

① 저항용접의 기본적인 3대 요소는 가압력, 전류의 세기, 통전 시간이다.
② 저항용접은 작업속도가 빠르고 대량생산적인 성격이 강한 특징이 있다.
③ 기밀, 수밀, 유밀성을 필요로 하는 탱크의 용접 등에 가장 적합한 것은 심용접법이다.
④ 퍼커션 용접은 제품 한쪽에 돌기를 만들어 용접 전류를 집중시켜 압접하는 방법이다.

[해설]
㉠ 저항용접(resistance welding)
  줄법칙(Q) = 0.24I²RT(cal)
㉡ 퍼커션 용접 : 맞대기 저항용접(충격용접이다)
㉢ 저항용접 : 겹치기 저항용접, 맞대기 저항용접

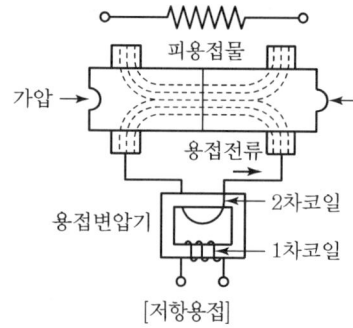

[저항용접]

26 다음 중 텅스텐 전극봉을 사용하는 비용극식 용접법은?

① MIG 용접   ② TIG 용접
③ 피복아크용접   ④ 탄산가스용접

[해설]
TIG(티그) 용접
텅스텐 전극을 사용하여 텅스텐을 전극으로 사용하지만 소모가 되지 않으므로 비용극식이다. 아크용접이고 불활성 가스 용접이다.

27 플럭스 코어드 아크용접에서 기공의 발생 원인으로 가장 거리가 먼 것은?

① 아크 길이가 길 때
② 탄산가스가 공급되지 않을 때
③ 보호가스의 순도가 불량할 때
④ 용접 와이어의 공급이 적정할 때

[해설]
플럭스 코어드 아크 용접(Flux Cored Arc Welding)
와이어의 단면적 감소로 인한 전류밀도 상승으로 용착속도가 증가하고 플럭스(용제)에 의한 용접부의 금속학적 성질이 개선된다.

28 불활성 가스 텅스텐 아크용접 시 가스이온이 모재 표면에 흐를 때 모재의 표면과 충돌하면서 화학작용에 의해 모재 표면의 산화물을 파괴한다. 이러한 현상으로 얻어지는 효과는?

① 핀치효과   ② 청정효과
③ 자기불림효과   ④ 중력가속효과

[해설]
불활성 가스 아크용접
㉠ 불활성가스 사용 : 알곤(Ar), 헬륨(He) 가스 등
㉡ 청정효과 : 모재 표면의 산화물을 파괴

29 주철의 용접이 곤란한 이유가 아닌 것은?

① 용접부 또는 다른 부분에서 균열이 생기기 쉽다.
② 탄소가 많기 때문에 용접부에 기공이 생기기 쉽다.
③ 용접 열에 의해 급열·급랭되기 때문에 용접부가 연화된다.
④ 용접 시 용접부에 백주철이나 담금질 조직이 생겨 절삭가공이 어렵다.

[해설]
주철의 용접
용접열에 의해 급열·급랭되기 때문에 용접부에 백주철이나 담금질 조직이 생겨 용접부가 단단해지므로 절삭가공이 되지 않는다. 즉, 용접부가 단단하게 경화된다.(백주철은 시멘타이트 생성)
㉠ 백주철 ㉡ 회주철 ㉢ 반주철

30 용융금속이 응고하면서 생기는 중심을 향한 가늘고 긴 기둥모양의 조직은?

① 쌍정 조직   ② 편석 조직
③ 주상 조직   ④ 등축정 조직

정답 25 ④ 26 ② 27 ④ 28 ② 29 ③ 30 ③

해설
주상조직(선상조직)
용접 시 용융금속이 응고하면서 중심을 향해 생기는 가늘고 긴 기둥모양의 조직이다.

31 Al – Si계 실용 합금으로 10~13% 정도의 Si가 함유된 것으로 용융점이 낮고 유동성이 좋으므로 넓고 복잡한 모래형 주물에 이용되는 것은?

① 실루민 ② 엘린바
③ 두랄루민 ④ 콜슨(corson) 합금

해설
비철금속(실루민 : 알루미늄+규소 합금)
즉 실루민은 알루미늄(Al)의 합금이다.

32 금속재료의 표면에 강이나 주철의 작은 입자를 고속으로 분사시켜 표면층을 가공 경화하여 경도를 높이는 방법은?

① 침탄법 ② 숏 피닝
③ 금속 용사법 ④ 연속냉각 변태 처리

해설
숏 피닝
금속 재료의 표면에 강이나 주철의 작은 입자를 고속으로 분사시켜 표면층을 가공 경화하여 경도를 높이는 방법이다.

33 알루미늄이나 그 합금은 용접성이 대체로 불량하다. 그 이유에 해당되지 않는 것은?

① 비열과 열전도도가 대단히 커서 단시간 내에 용융온도까지 이르기가 힘들기 때문이다.
② 용접 후의 변형이 크며 균열이 생기기 쉽기 때문이다.
③ 용융점이 660℃로서 낮은 편이고, 색채에 따라 가열온도의 판정이 곤란하여 지나치게 용융되기 쉽기 때문이다.
④ 용융 응고 시에 수소가스를 배출하여 기공이 발생되기 어렵기 때문이다.

해설
알루미늄은 용접 시 용융상태에서 특히 수소(H_2)를 흡수하는 성질이 있으므로 용착금속부에 기공(blow hole)이 생기기 쉽다. 따라서 용접 중 수분 또는 유기물의 존재를 없애야 한다.

34 용융점이 650℃, 비중은 1.74 정도로 실용금속 중 가장 가벼운 재료이며 열전도율과 전기전도율은 Cu, Al 보다 낮고 강도는 작으나 절삭성이 좋은 비철금속 재료는?

① Ni ② Pb
③ Mg ④ Ti

해설
마그네슘(Mg)
- 비중 1.74
- 용융점 650℃
- 일렉트론, 도우메탈을 만드는 합금이다.

35 강재를 가열하여 그 표면에 Zn을 고온에서 확산 침투시켜 내식성 및 대기 중의 부식방지 등을 향상시키는 목적으로 표면을 경화시키는 열처리는?

① 크로마이징 ② 세라다이징
③ 칼로라이징 ④ 실리코나이징

해설
세라다이징
금속 표면에 아연(Zn)을 침투시켜 내식성, 내산성을 증가시키는 금속표면경화법이다.

36 담금질한 강을 실온 이하로 열처리하여 잔류 오스테나이트를 마텐자이트로 변화시키는 열처리는?

① 심랭 처리 ② 오스템퍼링
③ 하드 페이싱 ④ 고주파 경화법

해설
심랭처리(서보제로 처리)
강을 담금질한 후 0℃ 이하의 온도까지 계속 냉각시켜 잔류 오스테나이트를 감소시키는 것이다.

정답 31 ① 32 ② 33 ④ 34 ③ 35 ② 36 ①

37 입방정계 결정계의 결정격자 종류가 아닌 것은?

① 체심정방격자 ② 면심입방격자
③ 단순입방격자 ④ 체심입방격자

해설
순금속의 결정
㉠ 체심입방격자(BCC)
㉡ 면심입방격자(FCC)
㉢ 조밀육방격자(HCP)
㉣ 단순입방격자(SC)

38 베어링에 사용되는 Cu계 합금의 종류가 아닌 것은?

① 포금 ② 켈밋
③ Al 청동 ④ 화이트 메탈

해설
화이트메탈
주석, 안티몬이 주성분이다.

39 다음 중 풀림의 목적으로 가장 거리가 먼 것은?

① 내부응력 제거
② 강의 경도 및 강도 증가
③ 금속 조직의 표준화, 균일화
④ 강을 연하게 하여 기계 가공성을 향상

해설
풀림(소둔 : Annealing)
㉠ 내부응력 제거
㉡ 재질의 연화
㉢ 결정립 크기의 조절
㉣ 펄라이트 구상화

40 다음 중 스테인리스강의 종류에 해당되지 않는 것은?

① 페라이트계 스테인리스강
② 펄라이트계 스테인리스강
③ 마텐자이트계 스테인리스강
④ 오스테나이트계 스테인리스강

해설
스테인리스강 종류
• 페라이트계
• 마텐자이트계
• 오스테나이트계

41 강재의 KS 기호와 종류의 연결이 틀린 것은?

① STS 11 : 합금공구강 강재
② SKH 2 : 고속도 공구강 강재
③ STC 140 : 탄소공구강 강재
④ SCM 415 : 용접구조용 압연강재

해설
용접구조용 압연강재 : SWS

42 흑연봉을 양극으로 하고 WC, TiC 등의 초경합금을 음극으로 하여 공구 표면에 불꽃을 일으켜 그 열로 주위를 경화시키는 방법은?

① 화염경화법 ② 금속침투법
② 방전경화법 ④ 고주파 담금질

해설
방전경화법
흑연봉을 양극으로 하고 WC, Tic 등의 초경합금을 음극으로 하여 공구 표면에 불꽃을 일으켜 그 열로 경화시키는 법
• 초경합금(공구용 합금강) : 텅스텐 분말과 탄소 분말을 혼합시켜 WC로 만든다.

43 용입 불량을 방지하기 위한 일반적 방법으로 틀린 것은?

① 홈 각도에 알맞은 적당한 용접봉을 선택한다.
② 루트 간격을 좁게 하고 아크길이를 길게 한다.
③ 용접속도가 너무 빠르지 않게 적정 속도를 유지한다.
④ 용접전류가 너무 낮지 않게 하여 홈의 밑부분까지 충분히 용융되도록 한다.

정답 37 ① 38 ④ 39 ② 40 ② 41 ④ 42 ③ 43 ②

해설

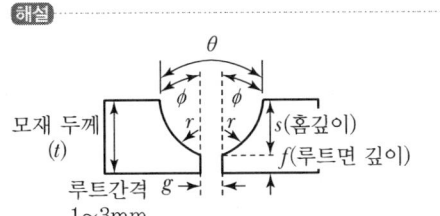

여기서, ϕ : 베벨각
θ : 홈각
r : 루트반지름

용입불량 방지를 위해 루트 간격을 적당하게 하고 아크 길이는 약간 짧게 한다.

44 자동제어의 장점으로 가장 거리가 먼 것은?

① 제품의 품질이 균일화되어 불량률이 감소된다.
② 인간능력 이상의 정밀 고속작업이 가능하다.
③ 인간에게는 부적당한 위험환경에서 작업이 가능하다.
④ 설비나 장치가 간단하며 이동이 용이하다.

해설
자동제어는 설비나 장치가 까다로울 때 필요로 하며 이동이 없는 기기에서 사용이 편리하다.

45 용착금속의 인장강도가 450N/mm², 모재의 인장강도가 500N/mm²일 때 용접의 이음효율은 몇 %인가?

① 80 ② 85
③ 90 ④ 95

해설
용접이음 효율(η) = $\dfrac{\text{용착금속 인장강도}}{\text{모재의 인장강도}} \times 100(\%)$

∴ $\eta = \dfrac{450}{500} \times 100 = 90(\%)$

46 용접 시공 전의 일반적 준비사항이 아닌 것은?

① 예열, 후열의 필요성 여부를 검토한다.
② 용접 전류, 용접 순서, 용접 조건을 미리 정해둔다.
③ 제작 도면을 잘 이해하고 작업 내용을 충분히 검토한다.
④ 용접부 검사 결과를 확인하고 보수용접 실시 여부를 검토한다.

해설
용접부 검사 및 보수 용접 실시 검토는 용접시공 전이 아닌 용접 시공 후에 실시한다.

47 방사선 투과검사의 특징으로 틀린 것은?

① 모든 재료에 적용할 수 있다.
② 내부 결함 검출에 용이하다.
③ 라미네이션 검출에 용이하다.
④ 검사결과를 필름에 영구적으로 기록할 수 있다.

해설
방사선 비파괴 검사 : 용착금속의 기공 검출

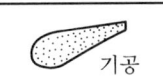 재료가 기공층으로 인하여 2장으로 갈라진다.

[라미네이션]

48 고온균열시험에 적합한 방법으로 재현성이 좋고 시험재를 절약할 수 있으며, 지그에 맞대기 용접 시험편을 볼트로 단단히 붙인 다음 비드를 놓아 균열 여부를 조사하는 시험은?

① 피스코(Fisco) 균열시험
② 킨젤(KinZel) 시험
③ 슈나트(Schnadt) 시험
④ 리하이 구속(Lehigh restaint) 균열시험

해설
피스코 균열시험
㉠ 고온균열시험에 사용한다.
㉡ 재현성이 좋다.
㉢ 지그에 맞대기 시험편을 볼트로 단단히 붙인 다음 비드를 놓아 균열 여부를 검사한다.

정답 44 ④ 45 ③ 46 ④ 47 ③ 48 ①

49 다음 용접보조기호 중 영구적인 이면 판재(backing strip) 사용을 의미하는 것은?

① M ② S
③ MR ④ SR

해설
용접보조기호
㉠ M : 영구적인 덮개판 사용
㉡ MR : 제거가 가능한 덮개판 사용

50 용접 변형에 영향을 미치는 인자 중 용접열에 관계되는 인자가 아닌 것은?

① 용접속도 ② 용접 층수
③ 용접전류 ④ 부재 치수

해설
부재 치수는 용접설계에 해당한다.

51 다음 그림에서 맞대기 이음을 나타낸 곳은?

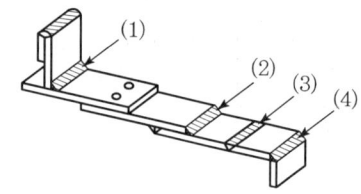

① (1) ② (2)
③ (3) ④ (4)

해설
(1), (2), (4)는 측면 필릿용접이고 (3)은 맞대기 용접이다.

52 용접 변형과 잔류응력을 경감시키는 방법에 관한 내용으로 틀린 것은?

① 용접 전 변형을 방지하기 위하여 억제법과 역변형법을 이용한다.
② 모재의 열전도를 억제하여 변형을 방지하는 방법으로 전진법을 이용한다.
③ 용접부의 변형과 응력을 완화시키기 위하여 피닝법을 이용한다.
④ 용접 시공에서 변형을 경감시키기 위하여 대칭법, 후진법 등을 이용한다.

해설
아크 발생 비드 만들기 용접순서 운봉법

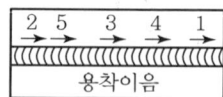
[교호법 용접]

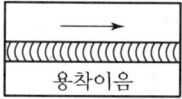
[스킵법 용접]

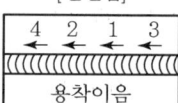
[후진법 용접]

[전진법]

[대칭법 용접]

53 용접 설계상 주의하여야 할 사항으로 틀린 것은?

① 필릿 용접은 가능한 피할 것
② 반복하중을 받는 이음에서는 이음표면을 볼록하게 할 것
③ 용접 이음이 한 군데 집중되거나 너무 접근하지 않도록 할 것
④ 용접길이는 가능한 짧게 하고, 용착금속도 필요한 최소한으로 할 것

해설
용접시공에서 반복하중을 받는 이음에는 특히 이음 표면이 평활하게 되도록 고려할 것

54 용접용 로봇의 구성 중 작업 기능에 해당되지 않는 것은?

① 동작기능 ② 구속기능
③ 계측기능 ④ 이동기능

해설
용접용 로봇의 작업기능
㉠ 동작기능 ㉡ 구속기능 ㉢ 이동기능

55 전수검사와 샘플링검사에 관한 설명으로 맞는 것은?

① 파괴검사의 경우에는 전수검사를 적용한다.
② 검사항목이 많을 경우 전수검사보다 샘플링검사가 유리하다.
③ 샘플링검사는 부적합품이 섞여 들어가서는 안 되는 경우에 적용한다.
④ 생산자에게 품질향상의 자극을 주고 싶을 경우 전수검사가 샘플링 검사보다 더 효과적이다.

해설
전수검사와 샘플링 검사
- 검사항목이 너무 많으면 전수검사보다 샘플링 검사가 유리하다.
- 더 정확한 것은 전수검사이다.
- 불량품이 1개라도 혼입되면 안 될 때나 전체검사를 쉽게 행할 수 있을 때 이외에는 소량의 표본만 검사하는 Sampling 검사를 주로 한다.

56 어떤 회사의 매출액이 80,000원, 고정비가 15,000원, 변동비가 40,000원일 때 손익분기점 매출액은 얼마인가?

① 25,000원 ② 30,000원
③ 40,000원 ④ 55,000원

해설
손익분기점 계산(매출액)

$$\frac{고정비}{한계이익률} = \frac{고정비}{1-\left(\frac{변동비}{매상고}\right)} = \frac{15,000}{1-\left(\frac{40,000}{80,000}\right)} = 30,000원$$

57 다음 데이터의 제곱합(sum of squares)은 약 얼마인가?

[데이터]
18.8 19.1 18.8 18.2 18.4 18.3 19.0
18.6 19.2

① 0.129 ② 0.338
③ 0.359 ④ 1.029

해설
제곱합 : 각 데이터로부터 데이터의 평균값을 뺀 것의 제곱합

$$(평균값) = \frac{18.8+19.1+18.8+18.2+18.4+18.3+19.0+18.6+19.2}{9} = 18.71$$

$$\therefore (18.8-18.71)^2 + (19.1-18.71)^2 + (18.8-18.71)^2 + (18.2-18.71)^2 + (18.4-18.71)^2 + (18.3-18.71)^2 + (19-18.71)^2 + (18.6-18.71)^2 + (19.2-18.71)^2 = 1.029$$

58 국제 표준화의 의의를 지적한 설명 중 직접적인 효과로 보기 어려운 것은?

① 국제 간 규격통일로 상호 이익 도모
② KS 표시품 수출 시 상대국에서 품질인증
③ 개발도상국에 대한 기술개발의 촉진을 유도
④ 국가 간의 규격상이로 인한 무역장벽의 제거

해설
KS 표시는 국제표준화가 아닌 우리나라의 품질인증이다.

59 Ralph M. Barnes 교수가 제시한 동작경제의 원칙 중 작업장 배치에 관한 원칙(Arrangement of the workplace)에 해당되지 않는 것은?

① 가급적이면 낙하식 운반방법을 이용한다.
② 모든 공구나 재료는 지정된 위치에 있도록 한다.
③ 적절한 조명을 하여 작업자가 잘 보면서 작업할 수 있도록 한다.
④ 가급적 용이하고 자연스런 리듬을 타고 일할 수 있도록 작업을 구성하여야 한다.

정답 54 ③ 55 ② 56 ② 57 ④ 58 ② 59 ④

해설
④항 내용은 인체 사용에 관한 동작경제의 원칙에 해당한다.

60 직물, 금속, 유리 등의 일정 단위 중 나타나는 흠의 수, 핀홀 수 등 부적합 수에 관한 관리도를 작성하려면 가장 적합한 관리도는?

① c 관리도
② np 관리도
③ p 관리도
④ $\overline{X} - R$ 관리도

해설
- c 관리도(부적합 등 결점 수의 관리도)
- P_n 관리도(불량개수의 관리도)
- p 관리도(불량률의 관리도)
- $\overline{X} - R$ 관리도(평균치와 범위의 관리도)
- $\tilde{X} - R$ 관리도(메디안과 범위의 관리도)

- 제64회 기능장(2018년 7월 14일, 7월 15일) 시험부터는 컴퓨터 CBT 필기시험으로 시행되므로 시험문제지가 공개되지 않습니다.(단, 여러 종목의 기능장 필기시험 응시는 가능합니다.)
- 필기시험 당일 합격, 불합격이 판정됩니다.

정답 60 ①

PART 06

MASTER CRAFTSMAN WELDING

CBT 모의고사

CBT 모의고사 1회
CBT 모의고사 2회
CBT 모의고사 3회
CBT 모의고사 4회
CBT 모의고사 5회
CBT 모의고사 6회

CBT 모의고사 1회

01 아크용접 시 용접봉의 용접금속 이행형식이 될 수 없는 것은?

① 단락형 ② 스프레이형
③ 핀치 효과형 ④ 중력 효과형

해설
아크용접 시 용접봉의 용접금속 이행형식
- 단락형
- 스프레이형
- 핀치 효과형
- 글로뷸러형

02 용접기의 핫스타트(hot start) 장치의 이점이 아닌 것은?

① 아크 발생을 쉽게 한다.
② 크레이터 처리를 잘 해준다.
③ 비드(bead)의 이음자리를 개선한다.
④ 아크 발생 초기의 비드 용입을 양호하게 한다.

해설
② 용접기의 핫(hot)스타트장치의 이점은 ①, ③, ④항이며, 크레이터처리는 잘 못한다.
- 크레이터 : 아크를 끊으면 비드의 끝에 생기는 것이며 최후의 용융풀이 응고 수축할 때 발생한다. 이 경우 슬래그 섞임이 되기 쉽고 수축 시 균열이 생기기 쉽다.
- 핫스타트 : 아크 부스터라 하며 모재에 접촉한 순간 0.2~0.25초 정도 순간적인 대전류를 흘려서 아크의 초기안정을 도모하는 장치

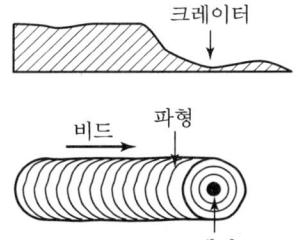

03 정격 2차 전류 300A, 정격사용률 40%의 아크용접기로서 실제로 200A의 전류로 용접한다면 허용 사용률은?

① 20% ② 60%
③ 90% ④ 120%

해설
교류아크용접기 허용사용률
$$= \frac{(\text{정격 2차 전류})^2}{(\text{실제의 용접전류})^2} \times \text{정격사용률}$$
$$\therefore \eta = \frac{(300)^2}{(200)^2} \times 40 = 90(\%)$$

04 고산화 티탄계의 연강용 피복아크 용접봉을 나타낸 것은?

① E4301 ② E4313
③ E4311 ④ E4316

해설
① E4301 : 일미나이트계
③ E4311 : 고셀룰로오스계
④ E4316 : 저수소계

05 용접작업 시 위보기 자세에 사용되지 않는 운봉방법은?

① 백스텝 ② 직선형
③ 부채꼴 모양 ④ 삼각형

해설
위보기 자세(overhead welding)
삼각형 운봉법은 수직자세 용접봉이다.

위보기 운봉법
- 직선 :
- 부채꼴 :
- 백스텝 :

정답 01 ④ 02 ② 03 ③ 04 ② 05 ④

06 일반적으로 아크 드라이브(Arc drive)의 전압(V)은 몇 V로 고정되어 있는가?

① 10V
② 16V
③ 20V
④ 30V

해설
아크드라이브(Arc Drive)
아크길이를 짧게 유지하며 용접하는 경우 용접봉 끝이 모재에 접촉하여 전기적으로 단락되는 것을 방지하기 위하여 단락 시 큰 전류를 흘려 용접봉의 용착용결이 되지 않도록 하는 특성이다.

07 용접차광렌즈(Welding lens)의 차광능력 등급을 차광도 번호라 한다. 100A 이상 300A 미만의 아크용접 및 절단 등에 쓰이는 차광도 번호는 얼마인가?

① 4~5
② 7~8
③ 10~12
④ 14~15

해설
용접차광유리 번호
- 6~7번 : 30A 미만
- 8~9번 : 10A 이상~100A 미만
- 10~12번 : 100A 이상~300A 미만
- 13~14번 : 300A 이상

08 가스 절단 결과의 판정은 다음 사항을 중요시 하는데, 그중 틀린 사항은?

① 드래그가 일정할 것
② 절단면의 위모서리가 예리할 것
③ 슬래그의 이탈성이 나쁠 것
④ 절단면이 깨끗하며 드래그 홈이 없을 것

해설
가스절단 시에는 슬래그(Slag)의 이탈성이 좋아야 한다.

09 잠호용접(SAW)용 용제(Flux)의 역할을 열거한 것이다. 틀린 것은?

① 용착금속의 탈산작용
② 전류이행능력의 향상
③ 용접 후 슬래그의 이탈성 향상
④ 합금원소의 첨가

해설
잠호용접(서브머지드 아크용접)용 용제
용융부를 대기로부터 보호하며 아크를 안정시키고 야금반응에 의해서 용착금속을 개선한다. 용제에는 용융형 용제와 소결형 용제가 있다.

10 MIG 용접에서 용융금속의 이행 형태는 여러 가지 요인에 의해 결정된다. 해당되지 않는 것은?

① 전류의 형태와 크기
② 전류밀도
③ 용접봉의 성분
④ 용접자세

해설
불활성가스 아크용접
- 특수한 토치를 사용하여 전극의 주위에 아르곤(Ar)이나 헬륨(He) 등과 같이 금속과 반응이 잘 일어나지 않는 불활성 가스를 유출시키면서, 텅스텐 전극 또는 모재와 같은 계통의 비피복 금속선을 전극으로 하여 모재와 전극 사이에 아크를 발생시켜 용접한다.(티그용접과, 미그용접이 있다.)
- 미그용접은 티그용접에 비해 능률이 높고 용융금속의 이행 형태 요인은 ①, ②, ③항이다.

11 MIG 용접에서 아크의 자기제어를 위해 주로 많이 사용되는 전원 특성은?

① 정전압특성
② 정저항특성
③ 수하특성
④ 역극성

해설
MIG 용접
- 토치의 이동이 자동으로 이루어지는 전자동용접
- 토치의 이동을 손으로 하는 반자동용접
※ 아크의 자기제어에 주로 사용되는 전원 특성은 정전압특성이다.(용적이행 : 스프레이형)

정답 06 ② 07 ③ 08 ③ 09 ② 10 ④ 11 ①

12 이산화탄산가스(CO_2 gas) 아크용접에서 복합 와이어(combined wire) 중 와이어가 노즐(nozzle)의 나온 부분에, 자성 플럭스(magnetic powder flux)를 부착하는 형태의 용접법은?

① 유니언 아크법(union arc process)
② 아코스 아크법(arcos arc process)
③ 퓨스 아크 CO_2법(fus arc CO_2 process)
④ NCG법

해설
탄산가스(CO_2) 아크용접의 용제가 들어 있는 와이어 CO_2법에서 자성용제식은 유니언 아크용접법이다. 용접 와이어로는 비피복봉(용극식)에 순수한 CO_2만을 사용하는 방법이 가장 널리 사용된다.(값비싼 아르곤이나 헬륨 대신 CO_2를 사용하는 용극식 용접이다.)

13 플럭스 코어 아크용접에 대한 설명 중 틀린 것은?

① 전류가 적정 범위 내에서 증가함에 따라 비드 높이는 높아지고 비드 폭은 넓어진다.
② 아크전압이 증가함에 따라 용접비드 높이는 납작하고 폭은 넓어지게 된다.
③ 용접속도가 증가함에 따라 비드 높이는 낮아지고 비드 폭은 증가한다.
④ 노즐 각도를 변화시키는 것은 또한 비드의 높이와 폭을 변화시킬 수 있다.

해설
플럭스 코어 아크용접 : 비드 외관이 좋고 대기 차단이 잘되며 용착속도는 매우 빠르고 스패터양이 적고 세립이다.
그 특징은 ①, ②, ④항이다.

14 플라스마(plasma)를 구성하는 물질이 아닌 것은?

① 양이온(positive ions)
② 중성자(neutral atoms)
③ 음전자(negative electrons)
④ 양전자(positive electrons)

해설
플라스마
기체를 가열시켜 온도가 높아지면 기체원자는 극심한 열운동에 의해 마침내 전리되어 이온과 전자로 나누어지고 이때 기체는 도전성을 띠게 된다. 이와 같이 전자와 이온(ion)이 혼합되어 도전성을 띤 가스체가 플라스마이다. 구성물질은 양이온, 중성자, 음전자 등이다.

15 다음 용접과정 중 고진공 용기(Vacuum Chamber) 속에서 수행되는 용접은?

① 플라스마 아크 용접 ② 일렉트로 슬래그 용접
③ 전자빔 용접 ④ 마찰용접

해설
전자빔 용접(electron beam welding)
• 모재에 충돌된 전자빔의 대부분이 투과되는 때나 모재 속을 산란할 때 운동에너지의 일부는 열에너지로 변환되어 용접부를 가열·용융시킨다.
• 전자빔 용접장치는 전자빔을 발생하는 전자빔 건(beam gun)과 가공품을 올려놓는 가공대가 고진공(10^{-4}~10^{-6}mmHg) 용기 속에 밀폐되어 있다.
• 고진공 속에서 적열된 필라멘트에서 전자빔을 접합부에 조사하여 그 충격열로 용융하는 용접이다.

16 일렉트로 슬래그(elictro slag) 용접에서 용접 조건이 모재의 용입 깊이에 미치는 영향 중 맞게 설명한 것은?

① 용접속도가 빠르면 용입이 깊어진다.
② 플럭스(flux)의 전기전도성이 크면 용입이 깊어진다.
③ 용접전압이 높으면 용입이 깊어진다.
④ 용접전압이 낮으면 용입이 깊어진다.

해설
일렉트로 슬래그 용접에서는 어떤 두꺼운 판이라도 용접이 가능하다. 그리고 대단히 능률적이고 변형이 적으며 와이어(심선)와 용제(flux)가 필요하다. 또한 용접전압이 높으면 용입이 깊어진다.

정답 12 ① 13 ③ 14 ④ 15 ③ 16 ③

17 테르밋 용접(thermit welding)에서 테르밋은 무엇의 혼합물인가?

① 붕사와 붕산의 분말
② 알루미늄과 산화철의 분말
③ 알루미늄과 마그네슘의 분말
④ 규소와 납의 분말

해설
테르밋 용접은 미세한 알루미늄(Al) 분말과 산화철 분말을 약 3 : 1 또는 4 : 1 중량비로 혼합한 테르밋제에 과산화바륨과 마그네슘의 혼합분말로 된 점화제로 고온을 일으켜 용접한다.

18 다음 중 원자수소 용접에 이용되는 용접열은 얼마나 되는가?

① 2,000~3,000℃
② 3,000~4,000℃
③ 4,000~5,000℃
④ 5,000~5,000℃

해설
원자수소 아크용접
2개의 텅스텐 전극 사이에 아크를 발생시키고 홀더 노즐에서 수소가스 유출 시 발생되는 발생열(3,000~4,000℃)로 용접한다.
※ 고도의 기밀, 수밀을 요하는 제품의 용접에 사용한다.

19 다음의 용접작업 중 귀마개(耳栓)를 착용해야 하는 경우는?

① 일렉트로 가스용접(electro gas welding)
② 플래시 버트 용접(flash butt welding)
③ 전자빔 용접(electron beam welding)
④ 플럭스 코어드 용접(flux cored welding)

해설
플래시 버트 용접(불꽃용접)
용접 중 귀마개 착용이 필요하다.

20 용접 중에 전격의 위험을 방지하기 위하여 사용되는 전격방지기에 관한 설명이 틀리는 것은?

① 작업을 쉬는 중에 용접기의 1차 무부하 전압을 25V로 유지한다.
② 용접봉을 접촉하는 순간 전자개폐기가 닫힌다.
③ 용접봉을 접촉하는 순간 2차 무부하전압이 70~80V로 되어 교류아크가 발생된다.
④ 용접기에 전격방지기를 설치한다.

해설
전격(감전)을 방지하기 위하여 작업을 쉬는 중에 용접기의 2차 무부하 전압은 약 25V로 하고, 작업 중에는 70~80V로 한다.

21 철강재료의 용접에서 균열을 일으키는 데 가장 예민한 원소는?

① C   ② Si
③ S   ④ Mg

해설
㉠ 탄소강의 불순물 : 황(S), 인(P)
㉡ 균열 : 용접구조상의 결함(예민한 원소 : S)
㉢ 균열의 종류
  • 매크로(macro) 균열
  • 마이크로(micro) 균열

22 알루미늄을 용접하고자 할 때, 예열을 하는 경우가 있다. 그 이유는?

① Al_2O_3 산화막을 제거하기 위해
② 열전도성이 높기 때문에
③ 청정작용(Cleaning action) 때문에
④ 순도가 낮은 불활성 가스의 사용이 가능하기 때문에

해설
알루미늄 온도 확산율
$\left(\dfrac{열전도도}{비열 \times 비중}\right)$이 강의 10배이다.
융점이 낮으나 국부가열이 곤란하며 용융잠열이 크므로 비교적 큰 용접입열량을 필요로 한다. 따라서 두꺼운 판에서는 예열이 필요하며 저항용접에서는 순간 대전류의 통전을 요하므로 용접조건의 선정제어가 어렵다.(알루미늄은 열팽창률이 강의 2배로 크다.)

정답 17 ② 18 ② 19 ② 20 ① 21 ③ 22 ②

23 금속의 용접성(weldability)에 영향을 미치지 않는 것은?

① 탄소함유량(carbon content)
② 열전도(thermal conductivity)
③ 인장강도(tensile strength)
④ 용융점(melting point)

해설
금속의 용접성에 영향을 미치는 인자
- 탄소함유량
- 인장강도
- 용융점

24 승용차의 차체(Chassis, 새시)에 고장력강을 사용해야 한다는 주장이 있다. 고장력강의 필요성은 무엇이 주요한 이유인가?

① 연강과 동일한 강도를 유지하면서 경량화가 가능하기 때문에
② 부식에 견디는 능력이 우수하기 때문에
③ 소성가공이 용이하기 때문에
④ 외관이 미려하기 때문에

해설
고장력강(하이텐, high strength steel)은 인장강도를 높이기 위하여 Mn, Si, Ni, Cr, Mo, V, Ti 등을 철에다 합금하였다. (승용차 새시에 고장력강을 사용하는 이유는 연강과 동일한 강도를 가지나 경량화가 가능하기 때문). 가급적 용접성을 좋게 하기 위하여 탄소량을 적게 한 것이다.

25 용접부에 생기는 잔류응력을 없애려면 어떻게 하면 되는가?

① 담금질을 한다.   ② 뜨임을 한다.
③ 불림을 한다.   ④ 풀림을 한다.

해설
금속의 열처리
- 담금질(퀜칭 : 재질경화)
- 뜨임(템퍼링 : 연성, 인성 부여)
- 풀림(어닐링 : 잔류응력 제거, 재질연화)
- 불림(노멀라이징 : 재질조직의 균일화)

26 가열로 안에서 강선재를 900~1,000℃로 급속히 가열하고 연욕로(鉛浴爐, lead bath furnace)를 통과시켜 380~550℃에서 항온변태를 일으키게 하여 소르바이트(Sorbite)나 미세펄라이트(fine pearlite) 조직으로 하는, 일반 연강재료에 대하여 처리하는 방법은?

① 템퍼링   ② 노멀라이징
③ 패턴팅   ④ 어닐링

해설
항온열처리 : 패턴팅
가열로 안에서 900~1,000℃로 급격히 가열하고 연욕로를 통과시켜 380~550℃에서 항온변태 후 소르바이트 조직이나 미세한 펄라이트 조직으로 하는 일반 연강재료의 열처리법이다.(탄소조직 : 페라이트, 펄라이트, 시멘타이트, 오스테나이트, 레데브라이트)

27 풀림(annealing)의 목적이 아닌 것은?

① 단조, 주조, 기계가공에서 생긴 내부 응력 제거
② 가공 또는 공작에서 경화된 재료의 연화
③ 금속 결정입자의 조대화
④ 열처리로 인하여 경화된 재료의 연화

해설
풀림 : 금속 결정입자의 크기 조절, 펄라이트 구상화 등과 ①, ②, ④항의 목적으로 열처리한다.

28 두께가 각기 다른 여러 가지 용접물을 노(爐) 내에서 응력제거 열처리를 하고자 한다. 열처리 방법 중 알맞은 것은?

① 가장 두꺼운 용접물을 기준으로 열처리 시간을 정한다.
② 용접물의 평균 두께를 측정하여 열처리 시간을 정한다.
③ 두께별로 분류하여 2단계(2 step method)로 열처리한다.
④ 두께가 1[inch] 이상 차이 나는 것은 분류하여 따로 열처리하도록 한다.

정답 23 ② 24 ① 25 ④ 26 ③ 27 ③ 28 ①

> **해설**
>
> 노 안에서 응력을 제거하기 위한 열처리는 각기 두께가 다른 경우 가장 두께가 두꺼운 용접물을 기준으로 열처리 시간을 정한다.

29 다음 그림과 같이 맞대기 용접하였을 경우 인장하중 $P = 4,800[kgf]$에 대하여 용접부에 발생하는 인장응력은 몇 $[kgf/mm^2]$인가?

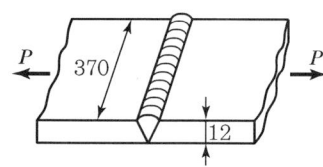

① 1.08
② 10.81
③ 100.81
④ 1,000.81

> **해설**
>
> 인장응력 $= \dfrac{4,800}{12 \times 370} = 1.08 kgf/mm^2$

30 맞대기 용접의 강도계산은 어느 부분을 기준으로 정하여 행하는가?

① 다리길이
② 목두께
③ 루트간격
④ 홈깊이

> **해설**
>
> 맞대기 용접의 강도계산은 목두께를 기준으로 한다.
>
>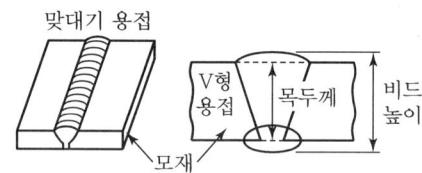

31 그림에서 필릿 용접 이음이 아닌 것은?

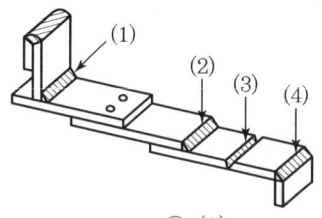

① (1)
② (2)
③ (3)
④ (4)

> **해설**
>
> 필릿 용접(fillet welding)
>
>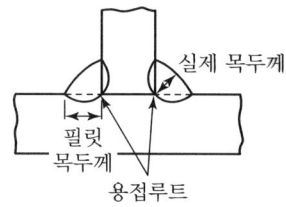
>
> 필릿 용접은 겹치기 또는 T이음의 구석진 부분에 용접한다.
> (3)은 맞대기 용접이다.

32 용접 순서의 일반적인 설명으로 틀린 것은?

① 구조물의 중앙에서부터 용접을 시작한다.
② 대칭으로 용접을 진행한다.
③ 수축이 적은 이음부를 먼저 용접한다.
④ 수축은 가능한 한 자유단으로 보낸다.

> **해설**
>
> ③ 수축이 큰 이음부부터 용접한다.

33 지그와 고정구(Fixture)의 역할이 되지 못하는 것은?

① 구조물이나 부재의 위치를 결정하며, 고정과 분리가 단순해야 한다.
② 구조물이나 부재의 지지, 고정 또는 안내를 정확히 해야 한다.
③ 주어진 한계 내에서 정밀도를 유지한 제품이 제작될 수 있어야 한다.
④ 기존 기계장비의 사용을 최초로 억제하기 위해 사용된다.

정답 29 ① 30 ② 31 ③ 32 ③ 33 ④

34 용접 전에 용접부의 예열을 시키는 이유로 틀린 것은?

① 급랭되면 용접부와 그 열영향부가 취약해지고 경도가 약해지므로 경도를 높여주기 위해서이다.
② 용접부와 열영향부의 수축응력을 감소시키기 위해서이다.
③ 용접부와 열영향부의 연성을 높여 주기 위해서이다.
④ 용착금속 중의 수소성분이 달아날 시간을 주어 비드 밑의 균열을 방지하기 위해서이다.

해설
급랭하면 용접부와 그 열영향부가 강해지고 경도가 커져 용접이 어려워진다.

35 용접할 경우 일어나는 균열결함현상의 저온균열에서는 볼 수 없는 것은?

① Crater Crack ② Bead Crack
③ Root Crack   ④ Hot tear Crack

해설
Hot tear Crack은 고온균열이다.

36 용접의 기공(氣孔) 방지대책에 대해 옳게 서술한 것은?

① 적정 아크 길이를 유지하지 않으면 안 된다.
② 개선면에 다소의 녹이 붙어 있어도 용접전류를 크게 해서 가스를 부상시킨다.
③ 아크 길이를 길게 해서 용접하면 가스는 부상이 쉽게 되어 좋다.
④ 용재에 있는 다소의 습기는 용접입열을 크게 해서 용접하면 된다.

해설
기공(blow hole) 방지
• 아크 길이 전류의 조작이 올바르게 한다.
• 용접부의 급속한 응고를 방지한다.
• 용접속도를 너무 빠르지 않게 한다.

37 다음 중 선박건조 시 자주 사용되지 않는 용접법은?

① 플러그 용접   ② 맞대기 용접
③ 겹치기 용접   ④ T 이음 용접

해설
플러그 용접(Plug welding)
접합하는 모재 한쪽에 원형과 타원형 구멍을 뚫고 판의 표면까지 가득 차게 용접하고 다른 쪽 모재와 접합하는 용접

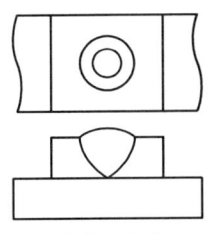

플러그 용접

38 각종 금속의 용접에서 서브머지드 아크용접에 보통 사용되지 않는 재료는?

① 고니켈합금   ② 저탄소강
③ 순철   ④ 가단주철

해설
가단주철
백주철을 열처리로 개선한 것이다. 용융부가 다시 백주철로 되어 갈라지기 쉽다. 용접 중에 모재를 녹이지 않은 토빈청동(torbin bronze)을 쓰는 브레이징(brazing) 용접을 이용한다. 또한 니켈봉을 사용하는 아크용접도 있다.

39 다음 사항 중 옳은 것은?

① 용접입열이 일정한 경우에는 열전도율이 낮은 것일수록 냉각속도가 크다.
② 수축이 작은 이음과 수축이 큰 이음을 용접할 때는 수축이 작은 이음부터 용접한다.
③ 모재의 두께 및 탄소당량이 같은 재료에서는 E4301을 사용하면 E4316을 사용할 때보다 예열온도가 낮아도 좋다.

정답 34 ① 35 ④ 36 ① 37 ① 38 ④ 39 ④

④ 합금원소가 많아져서 탄소당량이 커지든지 판이 두꺼워지면 용접성이 나빠지기 때문에 예열온도를 높여야 한다.

해설
① 열전도율이 너무 크면 냉각속도가 빠르다.
② 수축이 큰 이음부터 용접한다.
③ 모재 두께, 탄소함량이 같은 재료에서는 E4301을 사용하면 E4316을 사용할 때보다 예열온도를 높게 한다.

40 열영향부(HAZ)의 재질을 향상시키기 위해서 흔히 사용되는 방법은?

① 용접부의 예열과 후열 ② 특수용가재 사용
③ 용접부 피닝   ④ 특수플럭스(용제) 사용

해설
열영향부(HAZ)는 용접 시 녹지 않고 열에 의해 금속조직이나 성질의 변화를 받는 모재부분을 가르킨다.

41 다음은 아크 에어가우징(Arc air gouging)과 가스가우징을 비교한 작업 능률이다. 아크 에어가우징은?

① 작업 능률이 가스가우징과 대략 동일하다.
② 작업 능률이 가스가우징의 1.5배이다.
③ 작업 능률이 가스가우징의 2~3배이다.
④ 작업 능률이 가스가우징의 4~6배이다.

해설
아크 에어가우징
탄소아크 절단에 압축공기를 병용한 방법이다. 용접부의 가우징, 용접결함부 제거, 절단 및 구멍 뚫기에 적합하다. 가스가우징이나 Chipping법에 비하여 작업능률이 2~3배가 높다.

42 용접부의 기계적 시험법을 동적 시험법 및 정적 시험법으로 분류할 때 동적 시험법에 해당되는 것은?

① 인장시험   ② 굽힘시험
③ 피로시험   ④ 경도시험

해설
• 동적 시험 : 피로시험, 충격시험
• 정적 시험 : 인장시험, 굽힘시험, 경도시험, 크리프시험

43 겹치기 이음의 비드 및 균열시험에 주로 사용하는 시험법으로 열적 구속도 균열시험법이라고도 한다. 이 시험법은?

① 피스코 균열시험
② 리하이형 구속 균열시험
③ CTS 균열시험
④ 킨젤시험

44 비자성인 금속재료로 철구조물을 제작하였다. 여기에 사용할 수 없는 검사방법은?

① 침투검사   ② 맴돌이 전류검사
③ 자분검사   ④ 방사선 투과검사

해설
자분검사
알루미늄, 구리, 오스테나이트계 스테인리스강 등의 비자성체에는 적용하지 않는 검사이다.

45 용접 변형 교정법으로 맞지 않는 것은?

① 얇은 판에 대한 점 수축법
② 형재에 대한 직선 수축법
③ 국부 템퍼링법
④ 가열한 후 해머링하는 방법

해설
템퍼링(tempering)
담금질한 강은 경도가 증가되는 반면에 여린 성질(취성)을 가지게 되므로 다소 경도가 감소하더라도 질긴 성질(인성을 증가시키기 위해)을 부여하기 위해 담금질한 강을 변태점 이하의 적당한 온도로 가열하여 재료에 알맞은 속도로 냉각시켜서 인성을 갖게 하는 뜨임 열처리이다.

정답 40 ① 41 ③ 42 ③ 43 ③ 44 ③ 45 ③

46 강재의 표면에 균열, 주름 등의 결함이나 탈탄층 등을 불꽃 가공에 의해 비교적 얇고 넓게 제거하는 방식의 가공법은?

① 수중 절단
② 스카핑
③ 아크 에어가우징
④ 산소창 절단

해설
스카핑(Scarfing)
각종 강재 표면의 탈탄층 또는 홈을 제거하기 위하여 사용된다. 가우징과 다른 점은 될 수 있는 대로 얇게 그리고 넓게 표면을 깎는 것이고 그 밖의 점은 근본적으로 차이가 없다.

47 직류 정극성(DCSP)에 대한 특징의 설명 중 틀린 것은?

① 모재의 용입이 깊다.
② 비드 폭이 넓다.
③ 모재에 비해 용접봉이 느리게 녹는다.
④ 두꺼운 재료의 용접에 이용된다.

해설
직류 정극성(DCSP)은 비드 폭이 좁고, 역극성(DCRP)은 비드 폭이 넓다.

48 정격 2차 전류 200A, 정격 사용률 40%의 아크용접기로 120A의 용접전류를 사용 시 허용사용률은 몇 %인가?

① 71
② 91
③ 101
④ 111

해설
사용률$(\eta) = \dfrac{(정격\ 2차\ 전류)^2}{(용접기\ 용접전류)^2} \times 정격사용률$
$= \dfrac{(200)^2}{(120)^2} \times 40 = 111(\%)$

49 이산화탄소 아크용접법은 어느 금속에 가장 적합한 것인가?

① 알루미늄
② 주철
③ 연강
④ 스테인리스강

해설
이산화탄소 아크용접(CO_2 gas shielded arc welding)
가격이 비싼 헬륨이나, 아르곤을 대신하여 CO_2를 사용하는 용극식 용접방법으로서 연강 용접법이다.

50 용해 아세틸렌 용기의 총 중량이 50kgf이고 충전 전의 용기 중량이 45kgf이었다면 아세틸렌가스의 충전량은 몇 리터인가?(단, 용해 아세틸렌 1kg이 기화하였을 때 15℃, 1기압하에서 아세틸렌의 용적이 905리터이다.)

① 905
② 4,550
③ 4,000
④ 4,525

해설
• 가스충전량 = 50 − 45 = 5kgf
• C_2H_2 기화량 = (905L/kg) × 5kg = 4,525L

51 경납땜에 사용되는 용가재가 갖추어야 할 조건으로 잘못된 것은?

① 모재와 친화력이 있어야 한다.
② 용융온도가 모재보다 낮고 유동성이 있어야 한다.
③ 용융점에서 휘발성분이 함유되어 있어 빨리 응고해야 한다.
④ 모재와 야금적 반응이 만족스러워야 한다.

해설
경납땜(hard brazing)
용융온도가 450℃ 이상의 땜납재를 써서 납땜한다.
• 땜납재 : 은납, 황동납, 알루미늄납, 인동납, 니켈납 등
• 용제 : 붕사, 붕산, 불화물, 염화물

정답 46 ② 47 ② 48 ④ 49 ③ 50 ④ 51 ③

52 납땜은 연납땜(soldering)과 경납땜(brazing)으로 구분하고 있는데 연납땜과 경납땜으로 구분하는 납땜재 융점의 온도는 몇 ℃인가?

① 350
② 450
③ 550
④ 650

해설
연납은 450℃ 이하, 경납은 450℃ 이상에서 사용하는 납땜이다.

53 구상 흑연 주철의 조직에 의한 분류 중에 시멘타이트형이 있다. 시멘타이트 조직이 발생하는 원인 중 옳지 않은 것은?

① 마그네슘의 첨가량이 많을 때
② 냉각속도가 빠를 때
③ 가열한 후 노 중 냉각을 시킬 때
④ 탄소 및 특히 규소가 적을 때

해설
구상 흑연 주철
주철이 여린 것은 주로 흑연이 편상으로 되어 있기 때문이다. 이 흑연을 미세한 입상으로 분산시키면 인성이 높게 된다. 이렇게 흑연이 구상화된 것을 구상 흑연 주철이라 하며 시멘타이트 조직이 발생하는 이유는 가열한 후 노 중 냉각을 시키지 않아서이다. (시멘타이트=탄화철=Fe_3C=강자성체로서 담금질하여도 경화하지 않는다.)

54 로봇의 구성에서 구동부와 제어부를 가동시키기 위한 에너지를 동력원이라 하고 에너지를 기계적인 움직임으로 변환하는 기기의 명칭은?

① 액추에이터
② 머니퓰레이터
③ 교시박스
④ 시퀀스 제어

해설
액추에이터
전기적 에너지를 기계적 에너지로 변환하는 기기이며 구동부와 제어부로 구성된 자동제어기기이다.

55 도수분포표에서 도수가 최대인 곳의 대표치를 말하는 것은?

① 중위 수
② 비대칭도
③ 모드(mode)
④ 첨도

해설
도수분포
샘플의 품질특성으로 측정치를 도수로 나타낸다. 주로 히스토그램, 막대그래프, 도수표로 표현된다(세로 측에 도수, 가로 측에 품질특성을 취한다.).

56 일정통제를 할 때 1일당 그 작업을 단축하는데 소요되는 비용의 증가를 의미하는 것은?

① 비용구배(Cost slope)
② 정상 소요시간(Normal duration)
③ 비용견적(Cost estimation)
④ 총비용(Total cost)

57 서블릭(therblig) 기호는 어떤 분석에 주로 이용되는가?

① 연합작업 분석
② 공정분석
③ 동작분석
④ 작업분석

58 관리도에서 점이 관리한계 내에 있고 중심선 한쪽에 연속해서 나타나는 점을 무엇이라 하는가?

① 경향
② 주기
③ 런
④ 산포

해설
- 런 : 관리도에서 점이 관리한계 내에 있고 중심선 한쪽에 연속해서 나타나는 점
- 관리도 : 공정의 상태를 나타내는 특성치에 관해서 그려진 그래프로서 공정을 안정상태로 유지하기 위한 것

정답 52 ② 53 ③ 54 ① 55 ③ 56 ① 57 ③ 58 ③

59 모집단의 참값과 측정 데이터의 차를 무엇이라 하는가?

① 오차 ② 신뢰성
③ 정밀도 ④ 정확도

60 준비작업시간이 5분, 정미작업시간이 20분, lot 수 5, 주작업에 대한 여유율이 0.2라면 가공시간은?

① 150분 ② 145분
③ 125분 ④ 105분

해설

가공시간
- $(5+20) \times 5 = 125$분
- $\dfrac{5+20}{0.2} = 125$분

정답 59 ① 60 ③

CBT 모의고사 2회

01 용접이음의 장점이 아닌 것은?

① 리벳에 비하여 구멍 뚫기 작업 등의 공정이 절약된다.
② 이음 효율이 리벳보다 높다.
③ 용접부의 품질검사가 쉽다.
④ 기밀성이 보존된다.

해설
용접이음은 용접부의 품질검사가 어려운 단점이 있다.

02 교류 아크용접기의 역률을 나타낸 식은?

① (아크 출력÷소비전력)×100(%)
② (소비전력÷아크 출력)×100(%)
③ (소비전력÷전원입력)×100(%)
④ (아크 전압÷소비전력)×100(%)

해설
- 교류 아크용접기의 역률 = $\dfrac{\text{소비전력}}{\text{전원입력}} \times 100(\%)$
- 역률 = $\dfrac{\text{입력(kW)}}{\text{입력(kVA)}} \times 100\%$
  = $\dfrac{\text{전원입력}}{\text{아크입력}} \times 100$

03 교류용접기 중에서 원격 조정을 하는 데 가장 좋은 용접기는?

① 코일형
② 가동 철심형
③ 탭 전환형
④ 가포화 리액터형

해설
가포화 리액터형 용접기(Saturable reactor type)는 변압기와 가포화리액터를 조합한 용접기이다. 직류 여자코일을 가포화리액터 철심에 감아 놓았다. 전류조정을 전기적으로 하므로 기계적으로 마멸하는 부분이 없고 원격조정도 가능하다.

04 아크 용접기의 필요한 조건이 아닌 것은?

① 아크 발생을 용이하게 하기 위하여 무부하 전압이 낮아야 한다.
② 아크를 안정시키는 데 필요한 외부 특성 곡선을 가지고 있어야 한다.
③ 전류조정이 용이하고 일정하게 전류가 흘러야 한다.
④ 역률과 효율이 좋아야 한다.

해설
아크용접기의 2차 무부하 전압은 70~80V로 다소 높아서 항상 아크가 발생되도록 한다. 용접이 끝나고 아크를 끊으면 전격을 방지하기 위해 2차 무부하 전압은 약 25V로 하고 용접봉을 모재에 접촉하면 순간 전자개폐기가 닫혀 2차 무부하 전압이 70~80V가 된다.

05 KS 규격에 의하면 피복 아크용접기의 용량은 무엇으로 표시하는가?

① 전원입력
② 피상입력
③ 정격사용률
④ 정격 2차 전류

해설
피복 아크용접기의 용량
- 용접봉 단면적 $1mm^2$에 대하여 전류가 10~11A
- 아크용접기(Arc Welder)는 용접작업에 알맞게 낮은 전압으로 대전류를 흐르게 할 수 있도록 제작되어 있다.(용접 전류의 조정이 용이해야 한다. 단, 용접 중에는 전류값이 너무 크게 변화해서는 아니 된다.)
- 정격 2차 전류(용접기 200AW = 200A)

06 피복 아크용접봉의 피복 배합제 중 아크 안정제는?

① 탄산마그네슘
② 젤라틴
③ 규산소다(Na_2SiO_2)
④ 망간

정답 01 ③ 02 ③ 03 ④ 04 ① 05 ④ 06 ③

> [해설]
> 피복 아크용접봉(E4301, E4316 등)의 피복 배합제 중 아크 안정제에는 아크 발생을 지속적으로 쉽게 하기 위한 규산소다, 산화티탄, 탄산바리움 등이 있다.

07 내균열성이 가장 좋은 용접봉은?

① 고산화 티탄계
② 저수소계
③ 고셀룰로오스계
④ 철분 산화티탄계

> [해설]
> 저수소계 용접봉
> 피복제 중에 수소(H)원이 되는 성분의 유기물이 포함되지 않고 탄산칼슘, 불화칼슘을 주성분으로 하는 피복제이다. 탈산작용 때문에 산소량도 적으므로 용착금속은 강인성이 풍부하고 기계적 성질, 내균열성 등이 우수하다.(low hydrogen type 용접봉)

08 파이프 용접에서 루트부에 E6010 용접봉을 사용하는 경우가 있다. E7018을 사용하지 않고 E6010을 사용하는 이유는?

① E6010은 강도상으로 문제가 안 되기 때문임(즉, 루트부를 제거하기 때문)
② E6010계의 피복제가 결함을 예방함
③ E6010계통의 피복제가 질소 실딩가스와 상호작용 하기 때문임
④ 루트부에서 기공을 예방하거나 용입상태를 개선하기 위함

> [해설]
> 용접봉 : • E6010
> • E7018
> 파이프 용접에서 E7018을 사용하지 않고 E6010을 사용하는 이유는 루트부에서 기공을 예방하거나 용입상태를 개선하기 위함이다.
>
>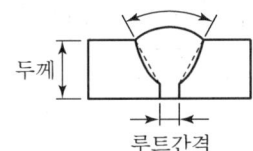

09 같은 두께의 모재에서 다음 용접이음 중 용착금속의 양이 가장 적게 되는 용접홈의 모양은? (단, 루트 간격은 없고, 루트면(root face)은 3.2mm이다.)

① U형
② H형
③ J형
④ X형

> [해설]
>
>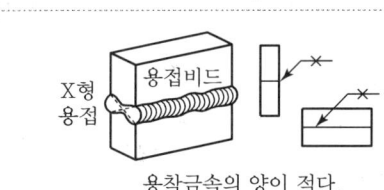
>
> 용착금속의 양이 적다.

10 산소 – 아세틸렌가스 불꽃에서 백심과 바깥쪽 불꽃 사이에 밝은 백색의 제3의 불꽃, 즉 아세틸렌페더(excess acetylene feather)를 의미하는 것은?

① 백색불꽃
② 산화불꽃
③ 표준불꽃
④ 탄화불꽃

> [해설]
> 탄화불꽃
> 산소의 양이 적고 아세틸렌의 양이 많은 상태의 불꽃(아세틸렌 과잉 불꽃)
>
>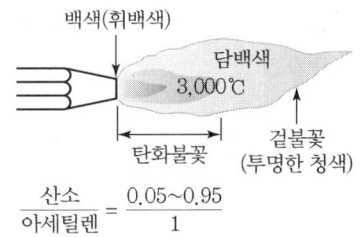
>
> $\dfrac{\text{산소}}{\text{아세틸렌}} = \dfrac{0.05 \sim 0.95}{1}$

11 산소가스 절단의 원리를 가장 바르게 설명한 것은?

① 산소와 철의 연소 반응열을 이용하여 절단한다.
② 산소와 철의 산화열을 이용하여 절단한다.
③ 산소와 철의 예열 응고열을 이용하여 절단한다.
④ 산소와 철의 환원열을 이용하여 절단한다.

정답 07 ② 08 ④ 09 ④ 10 ④ 11 ①

해설
산소가스 절단의 원리
산소와 철의 연소 반응열을 이용하여 절단한다.
$C_2H_2 + 2.5O_2 \rightarrow 2CO_2 + H_2O + 314.4 kcal/mol$
아세틸렌+산소 불꽃온도 : 약 3,200℃

12 수중 절단 작업에서 점화시키는 방법이 아닌 것은?

① 전기 아크식
② 금속 나트륨 점화식
③ 인산 칼륨 점화식
④ 황산 칼륨 점화식

해설
수중 절단
- 연료가스 : 수소, 아세틸렌, LPG, 벤젠 등
- 점화방법
  - 전기 아크식
  - 금속 나트륨 점화식
  - 인산 칼륨 점화식

13 강철을 (산소-아세틸렌) 가스 절단할 경우 예열온도는 약 몇 ℃인가?

① 100~200℃   ② 300~500℃
③ 800~1,000℃   ④ 1,100~1,500℃

해설
강철은 가스 절단 시 예열온도를 약 800~1,000℃로 한다.

14 불활성가스 아크용접할 때 가속된 이온이 모재에 충돌하여 모재표면의 산화물을 파괴한다. 이러한 현상을 무엇이라 하는가?

① 핀치효과
② 자기불림효과
③ 중력가속효과
④ 청정효과

15 서브머지드 아크용접의 장단점에 대한 각각의 설명에서 틀린 것은?

① 장점 : 용접속도가 피복 아크용접에 비해 빠르므로 능률이 높다.
② 장점 : 용접공의 기량에 의한 차가 적고, 용접이음의 신뢰도가 높다.
③ 단점 : 아크가 보이지 않으므로 용접부의 적부를 확인해서 용접할 수 없다.
④ 단점 : 와이어에 많은 전류를 흘려 줄 수 없고, 용입이 얕다.

해설
서브머지드 아크용접(Submerged Arc Welding)은 아크나 발생하는 가스(fume)를 외부에서 볼 수가 없어서 잠호(潛弧)용접이라고 한다. 조선, 제관, 교량, 차량의 용접에 많이 사용한다. 대전류의 사용과 용융 슬래그의 단열성 때문에 용입이 깊고 용접속도가 빠르다.(용제는 호퍼로부터 튜브에 유도되어 와이어에 선행하여 용접선에 따라 일정한 높이로 살포되며 와이어에 모재 사이에 발생되는 아크를 덮어주게 된다.)

16 모재 표면 위에 미리 미세한 입상(粒狀)의 용제를 산포(散布)하여 두고, 이 용제 속으로 용접봉을 꽂아 넣어 용접하는 자동아크용접은?

① 심용접
② 버트용접
③ 서브머지드 아크용접
④ 불활성 가스 아크용접

해설
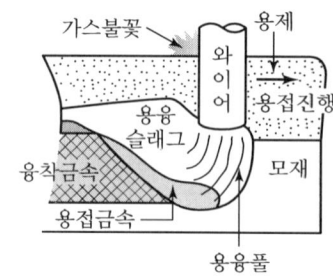

17 TIG 용접에 관한 설명 중 맞지 않는 것은?
① 직류 정극성은 용입이 깊고 비드 폭이 좁아진다.
② 스테인리스강 주철 탄소강 등의 강은 주로 고주파 교류전원으로 용접한다.
③ 직류 역극성으로 용접할 때 전극봉의 직경은 같은 전류에서 정극성보다 4배 정도 큰 것을 사용한다.
④ 교류전원은 거의 대부분 고주파장치를 첨가하여 사용한다.

해설
② 고주파 직류정극성으로 용접한다.

18 교류를 사용해서 TIG 용접할 때의 특성으로 틀린 것은?
① 전극의 직경은 비교적 작다.
② 텅스텐 전극의 정류작용에 의한 교류의 직류 변환으로 아크가 안정하게 되며, 전류밀도가 MIG 용접보다 높다.
③ 아크가 끊어지기 쉽다.
④ 비드의 폭이 넓고, 적당한 깊이의 용입이 얻어진다.

해설
티그용접 직류용접은 역극성의 접속에서는 보다 굵은 지름의 전극으로 낮은 전류를 사용한다.

19 이산화탄소 아크용접에 사용되는 이산화탄소 가스의 수분은 몇 % 이하의 것이 좋은가?
① 0.05% ② 0.5%
③ 1% ④ 3%

해설
탄산가스(CO_2) 순도에 의한 수분중량 함유량
• 제1종 : CO_2 순도 99% 이상(수분 0)
• 제2종, 제3종 : CO_2 순도 99.5% 이상(수분 0.05% 이하)

20 다음 중 유도방사현상을 이용한 시종 일관된 전자파(電磁波)의 증폭발진을 일으키는 용접장치는?
① 레이저 용접장치
② 메이저(MASER) 용접장치
③ 플라스마(Plasma) 용접장치
④ 전자빔 용접장치(electron beam welding machine)

21 전격의 위험과 관계없는 것은?
① 무부하전압이 높은 용접기를 사용하는 경우
② 완전 절연된 홀더를 사용하는 경우
③ 용접케이블의 노출부분이 있을 때
④ 용접기 케이블의 접지가 완전치 못할 때

해설
완전 절연된 홀더 사용 시 전력이 방지된다. 용접기의 절연이 불량하면 전격(감전사고)에 의한 재해가 발생한다.

22 점용접의 특징이 아닌 것은?
① 모재의 가열이 극히 짧기 때문에 열 영향부가 좁다.
② 줄(J)열에 의한 용접이므로 아크용접에 비해 적은 전류를 필요로 한다.
③ 전극의 가압에 의한 단압(鍛壓)작용 때문에 용접부가 치밀하게 된다.
④ 용접장치의 기구가 약간 복잡하며 시설도 비교적 비싸다.

해설
점용접(spot welding)은 용접 시 사용되는 모재의 종류, 판의 두께에 따라 저전압(15V 이하), 고전압이 필요하며 대전류(100~수십 만 A)로 만든다.

정답 17 ② 18 ② 19 ① 20 ② 21 ② 22 ②

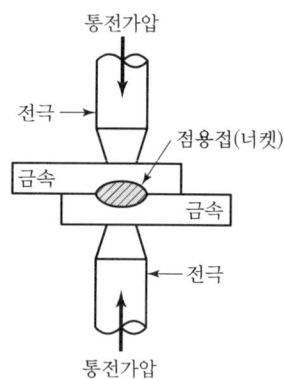

23 탄산가스를 취급할 때 유의해야 할 사항이 아닌 것은?

① 온도 상승은 위험을 초래하므로 용기의 보존은 45℃ 이하가 바람직하다.
② 충격은 절대로 피한다.
③ 밸브가 부러지면 가스가 급격히 분출하여 용기가 날아갈 위험이 있다.
④ 탄산가스 농도가 3~4%이면 두통을 일으킨다.

가스용기는 항상 40℃ 이하로 유지한다.

24 아세틸렌가스에 대한 설명으로 틀린 것은?

① 약간의 산소가 혼합되어 있으면 압력이 저하되어 폭발 위험성이 적다.
② 아세틸렌가스는 구리 또는 구리합금과 접촉하면 이들과 폭발성 화합물을 생성한다.
③ 406~408℃이면 자연발화된다.
④ 아세틸렌가스는 수소와 탄소가 화합된 매우 불안정한 기체이다.

아세틸렌가스에 약간의 산소가 혼합되면 불꽃이나 불티에 의해 폭발의 위험이 따른다.

25 전격방지기의 역할은?

① 작업을 안 하는 휴지시간 동안 2차 무부하 전압을 25V 이하로 유지하여 감전을 방지할 수 있다.
② 아크 전류를 낮게 하여 전격사고를 방지한다.
③ 아크 길이를 짧게 하여 용접이 잘되게 한다.
④ 용접 중 아크 전압을 높게 하여 감전사고를 예방한다.

해설
전격방지기의 역할
작업·휴지기간 동안 2차 무부하 전압을 25V 이하로 유지하여 감전을 예방한다.(즉, 용접을 끊으면 자동적으로 전자개폐기가 차단되어 2차 무부하 전압을 25V 이하로 유지한다.)

26 탄소강은 탄소의 함량에 따라 기계적 성질이 변화한다. 탄소강에서 탄소의 함량이 증가하면 기계적 성질은 어떻게 되는가?

① 경도, 인장강도 및 연신율이 증가한다.
② 경도와 인장강도는 증가하나 연신율은 감소한다.
③ 연신율 및 경도는 증가하나 인장강도가 감소한다.
④ 연신율 및 인장강도는 증가하나 경도가 감소한다.

해설
탄소강
• 탄소함량이 증가하면 경도, 인장강도는 증가한다.
• 탄소함량이 감소하면 연신율은 증가한다.

27 2mm 두께의 알루미늄 판을 용접하고자 한다. 용접방법 및 극성으로 가장 적합한 방법은?

① MIG – 직류 역극성
② TIG – 직류 역극성
③ MIG – 직류 정극성
④ TIG – 직류 정극성

해설
티그용접(TIG)
• 직류 역극성 : 전극 ⊕, 모재 ⊖
• 직류 정극성 : 전극 ⊖, 모재 ⊕

※ 알루미늄판 2.3mm까지는 직류 역극성 사용(2.3mm 이상은 교류용접 사용)

정답 23 ① 24 ① 25 ① 26 ② 27 ②

28 주철의 용접이 어려운 이유는?
① 유동성이 좋고 용융점이 낮으므로
② 규소 및 망간의 함량이 많아서
③ 압축강도가 크므로
④ 수축 시 급랭으로 인하여 균열이 발생되므로

해설
주철은 탄소(C) 함량이 2% 이상이다. 용접 시 급열·급랭에 따른 수축에 의한 균열이 발생하므로 용접이 어렵다.

29 저수소계 용접봉에서 다시 철분을 가하여, 보다 고능률화를 도모한 것으로 용착금속의 기계적 성질도 저수소계와 같은 것은?
① E4324
② E4326
③ E4327
④ E4340

해설
저수소계(E4316) 용접봉에 다시 철분을 가하여, 보다 고능률화를 도모하고 용착금속의 기계적 성질도 저수소계와 같은 용접봉은 E4326(철분수소계)이다.

30 유황은 철과 화합하여 황화철(FeS)을 만들어 열간가공성을 해치며 적열취성을 일으킨다. 이와 같은 단점을 제거하기 위해서는 철보다 더욱 쉽게 화합하는 원소를 적당량 이상 첨가시켜 불용성의 황화물로 만들어 제거하면 된다. 이때 일반적으로 많이 사용되는 원소는 어떤 것인가?
① Mn(망간)
② Cu(구리)
③ Ni(니켈)
④ Si(규소)

해설
망간(Mn)
유황(S)의 적열취성을 방지하기 위해 철에다가 망간을 적당량 첨가시켜 불용성의 화합물로 만드는 데 일반적으로 많이 사용한다.

31 강을 표준조직으로 하는 열처리 방법은?
① 담금질(quenching)
② 어닐링(annealing)
③ 템퍼링(tempering)
④ 노멀라이징(normalizing)

해설
강의 불림(노멀라이징)
재질의 균일화, 조직의 표준화, 펄라이트의 미세화, 열처리 후에 공기 중에서 냉각시켜 강도, 경도, 인성 등의 기계적 성질을 향상시킨다.

32 열처리에 사용하는 반사로에서 연료로 사용할 수 없는 것은?
① 무연탄
② 석탄
③ 휘발유
④ 가스

33 다음 중 국부 표면경화 처리법인 것은?
① 고주파 유도경화법
② 구상화 처리법
③ 강인화 처리법
④ 결정입자 처리법

해설
고주파 유동경화법 : 토코방법(Tocco Process)이라 하며 고주파 열로 표면을 가열한 후 물에서 급랭시켜 표면을 경화시킨다.

34 용접설계에서 주의해야 할 주요 항목이 아닌 것은?
① 구조물의 용접위치를 결정한다.
② 용접이음을 선정한다.
③ 용접방법을 선정한다.
④ 위보기 용접을 권장한다.

해설
용접자세
• 아래보기(flat)
• 수평(horizontal)
• 수직(vertical)
• 위보기(overhead)

정답 28 ④ 29 ② 30 ① 31 ④ 32 ③ 33 ① 34 ④

35 그림과 같은 용접 이음강도 계산 시 어느 것을 기준으로 하여 계산하는가?

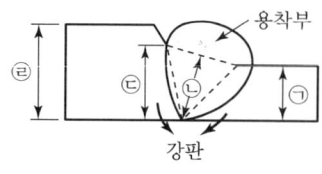

① ㉠
② ㉡
③ ㉢
④ ㉣

해설
용접 이음강도 계산 기준값

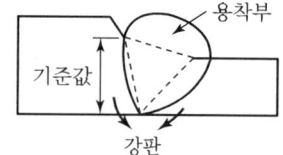

36 가접에 대한 설명 중 올바른 것은?
① 가접은 가능한 한 크게 한다.
② 가접은 중요치 않으므로 본 용접공보다 기능이 떨어지는 용접공이 해도 된다.
③ 전류를 다소 높게 하여 가접부의 결함이 생기지 않게 한다.
④ 가접은 본 용접에는 영향이 없다.

해설
가접
본 용접 전에 먼저 가접을 하며 가접 시에는 전류를 다소 높게 하여 가접부의 결함이 생기지 않게 한다.

37 용접에서 수축 및 변형 종류의 용어가 아닌 것은?
① 세로수축
② 홈 변형
③ 세로굽힘변형
④ 각 변형

해설
홈(groove)의 각도가 크면 용입이 깊어지고 각도가 작으면 용입이 얕아진다.

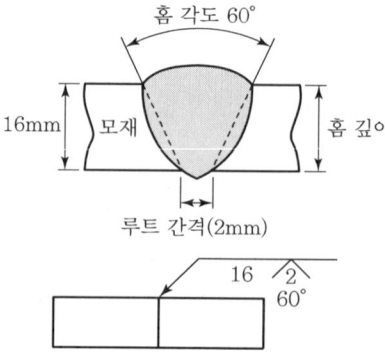

38 다음 그림이 지시하는 것은?

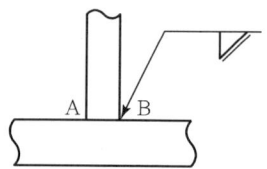

① A쪽을 용접한다.
② 용접이 끝난 후 비드를 연마하지 않는다.
③ 목두께를 6mm로 한다.
④ 비드를 연마하여 평비드로 한다.

해설

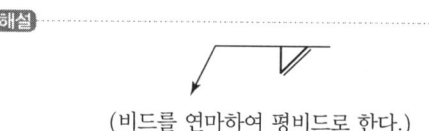

(비드를 연마하여 평비드로 한다.)

39 지그(JIG)의 사용목적에 부합되지 않는 것은?
① 제품의 정밀도가 향상되고 대량생산에서 호환성 있는 제품이 만들어진다.
② 가공 불량이 감소되고 미숙련공의 작업을 용이하게 한다.
③ 제작상의 공정 수가 감소하고 생산능률을 향상시킨다.
④ 비교적 본 기계장비에 비해 소형 경량이며, 큰 출력을 발생시키는 데 사용된다.

정답 35 ③ 36 ③ 37 ② 38 ④ 39 ④

> **해설**
> 용접지그의 사용목적
> ①, ②, ③ 외에도 용접 조립작업을 단순화 또는 자동화할 수 있게 하여 작업능률을 향상시킨다.

40 예열 실시상의 주의해야 할 주된 사항이 아닌 것은?

① 고장력강은 예열온도가 너무 높지 않도록 해서 강도와 인성을 유지하도록 해야 한다.
② 예열은 40℃ 미만에서 실시해야 하며 스테인리스강은 예열해서는 안 된다.
③ 예열은 용접선만이 아니고 근방을 포함해서 될 수 있으면 균일한 온도가 되도록 예열해야 한다.
④ 예열은 가열범위를 될 수 있으면 서서히 가열하고, 또 아크는 예열 온도를 측정 후 일정시간 내에 발생시켜야 한다.

> **해설**
> 스테인리스강
> 철+크롬(Cr) 12% 이상, 피복 아크용접은 가접도 여러 번 하면 좋고 예열은 불필요하며 후열은 생략할 수도 있으나 가능하면 예열 또는 후열처리를 하는 것이 좋다.

41 압연 강판에서 용접 후 실온에서의 지연균열(Delayed Crack)의 주원인이 되는 것은 다음의 어느 것인가?

① 황(S)   ② 수소(H_2)
③ 산소(O_2)   ④ 규소(Si)

> **해설**
> 수소는 보통 용접부의 산화를 방지하는데, 함유량은 0.02% 이하로 한다.

42 용접 시 열효율과 가장 관계가 없는 항목은?

① 용접봉의 길이   ② 아크 길이
③ 모재두께   ④ 용접속도

> **해설**
> 용접 시 열효율과 관계되는 항목
> • 아크길이
> • 모재두께
> • 용접속도

43 기체를 고온(10,000~30,000℃)으로 가열하고, 그 속의 가스원자가 원자핵과 전자로 유리(遊離)하여 음, 양의 이온상태로 된 것을 이용하며, 금속재료는 물론 금속 이외의 내화물 절단에도 사용하는 것은?

① 이산화탄소 아크 절단
② 불활성 가스 아크 절단
③ 금속 아크 절단
④ 플라스마 제트 절단

> **해설**
> 플라스마 제트(Plasma jet) 절단
> • 플라스마 : 기체를 가열하여 온도가 상승하면 기체 원자의 운동이 활발해지며 마침내 기체의 원자가 원자핵과 전자로 분리되어 ⊕⊖ 이온이 된 상태의 기체이다.
> • 아크 방전에 있어 양극 사이에서 강한 빛을 발하는 부분이 아크 플라스마라고 하며 종래의 아크보다 고온도(10,000~30,000℃)가 발생되는 높은 열에너지를 가지는 열원으로 절단한다.

44 용접 시 잔류응력을 경감시키는 시공법이 아닌 것은?

① 예열을 한다.
② 용착금속을 적게 한다.
③ 비석법의 용착을 한다.
④ 용접부의 수축을 억제한다.

> **해설**
> 용접 시 잔류응력을 감소시키려면 용접부의 수축을 완화시킨다.

정답 40 ② 41 ② 42 ① 43 ④ 44 ④

45 용접부위 중에는 HAZ(Heat Affected Zone)라고 부르는 열영향부가 있다. 다음 중에서 HAZ의 폭이 가장 적은 용접법은?

① 산소아세틸렌 용접
② 전기아크용접
③ 전기저항 점용접
④ 전기저항 심용접

해설
HAZ(열영향부)
용접 시 열영향부는 용접부와 인접되어 있고 본드로부터 원모재 쪽에서 멀어질수록 온도가 낮아진다.

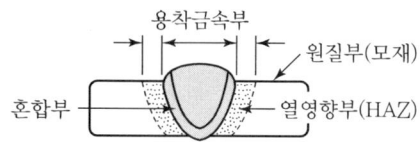

46 경화되는 강을 용접할 때, 용접열에 의한 경화를 방지하는 데 가장 중요한 것은?

① 예열온도
② 경화속도
③ 최고온도
④ 최저온도

47 아크 절단법의 분류에 해당되지 않는 것은?

① TIG 절단
② 분말 절단
③ MIG 절단
④ 플라스마 아크 절단

해설
철분 절단에는 분말 절단, 수중 절단이 해당된다.

48 극히 작은 면적 내에서 응력측정을 할 수 있고 지점마찰이 극히 적은 기계적 변형도계를 사용함으로써 감도가 좋고 안정도가 좋아 국제 용접학회(IIW)에서 권하는 잔류응력측정법은?

① 구너트(Gunnert)법
② 슬릿(SLIT)법
③ 트레판(Trepan)법
④ 스트레인 게이지(Strain Gauge)법

해설
국제용접학회 잔류응력 측정법
구너트법(극히 작은 면적 내에서 응력 측정이 가능하고 지점마찰이 극히 적은 기계적 변형도계를 사용)은 안정도와 감도가 좋다.

49 용접부의 초음파 검사에 대한 설명 중 틀린 것은?

① 표면균열의 검출이 양호하다.
② 결함의 판 두께 방향의 위치 추정이 용이하다.
③ 필릿 용접의 검사는 방사선보다 쉽다.
④ 검사물의 편면에서만 접촉이 가능하면 검사가 가능하다.

해설
초음파 검사법(비파괴법)
초음파의 진동수 0.5~15MHz를 사용하여 사람이 들어가 분간할 수 없는 음파를 넘은 파장을 피시험물의 내부에 침입시켜 내부의 결함이나 불균형층의 존재를 검지하는 용접시험법

50 금속재료를 저온에서 사용할 때 충격값이 급격히 떨어지는 온도는 무엇이라고 하는가?

① 천이온도(Transition Temperature)
② 용융온도(Melting Temperature)
③ 변태온도(Transformation Temperature)
④ 냉간온도(Cooling Temperature)

정답 45 ③ 46 ① 47 ② 48 ① 49 ① 50 ①

51 용접 후 잔류응력을 제거하는 방법이며, 구면 모양의 특수해머로 용접부를 가볍게 때리는 것은?

① 응력제거 어닐링(annealing)
② 응력제거 피닝(peening)
③ 크리프(creep) 가공
④ 저온응력완화법

해설
피닝(peening)
잔류응력제거법이며 용접부분을 구면 모양의 선단을 한 특수 피닝 해머로 연속적으로 타격하여 용접 표면층을 소성변형시키는 조작이다.(금속의 인장응력을 완화시킨다.)

52 피복 아크용접에 있어서 아크전압이 30V, 아크전류가 150A, 용접속도가 20cm/min라 할 때, 용접입열은 얼마인가?

① 13,500Joule/cm
② 15,000Joule/cm
③ 12,000Joule/cm
④ 11,000Joule/cm

해설
용접입열(H) = $\frac{60EI}{V}$ = $\frac{60 \times 30 \times 150}{20}$ = 13,500J/cm

53 저항용접 시 용접재료로 가장 많이 사용되는 것은?

① 철강   ② 구리
③ 알루미늄 ④ 두랄루민

해설
저항용접
- 겹치기 용접 : 스폿용접, 심용접, 프로젝션용접
- 맞대기 용접 : 플래시버트용접, 업세트버트용접, 충격용접

54 Ni 36%, Cr 12%, 나머지는 Fe와 소량의 C, Mn, Si, W를 갖는 니켈-철 합금으로서, 열팽창계수가 적어 고급시계의 부품에 쓰이는 것은?

① 엘린바(elinvar)
② 니콜라이(nicalloy)
③ 퍼멀로이(permalloy)
④ 퍼린바(perinvar)

해설
- 엘린바 : 니켈+철의 합금(열팽창계수가 적어 고급시계 부품으로 사용)으로 니켈+크롬+철의 조성
- 불변강 : 인바, 엘린바, 플레티나이트이며 시계의 유사, 지진계, 저울의 스프링으로 사용하며 플레티나이트는 전구 내에 유리, 백금선의 대용으로 쓰인다.

55 공급자에 대한 보호와 구입자에 대한 보증의 정도를 규정해 두고 공급자의 요구와 구입자의 요구 양쪽을 만족하도록 하는 샘플링 검사방식은?

① 규준형 샘플링 검사
② 조정형 샘플링 검사
③ 선별형 샘플링 검사
④ 연속생산형 샘플링 검사

56 다음 표는 어느 회사의 월별 판매실적을 나타낸 것이다. 5개월 이동평균법으로 6월의 수요를 예측하면?

월	1	2	3	4	5
판매량	100	110	120	130	140

① 150   ② 140
③ 130   ④ 120

해설
6월의 수요예측은 5개월의 평균값
∴ $\frac{100+110+120+130+140}{5}$ = 120

정답 51 ② 52 ① 53 ① 54 ① 55 ① 56 ④

57 u관리도의 공식으로 가장 올바른 것은?

① $\bar{u} \pm 3\sqrt{\bar{u}}$
② $\bar{u} \pm \sqrt{\bar{u}}$
③ $\bar{u} \pm 3\sqrt{\dfrac{\bar{u}}{n}}$
④ $\bar{u} \pm \sqrt{n\bar{u}}$

해설

- u관리도의 공식 : $\bar{u} \pm 3\sqrt{\dfrac{\bar{u}}{n}}$
- u관리도 : 단위당 결점수의 관리도

58 도수분포표를 만드는 목적이 아닌 것은?

① 데이터의 흩어진 모양을 알고 싶을 때
② 많은 데이터로부터 평균치와 표준편차를 구할 때
③ 원 데이터를 규격과 대조하고 싶을 때
④ 결과나 문제점에 대한 계통적 특성치를 구할 때

59 설비의 구식화에 의한 열화는?

① 상대적 열화
② 경제적 열화
③ 기술적 열화
④ 절대적 열화

60 모든 작업을 기본동작으로 분해하고 각 기본동작에 대하여 성질과 조건에 따라 정해 놓은 시간치를 적용하여 정미시간을 산정하는 방법은?

① PTS법
② WS법
③ 스톱워치법
④ 실적기록법

해설

PTS법(Predetermined Time Standard Time System)
모든 작업을 기본동작으로 분해하고 각 기본동작에 대하여 성질과 조건에 따라 정해 놓은 시간치를 적용하여 정미시간을 산정하는 방법이다.

정답 57 ③ 58 ④ 59 ① 60 ①

CBT 모의고사 3회

01 합금강에서 Cr 원소 첨가효과 중 틀린 것은?

① 내열성 ② 내마모성
③ 내식성 ④ 인성

해설
합금강에서 크롬(Cr)이 첨가되면 내열성, 내마모성, 내식성이 증가하며 고온에서 산화가 적고 강도가 크다. 또한 주물에서 흑연화가 억제되며 담금성도 우수하다.

02 주철(cast iron)의 설명에 해당하는 것은?

① 용선로(cupola)에서 제조한다.
② C < 0.01%이다.
③ 연하고 용접성이 우수하다.
④ 연성이 크다.

해설
주철
용선로(큐폴러)에서 제조한다.(용광로에서 철광석 제련 시 선철이 생산되고 이 선철을 다시 큐폴러에서 용해하여 주조한 것이 주철이다.)
※ 종류 : 백주철, 회주철, 반주철

03 그림에 나타낸 용접이음과 지시사항을 용접기호로 나타낸 것 중 옳은 것은?

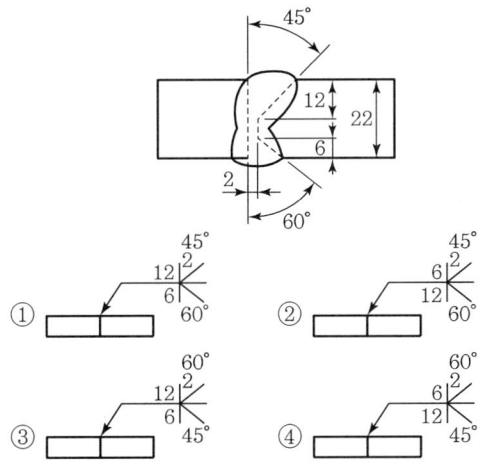

해설

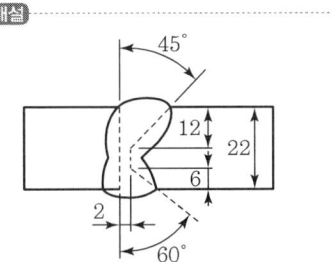

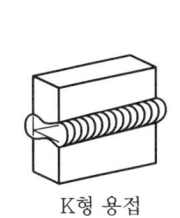
K형 용접

- 2 : 루트간격
- 45° : 화살표 쪽 각도
- 22 : 두께
- 12 : 화살표 쪽 홈깊이
- 6 : 화살표 반대쪽 홈깊이
- 60° : 화살표 반대쪽 홈각도

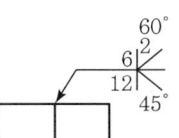

04 스테인리스강의 분류에 속하지 않는 것은?

① 마텐사이트 스테인리스강
② 오스테나이트 스테인리스강
③ 페라이트 스테인리스강
④ 펄라이트 스테인리스강

해설
스테인리스강의 종류
- 마텐자이트(내식성이 약하다.)
- 오스테나이트(고온강도가 우수하다.)
- 페라이트(고온강도가 약하다.)

05 오버랩(over lap)의 결함이 있을 경우, 어떻게 보수하는 것이 가장 좋은가?

① 가늘은 용접봉으로 재용접한다.
② 비드 위에 재용접한다.
③ 결함 부분을 깎아내고 재용접한다.
④ 드릴로 구멍을 뚫고 재용접한다.

정답 01 ④ 02 ① 03 ④ 04 ④ 05 ③

해설

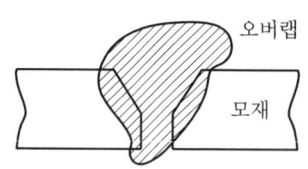

- 오버랩(용융금속이 모재 표면에 엷게 융합되어 모재 표면 위에 겹쳐지는 상태) 보수는 결함 부분을 깎아내고 재용접한다.
- 오버랩의 원인 : 용접봉의 선택불량, 용접속도 느림, 용접전류가 낮음, 아크길이가 짧을 때, 운봉 및 용접봉의 각도 불량, 모재의 과랭 등

06 언더컷(Undercut)의 결함이 생기기 쉬운 용접조건은?

① 용접속도가 느리고 아크전압이 높을 때
② 용접속도가 느리고 전류가 적을 때
③ 용접속도가 빠르고 아크전압이 낮을 때
④ 용접속도가 빠르고 전류가 많을 때

해설

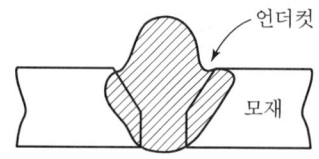

- 언더컷 : 용착금속이 모재 표면을 완전히 채우지 못하고 용접선 끝에 작은 홈이 발생하는 상태이다.
- 언더컷의 원인 : 용접전류가 많고 용접속도가 빠르며 아크길이가 너무 길고 부적당한 용접봉 사용, 용접봉 유지각도 불량

07 품질관리활동의 초기단계에서 가장 큰 비율로 들어가는 코스트는?

① 평가코스트　② 실패코스트
③ 예방코스트　④ 검사코스트

해설
- 평가코스트 : 품질코스트에서 품질수준을 유지하기 위하여 소요되는 비용이다.

08 백선철에 대한 설명이 아닌 것은?

① 파면이 회색이다.
② 경도가 크고 절삭이 곤란하다.
③ 제강용으로 사용한다.
④ 탄소는 철과 화합상태로 되어 있다.

해설
- 백선철 : 파면이 흰색이다.(유동성이 나빠서 주조는 곤란)
- 회선철 : 파면이 회색이다.(주조용)
- 주철 : 선철＋파쇄고철(회주철, 백주철)

09 신제품에 가장 적합한 수요예측방법은?

① 시계열분석　② 의견분석
③ 최소자승법　④ 지수평활법

해설
수요예측방법
시계열분석, 희귀분석, 구조분석, 의견분석

10 아세틸렌가스에 관한 설명이다. 틀린 것은?

① 공기보다 가볍다.
② 고압산소가 없으면 연소하지 않는다.
③ 탄소와 수소의 화합물이다.
④ 카바이드와 물의 화학작용으로 발생한다.

해설
아세틸렌가스$[C_2H_2]+2.5O_2 \rightarrow 2CO_2+H_2O$
㉠ 산소량＝$C_2H_2+2.5O_2(Nm^3/Nm^3)$
㉡ 공기량＝$2.5 \times \dfrac{100}{21}$
　　　　＝$11.91 Nm^3/Nm^3$
㉢ 연소가스량 $0.79A_0+CO_2+H_2O$
　＝$0.79 \times 11.91+(2+1)$
　＝$12.41 Nm^3/Nm^3$

※ 저압산소에서 용접이 가능하다.

정답 06 ④　07 ②　08 ①　09 ②　10 ②

11 용접부 부근의 냉각속도에 대한 설명이다. 옳지 못한 것은?

① 용접부 부근의 어떤 점의 냉각속도란 그 점의 식어가는 속도를 말한다.
② 맞대기이음 경우의 냉각속도는 T형 이음용접 경우의 냉각속도보다 크다.
③ 맞대기이음 경우와 모서리이음 경우의 냉각속도는 거의 같다.
④ 두꺼운 후판의 냉각속도는 박판 경우보다 크다.

해설

맞대기 냉각속도가 T형에 비해 느리다.

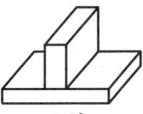
T형
(냉각속도가 크다.) 외기와 접하는 부분이 많다.

12 용접부에 발생한 잔류응력을 제거하기 위해서 열거한 방법 중 옳은 것은?

① 풀림처리를 한다.
② 담금질 처리를 한다.
③ 서브제로 처리를 한다.
④ 뜨임 처리를 한다.

해설
풀림(어닐링, Annealing)
• 내부 잔류응력 제거, 재질의 연화, 결정립 크기의 조절, 펄라이트 구상화
• 열처리 시(노에서 가열 후) 노에서 냉각시킨다.

13 오스테나이트 스테인리스강의 입계부식을 없게 하기 위하여는 탄소의 함량이 어느 정도이어야 하는가?

① 0.1% 이하
② 0.08% 이하
③ 0.05% 이하
④ 0.03% 이하

해설
스테인리스강 중 오스테나이트계가 가장 널리 사용된다. 담금성은 없고 용접성이 우수하고 내식성 내산화성이 우수하고 고온강도에서 우수하다. 탄소(C)함량은 0.4% 이하이며 크롬이 16%, 니켈이 7% 정도이다. 입계부식을 방지하려면 탄소함량이 0.03% 이하가 되어야 한다.

14 피복아크 용접기 설치상 주의하지 않아도 되는 장소는?

① 먼지가 많은 장소
② 진동이나 충격이 심한 장소
③ 주위 온도가 4[℃] 이상 상온의 장소
④ 휘발성 기름이나 부식성 가스가 있는 장소

해설
주위 온도가 4℃ 이상 상온의 장소에서는 피복아크 용접기 설치상 주의하지 않아도 된다.

15 비활성 가스(불활성가스) 아크용접법 중 용가재를 전극으로 하여 용접하는 방법은?

① CO_2 용접
② MIG용접
③ 서브머지드용접
④ 테르밋용접

해설
MIG(용접)
• 불활성가스 헬륨이나 아르곤을 사용한다.
• 텅스텐 전극 대신에 용가재의 전극선을 자동적으로 연속공급하여 모재 사이에 아크를 발생시켜 용접한다. 즉, 비피복의 가는 와이어(심선)인 용가 전극(용접와이어)을 일정한 속도로 토치에 자동공급하여 모재와 와이어 사이에서 아크를 발생시키고 그 주위에 아르곤이나 헬륨을 공급시킨다.

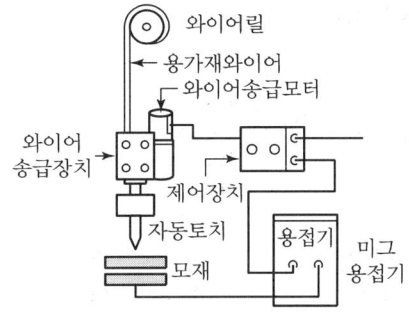

정답 11 ② 12 ① 13 ④ 14 ③ 15 ②

16 테르밋 용접에서 산화철과 알루미늄이 반응하여 생성되는 화학반응이 일어날 때의 온도는 약 몇 도(℃)나 되는가?

① 2,000 ② 2,800
③ 4,000 ④ 5,800

해설
테르밋 용접(thermit welding)
미세한 알루미늄 분말과 산화철분말을 3 : 1~4 : 1 정도 중량비로 혼합한 테르밋제에 과산화바륨과 마그네슘 또는 알루미늄의 혼합분말로 된 점화제를 넣고 점화하여 2,800℃(5,000°F) 이상에서 발열하여 철강용접한다.

17 전기용접봉을 KS규정에 의하여 E5316(E4316)으로 표시할 때, 이 "53"이 의미하는 것은?

① 용착금속의 최저 인장강도
② 최소 충격치
③ 용착금속의 최대 인장강도
④ 2차 정격전류

해설
용접봉
• E : 전극봉의 첫 글자
• 43 : 용착금속의 최저 인장강도(kgf/mm²)
• △ : 용접자세(0, 1, 2, 3, 4)
• □ : 피복제의 종류

18 그림의 필릿 용접이음에서 용접부의 목두께 t는 얼마인가?(단, 용접부의 한 변(용접다리)은 10mm이다.)

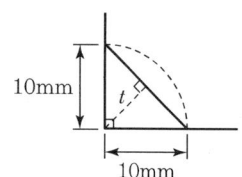

① 0.0707mm ② 0.707mm
③ 7.07mm   ④ 70.77mm

해설

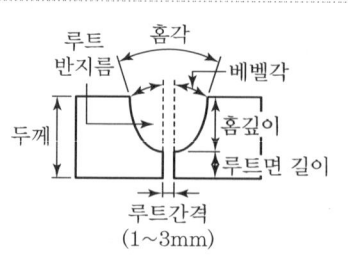

$\sqrt{2} = 1.414$

$\therefore t = \dfrac{10}{1.414} = 7.07\text{mm}$

19 피복아크 용접봉의 피복제에서 형석(CaF₂)이 용접 모재에 미치는 성질에 해당되지 않는 것은?

① 아크 안정   ② 슬래그화 생성
③ 유동성 증가 ④ 환원가스 발생

해설
• 피복아크 용접봉의 피복제 중 형석이 모재에 미치는 성질은 아크안정, 슬래그화 생성, 유동성 증가 등이다.
• 형석(CaFe flourte)

20 아크 에어가우징에서 사용되는 압축공기의 압력은 다음 중 얼마가 적당한가?

① 0.5~1.5kgf/cm² ② 2~3kgf/cm²
③ 6~7kgf/cm²   ④ 10~12kgf/cm²

해설
아크 에어가우징
탄소아크 절단 시 압축공기를 병용한 것으로 압축공기 압력은 6~7kgf/m²(90~100Lb/cm²) 정도이다. 4kgf/cm² 이하에서는 절단이 어렵다.

21 아래 조직 중 용접금속의 특징으로 볼 수 있는 것은?

① Chill정   ② 등축정
③ 주상결정 ④ 수지상정

정답 16 ② 17 ① 18 ③ 19 ④ 20 ③ 21 ③

해설
주상결정
용융된 금속을 주형에 넣으면 냉각되어 응고하고 중심부는 천천히 냉각되어서 금형면으로부터 중심을 향하여 주상결정이 된다.

22 아크용접 중 아크 빛으로 인해 혈안이 되고 눈이 붓는 수가 있으며, 눈병이 생긴다. 이 경우 우선 취해야 할 일은?

① 안약을 넣고 계속 작업을 해도 좋다.
② 냉습포를 눈 위에 얹어놓고 안정을 취한다.
③ 신선한 공기와 맑은 하늘을 보면 된다.
④ 소금을 물에 타서 눈을 닦고 작업한다.

23 PERT/CPM에서 Network 작도 시 ⋯은 무엇을 나타내는가?

① 단계(event)
② 명목상의 활동(dummy activity)
③ 병행활동(paralleled activity)
④ 최초단계(initial event)

해설
- PERT/CPM에서 Network 작도 시 ⋯은 명목상의 활동이다.
- PERT 기법이란 경영 관리자가 사업목적 달성을 위하여 수행하는 기본계획

24 티그(TIG) 용접에 사용되는 고주파(HF)의 전압은 몇 [V]나 되는가?

① 2,000~3,000
② 100~1,000
③ 500~1,000
④ 80~110

해설
TIG 용접에서 아크의 발생을 피복아크용접과 같이 전극을 모재에 접촉시키지 않고 아크를 발생시킨다. 이와 같이 아크를 발생시키는 방법은 용접 전원에 고주파(2,000~3,000V)를 사용하기 때문이다.

25 이산화탄소 아크용접법이 아닌 것은?

① 아코스 아크법
② 퓨즈 아크법
③ 유니언 아크법
④ 플라스마 아크법

해설
플라스마(Plasma)
기체를 가열시켜서 온도가 높아지면 기체 원자는 격심한 열운동에 의해 마침내는 전리되어 이온과 전자로 나누어진다. 이에 기체는 도전성을 띠게 된다. 이와 같이 전자와 이온이 혼합되어 도전성을 띤 가스체가 Plasma라 부르며 제4의 물리상태로 알려지게 된다.

26 아세틸렌 발생기에서 발생된 아세틸렌 불순물 중 폭발의 위험성이 있는 가스는?

① 암모니아
② 인화수소
③ 유화수소
④ 질소

해설
아세틸렌의 원료 카바이드에서 발생하는 불순물은 위험성의 인화수소(PH_3), 기타 유화수소(H_2S) 등이다.

27 로봇의 구성에서 구동부와 제어부를 가동시키기 위한 에너지를 동력원이라 하고 에너지를 기계적인 움직임으로 변환하는 기기의 명칭은?

① 액추에이터
② 머니퓰레이터
③ 교시박스
④ 시퀀스 제어

해설
액추에이터
구동부와 제어부를 가동시키기 위한 에너지를 동력원이라고 하고 전기적인 힘을 기계적인 힘으로 변화하는 기기이다.

28 용접봉의 용융속도에 대한 설명 중 틀린 것은?

① 아크전류에 반비례한다.
② 아크전압은 관계가 없다.
③ 같은 종류이면 봉의 지름에도 관계가 없다.
④ 단위시간당 소비되는 용접봉의 중량으로 표시한다.

정답 22 ② 23 ② 24 ① 25 ④ 26 ② 27 ① 28 ①

해설
용접봉의 녹는 속도
아크길이, 아크전압 등에는 관계가 없고 용접전류의 크기로 결정된다. 따라서 입력(kVA) 또는 출력(kW)의 표시는 없다.

29 교류용접기에서 무부하전압 80V, 아크전압 30V, 아크전류 200A를 사용할 때 용접기의 효율은?(단, 내부손실 4kW)

① 70%
② 40%
③ 50%
④ 60%

해설
아크입력 = 30V × 200A = 6,000W = 6kW
전원입력 = 80V × 200A = 16,000W = 16kW
입력 = 6 + 4 = 10kW

- 효율 = (출력/입력) = $\frac{6}{6+4} \times 100 = 60\%$
- 역률 = (입력/입력)

$\therefore \frac{6+4}{16} \times 100 = 62.5\%$

30 가스 절단이 원활하게 이루어지기 위한 모재의 일반적인 조건 중 틀린 것은?

① 금속화합물 중에는 불연성 물질이 적을 것
② 모재의 연소온도가 그 용융온도보다 높을 것
③ 산화물 또는 슬래그의 용융온도가 모재의 용융온도보다 낮을 것
④ 산화물 또는 슬랙의 유동성이 좋고, 모재에서 쉽게 이탈할 것

해설
- 모재가 산화하여 연소하는 온도는 그 금속의 용융점보다 낮아야 한다.
- 생성된 금속산화물의 용융온도는 모재의 용융온도보다 낮을 것
- 가스 절단의 구비조건은 ①, ③, ④항에 의한다.

31 피복 용접봉에서 피복제(flux)의 역할이 아닌 것은?

① 용착금속의 산화와 질화를 방지한다.
② 용착금속의 기계적 성질을 향상한다.
③ 용착금속의 탈산을 방지한다.
④ 용착금속의 급랭을 방지한다.

해설
피복 용접봉의 피복제(플럭시)는 용착금속의 탈산(산소 제거)을 신속하게 이루어지도록 하여, 즉 중성이나 환원성 분위기를 만들어서 산소나 질소의 침입을 방지하고 용융금속을 보호해야 한다.(탈산을 촉진하여야 한다.)

32 용접의 층간에 소요되는 시간, 예컨대 루트부 용접을 완료한 후 다음 비드 용접을 하기 전의 소요시간을 규제하도록 요구하는 규격은?

① 한국표준규격(KS CODE)
② 미국기계학회코드(ASME CODE)
③ 미국용접학회코드(AWS CODE)
④ 미국석유협회코드(API CODE)

33 알루미늄 합금에서 과포화 고용체를 상온 또는 고온에 유지함으로써 시간의 경과에 따라 합금의 성질이 변화하는 현상은?

① 시효
② 연성
③ 노치
④ 취성

해설
- 알루미늄(Al)의 비철금속은 변태점이 없어서 석출경화나 시효경화(age hardening)로 얻는다.
- 두랄루민(duralumin)은 Al + 구리 + 마그네슘 + 망간의 합금으로 강인하고 단조용으로 뛰어난 재료이다. 담금질하고 나면 시간이 지남에 따라 단단해지는 성질, 즉 시효경화(時效硬化)가 발생한다.

34 용접기의 핫스타트(hot start) 장치의 이점이 아닌 것은?

① 아크 발생을 쉽게 한다.
② 크레이터 처리를 잘 해준다.
③ 비드(bead)의 이음자리를 개선한다.
④ 아크 발생 초기의 비드 용입을 양호하게 한다.

해설
Hot Start
아크부스터라 하며 모재에 접촉한 순간의 0.2~0.25초 정도의 순간적인 대전류를 흘려서 아크의 초기 안정을 도모하는 장치로서 그 이점은 ①, ③, ④항이다.

※ 크레이터(crater) : 용접작업이 끝나면 마지막 비드 부위에 구멍이 생기는 현상이다.(움푹 파인 현상)

35 용접기의 1차선에 비하여 2차선에 굵은 도선을 사용하는 이유는?

① 2차 전압이 1차 전압보다 높기 때문에
② 2차 전류가 1차 전류보다 많기 때문에
③ 2차선의 방열효과를 높이기 위하여
④ 전선의 강도상 굵은 쪽이 더욱 튼튼하기 때문에

해설
용접기의 1차선에 비하여 2차선에 굵은 도선을 사용하는 이유는 2차 전류가 1차 전류보다 많기 때문이다.
※ 용접기 전선(케이블)
• 전원에서 용접기까지 연결해주는 1차 측 전선
• 용접기에서 모재나 홀더까지 연결하는 2차 측 전선

36 가스용접의 안전작업 중 적합하지 않은 것은?

① 가스를 들여마시지 않도록 한다.
② 토치 끝으로 용접물의 위치를 바꾸거나 재를 제거하면 안 된다.
③ 토치에 불꽃을 점화시킬 때에는 산소밸브를 먼저 열고 다음에 아세틸렌 밸브를 연다.
④ 산소누설 시험에는 비눗물을 사용한다.

해설
가스점화 시 먼저 토치 아세틸렌 밸브를 열고 다음에 산소밸브를 열어 소량의 산소를 혼합하여 점화장치로 점화한다.

37 용접부의 시험방법 중 파괴시험의 기계적 시험법에 속하는 것은?

① 파면시험 ② 용접균열시험
③ 압력시험 ④ 피로시험

해설
파괴시험법
• 기계적 시험(피로시험, 충격시험, 인장시험, 굽힘시험, 경도시험, 크리프시험)
• 비중시험   • 화학시험
• 야금학적 시험   • 균열시험
• 낙하시험, 압력시험

38 아크 에어가우징 작업 시 용접기의 전원으로 적합한 극성은?

① 직류 정극성 ② 직류 역극성
③ 교류   ④ 고주파 교류

해설
아크 에어가우징(arc air gouging)
탄소아크 절단에 압축공기(0.6~0.7MPa)를 같이 사용하는 방법으로 직류 역극성으로 아크를 발생시켜서 홈을 판다. 작업 능률이 가스가우징(gas gouging)에 비해 2~3배 높다.

39 아크 용접기의 부속장치에 해당되지 않는 것은?

① 자동전격 방지장치
② 원격 제어장치
③ 핫스타트(hot start) 장치
④ 용접봉 건조로 장치

해설
용접봉은 일반적으로 습기에 민감하다. 습기는 기공이나 균열의 원인이 된다. 저수소계 용접봉은 특히 기공을 발생시킨다. 또 내균열성이나 강도도 저하되며 셀룰로오스계 용접봉은 피복이 떨어지게 된다.(용접봉 사용 전 건조시킨다. 70~100℃ 정도, 저수소계는 300~350℃ 정도로)

정답 34 ② 35 ② 36 ③ 37 ④ 38 ② 39 ④

40 각종 연료가스의 성질 중 실제발열량이 가장 높은 것은?

① 메탄
② 수소
③ 부탄
④ 아세틸렌

>[해설]
>가스발열량(kcal/m³)
>• 메탄(CH₄) : 10,500
>• 수소(H₂) : 2,500
>• 부탄(C₄H₁₀) : 32,000
>• 아세틸렌(C₂H₂) : 21,750

41 플라스마(plasma) 용접의 장점 중 틀린 것은?

① 아크 형태가 원통형이고 직진도가 좋다.
② 맞대기 용접에서 용접 가능한 모재 두께의 제한이 없다.
③ 용접봉이 토치 내의 노즐 안쪽으로 들어가 있으므로 모재에 부딪칠 염려가 없다.
④ 빠른 플라스마 가스 흐름에 의해, 맞대기 용접에서는 키홀(key hole) 현상이 나타난다.

>[해설]
>플라스마 특수 아크용접은 전류밀도가 증대되고 아크 전압이 상승된 결과 에너지 밀도가 극히 높은 고온도의 아크플라스마가 얻어지고 이와 같은 아크 성질을 열적핀치효과(thermal pinch effect)라고 한다. 10,000℃ 이상의 고온이 발생한다. 이 용접에서 모재는 도전성의 물질이어야 하고 스테인리스강에 I형 맞대기 용접이 이상적이다. 용접조건은 판 두께에 따라서 용접전류나 용접속도가 다르며 모재 두께의 제한이 따른다.(용접 중 크레이터 부분에 키홀(key hole)이 발생한다.)

Key Hole / 플라스마 용접

42 용접지그(jig)의 사용목적이 아닌 것은?

① 소량 생산을 위해 사용된다.
② 용접작업을 쉽게 한다.
③ 제품의 수치를 정확하게 한다.
④ 용접부의 신뢰성을 높인다.

>[해설]
>용접지그(welding jig)
>용접공작물을 조립하는 데 쓰이는 도구이다.

43 용접부의 비파괴검사 중 비자성체 재료에 이용할 수 없는 것은?

① 방사선 투과 검사
② 초음파 검사
③ 천공검사
④ 자기적 검사

>[해설]
>용접부 비파괴검사법
>• 외관검사, 압력시험, 누설검사, 침투검사, 초음파검사, 자분검사, 방사선투과검사, 와류검사, 천공검사
>• 자분검사(자기적 검사) : magnetic inspection 검사로서 검사물을 자화시킨 상태로 하여 누설자속을 사용하는 검사이다. 알루미늄, 구리, 오스테나이트 스테인리스강 등의 비자성체에는 적용되지 않는다.

44 아크용접에서 아크길이가 너무 길 때, 용접부에 미치는 현상으로 틀린 것은?

① 스패터가 많다.
② 아크 실드 효과가 떨어진다.
③ 슬래그가 혼입된다.
④ 기포가 생긴다.

>[해설]
>아크길이가 너무 길면 용접부에 ①, ②, ④ 외 오버랩, 크레이터, 용입불충분 부분이 생긴다.

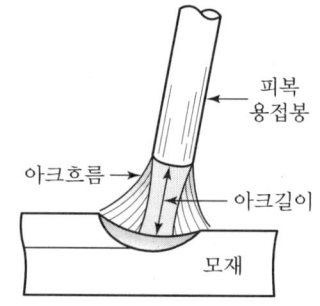

45 모재에 라미네이션(LAMINATION)이 발생하였다. 이 결함을 찾는 데 가장 좋은 비파괴검사 방법은?

① 침투액 탐상시험　② 자분탐상시험
③ 방사선 투과시험　④ 초음파 탐상시험

해설

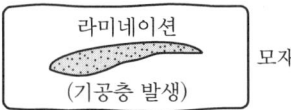

초음파탐상시험(비파괴시험법)
초음파 진동수 0.5~15MHz(mega hertz)를 사용하여 피시험물의 내부에 침입시켜 내부의 결함이나 불균형층의 존재를 검지한다.
※ 종류
- 투상법(shadow method)
- 반향법(ho method) : 투상법보다 민감하여서 균열, 용입부족, 융합부족, 슬래그 섞임, 기공(라미네이션) 결함을 발견한다.

46 탄소강에서 탄소의 양이 증가하면 기계적 성질은 어떻게 변화하는가?

① 인장강도, 경도, 연신율이 모두 증가한다.
② 인장강도, 경도, 연신율이 모두 감소한다.
③ 인장강도와 경도는 증가하나 연신율은 감소한다.
④ 인장강도와 경도는 감소하나 연신율은 증가한다.

47 열응력의 풀림 처리 중에서 고온풀림에 해당하는 것은?

① 확산 풀림(diffusion annealing)
② 응력제거 풀림(stress relief annealing)
③ 구상화 풀림(spheroidizing annealing)
④ 프로세스 풀림(process annealing)

해설
- 고온풀림 열처리 : 확산 풀림
- 풀림(어닐링) 처리목적은 잔류응력 제거, 재질의 연화, 결정립 크기의 조절, 펄라이트의 구상화 등

48 피복아크용접봉의 피복제 종류에서 가스발생식에 해당되는 것은?

① 일미나이트계　② 고셀룰로오스계
③ 철분산화철계　④ 티탄계

해설
고셀룰로오스계(high cellulose type) 용접봉은 피복제 중에는 셀룰로오스 유기물이 약 30% 정도 포함되어 있어서 용접 시에 이 유기물이 연소하여 다량의 CO, H_2 등 환원성 가스가 발생한다. 수직자세나 위보기 용접에 유용하다.

49 용접분류 중 융접법에 속하는 것은?

① 테르밋 용접　② 심용접
③ 초음파용접　④ 퍼커션 용접

해설
- 용접방식 용접 : 아크용접, 가스용접, 테르밋 용접, 일렉트로 슬래그 용접, 일렉트로 가스용접, 전자빔용접, 플라스마 제트 용접
- 테르밋 용접(thermit welding)은 테르밋제에 과산화바륨과 마그네슘의 혼합분말제인 점화제를 넣어서 2,800℃ 고온에서 용접하는 것이다.

50 이산화탄소 아크용접에 사용되는 이산화탄소 가스의 수분은 몇 % 이하의 것이 좋은가?

① 0.05%　② 0.5%
③ 1%　④ 3%

해설
㉠ 탄산가스 CO_2 아크용접
- 용극식
- 비용극식

㉡ CO_2 용접의 실드가스(shielded gas)는 탄산가스이다. 헬륨이나 아르곤 대용이다.
㉢ 수분 : 제2종, 제3종 중 중량 %로
제2종(0.05% 이하), 제3종(0.005% 이하)

정답 45 ④　46 ③　47 ①　48 ②　49 ①　50 ①

51 라멜라 티어링(lamellar tearing)을 감소시키기 위한 가장 좋은 용접 설계는?

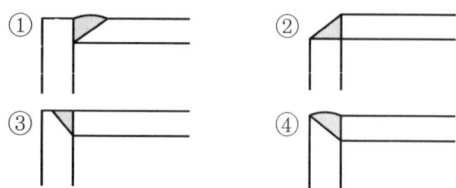

52 장갑을 끼고 할 수 있는 작업은?
① 드릴작업　② 용접작업
③ 해머작업　④ 선반작업

해설
용접작업에서는 전격 등을 방지하기 위해 장갑을 착용하고 작업할 수 있다.

53 관리도에 대한 내용으로 가장 관계가 먼 것은?
① 관리도는 공정의 관리만이 아니라 공정의 해석에도 이용된다.
② 관리도는 과거의 데이터 해석에도 이용된다.
③ 관리도는 표준화가 불가능한 공정에는 사용할 수 없다.
④ 계량치인 경우에는 $\overline{X}-R$ 관리도가 일반적으로 이용된다.

해설
관리도란 공정의 상태를 나타내는 특성치에 관해서 그려진 그래프로서 공정을 관거상태(안전상태)로 유지하기 위해 사용된다.
• $\overline{X}-R$ 관리도 : 계량치
• Pn 관리도 : 계수치
• $\overline{X}$ 관리도 : 평균치의 변화
• R 관리도 : 분포의 폭

54 다음은 워크 샘플링에 대한 설명이다. 틀린 것은?
① 관측대상의 작업을 모집단으로 하고 임의의 시점에서 작업내용을 샘플로 한다.
② 업무나 활동의 비율을 알 수 있다.
③ 기초이론은 확률이다.
④ 한 사람의 관측자가 1인 또는 1대의 기계만을 측정한다.

해설
워크 샘플링
사람이나 기계의 가동상태 및 작업의 종류 등을 순간적으로 관측하고 이러한 관측을 반복하여 각 관측 항목의 시간 구성이나 그 추이 상황을 통계적으로 추측하는 법이다.

55 용접이음을 설계할 때 주의사항으로 틀린 것은?
① 아래보기 용접을 많이 하도록 할 것
② 용접작업에 지장을 주지 않도록 간격을 남길 것
③ 가능한 한 용접이음부의 접근 및 교차를 피할 것
④ 용접이음부를 한곳에 집중되도록 설계할 것

해설
용접이음의 설계
용접이음부는 한곳보다는 분산되게 설계한다.
• 맞대기이음　• 모서리이음
• 변두리이음　• 겹치기이음
• T이음　• 십자이음
• 한쪽덮개판이음(전면 필릿이음)
• 측면 필릿이음　• 양쪽덮개판이음

56 페라이트와 탄화철이 서로 파상으로 배치된 조직으로 현미경 조직은 흑백으로 된 파상선을 형성하고 있다. 이 결정조직은 강하고 또한 질긴 성질이 있다. 브리넬경도 약 300, 인장강도 600kgf/mm² 정도인 이 서랭조직은 무엇인가?
① 지철　② 오스테나이트
③ 펄라이트　④ 시멘타이트

정답 51 ②　52 ②　53 ③　54 ④　55 ④　56 ③

> [해설]
>
> 펄라이트(Pearlite)
> 723℃ 이상의 온도에서 r철(오스테나이트) 상태이고 탄소가 용해되어 있으며 그 이하의 온도에서는 α상태이고 유리탄소이다. 즉, 페라이트와 시멘타이트의 혼합상태이다.

57 그림의 OC곡선을 보고 가장 올바른 내용을 나타낸 것은?

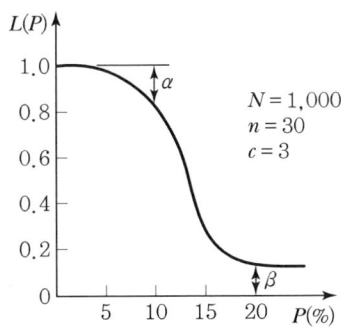

① α : 소비자 위험
② $L(p)$: 로트의 합격확률
③ β : 생산자 위험
④ 불량률 : 0.03

> [해설]
>
> OC(Operating Characteristic Curves)는 불량률이 커지면 로트가 합격할 확률($L(p)$)은 작아진다.

58 강판의 두께 14mm, 강판의 폭 300mm를 맞대기 용접이음하였다. 인장하중 4,000kgf이 용접선에 직각방향으로 작용하면 용접부의 인장응력은 몇 kgf/mm²인가?

① 0.095 ② 0.952
③ 9.52   ④ 95.2

> [해설]
>
> 인장응력 = $\dfrac{\text{인장하중}}{\text{강판두께} \times \text{강판의 폭}}$ (kgf/mm²)
> = $\dfrac{4,000}{14 \times 300} = 0.952$

59 아래 그림에서 용접부의 설계가 가장 잘된 것은?

①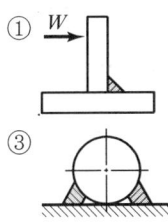
②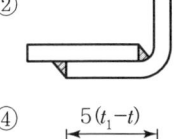
③
④

60 구리의 용접에 관한 설명이다. 관계가 가장 먼 것은?

① 불활성 가스 텅스텐 아크용접법은 판 두께 6mm 이하에 대하여 많이 사용된다.
② 구리의 용접은 불활성가스 텅스텐 아크용접법이 많이 사용된다.
③ 용접용 구리재료로는 전해구리를 사용한다.
④ 구리는 용융될 때 심한 산화를 일으킨다.

> [해설]
>
> 구리
> ㉠ 토빈구리(약간의 산소 포함)
> ㉡ 탈산구리(산소의 함유가 거의 없다.)
>
> • 용접용 구리 ┌ 무산소동
>   └ 탈산동
> • 용용접 용접봉 ┌ 탈산동 용접봉
>   └ 적당한 동합금 용접봉
> • 전해구리 : 전선이나 순도가 높은 구리를 사용한다.

정답 57 ② 58 ② 59 ④ 60 ③

CBT 모의고사 4회

01 피복 아크용접에서 용접 전류가 200A, 아크전압이 25V, 용접속도가 15cm/min일 때의 용접입열(Joule/cm)은 얼마인가?

① 333.3
② 7,200
③ 20,000
④ 333,300

해설

입열$(H) = \dfrac{60EI}{V} = \dfrac{60 \times 25 \times 200}{15} = 20,000(\text{J/cm})$

02 리벳 이음과 비교한 아크용접의 장점을 설명한 것은?

① 응력집중에 대하여 극히 둔감하다.
② 재질변형 및 잔류응력이 존재하지 않는다.
③ 품질검사를 쉽게 할 수 있다.
④ 수밀 및 기밀성이 좋다.

해설

아크용접(arc welding)은 리벳이음에 비해 수밀성, 기밀성이 매우 좋다.

03 아크용접기의 용량은 다음 중 어느 것으로 표시하는가?

① 용접기의 1차 전류
② 용접기의 정격 2차 전류
③ 용접기의 무부하 전압
④ 정격 사용률에서 2차 전류의 50%

해설

아크용접기 용량 결정
아크용접기(arc welder)의 용량은 용접기의 정격 2차 전류 AW 200A, AW 300A 등으로 표시한다.

04 직류용접기의 설명에 해당되는 것은?

① 아크(arc)가 매우 안정된다.
② 자기쏠림(magnetic blow)이 비교적 적다.
③ 구조와 취급이 비교적 간단하다.
④ 전격의 위험성이 크다.

해설

직류아크용접기
발전형 직류용접기, 정류기형 직류용접기가 있다. 직류용접기(DC arc welder)는 아크가 교류에 비해 매우 안정하다.

05 직류용접기에서 정극성이란?

① 모재 쪽에 양극(+)을, 용접봉 쪽에 음극(−)을 연결함
② 모재 쪽에 음극(−)을, 용접봉 쪽에 양극(+)을 연결함
③ 모재, 용접봉 쪽에 모두 양극(+)을 연결함
④ 모재, 용접봉 쪽에 모두 음극(−)을 연결함

해설

직류용접기
- 정극성 ┌ ⊕측 : 모재
         └ ⊖측 : 용접봉
- 역극성 ┌ ⊕측 : 용접봉
         └ ⊖측 : 모재

06 KS규격 중 철분 저수소계 용접봉은?

① E4316
② E4324
③ E4326
④ E4327

정답 01 ③ 02 ④ 03 ② 04 ① 05 ① 06 ③

07 KS규격에 규정되어 있는 연강 아크용접봉의 심선 성분이 아닌 것은?

① C
② Si
③ Mg
④ P

해설
연강용 피복아크 용접봉의 심선은 주로 저탄소 림드강이 사용된다(마그네슘 Mg은 불가). 성분 중에 인(P), 유황(S), 구리의 양을 적게 한다.

08 일반적으로 아크 드라이브(Arc drive)의 전압은 몇 V로 고정되어 있는가?

① 10V
② 16V
③ 20V
④ 30V

해설
아크 드라이브 전압은 16V이다(수하특성 중에서 단락 시에만 특히 전류가 증대하는 특성이다.). 이 특성은 깊은 홈을 용접할 때 용접봉 끝이 모재에 달라붙는 것을 방지할 수 있다.

09 용해 아세틸렌을 취급할 때 주의사항으로 틀린 것은?

① 저장 장소는 통풍이 잘 되어야 한다.
② 용기가 넘어지는 것을 예방하기 위하여 용기는 뉘어서 사용한다.
③ 화기에 가깝거나 온도가 높은 장소에는 두지 않는다.
④ 용기 주변에 소화기를 설치해야 한다.

해설
아세틸렌가스(C_2H_2) 용기는 세워서 사용한다(용기 위쪽에 밸브 설치). 용기는 5,000, 6,000, 7,000l 등 3가지가 있다. 항상 40℃ 이하로 유지한다.

10 수중 8m 이상에서 절단작업을 할 때 사용되는 가스는?

① 용해 아세틸렌가스
② 수소가스
③ 탄산가스
④ 헬륨가스

해설
수중 절단(under water cutting)에서 수중 45m 이내나 수중 깊이가 8m 이상이 되면 수소가스(H_2)가 사용된다. 수소는 수중에서 기포 발생이 적다.

11 양호한 가스 절단 상태에 해당되는 것은?

① 드래그가 고르지 않다.
② 절단면에 노치(notch)가 있다.
③ 슬래그의 이탈성이 나쁘다.
④ 절단면의 위 모서리가 예리하다.

해설
가스 절단 시 절단면의 위 모서리가 예리하면 가스절단이 양호하다.
※ 노치 : 용접면의 요철부분

12 산소 절단의 원리를 설명한 것 중 옳지 못한 사항은?

① 산소 절단은 아세틸렌과 철의 화학작용에 의한 것이다.
② 산소 절단은 산소와 철의 화학반응열을 이용한 것이다.
③ 산소 절단 시 화학반응열은 예열에 이용된다.
④ 철에 포함된 많은 탄소는 절단을 방해한다.

해설
산소 절단은 철과 산소가 만나서 산화철이 되는 원리를 이용한 것이다.
화학반응($Fe + \frac{1}{2}O_2 \rightarrow FeO + 64kcal$)

13 산소-아세틸렌가스로 직선 절단 작업 시 드래그(drag)의 길이는 강판 두께의 몇 % 정도를 표준으로 하는가?

① 0
② 20
③ 35
④ 50

해설
가스 절단 시 표준드래그의 길이는 일반적으로 20%(모재두께의 $\frac{1}{5}$, 즉 20%)

정답 07 ③ 08 ② 09 ② 10 ② 11 ④ 12 ① 13 ②

14 서브머지드 아크용접의 장점은?

① 자유곡선 용접이 가능하다.
② 용착금속의 품질이 양호하다.
③ 용접홈 가공이 정밀해야 한다.
④ 용접자세의 제한을 받는다.

해설
서브머지드 아크용접(submerged arc welding)
잠호용접이라고도 하며, 대전류의 사용과 용융슬래그의 단열성에 의해 용입이 깊고 용접속도가 빠르다. 알맞은 용접조건, 알맞은 용제, 와이어를 사용하면 용착금속의 야금적·기계적 성질을 개선할 수 있다.

15 미그(MIG) 용접의 장점이 아닌 것은?

① 전자세의 용접이 가능하다.
② 대체로 모든 금속의 용접이 가능하다.
③ 용제를 사용하므로 비드 표면이 매우 아름답다.
④ 용접이 가능한 판두께의 범위가 넓다.

해설
미그용접
텅스텐 전극 대신에 용가재의 전극선을 자동적으로 연속 공급하여 모재의 사이에 아크를 발생시켜 용접한다. 종류는 4가지
- 코매틱(Air comatic)
- 시그마(Sigma)
- 필러 아크(Filler arc)
- 아르고노트(Argonaut)

※ 아크는 대단히 안정하나 용제 대신 실드가스(보호가스)인 아르곤이나 아르곤에 산소, CO_2 등을 혼합하여 사용한다.

16 TIG 용접에 사용되는 전극의 조건으로 틀린 것은?

① 저용융점의 금속
② 전자방출이 잘 되는 금속
③ 전기저항률이 적은 금속
④ 열전도성이 좋은 금속

해설
티그용접 시 용접에 필요한 열에너지는 비소모성의 텅스텐 전극이 사용된다(비용극식 불활성 아크용접이다.). 전극의 온도가 높을수록 좋다.(텅스텐 전극봉은 소모가 되지 않으므로 저용융점 금속과는 거리가 멀다.)
- 헬리 아크용접법(Heli-arc)
- 헬리웰드 아르곤 아크용접법(Heliweld Argon arc)

17 플럭스 코어드 아크용접(flux cored arc welding)의 특징이 아닌 것은?

① 용접속도를 빨리 할 수 있다.
② 용착률(deposition rate)이 상당히 크다.
③ 용입(penetration)은 미그(MIG) 용접보다 작다.
④ 아래보기 이외의 자세용접도 용이하게 할 수 있다.

해설
플럭스 코어드 아크용접(용입이 미그용접보다 크다.)
- 와이어의 단면적 감소로 인한 전류밀도 상승으로 용착속도가 증가한다.
- 플럭스에 의한 용접부의 금속학적 성질이 향상된다.
- 슬래그에 의한 매끄러운 비드 외관이 유지된다.

18 플라스마(plasma) 아크용접장치가 아닌 것은?

① 용접 토치   ② 제어 장치
③ 와이어 릴   ④ 가스 송급장치

해설
플라스마 용접은 단면이 수축되어 전류밀도가 증대하고 아크 전압이 상승된 결과 에너지 밀도가 증대되고 극히 높은 고온도의 아크 플라스마가 얻어지는 성질 열적핀치효과(thermol pinch effect)를 얻는다.(와이어 릴은 불활성 가스 아크용접이나 탄산가스 아크용접용이다.)

19 일렉트로 슬래그(ELECTRO SLAG) 용접에서 용접 조건이 모재의 용입 깊이에 미치는 영향 중 맞게 설명한 것은?

① 용접속도가 빠르면 용입이 깊어진다.
② 플럭스(FLUX)의 전기전도성이 크면 용입이 깊어진다.
③ 용접전압이 높으면 용입이 깊어진다.
④ 용접전압이 낮으면 용입이 깊어진다.

정답 14 ② 15 ③ 16 ① 17 ③ 18 ③ 19 ③

해설

일랙트로 슬래그용접
- 아주 두꺼운 물건의 용접에 유리하다.(용접전압이 높으면 용입이 깊어진다.)
- 아크열이 아닌 와이어와 용융슬래그 사이에 통전된 전류의 자기저항 줄열을 이용하여 모재와 전극 와이어를 용융시키면서 미끄럼판을 서서히 위쪽으로 이동시켜 연속 주조방식에 의해 단층 상진(上進)용접을 한다.($Q=0.24E \cdot I =$ cal/sec)

20 탄산가스 아크용접 시 발생하기 쉬운 탄산가스에 의한 중독에서 치사량이 되려면 몇 % 이상이어야 하는가?

① 10% 이상　　② 20% 이상
③ 30% 이상　　④ 5% 이상

해설
- 위험상태 : CO_2 15% 이상
- 치사량 : CO_2 30% 이상

21 아세틸렌가스에 관한 설명이다. 틀린 것은?

① 폭발의 위험이 없다.
② 탄소와 수소의 화합물이다.
③ 공기보다 가볍다.
④ 카바이드와 물의 화학작용으로 발생한다.

해설
아세틸렌가스(C_2H_2) 반응식
$= C_2H_2 + 2.5O_2 \rightarrow 2CO_2 + H_2O$(폭발범위=2.5~81%)

22 탄소강에서 공석강의 조직은?

① 펄라이트　　② 솔바이트
③ 페라이트　　④ 마텐사이트

해설
탄소강의 공석강
탄소 0.77% 강이며 펄라이트 조직이다.(즉, 페라이트와 시멘타이트의 혼합)

23 다음 중 알루미늄 합금 용접에서 사용되지 않는 것은?(단, 알루미늄 합금은 비열처리성이다.)

① 점용접
② 서브머지드 용접
③ 불활성가스아크용접
④ 산소아세틸렌용접

해설
서브머지드 용접이 사용되는 곳
조선, 탱크, 용기, 교량, 차량, 철골구조, 가스터빈, 전동기, 변압기 케이스, 보일러 등에 사용된다. 알루미늄 용접에는 사용이 불가하다.

24 금속의 용접성(weldability)에 영향을 미치지 않는 것은?

① 탄소 함유량(carbon content)
② 열전도(thermal conductivity)
③ 인장강도(tensile strength)
④ 용융점(melting point)

해설
금속의 용접성에 영향을 미치는 요소
탄소함량, 인장강도, 용융점

25 일반적으로 주철의 가스용접에는 다음 용제(flux) 중 어느 것이 사용되는가?

① 규산나트륨($NaSiO_3$)
② 플루오르나트륨(NaF)
③ 탄산수소나트륨($NaHCO_3$)
④ 염화칼슘(KCL)

해설
주철의 가스용접 용제
붕사, 붕산, 탄산소다(탄산수소나트륨)의 혼합물이다.

정답　20 ③　21 ①　22 ①　23 ②　24 ②　25 ③

26 담금질 조직 중에서 가장 경도가 높은 것은?

① 펄라이트 ② 솔바이트
③ 마텐사이트 ④ 트루스타이트

해설
열처리의 경도순서(담금질에서)
마텐자이트 > 트루스타이트 > 소르바이트 > 오스테나이트

27 금속의 표면을 보호하고 녹을 방지하며, 기계 표면을 매끈히 하고 상품가치를 높이기 위한 표면처리 방법에 해당되지 않는 것은?

① 도장(painting)
② 전기도금(electroplating)
③ 금속 용사(metal spraying)
④ 시안화법(cyaniding)

해설
시안화법
표면경화법에서 액체침탄법이다.

28 용접 이음을 설계할 때의 주의사항 중 틀린 것은?

① 맞대기 용접에서는 뒷면 용접을 할 수 있도록 해서 용입부족이 없도록 한다.
② 용접 이음부가 한곳에 집중하지 않도록 설계한다.
③ 맞대기 용접은 가급적 피하고 필릿 용접을 하도록 한다.
④ 아래보기 용접을 많이 하도록 설계한다.

해설
용접 이음에서는 맞대기 용접이 기본이다.(필릿 용접은 용접자세의 종류이다.)

29 모재의 배치에 의한 용접 이음의 종류가 아닌 것은?

① 맞대기 이음 ② 연속 이음
③ T 이음 ④ 겹치기 이음

해설
모재의 배치에 의한 용접 이음
맞대기 이음, 모서리 이음, 변두리 이음, 겹치기 이음, T 이음, 십자 이음, 한쪽덮개판 이음, 전면필릿 이음, 측면필릿 이음, 양쪽덮개판 이음 등

30 용접기호 중 X은 무슨 용접법인가?

① 프로젝션 용접
② 홈용접의 V형 용접
③ 필릿용접
④ 비드살돋음

해설
프로젝션 용접기호 : X

31 KS규격에서 현장용접을 나타내는 기호는?

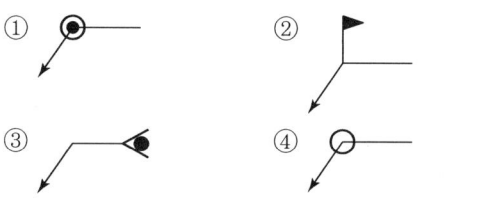

해설
- ▶ : 현장용접
- ○ : 온둘레 용접
- ⊙ : 온둘레 현장용접

32 지그(Jig) 설계의 목적이 아닌 것은?

① 공정 수가 늘어나고 생산능률이 향상된다.
② 제품의 정밀도가 증가한다.
③ 경제적 생산이 가능하다.
④ 불량이 적고 미숙련공도 작업이 용이하다.

해설
용접 지그 사용 시에는 공정 수를 절약하므로 능률이 좋다.

정답 26 ③ 27 ④ 28 ③ 29 ② 30 ① 31 ② 32 ①

33 용접 시 예열에 대한 설명 중 틀린 것은?

① 연강도 후판(25mm 이상)이 되면 예열을 함이 좋다.
② 예열은 용접부의 냉각속도를 느리게 한다.
③ 예열온도는 모재의 재질에 따라 각각 다르다.
④ 연강은 0℃ 이하의 저온에서는 예열이 불필요하다.

해설
용접 시 연강은 0℃ 이하에서 예열 또는 후열이 필요하다. 저온균열방지를 위해 0℃ 이하에서는 이음의 양쪽을 100mm 폭이 되게 하여 40~70℃로 가열하는 것이 좋다.

34 압력용기를 회전하면서 아래보기 자세로 용접하기에 적합지 않은 용접설비는?

① 스트롱 백(Strong back)
② 포지셔너(Positioner)
③ 머니퓰레이터(Manipulator)
④ 터닝롤러(Turning roller)

해설
압력용기 회전하의 아래보기 용접자세에서는 포지셔너, 머니플레이트, 터닝롤러 등의 용접설비를 갖춘다.
※ 스트롱백 : 피용접재를 구속시켜 가접을 피하기 위한 도구이다.

35 용접작업 시 피닝(Peening)을 하는 가장 큰 이유는?

① 모재의 연성을 높인다.
② 급랭을 방지한다.
③ 모재의 경도를 높인다.
④ 잔류응력을 줄인다.

해설
용접작업 시 피닝을 하면서 잔류응력을 줄인다.

36 각종 금속의 용접에서 서브머지드 아크용접에 보통 사용되지 않는 재료는?

① 고니켈합금
② 저탄소강
③ 순철
④ 가단주철

해설
서브머지드 아크용접은 연강이나 고장력강의 용접에 사용되는 특수아크용접이다.
• 사용용제(SiO : 20~50%, MnO : 0.3~4.5%, CaO : 2~30%)
• 와이어(심선)는 저탄소강이다.

37 열영향부(HAZ) 가장자리 가까운 곳에 나타나는 형이고 계단형태로, 구속을 많이 받는 용접부 또는 다층 용접부에서 용접 중 또는 용접 직후 발생하는 용접결함은?

① 라멜라 균열(lamella tearing crack)
② 힐 크랙(heel crack)
③ 토 균열(toe crack)
④ 비드 밑 균열(under bead crack)

해설
열영향부(HAZ)

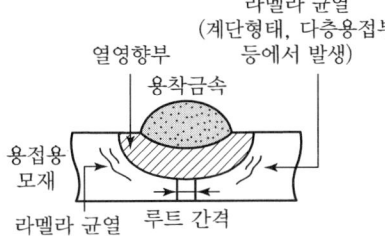

38 구면 모양이 특수 해머로 용접부를 연속적으로 가볍게 때려 용접 표면상에 소성변형을 주는 방법은?

① 태핑법
② 국부풀림법
③ 피닝법
④ 노내풀림법

해설
피닝법(Peening)
잔류응력을 제거하고 둥근 구면 모양의 특수 해머로 용접부를 연속적으로 가볍게 때려 용접 표면상에 소성변형을 주는 방법이다.

정답 33 ④ 34 ① 35 ④ 36 ④ 37 ① 38 ③

39 탄소봉과 공기를 사용하여 이면 홈가공이나 용접결함부를 제거할 때 많이 사용되는 가우징 방법은?

① 분말 가우징　　② 기계적 가우징
③ 불꽃 가우징　　④ 아크 에어 가우징

해설
아크 에어 가우징(arc air gouging)
탄소아크 절단에 압축공기를 같이 사용하는 방법으로 용접부의 홈파기, 용접결함부의 제거, 절단, 구멍 뚫기에 사용한다.

40 다음 중에서 용접성 시험의 분류에 들지 않는 것은?

① 노치취성시험
② 용접부의 연성시험
③ 모재와 용접금속의 균열시험
④ 이음부의 기계적 성질시험

해설
이음부의 기계적 성질시험
구조상의 결함이다.

41 초음파 탐상시험(UT)에 사용되는 주파수 (진동수)의 범위는 어느 것이 가장 적당한가?

① 0.5~15MHz　　② 15~100MHz
③ 100~150MHz　　④ 0.05~0.5MHz

해설
초음파 탐상시험(ultrasonic inspection) 시 초음파의 진동수는 0.5~15MHz이다.

42 다음 중에서 엔드탭(end tap)을 붙여서 시공해야 하는 용접법은?

① 심용접　　② TIG 용접
③ 서브머지드용접　　④ 아크 점용접

해설
엔드탭
서브머지드 아크용접에서 용접선의 양끝에서 용접 시에 용접결함이 발생되기 쉽기 때문에 이를 막기 위해 용접선의 양끝에 150×150mm 정도의 탭판을 붙여서 용접 개시나 용접 종료를 엔드탭 위에서 행하고 용접 완료 후 엔드탭을 절단하여 제거한다.

43 TIG 용접이음부의 불순물 제거방법으로 사용하지 않는 것은?

① 와이어 브러시　　② 이염화탄소
③ 삼염화에틸렌　　④ 염화암모늄

해설
불활성 아크용접 티그 용접에서 불순물 제거방법
• 와이어브러시 사용
• 이염화탄소 사용
• 삼염화에틸렌 사용
※ 염화암모늄(NH_4Cl) : 연납용 용제

44 니켈 합금이 아닌 것은?

① 콘스탄탄(Constantan)
② 인코넬(Inconel)
③ 모넬메탈(Monel Metal)
④ 다우메탈(Dow Metal)

해설
다우메탈
마그네슘 + 알루미늄의 합금이다.

45 톰백(Tombac)이란 무엇을 말하는가?

① 0.3~0.8% Zn의 황동
② 1.2~3.7% Zn의 황동
③ 5~20% Zn의 황동
④ 30~40% Zn의 황동

해설
톰백
아연(Zn)을 8~26% 함유한 연성이 큰 황동의 합금이다.(α 황동)

정답　39 ④　40 ④　41 ①　42 ③　43 ④　44 ④　45 ③

46 불스 아이 조직(Bull's eye structure)이란 어느 주철에 나타나는 조직인가?

① 구상흑연주철　② 가단주철
③ 고급주철　　　④ 칠드주철

해설
구상흑연주철(GCD)
노듈러 주철이며 주철에 세륨(Ce) 0.02% 첨가, 강인한 주물이다. 세륨 대신에 마그네슘이나 칼슘을 가해도 된다.
※ 불스 아이 조직 : 구상 또는 괴상의 흑연 둘레를 페라이트가 둘러싼 조직

47 용접비드 끝에서 오목하게 패인 곳으로, 불순물과 편석이 발생하기 쉽고 냉각 중에는 균열을 일으킬 가능성이 큰 것은?

① 스패터(spatter)
② 크레이터(crater)
③ 자기쏠림
④ 은점

해설

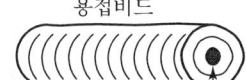
용접비드
용접이 끝나면 용접부위 선단에 오목하게 패인(크레이터)가 발생한다.

48 주철, 비철금속, 고합금강의 절단에 가장 적합한 절단법은?

① 산소창 절단(oxygen lance cutting)
② 분말 절단(powder cutting)
③ TIG 절단
④ MIG 절단

해설
분말 절단(철분 절단, 수중 절단)
주철, 스테인리스강, 구리, 알루미늄 등 절단이 어려운 금속에 절단부에 철분이나 용제(flux)의 미세한 분말을 압축공기 또는 압축질소를 자동적으로 연속해서 팁을 통해 분출하여 절단한다.

49 전기 아크용접 시 감전의 방지대책 중 틀린 것은?

① 좁은 장소의 작업에서는 신체를 노출시키지 않도록 한다.
② 절연이 완전한 홀더를 사용한다.
③ 무부하 전압이 높은 것을 사용한다.
④ 의복, 신체 등이 땀이나 습기에 젖지 않도록 하고 안전 보호구를 착용한다.

해설
전기 아크용접 시 감전의 방지대책으로 2차 무부하 전압을 약 25V로 유지한다(작업을 쉬는 중에). 단, 모재 접촉 후 아크 발생 시는 70~80V로 용접한다.

50 정격 2차 전류 300A, 정격사용률 40%인 용접기로 200A의 용접전류 사용 시 허용사용률은?

① 60%　　② 90%
③ 120%　④ 150%

해설
$$허용사용률 = \frac{(정격\ 2차\ 전류)^2}{(실제의\ 용접전류)^2} \times 정격사용률$$
$$= \frac{(300)^2}{(200)^2} \times 40 = 90(\%)$$

51 용접으로 인한 변형교정방법 중에서 가열에 의한 교정방법이 아닌 것은?

① 얇은 판에 대한 점 수축법
② 형재에 대한 직선 수축법
③ 후판에 대한 가열 후 압력을 주어 수랭하는 법
④ 롤러에 의한 법

해설
롤러는 기공이나 균열을 방지한다.

정답　46 ①　47 ②　48 ②　49 ③　50 ②　51 ④

52 용접에 자동제어장치를 설치하여 생산공정에 투입 시의 특징 설명으로 틀린 것은?

① 생산속도와 노동조건이 향상된다.
② 노동력이 줄어들어 인건비가 감소한다.
③ 제품의 품질이 균일하고 불량품이 감소된다.
④ 생산설비의 수명이 짧아진다.

해설
용접 자동제어 설치는 생산설비의 수명이 길어지고 ①, ②, ③항의 장점이 발생한다.

53 방사선 투과시험에서 필름(사진)의 상을 식별하는 척도로 사용되는 것은?

① 투과도계(penetrameter)
② 가스(gas)
③ 심(shim)
④ 증감지

해설
투과도계
방사선 비파괴검사 시 필름(사진)의 상을 식별하는 척도이다.
(판 2% 두께의 결함이 검출되어야 한다.)
투과도계는 가는 철사로 지름이 약간 다른 7~10개를 같은 간격으로 나란하게 배열하여 만든 게이지이다.

54 내식성 알루미늄 합금이 아닌 것은?

① 하이드로날리움(Hydronalium)
② 알민(Almin)
③ 알드리(Aldrey)
④ 초두랄루민(Super duralumin)

해설
초두랄루민
알루미늄(Al)합금이며 탄력용이다.(내식성용은 하이드로날륨 등이다.)

55 어떤 측정법으로 동일 시료를 무한 횟수 측정하였을 때 데이터 분포의 평균치와 참값의 차를 무엇이라 하는가?

① 신뢰성 ② 정확성
③ 정밀도 ④ 오차

해설
정확성
어떤 측정법으로 동일 시료를 무한 횟수 측정하였을 때 데이터 분포의 평균치와 참값의 차이다.

56 예방보전의 기능에 해당하지 않는 것은?

① 취급되어야 할 대상설비의 결정
② 정비작업에서 점검시기의 결정
③ 대상설비 점검개소의 결정
④ 대상설비의 외주이용도 결정

해설
설비보전
• 보전 예방   • 예방 보전
• 계량 보전   • 사후 보존

57 관리한계선을 구하는데 이항분포를 이용하여 관리선을 구하는 관리도는?

① P_n 관리도   ② U 관리도
③ $\overline{X}-R$ 관리도   ④ X 관리도

해설
• P_n 관리도(불량개수, 이항분포 이용)
• U 관리도(단위당 결점수)
• $\overline{X}-R$ 관리도(메디안 범위)
• X 관리도(개개의 측정치)

58 로트(Lot) 수를 가장 올바르게 정의한 것은?

① 1회 생산수량을 의미한다.
② 일정한 제조 횟수를 표시하는 개념이다.
③ 생산목표량을 기계대수로 나눈 것이다.
④ 생산목표량을 공정 수로 나눈 것이다.

해설

로트는 단위생산수량이다. 즉, 로트 수란 일정한 제조횟수이다. 로트의 크기란 예정생산 목표량을 로트 수로 나눈 값이다.

$$크기 = \frac{예정생산목표량}{로트 수}$$

59 다음의 데이터를 보고 편차 제곱합(S)을 구하면?(단, 소수점 3자리까지 구하시오.)

[Data] : 18.8, 19.1, 18.8, 18.2, 18.4, 18.3, 19.0, 18.6, 19.2

① 0.338　② 1.029
③ 0.114　④ 1.014

해설

편차의 제곱합(S)

$$S = \sum_{i=1=0}^{n} (x_i - \bar{x})^2 = \sum x_i^2 - n(\bar{x})^2$$

$$= \sum xi^2 - \frac{(\sum xi)^2}{n}$$

$$\bar{x} = \frac{18.8 + 19.1 + 18.8 + 18.2 + 18.4 + 18.3 + 19.0 + 18.6 + 19.2}{9} = 18.711$$

$$S = (18.8 - 18.711)^2 + (19.1 - 18.711)^2 + (18.8 - 18.711)^2$$
$$+ (18.2 - 18.711)^2 + (18.4 - 18.711)^2 + (18.3 - 18.711)^2$$
$$+ (19.0 - 18.711)^2 + (18.6 - 18.711)^2 + (19.2 - 18.711)^2$$
$$= 0.525 + 0.503 = 1.028$$

60 공정 도시기호 중 공정계열의 일부를 생략할 경우에 사용되는 보조 도시기호는?

① 　②

③ 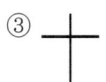　④

해설

•  : 소관 구분　• : 공정도 생략

• 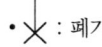 : 폐기

정답 59 ②　60 ②

CBT 모의고사 5회

01 강판 두께 25.4[mm]를 가스 절단 시에 드래그(drag)율을 보통 20[%]를 표준으로 하고 있다. 이때 드래그 길이(drag length)는 약 얼마 정도인가?

① 3.5[mm] ② 5.08[mm]
③ 5.85[mm] ④ 6.45[mm]

해설
가스 절단 시 드래그(drag) 길이는 가스 절단에서 일정한 속도로 절단할 때 절단홈의 밑으로 갈수록 슬래그의 방해, 산소의 오염, 절단속도의 저하 등에 의해 산화작용과 절단이 느려져서 절단면에 거의 일정한 간격으로 평행하게 나타난 곡선길이이다.

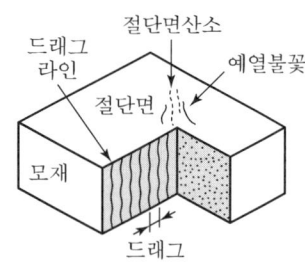

$$드래그(\%) = \frac{드래그\ 길이}{판두께} \times 100 \qquad 20(\%) = \frac{x}{25.4}$$

$$\therefore\ x = 25.4 \times 0.2 = 5.08(\text{mm})$$

02 탄소강에 대한 후열처리의 기능을 틀리게 기술한 것은?

① 잔류응력 경감
② 인성(toughness) 증가
③ 오스테나이트 조직의 함량 증가
④ 균열 감수성 증가

해설
- 오스테나이트(Austenite) : γ(감마) 고용체, 즉 강에서 면심입방격자
- 탄소강의 조직 : 페라이트, 펄라이트, 시멘타이트, 오스테나이트, 레데브라이트 등
- 오스테나이트 조직을 가열한 후 급랭하면 담금질이 되고, 후열처리하면 금속의 열처리가 된다.(탄소강의 경우)

03 열영향부(HAZ)의 재질을 향상시키기 위해서 흔히 사용되는 방법은?

① 용접부의 예열과 후열
② 특수 용가재 사용
③ 고장력강 용접봉의 사용
④ 특수플럭스(용제) 사용

해설

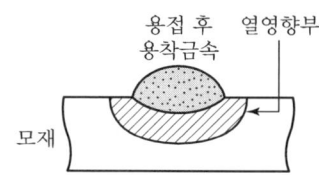

열영향부(HAZ)의 재질을 향상시키기 위하여 용접부의 예열과 후열을 하면 좋다.

04 다음 용접봉의 건조온도가 300~350[℃]인 것은?

① E4301 ② E4303
③ E4311 ④ E4316

해설
저수소계 용접봉(E4316 - electrode) 사용 시
- 건조시간 : 30분~1시간
- 건조온도 : 300~350℃
- 특징 : E4316은 피복제가 습기의 영향이 다른 것보다 커서 건조 시 온도가 높아야 한다.

05 피복아크용접에서 아크 길이가 길어지면 전압은 어떻게 되는가?

① 낮아진다. ② 높아졌다 낮아진다.
③ 높아진다. ④ 변동없다.

해설
아크용접(arc welding)에서 아크전압(arc voltage)은 아크길이(arc length)에 비례해서 변한다.

정답 01 ② 02 ③ 03 ① 04 ④ 05 ③

06 용접금속이 응고할 때 방출된 가스 때문에 발생되는 것으로 상당히 큰 거품으로 주위가 먼저 응고된 경우에 형성되는 용접 구조상의 결함은?

① 피트(pit)
② 은점(fish eye)
③ 슬래그 섞임(slag inclusion)
④ 선상조직(ice flower structure)

해설
피트
용접작업에서 용접금속이 응고할 때 방출된 가스 때문에 발생되며 상당히 큰 거품으로 용접 주위가 먼저 응고된 경우에 형성되는 용접구조상 결함

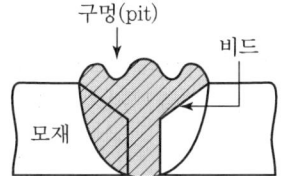

pit(용접비드 표면에 기공과 같이 구멍이 나 있는 상태이다.)

07 TQC(Total Quality Control)란?

① 시스템적 사고방법을 사용하지 않는 품질관리기법이다.
② 애프터 서비스를 통한 품질을 보증하는 방법이다.
③ 전사적인 품질정보의 교환으로 품질 향상을 기도하는 기법이다.
④ QC부의 정보분석 결과를 생산부에 피드백하는 것이다.

해설
TQC
공업경영에서 전사적인 품질보증정보의 교환으로 품질 향상을 기도하는 기법을 말한다.

08 니켈 65~70%, 철 1.0~3.0%, 나머지는 구리로 된 합금으로서 내식성이 우수하고 주조성과 단련이 잘되어 화학공업용으로 널리 사용되고 있는 것은?

① 크로멜(chromel)
② 인코넬(inconel)
③ 모넬메탈(monel metal)
④ 콘스탄탄(constantan)

해설
모넬메탈
합금이며(Ni 65~70%, Fe 1.0~3%, 나머지는 구리) 니켈(Ni)의 합금으로 터빈 날개, 증기밸브에 사용된다.

09 가스 절단 토치에는 동심형(同心型)과 이심형(異心型)이 있다. 이심형을 무슨 식이라고도 하는가?

① 영국식이라고 한다.
② 프랑스식이라고 한다.
③ 독일식이라고 한다.
④ 스위스식이라고 한다.

해설
• B형(프랑스식)
• A형(독일식) : 이심형 토치로 니들밸브가 없다.

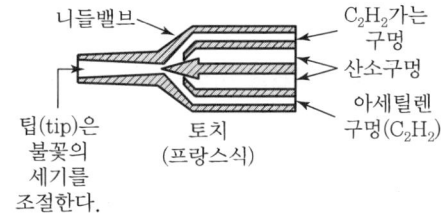

10 황동용접 시 산화아연으로 인한 중독을 방지하는 방법은?

① 마스크를 냉수에 적셔 사용한다.
② 마스크를 온수에 적셔 사용한다.
③ 마스크를 가성소다액에 적셔 사용한다.
④ 마스크를 착용한다.

해설
황동(구리+아연) 용접 시에 산화아연으로 인한 중독을 방지하려면 마스크를 가성소다액에 적셔 사용한다.(아연의 증발로 산화아연이 백색연기로 되어 비드가 보이지 않게 된다. 기포의 원인 제공)

정답 06 ① 07 ③ 08 ③ 09 ② 10 ③

11 저온응력 완화법에서는 용접선의 양쪽을 폭 150[mm] 정도로 몇 [℃] 정도 가열하였다가 수랭시키는가?

① 50~100[℃]　　② 150~200[℃]
③ 450~600[℃]　　④ 650~800[℃]

해설
저온응력 완화법에서 용접선의 양쪽을 폭 150mm 정도로 150~200℃에서 가열한 후에 수랭시킨다.

12 계수값 관리도는 어느 것인가?

① R관리도　　② $\bar{x}$관리도
③ P관리도　　④ $\bar{x}-P$ 관리도

해설
계수값 관리도
- P관리도 : 불량률
- Pn관리도 : 불량 개수
- C관리도 : 결점 수
- u관리도 : 단위당 결점 수

13 재료의 안전율을 바르게 나타낸 식은?(단, 안전율>1)

① $\dfrac{\text{인장강도}}{\text{탄성강도}}$　　② $\dfrac{\text{허용응력}}{\text{인장강도}}$

③ $\dfrac{\text{인장강도}}{\text{허용응력}}$　　④ $\dfrac{\text{인장강도}}{\text{극한강도}}$

해설
재료의 안전율 = $\dfrac{\text{인장강도}(\text{kg/mm}^2)}{\text{허용응력}(\text{kg/mm}^2)}$

14 직류 아크용접에서 용접봉을 용접기의 음(-)극에, 모재를 양(+)극에 연결한 경우의 극성은?

① 직류 역극성　　② 직류 용극성
③ 직류 정극성　　④ 직류 역극성

해설
정극성 직류 아크용접에서 연결
- 용접기 음극 : 용접봉
- 용접기 양극 : 모재

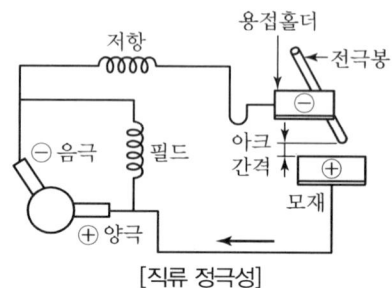

[직류 정극성]

15 다음은 전자 빔 용접(electron beam welding)의 응용범위에 대하여 열거한 것이다. 잘못된 것은?

① 천공　　② 후판의 용접
③ 미크론(micron) 용접　④ 스카핑(scarfing)

해설
스카핑
강괴, 강철편, 슬래그 기타 표면이나 모재의 균열(클릭), 주름, 주조결함, 탈탄층 등의 표면결함을 불꽃가공에 의해서 제거하는 방법이다.
- 탄소강 이외의 금속은 분말 스카핑을 사용한다.
- 스카핑 속도는 스테인리스강의 경우는 탄소강의 $\dfrac{1}{2}$로 하므로 산소소비량이 높으며 스카핑 폭은 탄소강의 약 $\dfrac{2}{3}$가 된다.

16 수중가스 절단작업이 가능한 물깊이는 다음 중 얼마 정도까지인가?

① 110m　　② 125m
③ 45m　　④ 10m

해설
물속의 수중에서 수중가스 절단작업은 작업이 가능한 물(水) 깊이는 약 45m이다.
※ 연료가스로는 수소, 아세틸렌, LPG, 벤젠 등이 사용된다. 수중작업 시 예열가스양은 공기 중에서 4~8배 정도로, 산소의 분출구도 1.5~2배로 한다.

정답　11 ②　12 ③　13 ③　14 ③　15 ④　16 ③

17 TIG 용접에 대한 설명이 아닌 것은?

① Ar 가스 속에서 용접한다.
② 텅스텐 전극을 사용한다.
③ 심선을 전극으로 한다.
④ 특수 아크용접에 속한다.

해설
TIG(in ert gas shielded tungsten arc welding) 용접에 필요한 열에너지는 비소모성의 텅스텐 전극과 모재 사이에서 발생하는 아크열로 공급된 비피복 용가재를 용해해서 용접한다.(심선은 피복 용접봉이다.)
③은 MIG(미그) 용접에 관한 것으로 금속와이어 용가전극, 즉 용접와이어(심선)를 사용한다.

18 자분탐상검사에서 피검사물의 자화방법은 물체의 형상과 결함의 방향에 따라 여러 가지로 분류하는데, 다음 중 그 분류방법에 해당하지 않는 것은?

① 축통전법   ② 코일법
③ 극간법   ④ 회전법

해설
자기검사법(자분탐상검사법)의 종류
• 축통전법
• 관통법
• 직각통전법
• 코일법(직선 자강)
• 극간법

19 인장을 받는 맞대기 용접이음에서 굽힘모멘트 : M[kgf·mm] 굽힘 응력 : σ_b[kgf/mm²], 용접길이 : L[mm]일 때, 용접치수 : t[mm]를 구하는 식으로 옳은 것은?

① $t = \sqrt{\dfrac{\sigma_b L}{6M}}$ ② $t = \sqrt{\dfrac{\sigma_b M}{6L}}$

③ $t = \sqrt{\dfrac{6M}{\sigma_b L}}$ ④ $t = \sqrt{\dfrac{6L}{\sigma_b M}}$

해설

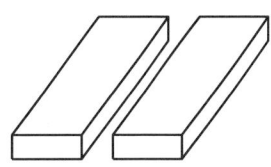

맞대기 이음(Butt Joint)

용접치수$(t) = \sqrt{\dfrac{6M}{\sigma_b \cdot L}}$ (mm)

20 다음 중 미그(MIG) 용접의 와이어(wire) 송급장치가 아닌 것은?

① 푸시(push)방식
② 푸시-아웃(push-out)방식
③ 풀(pull)방식
④ 푸시-풀(push-pull)방식

해설
미그 용접은 텅스텐 전극봉 대신에 비피복의 가는 금속 와이어(wire)인 용가전극, 즉 용접와이어를 모재에 사용하며 자동토치에 와이어릴을 와이어 송급모터에 의해 자동토치로 보낸다.

※ 송급장치
• 푸시식(미는 식) : 반자동식
• 풀식(당기는 식) : 푸시식의 결점을 보완한 자동식
• 푸시풀식(혼합식) : 복잡한 방식으로 최신형

21 샘플링 검사의 목적으로서 틀린 것은?

① 검사비용 절감
② 생산공정상의 문제점 해결
③ 품질 향상의 자극
④ 나쁜 품질인 로트의 불합격

해설
샘플링 검사란 전수검사가 좋은지 무검사가 좋은지 분명하지 않을 때 사용되는 검사방법이다.

정답 17 ③ 18 ④ 19 ③ 20 ② 21 ②

22 정격 2차 전류가 300[A], 정격사용률이 40[%]인 용접기로 180[A]로 용접할 때, 허용사용률[%]은?

① 약 111[%]   ② 약 101[%]
③ 약 91[%]   ④ 약 121[%]

해설

허용사용률 = $\dfrac{(정격\ 2차\ 전류)^2}{(실제\ 용접\ 전류)^2} \times 정격사용률(\%)$

$= \dfrac{(300)^2}{(180)^2} \times 40 = 111.11\%$

23 스테인리스강(stainless steel)의 용접성에 관한 설명 중 틀린 것은?

① 티그나 미그 용접방법으로 하면 좋다.
② 오스테나이트(austenite)강의 용접성이 마텐사이트(martensite)강보다 좋다.
③ 될 수 있는 한 저온에서 용접하면 좋다.
④ 피복전기 용접법으로 할 때는 직류 정극성(DCSP)이 좋다.

해설

㉠ 스테인리스강
- 오스테나이트계(가장 널리 사용)
- 페라이트계
- 마텐자이트계

㉡ 용접법
- 피복아크 용접법(직류 역극성 용접)
- 서브머지드 아크용접법
- 불활성가스 아크용접법
- 저항용접(점용접)

24 용접 시의 온도분포는 열전도율에 따라 많은 영향을 미치게 되는데, 다음 금속 중 열전도율이 가장 작은 것은?

① 연강   ② 알루미늄
③ 스테인리스강 ④ 구리

해설

금속의 열전도율(kcal/mh℃)
- 연강(0.18)
- 알루미늄(0.53)
- 스테인리스강(연강의 약 $\dfrac{1}{3}$)
- 구리(0.94)

25 가스용접이나 절단에 사용되는 용접가스의 구비조건으로 틀린 것은?

① 연소속도가 느릴 것
② 불꽃의 온도가 높을 것
③ 발열량이 클 것
④ 용융금속과 화학반응을 일으키지 않을 것

해설

가스용접, 절단 등에서 사용되는 가스는 연소속도가 빠를 것

26 두께가 다른 여러 가지 용접물을 노(爐) 내에서 응력제거 열처리를 하고자 한다. 열처리 방법 중 알맞은 것은?

① 가장 두꺼운 용접물을 기준으로 열처리 시간을 정한다.
② 용접물의 평균 두께를 측정하여 열처리 시간을 정한다.
③ 두께별로 분류하여 2단계(2 step method)로 열처리한다.
④ 두께가 1[inch] 이상 차이 나는 것은 분류하여 따로 열처리하도록 한다.

해설

두께가 각자 다른 조건의 용접물을 노에서 열처리하여 응력을 제거하려면 가장 두꺼운 용접물을 기준하여 열처리 시간을 정한다.

정답 22 ① 23 ④ 24 ③ 25 ① 26 ①

27 탄산가스 아크용접, 즉 CO_2 용접에서 다음 중 어느 극성으로 연결하여 사용해야 하는가?(단, 복합와이어는 사용하지 않음)

① 교류(AC)를 사용하므로 극성에 제한이 없다.
② 직류(DC) 전원을 사용하며 극성에 제한이 없다.
③ 직류 정극성(DCSP)을 사용한다.
④ 직류 역극성(DCRP)을 사용한다.

[해설]
탄산가스 CO_2 아크용접법(실드 가스는 CO_2)
- MIG 용접과 같이 용접와이어가 녹는 용극식
- TIG 용접과 같이 전극이 텅스텐으로 되어 있어 녹지 않는 비용극식
- 직류 역극성을 사용하여 용접한다.

28 열영향부(HAZ) 가장자리 가까운 곳에 나타나는 형이고 계단형태로, 구속을 많이 받는 용접부 또는 다층 용접부에서 용접 중 또는 용접 직후 발생하는 용접결함은?

① 라멜라 균열(lamella tearing crack)
② 힐 크랙(heel crack)
③ 토 균열(toe crack)
④ 비드 밑 균열(under bead crack)

[해설]

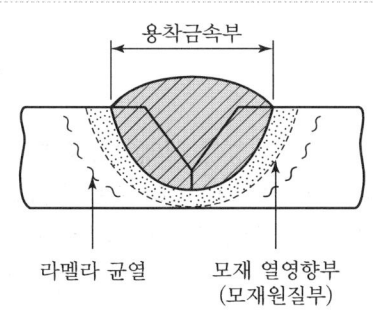

29 주조용 Mg합금으로 Mg-Al계 합금의 대표적인 것은?

① 다우메탈(dow metal)
② 일렉트론(elektron)
③ 미시메탈(misch metal)
④ 반메탈(bahm metal)

[해설]
마그네슘 합금(다우메탈)
주조용 합금(마그네슘 합금으로 Mg+Al계이다.)

30 월 100대의 제품을 생산하는데 세이퍼 1대의 제품 1대당 소요공수가 14.4H라 한다. 1일 8H, 월 25일, 가동한다고 할 때 이 제품 전부를 만드는데 필요한 세이퍼의 필요대수를 계산하면?(단, 작업자 가동률 80%, 세이퍼 가동률 90%이다.)

① 8대 ② 9대
③ 10대 ④ 11대

[해설]
$14.4 \times 100 = 1,440H$
$$\therefore \frac{1,440H}{8H \times 25 \times 0.8 \times 0.9} = 10$$

31 백선철에 대한 설명이 아닌 것은?

① 파면이 회색이다.
② 경도가 크고 절삭이 곤란하다.
③ 제강용으로 사용한다.
④ 탄소는 철과 화합상태로 되어 있다.

[해설]
백선철
선철 파면은 백색이다. 급랭 시에 생기므로 칠드라고 한다.(탄소, 규소의 양이 적을 때 생기며 매우 단단하다.)

32 전기용접 때 감전사고를 방지하기 위하여 가장 중요한 것은?

① 접지 설비
② 전류계 설치
③ 고압계 설치
④ 작업등 설치

정답 27 ④ 28 ① 29 ① 30 ③ 31 ① 32 ①

33 서브머지드 아크용접(SAW) 장치에 대한 설명 중 틀린 것은?

① 와이어 송급장치, 접촉팁, 용제호퍼를 일괄하여 용접헤드라 한다.
② 용접헤드는 주행 대차의 가이드 레일 위나 강판 위를 이동하게 된다.
③ 송급속도 조정은 전압제어장치에 의해 항상 아크길이를 일정하게 유지하도록 한다.
④ 용접 후 용융되지 않은 용제는 진공회수장치로 회수하여 폐기한다.

해설
서브머지드 용접[잠호(潛弧)용접]은 모재용접부에 미세한 가루 모양의 용제(flux)를 쌓아 놓고서 그 속에 전극 와이어(비피복용접봉)를 넣어 와이어 끝과 모재 사이에 아크를 발생시켜 그 아크열에 의해 모재, 와이어 및 용제를 용해하여 자동용접한다. 용제는 실드(shield), 즉 보호작용을 한다.
- 용접 후 미용융 용제(SiO_2+MnO+CaO)는 진공회수장치에 의해 회수되어 폐기하지 않고 재사용한다.
- 와이어는 (C+Si+Mn) 저탄소강이다.

34 내균열성이 가장 좋은 피복아크 용접봉의 계통은?

① 일미나이트계　② 라임티탄계
③ 고산화티탄계　④ 저수소계

해설
E4316 저수소계 연강용 피복 아크용접봉
탄산칼슘($CaCO_3$)과 불화칼슘(CaF)이 주성분인 피복제이다. 수소성분이 다른 용접봉에 비해 1/10 정도로 현저히 적다. 내균열성이 우수하나 비드 시발점이나 이음부에 기공(blow hole)이 발생되기 쉽다.

35 용접부에 생기는 용접 균열 결함 종류에 해당되지 않는 것은?

① 가로 균열　② 세로 균열
③ 플랭크 균열　④ 비드 밑 균열

해설
플랭크(flank)
나사에서 나사산의 봉우리와 골 사이를 연결하는 빗면을 말한다.

36 용접결함과 그 원인을 짝지은 것으로 틀린 것은?

① 변형 – 용접부의 과열
② 기공 – 용접봉의 습기
③ 슬래그 혼입 – 전 층의 슬래그 제거 불완전
④ 용입 부족 – 수소용해량의 과다

해설
용입 불량 원인
- 이음설계 불량
- 용접속도가 빠르다.
- 루트면이 너무 클 때
- 루트 간격이 좁을 때
- 용접전류가 낮을 때
- 용접봉 선택 불량

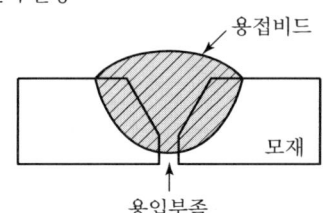

37 모재를 겹쳐 놓은 상태에서 접착할 부분의 작은 면적에 전극을 가압하여 저항 용접하는 것으로서, 일반적으로 얇은 판의 용접에 잘 쓰이며 자동차, 철도차량, 전기기기, 제관 등의 판금관계에 널리 응용되는 용접은?

① 탄소 아크용접　② 원자수소 용접
③ 스터드(stud) 용접　④ 스폿(spot) 용접

해설
스폿 용접
일반적으로 얇은 판의 용접에 잘 쓰이며 자동차, 철도차량, 전기기기, 제관 등의 판금관계에 널리 응용되는 용접이다.(압접법에서 가열 저항 겹치기 용접에 해당한다.)

정답　33 ④　34 ④　35 ③　36 ④　37 ④

38 플럭스 코어드 아크용접(flux cored arc welding)의 특징이 아닌 것은?

① 용접속도를 빨리할 수 있다.
② 용착률(deposition rate)이 상당히 크다.
③ 용입(penetration)은 미그(MIG) 용접보다 작다.
④ 아래보기 이외의 자세용접도 용이하게 할 수 있다.

해설
플럭스 코어드 아크용접
용입이 미그용접(불활성가스 아크용접)보다 크다.
• 용착속도가 증가한다.
• 비드처짐 방지로 고전류 사용이 가능하다.

39 열팽창계수가 유리나 백금과 거의 동일하므로 전구도입선에 사용되는 불변강은 어느 것인가?

① 플래티나이트(Platinite)
② 엘린바(Elinvar)
③ 스텔라이트(Stellite)
④ 인바(Invar)

해설
플래티나이트
• 열팽창계수가 유리나 백금과 거의 동일하므로 전구 도입선에 사용되는 불변강이다.
• 불변강 종류 : 인바, 엘린바, 코엘린바, 퍼멀로이, 플래티나이트(철+니켈 합금) 등

40 주철의 용접 시 주의사항 중 틀린 것은?

① 균열의 보수는 균열의 연장을 방지하기 위하여 균열의 끝에 작은 구멍을 뚫는다.
② 큰 물건이나 두께가 다른 것을 용접할 때는 예열과 후열 후 서랭작업을 반드시 행한다.
③ 비드 배치는 길게 하고 용입을 깊게 하도록 한다.
④ 용접전류는 필요 이상 높이지 말고 직선 비드를 배치한다.

해설
주철용접에서 1회의 비드길이는 짧게 하고 이 부분을 피닝(Peening)하면서 짧은 부분씩 용접하도록 한다.

41 다음의 PERT/CPM에서 주공정(Critical path)은?(단, 화살표 밑의 숫자는 활동시간을 나타낸다.)

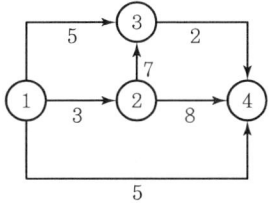

① ①-③-②-④
② ①-②-③-④
③ ①-②-④
④ ①-④

해설
(1) ①-② : 3
(2) ②-③ : 7
(3) ②-④ : 8
(4) PERT : 최단시간의 목표달성 목적
(5) CPM : 목표기일의 단축과 비용의 최소화 목적
 • 방향이 틀림 • 3+7+2=12시간
 • 8+3=11시간 • 8-3=5시간

42 풀림의 종류에 해당되지 않는 것은?

① 확산풀림 ② 구상화풀림
③ 완전풀림 ④ 등온풀림

해설
풀림(Annealing, 어닐링)
잔류응력 제거, 재질의 연화, 결정립 크기의 결정, 펄라이트 구상화가 목적이며 풀림 열처리 종류는 ①, ②, ③항 등이다.

43 탄소강의 용접부는 야금적으로 2개의 구역으로 나누어진다. 무엇과 무엇인가?

① 원질부와 용착금속부
② 원질부와 열영향부
③ 과열금속부와 급랭금속부
④ 용착금속부와 열영향부

정답 38 ③ 39 ① 40 ③ 41 ② 42 ④ 43 ④

해설

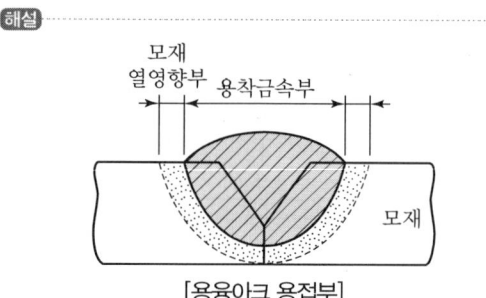
[용융아크 용접부]

44 피복 배합제 중 아크안정에 도움이 되는 것은?

① 탄산나트륨(Na$_2$CO$_3$)
② 붕산(H$_3$BO$_3$)
③ 알루미나(Al$_2$O$_3$)
④ 마그네슘(Mg)

해설
아크용접봉(피복 용접봉)
아크 안정제(규산칼리, 산화티탄, 탄산바리움(탄산나트륨) 등)

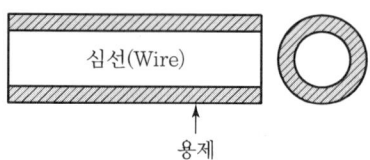

45 제품공정분석표에 사용되는 기호 중 공정 간의 정체를 나타내는 기호는?

① ◇　　② ▽
③ ✡　　④ △

해설
- : 양과 질의 검사
- : 공정 간의 대기(정체)
- : 작업 중 일시 대기
- △ : 저장(보관)

46 플라스마(plasma)를 구성하는 물질이 아닌 것은?

① 양이온(positive ions)
② 중성자(neutral atoms)
③ 음전자(negative electrons)
④ 양전자(positive electrons)

해설
플라스마 용접(융접)
플라스마는 도전성을 띤 기체로서 전자와 이온이 혼합된 기체이다. 정이온, 전자(음전자) 등이 구성되는 물질이다.

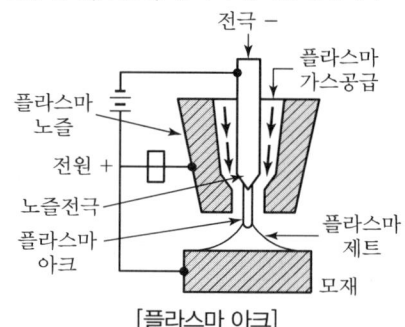
[플라스마 아크]

47 연강용 피복금속아크 용접봉의 종류 중 철분산화철계에 해당되는 것은?

① E4324　　② E4340
③ E4326　　④ E4327

해설
용접봉
① E4324 : 철분산화 티탄계　② E4340 : 특수계
③ E4326 : 철분저수소계　④ E4327 : 철분산화철계

48 모재에 라미네이션(LAMINATION)이 발생하였다. 이 결함을 찾는 데 가장 좋은 비파괴검사 방법은?

① 침투탐상시험　　② 자분탐상시험
③ 방사선 투과시험　　④ 초음파 탐상시험

정답　44 ①　45 ②　46 ④　47 ④　48 ④

해설

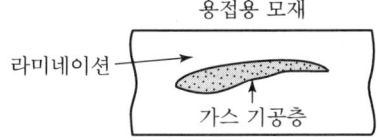

라미네이션 현상(초음파 탐상시험으로 검사한다.)
두 장으로 분리된다.

49 다음 용접법 중 압접(壓接)에 속하는 것은?

① TIG 용접 ② 서브머지드용접
③ 테르밋용접 ④ 전기저항용접

해설
압접용접법 종류
- 압접
- 전기저항용접
- 단접

50 용접방법 중 용착효율(deposition efficiency)이 가장 낮은 것은?

① 서브머지드 아크용접(submerged arc welding)
② 플럭스 코어용접(flux cored welding)
③ 불활성가스 금속 아크용접(inert gas metal arc welding)
④ 피복전기용접(coated electrode welding)

해설
용접방법 중 용착효율이 가장 낮은 것은 피복용 전기용접이다.

51 응력 부식(corrosion)에 대한 설명으로 옳은 것은?

① 응력이 존재하면 부식이 촉진되는 것을 응력 부식이라 한다.
② 부식이 일어나면 응력이 증가한다.
③ 응력이 집중되면 부식은 잘 안 일어난다.
④ 재료에 인장응력이 가해지면 부식이 잘 안 일어난다.

해설
응력 부식
응력이 존재하면 부식이 촉진되는 것을 말한다.

52 스카핑(scarfing) 작업은 어느 것인가?

① 탄소 또는 흑연 전극봉과 모재의 사이에 아크를 일으켜서 절단하는 방법이다.
② 강재 표면의 탈탄층 또는 홈을 제거하기 위해 얇게 타원형 모양으로 넓게 표면을 깎는 것이다.
③ 탄소 아크 절단에 압축공기를 병용한 방법으로 결함 제거, 절단 및 구멍 뚫기 작업이다.
④ 일종의 수중 절단(under water cutting)이다.

해설
가스가공
불꽃을 이용하여 금속표면에 홈을 파거나 표면을 깎아내는 공작법이다. 종류에는 가스 가우징, 스카핑 등이 있다. 스카핑은 강괴나 강편, 슬래그 기타 표면에서 ②항의 작업을 실시하는 가스가공이다.

53 다음 중 Mg-Al-Zn계 합금의 대표적인 것은?

① 도우메탈 ② 엘렉트론
③ 하이드로날륨 ④ 라우탈

해설
엘렉트론(Electron)은 마그네슘의 합금이다.(마그네슘+알루미늄+아연의 합금)

54 X-선 투과시험으로 쉽게 검출되지 않는 용접결함은?

① 기공 ② 미세한 비드 밑 터짐
③ 용입불량 ④ 슬래그 혼입

해설
방사선검사
- X-선 이용
- γ(gamma)선 이용
※ X-선 방사건 투과검사는 미세한 비드 밑 터짐의 발견이 어렵다.

정답 49 ④ 50 ④ 51 ① 52 ② 53 ② 54 ②

55 후판 절단 등에 쓰이는 절단산소 분출구의 알맞은 형상은?

① 직선형
② 동심형
③ 다이버젠트형
④ 저속다이버젠트형

해설
후판(두꺼운 철판) 등에 쓰이는 절단산소 분출구의 알맞은 형상은 직선형이다.
(1) 팁
  ㉠ 동심형(프랑스식)
  ㉡ 이심형(독일식)
(2) 절단 산소 분출구
  ㉠ 직선형
  ㉡ 다이버젠트형(divergent type)

56 용접부 균열 발생에 대한 원인 설명 중 적절하지 못한 것은?

① 모재 안에 황 함유량이 많을 때
② 용접봉의 선택을 잘못했을 때
③ 적정한 예열, 후열을 하지 않았을 때
④ 수축이 큰 이음을 먼저 용접하였을 때

57 용접 후 처리인 노내풀림 응력제거에서 두께 25[mm] 보일러용 강판은 노 내에서 몇 도로 몇 시간 유지해야 하는가?

① 625±25[℃]에서 1시간
② 625±25[℃]에서 2시간
③ 725±25[℃]에서 2시간
④ 725±25[℃]에서 1시간

해설
노 내 풀림 열처리(보일러용 강판 용접부위) 온도 및 시간(응력제거용)
• 온도 : 625±25℃
• 풀림 시간 : 1시간

58 기체를 가열하여 양이온과 음이온이 혼합된 도전(導電)성을 띤 가스체를 적당한 방법으로 한 방향에 분출시켜, 각종 금속의 용접 및 절단 등에 이용하는 용접은?

① 서브머지드 아크용접
② MIG 용접
③ 피복아크 용접
④ 플라스마 제트 용접

해설
플라스마 제트 용접(Plasma jet welding)
• 특수 아크용접이다.
• 자기적 핀치 효과를 이용한다.
• 도전성을 띤 가스체를 이용한다.

59 지그(jig)를 구성하는 기계 요소에 해당되지 않는 것은?

① 공작물의 내마모장치
② 공작물의 위치 결정장치
③ 공작물의 클램핑장치
④ 공구의 안내장치

해설
용접지그(welding jig)를 구성하는 기계요소는 ②, ③, ④항이다.

60 서브머지드 용접(submerged welding)과 같은 대전류를 사용하는 것에 알맞는 용융금속의 이행 방법은?

① 직선이행
② 스프레이 이행
③ 핀치효과 이행
④ 폭발형 이행

해설
서브머지드 아크용접(피복(실드) 아크용접)과 같이 대전류를 이용하는 것에 알맞은 용융금속의 이행방법은 핀치효과 이행
• 대전류 : 900~4,000A 이용
• 핀치효과(Pinch effect) : 용접 시 아크 기둥이 주위로부터 강제냉각되면 아크기둥 자체가 열손실을 적게 하기 위해서 표면적을 줄여 수축하는 현상

정답 55 ① 56 ④ 57 ① 58 ④ 59 ① 60 ③

CBT 모의고사 6회

01 다음 중 압접(pressure welding)이 아닌 것은?

① 플라스마 용접 ② 고주파 용접
③ 초음파 용접 ④ 마찰 용접

[해설]

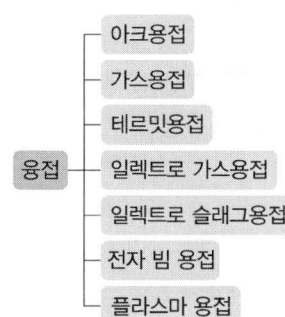

02 용접이음의 장점이 아닌 것은?

① 리벳에 비하여 구멍 뚫기 작업 등의 공정이 절약된다.
② 이음효율이 리벳보다 높다.
③ 용접부의 품질검사가 쉽다.
④ 기밀성이 보존된다.

[해설]
용접이음검사의 단점은 용접부의 품질검사가 어렵다는 것이다.

03 용접기의 1차 전압 200V, 1차 전류 200A, 2차 무부하 전압 90V, 용접전류 400A일 때의 1차 피상 입력은 몇 kVA가 되는가?

① 36 ② 18
③ 80 ④ 40

[해설]
피상전력(P_a) = $V_1 I_1$ = 200×200 = $40,000$VA
= 40kVA

피상전력(= 교류회로)
전력 $P = V_1 I_1 \cos\theta$(W)에서 교류회로에 가해 준 전압 V와 흐르는 전류 1의 곱, 즉 $V_1 I_1$이 반드시 실제의 전력이 되는 것은 아니다. 때문에 이를 겉보기 전력 또는 피상전력이라 한다.(단위 : kVA)

04 교류용접기 중에서 원격 조정을 하는 데 가장 좋은 용접기는?

① 코일형 ② 가동 철심형
③ 탭 전환형 ④ 가포화 리액터형

[해설]
교류아크용접기 가포화 리액터형(saturable reactor type)
변압기와 가포화 리액터를 조합한 용접기이다. 이 type은 전류조정을 전기적으로 하므로 기계적으로 마멸하는 부분이 없고 원격조정(remote control)이 간단하다.

05 용접기의 설치장소로 적합하지 않은 곳은?

① 휘발성 기름이나 가스가 없는 장소
② 폭발성 가스가 존재하지 않는 장소
③ 습도가 높은 장소
④ 먼지가 적은 장소

[해설]
용접기는 먼지가 적고 건조한 장소에 설치하여야 한다.

06 산소가 아세틸렌가스 호스 쪽으로 흘러서 발생기가 폭발을 일으키는 사고를 무엇이라 하는가?

① 폭발사고 ② 인화사고
③ 호스사고 ④ 역류사고

[해설]
역류사고
산소가 아세틸렌(C_2H_2) 가스의 호스 쪽으로 흘러서 발생기가 폭발을 일으키는 사고이다.

정답 01 ① 02 ③ 03 ④ 04 ④ 05 ③ 06 ④

07 산소용기에 철인으로 표시된 것 중 틀린 것은?

① 최고충전압력　② 제조번호
③ 용기 중량　　　④ 가스 충전일자

[해설] 가스충전에 철인이 아닌 적색 등의 도색으로 충전일자를 표시한다.

08 아세틸렌 과잉불꽃이라고도 하며, 불꽃의 길이가 아세틸렌의 양에 따라 길어지거나 짧아지는 것은?

① 순화불꽃　　② 탄화불꽃
③ 중성불꽃　　④ 산화불꽃

[해설] 탄화불꽃(환원불꽃) = 산소 < 아세틸렌(연강, 알루미늄, 스테인리스 금속의 용접에 유리하며 불꽃의 길이가 C_2H_2 가스의 양에 따라 길어지거나 짧아진다.)

09 용접차광렌즈(Welding lens)의 차광능력의 등급을 차광도 번호라 한다. 100A 이상 300A 미만의 아크용접 및 절단 등에 쓰이는 차광도 번호는 얼마인가?

① 4~5　　② 7~8
③ 10~12　④ 14~15

[해설] 차광도번호 사용처
- 6~7번 : 30A 미만
- 8~9번 : 30A 이상~100A 미만
- 10~12번 : 100A 이상~300A 미만
- 13~14번 : 300A 이상

10 스카핑 작업에 대한 설명이다. 옳지 않은 것은?

① 스카핑 작업에서는 강재 표면의 탈탄층은 제거하지 못한다.
② 스카핑 작업은 강재 표면의 흠을 제거한다.
③ 가우징 작업보다 얇게 표면을 깎는다.
④ 가우징보다 넓게 표면을 깎는다.

[해설] 가스가공 스카핑(Scarfing)은 강괴, 강편, 슬래그 기타 표면의 균열이나 주름, 주조결함, 탈탄층 등의 표면결함을 불꽃 가공에 의해 제거한다.

11 가스 절단 결과의 판정은 다음 사항을 중요시 하는데 그 중 틀린 사항은?

① 드래그가 일정할 것
② 절단면의 위 모서리가 예리할 것
③ 슬래그의 이탈성이 나쁠 것
④ 절단면이 깨끗하며 드래그 홈이 없을 것

[해설] 가스 절단 시 슬래그의 이탈성은 좋아야 한다.

12 강판을 가스 절단할 때, 절단 변형의 방지대책이 아닌 것은?

① 가열법　　② 구속법
③ 수랭각법　④ 역변형법

13 서브머지드 용접에서 다른 조건이 일정하고 용접봉 직경이 증가하면 용접부에 어떤 영향을 가장 많이 미치는가?

① 용입 증가　　② 비드폭 증가
③ 용입 감소　　④ 비드높이 증가

[해설] 서브머지드 아크 용접(submerged arc welding)
잠호용접이라는 특수아크용접이다. 대전류의 용융슬래그의 단열성에 의해 용입이 깊고 용접속도가 빨라 능률적인 용접이 가능하다. 일정조건에서 용접봉 직경이 증가하면 용접부에 용입이 감소한다. 비피복봉 전극 와이어(wire)를 넣어 와이어 끝과 모재의 사이에서 아크를 발생시켜 그 아크열에 의하여 와이어 및 용제를 용해하여 용접하는 자동아크 용접이다.

정답　07 ④　08 ②　09 ③　10 ①　11 ③　12 ④　13 ③

14 서브머지드(submerged) 아크 용접법의 단점에 해당되지 않는 것은?

① 용접선이 짧고 복잡한 형상의 경우에는 용접기의 조작이 번거롭다.
② 설비비가 고가(高價)이다.
③ 용제는 흡습이 쉽기 때문에 건조나 취급을 잘 해야 한다.
④ 용제의 단열작용으로 용입을 크게 할 수 없다.

해설
- 용융슬래그의 단열성에 의해 용입을 깊게 할 수가 있다.
- 용제는 대표적으로 그레이드(grade) 50(G50), 80(G80) 등이 대표적이다.

15 일반적으로 곧고 긴 용접선의 용접에 적합하며 이음면 위에 뿌려놓은 분말 플럭스 속에 용가재(전극)를 찔러 넣은 상태에서 용접하는 용극식의 자동용접법은?

① 불활성가스 아크 용접
② 전자빔 용접
③ 플라스마 용접
④ 서브머지드 아크 용접

해설
서브머지드 특수 아크 용접은 일반적으로 곧고 긴 용접선의 용접에 적합하며 이음면 위에 뿌려 놓은 분말 플럭스 속에 용가재(전극)를 찔러 넣은 상태에서 용접하는 와이어 용극식의 자동용접법이다.
〈용접방식〉
- 텐덤식
- 횡병렬식
- 횡직렬식

16 불활성가스 아크용접할 때 가속된 이온이 모재에 충돌하여 모재 표면의 산화물을 파괴한다. 이러한 현상을 무엇이라 하는가?

① 핀치효과
② 자기불림효과
③ 중력가속효과
④ 청정효과

해설
청정효과(Cleaning action)
불활성 가스(Ar, He) 아크용접 시 가속된 이온이 모재에 충돌하여 모재 표면의 산화물을 파괴하는 현상이다. 이 작용은 마치 샌드 블라스트로 제거하는 것같이 산화막을 제거한다.

17 교류를 사용해서 TIG 용접할 때의 특성으로 틀린 것은?

① 전극의 직경은 비교적 작다.
② 텅스텐 전극의 정류작용에 의한 교류의 직류 변환으로 아크가 안정하게 되며, 전류밀도가 MIG 용접보다 높다.
③ 아크가 끊어지기 쉽다.
④ 비드의 폭이 넓고, 적당한 깊이의 용입이 얻어진다.

해설
MIG 용접은 실드 보호가스로 아르곤(Ar)가스가 일반적으로 사용된다. 전류의 밀도가 대단히 커서 아크용접전류의 6~8배 정도가 된다. 전류가 클수록 용입이 깊다.

18 TIG 용접 시 용입이 깊고 비드폭을 좁게 하려면 전류전원의 극성은 어느 것을 선택해야 하는가?

① 직류 정극성
② 교류
③ 직류 역극성
④ 고주파수 극성

해설
직류 정극성으로 하면
(−) : 전극
(+) : 모재
비드폭이 좁고 용입이 깊어진다.

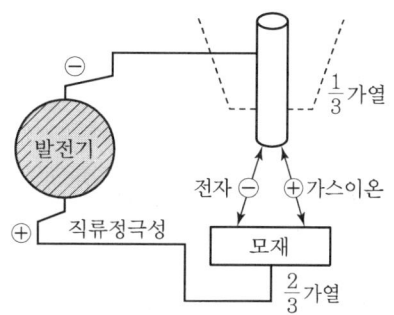

정답 14 ④ 15 ④ 16 ④ 17 ② 18 ①

19 이산화탄산가스(CO_2 gas) 아크용접에서 복합 와이어(combined wire) 중 와이어가 노즐(nozzle)의 나온 부분에, 자성 플럭스(magnetic flux)를 부착하는 형태의 용접법은?

① 유니언 아크법(union arc process)
② 아코스 아크법(arcos arc process)
③ 퓨즈 아크 CO_2법(fuse arc CO_2 process)
④ NCG법

해설
이산화탄소 아크용접 구성요소
㉠ 용접전원　　　　㉡ 제어장치
㉢ 용접토치　　　　㉣ 송급가스(CO_2)
※ 유니언 아크법은 와이어가 노즐의 나온 부분에 자성 플럭스가 부착하는 형태의 용접법으로 용제가 들어 있는 와이어 CO_2법이다.

20 탄산가스 아크용접(CO_2 Gas Arc Welding)에서 전극와이어(Wire)의 송급은 다음 중 어느 방식에 따르는가?

① 자기제어 특성을 이용하여 정속 송급한다.
② 전류[A]의 크기에 따라 달라진다.
③ 아크길이 제어 특성과 관계없다.
④ 용접속도에 따라 달라진다.

해설
㉠ 탄산가스 아크용접에서 전극 와이어를 공급하는 송급방식은 자기제어 특성을 이용하여 정속 송급한다.
㉡ 와이어로 솔리드와이어(망간, 규소, 티탄 등의 탈산성 원소 함유)가 사용된다.

21 아세틸렌가스와 접촉하여도 폭발의 위험성이 없는 재료는?

① 수은(Hg)　　　② 은(Ag)
③ 동(Cu)　　　　④ 크롬(Cr)

해설
아세틸렌가스의 폭발(금속아세틸라이드)
· $C_2H_2 + 2Ag \rightarrow Ag_2C_2 + H_2$(은)
· $C_2H_2 + 2Hg \rightarrow Hg_2C_2 + H_2$(수은)
· $C_2H_2 + 2Cu \rightarrow Cu_2C_2 + H_2$(구리)

22 용접 중에 전격의 위험을 방지하기 위하여 사용되는 전격방지기에 관한 설명으로 틀린 것은?

① 작업을 쉬는 중에 용접기의 1차 무부하 전압을 25V로 유지한다.
② 용접봉을 접촉하는 순간 전자개폐기가 닫힌다.
③ 용접봉을 접촉하는 순간 2차 무부하전압이 70~80V로 되어 교류아크가 발생된다.
④ 용접기에 전격방지기를 설치한다.

해설
① 1차 전압이 아닌 2차 무부하 전압을 25V로 유지해야 한다.

23 티그 용접에 사용되는 텅스텐 용접봉들 중에서 박판, 정밀 항공기 부품 같은 것들의 용접에 적합한 용접봉은?

① 순텅스텐(EWP)
② 4% 토륨 텅스텐(EWTh-4)
③ 2% 토륨 텅스텐(EWTh-2)
④ 지르코늄 텅스텐(EWZr)

해설
티그(TIG) 불활성 아크용접
비소모성의 텅스텐 전극과 모재 사이에 발생하는 아크열에 의해 비피복용 가제를 용해해서 용접한다.(전극봉에는 4가지가 있으며 박판(얇은 판), 정밀 항공기 부품의 용접에는 2% 토륨(적색)을 이용하는 텅스텐이 사용된다.)

24 인장강도와 내식성이 좋고, 고온에서 크리프(Creep) 한계가 높아 항공기 부품 및 화학용기분야에 사용되는 합금은?

① 망간합금　　　② 텅스텐합금
③ 구리합금　　　④ 티타늄합금

해설
티타늄(Ti)합금
내식성과 강도가 크다. 크리프 한계가 높아 항공기 부품이나 화학용기분야에 사용된다.
· Ti-Mn(망간)
· Ti-Al(알루미늄)

정답　19 ①　20 ①　21 ④　22 ①　23 ③　24 ④

- Ti-Al-V(알루미늄+바나지움)
- Ti-Al-Sn(알루미늄+주석)

25
유황은 철과 화합하여 황화철(FeS)을 만들어 열간가공성을 해치며 적열취성을 일으킨다. 이와 같은 단점을 제거하기 위해서는 철보다 더욱 쉽게 화합하는 원소를 적당량 이상 첨가시켜 불용성의 황화물로 만들어 제거하면 된다. 이때 일반적으로 많이 사용되는 원소는 어떤 것인가?

① Mn(망간) ② Cu(구리)
③ Ni(니켈) ④ Si(규소)

해설
망간
적열취성을 방지하기 위한 원소이다(불용성의 황화합물인 FeS을 제거하는 비철금속이다.). 절삭성을 좋게 하며 내식성, 내마멸성, 강인성을 부여한다. 주물에서 흑연화를 억제한다.

26
다음 금속 중에서 용융점이 가장 높은 것은?

① Ir ② W
③ Hg ④ Ne

해설
금속의 용융점
- 이류듐(Ir) : 2,410℃
- 텅스텐(W) : 3,410℃
- 수은(Hg) : -38.4℃
- 네온(Ne) : 불활성가스
- 니켈(Ni) : 1,453℃

27
담금조직에 있어서 마텐사이트(martensite)의 조직은?

① 그물 모양으로 펼친 조직
② 삼(麻)잎 모양으로 한 조직
③ 침상 모양을 한 조직
④ 만곡상의 흑연조직

해설
경도순서
마텐사이트 > 트루스타이트 > 소르바이트 > 오스테나이트
※ 마텐사이트 조직은 침상 모양으로 경도나 인성이 크다.

28
용접설계상의 유의점이다. 틀린 것은?

① 작업자세는 아래보기자세가 좋으므로 중요한 이음에서는 아래보기자세로 한다.
② 잔류응력과 열응력이 한곳에 집중하도록 하고 모멘트가 작용하지 않게 한다.
③ 두께가 다른 2장의 강판을 용접할 때 중간판을 쓰든지 혹은 두꺼운 강판을 테이퍼지게 하여 붙인다.
④ 모재의 용접부를 용접하기 쉬운 모양으로 한다.

해설
잔류응력과 열응력이 여러 곳에 분산이 되도록 모멘트가 작용하게 한다.(용접설계 시에)
※ 모멘트(Moment) : 물체를 회전시키려고 하는 힘의 작용 또는 물리적 효과이다.

29
그림과 같이 양쪽 필릿용접을 하였다. 용접부에 생기는 응력을 나타낸 식은 어느 것인가?

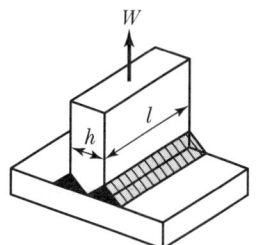

① $\sigma = W/(h+l)$ ② $\sigma = W/hl$
③ $\sigma = W/l$ ④ $\sigma = W/l$

해설
필릿용접(fillet joint)
응력계산$(\sigma) = \dfrac{W}{h \cdot l}(\text{kg/mm}^2)$

30 다음 그림과 같이 맞대기 용접하였을 경우 인장하중 $P = 4,800[\text{kgf}]$에 대하여 용접부에 발생하는 인장응력은 몇 $[\text{kgf/mm}^2]$인가?

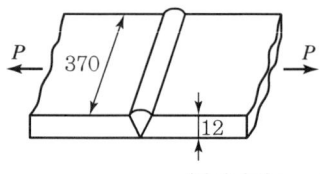

(길이단위: mm)

① 1.08 ② 10.81
③ 100.81 ④ 1,000.81

해설
- 인장하중(P) = 인장강도×모재두께(목두께)×모재길이(kg)
- 인장응력 = $\dfrac{P}{h \cdot l} = \dfrac{4,800}{12 \times 370} = 1.08(\text{kgf/mm}^2)$

31 맞대기 용접의 강도계산은 어느 부분을 기준으로 정하여 행하는가?

① 다리길이 ② 목두께
③ 루트간격 ④ 홈깊이

해설
맞대기 용접의(V형) 강도계산

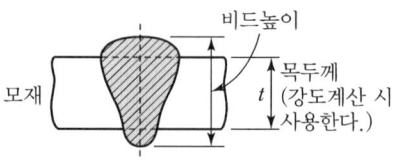

32 전단하중을 받을 때 용접이음효율($\eta[\%]$) 공식으로 맞는 것은?

① 이음효율(η) = $\dfrac{\text{용접시험편의 전단응력}}{\text{모재의 전단응력}} \times 100$

② 이음효율(η) = $\dfrac{\text{모재의 전단응력}}{\text{용접시험편의 전단응력}} \times 100$

③ 이음효율(η) = $\dfrac{\text{용접시험편의 인장강도}}{\text{모재의 인장강도}} \times 100$

④ 이음효율(η) = $\dfrac{\text{모재의 인장강도}}{\text{용접시험편의 인장강도}} \times 100$

33 지그(JIG)의 사용목적에 부합되지 않는 것은?

① 제품의 정밀도가 향상되고 대량생산에서 호환성 있는 제품이 만들어진다.
② 가공 불량이 감소되고 미숙련공의 작업을 용이하게 한다.
③ 제작상의 공정 수가 감소하고 생산능률을 향상시킨다.
④ 비교적 본 기계장비에 비해 소형 경량이며, 큰 출력을 발생시키는 데 사용된다.

해설
용접용 기타 부속장치인 지그의 사용목적
①, ②, ③ 외에 용접조립작업을 단순화 또는 자동화할 수 있어서 작업능률이 향상된다.

34 다음은 용접순서에 대한 설명이다. 잘못된 것은 어느 것인가?

① 같은 평면 안에 많은 이음이 있을 때에는 수축은 가능한 한 자유단으로 보낸다.
② 물품의 중심에 대하여 항상 대칭으로 용접을 진행시킨다.
③ 수축이 작은 이음을 가능한 한 먼저 용접하고 수축이 큰 이음을 뒤에 용접한다.
④ 용접물의 중립축에 대하여 용접으로 인한 수축력 모멘트의 합이 "0"이 되도록 한다.

해설
용접시공 시에는 수축이 큰 맞대기이음을 먼저 용접한 후 필릿용접을 한다.

정답 30 ① 31 ② 32 ① 33 ④ 34 ③

35 용접의 기공(氣孔) 방지대책에 대해 옳게 서술한 것은?

① 적정 아크 길이를 유지하지 않으면 안 된다.
② 개선면에 다소의 녹이 붙어 있어도 용접전류를 크게 해서 가스를 부상시킨다.
③ 아크 길이를 길게 해서 용접하면 가스는 부상이 쉽게 되어 좋다.
④ 용재에 있는 다소의 습기는 용접입열을 크게 해서 용접하면 된다.

[해설]
기공의 대책
- 저수소계 용접봉 등으로 용접봉을 교환한다.
- 위빙을 하여 열량을 높이거나 예열한다.
- 이음부의 표면을 깨끗이 청소한다.
- 정해진 전류범위 안에서 약간 긴 아크를 사용하거나 용접봉을 조절한다.
- 적당한 전류를 사용한다.
- 용접속도를 늦춘다.

36 용접부 부근의 모재가 용접할 때의 열에 의하여 급열 급랭되어 변질된 부분을 무엇이라 하는가?

① 용착금속부 ② 열영향부
③ 원질부   ④ 백비드부

[해설]
용접부 조직

37 용접 시 잔류응력을 경감시키는 시공법이 아닌 것은?

① 예열을 한다.
② 용착금속을 적게 한다.
③ 비석법의 용착을 한다.
④ 용접부의 수축을 억제한다.

[해설]
잔류응력 측정법
- 부식법
- 응력와니스법
- 자기적 방법
- 응력이완법
- X선회절법
※ 용접부의 수축을 억제하면 잔류응력이 증가한다.

38 다음 금속 중 냉각속도가 가장 빠른 금속은 어느 것인가?

① 연강   ② 스테인리스강
③ 알루미늄   ④ 구리

[해설]
㉠ 열전도율이 빠른 금속은 냉각속도도 빠르다.
㉡ 열전도율 20℃에서 cal/cm · S · ℃
- 연강 : 0.18
- 스테인리스강 : 연강의 약 1/3
- 알루미늄 : 0.53
- 구리(동) : 0.94

39 경화되는 강을 용접할 때 용접열에 의한 경화를 방지하는 데 가장 중요한 것은?

① 예열온도   ② 경화속도
③ 최고온도   ④ 최저온도

[해설]
경화성 강을 용접할 때 용접열에 의한 경화를 방지하기 위하여 용접 전에 예열하여 적당한 예열온도를 유지한다.

40 아크 절단에 관하여 틀린 설명은?

① 아크 열로 금속을 국부적으로 용해하여 절단한다.
② 주철, 스테인리스강은 절단이 가능하다.
③ 절단면은 가스 절단면보다 곱다.
④ 금속아크에서는 피복봉을 사용하고 직류 정극성 또는 교류를 사용한다.

정답 35 ① 36 ② 37 ④ 38 ④ 39 ① 40 ③

해설
아크 절단은 가스 절단면보다 곱지 못하다. 다만 가스 절단이 곤란한 금속의 절단도 가능하다는 장점이 있다.
- 금속아크 절단법
- 플라스마 제트에 의한 제트모양의 불꽃으로 절단하는 법

41 전 용접선을 RT(방사선 투과시험)를 실시하여 이상이 발견되지 않은 용접이음의 효율은?

① 80% ② 90%
③ 100% ④ 60%

해설
전 용접선을 방사선 투과시험검사를 실시하여 이상이 발견되지 않은 용접이음의 효율은 100%이다.
※ 방사선 투과검사(비파괴법검사)은 X선 파장 10^{-8}cmÅ로 표시한다.

42 피복아크 용접에서 사용률을 바르게 나타낸 것은?

① 사용률 = $\dfrac{휴식시간}{아크시간+휴식시간} \times 100$

② 사용률 = $\dfrac{아크시간}{아크시간+휴식시간} \times 100$

③ 사용률 = $\dfrac{휴식시간}{아크시간} \times 100$

④ 사용률 = $\dfrac{아크시간}{휴식시간} \times 100$

43 테르밋 용접(thermit welding)에서 테르밋제(thermit mixture)의 주성분은?

① 과산화바륨과 마그네슘
② 알루미늄 분말과 산화철 분말
③ 아연과 철의 분말
④ 과산화바륨과 산화철 분말

해설
테르밋 용접의 테르밋제
미세한 알루미늄분말과 산화철분말을 4 : 1 정도의 중량비로 혼합하여 테르밋제로 만들고 여기에 과산화바륨과 마그네슘 또는 알루미늄의 혼합 분말로 된 점화제(ignitor)를 넣고 점화시키면 점화제의 화학반응에 의해 고온에서 강한 발열을 일으켜 약 2,800°C 이상에 달한다. 이 결과 산화철은 환원되어서 용융상태의 용가재가 되어 모재의 용접에 쓰인다.

44 납땜의 용제에서 구비조건이 아닌 것은?

① 전기저항 납땜에 사용되는 것은 부도체이어야 한다.
② 모재나 납땜에 대한 부식작용이 최소한이어야 한다.
③ 땜납의 표면장력을 맞추어서 모재와 친화도를 높여야 한다.
④ 인체에 해가 없어야 한다.

해설
전기저항 납땜에 사용되는 용제는 전도체(도체)이어야 한다.
- 연납땜제 : 땜납(주석+납), 납+카드뮴, 아연+카드뮴
- 경납땜제 : 은납, 황동납, 인동납, 알루미늄납

45 구상 흑연 주철은 조직에 의한 분류 중에 시멘타이트형이 있다. 시멘타이트 조직이 발생하는 원인 중 옳지 않은 것은?

① 마그네슘의 첨가량이 많을 때
② 냉각속도가 빠를 때
③ 가열한 후 노 중 냉각을 시킬 때
④ 탄소 및 특히 규소가 적을 때

해설
구상 흑연 주철
주철에 세륨(Ce) 0.02%를 가하여 흑연이 구상화함으로써 강인한 주물이 된 것이다. 일명 노듈러 주철이라고 한다.(망간을 첨가하면 시멘타이트가 방지된다.)
※ 구상흑연주철을 가열한 후 노 중에서 냉각시키면 시멘타이트(Fe_3C=Cementite)가 방지된다.(시멘타이트는 탄화철이며 경화도가 높아 깨지기 쉽다. 상온에서 강자성체이나 담금질하여도 경화되지 않는다.)

정답 41 ③ 42 ② 43 ② 44 ① 45 ③

46 알루미늄에 규소가 10~14% 함유된 것으로 알루미늄 합금에서 개량처리를 하여 기계적 성질을 개선하는 합금은?

① 실루민
② 듀랄루민
③ 하이드로날리움
④ Y-합금

해설
실루민(알루미늄+규소 합금)은 합금으로 기계적 성질을 개량처리(Modifi Cation)하여 조직을 미세화한 합금이다.

47 78~80% Ni, 12~14% Cr의 합금으로 내식성과 내열성이 뛰어나서 전열기의 부품, 열전쌍의 보호관, 진공관의 필라멘트 등에 사용되는 니켈합금은?

① 알루멘(alumel)
② 코넬(conel)
③ 인코넬(inconel)
④ 니크롬(nichrome)

해설
인코넬
(니켈+크롬 합금) 내식성 니켈의 합금이다. 내열성이 뛰어나서 전열기의 부품, 열전쌍의 보호관, 진공관의 필라멘트 제조에 사용된다.

48 값이 저렴한 구조용 특수강으로서 조선, 건축, 교량 등에 사용하기 위하여 0.8~1.7%의 망간을 첨가한 저탄소 저망간강은?

① 소프트필드강(softfield steel)
② 인바(invar)
③ 코엘린바(coelinvar)
④ 듀콜강(ducol steel)

해설
듀콜강
구조용 특수강이며 일명 저망간강이라고 한다(탄소 0.17~0.45% + 망간 1.2~1.7% 페라이트 조직). 고장력강의 원재료이며 기계구조용, 일반구조용, 선박교량, 레일 등에 사용한다.

49 용접용 로봇을 동작 형태로 분류할 때 속하지 않는 것은?

① 원통좌표로봇
② 극좌표로봇
③ 다관절로봇
④ 삼각좌표로봇

해설
용접용 로봇의 동작 형태별 분류
• 원통좌표로봇
• 극좌표로봇
• 다관절로봇

50 비자성체에 적용할 수 없는 비파괴 검사법은?

① 침투탐상
② 자분탐상
③ 초음파탐상
④ 와류탐상

해설
자기검사(magnetic inspection)는 검사물을 자화시킨 상태로 하여 표면과 이면에 가까운 면에 있는 결함에 의하여, 생기는 누설자속을 자분(磁粉) 혹은 코일을 사용하여 결함의 존재를 알아본다. 일명 자분탐상검사라고 한다.(자화전류 500~5,000A를 흐르게 하므로 비자성체는 사용이 불가능하다.)

51 다음 중 파괴시험법이 아닌 것은?

① 굽힘시험
② 음향시험
③ 충격시험
④ 피로시험

해설
파괴검사법
• 기계적 시험(굽힘시험, 충격시험, 피로시험)
• 비중시험
• 화학시험
• 야금학적 시험
• 균열시험
• 낙하시험
• 압력시험

52 용접을 진행하면서 용접부 부근을 냉각시켜 모재의 열영향부의 범위를 축소시킴으로써 변형을 방지하는 방법으로 냉각법을 사용하는데, 냉각 방법이 아닌 것은?

① 수랭동판 사용법
② 살수법
③ 피닝법
④ 석면포 사용법

정답 46 ① 47 ③ 48 ④ 49 ④ 50 ② 51 ② 52 ③

해설

피닝법
용접부분을 구면 모양의 선단을 한 특수 피닝 해머로 연속 타격하여 용접표면 측을 소성변형시키는 조작이며 용접 금속부분의 인장응력을 완화시키는 효과가 있다.

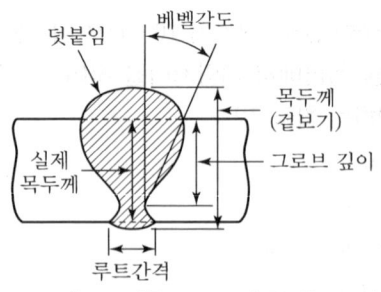

[그로브(홈 : Groove) 형상]

53 심(seam) 용접의 통전방법에서 가장 많이 사용되며 통전과 중지를 규칙적으로 반복하는 것은?

① 단속통전법 ② 연속통전법
③ 맥동통전법 ④ 롤러통전법

해설
심용접은 원판상의 롤러 전극 사이에 2장의 판을 끼워서 가압통전하고 전극을 회전시켜 판을 이동시키면서 연속으로 점용접을 반복한다.

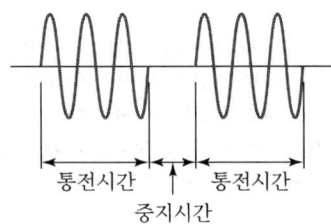

55 미리 정해진 일정 단위 중에 포함된 부적합(결점)수에 의거 공정을 관리할 때 사용하는 관리도는?

① p관리도 ② nP관리도
③ c관리도 ④ u관리도

해설
- c관리도 : 결점 수
- nP관리도 : 불량 개수
- P관리도 : 불량률
- u관리도 : 단위당 결점 수

54 필릿용접의 루트 부분에 생기는 저온균열이며 모재의 열팽창수축에 의한 비틀림이 주요 원인인 용접결함은?

① 크레이터 균열(crater crack)
② 힐 크랙(heel crack)
③ 비드 및 균열(under bead crack)
④ 설퍼 크랙(sulfur crack)

해설

힐 크랙
필릿용접(fillet welded joint)의 루트 부분에 생기는 저온균열이며 모재의 열팽창수축에 의한 비틀림이 주요 원인인 용접결함이다.

56 도수분포표에서 도수가 최대인 곳의 대표치를 말하는 것은?

① 중위수 ② 비대칭도
③ 모드(mode) ④ 첨도

해설

도수분포 제작 목적
- 데이터의 흩어진 모양을 알고 싶을 때
- 많은 데이터로부터 평균치와 표준편차를 구할 때
- 원 데이터로 규격과 대조하고 싶을 때

57 로트 수가 10이고 준비작업시간이 20분이며 로트별 정미작업시간이 60분이라면 1로트당 작업시간은?

① 90분 ② 62분
③ 26분 ④ 13분

정답 53 ① 54 ② 55 ③ 56 ③ 57 ②

해설

$60 + \dfrac{20}{10} = 62분$

58 더미활동(dummy activity)에 대한 설명 중 가장 적합한 것은?

① 가장 긴 작업시간이 예상되는 공정을 말한다.
② 공정의 시작에서 그 단계에 이르는 공정별 소요시간들 중 가장 큰 값이다.
③ 실제활동은 아니며, 활동의 선행조건을 네트워크에 명확히 표현하기 위한 활동이다.
④ 각 활동별 소요시간이 베타분포를 따른다고 가정할 때의 활동이다.

59 단순지수평활법을 이용하여 금월의 수요를 예측하려고 한다면 이때 필요한 자료는 무엇인가?

① 일정기간의 평균값, 가중값, 지수평활계수
② 추세선, 최소자승법, 매개변수
③ 전월의 예측치와 실제치, 지수평활계수
④ 추세변동, 순환변동, 우연변동

해설
- 지수평활법 : 과거의 자료에 따라 예측할 경우 현시점에 가까운 자료에 가장 비중을 많이 주고 과거로 거슬러 올라갈수록 그 비중을 지수적으로 감소해 가는 수요의 경향변동을 분석하는 방법
- 수요예측기법 : 최소자승법, 이동평균법, 지수평활법

60 다음 중 검사항목에 의한 분류가 아닌 것은?

① 자주검사   ② 수량검사
③ 중량검사   ④ 성능검사

해설
검사항목
- 수량검사
- 중량검사
- 성능검사
- 외관검사
- 치수검사

정답 58 ③ 59 ③ 60 ①

저자 약력

권오수

〈경력〉

- 한국원동기취급기술협회
- 덕성원동기 · 용접기술학원
- 제일열관리기술학원
- 국제냉동공조기술학원
- 한국소방안전기술학원
- 새한열관리 · 고압가스기술학원 학원장
- 한국에너지기술인협회 교육총괄이사
- 한국에너지관리자격증연합회 회장
- 한국가스기술인협회 회장
- 한국보일러사랑재단 이사장

〈주요 저서〉

- 가스기능장 필기 · 실기, 예문사
- 에너지관리기능장 필기 · 실기, 예문사
- 배관기능장 필기 · 실기, 예문사
- 보일러기능장 필기 · 실기, 예문사

〈수상〉

- 노동부장관 표창, 1998, 2020
- 산업통상자원부장관상, 2003, 2013
- 한국에너지공단이사장 표창, 2003, 2016
- 한국가스안전공사사장 표창, 2006, 2020, 2024
- 대한민국 가스안전대상 대통령 표창, 2011
- 국무총리 표창, 2015
- 행정안전부장관 표창, 2022

최봉열

〈경력〉

- 용접기능장, 배관기능장, 에너지관리기능장
- (주)뉴젠스 대표이사
- (사)한국가스기술인협회 이사
- (자)한국에너지관리자격증연합회 교육위원장
- 한국폴리텍대학 산학협력교수
- 대한민국 산업현장교수
- 우수숙련기술인(고용노동부 선정)
- 대한민국 기능한국인 제125호
- 충청남도 용접명장

〈수상〉

- 제13회 건설기능경기대회 용접 분야 금상, 2005
- 노동부장관 표창, 2007
- 제8회 한국보일러대상, 2015
- 제1회 한국가스기술인상, 2016
- 고용노동부장관 표창, 2016

용접기능장 필기

발행일 | 2019. 1. 20 초판 발행
2020. 1. 20 초판 2쇄
2025. 1. 10 1차 개정

저 자 | 권오수 · 최봉열
발행인 | 정용수
발행처 | 예문사

주 소 | 경기도 파주시 직지길 460(출판도시) 도서출판 예문사
T E L | 031) 955 – 0550
F A X | 031) 955 – 0660
등록번호 | 11 – 76호

• 이 책의 어느 부분도 저작권자나 발행인의 승인 없이 무단 복제하여 이용할 수 없습니다.
• 파본 및 낙장은 구입하신 서점에서 교환하여 드립니다.
• 예문사 홈페이지 http://www.yeamoonsa.com

정가 : 25,000원
ISBN 978-89-274-5491-5 13580